W0261976

PROJEKTIVE GEOMETRIE DER EBENE

UNTER BENUTZUNG DER PUNKTRECHNUNG DARGESTELLT

VON

HERMANN GRASSMANN

ZWEITER BAND: TERNÄRES

ERSTER TEIL

MIT 167 FIGUREN IM TEXT

SPRINGER FACHMEDIEN WIESBADEN GMBH
1913

ISBN 978-3-663-15276-7   ISBN 978-3-663-15842-4 (eBook)
DOI 10.1007/978-3-663-15842-4

Vorrede.

Der zweite Band der projektiven Geometrie der Ebene, der das ternäre Gebiet umfassen soll, ist von mir in zwei Teile zerlegt worden. Der vorliegende erste Teil enthält die linearen Abbildungen in der Ebene, die Kollineation und Reziprozität, und in besonders ausführlicher Darlegung das Polarsystem. Im Anschluß an dieses werden die schon im ersten Bande auf Grund ihrer projektiven Erzeugung, das heißt vom binären Standpunkte aus, behandelten Kurven zweiter Ordnung und zweiter Klasse mit Rücksicht auf ihre ternären Beziehungen von neuem untersucht und auch die Eigenschaften der Kegelschnittbüschel und Kegelschnittscharen entwickelt.

Die *Darstellung* weicht ebenso wie im ersten Bande sehr stark von dem sonst Üblichen ab, in so fern ich zur Ableitung der geometrischen Sätze die Punktrechnung verwendet habe, deren Formelentwickelung sich dem Stoffe aufs Engste anschmiegt. Dabei konnte ich für die Behandlung gewisser Abstufungen der projektiven Geometrie direkt diejenige Form der Punktrechnung zu Grunde legen, die ihr von meinem Vater in seiner Ausdehnungslehre verliehen ist, während ich für andere Teilgebiete der projektiven Geometrie den entsprechenden Kalkul erst zurechtzumachen hatte. Das gilt zum Beispiel von dem kombinatorischen Produkte linearer Abbildungen in der Ebene, zu dessen Begriff zwar gewisse Ansätze vorlagen, dessen Ausgestaltung im Einzelnen aber noch zu vollziehen blieb. Als Wegweiser diente mir hierzu wenigstens in *einer* Richtung meine schon im ersten Bande bei der Behandlung des Binären gegebene Erklärung des kombinatorischen Produktes zweier Projektivitäten derselben Geraden, während die Fragestellung des Ternären, entsprechend der größeren Mannigfaltigkeit seines Gebietes, nach anderen Seiten hin besondere Ziele hervortreten ließ, die für den Ausbau des Begriffs jener kombinatorischen Produkte weitere Anhaltspunkte boten.

Zu den neu eingeführten Bildungen der Punktrechnung zähle ich ferner gewisse in der Theorie der Polarsysteme auftretende planimetrische Produkte, welche die Polare eines Punktes oder den Pol einer Geraden hinsichtlich eines Polarsystems als Faktor enthalten. Sie bilden einen Ersatz für die sonst benutzten geränderten Determinanten und zeichnen sich vor diesen durch die Einfachheit ihrer rechnerischen Handhabung aus.

a*

Es läßt sich erwarten, daß eine solche andere Art der Darstellung manche Seiten der projektiven Geometrie in neuer Beleuchtung erscheinen lassen wird. Einen Fortschritt erblicke ich unter anderem in meiner Entwickelung der Dreieckskoordinaten, die durch ihre Anschaulichkeit den Zugang zur projektiven Geometrie wesentlich erleichtert. Für beachtenswert halte ich ferner die Folgerungen, die ich aus der Doppelpunktsgleichung einer Kollineation gezogen habe, sowie die Ableitung der verschiedenen Arten der Kollineation; ebenso die geometrische Deutung der Gleichungen $\mathfrak{a}_{ik} = \mathfrak{a}_{ki}$ zwischen den Ableitzahlen eines Polarsystems. Neue Gesichtspunkte findet man auch bei der Behandlung der entartenden Kollineationen und Polarsysteme, bei den Kriterien für die verschiedenen Arten der Kegelschnittbüschel und Kegelschnittscharen, bei der Darstellung der harmonischen Kurven zweiter Ordnung und zweiter Klasse und bei der Einführung der Polkegelschnitte und Polarkegelschnitte.

Nicht gering möchte ich endlich den Einfluß veranschlagen, den die Verwendung der Punktrechnung auf die *Gliederung des Stoffes* der projektiven Geometrie ausgeübt hat. Führt man nämlich, wie es sich schon aus didaktischen Gründen empfiehlt, ein neues rechnerisches Hülfsmittel der Punktrechnung, zum Beispiel eine neue Größenart oder eine neue Verknüpfung, immer erst dann ein, wenn der Kreis der geometrischen Folgerungen erschöpft ist, die man bereits mit den bis dahin entwickelten Begriffen allein ziehen kann, so ergibt sich ungezwungen neben den großen Abstufungen der projektiven Geometrie, deren gesonderte Behandlung F. Klein in seinem Erlanger Programm aus gruppentheoretischen Gesichtspunkten gefordert hat, eine noch weiter gehende Einteilung in Sondergebiete und damit eine noch schärfere Abgrenzung der Fluchten und Stockwerke, aus denen sich der stolze Bau der projektiven Geometrie zusammensetzt.

Eine Folge der Anordnung des Stoffes nach den in der Punktrechnung auftretenden Größenarten und Verknüpfungen war es, daß alles, was mit dem Kreispunktpaar zusammenhängt, auf den zweiten Teil dieses Bandes verwiesen werden mußte. Außerdem wird er die Theorie der Apolarität und eine ausführliche Behandlung der Kernkurven einer Reziprozität enthalten.

Auch diesmal habe ich wieder meinem Freunde H. Wiener und meinem Bruder Max für die vielfachen sachlichen Anregungen und didaktischen Ratschläge zu danken, durch die sie mich bei der Abfassung des Buches gefördert haben.

Stettin, den 4. Oktober 1912.

Hermann Graßmann.

Inhaltsverzeichnis.

Vierter Hauptteil.

Das Dreieckskoordinatensystem nebst Anwendungen.

Fünfter Hauptteil.

Die Kollineation.

Abschnitt 27: *Die allgemeinen Eigenschaften der Kollineation.*

Abschnitt 28: *Die Doppelelemente der Kollineation.*

Abschnitt 29: *Das Verschwinden des kombinatorischen Produktes dreier
Punkt-Punkt-Kollineationen.*

Sechster Hauptteil.

Die Reziprozität und das Polarsystem. Kurven zweiter Ordnung und zweiter Klasse.

Abschnitt 30: *Die allgemeinen Eigenschaften der Reziprozität.* Seite

Abschnitt 31: *Das Polarsystem.*

Abschnitt 32: *Entartende Polarsysteme.*

Abschnitt 33: *Die verschiedenen Formen der Gleichung einer Kurve zweiter Ordnung und zweiter Klasse in Dreieckskoordinaten.*

Siebenter Hauptteil.

Das Kegelschnittbüschel und die Kegelschnittschar.

Abschnitt 35: *Das Kegelschnittbüschel.*

Vierter Hauptteil.

Das Dreieckskoordinatensystem nebst Anwendungen.

Abschnitt 25.

Die Dreieckskoordinaten eines Punktes und eines Stabes.

Das Fundamentaldreieck. Wir benutzen als „Grundpunkte", aus denen alle Punkte der Ebene numerisch abgeleitet werden sollen, drei nicht in einer geraden Linie enthaltene, sonst aber beliebig gelegene vielfache Punkte e_1, e_2, e_3, deren Massen wir als reell voraussetzen und mit m_1, m_2, m_3 bezeichnen wollen, und nennen das durch sie bestimmte Dreieck das **Fundamentaldreieck**. Sind dann f_1, f_2, f_3 die mit den drei Punkten e_1, e_2, e_3 zusammenfallenden *einfachen* Punkte, so bestehen die Gleichungen

$$(1) \qquad e_1 = m_1 f_1, \quad e_2 = m_2 f_2, \quad e_3 = m_3 f_3.$$

Dabei möge über die Massen der drei Grundpunkte in der Weise verfügt werden, daß ein der Lage nach beliebig gewählter vierter Punkt e, der aber nicht mit zwei Grundpunkten in dieselbe gerade Linie fällt, *sich gerade als Summe der drei Grundpunkte darstellt*, das heißt, die Ableitzahlen 1, 1, 1 erhält[1]) (vgl. Fig. 1). Dieser Punkt möge der Einheitspunkt der Ebene heißen. Für ihn wird also

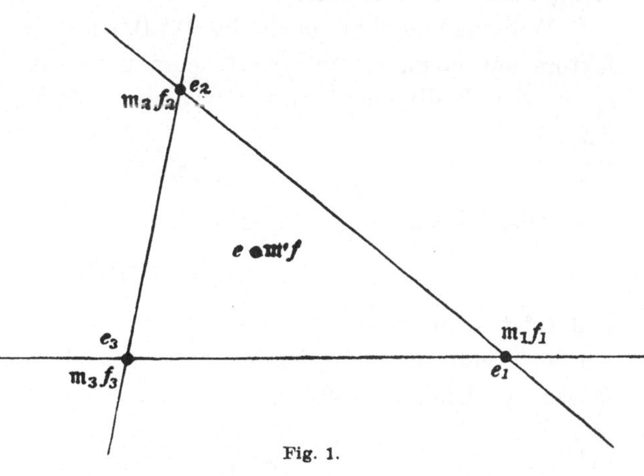

Fig. 1.

$$(2) \qquad e = e_1 + e_2 + e_3 \quad \text{oder wegen (1)}$$

$$(3) \qquad e = m_1 f_1 + m_2 f_2 + m_3 f_3.$$

---

1) Vgl. Möbius, Der barycentrische Calcul, Leipzig 1827, § 235 ff. Gesammelte Werke, Bd. I.

Bezeichnet man ferner noch die **Masse des Einheitspunktes** mit $\mathfrak{m}'$ und den mit ihm zusammenfallenden *einfachen* Punkt mit f, so wird außerdem

$$(4) \qquad\qquad e = \mathfrak{m}'f,$$

und die Gleichung (3) verwandelt sich in

$$(5) \qquad\qquad \mathfrak{m}'f = \mathfrak{m}_1 f_1 + \mathfrak{m}_2 f_2 + \mathfrak{m}_3 f_3,$$

woraus (nach S. 2 des ersten Bandes) für die Masse $\mathfrak{m}'$ des Einheitspunktes der Wert folgt

$$(6) \qquad\qquad \mathfrak{m}' = \mathfrak{m}_1 + \mathfrak{m}_2 + \mathfrak{m}_3.$$

Um die Massen der drei Grundpunkte entsprechend der Gleichung (5) zu bestimmen, multipliziere man diese Gleichung der Reihe nach planimetrisch mit den Produkten $[f_2 f_3]$, $[f_3 f_1]$, $[f_1 f_2]$. So erhält man die Gleichungen

$$(7) \quad \mathfrak{m}'[ff_2 f_3] = \mathfrak{m}_1[f_1 f_2 f_3], \quad \mathfrak{m}'[ff_3 f_1] = \mathfrak{m}_2[f_1 f_2 f_3], \quad \mathfrak{m}'[ff_1 f_2] = \mathfrak{m}_3[f_1 f_2 f_3],$$

aus denen für die drei gesuchten Massen $\mathfrak{m}_1$, $\mathfrak{m}_2$, $\mathfrak{m}_3$ die Werte folgen

$$(8) \qquad \mathfrak{m}_1 = \mathfrak{m}' \frac{[ff_2 f_3]}{[f_1 f_2 f_3]}, \quad \mathfrak{m}_2 = \mathfrak{m}' \frac{[ff_3 f_1]}{[f_1 f_2 f_3]}, \quad \mathfrak{m}_3 = \mathfrak{m}' \frac{[ff_1 f_2]}{[f_1 f_2 f_3]}.$$

Durch diese Gleichungen sind die Massen der drei Grundpunkte bis auf einen Proportionalitätsfaktor $\mathfrak{m}'$, der die Masse des Einheitspunktes darstellt, eindeutig bestimmt.

Will man endlich noch die Willkürlichkeit dieses Proportionalitätsfaktors aufheben, so unterwerfe man noch die drei vielfachen Punkte e_1, e_2, e_3 der Bedingung, *daß ihr planimetrisches Produkt $= 1$ sein solle*, daß also

$$(9) \qquad\qquad [e_1 e_2 e_3] = 1$$

sei. Diese Bedingung läßt sich wegen (1) auch in der Form schreiben

$$(10) \qquad\qquad \mathfrak{m}_1 \mathfrak{m}_2 \mathfrak{m}_3 [f_1 f_2 f_3] = 1;$$

und setzt man in diese Gleichung für $\mathfrak{m}_1$, $\mathfrak{m}_2$, $\mathfrak{m}_3$ ihre Werte aus (8) ein, so erhält man für den Proportionalitätsfaktor $\mathfrak{m}'$, das heißt für die Masse des Einheitspunktes, die Darstellung

$$(11) \qquad\qquad \mathfrak{m}' = \sqrt[3]{\frac{[f_1 f_2 f_3]^2}{[ff_2 f_3][ff_3 f_1][ff_1 f_2]}}.$$

Aus den Formeln (8) und (11) folgert man dann:

Ist das Produkt $[f_1 f_2 f_3]$ *positiv*, stimmt also der Sinn des Blattes $[f_1 f_2 f_3]$ mit dem Sinne der Blatteinheit überein (vgl. S. 26 des ersten Bandes), und liegt zuerst der Einheitspunkt e innerhalb des Fundamentaldreiecks, so sind die drei Nennerprodukte von (11) positiv, also ist auch

$\mathfrak{m}'$ positiv, und es sind somit nach (8) auch alle drei Massen $\mathfrak{m}_1$, $\mathfrak{m}_2$, $\mathfrak{m}_3$ positiv.

Liegt ferner der Einheitspunkt e in einem von den drei „Vierecksräumen"[1]), in die man gelangt, wenn man vom Innern des Fundamentaldreiecks ausgehend eine Seite des Dreiecks überschreitet, etwa in dem an der Seite $f_2 f_3$ liegenden Vierecksraum, so ist von den drei Nennerprodukten in (11) das dieser Seite entsprechende Produkt $[ff_2 f_3]$ negativ, während die beiden andern Produkte positiv bleiben. Es wird daher auch $\mathfrak{m}'$ negativ, und somit nach (8) $\mathfrak{m}_1$ positiv, $\mathfrak{m}_2$ und $\mathfrak{m}_3$ negativ.

Liegt endlich e in einem der drei „Dreiecksräume", welche von den Scheitelräumen des Fundamentaldreiecks gebildet werden, etwa in dem Raume, in den man gelangt, wenn man von dem Innern des Dreiecks ausgehend die Ecke f_1 überschreitet, so sind von den drei Nennerprodukten in (11) die beiden Produkte, welche diese Ecke enthalten, nämlich die Produkte $[ff_3 f_1]$ und $[ff_1 f_2]$ negativ; das andere Produkt hingegen bleibt positiv. Die Masse $\mathfrak{m}'$ des Einheitspunktes ist dann also positiv, und es wird nach (8) ebenso wie in dem gegenüberliegenden Vierecksraume $\mathfrak{m}_1$ positiv, $\mathfrak{m}_2$ und $\mathfrak{m}_3$ negativ (vgl. Fig. 2)[2]).

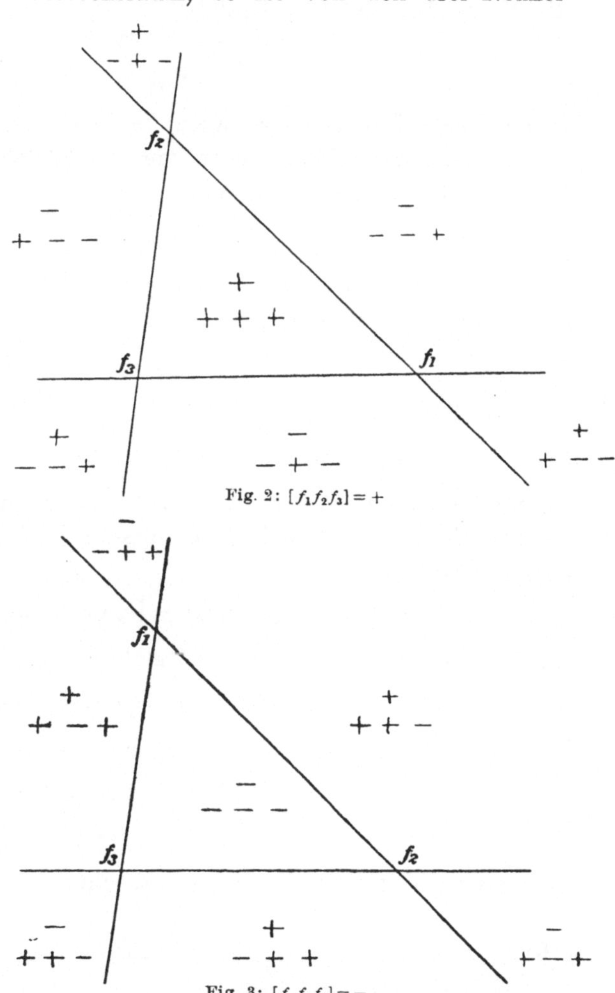

Fig. 2: $[f_1 f_2 f_3] = +$

Fig. 3: $[f_1 f_2 f_3] = -$

---

1) Man kann nämlich die unendlich ferne Gerade als die vierte Seite eines solchen Raumes auffassen.

2) Vergleiche hierzu: E. W. Hyde, The Directional Calculus, based upon the methods of Hermann Graßmann, Boston 1890, Seite 164.

1*

Ist das Produkt $[f_1 f_2 f_3]$ *negativ*, weicht also der Sinn des Blattes $[f_1 f_2 f_3]$ von dem Sinne der Blatteinheit ab, so sind sämtliche Vorzeichen umgekehrt (vgl. Fig. 3).

In den beiden Figuren 2 und 3 sind für die beiden Hauptfälle

$$[f_1 f_2 f_3] = + \quad \text{und} \quad [f_1 f_2 f_3] = -$$

die Vorzeichen der vier Größen

$$\mathfrak{m}',$$

$$\mathfrak{m}_1, \ \mathfrak{m}_2, \ \mathfrak{m}_3$$

in die sieben Räume eingetragen, in denen der Einheitspunkt liegen kann.

Um die analytische Bedeutung der Gleichung (9) deutlicher hervortreten zu lassen, setze man noch

$$(12) \qquad [e_2 e_3] = E_1, \quad [e_3 e_1] = E_2, \quad [e_1 e_2] = E_3.$$

Dann zeigt sich zwischen den Größen e_i und E_i eine *vollkommene Dualität*. Zunächst wird wegen (9)

$$(13) \qquad [e_i E_i] = [E_i e_i] = 1, \quad i = 1, \ 2, \ 3;$$

andererseits wird wegen der Gleichungen (41) des zweiten Abschnitts

$$(14) \qquad [e_i E_k] = [E_k e_i] = 0, \quad i, \ k = 1, \ 2, \ 3, \quad i \neq k.$$

Ferner folgen aus der Formel (21) des dritten Abschnitts und aus (9) die den Formeln (2) dualistisch entsprechenden Formeln; denn es wird zum Beispiel

$$[E_2 E_3] = [e_3 e_1 \cdot e_1 e_2] = [e_3 e_1 e_2] e_1 = [e_1 e_2 e_3] e_1 = e_1.$$

Man erhält also wirklich die Formeln

$$(15) \qquad [E_2 E_3] = e_1, \quad [E_3 E_1] = e_2, \quad [E_1 E_2] = e_3.$$

Das Produkt aller *drei* Größen E_i endlich wird

$$[E_1 E_2 E_3] = [e_3 E_3] \qquad \text{(nach 15)}$$
$$= 1 \qquad \text{(nach 13)},$$

das heißt, es gilt auch die der Gleichung (9) dualistisch entsprechende Formel

$$(16) \qquad [E_1 E_2 E_3] = 1.$$

Weiter setze man noch

$$(17) \qquad \begin{cases} [f_2 f_3] = S_1, \\ [f_3 f_1] = S_2, \\ [f_1 f_2] = S_3; \end{cases}$$

hier sind dann die Größen $S_1, \ S_2, \ S_3$ drei Stäbe, die nicht nur den *Linien* der Seiten des Fundamentaldreiecks angehören, sondern auch ihrer

Länge nach mit den Seiten des Dreiecks übereinstimmen (vgl. Fig. 4).
Ferner wird

$$(18) \qquad \begin{cases} E_1 = \mathfrak{m}_2\,\mathfrak{m}_3\,S_1, \\ E_2 = \mathfrak{m}_3\,\mathfrak{m}_1\,S_2, \\ E_3 = \mathfrak{m}_1\,\mathfrak{m}_2\,S_3. \end{cases}$$

Hieraus folgt: Die drei Stäbe E_1, E_2, E_3 gehören zwar auch den Linien der Seiten des Fundamentaldreiecks an, aber ihre Längen sind von den Längen der Seiten des Dreiecks im allgemeinen verschieden. Sie mögen als die drei „Grundstäbe" des Fundamentaldreiecks bezeichnet werden.

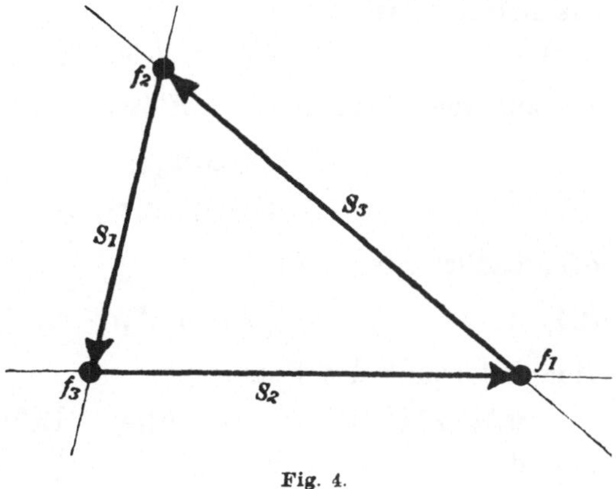

Fig. 4.

Die Feldeinheit und die unendlich ferne Gerade. Die Massen $\mathfrak{m}_1$, $\mathfrak{m}_2$, $\mathfrak{m}_3$ der drei Ecken des Fundamentaldreiecks stehen zu der auf Seite 27 des ersten Bandes eingeführten Feldeinheit J in einer einfachen Beziehung. Zunächst findet man den Ausdruck für *ein Feld, dessen Größe dem doppelten Flächeninhalt des Fundamentaldreiecks gleichkommt,* indem man etwa die Strecken der beiden von der Ecke e_3 ausgehenden Seiten dieses Dreiecks äußerlich miteinander multipliziert. Eine *Darstellung dieser beiden Strecken* aber gewinnt man, wenn man die Differenzen $f_1 - f_3$ und $f_2 - f_3$ aus den einfachen Punkten f_1, f_2, f_3 bildet, welche mit den Ecken e_1, e_2, e_3 des Fundamentaldreiecks zusammenfallen. Dann ist das äußere Produkt dieser beiden Differenzen, das heißt das Produkt

$$(19) \qquad F = [(f_1 - f_3)(f_2 - f_3)],$$

der Ausdruck für das durch die beiden Strecken $f_1 - f_3$ und $f_2 - f_3$ bestimmte Feld. Dasselbe unterscheidet sich, wie man sich leicht überzeugt, von der Feldeinheit J nur durch den Zahlfaktor $\mathfrak{m}_1\,\mathfrak{m}_2\,\mathfrak{m}_3$. In der Tat stellt das Produkt

$$(20) \qquad \mathfrak{m}_1\,\mathfrak{m}_2\,\mathfrak{m}_3\,[(f_1 - f_3)(f_2 - f_3)]$$

die *Feldeinheit* dar. Denn die Feldeinheit J wurde auf Seite 27 des ersten Bandes als dasjenige Feld definiert, das mit einem beliebigen einfachen Punkte multipliziert die Blatteinheit 1 liefert. Mit Rücksicht auf die Gleichungen (1) und (9) aber ergibt das Feld (20) bei der Multiplikation mit dem einfachen Punkte f_3 den Ausdruck

$$(21) \qquad \mathfrak{m}_1\,\mathfrak{m}_2\,\mathfrak{m}_3\,[(f_1 - f_3)(f_2 - f_3)f_3] = \mathfrak{m}_1\,\mathfrak{m}_2\,\mathfrak{m}_3\,[f_1 f_2 f_3] = [e_1 e_2 e_3] = 1.$$

Das Produkt (20) ist also wirklich der Ausdruck für die Feldeinheit J, das heißt, es ist

$$(22) \qquad J = \mathfrak{m}_1 \mathfrak{m}_2 \mathfrak{m}_3 [(f_1 - f_3)(f_2 - f_3)].$$

Hieraus aber folgt durch Auflösen der runden Klammern

$$J = \mathfrak{m}_1 \mathfrak{m}_2 \mathfrak{m}_3 \{ [f_2 f_3] + [f_3 f_1] + [f_1 f_2] \} \quad \text{oder wegen (17)}$$
$$(23) \qquad J = \mathfrak{m}_1 \mathfrak{m}_2 \mathfrak{m}_3 \{ S_1 + S_2 + S_3 \}$$

oder endlich wegen (18)

$$(24) \qquad J = \mathfrak{m}_1 E_1 + \mathfrak{m}_2 E_2 + \mathfrak{m}_3 E_3.$$

Man hat somit den Satz:

Satz 274: Die Feldeinheit läßt sich als Vielfachensumme der drei Grundstäbe E_1, E_2, E_3 darstellen, indem man jeden Grundstab mit der Masse der gegenüberliegenden Ecke des Fundamentaldreiecks multipliziert und die erhaltenen Produkte addiert.

Übrigens gestattet die Feldeinheit J noch *eine andere Auffassung*. Da sich nämlich alle Strecken der Ebene als Vielfachensummen zweier beliebigen, dieser Ebene angehörenden Strecken von verschiedener Richtung darstellen lassen, und nach Seite 3 ff. des ersten Bandes der Ausdruck für eine Strecke auch als ein unendlich ferner Punkt mit verschwindender Masse gedeutet werden kann, der in der Richtung jener Strecke gelegen ist, so läßt sich auch jeder der betrachteten Ebene angehörende unendlich ferne Punkt mit verschwindender Masse als Vielfachensumme zweier in dieser Ebene enthaltenen unendlich fernen Punkte mit verschiedener Richtung darstellen. Die unendlich fernen Punkte der Ebene verhalten sich also in dieser Hinsicht genau wie die Punkte einer Geraden, die auch sämtlich als Vielfachensummen zweier verschiedenen Punkte dieser Geraden ausdrückbar sind. Aus diesem Grunde pflegt man zu sagen: Alle unendlich fernen Punkte einer Ebene liegen in einer und derselben Geraden, „der unendlich fernen Geraden" dieser Ebene.

Dementsprechend kann dann ein Feld der betrachteten Ebene, das heißt ein Produkt zweier Strecken dieser Ebene, auch als Produkt zweier ihr angehörenden unendlich fernen Punkte mit verschwindender Masse aufgefaßt werden und erscheint daher, da alle diese unendlich fernen Punkte auf der unendlich fernen Geraden der Ebene liegen, als ein Stab dieser unendlich fernen Geraden. Insbesondere gilt das dann auch von der soeben betrachteten Feldeinheit J. Dies wird auch durch die Gleichung (23) bestätigt, nach der sich die Feldeinheit J, abgesehen von einem Zahlfaktor, als Summe der drei Seitenstäbe S_1, S_2, S_3 des Fundamentaldreiecks darstellt. Die Summe $S_1 + S_2$ *der beiden ersten* von diesen drei Stäben ist nämlich ein Stab, der mit dem dritten Stab S_3 parallel, gleich lang und von entgegengesetztem Sinn ist (vgl. Fig. 5). Die Summe $S_1 + S_2 + S_3$ *aller drei* Stäbe ist also ein Stabpaar im Sinne von Seite 14f. des ersten Bandes. Ein solches Stabpaar aber läßt sich auch ansehen (vgl. die eben zitierte Seite 14 des ersten Bandes) als ein unendlich ferner Stab von verschwindender Länge, und dasselbe gilt dann auch für die von dieser Summe um den (endlichen) Zahlfaktor $\mathfrak{m}_1 \mathfrak{m}_2 \mathfrak{m}_3$ verschiedene Feldeinheit J. Man hat daher den Satz:

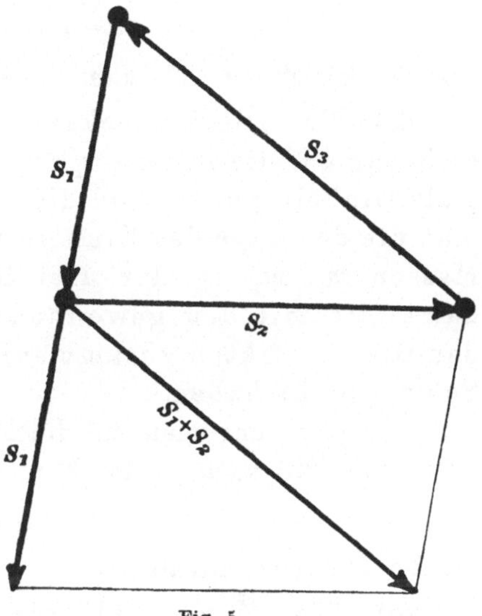

Fig. 5.

Satz 275: Die Feldeinheit J kann auch aufgefaßt werden als ein unendlich kleiner Stab der unendlich fernen Geraden.

Begriff der Dreieckskoordinaten eines Punktes in bezug auf 3 gegebene Punkte als Grundpunkte und einen gegebenen Punkt als Einheitspunkt. Ihre mechanische Deutung. Ist jetzt x ein beliebiger einfacher oder vielfacher Punkt der Ebene, so nennt man diejenigen drei Zahlgrößen $\mathfrak{x}_1$, $\mathfrak{x}_2$, $\mathfrak{x}_3$, durch die sich der Punkt x aus den drei Grundpunkten e_1, e_2, e_3 numerisch ableiten läßt, welche also durch die Gleichung

$$(25) \qquad x = \mathfrak{x}_1 e_1 + \mathfrak{x}_2 e_2 + \mathfrak{x}_3 e_3$$

definiert sind, die Dreieckskoordinaten des Punktes x in bezug auf die Punkte e_1, e_2, e_3 als Grundpunkte und den Punkt e als Einheitspunkt (oder auch in bezug auf das Dreieck $e_1 e_2 e_3$ als Fundamentaldreieck und den Punkt e als Einheitspunkt).

Setzt man ferner die Masse des Punktes x gleich $\mathfrak{m}$ und bezeichnet den mit x zusammenfallenden *einfachen* Punkt mit t, so wird

$$(26) \qquad x = \mathfrak{m}t$$

und die Erklärungsgleichung (25) der Dreieckskoordinaten läßt sich, wenn man zugleich noch die Gleichungen (1) berücksichtigt, in der Form schreiben:

$$(27) \qquad x = \mathfrak{m}t = \mathfrak{x}_1 \mathfrak{m}_1 \cdot f_1 + \mathfrak{x}_2 \mathfrak{m}_2 \cdot f_2 + \mathfrak{x}_3 \mathfrak{m}_3 \cdot f_3,$$

aus der sich für die Masse $\mathfrak{m}$ des Punktes x der Wert ergibt

$$(28) \qquad \mathfrak{m} = \mathfrak{x}_1 \mathfrak{m}_1 + \mathfrak{x}_2 \mathfrak{m}_2 + \mathfrak{x}_3 \mathfrak{m}_3.$$

Aus der Gleichung (27) kann man folgern:

Satz 276: Die Dreieckskoordinaten $\mathfrak{x}_1$, $\mathfrak{x}_2$, $\mathfrak{x}_3$ eines Punktes x in bezug auf die Punkte e_1, e_2, e_3 als Grundpunkte und den Punkt e als Einheitspunkt sind diejenigen drei Zahlgrößen, mit denen man die der Lage des Einheitspunktes e entsprechend gewählten Massen $\mathfrak{m}_1$, $\mathfrak{m}_2$, $\mathfrak{m}_3$ der drei Grundpunkte multiplizieren muß, damit die mit den gewonnenen Produkten belasteten und mit den Grundpunkten zusammenfallenden Punkte den Punkt x zum Schwerpunkt haben.

Übrigens kann man mit Rücksicht auf (24), (25), (13) und (14) die Gleichung (28) auch in der Form schreiben

$$(29) \qquad \mathfrak{m} = [x \mathcal{J}],$$

welche den Satz enthält:

Satz 277: Man erhält für einen beliebigen Punkt x seine Masse $\mathfrak{m}$, indem man ihn mit der Feldeinheit J multipliziert.

Geometrische Deutung der Dreieckskoordinaten eines Punktes. Man kann aber die Dreieckskoordinaten des Punktes x auch noch anders deuten. Multipliziert man nämlich die Gleichung (25) der Reihe nach mit E_1, E_2, E_3, so erhält man wegen (13) und (14)

$$(30) \qquad \begin{cases} [x E_1] = \mathfrak{x}_1, \\ [x E_2] = \mathfrak{x}_2, \\ [x E_3] = \mathfrak{x}_3 \end{cases}$$

oder mit Rücksicht auf (18) und (26)

$$(31) \qquad \begin{cases} \mathfrak{x}_1 = \mathfrak{m}_2 \mathfrak{m}_3 \mathfrak{m} [t S_1], \\ \mathfrak{x}_2 = \mathfrak{m}_3 \mathfrak{m}_1 \mathfrak{m} [t S_2], \\ \mathfrak{x}_3 = \mathfrak{m}_1 \mathfrak{m}_2 \mathfrak{m} [t S_3]. \end{cases}$$

Hier sind aber die Produkte $[t S_1]$, $[t S_2]$, $[t S_3]$ die Flächeninhalte der Parallelogramme, die durch den Punkt x und je eine Seite des Fundamentaldreiecks bestimmt werden.

Bezeichnet man also noch die Längen der Seiten des Fundamentaldreiecks mit $\mathfrak{s}_1$, $\mathfrak{s}_2$, $\mathfrak{s}_3$, und zwar diese Größen positiv oder negativ genommen, je nachdem die Produkte $[f S_1]$, $[f S_2]$, $[f S_3]$ positiv oder negativ sind, und versteht man ferner unter $\mathfrak{p}_1$, $\mathfrak{p}_2$, $\mathfrak{p}_3$ die Abstände des Punktes x von den Seiten des Fundamentaldreiecks, diese Abstände positiv oder negativ genommen, je nachdem der Punkt x auf derselben oder der entgegengesetzten Seite von S_1, S_2, S_3 liegt wie der Einheitspunkt f (vgl. Fig. 6), so wird

$$[tS_1] = \mathfrak{z}_1\mathfrak{p}_1, \quad [tS_2] = \mathfrak{z}_2\mathfrak{p}_2, \quad [tS_3] = \mathfrak{z}_3\mathfrak{p}_3,$$

und die Gleichungen (31) verwandeln sich in

$$(32) \begin{cases} \mathfrak{x}_1 = \mathfrak{m}_2\mathfrak{m}_3\mathfrak{m}\mathfrak{z}_1\mathfrak{p}_1, \\ \mathfrak{x}_2 = \mathfrak{m}_3\mathfrak{m}_1\mathfrak{m}\mathfrak{z}_2\mathfrak{p}_2, \\ \mathfrak{x}_3 = \mathfrak{m}_1\mathfrak{m}_2\mathfrak{m}\mathfrak{z}_3\mathfrak{p}_3. \end{cases}$$

Setzt man endlich noch die absolut genommenen Abstände des Einheitspunktes $e = \mathfrak{m}'f$ von den Seiten des Fundamentaldreiecks gleich $\mathfrak{p}_1'$, $\mathfrak{p}_2'$, $\mathfrak{p}_3'$ und wendet die Gleichungen (32) auf den Einheitspunkt e an, dessen Koordinaten gleich 1, 1, 1 und

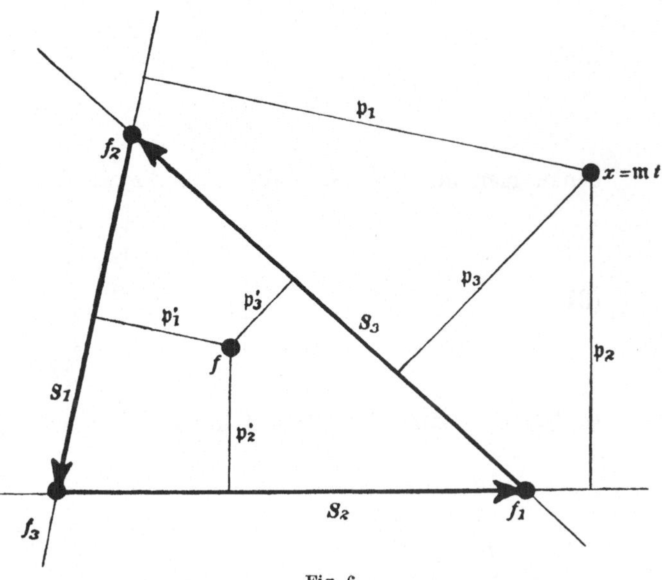

Fig. 6

dessen Masse gleich $\mathfrak{m}'$ ist, so erhält man die Gleichungen:

$$(33) \qquad 1 = \mathfrak{m}_2\mathfrak{m}_3\mathfrak{m}'\mathfrak{z}_1\mathfrak{p}_1', \quad 1 = \mathfrak{m}_3\mathfrak{m}_1\mathfrak{m}'\mathfrak{z}_2\mathfrak{p}_2', \quad 1 = \mathfrak{m}_1\mathfrak{m}_2\mathfrak{m}'\mathfrak{z}_3\mathfrak{p}_3',$$

und dividiert man dann die Gleichungen (32) durch die Gleichungen (33), so findet man für die Dreieckskoordinaten $\mathfrak{x}_1$, $\mathfrak{x}_2$, $\mathfrak{x}_3$ die Darstellung:

$$(34) \qquad \mathfrak{x}_1 = \frac{\mathfrak{m}}{\mathfrak{m}'}\frac{\mathfrak{p}_1}{\mathfrak{p}_1'}, \quad \mathfrak{x}_2 = \frac{\mathfrak{m}}{\mathfrak{m}'}\frac{\mathfrak{p}_2}{\mathfrak{p}_2'}, \quad \mathfrak{x}_3 = \frac{\mathfrak{m}}{\mathfrak{m}'}\frac{\mathfrak{p}_3}{\mathfrak{p}_3'},$$

aus der die Proportion folgt:

$$(35) \qquad \mathfrak{x}_1 : \mathfrak{x}_2 : \mathfrak{x}_3 = \frac{\mathfrak{p}_1}{\mathfrak{p}_1'} : \frac{\mathfrak{p}_2}{\mathfrak{p}_2'} : \frac{\mathfrak{p}_3}{\mathfrak{p}_3'},$$

und man hat den Satz:

Satz 278: Die Dreieckskoordinaten $\mathfrak{x}_i$ eines Punktes x in bezug auf das Dreieck $e_1e_2e_3$ als Fundamentaldreieck und den Punkt e als Einheitspunkt sind bis auf einen Proportionalitätsfaktor $\frac{\mathfrak{m}}{\mathfrak{m}'}$ gleich den Verhältnissen $\frac{\mathfrak{p}_i}{\mathfrak{p}_i'}$ aus den Abständen des Punktes x und denen des Einheitspunktes e von den Seiten S_i des Fundamentaldreiecks, unter $\mathfrak{m}$ die Masse des Punktes x und unter $\mathfrak{m}'$ die Masse des Einheitspunktes e verstanden.[1])

---

1) Vgl. hierzu und zum Folgenden S. Gundelfinger, Vorlesungen aus der analytischen Geometrie der Kegelschnitte, herausgegeben von F. Dingeldey, Leip-

Ersetzt man die laufende Proportion (35) durch die in ihr enthaltenen einfachen Proportionen:

$$(36) \quad \begin{cases} \mathfrak{x}_2 : \mathfrak{x}_3 = \dfrac{\mathfrak{p}_2}{\mathfrak{p}_2'} : \dfrac{\mathfrak{p}_3}{\mathfrak{p}_3'} \\[2ex] \mathfrak{x}_3 : \mathfrak{x}_1 = \dfrac{\mathfrak{p}_3}{\mathfrak{p}_3'} : \dfrac{\mathfrak{p}_1}{\mathfrak{p}_1'} \\[2ex] \mathfrak{x}_1 : \mathfrak{x}_2 = \dfrac{\mathfrak{p}_1}{\mathfrak{p}_1'} : \dfrac{\mathfrak{p}_2}{\mathfrak{p}_2'}, \end{cases}$$

denen man auch die Gestalt geben kann:

$$(37) \quad \begin{cases} \mathfrak{x}_2 : \mathfrak{x}_3 = \dfrac{\mathfrak{p}_2}{\mathfrak{p}_3} : \dfrac{\mathfrak{p}_2'}{\mathfrak{p}_3'} \\[2ex] \mathfrak{x}_3 : \mathfrak{x}_1 = \dfrac{\mathfrak{p}_3}{\mathfrak{p}_1} : \dfrac{\mathfrak{p}_3'}{\mathfrak{p}_1'} \\[2ex] \mathfrak{x}_1 : \mathfrak{x}_2 = \dfrac{\mathfrak{p}_1}{\mathfrak{p}_2} : \dfrac{\mathfrak{p}_1'}{\mathfrak{p}_2'}, \end{cases}$$

so hat man zum Beispiel auf der rechten Seite der ersten Proportion (37) gerade *den Quotienten aus den Abstandsverhältnissen* der beiden von der Ecke e_1 ausgehenden Strahlen $[e_1x]$, $[e_1e]$ von den in dieser Ecke zusammentreffenden Seiten E_2 und E_3 des Fundamentaldreiecks (vgl. Fig. 7). Und dieser Quotient ist nach dem Satze 34 *gleich dem Doppelverhältnis*

$$(E_2,\ E_3,\ [e_1x],\ [e_1e])$$

des Strahlwurfes, der durch jene Seiten E_2, E_3 des Fundamentaldrei-

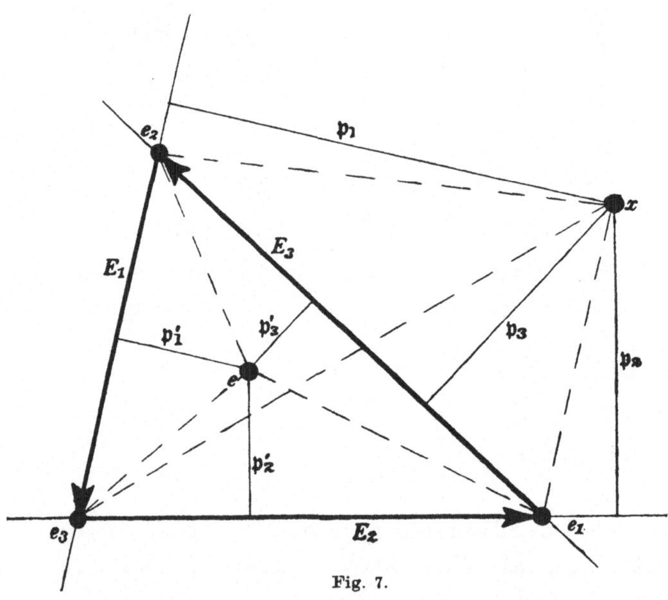

Fig. 7.

---

zig 1895, S. 2 ff. und O. Staude, Analytische Geometrie des Punktes, der geraden Linie und der Ebene. Leipzig und Berlin 1905. S. 123 ff. Es versteht sich übrigens nach der hier und weiter unten gegebenen Darstellung von selbst, daß die Werte der Verhältnisse der Dreieckskoordinaten eines Punktes und eines Stabes von dem Begriffe der Länge und senkrechten Entfernung unabhängig sind; aber es erschien wünschenswert, die Längen der Seiten und die senkrechten Abstände einzuführen, um die Vergleichung mit den sonstigen Darstellungen der Dreieckskoordinaten zu erleichtern.

ecks und die Strahlen $[e_1 x]$, $[e_1 e]$ gebildet wird. Die Gleichungen (37) lassen sich daher auch in der Form schreiben:

$$(38) \quad \begin{cases} \mathfrak{x}_2 : \mathfrak{x}_3 = (E_2,\ E_3,\ [e_1 x],\ [e_1 e]) \\ \mathfrak{x}_3 : \mathfrak{x}_1 = (E_3,\ E_1,\ [e_2 x],\ [e_2 e]) \\ \mathfrak{x}_1 : \mathfrak{x}_2 = (E_1,\ E_2,\ [e_3 x],\ [e_3 e]). \end{cases}$$

Und man hat den Satz:

Satz 279: Die drei Verhältnisse

$$\mathfrak{x}_2 : \mathfrak{x}_3, \quad \mathfrak{x}_3 : \mathfrak{x}_1, \quad \mathfrak{x}_1 : \mathfrak{x}_2$$

der Dreieckskoordinaten eines beliebigen Punktes x sind gleich den Doppelverhältnissen derjenigen drei Strahlwürfe, die gebildet werden durch die jenen drei Verhältnissen entsprechenden Seitenpaare

$$E_2 \text{ und } E_3, \quad E_3 \text{ und } E_1, \quad E_1 \text{ und } E_2$$

des Fundamentaldreiecks und durch die von deren Schnittpunkten

$$e_1, \qquad e_2, \qquad e_3$$

nach dem Punkte x und dem Einheitspunkte e gezogenen Strahlpaare

$$[e_1 x] \text{ und } [e_1 e], \quad [e_2 x] \text{ und } [e_2 e], \quad [e_3 x] \text{ und } [e_3 e].$$

Die in diesem Satze enthaltene rein projektive Deutung der Verhältnisse der Dreieckskoordinaten eines Punktes findet sich zuerst bei v. Staudt[1]). Mit Rücksicht auf sie bezeichnet man die Dreieckskoordinaten eines Punktes in bezug auf ein gegebenes Fundamentaldreieck und einen gegebenen Einheitspunkt auch wohl geradezu als Doppelverhältniskoordinaten oder Wurfkoordinaten des Punktes[2]).

Aus den Formeln (32) folgen noch durch Division mit dem Produkte $\mathfrak{m}_1 \mathfrak{m}_2 \mathfrak{m}_3 \mathfrak{m}$ die Gleichungen

$$(39) \quad \frac{1}{\mathfrak{m}_1 \mathfrak{m}_2 \mathfrak{m}_3} \frac{1}{\mathfrak{m}} \mathfrak{x}_i = \frac{\mathfrak{z}_i}{\mathfrak{m}_i} \mathfrak{p}_i, \quad i = 1, 2, 3,$$

die man, wenn man linker Hand für den Bruch $\dfrac{1}{\mathfrak{m}_1 \mathfrak{m}_2 \mathfrak{m}_3}$ seinen Wert $[f_1 f_2 f_3]$ aus (10) substituiert, auch in der Form schreiben kann:

$$(40) \quad \frac{[f_1 f_2 f_3]}{\mathfrak{m}} \mathfrak{x}_i = \frac{\mathfrak{z}_i}{\mathfrak{m}_i} \mathfrak{p}_i, \quad i = 1, 2, 3.$$

---

1) Vgl. v. Staudt, Beiträge zur Geometrie der Lage. 3 Hefte. Nürnberg 1856—1860. Zweites Heft. S. 266. Nr. 411.

2) Vgl. Staude, Analytische Geometrie des Punktes, der geraden Linie und der Ebene. Leipzig und Berlin 1905. S. 27, 134, 444.

Und löst man die drei Gleichungen (40) nach den Größen $\mathfrak{p}_i$ auf, so erhält man für diese Größen die Ausdrücke:

$$(41) \qquad \mathfrak{p}_i = \frac{[f_1 f_2 f_3]}{\mathfrak{z}_i}\frac{\mathfrak{m}_i}{\mathfrak{m}}\,\mathfrak{x}_i, \quad i = 1,\,2,\,3.$$

Setzt man ferner noch

$$(42) \qquad \frac{[f_1 f_2 f_3]}{\mathfrak{z}_i} = \mathfrak{h}_i, \quad i = 1,\,2,\,3,$$

so sind die $\mathfrak{h}_i$ die mit einem gewissen Vorzeichen genommenen Höhen des Fundamentaldreiecks. Über dieses Vorzeichen gewinnt man Aufschluß, wenn man berücksichtigt, daß nach Seite 8 die Vorzeichen von

$$\mathfrak{z}_1, \qquad \mathfrak{z}_2, \qquad \mathfrak{z}_3$$

beziehlich mit denen der äußeren Produkte

$$[f f_2 f_3], \qquad [f f_3 f_1], \qquad [f f_1 f_2]$$

übereinstimmen. Wegen (42) und (8) entsprechen daher die Vorzeichen von

$$\mathfrak{h}_1, \qquad \mathfrak{h}_2, \qquad \mathfrak{h}_3$$

beziehlich denen der Brüche

$$\frac{[f_1 f_2 f_3]}{[f f_2 f_3]} = \frac{\mathfrak{m}'}{\mathfrak{m}_1}, \qquad \frac{[f_2 f_3 f_1]}{[f f_3 f_1]} = \frac{\mathfrak{m}'}{\mathfrak{m}_2}, \qquad \frac{[f_3 f_1 f_2]}{[f f_1 f_2]} = \frac{\mathfrak{m}'}{\mathfrak{m}_3}.$$

Je nachdem also die Ecke f_i des Fundamentaldreiecks, von welcher die Höhe $\mathfrak{h}_i$ ausgeht, auf derselben Seite der gegenüberliegenden Dreiecksseite liegt wie der Einheitspunkt f oder auf der entgegengesetzten, ist diese Höhe positiv oder negativ zu nehmen.

Führt man nunmehr die Werte (42) in die Gleichungen (41) ein, so findet man für die Größen $\mathfrak{p}_i$ die neue Darstellung

$$(43) \qquad \mathfrak{p}_i = \mathfrak{h}_i \frac{\mathfrak{m}_i}{\mathfrak{m}}\,\mathfrak{x}_i, \quad i = 1,\,2,\,3.$$

Die so gewonnenen Formeln (43) wende man endlich speziell auf den Einheitspunkt e an, indem man den Größen

$$\mathfrak{p}_1, \quad \mathfrak{p}_2, \quad \mathfrak{p}_3, \quad \mathfrak{m}, \quad \mathfrak{x}_1, \quad \mathfrak{x}_2, \quad \mathfrak{x}_3$$

die Werte

$$\mathfrak{p}_1', \quad \mathfrak{p}_2', \quad \mathfrak{p}_3', \quad \mathfrak{m}', \quad 1, \quad 1, \quad 1$$

erteilt, und erhält so für die Größen $\mathfrak{p}_i'$ die Ausdrücke

$$(44) \qquad \mathfrak{p}_i' = \mathfrak{h}_i \frac{\mathfrak{m}_i}{\mathfrak{m}'}, \quad i = 1,\,2,\,3,$$

aus denen für die drei Verhältnisse $\dfrac{\mathfrak{m}_i}{\mathfrak{m}}$, $i = 1,\,2,\,3$, die Werte folgen:

$$(45) \qquad \frac{\mathfrak{m}_i}{\mathfrak{m}'} = \frac{\mathfrak{p}_i'}{\mathfrak{h}_i}, \quad i = 1,\,2,\,3.$$

Zusammenhang der Dreieckskoordinaten eines Punktes mit seinen Zurückleitungen auf die Ecken des Fundamentaldreiecks unter Ausschluß der Gegenseiten. Schließlich möge noch gezeigt werden, daß sich die einzelnen Glieder der für den Punkt x gegebenen Vielfachensumme

$$(25) \qquad x = \mathfrak{x}_1 e_1 + \mathfrak{x}_2 e_2 + \mathfrak{x}_3 e_3,$$

und ebenso die Summen je zweier von diesen Gliedern als *Zurückleitungen des Punktes* x auffassen lassen. Setzt man nämlich in die Gleichung (25) für $\mathfrak{x}_1$, $\mathfrak{x}_2$, $\mathfrak{x}_3$ ihre Werte aus (30) ein, so ergibt sich für x die Darstellung

$$(46) \qquad x = [xE_1]e_1 + [xE_2]e_2 + [xE_3]e_3.$$

Aus der Form der Glieder der rechten Seite folgt aber mit Rücksicht auf (13) ohne weiteres, daß sie die Zurückleitungen von x auf die Ecken des Fundamentaldreiecks unter Ausschluß der Gegenseiten sind.

In der Tat, bezeichnet man diese Zurückleitungen mit z_1, z_2, z_3, so wird (nach Gleichung (13) des vierten Abschnitts)

$$z_1 = \frac{e_1[xE_1]}{[e_1 E_1]}, \quad z_2 = \frac{e_2[xE_2]}{[e_2 E_2]}, \quad z_3 = \frac{e_3[xE_3]}{[e_3 E_3]},$$

das heißt wegen (13) wirklich

$$(47) \qquad z_1 = e_1[xE_1], \quad z_2 = e_2[xE_2], \quad z_3 = e_3[xE_3]$$

oder also wegen (30)

$$(48) \qquad z_1 = \mathfrak{x}_1 e_1, \quad z_2 = \mathfrak{x}_2 e_2, \quad z_3 = \mathfrak{x}_3 e_3,$$

womit der Satz bewiesen ist:

Satz 280: Die einzelnen Glieder der Vielfachensumme (25) für den Punkt x sind die Zurückleitungen z_1, z_2, z_3 von x auf die Ecken des Fundamentaldreiecks unter Ausschluß der Gegenseiten.

Hieraus aber folgt weiter nach der Entwickelung auf Seite 42 und 43 des ersten Bandes:

Satz 281: Die drei Summen von *je zwei* Gliedern der Vielfachensumme (25) für x sind nichts anderes als die zu den Zurückleitungen z_1, z_2, z_3 des Satzes 280 *ergänzenden* Zurückleitungen von x, das heißt als die Zurückleitungen von x auf die Seiten des Fundamentaldreiecks unter Ausschluß der Gegenecken.

Denn diese drei Summen geben zu den Größen z_i addiert die zurückgeleitete Größe x.

Bezeichnet man daher noch diese Zurückleitungen des Punktes x auf die Seiten des Fundamentaldreiecks unter Ausschluß der Gegenecken mit

y_1, y_2, y_3, so wird

(49) $\qquad y_1 = \mathfrak{x}_2 e_2 + \mathfrak{x}_3 e_3, \quad y_2 = \mathfrak{x}_3 e_3 + \mathfrak{x}_1 e_1, \quad y_3 = \mathfrak{x}_1 e_1 + \mathfrak{x}_2 e_2$

oder mit Rücksicht auf (1)

(50) $\quad y_1 = \mathfrak{x}_2 \mathfrak{m}_2 f_2 + \mathfrak{x}_3 \mathfrak{m}_3 f_3, \quad y_2 = \mathfrak{x}_3 \mathfrak{m}_3 f_3 + \mathfrak{x}_1 \mathfrak{m}_1 f_1, \quad y_3 = \mathfrak{x}_1 \mathfrak{m}_1 f_1 + \mathfrak{x}_2 \mathfrak{m}_2 f_2.$

Andererseits wird nach Gleichung (12) des vierten Abschnitts bei Weglassung der Nenner, die den Wert 1 haben,

(51) $\qquad y_1 = [E_1 \cdot xe_1], \quad y_2 = [E_2 \cdot xe_2], \quad y_3 = [E_3 \cdot xe_3].$

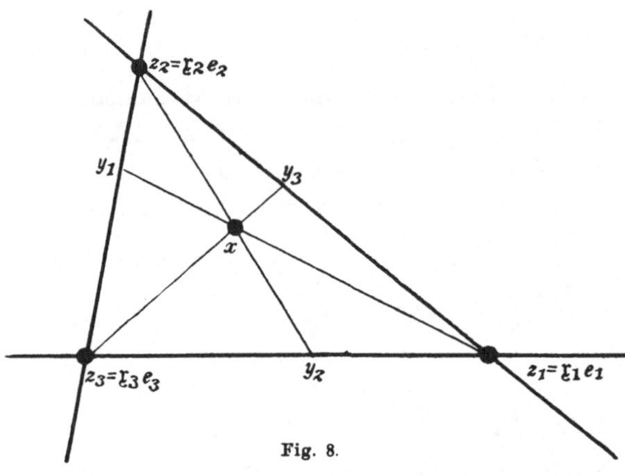

Fig. 8.

Diese Gleichungen besagen (vgl. Fig. 8):

Die Zurückleitungen y_i, das heißt also die drei Summen von je zwei Gliedern aus der Vielfachensumme (25) für x, sind die Schnittpunkte der Seiten des Fundamentaldreiecks mit den von den gegenüberliegenden Ecken nach dem Punkte x gezogenen Geraden, was übrigens auch aus den Gleichungen (49) zusammen

mit den zur Gleichung (25) äquivalenten Gleichungen

(52) $\qquad\qquad x = y_1 + z_1 = y_2 + z_2 = y_3 + z_3$

hervorgeht.

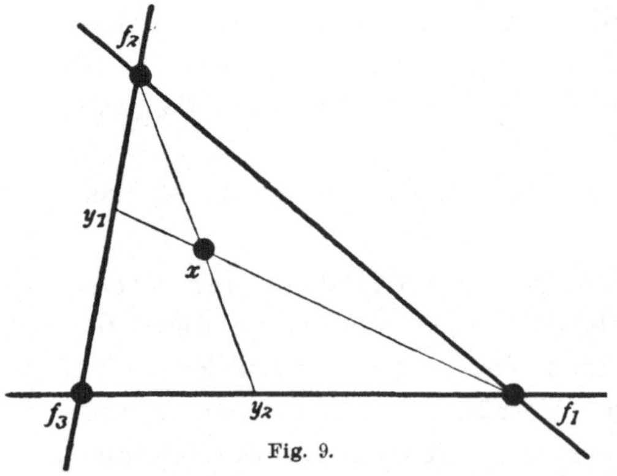

Die Punkte y_i kann man benutzen, wenn man den Punkt x aus seinen Koordinaten konstruieren will. Dazu zeichne man etwa die beiden Punkte y_1 und y_2, entsprechend den Gleichungen (50), indem man die Seiten $[f_2 f_3]$ und $[f_3 f_1]$ beziehlich in den Verhältnissen $\mathfrak{x}_3 \mathfrak{m}_3 : \mathfrak{x}_2 \mathfrak{m}_2$ und $\mathfrak{x}_1 \mathfrak{m}_1 : \mathfrak{x}_3 \mathfrak{m}_3$ durch die Punkte y_1 und y_2 teilt. Dann ist der Schnittpunkt der Geraden

Fig. 9.

$[f_1 y_1]$ und $[f_2 y_2]$ der gesuchte Punkt x (vgl. Fig. 9).

Begriff der Dreieckskoordinaten eines Stabes in bezug auf 3 gegebene Punkte als Grundpunkte und einen gegebenen Punkt als Einheitspunkt. Ihre geometrische Bedeutung. Der Einheitsstab. Als Dreieckskoordinaten eines Stabes U in bezug auf das Dreieck $e_1 e_2 e_3$ als Fundamentaldreieck und den Punkt e als Einheitspunkt bezeichnet man diejenigen drei Zahlgrößen $\mathfrak{u}_1$, $\mathfrak{u}_2$, $\mathfrak{u}_3$, durch die sich der Stab U aus den drei „Grundstäben" E_1, E_2, E_3 numerisch ableiten läßt, die also der Gleichung genügen

$$(53) \qquad U = \mathfrak{u}_1 E_1 + \mathfrak{u}_2 E_2 + \mathfrak{u}_3 E_3.$$

Die so definierten „Stabkoordinaten" oder „Linienkoordinaten" $\mathfrak{u}_1$, $\mathfrak{u}_2$, $\mathfrak{u}_3$ gestatten zunächst leicht eine *geometrische Deutung*, die der zweiten Deutung der Punktkoordinaten (vgl. Seite 8 und 9) entspricht. Multipliziert man nämlich die Gleichung (53) der Reihe nach mit e_1, e_2, e_3, so erhält man

$$(54) \qquad [U e_1] = \mathfrak{u}_1, \quad [U e_2] = \mathfrak{u}_2, \quad [U e_3] = \mathfrak{u}_3.$$

Um die linken Seiten dieser Gleichungen noch weiter umzuformen, bezeichne man noch mit T *einen Stab von der Länge* 1, welcher der Geraden des Stabes U angehört, und dessen Sinn so gewählt ist, daß das Produkt $[Tf]$ positiv wird, und nenne den positiv oder negativ genommenen Zahlfaktor $\mathfrak{l}$, welcher der Gleichung genügt

$$(55) \qquad U = \mathfrak{l}\, T,$$

die Längenzahl des Stabes U. Bei Benutzung der Gleichungen (55) und (1) lassen sich die Gleichungen (54) auch in der Form schreiben:

$$(56) \qquad \mathfrak{u}_1 = \mathfrak{m}_1 \mathfrak{l}[Tf_1], \quad \mathfrak{u}_2 = \mathfrak{m}_2 \mathfrak{l}[Tf_2], \quad \mathfrak{u}_3 = \mathfrak{m}_3 \mathfrak{l}[Tf_3].$$

Hier sind die Produkte $[Tf_1]$, $[Tf_2]$, $[Tf_3]$ nichts anderes als die Abstände $\mathfrak{q}_1$, $\mathfrak{q}_2$, $\mathfrak{q}_3$ des Stabes U von den drei Ecken des Fundamentaldreiecks, diese Abstände positiv oder negativ genommen, je nachdem die Punkte f_1, f_2, f_3 auf derselben Seite von T liegen wie der Einheitspunkt f oder nicht. Man kann den Gleichungen (56) daher auch die Form verleihen:

$$(57) \qquad \mathfrak{u}_1 = \mathfrak{m}_1 \mathfrak{l}\mathfrak{q}_1, \quad \mathfrak{u}_2 = \mathfrak{m}_2 \mathfrak{l}\mathfrak{q}_2, \quad \mathfrak{u}_3 = \mathfrak{m}_3 \mathfrak{l}\mathfrak{q}_3.$$

Um aus diesen Gleichungen (57) für die Stabkoordinaten eine Proportion ableiten zu können, die der Proportion (35) für die Punktkoordinaten entspricht, führe man noch den Begriff des Einheitsstabes ein. Wir bezeichnen als Einheitsstab denjenigen Stab E, dessen Koordinaten 1, 1, 1 lauten, der also durch die Gleichung bestimmt wird:

$$(58) \qquad E = E_1 + E_2 + E_3.$$

Die Gerade des Einheitsstabes als Harmonikale des Einheitspunktes in bezug auf das Fundamentaldreieck. Will man die *Lagenbeziehung des Einheitsstabes zum Einheitspunkte* finden, so frage man nach den Schnitt-

punkten der Geraden des Einheitsstabes mit den Seiten des Fundamentaldreiecks, das heißt nach der Lage der Punkte $[EE_1]$, $[EE_2]$, $[EE_3]$ (vgl.
Fig. 10).   Es wird

$$
\begin{aligned}
[EE_1] &= [(E_1 + E_2 + E_3)E_1] \\
&= [E_2 E_1] + [E_3 E_1] \quad \text{(nach Gl. (23) des 3. Abschnitts)} \\
&= -e_3 + e_2 \quad \text{(nach Gl. (18) des 3. Abschnitts und Gl. (15))} \\
&= e_2 - e_3.
\end{aligned}
$$

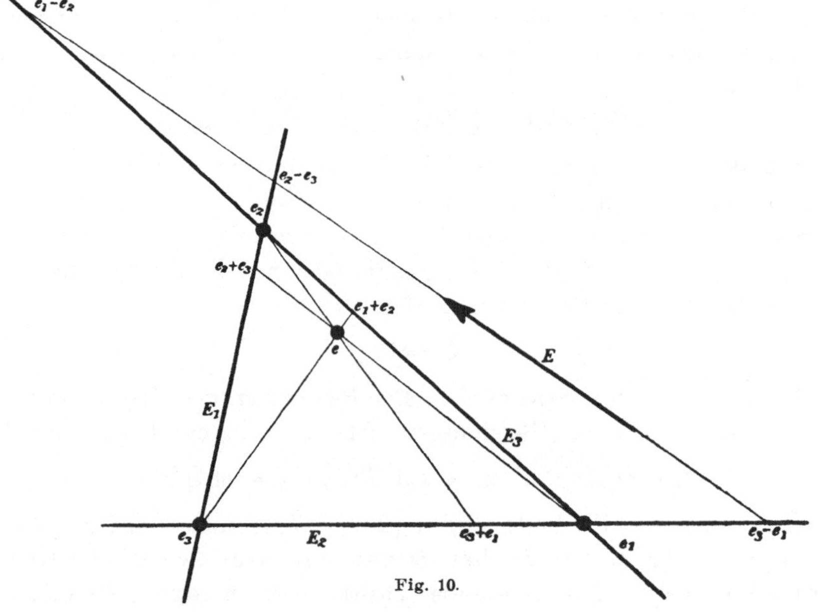

Fig. 10.

Die *dieser Differenz entsprechende Summe* $e_2 + e_3$ ist nun aber nach S. 13f.
die Zurückleitung des Punktes $e = e_1 + e_2 + e_3$ auf die Seite E_1 unter
Ausschluß der gegenüberliegenden Ecke e_1, das heißt der Schnittpunkt
der Seite E_1 mit der Geraden $[ee_1]$. Und da nach Seite 54 des ersten
Bandes die vier Punkte e_2, e_3, $e_2 + e_3$, $e_2 - e_3$ vier harmonische Punkte
sind, so hat man den Satz:

**Satz 282: Die Gerade des Einheitsstabes trifft eine jede
Seite des Fundamentaldreiecks in demjenigen Punkte, der vom
Einheitspunkte durch die beiden andern Seiten des Fundamental-
dreiecks harmonisch getrennt ist.**

Zugleich haben wir die beiden wichtigen Sätze bewiesen:

**Satz 283: Projiziert man einen Punkt e von den drei Ecken
eines Dreiecks aus auf die gegenüberliegenden Seiten und konstruiert zu den drei Projektionen jedesmal den vierten harmo-

nischen Punkt in bezug auf die beiden, jene Seiten begrenzen-
Ecken des Dreiecks, so liegen die drei so gewonnenen Punkte
in *einer* Geraden E. Dieselbe heißt die Polare oder Harmonikale
des Punktes e in bezug auf das Dreieck.[1])   Und

Satz 284: Schneidet man die Seiten eines Dreiecks mit einer
Geraden E, konstruiert auf jeder Dreiecksseite zu dem erhaltenen Schnittpunkt den vierten harmonischen Punkt in bezug
auf die beiden die Seite begrenzenden Ecken des Dreiecks und
verbindet die so gewonnenen drei Punkte mit den gegenüberliegenden Ecken, so schneiden sich die drei Verbindungslinien
in *einem* Punkte e. Derselbe heißt der Pol oder Harmonikalpunkt der Geraden E in bezug auf das Dreieck.

Nach diesen Sätzen stehen sich die Begriffe Pol und Polare in bezug
auf ein Dreieck vollkommen dual gegenüber.

Man könnte noch den Einwurf machen, der Satz 283 müsse der Beschränkung unterworfen werden, daß der Punkt e nicht auf einer Seite
des Dreiecks liegen dürfe, und der Satz 284 müsse an die Bedingung geknüpft werden, daß die Gerade E nicht durch eine Ecke des Dreiecks
hindurchgehen dürfe, da der Einheitspunkt und Einheitsstab des Fundamentaldreiecks diesen Bedingungen unterliegen. Indes überzeugt man
sich leicht, daß für diese besonderen Fälle die beiden Sätze überhaupt
evident sind.

Rückt nämlich bei Satz 283 der Punkt e auf eine Seite des betrachteten Dreiecks, ohne zugleich in eine Ecke desselben zu fallen, so verwandelt sich die Polare des Punktes e in diese Seite selbst (vgl. Fig. 11).

Rückt ferner der Punkt e in eine Ecke
des Dreiecks, so gehört seine Polare in bezug
auf das Dreieck dem Strahlbüschel an, das
diese Ecke zum Scheitel
hat, bleibt aber in die-
sem Strahlbüschel unbe-
stimmt (vgl. Fig. 12).

Geht andererseits bei
Satz 284 die Gerade E
durch eine Ecke des
Dreiecks hindurch, ohne
zugleich mit einer Seite zusammenzufallen, so wird diese Ecke selbst
ihr Pol in bezug auf das Dreieck (vgl. Fig. 13).

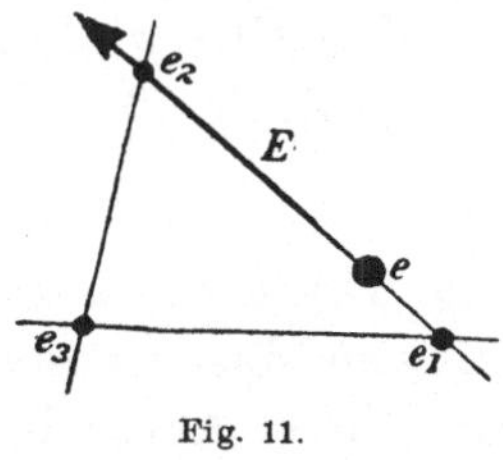

Fig. 11.

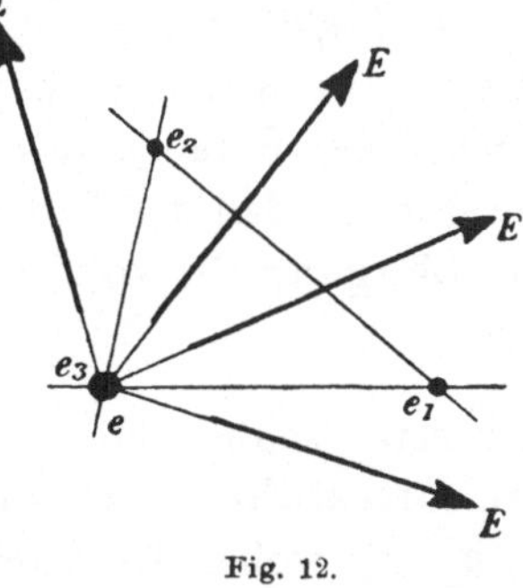

Fig. 12.

------

1) Vgl. J. Plücker, Analytisch-geometrische Entwicklungen. Bd. 2. Essen 1831.
Seite 24.

Fällt endlich die Gerade E mit einer Seite des Dreiecks zusammen, so gehört ihr Pol in bezug auf das Dreieck der Punktreihe an, die diese

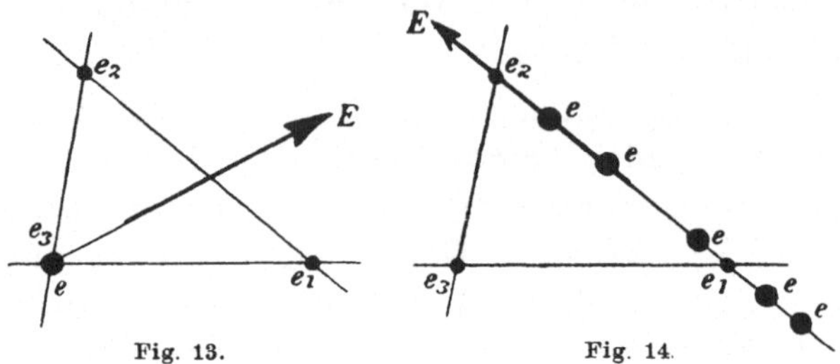

Fig. 13.   Fig. 14.

Seite zum Träger hat, bleibt aber in derselben unbestimmt(vgl.Fig.14).

Mit Rücksicht auf unsere neuen Bezeichnungen kann man dem Satze 282 auch die Fassung geben:

Satz 285: Zweite Fassung von Satz 282: Die Gerade des Einheitsstabes ist die Polare (Harmonikale) des Einheitspunktes in bezug auf das Fundamentaldreieck, also auch umgekehrt der Einheitspunkt der Pol (Harmonikalpunkt) der Geraden des Einheitsstabes in bezug auf das Fundamentaldreieck.

Da nach diesem Satze und den ihm vorausgeschickten Bemerkungen in einem gegebenen Fundamentaldreieck die Lage des Einheitspunktes durch diejenige des Einheitsstabes vollständig mitbestimmt ist, wenigstens sofern nicht die Gerade des Einheitsstabes mit einer Seite des Fundamentaldreiecks zusammenfällt, so kann man die bisher durch Angabe der Lage des Einheitspunktes charakterisierten Dreieckskoordinaten eines Stabes *auch durch Angabe der Lage des Einheitsstabes zu dem Fundamentaldreieck festlegen,* was der obigen Einführung der Dreieckskoordinaten eines Punktes dualistisch genauer entspricht.

Weiterführung der geometrischen Deutung der Dreieckskoordinaten eines Stabes. Bezeichnet man jetzt wieder mit F *den Stab von der Länge* 1, welcher der Geraden des Einheitsstabes E angehört, und dessen Sinn so gewählt ist, daß das Produkt $[Ff]$ positiv wird, und versteht wieder unter der Längenzahl von E diejenige Zahlgröße $\mathfrak{l}'$, die der Gleichung genügt

$$(59) \qquad\qquad E = \mathfrak{l}' F,$$

und setzt schließlich (vgl. Fig. 15) die Abstände der Geraden des Einheitsstabes von den Ecken des Fundamentaldreiecks gleich q_1', q_2', q_3', wobei die Vorzeichen dieser Abstände in entsprechender Weise zu bestimmen sind wie bei den Größen q_1, q_2, q_3, so ergeben sich aus den Gleichungen (57) bei ihrer Anwendung auf die Koordinaten des Einheitsstabes die Sondergleichungen

$$(60) \qquad\qquad 1 = \mathfrak{m}_1 \mathfrak{l}' q_1', \quad 1 = \mathfrak{m}_2 \mathfrak{l}' q_2', \quad 1 = \mathfrak{m}_3 \mathfrak{l}' q_3';$$

und dividiert man endlich mit diesen Gleichungen in die Gleichungen (57),

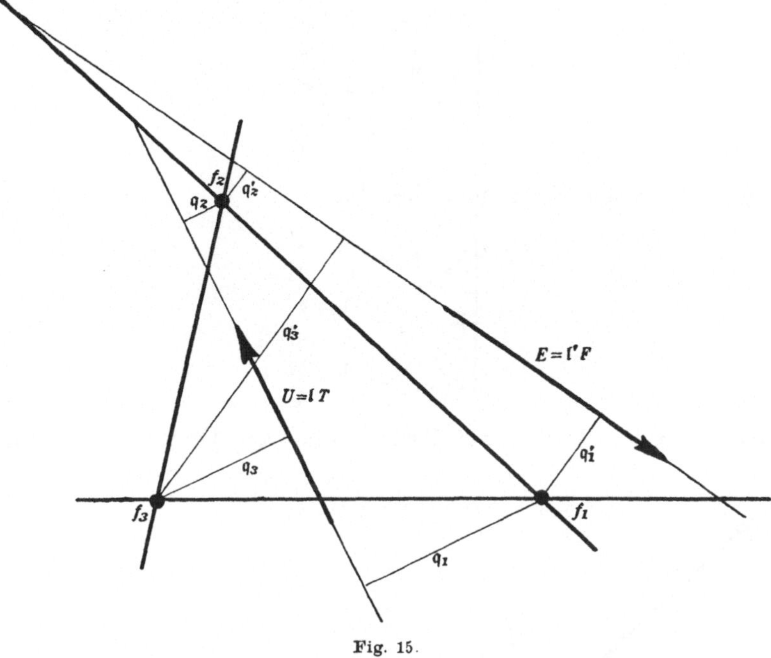

Fig. 15.

aus denen sie durch Spezialisierung hervorgegangen sind, so erhält man für die Stabkoordinaten $\mathfrak{u}_i$ die Werte:

$$(61) \qquad \mathfrak{u}_1 = \frac{\mathfrak{l}}{\mathfrak{l}'}\frac{q_1}{q_1'}, \quad \mathfrak{u}_2 = \frac{\mathfrak{l}}{\mathfrak{l}'}\frac{q_2}{q_2'}, \quad \mathfrak{u}_3 = \frac{\mathfrak{l}}{\mathfrak{l}'}\frac{q_3}{q_3'}.$$

Diese Gleichungen aber liefern die Proportion

$$(62) \qquad \mathfrak{u}_1 : \mathfrak{u}_2 : \mathfrak{u}_3 = \frac{q_1}{q_1'} : \frac{q_2}{q_2'} : \frac{q_3}{q_3'}$$

und damit den Satz:

Satz 286: Die Dreieckskoordinaten $\mathfrak{u}_i$ eines Stabes U in bezug auf das Dreieck $e_1 e_2 e_3$ als Fundamentaldreieck und den Stab E als Einheitsstab sind bis auf den Proportionalitätsfaktor $\frac{\mathfrak{l}}{\mathfrak{l}'}$ gleich den Verhältnissen $\frac{q_i}{q_i'}$ aus den Abständen des Stabes U und des Einheitsstabes E von den Ecken des Fundamentaldreiecks, unter $\mathfrak{l}$ die Längenzahl des Stabes U und unter $\mathfrak{l}'$ diejenige des Einheitsstabes E verstanden:

Ersetzt man wieder die laufende Proportion (62) durch die in ihr enthaltenen einfachen Proportionen

$$(63) \quad \begin{cases} \mathfrak{u}_2 : \mathfrak{u}_3 = \dfrac{q_2}{q_2'} : \dfrac{q_3}{q_3'} \\[2ex] \mathfrak{u}_3 : \mathfrak{u}_1 = \dfrac{q_3}{q_3'} : \dfrac{q_1}{q_1'} \\[2ex] \mathfrak{u}_1 : \mathfrak{u}_2 = \dfrac{q_1}{q_1'} : \dfrac{q_2}{q_2'}, \end{cases}$$

die man auch in der Form schreiben kann:

$$(64) \quad \begin{cases} \mathfrak{u}_2 : \mathfrak{u}_3 = \dfrac{q_2}{q_3} : \dfrac{q_2'}{q_3'} \\[2ex] \mathfrak{u}_3 : \mathfrak{u}_1 = \dfrac{q_3}{q_1} : \dfrac{q_3'}{q_1'} \\[2ex] \mathfrak{u}_1 : \mathfrak{u}_2 = \dfrac{q_1}{q_2} : \dfrac{q_1'}{q_2'}, \end{cases}$$

so folgert man leicht aus zwei Paaren ähnlicher Dreiecke (vgl. Fig. 16),

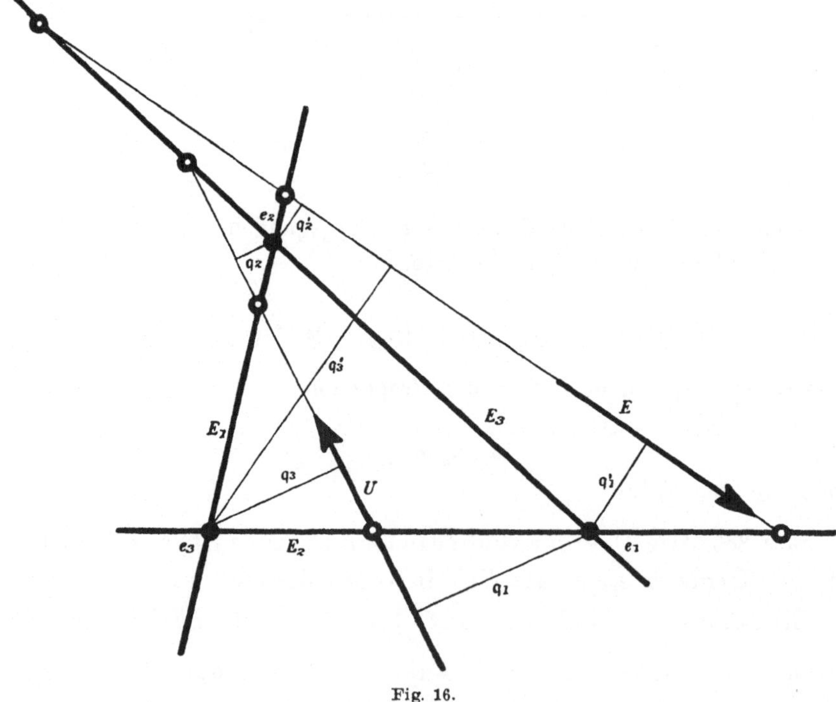

Fig. 16.

daß zum Beispiel das rechte Verhältnis $\dfrac{q_2}{q_3} : \dfrac{q_2'}{q_3'}$ der ersten Proportion (64) gerade gleich dem Doppelverhältnis

$$(e_2,\ e_3,\ [E_1 U],\ [E_1 E])$$

desjenigen Punktwurfes ist, der auf der Seite E_1 des Fundamentaldreiecks durch die ihr angehörenden Ecken e_2 und e_3 und die Punkte $[E_1 U]$ und $[E_1 E]$ bestimmt wird, die aus der Seite E_1 durch die Geraden der Stäbe U und E ausgeschnitten werden. Die Gleichungen (64) lassen sich daher auch in der Form schreiben:

$$(65) \quad \begin{cases} \mathfrak{u}_2 : \mathfrak{u}_1 = (e_2,\ e_3,\ [E_1 U],\ [E_1 E]) \\ \mathfrak{u}_3 : \mathfrak{u}_1 = (e_3,\ e_1,\ [E_2 U],\ [E_2 E]) \\ \mathfrak{u}_1 : \mathfrak{u}_2 = (e_1,\ e_2,\ [E_3 U],\ [E_3 E]). \end{cases}$$

Man hat also den Satz:

Satz 287: Die drei Verhältnisse

$$\mathfrak{u}_2 : \mathfrak{u}_3, \quad \mathfrak{u}_3 : \mathfrak{u}_1, \quad \mathfrak{u}_1 : \mathfrak{u}_2$$

der Dreieckskoordinaten eines beliebigen Stabes U sind gleich den Doppelverhältnissen derjenigen drei Punktwürfe, die gebildet werden durch die jenen drei Verhältnissen entsprechenden Eckenpaare

$$e_2 \text{ und } e_3, \quad e_3 \text{ und } e_1, \quad e_1 \text{ und } e_2$$

des Fundmentaldreiecks und die aus den verbindenden Seiten

$$E_1, \qquad E_2, \qquad E_3$$

durch die Geraden des Stabes U und des Einheitsstabes E ausgeschnittenen Punktpaare

$$[E_1 U] \text{ und } [E_1 E], \quad [E_2 U] \text{ und } [E_2 E], \quad [E_3 U] \text{ und } [E_3 E].$$

Mit Rücksicht auf diese Deutung der Verhältnisse der drei Linienkoordinaten $\mathfrak{u}_1,\ \mathfrak{u}_2,\ \mathfrak{u}_3$ nennt man die Linienkoordinaten einer Geraden U in bezug auf ein gegebenes Fundamentaldreieck und einen gegebenen Einheitsstab auch wohl die **Doppelverhältniskoordinaten** oder **Wurfkoordinaten** der Geraden U[1]).

Zusammenhang der Dreieckskoordinaten eines Stabes mit seinen Zurückleitungen auf die Seiten des Fundamentaldreiecks unter Ausschluß der Gegenecken. Mechanische Deutung der Stabkoordinaten. Man kann aber den Stabkoordinaten ebenso wie den Punktkoordinaten auch eine mehr *mechanische Deutung* geben. Um diese zu finden, zeige man zunächst auch hier

---

1) Hält man die in den Sätzen 279 und 287 ausgesprochenen Eigenschaften der Dreieckskoordinaten eines Punktes und eines Stabes mit der im fünften und sechsten Hauptteil entwickelten Tatsache zusammen, daß das Doppelverhältnis eines Punkt- oder Strahlwurfes bei projektiver (kollinearer oder reziproker) Abbildung invariant bleibt, so erkennt man den Grund dafür, daß die Dreieckskoordinaten zur Behandlung der projektiven Geometrie besonders geeignet sind. Vgl. hierzu E. Müller, Die verschiedenen Koordinatensysteme, Encyklopädie der mathematischen Wissenschaften, Bd. III. Teil 1. Heft 4 (Leipzig 1910), Seite 641.

wiederum, daß die einzelnen Glieder der für den Stab U gegebenen Vielfachensumme

$$(53) \qquad U = \mathfrak{u}_1 E_1 + \mathfrak{u}_2 E_2 + \mathfrak{u}_3 E_3,$$

und ebenso die Summen je zweier dieser Glieder sich als Zurückleitungen des Stabes U auffassen lassen.

Dazu setze man in die Gleichung (53) für die Stabkoordinaten $\mathfrak{u}_1, \mathfrak{u}_2, \mathfrak{u}_3$ ihre Werte aus (54) ein und erhält

$$(66) \qquad U = [Ue_1]E_1 + [Ue_2]E_2 + [Ue_3]E_3.$$

Aus der Form der Glieder rechter Hand folgt aber mit Rücksicht auf (13) sofort, daß sie die Zurückleitungen des Stabes U auf die Seiten des Fundamentaldreiecks unter Ausschluß der Gegenecken sind. Denn bezeichnet man diese Zurückleitungen mit W_1, W_2, W_3, so wird nach den Gleichungen (18) des 4. Abschnitts und (13) in der Tat

$$(67) \qquad W_1 = E_1[Ue_1], \quad W_2 = E_2[Ue_2], \quad W_3 = E_3[Ue_3],$$

oder also

$$(68) \qquad W_1 = \mathfrak{u}_1 E_1, \quad W_2 = \mathfrak{u}_2 E_2, \quad W_3 = \mathfrak{u}_3 E_3.$$

Damit ist aber wirklich der Satz bewiesen:

Satz 288: Die einzelnen Glieder der Vielfachensumme (53) für den Stab U sind die Zurückleitungen W_1, W_2, W_3 von U auf die Seiten des Fundamentaldreiecks unter Ausschluß der Gegenecken.

Hieraus aber folgt wieder nach der Entwickelung auf S. 44 des ersten Bandes:

Satz 289: Die drei Summen von *je zwei* Gliedern der Vielfachensumme (53) für U sind die zu W_1, W_2, W_3 ergänzenden Zurückleitungen von U, das heißt die Zurückleitungen von U auf die Ecken des Fundamentaldreiecks unter Ausschluß der Gegenseiten.

Denn diese drei Summen geben ja zu den Größen W_i addiert die zurückgeleitete Größe U.

Bezeichnet man daher noch diese Zurückleitungen des Stabes U auf die Ecken des Fundamentaldreiecks unter Ausschluß der Gegenseiten mit V_1, V_2, V_3, so wird

$$(69) \qquad V_1 = \mathfrak{u}_2 E_2 + \mathfrak{u}_3 E_3, \quad V_2 = \mathfrak{u}_3 E_3 + \mathfrak{u}_1 E_1, \quad V_3 = \mathfrak{u}_1 E_1 + \mathfrak{u}_2 E_2.$$

Andererseits wird nach Gleichung (17) des vierten Abschnitts und (13)

$$(70) \qquad V_1 = [e_1 \cdot UE_1], \quad V_2 = [e_2 \cdot UE_2], \quad V_3 = [e_3 \cdot UE_3].$$

Die so gewonnene Auffassung für die einzelnen Glieder der Vielfachensumme (53) und für die Summen von je zweien dieser Glieder ermöglicht es nun aber tatsächlich, für diese Größen eine Konstruktion zu geben, die den Kraftzerlegungen in der Mechanik entspricht, so daß man dann also auch für die Stabkoordinaten $\mathfrak{u}_i$ eine *mechanische Deutung* gewinnt.

Nach dem Vorbilde von Seite 43 f. des ersten Bandes erhält man nämlich für die Zurückleitungen W_i des Stabes U und die ergänzenden Zurückleitungen V_i die folgende Konstruktion (vgl. Fig. 17):

Man bringe die Gerade des Stabes U zum Schnitt mit der Dreiecksseite E_i im Punkte t_i und verbinde t_i mit der jener Seite gegenüberliegenden Ecke e_i. Sodann zerlege man U in zwei Komponenten, die den Geraden der Stäbe E_i und $[t_i e_i]$ angehören, so sind diese Komponenten die gesuchten Zurückleitungen W_i und V_i des Stabes U.

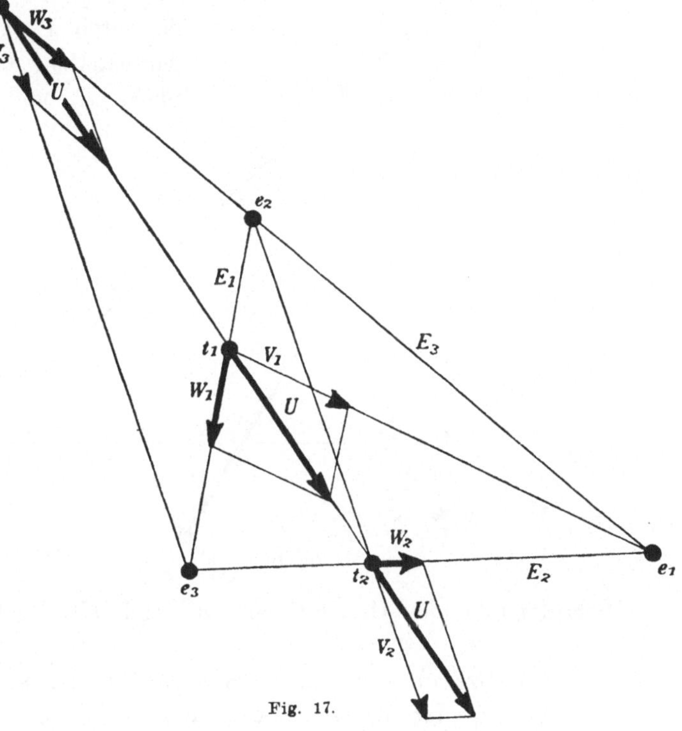

Fig. 17.

Für die Stabkoordinaten $\mathfrak{u}_i$ selbst ergibt sich dann wegen (68) die Darstellung

$$(71) \qquad \mathfrak{u}_1 = \frac{W_1}{E_1}, \quad \mathfrak{u}_2 = \frac{W_2}{E_2}, \quad \mathfrak{u}_3 = \frac{W_3}{E_3},$$

das heißt, man hat den Satz:

Satz 290: Die Dreieckskoordinaten $\mathfrak{u}_i$ eines Stabes U sind die Verhältnisse aus seinen Zurückleitungen W_i auf die Seiten des Fundamentaldreiecks unter Ausschluß der Gegenecken und aus den in diesen Seiten liegenden Grundstäben E_i.

Will man statt der Grundstäbe E_i die Seiten S_i des Fundamentaldreiecks einführen, so hat man noch die Gleichungen (18) zu benutzen und erhält so

$$(72) \qquad \mathfrak{u}_1 = \frac{W_1}{\mathfrak{m}_2\,\mathfrak{m}_3\,S_1}, \quad \mathfrak{u}_2 = \frac{W_2}{\mathfrak{m}_3\,\mathfrak{m}_1\,S_2}, \quad \mathfrak{u}_3 = \frac{W_3}{\mathfrak{m}_1\,\mathfrak{m}_2\,S_3}.$$

Schließlich möge noch bemerkt werden, daß zur Konstruktion der drei Zurückleitungen W_i auch schon *zwei* Parallelogrammkonstruktionen ausreichen. Hat man nämlich nach dem soeben entwickelten Verfahren den Stab U in seine beiden Komponenten V_3 und W_3 zerlegt (vgl. Fig. 18), so braucht man nur noch den Stab V_3 als Summe zweier Stäbe darzustellen, die in den Geraden der Stäbe E_1 und E_2 liegen, dann sind diese beiden Stäbe die gesuchten beiden andern Zurückleitungen W_1 und W_2. Eine solche Summendarstellung ist immer möglich, da ja nach obiger Konstruktion die Gerade des Stabes V_3 durch den Punkt e_3, das heißt durch den

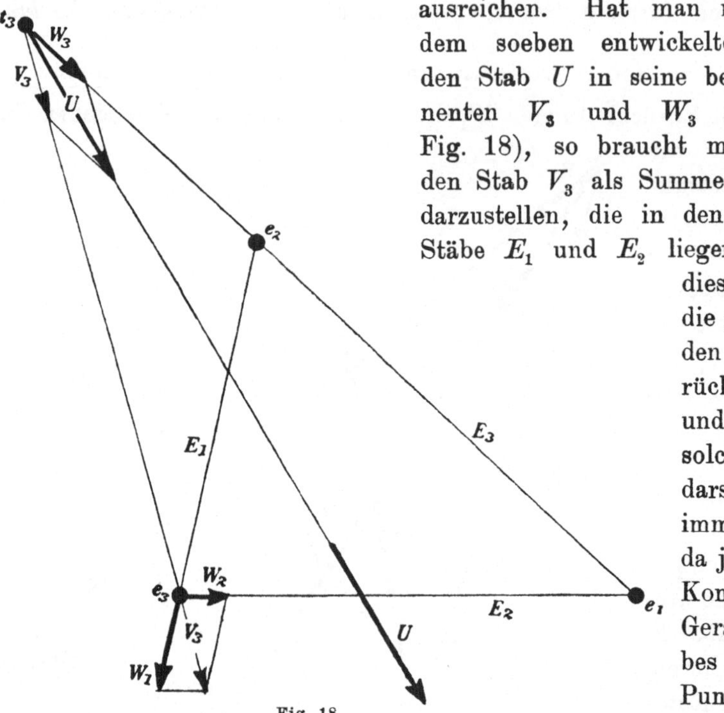

Fig. 18.

Schnittpunkt der Geraden von E_1 und E_2, hindurchgeht.

Die Dreieckskoordinaten des unendlich fernen Stabes J. Wendet man den Begriff der Dreieckskoordinaten eines Stabes *auf den unendlich fernen Stab J* an, für den wir oben auf Seite 6 die Darstellung gefunden haben:

$$(24) \qquad J = \mathfrak{m}_1 E_1 + \mathfrak{m}_2 E_2 + \mathfrak{m}_3 E_3,$$

und vergleicht insbesondere den Ausdruck (24) mit dem für einen beliebigen Stab U gegebenen Ableitausdruck (53), an den wir die Erklärung der Dreieckskoordinaten eines Stabes geknüpft haben, so sieht man, daß die Dreieckskoordinaten des unendlich fernen Stabes J mit den Massen der Ecken des Fundamentaldreiecks übereinstimmen, und man hat daher den Satz:

Satz 291: Die Dreieckskoordinaten des unendlich fernen Stabes J sind gleich den Massen der Ecken des Fundamentaldreiecks.

Die Gleichung einer Geraden und die Gleichung eines Punktes in Dreieckskoordinaten. Es ist meist nicht nötig, eine Gerade durch eine Gleichung in Punktkoordinaten darzustellen, da es für gewöhnlich bequemer sein wird, eine Gerade durch einen in ihr gelegenen Stab zu bestimmen. Doch kann man auch leicht den Übergang von der einen zur andern Art der Darstellung machen.

Ist A ein beliebiger Stab und x der laufende Punkt der Geraden, die durch ihn bestimmt wird, so lautet die Gleichung dieser Geraden

$$(73) \qquad\qquad [Ax] = 0.$$

Ersetzt man in ihr den Stab A und den Punkt x durch ihre Ableitausdrücke:

$$(74) \qquad\qquad A = \mathfrak{a}_1 E_1 + \mathfrak{a}_2 E_2 + \mathfrak{a}_3 E_3 \quad \text{und}$$

$$(75) \qquad\qquad x = \mathfrak{x}_1 e_1 + \mathfrak{x}_2 e_2 + \mathfrak{x}_3 e_3,$$

so verwandelt sich die Gleichung (73) in

$$(76) \qquad\qquad \mathfrak{a}_1 \mathfrak{x}_1 + \mathfrak{a}_2 \mathfrak{x}_2 + \mathfrak{a}_3 \mathfrak{x}_3 = 0.$$

Damit ist für eine Gerade, die den Stab A enthält, die Gleichung in Punktkoordinaten gefunden. Es gehört aber auch umgekehrt einer Geraden, deren Gleichung in Punktkoordinaten die Form (76) hat, der Stab (74) an. Man hat also den Satz:

Satz 292: Die Gleichung einer Geraden, die den Stab

$$(74) \qquad\qquad A = \mathfrak{a}_1 E_1 + \mathfrak{a}_2 E_2 + \mathfrak{a}_3 E_3$$

enthält, lautet in Punktkoordinaten $\mathfrak{x}_1$, $\mathfrak{x}_2$, $\mathfrak{x}_3$, bezogen auf das durch die drei Stäbe E_1, E_2, E_3 bestimmte Fundamentaldreieck:

$$(76) \qquad\qquad \mathfrak{a}_1 \mathfrak{x}_1 + \mathfrak{a}_2 \mathfrak{x}_2 + \mathfrak{a}_2 \mathfrak{x}_3 = 0;$$

und umgekehrt gehört der durch die lineare homogene Gleichung (76) in Punktkoordinaten dargestellten Geraden der Stab (74) an.

Will man andererseits einen Punkt a durch eine Gleichung in Linienkoordinaten darstellen, so bilde man zunächst seine Stabgleichung, welche offenbar lauten wird:

$$(77) \qquad\qquad [aU] = 0,$$

wo U einen veränderlichen Stab bedeutet, dessen Gerade durch den Punkt a hindurchgeht. Ersetzt man in der Gleichung (77) den Punkt a und den Stab U durch ihre Ableitausdrücke:

$$(78) \qquad\qquad a = \mathfrak{a}_1 e_1 + \mathfrak{a}_2 e_2 + \mathfrak{a}_3 e_3 \quad \text{und}$$

$$(79) \qquad\qquad U = \mathfrak{u}_1 E_1 + \mathfrak{u}_2 E_2 + \mathfrak{u}_3 E_3,$$

so verwandelt sich die Gleichung (77) in

$$(80) \qquad \mathfrak{a}_1 u_1 + \mathfrak{a}_2 u_2 + \mathfrak{a}_3 u_3 = 0.$$

Damit ist für den Punkt a die Gleichung in Linienkoordinaten gefunden, und da auch die umgekehrte Schlußweise zulässig ist, so hat man den Satz:

Satz 293: Die Gleichung des Punktes

$$(78) \qquad a = \mathfrak{a}_1 e_1 + \mathfrak{a}_2 e_2 + \mathfrak{a}_3 e_3$$

in Linienkoordinaten u_1, u_2, u_3 bezogen auf das Dreieck mit den Ecken e_1, e_2, e_3 als Fundamentaldreieck lautet:

$$(80) \qquad \mathfrak{a}_1 u_1 + \mathfrak{a}_2 u_2 + \mathfrak{a}_3 u_3 = 0;$$

und umgekehrt läßt ein Punkt, dessen Gleichung in Linienkoordinaten die Form (80) hat, die Darstellung (78) zu.

Man kann noch hinzufügen: Die Gleichung

$$(81) \qquad [Ux] = 0$$

ist die Gleichung für das Vereintliegen (die Inzidenz) des Punktes x und des Stabes U (vgl. Seite 41 des ersten Bandes), das heißt, sie ist bei konstantem U, aber veränderlichem x die Gleichung der Geraden des Stabes U in Punktkoordinaten, und bei konstantem x, aber veränderlichem U die Gleichung des Punktes x in Stabkoordinaten. Bei Einführung der Werte (25) und (53) nimmt übrigens die Gleichung (81) die Form an

$$(82) \qquad u_1 \mathfrak{x}_1 + u_2 \mathfrak{x}_2 + u_3 \mathfrak{x}_3 = 0,$$

und umgekehrt läßt sich jede Gleichung von der Form (82) auch in der Form (81) schreiben. Man hat also den Satz:

Satz 294: Jede in den Dreieckskoordinaten $\mathfrak{x}_1$, $\mathfrak{x}_2$, $\mathfrak{x}_3$ eines Punktes lineare homogene Gleichung ist die Gleichung derjenigen Geraden, deren Linienkoordinaten in bezug auf dasselbe Dreieckskoordinatensystem die Koeffizienten jener Gleichung sind und jede in den Dreieckskoordinaten u_1, u_2, u_3 eines Stabes lineare homogene Gleichung ist die Gleichung desjenigen Punktes, dessen Punktkoordinaten in bezug auf dasselbe Dreieckskoordinatensystem mit den Koeffizienten jener Gleichung übereinstimmen.

Die Länge des Einheitsstabes und eines beliebigen Stabes, die Masse des Einheitspunktes und eines beliebigen Punktes. Es ist weiter noch von Interesse, die Länge $\mathfrak{l}'$ des Einheitsstabes durch seinen Abstand vom Einheitspunkte und die Masse $\mathfrak{m}'$ dieses Punktes auszudrücken. Dazu führe man in die Erklärungsgleichungen des Einheitsstabes und Einheitspunktes

(58) $$E = E_1 + E_2 + E_3 \quad \text{und}$$

(2) $$e = e_1 + e_2 + e_3$$

für E und e ihre Werte aus (59) und (4) ein und erhält die Gleichungen

(83) $$\mathfrak{l}'F = E_1 + E_2 + E_3 \quad \text{und}$$

(84) $$\mathfrak{m}'f = e_1 + e_2 + e_3.$$

Diese beiden Gleichungen (83) und (84) multipliziere man miteinander unter Berücksichtigung der Gleichungen (13) und (14), so ergibt sich für die Länge $\mathfrak{l}'$ des Einheitsstabes die Gleichung

(85) $$\mathfrak{l}'\mathfrak{m}'[Ff] = 3.$$

Das hier auftretende Produkt $[Ff]$ besitzt nun aber eine einfache geometrische Bedeutung. Denn da der Stab F die Länge 1 hat, und auch der Punkt f ein einfacher Punkt ist, so ist das Blatt $[Ff]$ gleich dem Abstande des Einheitspunktes vom Einheitsstabe und zwar ist dieser Abstand positiv zu nehmen, weil nach der Festsetzung auf Seite 18 der Sinn des einfachen Stabes F so gewählt werden sollte, daß das Produkt $[Ff]$ positiv wird. Bezeichnet man daher noch den positiv genommenen Abstand des Einheitspunktes und Einheitsstabes mit $\mathfrak{q}'$, so läßt sich die Gleichung (85) in der Form schreiben

(86) $$\mathfrak{l}'\mathfrak{m}'\mathfrak{q}' = 3,$$

und man erhält also für die Länge $\mathfrak{l}'$ des Einheitsstabes den Wert

(87) $$\mathfrak{l}' = \frac{3}{\mathfrak{m}'\mathfrak{q}'} \cdot$$

Aus ihm folgt insbesondere, da $\mathfrak{q}'$ positiv ist, der Satz:

Satz 295: Die Längenzahl $\mathfrak{l}'$ des Einheitsstabes hat immer dasselbe Vorzeichen wie die Masse $\mathfrak{m}'$ des Einheitspunktes.

Die Formeln (86) und (87) lassen sich sehr leicht dadurch verallgemeinern, daß man in der obigen Entwickelung an die Stelle des Einheitsstabes oder des Einheitspunktes einen *beliebigen Stab* U oder einen *beliebigen Punkt* x treten läßt.

Führt man nämlich in die Gleichung

(53) $$U = \mathfrak{u}_1 E_1 + \mathfrak{u}_2 E_2 + \mathfrak{u}_3 E_3$$

für U seinen Wert aus (55) ein und multipliziert die entstehende Gleichung

(88) $$\mathfrak{l} T = \mathfrak{u}_1 E_1 + \mathfrak{u}_2 E_2 + \mathfrak{u}_3 E_3$$

mit der Gleichung (84), so ergibt sich für die Längenzahl $\mathfrak{l}$ des Stabes U die Gleichung

$$(89) \qquad \mathfrak{l}\,\mathfrak{m}'[Tf] = \mathfrak{u}_1 + \mathfrak{u}_2 + \mathfrak{u}_3 .$$

Hier ist dann jetzt das Produkt $[Tf]$ der positiv genommene Abstand $\mathfrak{p}'$ des Stabes U vom Einheitspunkte (vgl. Seite 15); die Gleichung (89) nimmt daher die Form an

$$(90) \qquad \mathfrak{l}\,\mathfrak{m}'\mathfrak{p}' = \mathfrak{u}_1 + \mathfrak{u}_2 + \mathfrak{u}_3 .$$

Und diese Gleichung liefert, falls $\mathfrak{m}'$ und $\mathfrak{p}'$ von Null verschieden sind, für die Längenzahl $\mathfrak{l}$ des Stabes U den Wert

$$(91) \qquad \mathfrak{l} = \frac{1}{\mathfrak{m}'}\,\frac{\mathfrak{u}_1 + \mathfrak{u}_2 + \mathfrak{u}_3}{\mathfrak{p}'} .$$

Schließlich hat man noch die zu der Formel (91) dualistisch entsprechende Formel zu entwickeln. Dazu setze man in die Gleichung

$$(25) \qquad x = \mathfrak{x}_1 e_1 + \mathfrak{x}_2 e_2 + \mathfrak{x}_3 e_3$$

für x seinen Wert aus (26) ein, wodurch sie übergeht in

$$(92) \qquad \mathfrak{m}\,t = \mathfrak{x}_1 e_1 + \mathfrak{x}_2 e_2 + \mathfrak{x}_3 e_3 ,$$

und multipliziere dann diese Gleichung mit der Gleichung (83). So erhält man

$$(93) \qquad \mathfrak{l}'\,\mathfrak{m}[Ft] = \mathfrak{x}_1 + \mathfrak{x}_2 + \mathfrak{x}_3 .$$

Hier stellt das Produkt $[Ft]$ den Abstand $\mathfrak{q}'$ des Punktes x vom Einheitsstabe E dar, dieser Abstand positiv oder negativ genommen, je nachdem der Punkt x auf derselben Seite des Einheitsstabes liegt wie der Einheitspunkt oder nicht. Die Gleichung läßt sich daher auch in der Form schreiben

$$(94) \qquad \mathfrak{l}'\,\mathfrak{m}\,\mathfrak{q}' = \mathfrak{x}_1 + \mathfrak{x}_2 + \mathfrak{x}_3 .$$

Man findet also, falls $\mathfrak{l}'$ und $\mathfrak{q}'$ von Null verschieden sind, für die Masse $\mathfrak{m}$ des Punktes x den Wert:

$$(95) \qquad \mathfrak{m} = \frac{1}{\mathfrak{l}'}\,\frac{\mathfrak{x}_1 + \mathfrak{x}_2 + \mathfrak{x}_3}{\mathfrak{q}'} .$$

Übergang zu den Cartesischen Koordinaten. Besondere Wahl der Ecken des Fundamentaldreiecks und des Einheitspunktes. Will man von den Dreieckskoordinaten zu schiefwinkligen oder rechtwinkligen Cartesischen Koordinaten übergehen, so hat man zwei von den drei Ecken des Fundamentaldreiecks, etwa die Punkte e_1 und e_2, auf den positiven Seiten der Koordinatenachsen des Cartesischen Systems ins Unendliche rücken zu lassen, die dritte Ecke e_3 aber zum Anfangspunkt des Koordinatensystems zu machen. Den Einheitspunkt e wählt man dabei am besten so, daß seine Koordinaten auch im Cartesischen System die Werte 1, 1 erhalten.

Dazu hat man einen Rhombus zu konstruieren, dessen Seite gleich der Längeneinheit ist, und der sich an die positiven Seiten der Koordinatenachsen anlehnt. In diesem Rhombus ist dann die Gegenecke des Anfangspunktes e_3 der durch die obige Forderung charakterisierte Einheitspunkt e (vgl. Fig. 19).

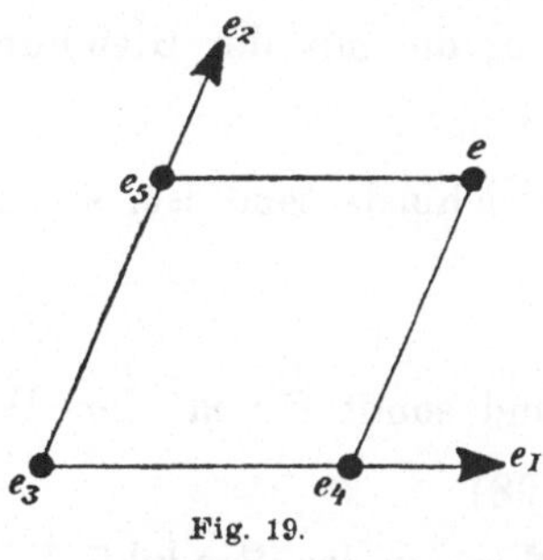

Fig. 19.

Durch diese Wahl des Einheitspunktes und die auf Seite 2 gestellte Bedingung, daß das äußere Produkt $[e_1 e_2 e_3]$ der drei Grundpunkte $= 1$ sein solle, ist dann sowohl die Masse des Anfangspunktes e_3 wie auch die Länge und der Sinn derjenigen beiden Strecken e_1 und e_2 bestimmt, die als die greifbaren Bilder der unendlich fernen Ecken des Koordinatendreiecks erscheinen (vgl. Seite 3 ff. des ersten Bandes).

Bezeichnet man nämlich wieder die Massen der vier Punkte

$$e_1, \quad e_2, \quad e_3, \quad e \quad \text{mit}$$
$$\mathfrak{m}_1, \quad \mathfrak{m}_2, \quad \mathfrak{m}_3, \quad \mathfrak{m}'$$

und die mit ihnen zusammenfallenden einfachen Punkte mit

$$f_1, \quad f_2, \quad f_3, \quad f,$$

so lassen sich zunächst die Massen $\mathfrak{m}_1$, $\mathfrak{m}_2$, $\mathfrak{m}_3$ der drei Grundpunkte vermöge der obigen Formeln

$$(8) \qquad \mathfrak{m}_1 = \mathfrak{m}' \frac{[f f_2 f_3]}{[f_1 f_2 f_3]}, \quad \mathfrak{m}_2 = \mathfrak{m}' \frac{[f f_3 f_1]}{[f_1 f_2 f_3]}, \quad \mathfrak{m}_3 = \mathfrak{m}' \frac{[f f_1 f_2]}{[f_1 f_2 f_3]}$$

bis auf einen Proportionalitätsfaktor $\mathfrak{m}'$ bestimmen. Dazu denke man sich die Indizes 1 und 2 auf die beiden Punkte f_1 und f_2 in der Weise verteilt, daß das Produkt $[f_1 f_2 f_3]$ positiv wird; dann werden mit Rücksicht auf die Lage des Einheitspunktes und der Punkte f_1 und f_2 nach Seite 2 f. auch die Produkte

$$[f f_2 f_3], \quad [f f_3 f_1], \quad [f f_1 f_2]$$

positiv, und ebenso werden die auf Seite 8 eingeführten Größen $\mathfrak{s}_1$, $\mathfrak{s}_2$, $\mathfrak{s}_3$, welche die mit einem gewissen Vorzeichen versehenen Seitenlängen des Fundamentaldreiecks darstellten, nach der dort gegebenen Festsetzung über das Vorzeichen sämtlich positiv. Mit Rücksicht hierauf erhält man für die Brüche auf der rechten Seite von (8) die Werte:

$$(96) \qquad \frac{[f f_2 f_3]}{[f_1 f_2 f_3]} = \frac{1}{\mathfrak{s}_2}, \quad \frac{[f f_3 f_1]}{[f_1 f_2 f_3]} = \frac{1}{\mathfrak{s}_1}, \quad \frac{[f f_1 f_2]}{[f_1 f_2 f_3]} = 1,$$

und die Gleichungen (8) verwandeln sich also in

$$(97) \qquad \mathfrak{m}_1 = \mathfrak{m}' \frac{1}{\mathfrak{s}_2}, \quad \mathfrak{m}_2 = \mathfrak{m}' \frac{1}{\mathfrak{s}_1}, \quad \mathfrak{m}_3 = \mathfrak{m}'.$$

Führt man aber die drei Werte (97) für $\mathfrak{m}_1$, $\mathfrak{m}_2$, $\mathfrak{m}_3$ in die Gleichung

(10) $$\mathfrak{m}_1\,\mathfrak{m}_2\,\mathfrak{m}_3\,[f_1 f_2 f_3] = 1$$

ein, die mit der Gleichung

(9) $$[e_1 e_2 e_3] = 1$$

gleichbedeutend ist, so erhält man die Gleichung

$$\frac{1}{\mathfrak{s}_2}\frac{1}{\mathfrak{s}_1}\,\mathfrak{m}'^{\,3}[f_1 f_2 f_3] = 1$$

und somit für $\mathfrak{m}'$ den Wert

(98) $$\mathfrak{m}' = \sqrt[3]{\frac{\mathfrak{s}_1\,\mathfrak{s}_2}{[f_1 f_2 f_3]}}\,.$$

Nun ist das Produkt

(99) $$[f_1 f_2 f_3] = \mathfrak{s}_1\,\mathfrak{s}_2\,\sin\mathfrak{k},$$

vorausgesetzt, daß unter $\mathfrak{k}$ der positiv zu rechnende konkave Winkel verstanden wird, den die Stäbe $[f_3 f_1]$ und $[f_3 f_2]$ mit einander einschließen. (Vgl. die auf Seite 29 gemachten Angaben über das Vorzeichen von $[f_1 f_2 f_3]$, $\mathfrak{s}_1$ und $\mathfrak{s}_2$.) Die Gleichung (98) verwandelt sich daher in

(100) $$\mathfrak{m}' = \frac{1}{\sqrt[3]{\sin\mathfrak{k}}};$$

und die drei Gleichungen (97) gehen über

(101) $$\mathfrak{m}_1 = \frac{\frac{1}{\mathfrak{s}_2}}{\sqrt[3]{\sin\mathfrak{k}}},\quad \mathfrak{m}_2 = \frac{\frac{1}{\mathfrak{s}_1}}{\sqrt[3]{\sin\mathfrak{k}}},\quad \mathfrak{m}_3 = \frac{1}{\sqrt[3]{\sin\mathfrak{k}}},$$

wobei mit Rücksicht auf die oben (auf Seite 1) hinsichtlich der Massen $\mathfrak{m}_1$, $\mathfrak{m}_2$, $\mathfrak{m}_3$ getroffene Voraussetzung die dritte Wurzel überall reell zu nehmen ist; ja, wegen der soeben gemachten Festsetzung über den Winkel $\mathfrak{k}$ ist diese Wurzel sogar stets positiv.

Beachtet man jetzt noch, daß die Seiten $\mathfrak{s}_1$ und $\mathfrak{s}_2$ des Fundamentaldreiecks unendlich lang sind, so nehmen die Gleichungen (101) die Form an:

(102) $$\mathfrak{m}_1 = 0,\quad \mathfrak{m}_2 = 0,\quad \mathfrak{m}_3 = \frac{1}{\sqrt[3]{\sin\mathfrak{k}}}\,.$$

Aus der dritten von diesen Gleichungen folgt wegen (1), daß

(103) $$e_3 = \frac{f_3}{\sqrt[3]{\sin\mathfrak{k}}},$$

während die beiden ersten Gleichungen (102) zeigen, daß die Massen $\mathfrak{m}_1$ und $\mathfrak{m}_2$ der beiden unendlich fernen Ecken e_1 und e_2 des Fundamentaldreiecks verschwinden. Nun ist aber ein unendlich ferner Punkt von der Masse 0, durch Angabe der Linie, auf der er liegen soll, *als Größe* noch gar nicht bestimmt; denn es führt zum Beispiel die Konstruktion der Summe eines einfachen Punktes der Ebene und eines unendlich fernen Punktes von der Masse 0 *zu keinem eindeutigen Ergebnis* (vgl. Seite 3f. des ersten Bandes). Man weiß nur, daß jener einfache Punkt durch die Vermehrung um den unendlich fernen Punkt von verschwindender Masse auf der Geraden verschoben wird, die von dem einfachen Punkte nach dem unendlich fernen Punkte hinführt, *die Größe und der Sinn dieser Verschiebung bleibt dagegen völlig unbestimmt.*

Um diese Unbestimmtheit aufzuheben, muß man für den unendlich fernen Punkt noch eine Differenzdarstellung aufsuchen, durch die neben der Richtung jener Verschiebung auch noch deren Größe und Sinn angegeben wird, *welche also den unendlich fernen Punkt als Strecke charakterisiert* (vgl. Seite 4 f. des ersten Bandes).

Nun erkennt man aber leicht, daß die *unendlich fernen Ecken e_1 und e_2 des Fundamentaldreiecks durch die oben getroffene Verfügung über die Lage des Einheitspunktes nicht nur hinsichtlich ihrer Massen, sondern auch als Strecken bereits vollständig bestimmt sind.* Dazu bezeichne man noch die Zurückleitungen des Einheitspunktes

$$(104) \qquad e = e_1 + e_2 + e_3$$

auf die Seiten $[e_3 e_1]$ und $[e_2 e_3]$ des Fundamentaldreiecks unter Ausschluß der gegenüberliegenden Ecken e_2 und e_1 mit e_4 und e_5 (vgl. Seite 13), setze also

$$(105) \qquad \begin{cases} e_4 = e_3 + e_1 \\ e_5 = e_3 + e_2. \end{cases}$$

Dann sind nach dem Begriffe der Zurückleitung (vgl. Seite 41 f. des ersten Bandes) diese Punkte e_4 und e_5 nichts anderes als die dritte und vierte Ecke des in der Figur 19 konstruierten Rhombus. Ihre Massen ferner stimmen mit denen des Punktes e_3 überein, sind also gleich $\dfrac{1}{\sqrt[3]{\sin t}}$. Bezeichnet man daher noch die mit e_4 und e_5 zusammenfallenden einfachen Punkte mit f_4 und f_5, so wird

$$(106) \qquad e_4 = \frac{f_4}{\sqrt[3]{\sin t}}, \quad e_5 = \frac{f_5}{\sqrt[3]{\sin t}}.$$

Und löst man die Formeln (105) nach e_1 und e_2 auf und setzt zugleich für e_3, e_4, e_5 ihre Werte aus (103) und (106) ein, so erhält man

$$(107) \qquad \begin{cases} e_1 = e_4 - e_3 = \dfrac{1}{\sqrt[3]{\sin t}}(f_4 - f_3) \\ e_2 = e_5 - e_3 = \dfrac{1}{\sqrt[3]{\sin t}}(f_5 - f_3). \end{cases}$$

Da aber die Strecken $f_4 - f_3$ und $f_5 - f_3$ die Strecken der vom Punkte f_3 ausgehenden Seiten des „Koordinatenrhombus" sind, und diese nach der Voraussetzung die Länge 1 besitzen, so stimmen die Strecken e_1 und e_2 nach Richtung und Sinn mit den positiven Seiten der Koordinatenachsen überein und besitzen die Länge

$$\frac{1}{\sqrt[3]{\sin \mathfrak{k}}},$$

für ein rechtwinkliges Koordinatensystem insbesondere die Länge 1. Für ein solches wird zugleich wegen (101) die Masse $\mathfrak{m}_3$ des Anfangspunktes e_3 gleich 1.

In jedem Falle aber stimmen, wie die Vergleichung mit (102) oder (103) zeigt, die Längen der Strecken e_1 und e_2 mit der Masse $\frac{1}{\sqrt[3]{\sin \mathfrak{k}}}$ des Punktes e_3 überein. Beachtet man daher, daß sich der Satz 4 auch in der Form aussprechen läßt:

Vermehrt man einen vielfachen Punkt von der Masse $\mathfrak{m}$ um eine Strecke g, so erhält man wieder einen vielfachen Punkt, der mit jenem Punkte gleiche Masse hat und gegen ihn um die Strecke $\frac{g}{\mathfrak{m}}$ verschoben ist, so folgt, falls $\mathfrak{a}$ und $\mathfrak{b}$ zwei Zahlgrößen sind, daß auch für ein schiefwinkliges Koordinatensystem die Summen

$$e_3 + \mathfrak{a} e_1 \quad \text{und} \quad e_3 + \mathfrak{b} e_2$$

diejenigen Punkte der Koordinatenachsen darstellen, die vom Anfangspunkte die Entfernungen $|\mathfrak{a}|$ und $|\mathfrak{b}|$ haben und auf der positiven oder negativen Seite der Koordinatenachsen liegen, je nachdem die Zahlgrößen $\mathfrak{a}$ und $\mathfrak{b}$ positiv oder negativ sind.

Beziehungen zwischen den so gewonnenen speziellen Dreieckskoordinaten und den Cartesischen Koordinaten eines Punktes. Nach diesen Vorbereitungen ist es nicht mehr schwer, die Beziehungen zwischen den Dreieckskoordinaten $\mathfrak{x}_1$, $\mathfrak{x}_2$, $\mathfrak{x}_3$ und den Cartesischen Koordinaten eines Punktes x aufzufinden. Auf Seite 9 erhielten wir für die Dreieckskoordinaten $\mathfrak{x}_1$, $\mathfrak{x}_2$, $\mathfrak{x}_3$ die Formeln:

$$(32) \quad \begin{cases} \mathfrak{x}_1 = \mathfrak{m}_2 \, \mathfrak{m}_3 \, \mathfrak{m} \, \mathfrak{z}_1 \, \mathfrak{p}_1 \\ \mathfrak{x}_2 = \mathfrak{m}_3 \, \mathfrak{m}_1 \, \mathfrak{m} \, \mathfrak{z}_2 \, \mathfrak{p}_2 \\ \mathfrak{x}_3 = \mathfrak{m}_1 \, \mathfrak{m}_2 \, \mathfrak{m} \, \mathfrak{z}_3 \, \mathfrak{p}_3. \end{cases}$$

Dividiert man diese Gleichungen mit dem Produkte $\mathfrak{m}_1 \, \mathfrak{m}_2 \, \mathfrak{m}_3 \, \mathfrak{m}$ aller in ihnen auftretenden Massen und setzt linker Hand für den Bruch $\frac{1}{\mathfrak{m}_1 \, \mathfrak{m}_2 \, \mathfrak{m}_3}$ seinen Wert $[f_1 f_2 f_3]$ aus (10) ein, so erhält man die Formeln

$$(108) \qquad \begin{cases} [f_1 f_2 f_3] \dfrac{\mathfrak{x}_1}{\mathfrak{m}} = \dfrac{\mathfrak{s}_1 \mathfrak{p}_1}{\mathfrak{m}_1} \\[2mm] [f_1 f_2 f_3] \dfrac{\mathfrak{x}_2}{\mathfrak{m}} = \dfrac{\mathfrak{s}_2 \mathfrak{p}_2}{\mathfrak{m}_2} \\[2mm] [f_1 f_2 f_3] \dfrac{\mathfrak{x}_3}{\mathfrak{m}} = \dfrac{\mathfrak{s}_3 \mathfrak{p}_3}{\mathfrak{m}_3} \end{cases}$$

oder wegen (101)

$$(109) \qquad \begin{cases} [f_1 f_2 f_3] \dfrac{\mathfrak{x}_1}{\mathfrak{m}} = \sqrt[3]{\sin \mathfrak{k}}\, \mathfrak{s}_1 \mathfrak{s}_2 \mathfrak{p}_1 \\[2mm] [f_1 f_2 f_3] \dfrac{\mathfrak{x}_2}{\mathfrak{m}} = \sqrt[3]{\sin \mathfrak{k}}\, \mathfrak{s}_1 \mathfrak{s}_2 \mathfrak{p}_2 \\[2mm] [f_1 f_2 f_3] \dfrac{\mathfrak{x}_3}{\mathfrak{m}} = \sqrt[3]{\sin \mathfrak{k}}\, \mathfrak{s}_3 \mathfrak{p}_3. \end{cases}$$

Nun ist nach (99)

$$(110) \qquad \mathfrak{s}_1 \mathfrak{s}_2 = \frac{[f_1 f_2 f_3]}{\sin \mathfrak{k}},$$

und andererseits ist

$$(111) \qquad \mathfrak{s}_3 \mathfrak{p}_3 = [f_1 f_2 f_3].$$

Setzt man aber die Werte (110) und (111) in die Gleichungen (109) ein und dividiert mit $[f_1 f_2 f_3]$, so verwandeln sich diese Gleichungen in:

$$(112) \qquad \begin{cases} \dfrac{\mathfrak{x}_1}{\mathfrak{m}} = \sqrt[3]{\sin k}\, \dfrac{\mathfrak{p}_1}{\sin \mathfrak{k}} \\[2mm] \dfrac{\mathfrak{x}_2}{\mathfrak{m}} = \sqrt[3]{\sin k}\, \dfrac{\mathfrak{p}_2}{\sin \mathfrak{k}} \\[2mm] \dfrac{\mathfrak{x}_3}{\mathfrak{m}} = \sqrt[3]{\sin \mathfrak{k}}. \end{cases}$$

Betrachtet man jetzt die Gerade des Stabes

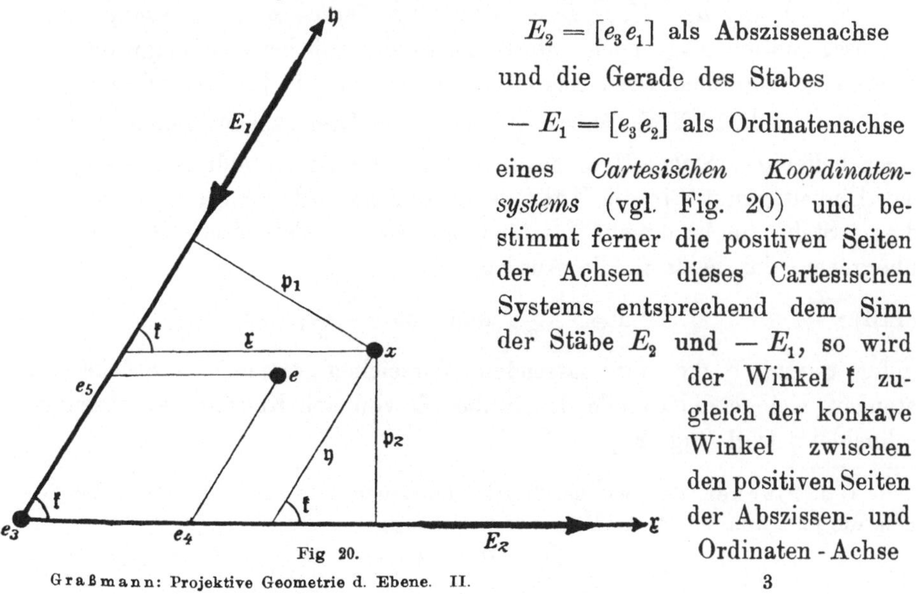

Fig 20.

$E_2 = [e_3 e_1]$ als Abszissenachse und die Gerade des Stabes

$- E_1 = [e_3 e_2]$ als Ordinatenachse eines *Cartesischen Koordinatensystems* (vgl. Fig. 20) und bestimmt ferner die positiven Seiten der Achsen dieses Cartesischen Systems entsprechend dem Sinn der Stäbe E_2 und $- E_1$, so wird der Winkel $\mathfrak{k}$ zugleich der konkave Winkel zwischen den positiven Seiten der Abszissen- und Ordinaten-Achse des Cartesischen Systems, und bezeichnet man endlich die Koordinaten des Punktes x in dem so definierten Cartesischen System mit $\mathfrak{x}$ und $\mathfrak{y}$, so wird auch dem Vorzeichen nach (vgl. Seite 8 f.)

$$(113) \qquad \begin{cases} \dfrac{\mathfrak{p}_1}{\sin \mathfrak{k}} = \mathfrak{x} \\[2mm] \dfrac{\mathfrak{p}_2}{\sin \mathfrak{k}} = \mathfrak{y}. \end{cases}$$

Die Gleichungen (112) lassen sich daher auch in der Form schreiben:

$$(114) \qquad \begin{cases} \dfrac{\mathfrak{x}_1}{\mathfrak{m}} = \sqrt[3]{\sin \mathfrak{k}}\; \mathfrak{x} \\[2mm] \dfrac{\mathfrak{x}_2}{\mathfrak{m}} = \sqrt[3]{\sin \mathfrak{k}}\; \mathfrak{y} \\[2mm] \dfrac{\mathfrak{x}_3}{\mathfrak{m}} = \sqrt[3]{\sin \mathfrak{k}}. \end{cases}$$

Man erhält also durch Division für die Verhältnisse $\dfrac{\mathfrak{x}_1}{\mathfrak{x}_3}$ und $\dfrac{\mathfrak{x}_2}{\mathfrak{x}_3}$ die Werte

$$(115) \qquad \begin{cases} \dfrac{\mathfrak{x}_1}{\mathfrak{x}_3} = \mathfrak{x} \\[2mm] \dfrac{\mathfrak{x}_2}{\mathfrak{x}_3} = \mathfrak{y}; \end{cases}$$

das heißt: Bei der von uns getroffenen Wahl der drei Grundpunkte e_1, e_2, e_3 und des Einheitspunktes e werden die Verhältnisse $\dfrac{\mathfrak{x}_1}{\mathfrak{x}_3}$ und $\dfrac{\mathfrak{x}_2}{\mathfrak{x}_3}$ der Dreieckskoordinaten $\mathfrak{x}_1$, $\mathfrak{x}_2$, $\mathfrak{x}_3$ eines Punktes x zugleich seine Cartesischen Koordinaten $\mathfrak{x}$ und $\mathfrak{y}$ in bezug auf die Koordinatenachsen $[e_3 e_1]$ und $[e_3 e_2]$.

Beziehungen zwischen den zugehörigen speziellen Dreieckskoordinaten eines Stabes und den Hesseschen Linienkoordinaten seiner Geraden. Zum Schlusse endlich möge noch untersucht werden, ob bei dem so gewonnenen Übergange von dem Dreieckskoordinatensystem zu den Cartesischen Koordinaten auch die Verhältnisse $\dfrac{\mathfrak{u}_1}{\mathfrak{u}_3}$ und $\dfrac{\mathfrak{u}_2}{\mathfrak{u}_3}$ der Dreieckskoordinaten $\mathfrak{u}_1, \mathfrak{u}_2, \mathfrak{u}_3$ eines beliebigen *Stabes U* in bezug auf das Fundamentaldreieck $e_1 e_2 e_3$ und den Einheitspunkt e in die Hesseschen Linienkoordinaten $\mathfrak{u}$, $\mathfrak{v}$ der Geraden dieses Stabes in bezug auf das oben eingeführte Cartesische Achsenkreuz übergehen, das heißt in die Ausdrücke

$$(116) \qquad \mathfrak{u} = -\frac{1}{\mathfrak{a}} \quad \text{und} \quad \mathfrak{v} = -\frac{1}{\mathfrak{b}},$$

unter $\mathfrak{a}$ und $\mathfrak{b}$ die mit passenden Vorzeichen versehenen Stücke verstanden, welche die Gerade des Stabes U von den Koordinatenachsen abschneidet[1]) (vgl. Fig. 21).

---

1) J. Plücker, dem wir den Begriff der Linienkoordinate verdanken, bezeichnete die drei Konstanten A, B, C der Gleichung

$$A\,\mathfrak{x} + B\,\mathfrak{y} + C = 0$$

Um dies zu prüfen, denke man sich einstweilen noch das Koordinatendreieck endlich und gehe zurück auf die Gleichungen (57) für die Stabkoordinaten:

$$(57) \begin{cases} u_1 = m_1 \, \mathfrak{l} q_1, \\ u_2 = m_2 \, \mathfrak{l} q_2, \\ u_3 = m_3 \, \mathfrak{l} q_3, \end{cases}$$

aus denen für die beiden in Frage stehenden Verhältnisse $\dfrac{u_1}{u_3}$ und $\dfrac{u_2}{u_3}$ die

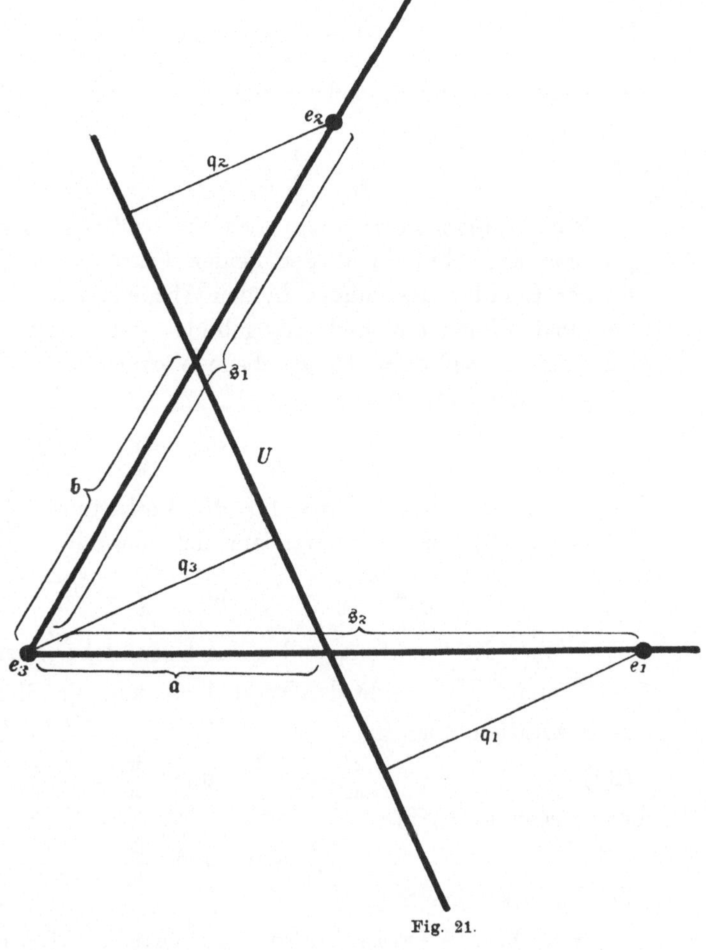

Fig. 21.

einer Geraden in rechtwinkligen oder schiefwinkligen Punktkoordinaten $\mathfrak{x}$, $\mathfrak{y}$ als *(homogene) Linienkoordinaten* jener Geraden in bezug auf das zu Grunde gelegte rechtwinklige oder schiefwinklige Koordinatensystem. Vgl. J. Plücker, Ueber eine neue Art, in der analytischen Geometrie Punkte und Curven durch Gleichungen darzustellen. Journal für die reine und angewandte Mathematik Bd. 6 (1830). Seite 107 ff. oder das Werk desselben Verfassers: Analytisch-geometrische Entwicklungen Bd. 2. Essen 1831. Seite 1 ff. und Vorrede Seite VII.

Neben diesen drei *homogenen* Plückerschen Linienkoordinaten benutzte O. Hesse auch *nichthomogene* Linienkoordinaten. Er gab dazu der Gleichung der Geraden die besondere Form:

$$u\mathfrak{x} + v\mathfrak{y} + 1 = 0$$

und führte die beiden in ihr auftretenden Koeffizienten u und v von $\mathfrak{x}$ und $\mathfrak{y}$ als *nichthomogene Linienkoordinaten* in bezug auf das rechtwinklige oder schiefwinklige Achsenkreuz in die Betrachtung ein. Dieselben haben die durch die Gleichungen (116) angegebene geometrische Bedeutung und sind von mir oben als Hessesche Linienkoordinaten bezeichnet. Vgl. O. Hesse, Vorlesungen aus der analytischen Geometrie der geraden Linie, des Punktes und des Kreises in der Ebene. Zweite Auflage. Leipzig 1873. Seite 47 ff. und Seite 109 f.

Werte folgen:

$$(117) \qquad \frac{u_1}{u_3} = \frac{m_1}{m_3}\frac{q_1}{q_3} \quad \text{und} \quad \frac{u_2}{u_3} = \frac{m_2}{m_3}\frac{q_2}{q_3};$$

und diese verwandeln sich, wenn man e_1 und e_2 ins Unendliche rücken läßt, wegen (101) in:

$$(118) \qquad \frac{u_1}{u_3} = \frac{1}{\mathfrak{s}_2}\frac{q_1}{q_3} \quad \text{und} \quad \frac{u_2}{u_3} = \frac{1}{\mathfrak{s}_1}\frac{q_2}{q_3}.$$

Nun bestehen aber auch noch bei endlicher Lage der Punkte e_1 und e_2 wegen der Ähnlichkeit der beiden Paare rechtwinkliger Dreiecke, die von der Geraden des Stabes U, den Abständen q_1, q_3 und q_2, q_3 und den Koordinatenlinien $e_1 e_3$ und $e_2 e_3$ gebildet werden (vgl. Fig. 21), mit Rücksicht auf die auf Seite 15 gegebene Vorzeichenbestimmung der Abstände q_1, q_2, q_3 die Proportionen

$$\frac{q_1}{q_3} = \frac{\mathfrak{s}_2 - a}{- a} \quad \text{und} \quad \frac{q_2}{q_3} = \frac{\mathfrak{s}_1 - b}{- b}.$$

Und setzt man diese Werte für die Verhältnisse $\frac{q_1}{q_3}$ und $\frac{q_2}{q_3}$ in die Gleichungen (118) ein, so verwandeln sich diese in

$$(119) \qquad \frac{u_1}{u_3} = \frac{\mathfrak{s}_2 - a}{\mathfrak{s}_2}\frac{1}{- a} \quad \text{und} \quad \frac{u_2}{u_3} = \frac{\mathfrak{s}_1 - b}{\mathfrak{s}_1}\frac{1}{- b}.$$

Sobald aber die Punkte e_1 und e_2 ins Unendliche fallen, nehmen die Brüche $\frac{\mathfrak{s}_2 - a}{\mathfrak{s}_2}$ und $\frac{\mathfrak{s}_1 - b}{\mathfrak{s}_1}$ beide den Wert 1 an, und die Gleichungen (119) gehen daher wirklich über in

$$(120) \qquad \frac{u_1}{u_3} = - \frac{1}{a} \quad \text{und} \quad \frac{u_2}{u_3} = - \frac{1}{b}$$

oder wegen (116) in

$$(121) \qquad \frac{u_1}{u_3} = \mathfrak{u} \quad \text{und} \quad \frac{u_2}{u_3} = \mathfrak{v}.$$

Man hat also den Satz:

Satz 296: Verfügt man über die Bestimmungsstücke eines Dreieckskoordinatensystems in der Weise, daß man die beiden ersten Ecken e_1 und e_2 des Fundamentaldreiecks in die unendlich ferne Gerade verlegt und zwar zwei Strecken gleich macht, die mit einander den Winkel $\mathfrak{k}$ einschließen und die Länge $\frac{1}{\sqrt[3]{\sin \mathfrak{k}}}$ besitzen, während man als dritte Ecke e_3 einen beliebigen im Endlichen liegenden Punkt verwendet, dessen Masse ebenfalls gleich $\frac{1}{\sqrt[3]{\sin \mathfrak{k}}}$ ist, so sind die Verhältnisse $\frac{\mathfrak{x}_1}{\mathfrak{x}_3}$ und $\frac{\mathfrak{x}_2}{\mathfrak{x}_3}$ der Dreieckskoordinaten $\mathfrak{x}_1$, $\mathfrak{x}_2$, $\mathfrak{x}_3$ eines jeden Punktes x in bezug auf jenes besondere Fundamentaldreieck gleich den Cartesischen Koordinaten $\mathfrak{x}$ und $\mathfrak{y}$ dieses Punktes in bezug auf die Koordinatenachsen $[e_3 e_1]$ und $[e_3 e_2]$; und zugleich sind die Verhältnisse $\frac{u_1}{u_3}$

und $\dfrac{\mathfrak{u}_2}{\mathfrak{u}_3}$ der Dreieckskoordinaten $\mathfrak{u}_1$, $\mathfrak{u}_2$, $\mathfrak{u}_3$ eines jeden Stabes U in bezug auf dieses Fundamentaldreieck gleich den Hesseschen Linienkoordinaten $\mathfrak{u}$ und $\mathfrak{v}$ der Geraden jenes Stabes in bezug auf dieselben Koordinatenachsen.

Der Satz vereinfacht sich etwas, wenn das Cartesische Koordinatensystem rechtwinklig ist; alsdann nämlich nimmt der Satz die Form an:

Satz 297: Verfügt man über die Bestimmungsstücke eines Dreieckskoordinatensystems in der Weise, daß man die beiden ersten Ecken e_1 und e_2 des Fundamentaldreiecks in die unendlich ferne Gerade verlegt, und zwar zwei Strecken gleich macht, die auf einander senkrecht stehen und die Länge 1 haben, während man als dritte Ecke e_3 einen beliebigen im Endlichen liegenden einfachen Punkt verwendet, so sind die Verhältnisse $\dfrac{\mathfrak{x}_1}{\mathfrak{x}_3}$ und $\dfrac{\mathfrak{x}_2}{\mathfrak{x}_3}$ der Dreieckskoordinaten $\mathfrak{x}_1$, $\mathfrak{x}_2$, $\mathfrak{x}_3$ eines jeden Punktes x in bezug auf jenes besondere Fundamentaldreieck gleich den rechtwinkligen Koordinaten $\mathfrak{x}$ und $\mathfrak{y}$ dieses Punktes in bezug auf die Koordinatenachsen $[e_3 e_1]$ und $[e_3 e_2]$, und zugleich sind die Verhältnisse $\dfrac{\mathfrak{u}_1}{\mathfrak{u}_3}$ und $\dfrac{\mathfrak{u}_2}{\mathfrak{u}_3}$ der Dreieckskoordinaten $\mathfrak{u}_1$, $\mathfrak{u}_2$, $\mathfrak{u}_3$ eines jeden Stabes U in bezug auf dieses Fundamentaldreieck gleich den Hesseschen Linienkoordinaten $\mathfrak{u}$ und $\mathfrak{v}$ der Geraden jenes Stabes in bezug auf dasselbe rechtwinklige Koordinatensystem.

Abschnitt 26.

Harmonische Beziehungen am vollständigen Viereck und Vierseit.

Harmonische Punktwürfe auf den 3 Nebenseiten eines vollständigen Vierecks. In der oben (auf Seite 1 ff.) gegebenen Entwickelung zur Einführung des Dreieckskoordinatensystems bildeten die drei Grundpunkte e_1, e_2, e_3 zusammen mit dem Einheitspunkte e *ein Viereck, von dem keine drei Ecken in einer Geraden liegen.* Man wird daher für die Untersuchung der Eigenschaften eines solchen Vierecks die dort getroffene Verfügung über die Massen der drei Grundpunkte beibehalten können, dabei aber gut tun, die dem Einheitspunkte e bisher eingeräumte Sonderstellung wenigstens zum Teil dadurch zu beseitigen, daß man für den negativ genommenen Einheitspunkt $-e$ ein neues Zeichen einführt, also etwa

$$(1) \qquad\qquad e_4 = -e.$$

setzt. Alsdann nimmt die Beziehung (2) des vorigen Abschnitts zwischen dem Einheitspunkte und den drei Grundpunkten die Form an[1])

$$(2) \qquad\qquad e_1 + e_2 + e_3 + e_4 = 0.$$

Für jeden von den drei Punkten

$$(3) \qquad\qquad a = e_4 + e_1 \quad b = e_4 + e_2 \quad c = e_4 + e_3$$

erhält man dann noch eine zweite Darstellung; denn es wird wegen (2)

$$(4) \qquad \begin{cases} a = e_4 + e_1 = -(e_2 + e_3) \\ b = e_4 + e_2 = -(e_3 + e_1) \\ c = e_4 + e_3 = -(e_1 + e_2). \end{cases}$$

Diese Gleichungen zeigen, daß

der Punkt a sowohl der Geraden $e_4 e_1$ wie der Geraden $e_2 e_3$ angehört, daß ferner

„   „ b „   „   „ $e_4 e_2$ „ „   „ $e_3 e_1$ „   , daß endlich

„   „ c „   „   „ $e_4 e_3$ „ „   „ $e_1 e_2$ „   .

Die drei Punkte a, b, c sind daher die Schnittpunkte der drei Paare Gegenseiten des vollständigen Vierecks $e_1 e_2 e_3 e_4$, oder was dasselbe ist, die Nebenecken dieses vollständigen Vierecks (vgl. Fig. 22).

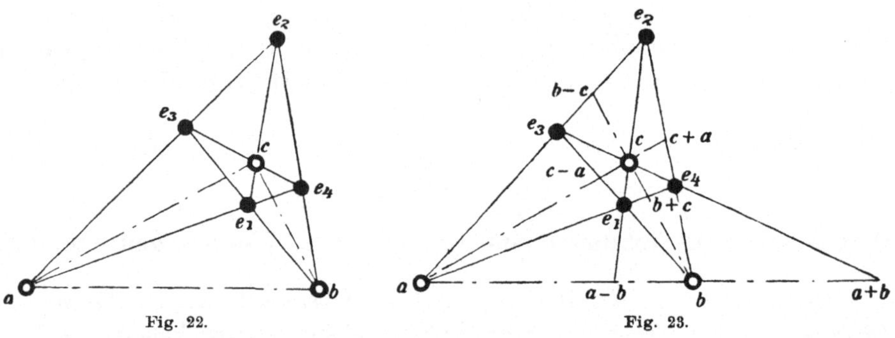

Aus den beiden letzten Gleichungen (4) folgt nun aber durch Subtraktion die Gleichung:

$$(5) \qquad\qquad b - c = e_2 - e_3,$$

welche zeigt, daß der Punkt $b - c$ der Schnittpunkt der Nebenseite bc des vollständigen Vierecks $e_1 e_2 e_3 e_4$ mit dessen Seite $e_2 e_3$ ist (vgl. Fig. 23).

---

1) Vgl. hierzu und zu dem Dualistischen auf S. 42: O. Hesse, Vorlesungen aus der analytischen Geometrie der geraden Linie, des Punktes und des Kreises in der Ebene. Zweite Auflage. Leipzig 1873. S. 66 f. und S. 43 f. und J. Kraus, Die geometrische Deutung von Invarianten, welche bei ebenen Collineationen auftreten. Inaugural-Dissertation. Gießen 1886. S. 12.

Andererseits ergibt die *Addition* der beiden letzten Gleichungen (4) für die Summe $b + c$ den Wert:

$$b + c = 2e_4 + e_2 + e_3$$

oder wegen der ersten Gleichung (4):

$$b + c = 2e_4 - (e_4 + e_1)$$

oder endlich:

(6) $$b + c = e_4 - e_1.$$

Der durch die Summe $b + c$ dargestellte Punkt ist also der Schnittpunkt der Nebenseite bc des vollständigen Vierecks $e_1 e_2 e_3 e_4$ mit der Seite $e_4 e_1$ dieses Vierecks, und die beiden Punkte $b - c$ und $b + c$ werden daher aus der Nebenseite bc durch die beiden Gegenseiten $e_2 e_3$ und $e_4 e_1$ jenes vollständigen Vierecks ausgeschnitten, das heißt durch diejenigen beiden Gegenseiten dieses vollständigen Vierecks, die sich in der zur Nebenseite bc gegenüberliegenden Nebenecke a schneiden.

Da aber nach Seite 54 des ersten Bandes vier Punkte

$$b, \quad c, \quad b + c, \quad b - c$$

einen harmonischen Punktwurf bilden, und neben den beiden Gleichungen (5) und (6), das heißt neben den Gleichungen

(7) $$b - c = e_2 - e_3, \quad b + c = e_4 - e_1,$$

zugleich auch die in bezug auf a, b, c und e_1, e_2, e_3 zyklisch entsprechenden Gleichungen

(8) $$c - a = e_3 - e_1, \quad c + a = e_4 - e_2 \quad \text{und}$$
(9) $$a - b = e_1 - e_2, \quad a + b = e_4 - e_3$$

gelten, so hat man den Satz (vgl. Fig. 23):

Satz 298: In einem vollständigen Viereck wird jede Nebenseite durch die beiden in der gegenüberliegenden Nebenecke zusammentreffenden Seiten des Vierecks harmonisch geteilt.

Harmonische Punktwürfe auf den 6 Hauptseiten eines vollständigen Vierecks. Übrigens beweist man noch leicht, daß auch umgekehrt die Nebenseiten eines vollständigen Vierecks auf jeder von den sechs Hauptseiten zwei Punkte bestimmen, die zusammen mit den beiden dieser Seite angehörenden Ecken des Vierecks einen harmonischen Punktwurf bilden.

Stellt man nämlich die erste Gleichung (4) mit der Gleichung (6) zusammen, betrachtet also das Gleichungssystem

(10) $$a = e_4 + e_1, \quad b + c = e_4 - e_1,$$

so sieht man, daß die Seite $e_4 e_1$ durch die auf ihr enthaltene Nebenecke
a und die gegenüberliegende Nebenseite bc
harmonisch geteilt wird (vgl. Fig. 24).

Andererseits läßt sich aus der ersten
Gleichung (4) und der Gleichung (5) das
Gleichungssystem zusammenstellen:

$$(11) \quad \begin{cases} a = -(e_2 + e_3), \\ b - c = e_2 - e_3; \end{cases}$$

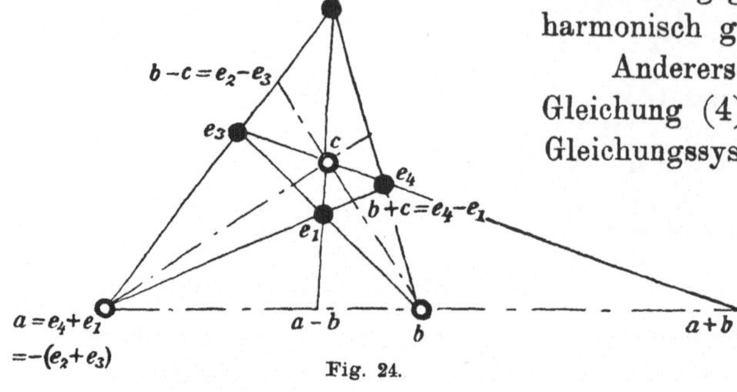

und dieses zeigt, daß auch
die Seite $e_2 e_3$ durch die auf
ihr enthaltene Nebenecke a
und die gegenüberliegende Nebenseite bc harmonisch geteilt wird.

Und da die Gleichungen (10) und (11) bei zyklischer Vertauschung
der Größen a, b, c und e_1, e_2, e_3 gültig bleiben, so daß also auch die
Gleichungen bestehen:

$$(12) \qquad b = e_4 + e_2, \qquad c + a = e_4 - e_2,$$

$$(13) \qquad b = -(e_3 + e_1), \qquad c - a = e_3 - e_1,$$

$$(14) \qquad c = e_4 + e_3, \qquad a + b = e_4 - e_3,$$

$$(15) \qquad c = -(e_1 + e_2), \qquad a - b = e_1 - e_2,$$

so sieht man, daß auch die Seiten $e_4 e_2$ und $e_3 e_1$ und ebenso die Seiten
$e_4 e_3$ und $e_1 e_2$ des vollständigen Vierecks jedesmal durch die auf ihnen
liegende Nebenecke und die gegenüberliegende Nebenseite harmonisch geteilt werden, und man hat den Satz:

Satz 299: Jede Seite eines vollständigen Vierecks wird durch
die auf ihr enthaltene Nebenecke und die gegenüberliegende
Nebenseite harmonisch geteilt.

Über ein einem vollständigen Viereck eingeschriebenes vollständiges Vierseit. Aus der geometrischen Bedeutung der sechs Punkte

$$b + c, \quad c + a, \quad a + b;$$
$$b - c, \quad c - a, \quad a - b$$

kann man leicht noch eine weitere Folgerung ziehen, wenn man berücksichtigt, daß zwischen diesen sechs Punkten die vier Gleichungen bestehen:

$$(16) \quad \begin{cases} (c + a) - (a + b) + (b - c) = 0 \\ (a + b) - (b + c) + (c - a) = 0 \\ (b + c) - (c + a) + (a - b) = 0 \\ (b - c) + (c - a) + (a - b) = 0. \end{cases}$$

Diese vier Gleichungen zeigen nämlich, daß immer je drei solche von jenen sechs Punkten, die in einer von den vier Gleichungen zusammen vorkommen, in einer Geraden liegen, woraus wiederum folgt, daß diese sechs Punkte die sechs Ecken eines vollständigen Vierseits bilden (vgl. Fig. 25).

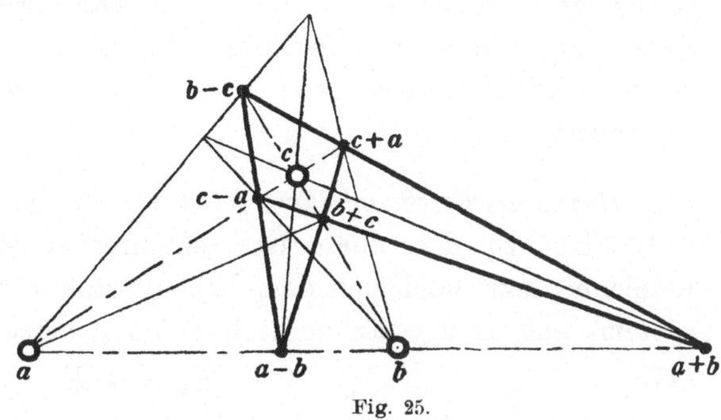

Fig. 25.

Von den sechs Ecken dieses vollständigen Vierseits gehören dann immer je zwei Gegenecken einer und derselben Nebenseite des vollständigen Vierecks an. Die beiden Nebendreiecke des vollständigen Vierecks und Vierseits fallen also zusammen. Überdies liegt jede von den sechs Ecken des vollständigen Vierseits auf einer von den sechs Seiten des vollständigen Vierecks. Das vollständige Vierseit ist somit zugleich dem vollständigen Viereck eingeschrieben.

Berücksichtigt man endlich noch, daß die vier Punkttripel, die den Gleichungen (16) zufolge in einer Geraden liegen, immer den drei Seiten eines der vier Dreiecke angehören, die man aus dem vollständigen Viereck entnehmen kann, so hat man den Satz:

Satz 300: Konstruiert man auf jeder Nebenseite eines vollständigen Vierecks die beiden Punkte, in denen sie von denjenigen beiden Seiten des Vierecks geschnitten wird, die durch die jener Seite gegenüberliegende Nebenecke hindurchgehen, so liegen immer drei solche von diesen sechs Schnittpunkten, die den drei Seiten eines der vier in dem Viereck enthaltenen Dreiecke angehören, in einer Geraden. Die vier durch diese vier Punkttripel charakterisierten Geraden bilden daher ein vollständiges Vierseit, dessen Nebenseiten mit denen des vollständigen Vierecks zusammenfallen, und dessen sechs Ecken überdies auf den sechs Seiten des vollständigen Vierecks liegen, das also dem vollständigen Viereck eingeschrieben ist.

Man kann noch hinzufügen: In jeder Ecke des in diesem Satze beschriebenen vollständigen Vierseits werden die beiden von ihr ausgehenden Seiten des vollständigen Vierseits durch die jene Ecke enthaltende Seite und Nebenseite des vollständigen Vierecks harmonisch getrennt; denn die genannten vier Geraden projizieren die auf den beiden andern Nebenseiten nach Satz 298 enthaltenen harmonischen Punktwürfe. Man hat also den Satz:

Satz 301: Ist ein vollständiges Vierseit einem vollständigen Viereck im Sinne des Satzes 300 eingeschrieben, so wird ein jedes von einer Ecke des vollständigen Vierseits ausgehende Seitenpaar dieses Vierseits durch die diese Ecke enthaltende Seite und Nebenseite des vollständigen Vierecks harmonisch getrennt.

Harmonische Strahlwürfe in den 3 Nebenecken eines vollständigen Vierseits. Um zu den dualistisch entsprechenden Ergebnissen zu gelangen, bezeichne man noch den dem Einheitsstab E unseres Dreieckskoordinatensystems entgegengesetzten Stab mit E_4, setze also:

$$(17) \qquad E_4 = - E.$$

Dadurch nimmt die zwischen dem Einheitsstabe E und den drei Grundstäben E_1, E_2, E_3 herrschende Beziehung (58) des vorigen Abschnitts die Form an:

$$(18) \qquad E_1 + E_2 + E_3 + E_4 = 0.$$

Aus ihr aber ergeben sich für das durch die vier Stäbe E_1, E_2, E_3, E_4 bestimmte vollständige Vierseit die den Sätzen 298 und 299 dualistisch entsprechenden Sätze. Zunächst findet man wieder leicht die Bedeutung der drei Summen:

$$(19) \qquad A = E_4 + E_1, \quad B = E_4 + E_2, \quad C = E_4 + E_3.$$

Wegen (18) gestattet nämlich jede von diesen drei Summen noch eine zweite Darstellung. Denn es wird

$$(20) \qquad \begin{cases} A = E_4 + E_1 = -(E_2 + E_3) \\ B = E_4 + E_2 = -(E_3 + E_1) \\ C = E_4 + E_3 = -(E_1 + E_2). \end{cases}$$

Diese drei Gleichungen zeigen, daß

die Gerade des Stabes A sowohl durch den Punkt $E_4 E_1$

„ „ „ „ B „ „ „ „ $E_4 E_2$

„ „ „ „ C „ „ „ „ $E_4 E_3$

wie durch den Punkt $E_2 E_3$ hindurchgeht, daß

„ „ „ „ $E_3 E_1$ „ und daß

„ „ „ „ $E_1 E_2$ „

Die Geraden der drei Stäbe A, B, C sind daher die Verbindungslinien der drei Paare Gegenecken des vollständigen Vierseits (vgl. Fig. 26).

Aus den beiden letzten Gleichungen (20) folgt nun aber durch *Subtraktion* die Gleichung:

$$(21) \qquad B - C = E_2 - E_3,$$

welche aussagt, daß die Gerade des Stabes $B - C$ durch die Nebenecke

BC des vollständigen Vierseits $E_1 E_2 E_3 E_4$ und durch dessen Ecke $E_2 E_3$ hindurchgeht (vgl. Fig. 27).

Andererseits ergibt die *Addition* der beiden letzten Gleichungen (20) unter Benutzung der ersten Gleichung (20) für die Summe $B + C$ den Wert:

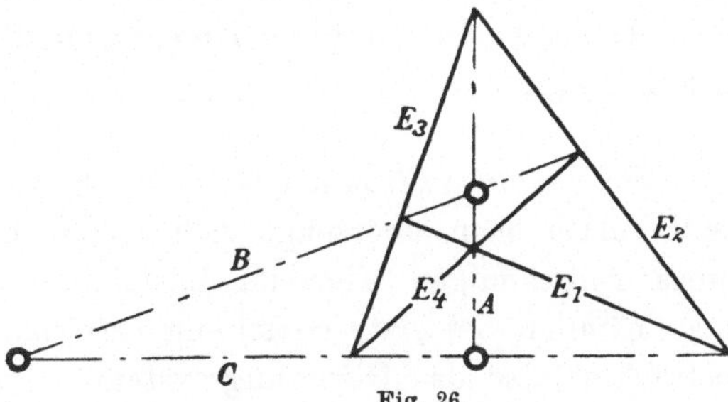

Fig. 26.

$$(22) \quad B + C = E_4 - E_1.$$

Der durch die Summe $B + C$ dargestellte Stab gehört also einer Geraden an, welche die Nebenecke BC des vollständigen Vierseits mit der Ecke $E_4 E_1$ dieses Vierecks verbindet. Die Geraden der beiden Stäbe $B - C$ und $B + C$ projizieren daher von der Nebenecke BC aus die beiden Gegenecken $E_2 E_3$ und $E_4 E_1$ jenes vollständigen Vierseits, das heißt diejenigen beiden Gegenecken desselben, die der zur Nebenecke BC gegenüberliegenden Nebenseite A angehören.

Da aber nach Seite 58 des ersten Bandes vier Stäbe

$$B, \quad C, \quad B + C, \quad B - C$$

einen harmonischen Strahlwurf bilden, und neben den beiden Gleichungen (21) und (22), daß heißt neben den Gleichungen

$$(23) \qquad B - C = E_2 - E_3, \quad B + C = E_4 - E_1,$$

zugleich auch die in bezug auf A, B, C und E_1, E_2, E_3 zyklisch entsprechenden Gleichungen

$$(24) \qquad C - A = E_3 - E_1, \quad C + A = E_4 - E_2 \quad \text{und}$$

$$(25) \qquad A - B = E_1 - E_2, \quad A + B = E_4 - E_3$$

gelten, so hat man den Satz (vgl. Fig. 27):

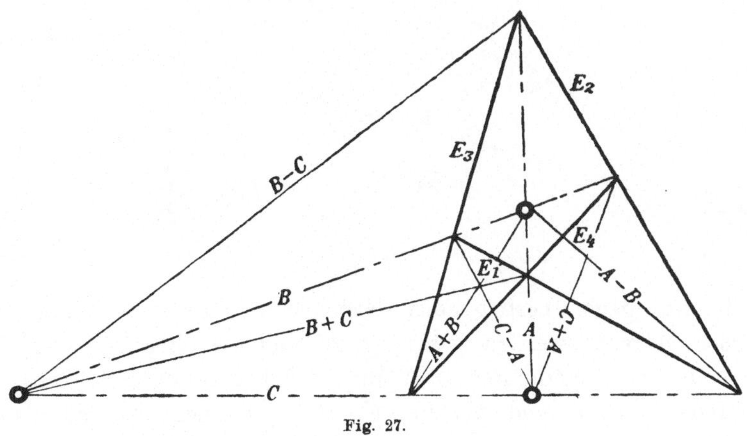

Fig. 27.

Satz 302: In einem vollständigen Vierseit werden die von einer Nebenecke ausgehenden Nebenseiten durch die beiden auf der dritten Nebenseite liegenden Ecken des Vierseits harmonisch getrennt.

Harmonische Strahlwürfe in den 6 Hauptecken eines vollständigen Vierseits. Aber man überzeugt sich leicht, daß auch die sechs Hauptecken eines vollständigen Vierseits harmonische Strahlwürfe enthalten. Stellt man nämlich die erste Gleichung (20) mit der Gleichung (22) zusammen, betrachtet also das Gleichungssystem

$$(26) \qquad A = E_4 + E_1, \quad B + C = E_4 - E_1,$$

so sieht man, daß die von der Ecke $E_4 E_1$ ausgehenden Seiten E_4 und E_1 durch die diese Ecke enthaltende Nebenseite A und den von ihr nach der gegenüberliegenden Nebenecke gezogenen Strahl $B + C$ harmonisch getrennt werden (vgl. Fig. 27).

Andererseits läßt sich aus der ersten Gleichung (20) und der Gleichung (21) das Gleichungssystem zusammenstellen:

$$(27) \qquad A = - (E_2 + E_3), \quad B - C = E_2 - E_3;$$

und dieses zeigt, daß auch die von der Ecke $E_2 E_3$ ausgehenden Seiten E_2 und E_3 durch die diese Ecke enthaltende Nebenseite A und den von

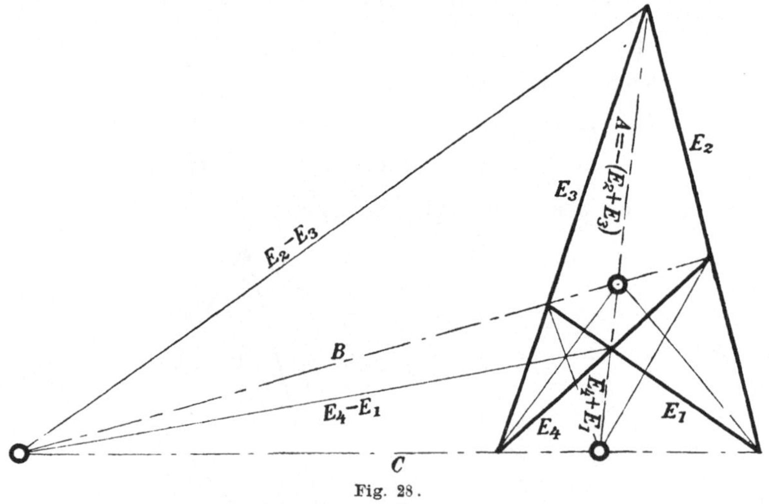

Fig. 28.

ihr nach der gegenüberliegenden Nebenecke gezogenen Strahl $B - C$ harmonisch getrennt werden (vgl. Fig. 28 und die obige Fig. 27).

Und da die Gleichungen (26) und (27) bei zyklischer Vertauschung der Größen A, B, C und E_1, E_2, E_3 gültig bleiben, so daß also auch die Gleichungen bestehen:

$$(28) \qquad B = E_4 + E_2, \qquad C + A = E_4 - E_2,$$
$$(29) \qquad B = -(E_3 + E_1), \qquad C - A = E_3 - E_1,$$
$$(30) \qquad C = E_4 + E_3, \qquad A + B = E_4 - E_3,$$
$$(31) \qquad C = -(E_1 + E_2), \qquad A - B = E_1 - E_2,$$

so hat man den Satz:

Satz 303: In jedem vollständigen Vierseit werden die von
einer Ecke ausgehenden Seiten durch die diese Ecke enthaltende
Nebenseite und den nach der gegenüberliegenden Nebenecke
gezogenen Strahl harmonisch getrennt.

*Über ein einem vollständigen Vierseit umschriebenes vollständiges Vier-
eck.* Aus der geometrischen Bedeutung der sechs Stäbe

$$B + C, \quad C + A, \quad A + B;$$
$$B - C, \quad C - A, \quad A - B$$

kann man sodann genau so wie bei der dualistischen Entwickelung eine
Folgerung ziehen hinsichtlich eines dem vollständigen Vierseit $E_1 E_2 E_3 E_4$
in besonderer Weise umschriebenen vollständigen Vierecks. Beachtet man
nämlich, daß zwischen den genannten sechs Stäben die vier Gleichungen
bestehen:

$$(32) \qquad \begin{cases} (C + A) - (A + B) + (B - C) = 0, \\ (A + B) - (B + C) + (C - A) = 0, \\ (B + C) - (C + A) + (A - B) = 0, \\ (B - C) + (C - A) + (A - B) = 0, \end{cases}$$

so sieht man, daß die Geraden immer dreier solcher von den sechs Stäben,
die in einer von den vier Gleichungen zusammen vorkommen, durch einen
und denselben Punkt gehen,
woraus wiederum folgt, daß
die sechs Geraden jener Stäbe
die Seiten eines vollständigen
Vierecks bilden (vgl. Fig. 29).
Von den sechs Seiten dieses
vollständigen Vierecks gehen
dann immer je zwei Gegen-
seiten durch eine und dieselbe Nebenecke des voll-

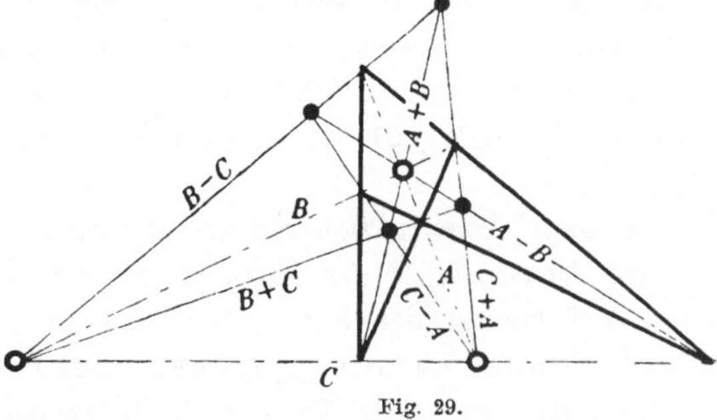

Fig. 29.

ständigen Vierseits. Die beiden Nebendreiecke des vollständigen Vierecks
und Vierseits fallen also zusammen, und überdies geht jede von den
sechs Seiten des vollständigen Vierecks durch eine von den sechs Ecken

des vollständigen Vierseits. Das vollständige Viereck ist somit zugleich dem vollständigen Vierseit umschrieben.

Berücksichtigt man endlich noch, daß die vier Strahltripel, die den Gleichungen (32) zufolge in je einem Punkt zusammenlaufen, immer durch die drei Ecken eines von den vier Dreiseiten hindurchgehen, die man aus dem vollständigen Vierseit entnehmen kann, so gelangt man zu dem folgenden Satz, der als eine neue Fassung des dualistisch sich selbst entsprechenden Satzes 300 angesehen werden kann:

Satz 304: Projiziert man von jeder Nebenecke eines vollständigen Vierseits diejenigen beiden Gegenecken des vollständigen Vierseits, die auf der jener Nebenecke gegenüberliegenden Nebenseite liegen, durch zwei Strahlen, so gehen von den sechs so erhaltenen projizierenden Strahlen immer drei solche Strahlen, welche die drei Ecken eines der vier dem Vierseit angehörenden Dreiseite enthalten, durch einen und denselben Punkt hindurch. Die vier durch diese vier Strahltripel charakterisierten Punkte bestimmen daher ein vollständiges Viereck, dessen Nebenecken mit denen des vollständigen Vierseits zusammenfallen, und dessen sechs Seiten überdies durch die sechs Ecken des vollständigen Vierseits hindurchgehen, das also dem vollständigen Vierseit umschrieben ist.

Man kann noch hinzufügen: Auf jeder Seite des in diesem Satze beschriebenen vollständigen Vierecks werden die beiden auf ihr liegenden Ecken des vollständigen Vierecks durch die ihr angehörende Ecke und Nebenecke des vollständigen Vierseits harmonisch getrennt; denn die genannten vier Punkte sind die Schnittpunkte der in den beiden andern Nebenecken nach Satz 302 enthaltenen harmonischen Strahlwürfe. Man hat also den Satz:

Satz 305: Ist ein vollständiges Viereck einem vollständigen Vierseit im Sinne des Satzes 304 umschrieben, so wird jedes auf einer Seite des vollständigen Vierecks liegende Eckenpaar dieses Vierecks durch die auf dieser Seite gelegene Ecke und Nebenecke des vollständigen Vierseits harmonisch getrennt.

Lineale Konstruktion des vierten harmonischen Punktes und Anwendung auf die Konstruktion der Harmonikale eines Punktes in bezug auf ein Dreieck. Auf Grund des Satzes 298 löst man leicht die folgende Aufgabe:

Aufgabe: Es sind gegeben drei Punkte a, b, c einer Geraden; es soll der zu dem Punkte c harmonisch zugeordnete Punkt d unter alleiniger Anwendung des Lineals konstruiert werden.

Lösung: Man lege durch den ersten Punkt a zwei beliebige Geraden und durch den dritten Punkt c eine dritte Gerade, die die beiden ersten

Geraden in l und n schneiden möge (vgl. Fig. 30). Sodann verbinde man den zweiten Punkt b mit den Punkten l und n und bezeichne die Schnittpunkte der beiden Verbindungslinien

$$bl \quad \text{und} \quad bn$$

mit den zuerst gezogenen Geraden

$$an \quad \text{und} \quad al \quad \text{mit}$$

$$m \quad \text{und} \quad k.$$

Schließlich verbinde man noch k mit m, so schneidet die Verbindungslinie aus der Geradeu ab den gesuchten vierten harmonischen zu c zugeordneten Punkt d aus.

Denn die vier Punkte k, l, m, n mit ihren sechs Verbindungslinien bilden ein vollständiges Viereck, von dem ab eine Nebenseite ist. Ferner werden die Punkte c und d aus der Nebenseite ab durch diejenigen beiden Gegenseiten km und ln des vollständigen Vierecks $klmn$ ausgeschnitten, die sich in der zur Nebenseite ab gegenüberliegenden Nebenecke treffen. Nach dem Satze 298 ist also der Punktwurf a, b, c, d harmonisch.

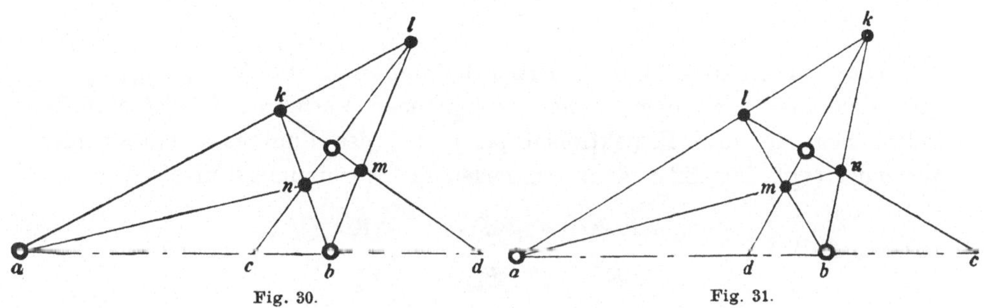

Fig. 30.   Fig. 31.

Es möge noch bemerkt werden, daß die angegebene Konstruktion den vierten harmonischen Punkt sowohl dann liefert, wenn c zwischen a und b liegt (vgl. Fig. 30), wie auch dann, wenn c außerhalb des Linienstückes ab gelegen ist (vgl. Fig. 31).

Man kann die soeben angegebene Konstruktion oder, was auf dasselbe hinauskommt, den Satz 298 zum Beispiel verwenden, wenn es sich um die Lösung der Aufgabe handelt:

Aufgabe: Zu einem gegebenen Punkte seine Harmonikale (Polare) in bezug auf ein gegebenes Dreieck zu konstruieren.

Lösung: Man bezeichne die Ecken des gegebenen Dreiecks mit e_1, e_2, e_3, seine Seiten mit E_1, E_2, E_3, den gegebenen Punkt mit e, so hat man, um die Harmonikale des Punktes e zu konstruieren, nach Satz 283 den Punkt e von den drei Ecken e_1, e_2, e_3 des Dreiecks auf die gegenüberliegenden Seiten E_1, E_2, E_3 zu projizieren und zu den drei Projektionen p_1, p_2, p_3

auf den sie enthaltenden Seiten die vierten harmonischen Punkte q_1, q_2, q_3 in bezug auf die jene Seiten bestimmenden Ecken zu konstruieren.

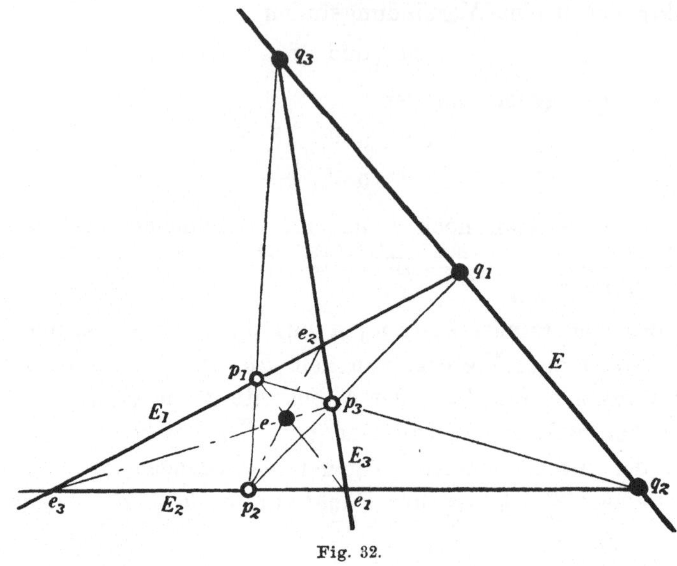

Fig. 32.

Die Konstruktion dieser vierten harmonischen Punkte q_1, q_2, q_3 ergibt sich aber nach dem soeben angegebenen Verfahren höchst einfach, indem man die drei Projektionen p_1, p_2, p_3 des Punktes e miteinander verbindet (vgl. Fig. 32); dann schneiden die Verbindungslinien

$$p_2 p_3, \qquad p_3 p_1, \qquad p_1 p_2$$

aus den Seiten

$$E_1, \qquad E_2, \qquad E_3$$

des Dreiecks die gesuchten vierten harmonischen Punkte

$$q_1, \qquad q_2, \qquad q_3$$

aus, wie aus der Anwendung des Satzes 298 auf die vollständigen Vierecke

$$e p_2 e_1 p_3, \qquad e p_3 e_2 p_1, \qquad e p_1 e_3 p_2$$

und ihre Nebenseiten

$$e_2 e_3, \qquad e_3 e_1, \qquad e_1 e_2$$

unmittelbar hervorgeht. Nach Satz 283 liegen aber dann die Punkte q_1, q_2, q_3 in einer Geraden, welche die gesuchte Harmonikale (Polare) des Punktes e in bezug auf das Dreieck $e_1 e_2 e_3$ bildet.

Fünfter Hauptteil.

Die Kollineation.

Abschnitt 27.
Die allgemeinen Eigenschaften der Kollineation.

Der extensive Bruch für die Punkt-Punkt-Abbildung einer Kollineation.
Für die analytische Behandlung der linearen Abbildungen in der Ebene
ist es von Nutzen, wie im binären Gebiet, das heißt wie bei den Projektivitäten in der Geraden und im Strahlbüschel, extensive Brüche einzuführen, deren Zähler und Nenner Punkte oder Stäbe sind. Doch werden
diese Brüche im ternären Gebiet *drei* Zähler und *drei* Nenner enthalten
müssen.

Wir behandeln zunächst die Kollineation in der Ebene und benutzen
dabei als Grundpunkte, die zugleich die Nenner der extensiven Brüche
werden sollen, drei nicht in gerader Linie liegende vielfache Punkte

$$(1) \qquad e_1 = \mathfrak{m}_1 f_1, \quad e_2 = \mathfrak{m}_2 f_2, \quad e_3 = \mathfrak{m}_3 f_3,$$

deren Massen $\mathfrak{m}_1$, $\mathfrak{m}_2$, $\mathfrak{m}_3$ in der Weise bestimmt sein mögen, daß das
äußere Produkt

$$(2) \qquad [e_1 e_2 e_3] = 1$$

wird, und daß überdies ein der Lage nach beliebig gewählter vierter Punkt
e, welcher nur nicht mit zwei Grundpunkten in derselben geraden Linie
liegen mag, der Einheitspunkt wird, daß also

$$(3) \qquad e = e_1 + e_2 + e_3$$

wird (vgl. Fig. 33). Durch diese beiden
Forderungen sind, wie im 25. Abschnitte
gezeigt ist, die Massen der drei Grundpunkte eindeutig bestimmt und damit auch
die Masse des Einheitspunktes. Außerdem

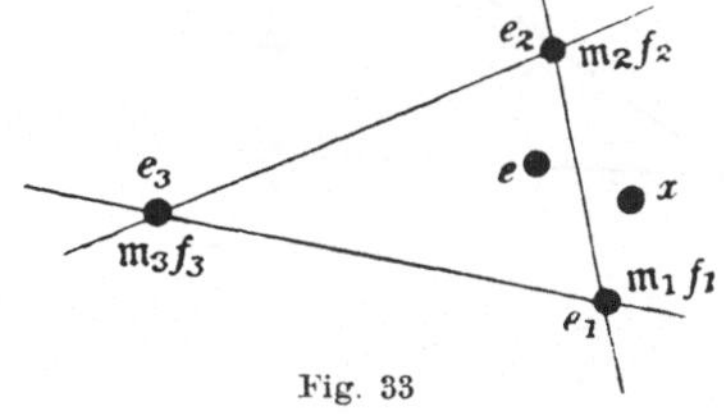

Fig. 33

läßt sich jeder beliebige weitere Punkt x der Ebene als Vielfachensumme
der drei Grundpunkte e_1, e_2, e_3 also unter der Form

$$(4) \qquad x = \mathfrak{x}_1 e_1 + \mathfrak{x}_2 e_2 + \mathfrak{x}_3 e_3$$

darstellen. Seine Ableitzahlen sind dabei die auf das Dreieck $e_1 e_2 e_3$ als

Fundamentaldreieck und den Punkt e als Einheitspunkt bezogenen Dreieckskoordinaten des Punktes x.

Will man jetzt einen Abbildungsfaktor $\mathfrak{f}$ definieren, der jeden beliebigen Punkt x der Ebene bei der Multiplikation in einen (im allgemeinen) von ihm getrennt liegenden, eindeutig bestimmten Punkt $y = x\mathfrak{f}$ derselben Ebene überführt, so hat man

erstens diejenigen Punkte a_1, a_2, a_3 festzulegen, die den Grundpunkten e_1, e_2, e_3 zugeordnet werden sollen, welche also den Gleichungen

$$(5) \qquad e_1\mathfrak{f} = a_1, \quad e_2\mathfrak{f} = a_2, \quad e_3\mathfrak{f} = a_3$$

Genüge leisten. Daneben aber kann man

zweitens noch die Forderung stellen, es solle ein jeder Punkt

$$x = \mathfrak{x}_1 e_1 + \mathfrak{x}_2 e_2 + \mathfrak{x}_3 e_3,$$

welcher durch die drei Zahlgrößen $\mathfrak{x}_1$, $\mathfrak{x}_2$, $\mathfrak{x}_3$ aus den drei Grundpunkten e_1, e_2, e_3 abgeleitet ist, in denjenigen Punkt $x\mathfrak{f}$ umgewandelt werden, der aus den „Bildern" a_1, a_2, a_3 der drei Grundpunkte durch *dieselben* Ableitzahlen entwickelt wird, das heißt in den Punkt

$$(6) \qquad x\mathfrak{f} = \mathfrak{x}_1 a_1 + \mathfrak{x}_2 a_2 + \mathfrak{x}_3 a_3.$$

Durch die Punkte x und $x\mathfrak{f}$ wird dann die Ebene doppelt überdeckt. Zur Unterscheidung mögen die Punkte x die Punkte des ersten Systems und die Punkte $x\mathfrak{f}$ die Punkte des zweiten Systems genannt werden (vgl. Fig. 34).

Der durch die beiden angegebenen Forderungen sachlich definierte Abbildungsfaktor $\mathfrak{f}$ läßt sich nun aber formell durch einen Bruch mit den *drei* Nennern

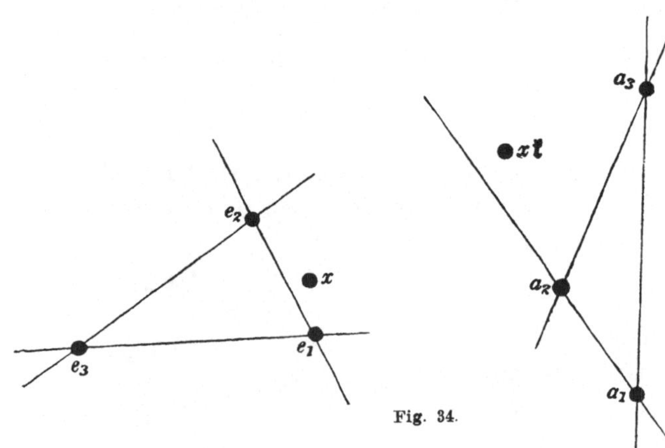

Fig. 34.

e_1, e_2, e_3 und den *drei* entsprechenden Zählern a_1, a_1, a_3 ausdrücken, das heißt in der Form

$$(7) \qquad \mathfrak{f} = \frac{a_1,\; a_2,\; a_3}{e_1,\; e_2,\; e_3}.$$

Durch eine solche Bruchdarstellung kann man nämlich andeuten, daß aus jeder von den drei in den Nenner gestellten Größen e_i bei der Multiplikation mit $\mathfrak{f}$ der entsprechende Zähler a_i hervorgeht, daß also wirklich die drei Gleichungen bestehen

$$(8) \qquad e_i\mathfrak{f} = a_i, \quad i = 1, 2, 3.$$

Man wird aber zugleich auch der zweiten von den beiden oben gestellten Forderungen gerecht, wenn man noch die Bestimmung hinzufügt, der Bruch $\mathfrak{f}$ solle sich einer Vielfachensumme von Punkten gegenüber bei der Multiplikation distributiv verhalten. In der Tat wird dann

$$x\mathfrak{f} = (\mathfrak{x}_1 e_1 + \mathfrak{x}_2 e_2 + \mathfrak{x}_3 e_3)\mathfrak{f} = \mathfrak{x}_1\, e_1\mathfrak{f} + \mathfrak{x}_2\, e_2\mathfrak{f} + \mathfrak{x}_3\, e_3\mathfrak{f},$$

das heißt wegen (8)

$$x\mathfrak{f} = \mathfrak{x}_1 a_1 + \mathfrak{x}_2 a_2 + \mathfrak{x}_3 a_3,$$

wie oben in (6) verlangt wurde.

Überhaupt lassen sich auf die extensiven Brüche von der Form (7) alle Begriffsbestimmungen wörtlich übertragen, die wir im ersten Bande Seite 116 ff. bei Einführung der Abbildungsbrüche für die Projektivitäten in der Geraden gegeben haben. Wir heben jetzt nur folgendes hervor:

Setzt man noch fest, daß zwei Abbildungsbrüche, welche Punkte in Punkte überführen, und ebenso zwei Vielfachensummen solcher Abbildungsbrüche dann und nur dann einander gleich gesetzt werden sollen, wenn sie mit *jedem* Punkt der Ebene multipliziert Gleiches liefern, wobei wie immer an der Distributivität der Multiplikation festgehalten wird, so ist damit der Abbildungsbruch $\mathfrak{f}$ *auch als Größe* vollständig definiert. Insbesondere erscheinen alsdann die Zahlgrößen als spezielle Fälle eines solchen Abbildungsbruches. So hat zum Beispiel der Bruch

$$\frac{e_1,\; e_2,\; e_3}{e_1,\; e_2,\; e_3}$$

mit der Zahlgröße 1 die Eigenschaft gemein, jeden Punkt x bei der Multiplikation unverändert zu lassen, und man kann daher jenen Bruch

$$\frac{e_1,\; e_2,\; e_3}{e_1,\; e_2,\; e_3} = 1$$

setzen. Damit hat man dann zugleich die Möglichkeit gewonnen, einen Abbildungsbruch von der Form (7) mit einer beliebigen Zahlgröße durch Addition oder Subtraktion zu verknüpfen.

Ferner ergibt sich sofort, daß es zur Gleichheit zweier solcher Abbildungsbrüche *hinreicht*, wenn sie mit *drei* nicht in gerader Linie liegenden Punkten multipliziert Gleiches liefern. Sind nämlich $\mathfrak{f}$ und $\mathfrak{f}'$ zwei solche Abbildungsbrüche, welche mit drei nicht in gerader Linie liegenden Punkten b_1, b_2, b_3 multipliziert Gleiches liefern, für die also die Gleichungen bestehen

$$(\dagger) \qquad b_1\mathfrak{f} = b_1\mathfrak{f}', \quad b_2\mathfrak{f} = b_2\mathfrak{f}', \quad b_3\mathfrak{f} = b_3\mathfrak{f}',$$

so wird sicher auch für *jeden beliebigen* Punkt x

$$x\mathfrak{k} = x\mathfrak{k}',$$

so daß man also auch setzen kann

$$\mathfrak{k} = \mathfrak{k}'.$$

Denn jeder beliebige Punkt x der Ebene läßt sich aus den drei nicht in gerader Linie liegenden Punkten b_1, b_2, b_3 numerisch ableiten. Es sei etwa

$$x = \mathfrak{y}_1 b_1 + \mathfrak{y}_2 b_2 + \mathfrak{y}_3 b_3;$$

dann wird

$$x\mathfrak{k} = \mathfrak{y}_1\, b_1\mathfrak{k} + \mathfrak{y}_2\, b_2\mathfrak{k} + \mathfrak{y}_3\, b_3\mathfrak{k}, \text{ das heißt wegen } (\dagger)$$
$$= \mathfrak{y}_1\, b_1\mathfrak{k}' + \mathfrak{y}_2\, b_2\mathfrak{k}' + \mathfrak{y}_3\, b_3\mathfrak{k}'$$
$$= (\mathfrak{y}_1 b_1 + \mathfrak{y}_2 b_2 + \mathfrak{y}_3 b_3)\,\mathfrak{k}'$$
$$= x\mathfrak{k}',$$

womit die obige Behauptung bewiesen ist.

Die Grundeigenschaften der Punkt-Punkt-Abbildung einer Kollineation. Der Fundamentalsatz der Kollineation. Aus der analytischen Forderung der Distributivität des Bruches $\mathfrak{k}$ entspringen unmittelbar die geometrischen Grundeigenschaften der durch ihn dargestellten Abbildung,

zunächst diejenige Eigenschaft, der die Abbildung $\mathfrak{k}$ ihren Namen Kollineation verdankt. Sind nämlich x, y, z drei Punkte *einer* Geraden (vgl. Fig. 35), so läßt sich jeder von ihnen als Vielfachensumme der beiden andern darstellen, das heißt, es wird zum Beispiel

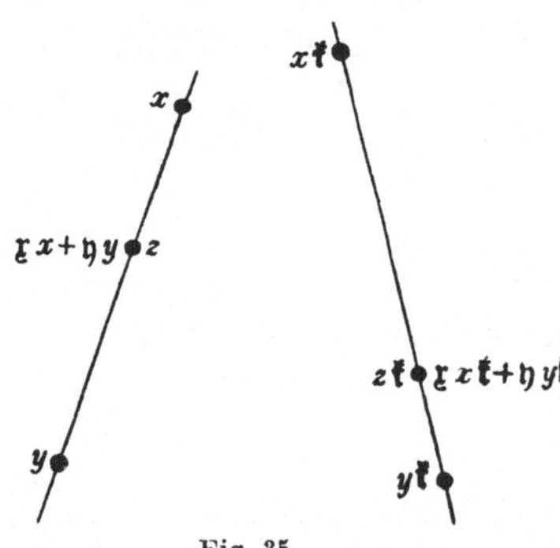

Fig. 35.

$$(9) \qquad z = \mathfrak{x}x + \mathfrak{y}y.$$

Den drei Punkten x, y, z entsprechen nun aber nach Obigem die Punkte

$$x\mathfrak{k}, \quad y\mathfrak{k}, \quad z\mathfrak{k},$$

und es wird mit Rücksicht auf (9)

$$z\mathfrak{k} = (\mathfrak{x}x + \mathfrak{y}y)\mathfrak{k},$$

woraus wegen der Distributivität von $\mathfrak{k}$ folgt, daß

$$(10) \qquad z\mathfrak{k} = \mathfrak{x}\, x\mathfrak{k} + \mathfrak{y}\, y\mathfrak{k}$$

ist. Diese Gleichung aber zeigt wirklich, daß auch der Punkt $z\mathfrak{k}$ mit den Punkten $x\mathfrak{k}$ und $y\mathfrak{k}$ auf *einer* Geraden liegt. Die Abbildung $\mathfrak{k}$ hat also die Eigenschaft, daß Punkten, die zusammen auf einer Geraden liegen, die also, wie man sagt, kollinear sind, stets wieder kollineare Punkte entsprechen. Aus diesem Grunde heißt die Abbildung $\mathfrak{k}$ die kollineare

Abbildung oder Kollineation, genauer die Punkt-Punkt-Abbildung der Kollineation, und man hat den Satz:

Satz 306: Erste Grundeigenschaft der Kollineation: Drei Punkte einer Geraden werden durch kollineare Abbildung wieder in drei Punkte einer Geraden übergeführt.

Eine zweite Eigenschaft der kollinearen Abbildung, die mit der ersten eng zusammenhängt, läßt sich ebenfalls unmittelbar aus der Distributivität des Bruches $\mathfrak{k}$ ableiten, nämlich die *Invarianz des Doppelverhältnisses* von vier Punkten einer Geraden.

Wie schon gelegentlich der Einführung des Doppelverhältnisses auf Seite 54 des ersten Bandes entwickelt ist, lassen sich vier in einer Geraden liegende Punkte, auf deren Masse es nicht ankommt, stets in der Form darstellen

$$x, \; y, \; u = x + \mathfrak{g}y, \quad v = x + \mathfrak{h}y$$

(vgl. Fig. 36), und das Doppelverhältnis des Punktwurfes $xyuv$ wird

$$(11) \qquad (xyuv) = \frac{\mathfrak{g}}{\mathfrak{h}},$$

das heißt gleich dem Verhältnis der Parameter des dritten und des vierten Punktes. Sind nun x', y', u', v' diejenigen Punkte, die den Punkten x, y, u, v jenes Wurfes in der Kollineation $\mathfrak{k}$ zugeordnet sind, so wird

$$x' = x\mathfrak{k}, \quad y' = y\mathfrak{k}$$

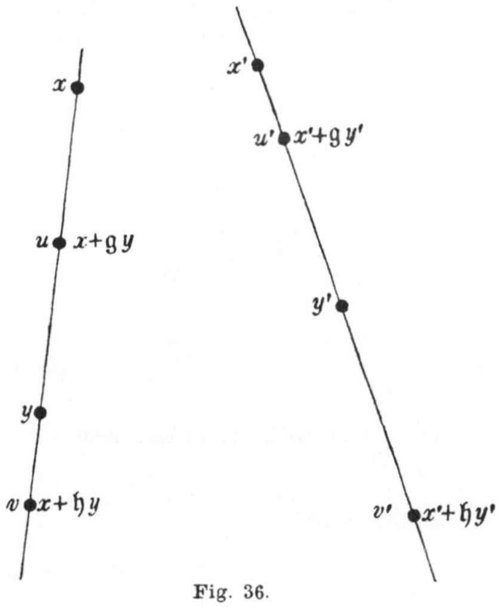

Fig. 36.

und mit Rücksicht auf die Distributivität von $\mathfrak{k}$

$$u' = u\mathfrak{k} = (x + \mathfrak{g}y)\mathfrak{k} = x\mathfrak{k} + \mathfrak{g}\, y\mathfrak{k} = x' + \mathfrak{g}y'$$
$$v' = v\mathfrak{k} = (x + \mathfrak{h}y)\mathfrak{k} = x\mathfrak{k} + \mathfrak{h}\, y\mathfrak{k} = x' + \mathfrak{h}y'.$$

Die Ausdrücke für die vier Punkte des zugeordneten Wurfes erscheinen daher unter der Form

$$x', \; y', \; u' = x' + \mathfrak{g}y', \quad v' = x' + \mathfrak{h}y'.$$

Sein Doppelverhältnis wird also wieder

$$(12) \qquad\qquad (x'y'u'v') = \frac{\mathfrak{g}}{\mathfrak{h}}.$$

Und man hat den Satz:

Satz 307: Zweite Grundeigenschaft der Kollineation: Ein jeder Punktwurf wird durch kollineare Abbildung in einen Punktwurf von demselben Doppelverhältnis verwandelt.

Aus der Invarianz des Doppelverhältnisses eines Punktwurfes aber folgert man weiter den Satz:

Satz 308: Jede Punktreihe wird durch eine Kollineation in eine *projektive* Punktreihe übergeführt.

Will man noch die Frage beantworten, *wie viele* Punkte man in den beiden Systemen der Punkte x und $x\mathfrak{k}$ einander zuordnen darf, um die Abbildung festzulegen, beschränke man sich auf den Fall, wo auch die drei Zählerpunkte a_1, a_2, a_3 ein eigentliches Dreieck bilden, verfüge so-dann über die Massen $\mathfrak{n}_1$, $\mathfrak{n}_2$, $\mathfrak{n}_3$ der Zählerpunkte a_1, a_2, a_3 des Bruches $\mathfrak{k}$ in der Weise, daß ein der Lage nach beliebig gewählter Punkt a der Einheitspunkt der drei Punkte a_1, a_2, a_3 wird, daß also

$$(13) \qquad a = a_1 + a_2 + a_3$$

wird (vgl. Fig. 37), und bezeichne den Wert des äußeren Produktes

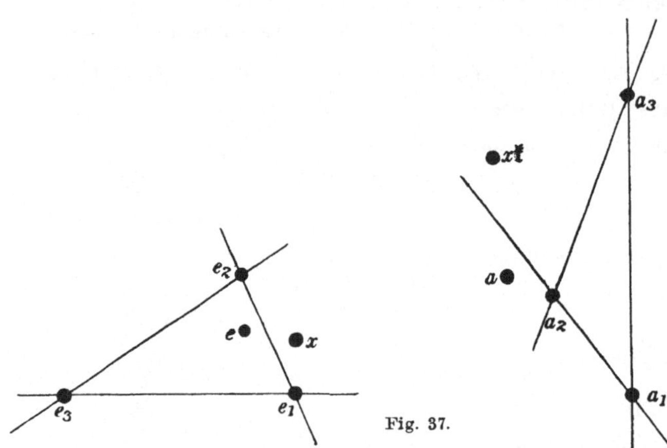

Fig. 37.

$[a_1 a_2 a_3]$ mit $\mathfrak{a}$, setze also

$$(14) \qquad\qquad\qquad [a_1 a_2 a_3] = \mathfrak{a};$$

dann wird

$$(15) \qquad a = a_1 + a_2 + a_3 = e_1\mathfrak{k} + e_2\mathfrak{k} + e_3\mathfrak{k} = (e_1 + e_2 + e_3)\mathfrak{k} = e\mathfrak{k},$$

das heißt, der Einheitspunkt a des Zählersystems wird durch die Kollineation $\mathfrak{k}$ dem Einheitspunkte e des Nennersystems zugewiesen. Da nun aber sowohl die vier Punkte e_1, e_2, e_3 und e, wie die vier Punkte a_1, a_2, a_3 und a, abgesehen von den oben erwähnten Einschränkungen, ihrer Lage nach ganz beliebig gewählt werden können, und durch Angabe der Lage des Punktes a die Massen der drei Zählerpunkte a_1, a_2, a_3 des Bruches $\mathfrak{k}$ bis auf einen Proportionalitätsfaktor eindeutig bestimmt sind, so hat man den folgenden Fundamentalsatz:

Satz 309: Fundamentalsatz der Kollineation: Um die Punkt-Punkt-Abbildung einer Kollineation in der Ebene festzulegen, kann man *vier* beliebig gelegenen Punkten des ersten Systems, von denen aber keine drei derselben Geraden angehören dürfen, *vier* beliebig gelegene Punkte des andern zuweisen, von denen jedoch wieder keine drei in einer Geraden liegen. Dadurch ist dann die Abbildung bis auf einen Zahlfaktor eindeutig bestimmt.

Die zu der Punkt-Punkt-Abbildung $\mathfrak{k}$ *einer Kollineation adjungierte Stab-Stab-Abbildung* $\mathfrak{K}$. Da die Kollineation $\mathfrak{k}$ den *Punkten einer Geraden* stets wieder *Punkte einer Geraden* zuweist, so kann man die durch den Bruch $\mathfrak{k}$ definierte Abbildung auch als eine Beziehung zwischen den Geraden der Ebene auffassen. Diese Abbildung der Geraden der Ebene wird aber durch den Bruch $\mathfrak{k}$ nur indirekt vermittelt. Um eine direkte Darstellung derselben zu finden, berücksichtige man, daß die Gerade eines beliebigen Stabes $[yz]$ durch die Kollineation $\mathfrak{k}$ in die Gerade des Stabes $[y\mathfrak{k}\cdot z\mathfrak{k}]$ übergeführt wird (vgl. Fig. 38), und suche die Beziehung zwischen den

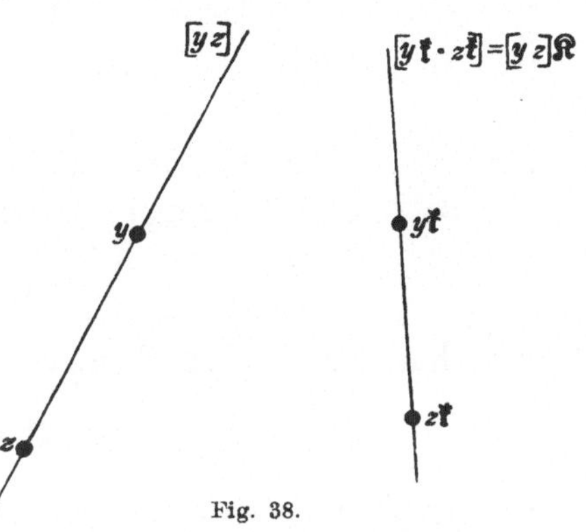

Fig. 38.

Ableitausdrücken dieser beiden Stäbe auf. Setzt man wie gewöhnlich

$$(16) \qquad \begin{cases} y = \mathfrak{y}_1 e_1 + \mathfrak{y}_2 e_2 + \mathfrak{y}_3 e_3 \\ z = \mathfrak{z}_1 e_1 + \mathfrak{z}_2 e_2 + \mathfrak{z}_3 e_3, \end{cases}$$

so wird mit Rücksicht auf die Gleichungen (12) des 25. Abschnitts

$$(17) \qquad [yz] = \begin{vmatrix} \mathfrak{y}_2 & \mathfrak{y}_3 \\ \mathfrak{z}_2 & \mathfrak{z}_3 \end{vmatrix} E_1 + \begin{vmatrix} \mathfrak{y}_3 & \mathfrak{y}_1 \\ \mathfrak{z}_3 & \mathfrak{z}_1 \end{vmatrix} E_2 + \begin{vmatrix} \mathfrak{y}_1 & \mathfrak{y}_2 \\ \mathfrak{z}_1 & \mathfrak{z}_2 \end{vmatrix} E_3.$$

Andrerseits wird

$$(18) \qquad \begin{cases} y\mathfrak{k} = \mathfrak{y}_1 a_1 + \mathfrak{y}_2 a_2 + \mathfrak{y}_3 a_3 \\ z\mathfrak{k} = \mathfrak{z}_1 a_1 + \mathfrak{z}_2 a_2 + \mathfrak{z}_3 a_3; \end{cases}$$

und setzt man daher noch

$$(19) \qquad [a_2 a_3] = A_1, \quad [a_3 a_1] = A_2, \quad [a_1 a_2] = A_3,$$

so findet man für den zweiten Stab $[y\mathfrak{k}\cdot z\mathfrak{k}]$ die Darstellung:

$$(20) \qquad [y\mathfrak{k}\cdot z\mathfrak{k}] = \begin{vmatrix} \mathfrak{y}_2 & \mathfrak{y}_3 \\ \mathfrak{z}_2 & \mathfrak{z}_3 \end{vmatrix} A_1 + \begin{vmatrix} \mathfrak{y}_3 & \mathfrak{y}_1 \\ \mathfrak{z}_3 & \mathfrak{z}_1 \end{vmatrix} A_2 + \begin{vmatrix} \mathfrak{y}_1 & \mathfrak{y}_2 \\ \mathfrak{z}_1 & \mathfrak{z}_2 \end{vmatrix} A_3.$$

Der Stab $[y\mathfrak{k}\cdot z\mathfrak{k}]$ des zweiten Systems wird also aus den Stäben A_1, A_2, A_3 durch dieselben Zahlgrößen abgeleitet, durch die der entsprechende Stab $[yz]$ des ersten Systems aus den Grundstäben E_1, E_2, E_3 hervorging; und man wird daher allgemein den Geraden der Stäbe $[yz]$ die Geraden der Stäbe $[y\mathfrak{k}\cdot z\mathfrak{k}]$ zuweisen, wenn man neben dem Bruche $\mathfrak{k}$ noch einen zweiten extensiven Bruch $\mathfrak{K}$ einführt, dessen Nenner und Zähler die Stäbe E_i und A_i sind, das heißt die multiplikativen Kombinationen ohne Wiederholung zur zweiten Klasse aus den Nennern und Zählern des Bruches $\mathfrak{k}$, wenn man also setzt

$$(21) \qquad \mathfrak{K} = \frac{A_1,\; A_2,\; A_3}{E_1,\; E_2,\; E_3}, \quad \text{wo}$$

$$(22) \qquad \begin{cases} E_1 = [e_2 e_3], & E_2 = [e_3 e_1], & E_3 = [e_1 e_2] \\ A_1 = [a_2 a_3], & A_2 = [a_3 a_1], & A_3 = [a_1 a_2] \end{cases}$$

ist. In der Tat wird dann

$$(23) \qquad [yz]\mathfrak{K} = [y\mathfrak{k} \cdot z\mathfrak{k}],$$

und man erhält den Satz:

Satz 310: **Adjungiert man einem Kollineationsbruche**

$$\mathfrak{k} = \frac{a_1,\; a_2,\; a_3}{e_1,\; e_2,\; e_3},$$

welcher Punkte in Punkte überführt, einen zweiten Bruch

$$\mathfrak{K} = \frac{A_1,\; A_2,\; A_3}{E_1,\; E_2,\; E_3}$$

in der Weise, daß dieser neue Bruch den Seiten E_i des Nenner-dreiecks von $\mathfrak{k}$ die Seiten A_i des Zählerdreiecks von $\mathfrak{k}$ zuordnet, diese Seiten dargestellt als die äußeren Produkte der Zähler- und Nennerpunkte von $\mathfrak{k}$, so weist der „adjungierte Bruch" $\mathfrak{K}$ überhaupt *jedem* Stabe $[yz]$, das heißt jedem Produkte zweier Punkte y und z des ersten Systems, den Verbindungsstab $[y\mathfrak{k} \cdot z\mathfrak{k}]$ ihrer Bilder $y\mathfrak{k}$ und $z\mathfrak{k}$ im zweiten System zu.

Aus diesem Satze läßt sich noch eine wichtige Folgerung ziehen. Nach der ersten Grundeigenschaft der Kollineation (Satz 306) wird einem jeden mit zwei Punkten y und z in einer Geraden liegenden Punkte x durch eine Kollineation $\mathfrak{k}$ ein Bildpunkt $x\mathfrak{k}$ zugeordnet, der mit den Bild-punkten $y\mathfrak{k}$ und $z\mathfrak{k}$ der Punkte y und z wiederum in einer Geraden liegt. Es entspricht also einem Punkte x, der die Gleichung

$$(\dagger) \qquad [x(yz)] = 0$$

erfüllt, ein Bildpunkt $x\mathfrak{k}$, der der Gleichung

$$[x\mathfrak{k}(y\mathfrak{k} \cdot z\mathfrak{k})] = 0$$

Genüge leistet; und diese Gleichung kann man wegen (23) auch in der Form schreiben:

$$(\dagger\dagger) \qquad [x\mathfrak{k} \cdot yz\,\mathfrak{K}] = 0.$$

Setzt man endlich in den beiden Gleichungen $(\dagger)$ und $(\dagger\dagger)$

$$(24) \qquad [yz] = U.$$

wodurch sie die Form annehmen:

$$(25) \qquad [xU] = 0 \quad \text{und}$$

$$(26) \qquad [x\mathfrak{k} \cdot U\mathfrak{K}] = 0,$$

so kann man das gewonnene Ergebnis auch so formulieren:

Aus der Bedingung für das Vereintliegen eines Punktes x und eines Stabes U, das heißt aus der Gleichung

(25) $$[xU] = 0,$$

folgt die entsprechende Gleichung

$$[x\mathfrak{k} \cdot U\mathfrak{K}] = 0$$

für das Vereintliegen der zugehörigen Bilder $x\mathfrak{k}$ und $U\mathfrak{K}$ in der Kollineation $\mathfrak{k}$, $\mathfrak{K}$.   Man hat also den Satz:

Satz 311: Ist $\mathfrak{k}$ der extensive Bruch für die Punkt-Punkt-Abbildung einer Kollineation und $\mathfrak{K}$ der adjungierte Bruch für die zugehörige Stab-Stab-Abbildung, so zieht die Bedingungsgleichung

(25) $$[xU] = 0$$

für das Vereintliegen des Punktes x und des Stabes U die entsprechende Bedingungsgleichung

(26) $$[x\mathfrak{k} \cdot U\mathfrak{K}] = 0$$

nach sich für das Vereintliegen der Bilder $x\mathfrak{k}$ und $U\mathfrak{K}$ des Punktes x und des Stabes U in der Kollineation $\mathfrak{k}$, $\mathfrak{K}$.

Das kombinatorische Produkt $[\mathfrak{k}\mathfrak{l}]$ *der Punkt-Punkt-Abbildungen zweier Kollineationen.* Man kann übrigens den Bruch für die zur Kollineation $\mathfrak{k}$ adjungierte Kollineation $\mathfrak{K}$ auch *als kombinatorisches Quadrat des Bruches* $\mathfrak{k}$ *darstellen*, vorausgesetzt, daß man für das kombinatorische Produkt zweier Kollineationen $\mathfrak{k}$ und $\mathfrak{l}$ derselben Ebene eine Erklärung aufstellt, die das ternäre Analogon des im 13. Abschnitt eingeführten kombinatorischen Produktes zweier Projektivitäten derselben Geraden bildet (vgl. insbesondere die Formeln (8) und (18) des 13. Abschnitts).

Zunächst läßt sich die Formel (8) des 13. Abschnitts, das heißt die Formel

(*) $$[yz \cdot \mathfrak{p}\mathfrak{q}] = \frac{[y\mathfrak{p} \cdot z\mathfrak{q}] - [z\mathfrak{p} \cdot y\mathfrak{q}]}{2},$$

unmittelbar auf den Fall übertragen, wo an die Stelle der beiden Projektivitäten $\mathfrak{p}$ und $\mathfrak{q}$ derselben Geraden zwei Kollineationen $\mathfrak{k}$ und $\mathfrak{l}$ derselben Ebene getreten sind. Man kann nämlich genau entsprechend einen Ausdruck $[yz \cdot \mathfrak{k}\mathfrak{l}]$ definieren durch die Formel

(27) $$[yz \cdot \mathfrak{k}\mathfrak{l}] = \frac{[y\mathfrak{k} \cdot z\mathfrak{l}] - [z\mathfrak{k} \cdot y\mathfrak{l}]}{2}$$

und dann gerade so wie bei der Formel (*) zeigen, daß der durch den Bruch auf der rechten Seite von (27) definierte Ausdruck $[yz \cdot \mathfrak{k}\mathfrak{l}]$ *den Charakter eines aus den vier Größen* y, z, $\mathfrak{k}$, $\mathfrak{l}$ *gebildeten Produktes besitzt,* indem *erstens* jeder Zahlfaktor, der zu einer der vier Größen y, z, $\mathfrak{f}$, $\mathfrak{l}$ hinzütritt, vor den ganzen Ausdruck gestellt werden kann, und indem *zweitens* der Ausdruck distributiv ist gegenüber einer Summe, die an Stelle einer der vier Größen y, z, $\mathfrak{f}$, $\mathfrak{l}$ in den Ausdruck eingesetzt wird.

Das Produkt $[yz \cdot \mathfrak{fl}]$ verdient aber auch den Namen eines *kombinatorischen Produktes*, da, wie aus der Erklärungsformel (27) ohne weiteres folgt, wenigstens für seine Punktfaktoren y und z die Grundformel eines solchen Produktes gilt:

$$(28) \qquad [xx \cdot \mathfrak{fl}] = 0,$$

die dann die Formel

$$(29) \qquad [zy \cdot \mathfrak{fl}] = - [yz \cdot \mathfrak{fl}]$$

nach sich zieht (vgl. Seite 10 des ersten Bandes).

Die beiden Punktfaktoren y und z des Produktes $[yz \cdot \mathfrak{fl}]$ sind also nur mit Zeichenwechsel vertauschbar, während seine beiden Kollineationsfaktoren $\mathfrak{f}$ und $\mathfrak{l}$ offenbar ohne Zeichenwechsel vertauscht werden dürfen. Denn es wird wegen (27)

$$[yz \cdot \mathfrak{lf}] = \frac{[y\mathfrak{l} \cdot z\mathfrak{f}] - [z\mathfrak{l} \cdot y\mathfrak{f}]}{2}$$

oder, da die Punktfaktoren $y\mathfrak{l}$ und $z\mathfrak{f}$, $z\mathfrak{l}$ und $y\mathfrak{f}$ der äußeren Produkte des Zählers nur mit Zeichenwechsel vertauschbar sind:

$$[yz \cdot \mathfrak{lf}] = \frac{[y\mathfrak{f} \cdot z\mathfrak{l}] - [z\mathfrak{f} \cdot y\mathfrak{l}]}{2}.$$

Das ist aber nach (27) gerade der Ausdruck für das Produkt $[yz \cdot \mathfrak{fl}]$, das heißt, es ist wirklich

$$(30) \qquad [yz \cdot \mathfrak{lf}] = [yz \cdot \mathfrak{fl}],$$

und man hat den Satz:

Satz 312: In dem kombinatorischen Produkte $[yz \cdot \mathfrak{fl}]$ sind die Punktfaktoren y und z *mit*, die Kollineationsfaktoren $\mathfrak{f}$ und $\mathfrak{l}$ *ohne* Zeichenwechsel vertauschbar.

Aus den Formeln (28) und (29) kann man ferner wiederum folgern, daß das kombinatorische Produkt $[yz \cdot \mathfrak{fl}]$ *auch als ein Produkt aufgefaßt werden kann, dessen einer Faktor der Stab $[yz]$ ist*. Dazu suche man eine Größe $[\mathfrak{fl}]$ einzuführen, welche die Eigenschaft hat, einen jeden Stab $[yz]$ bei der Multiplikation in das kombinatorische Produkt $[yz \cdot \mathfrak{fl}]$ zu verwandeln, die also für beliebige Werte von y und z der Gleichung genügt:

$$(31) \qquad [yz][\mathfrak{fl}] = [yz \cdot \mathfrak{fl}].$$

Um auf Grund dieser Gleichung einen analytischen Ausdruck für die Größe $[\mathfrak{fl}]$ zu finden, setze man in die Gleichung (31) für y und z ihre Ableitausdrücke (16) ein, schreibe die Gleichung also in der Form:

$$[(\mathfrak{y}_1 e_1 + \cdots)(\mathfrak{z}_1 e_1 + \cdots)][\mathfrak{fl}] = [(\mathfrak{y}_1 e_1 + \cdots)(\mathfrak{z}_1 e_1 + \cdots) \cdot \mathfrak{fl}],$$

führe sodann die Multiplikation der runden Klammern aus und berücksichtige dabei, daß sowohl linker Hand wie rechter Hand die Regeln der kombinatorischen Multiplikation zur Geltung kommen (vgl. hinsichtlich der rechten Seite die Formeln (28) und (29)). Auf diese Weise erhält man die Gleichung:

$$(32) \qquad \left\{ \begin{vmatrix} \mathfrak{y}_2 & \mathfrak{y}_3 \\ \mathfrak{z}_2 & \mathfrak{z}_3 \end{vmatrix} [e_2\,e_3] + \cdots \right\}[\mathfrak{f}\mathfrak{l}] = \begin{vmatrix} \mathfrak{y}_2 & \mathfrak{y}_3 \\ \mathfrak{z}_2 & \mathfrak{z}_3 \end{vmatrix} [e_2\,e_3 \cdot \mathfrak{f}\mathfrak{l}] + \cdots$$

Hier sind die Ausdrücke $[e_2\,e_3 \cdot \mathfrak{f}\mathfrak{l}]$, $\ldots$ gewisse Stäbe, die nach (27) die Darstellung gestatten:

$$(33) \qquad [e_2\,e_3 \cdot \mathfrak{f}\mathfrak{l}] = \frac{[e_2\,\mathfrak{f} \cdot e_3\,\mathfrak{l}] - [e_3\,\mathfrak{f} \cdot e_2\,\mathfrak{l}]}{2}, \quad \ldots,$$

für die sich also, wenn man noch

$$(34) \qquad \mathfrak{f} = \frac{a_1,\ a_2,\ a_3}{e_1,\ e_2,\ e_3}, \quad \mathfrak{l} = \frac{b_1,\ b_2,\ b_3}{e_1,\ e_2,\ e_3}$$

setzt, die Werte ergeben:

$$(35) \qquad \begin{cases} [e_2\,e_3 \cdot \mathfrak{f}\mathfrak{l}] = \dfrac{[a_2\,b_3] - [a_3\,b_2]}{2}, \quad [e_3\,e_1 \cdot \mathfrak{f}\mathfrak{l}] = \dfrac{[a_3\,b_1] - [a_1\,b_3]}{2}, \\[2mm] \qquad\qquad [e_1\,e_2 \cdot \mathfrak{f}\mathfrak{l}] = \dfrac{[a_1\,b_2] - [a_2\,b_1]}{2}. \end{cases}$$

Die in der geschweiften Klammer der linken Seite von (32) angegebene Vielfachensumme der Stäbe $[e_2\,e_3]$, $[e_3\,e_1]$, $[e_1\,e_2]$ wird nun durch die Multiplikation mit der Größe $[\mathfrak{f}\mathfrak{l}]$ in die entsprechende Vielfachensumme der Stäbe $[e_2\,e_3 \cdot \mathfrak{f}\mathfrak{l}]$, $[e_3\,e_1 \cdot \mathfrak{f}\mathfrak{l}]$, $[e_1\,e_2 \cdot \mathfrak{f}\mathfrak{l}]$ übergeführt, und da diese Beziehung für beliebige Werte von $\mathfrak{y}_i$ und $\mathfrak{z}_k$, i, $k = 1, 2, 3$ gelten soll, so kann man setzen:

$$(36) \qquad [\mathfrak{f}\mathfrak{l}] = \frac{[e_2\,e_3 \cdot \mathfrak{f}\mathfrak{l}],\ [e_3\,e_1 \cdot \mathfrak{f}\mathfrak{l}],\ [e_1\,e_2 \cdot \mathfrak{f}\mathfrak{l}]}{[e_2\,e_3],\qquad [e_3\,e_1],\qquad [e_1\,e_2]}.$$

Den so definierten Ausdruck $[\mathfrak{f}\mathfrak{l}]$ bezeichnen wir als das **kombinatorische Produkt der Kollineationen** $\mathfrak{f}$ **und** $\mathfrak{l}$. Dasselbe stellt, wie die Gleichung (36) zeigt, die Stab-Stab-Abbildung einer gewissen neuen Kollineation dar.

Man überzeugt sich dann wieder leicht, daß seine Faktoren ohne Zeichenwechsel vertauschbar sind. Denn es wird nach (36)

$$(37) \qquad [\mathfrak{l}\mathfrak{f}] = \frac{[e_2\,e_3 \cdot \mathfrak{l}\mathfrak{f}],\ [e_3\,e_1 \cdot \mathfrak{l}\mathfrak{f}],\ [e_1\,e_2 \cdot \mathfrak{l}\mathfrak{f}]}{[e_2\,e_3],\qquad [e_3\,e_1],\qquad [e_1\,e_2]}.$$

Nun sind aber nach dem Satze 312 die entsprechenden Zähler der Brüche (36) und (37) einander gleich; man hat also die Formel:

$$(38) \qquad [\mathfrak{l}\mathfrak{f}] = [\mathfrak{f}\mathfrak{l}]$$

und damit den Satz:

Satz 313: In dem kombinatorischen Produkte der Punkt-Punkt-Abbildungen zweier Kollineationen sind die Faktoren ohne Zeichenwechsel vertauschbar.

Führt man schließlich noch in die Bruchdarstellung (36) des kombinatorischen Produktes $[\mathfrak{f}\mathfrak{l}]$ an Stelle der Zähler $[e_2 e_3 \cdot \mathfrak{f}\mathfrak{l}]$, ... ihre Werte aus (35) ein, so findet man für das kombinatorische Produkt $[\mathfrak{f}\mathfrak{l}]$ den Ausdruck:

$$(39) \quad [\mathfrak{f}\mathfrak{l}] = \frac{\frac{1}{2}\{[a_2 b_3] - [a_3 b_2]\}, \quad \frac{1}{2}\{[a_3 b_1] - [a_1 b_3]\}, \quad \frac{1}{2}\{[a_1 b_2] - [a_2 b_1]\}}{[e_2 e_3], \qquad\qquad [e_3 e_1], \qquad\qquad [e_1 e_2]}.$$

Die zu einer Punkt-Punkt-Kollineation $\mathfrak{f}$ adjungierte Kollineation $\mathfrak{K}$ als kombinatorisches Quadrat von $\mathfrak{f}$. Läßt man in der Formel (27) die beiden in ihr auftretenden Kollineationen einander gleich werden, setzt also $\mathfrak{l} = \mathfrak{f}$, so ergibt sich aus ihr die Spezialformel:

$$[yz\,\mathfrak{f}^2] = \frac{[y\mathfrak{f} \cdot z\mathfrak{f}] - [z\mathfrak{f} \cdot y\mathfrak{f}]}{2}.$$

Da aber

$$[y\mathfrak{f} \cdot z\mathfrak{f}] = -[z\mathfrak{f} \cdot y\mathfrak{f}]$$

ist, so vereinfacht sich diese Formel zu

$$(40) \qquad\qquad [yz\,\mathfrak{f}^2] = [y\mathfrak{f} \cdot z\mathfrak{f}].$$

Ferner folgt aus (36) für das „kombinatorische Quadrat" $[\mathfrak{f}^2]$ der Kollineation $\mathfrak{f}$ die Darstellung

$$[\mathfrak{f}^2] = \frac{[e_2 e_3\,\mathfrak{f}^2], \quad [e_3 e_1\,\mathfrak{f}^2], \quad [e_1 e_2\,\mathfrak{f}^2]}{[e_2 e_3], \qquad [e_3 e_1], \qquad [e_1 e_2]}$$

oder wegen (40)

$$(41) \qquad [\mathfrak{f}^2] = \frac{[e_2\mathfrak{f} \cdot e_3\mathfrak{f}], \quad [e_3\mathfrak{f} \cdot e_1\mathfrak{f}], \quad [e_1\mathfrak{f} \cdot e_2\mathfrak{f}]}{[e_2 e_3], \qquad [e_3 e_1], \qquad [e_1 e_2]},$$

wofür man mit Rücksicht auf den Wert von $\mathfrak{f}$ in (34) auch schreiben kann:

$$(42) \qquad [\mathfrak{f}^2] = \frac{[a_2 a_3], \quad [a_3 a_1], \quad [a_1 a_2]}{[e_2 e_3], \quad [e_3 e_1], \quad [e_1 e_2]}$$

oder wegen (22)

$$(43) \qquad [\mathfrak{f}^2] = \frac{A_1, \quad A_2, \quad A_3}{E_1, \quad E_2, \quad E_3}.$$

Die Vergleichung mit (21) zeigt dann, daß

$$(44) \qquad\qquad\qquad [\mathfrak{f}^2] = \mathfrak{K}$$

ist, und ferner entnimmt man aus dieser Gleichung und aus (31) und (40), daß

$$(45) \qquad [yz]\,\mathfrak{K} = [yz][\mathfrak{f}^2] = [yz\,\mathfrak{f}^2] = [y\mathfrak{f} \cdot z\mathfrak{f}],$$

wodurch zugleich die Formel (23) bestätigt wird. Das Hauptergebnis dieser Untersuchung läßt sich in dem Satze ausdrücken:

Satz 314: Die adjungierte Abbildung $\mathfrak{K}$ der Punkt-Punkt-Abbildung $\mathfrak{f}$ einer Kollineation ist das kombinatorische Quadrat von $\mathfrak{f}$.

Das kombinatorische Produkt $[\mathfrak{flm}]$ *der Punkt-Punkt-Abbildungen dreier Kollineationen.* Diesen Formeln kann man gleich noch die Ausdrücke für die dreifaktorigen kombinatorischen Produkte von Kollineationen anreihen. Sind $\mathfrak{f}$, $\mathfrak{l}$, $\mathfrak{m}$ die Punkt-Punkt-Abbildungen dreier Kollineationen und x, y, z drei beliebige Punkte der Ebene, so definieren wir das kombinatorische Produkt

$$[xyz \cdot \mathfrak{flm}]$$

durch die Formel

$$(46) \quad [xyz \cdot \mathfrak{flm}] = \frac{1}{3!}\left\{ \begin{array}{l} [x\mathfrak{f} \cdot y\mathfrak{l} \cdot z\mathfrak{m}] + [y\mathfrak{f} \cdot z\mathfrak{l} \cdot x\mathfrak{m}] + [z\mathfrak{f} \cdot x\mathfrak{l} \cdot y\mathfrak{m}] \\ - [x\mathfrak{f} \cdot z\mathfrak{l} \cdot y\mathfrak{m}] - [y\mathfrak{f} \cdot x\mathfrak{l} \cdot z\mathfrak{m}] - [z\mathfrak{f} \cdot y\mathfrak{l} \cdot x\mathfrak{m}] \end{array}\right\},$$

das heißt, wir verstehen unter dem kombinatorischen Punkte $[xyz \cdot \mathfrak{flm}]$ das arithmetische Mittel der Ausdrücke, die hervorgehen, wenn man die Punktfaktoren x, y, z in allen möglichen Anordnungen mit den in der Reihenfolge $\mathfrak{f}$, $\mathfrak{l}$, $\mathfrak{m}$ genommenen Kollineationsfaktoren multipliziert, die erhaltenen Produkte jedesmal zu einem planimetrischen Produkte vereinigt und dem so entstehenden Produkte das Plus- oder Minuszeichen vorsetzt, je nachdem die Anordnung der Punktfaktoren, die in diesem Produkte vorkommt, gegenüber der ursprünglichen Anordnung x, y, z eine gerade oder ungerade Anzahl von Inversionen aufweist.

Aus der Erklärungsformel (46) folgt ohne Weiteres, daß das durch sie definierte Produkt $[xyz \cdot \mathfrak{flm}]$ verschwindet, sobald zwei von seinen drei Punktfaktoren einander gleich werden, daß also für dasselbe die Grundformeln bestehen:

$$(47) \qquad \left\{ \begin{array}{l} [xuu \cdot \mathfrak{flm}] = 0 \\ [vyv \cdot \mathfrak{flm}] = 0 \\ [wwz \cdot \mathfrak{flm}] = 0. \end{array}\right.$$

Denn setzt man in (46)

$$y = z = u,$$

so heben sich auf der rechten Seite die sechs Glieder paarweise gegenseitig auf, und dasselbe gilt, wenn

$$z = x = v \quad \text{oder}$$
$$x = y = w \quad \text{setzt.}$$

Aus den Grundformeln (47) ergeben sich ferner wie gewöhnlich (vgl. Seite 10, 20, 142 des ersten Bandes) die Vertauschungsformeln

$$(48) \qquad \left\{ \begin{array}{l} [xyz \cdot \mathfrak{flm}] = [yzx \cdot \mathfrak{flm}] = [zxy \cdot \mathfrak{flm}] \\ - [xzy \cdot \mathfrak{flm}] = - [yxz \cdot \mathfrak{flm}] = - [zyx \cdot \mathfrak{flm}]. \end{array}\right.$$

Da endlich das Produkt $[xyz \cdot \mathfrak{l}\mathfrak{l}\mathfrak{m}]$ nach (46) ebenso wie das Produkt $[xyz]$ ein Blatt der Ebene $e_1 e_2 e_3$ darstellt und ein solches nach unserer Verabredung auf Seite 26 des ersten Bandes als eine *unbenannte Zahl* aufgefaßt werden kann, so gilt dasselbe auch von dem Bruche

$$(49) \qquad \frac{[xyz \cdot \mathfrak{l}\mathfrak{l}\mathfrak{m}]}{[xyz]},$$

von dem wir noch voraussetzen wollen, daß sein Nenner

$$(50) \qquad [xyz] \neq 0 \quad \text{sei.}$$

Man überzeugt sich dann genau so wie bei der entsprechenden Entwickelung im binären Gebiet (vgl. Bd. I Seite 143), daß die durch den Bruch (49) dargestellte Zahlgröße *von der Lage und Masse der drei Punkte x, y, z unabhängig ist*. Wir zeigen dazu, daß der Bruch (49) seinen Wert nicht ändert, wenn man die beliebigen, nur an die Bedingung (50) gebundenen Punkte x, y, z durch die Grundpunkte e_1, e_2, e_3 ersetzt, beweisen also die Formel

$$(51) \qquad \frac{[xyz \cdot \mathfrak{l}\mathfrak{l}\mathfrak{m}]}{[xyz]} = \frac{[e_1 e_2 e_3 \cdot \mathfrak{l}\mathfrak{l}\mathfrak{m}]}{[e_1 e_2 e_3]}.$$

Wir führen zu dem Zwecke in den Bruch linker Hand für die Punkte x, y, z ihre Ableitausdrücke

$$(52) \qquad \begin{cases} x = \mathfrak{x}_1 e_1 + \mathfrak{x}_2 e_2 + \mathfrak{x}_3 e_3 \\ y = \mathfrak{y}_1 e_1 + \mathfrak{y}_2 e_2 + \mathfrak{y}_3 e_3 \\ z = \mathfrak{z}_1 e_1 + \mathfrak{z}_2 e_2 + \mathfrak{z}_3 e_3 \end{cases}$$

ein und erhalten so für ihn die Darstellung:

$$\frac{[xyz \cdot \mathfrak{l}\mathfrak{l}\mathfrak{m}]}{[xyz]} = \frac{[(\mathfrak{x}_1 e_1 + \cdot\cdot)(\mathfrak{y}_1 e_1 + \cdot\cdot)(\mathfrak{z}_1 e_1 + \cdot\cdot) \cdot \mathfrak{l}\mathfrak{l}\mathfrak{m}]}{[(\mathfrak{x}_1 e_1 + \cdot\cdot)(\mathfrak{y}_1 e_1 + \cdot\cdot)(\mathfrak{z}_1 e_1 + \cdot\cdot)]}$$

oder, wenn wir ausmultiplizieren und im Nenner die Gesetze der äußeren Multiplikation, im Zähler die ihnen entsprechenden Formeln (47) und (48) anwenden:

$$(53) \qquad \frac{[xyz \cdot \mathfrak{l}\mathfrak{l}\mathfrak{m}]}{[xyz]} = \frac{\mathfrak{D}[e_1 e_2 e_3 \cdot \mathfrak{l}\mathfrak{l}\mathfrak{m}]}{\mathfrak{D}[e_1 e_2 e_3]},$$

wo $\mathfrak{D}$ die Determinante der Ableitzahlen des Gleichungssystems (52) bedeutet, wo also

$$(54) \qquad \mathfrak{D} = \begin{vmatrix} \mathfrak{x}_1, & \mathfrak{x}_2, & \mathfrak{x}_3 \\ \mathfrak{y}_1, & \mathfrak{y}_2, & \mathfrak{y}_3 \\ \mathfrak{z}_1, & \mathfrak{z}_2, & \mathfrak{z}_3 \end{vmatrix}$$

ist, und wo diese Determinante wegen (50) nicht verschwindet. Die Gleichung (53) aber reduziert sich, wenn man rechter Hand mit $\mathfrak{D}$ kürzt, gerade auf die zu beweisende Formel:

$$(51) \qquad \frac{[xyz \cdot \mathfrak{l}\mathfrak{l}\mathfrak{m}]}{[xyz]} = \frac{[e_1 e_2 e_3 \cdot \mathfrak{l}\mathfrak{l}\mathfrak{m}]}{[e_1 e_2 e_3]}.$$

Damit ist in der Tat gezeigt, daß der Bruch (49) von der Lage und Masse der Punkte x, y, z unabhängig ist; und man kann daher für diesen Bruch ein Symbol einführen, das nur noch die Größen $\mathfrak{f}$, $\mathfrak{l}$, $\mathfrak{m}$ enthält; wir wählen das Zeichen $[\mathfrak{flm}]$, setzen also

$$(55) \qquad [\mathfrak{flm}] = \frac{[xyz \cdot \mathfrak{flm}]}{[xyz]},$$

und bezeichnen die so definierte Größe $[\mathfrak{flm}]$ als das *kombinatorische Produkt der Kollineationen* $\mathfrak{f}$, $\mathfrak{l}$, $\mathfrak{m}$. Dabei können in der Formel (55) für x, y, z drei ganz beliebige nicht in einer Geraden liegende Punkte benutzt werden; insbesondere kann man also auch die drei Grundpunkte e_1, e_2, e_3 verwenden, so daß man auch hat (vgl. auch die Gleichung (51))

$$(56) \qquad [\mathfrak{flm}] = \frac{[e_1 e_2 e_3 \cdot \mathfrak{flm}]}{[e_1 e_2 e_3]}.$$

Aus der Formel (55) folgt ferner durch Wegschaffung des Nenners die Formel

$$(57) \qquad [xyz][\mathfrak{flm}] = [xyz \cdot \mathfrak{flm}].$$

Außerdem beweist man wieder leicht, daß die Faktoren des kombinatorischen Produktes $[\mathfrak{flm}]$ ohne Zeichenwechsel vertauschbar sind, daß also

$$(58) \qquad [\mathfrak{flm}] = [\mathfrak{lmf}] = [\mathfrak{mfl}] = [\mathfrak{fml}] = [\mathfrak{lfm}] = [\mathfrak{mlf}]\,{}^{1}).$$

Der Potenzwert der Punkt-Punkt-Abbildung einer Kollineation. Nimmt man in der Formel (56) die Kollineationsbrüche $\mathfrak{f}$, $\mathfrak{l}$, $\mathfrak{m}$ einander gleich an, setzt somit

$$\mathfrak{m} = \mathfrak{l} = \mathfrak{f}$$

so verwandelt sich das kombinatorische Produkt $[\mathfrak{flm}]$ in die kombinatorische dritte Potenz $[\mathfrak{f}^3]$ von $\mathfrak{f}$, die wir als den „Potenzwert des

---

1) Es möge hier noch bemerkt werden, daß das kombinatorische Produkt $[\mathfrak{flm}]$ dreier Kollineationen $\mathfrak{f}$, $\mathfrak{l}$, $\mathfrak{m}$ in der Ebene den 6ten Teil der kubischen Determinante darstellt, die man aus den 27 Elementen a_{ik}, b_{ik}, c_{ik}, i, $k = 1$, 2, 3, bilden kann, das heißt den 6ten Teil der Summe von denjenigen 6^2 Gliedern, die entstehen, wenn man in dem Produkte $a_{11} b_{22} c_{33}$ das Gebinde 1, 2, 3 der vorderen Indizes seiner drei Faktoren und ebenso das Gebinde 1, 2, 3 der hinteren Indizes allen möglichen Permutationen unterwirft und dem dadurch hervorgehenden Produkte das Plus- oder Minuszeichen vorsetzt, je nachdem in ihm die Summe der beiden Inversionszahlen, die dem Gebinde der vorderen und dem Gebinde der hinteren Indizes zugehören, eine gerade oder ungerade Zahl ist. Über das Entsprechende im binären Gebiet siehe Bd. I Seite 144. Zum Begriff der kubischen Determinante vergleiche R. F. Scott, A treatise on the theorie of determinants. Cambridge 1880. Seite 89 ff. und E. Pascal, Die Determinanten, deutsch von H. Leitzmann. Leipzig 1900. Seite 184 ff. Weitere Litteratur über kubische Determinanten findet man bei M. Lecat, Histoire de la théorie des déterminants à plusieurs dimensions. Gand 1911.

Bruches $\mathfrak{f}''$ bezeichnen wollen. Es wird

$$(59) \qquad [\mathfrak{f}^3] = \frac{[e_1 e_2 e_3 \, \mathfrak{f}^3]}{[e_1 e_2 e_3]}.$$

In dem Bruche auf der rechten Seite ist aber mit Rücksicht auf (46) der Zähler

$$[e_1 e_2 e_3 \, \mathfrak{f}^3] = \frac{1}{3!} \left\{ \begin{array}{l} [e_1 \mathfrak{f} \cdot e_2 \mathfrak{f} \cdot e_3 \mathfrak{f}] + [e_2 \mathfrak{f} \cdot e_3 \mathfrak{f} \cdot e_1 \mathfrak{f}] + [e_3 \mathfrak{f} \cdot e_1 \mathfrak{f} \cdot e_2 \mathfrak{f}] \\ - [e_1 \mathfrak{f} \cdot e_3 \mathfrak{f} \cdot e_2 \mathfrak{f}] - [e_2 \mathfrak{f} \cdot e_1 \mathfrak{f} \cdot e_3 \mathfrak{f}] - [e_3 \mathfrak{f} \cdot e_2 \mathfrak{f} \cdot e_1 \mathfrak{f}] \end{array} \right\}.$$

Und da hier nach den Gleichungen (43) des zweiten Abschnitts sämtliche Glieder innerhalb der geschweiften Klammer (einschließlich ihrer Vorzeichen genommen) einander gleich sind, so wird

$$[e_1 e_2 e_3 \, \mathfrak{f}^3] = [e_1 \mathfrak{f} \cdot e_2 \mathfrak{f} \cdot e_3 \mathfrak{f}]$$

und also der Potenzwert von $\mathfrak{f}$

$$(60) \qquad [\mathfrak{f}^3] = \frac{[e_1 \mathfrak{f} \cdot e_2 \mathfrak{f} \cdot e_3 \mathfrak{f}]}{[e_1 e_2 e_3]} = \frac{[a_1 a_2 a_3]}{[e_1 e_2 e_3]}.$$

Genau entsprechend dem Potenzwerte eines Projektivitätsbruches im binären Gebiet (vgl. Seite 144 ff. des ersten Bandes) *ist somit der Potenzwert eines Kollineationsbruches* $\mathfrak{f}$ *gleich dem kombinatorischen Produkte seiner Zähler dividiert durch dasjenige seiner Nenner.*

Da übrigens nach (2) das Produkt im Nenner von (60) den Wert **1** hat, so kann man die Gleichung (60) auch in der Form schreiben:

$$(61) \qquad [\mathfrak{f}^3] = [a_1 a_2 a_3],$$

oder wenn man die Gleichung (14) berücksichtigt, auch in der Form:

$$(62) \qquad [\mathfrak{f}^3] = \mathfrak{a}.$$

Ferner kann man aus der Gleichung (60) noch folgern, daß das Produkt

$$(63) \qquad [e_1 e_2 e_3] \, [\mathfrak{f}^3] = [e_1 \mathfrak{f} \cdot e_2 \mathfrak{f} \cdot e_3 \mathfrak{f}]$$

ist, und diese Gleichung bleibt auch bestehen, wenn man an die Stelle der Punkte e_1, e_2, e_3 drei ganz beliebige Punkte x, y, z treten läßt, das heißt, es gilt auch die Gleichung

$$(64) \qquad [x y z] \, [\mathfrak{f}^3] = [x \mathfrak{f} \cdot y \mathfrak{f} \cdot z \mathfrak{f}].$$

Das Verschwinden des Potenzwertes der Punkt-Punkt-Abbildung einer Kollineation: Entartende Punkt-Punkt-Kollineationen. Das Verschwinden des Potenzwertes einer Punkt-Punkt-Kollineation $\mathfrak{f}$, das heißt die Gleichung

$$(65) \qquad [\mathfrak{f}^3] = 0$$

oder wegen (61) die Gleichung

$$(66) \qquad [a_1 a_2 a_3] = 0,$$

ist dann wieder *die Bedingungsgleichung des Entartens der Kollineation.* In der Tat ist es ja klar, daß bei einer Kollineation $\mathfrak{f}$, deren Zähler a_1, a_2, a_3

der Gleichung (66) Genüge leisten, die Punkte des zweiten Systems nicht mehr die ganze Ebene überdecken können. Aus dieser Gleichung (66) folgt nämlich[1]), daß zwischen den drei Zählerpunkten a_1, a_2. a_3 eine Zahlbeziehung herrscht, das heißt eine Gleichung von der Form

$$(67) \qquad \mathfrak{a}_1 a_1 + \mathfrak{a}_2 a_2 + \mathfrak{a}_3 a_3 = 0,$$

in der *wenigstens eine der drei Größen* $\mathfrak{a}_i$ *von Null verschieden ist.*

Man hat dann *drei Fälle* zu unterscheiden:

Erstens den Fall, wo von den drei Produkten aus je zweien der drei Punkte a_i wenigstens eins von Null verschieden ist,

zweitens den Fall, wo alle diese Produkte gleichzeitig null sind, aber doch nicht alle drei Größen a_i selbst verschwinden, und endlich

drittens den Fall, wo alle drei Zähler a_i des Bruches $\mathfrak{f}$ gleich Null sind.

Zuerst sei also *der Fall* betrachtet, wo zwar das äußere Produkt $[a_1 a_2 a_3]$ aller drei Zählerpunkte des Bruches $\mathfrak{f}$ verschwindet, aber wenigstens eins von den drei Produkten

$$[a_2 a_3], \quad [a_3 a_1], \quad [a_1 a_2]$$

aus je zweien dieser Punkte von Null verschieden ist. Wir bezeichnen diesen Fall als den Fall der **einfach entartenden Punkt-Punkt-Kollineation.**

Es läßt sich zeigen, daß in diesem Falle neben der Gleichung (67) nicht noch eine zweite, von ihr unabhängige Zahlbeziehung zwischen den a_i bestehen kann. Ist nämlich zum Beispiel das Produkt

$$(68) \qquad [a_1 a_2] \neq 0,$$

so herrscht zwischen den Punkten a_1 und a_2 keine Zahlbeziehung[2]), woraus wiederum folgt, daß in der Gleichung (67)

$$(69) \qquad \mathfrak{a}_3 \neq 0$$

sein muß; denn bei verschwindendem $\mathfrak{a}_3$ würde sich ja die Gleichung (67) auf eine Zahlbeziehung zwischen a_1 und a_2 allein reduzieren, und eine solche ist eben durch die Ungleichung (68) ausgeschlossen. Ist aber die Ungleichung (69) erfüllt, so ist die Gleichung (67) nach a_3 auflösbar und liefert für a_3 den Wert:

$$(70) \qquad a_3 = - \frac{\mathfrak{a}_1}{\mathfrak{a}_3} a_1 - \frac{\mathfrak{a}_2}{\mathfrak{a}_3} a_2.$$

Angenommen nun, es bestände zwischen den drei Punkten a_1, a_2, a_3 noch

---

1) Hinsichtlich der benutzten Schlußweise vergleiche man: H. Graßmann, Die Ausdehnungslehre. Berlin 1862. Nr. 66. (Gesammelte mathematische und physikalische Werke, Bd. 1, Teil 2. Leipzig 1896)

2) Vgl. die soeben zitierte Ausdehnungslehre Nr. 61.

eine zweite Zahlbeziehung:

$$(*) \qquad \mathfrak{h}_1 a_1 + \mathfrak{h}_2 a_2 + \mathfrak{h}_3 a_3 = 0,$$

so müßte auch diese aus denselben Gründen wie die Zahlbeziehung (67) nach a_3 auflösbar sein und würde für a_3 den Wert ergeben:

$$(**) \qquad a_3 = -\frac{\mathfrak{h}_1}{\mathfrak{h}_3} a_1 - \frac{\mathfrak{h}_2}{\mathfrak{h}_3} a_2.$$

Subtrahiert man aber von der Gleichung (**) die Gleichung (70), so erhält man die neue Gleichung:

$$\left(\frac{\mathfrak{h}_1}{\mathfrak{h}_3} - \frac{a_1}{a_3}\right) a_1 + \left(\frac{a_3}{\mathfrak{h}_3} - \frac{a_2}{a_3}\right) a_2 = 0;$$

und diese kann, da zwischen den Punkten a_1 und a_2 keine Zahlbeziehung herrscht, nicht anders bestehen, als wenn ihre Koeffizienten einzeln verschwinden, das heißt, es müssen die Gleichungen erfüllt werden:

$$\frac{\mathfrak{h}_1}{\mathfrak{h}_3} = \frac{a_1}{a_3} \quad \text{und} \quad \frac{\mathfrak{h}_2}{\mathfrak{h}_3} = \frac{a_2}{a_3}$$

oder, was dasselbe ist, die Proportion:

$$\mathfrak{h}_1 : \mathfrak{h}_2 : \mathfrak{h}_3 = a_1 : a_1 : a_3.$$

Diese Proportion aber zeigt, daß die Zahlbeziehung (*) aus der Zahlbeziehung (67) durch bloße Multiplikation mit einem Zahlfaktor hervorgeht, daß es also keine von der Zahlbeziehung (67) unabhängige Zahlbeziehung zwischen den Punkten a_1, a_2, a_3 gibt. Man hat daher den Satz:

Satz 315: Sobald das dreifaktorige äußere Produkt

$$[a_1 a_2 a_3] = 0$$

ist, aber wenigstens eins von den drei zweifaktorigen äußeren Produkten

$$[a_2 a_3], \quad [a_3 a_1], \quad [a_1 a_2]$$

von Null verschieden ist, besteht zwischen den drei Größen a_i eine, aber auch keine weitere von ihr unabhängige Zahlbeziehung

$$a_1 a_1 + a_2 a_2 + a_3 a_3 = 0.$$

Geometrisch gedeutet sagt die Gleichung (67) aus, daß die drei Punkte a_1, a_2, a_3, die den drei Grundpunkten e_1, e_2, e_3 durch die Kollineation $\mathfrak{f}$ zugewiesen werden, *in einer Geraden liegen.* Daraus aber folgt dann, daß überhaupt einem jeden beliebigen Punkte

$$x = \mathfrak{x}_1 e_1 + \mathfrak{x}_2 e_2 + \mathfrak{x}_3 e_3$$

des ersten Systems im zweiten System ein Punkt dieser Geraden entspricht. Denn dem Punkte x wird durch die Kollineation $\mathfrak{f}$ der Punkt

$$x\mathfrak{f} = \mathfrak{x}_1 a_1 + \mathfrak{x}_2 a_2 + \mathfrak{x}_3 a_3$$

zugeordnet; und dieser gehört der Geraden der drei Punkte a_1, a_2, a_3 an.

Diese Gerade heißt daher die **Hauptgerade der einfach entartenden Punkt-Punkt-Kollineation**. Auf sie konzentrieren sich die Punkte des zweiten Systems.

Man kann noch hinzufügen: Ebenso wie allen übrigen Punkten der Ebene werden auch den Punkten der Hauptgeraden selbst Punkte dieser Hauptgeraden zugewiesen, und da nach Satz 308 einer jeden Punktreihe bei kollinearer Abbildung eine *projektive Punktreihe* entspricht, so bildet die Punktreihe der Hauptgeraden zusammen mit der ihr kollinear zugeordneten Punktreihe eine *Projektivität in der Hauptgeraden*. Eine Projektivität in, einer Geraden aber enthält, wenn sie nicht eine bloße Deckung ist (vgl. Seite 197 des ersten Bandes), zwei getrennte reelle, zwei zusammenfallende reelle oder zwei konjugiert komplexe Doppelpunkte (vgl. die Sätze 100 und 101 und Seite 197 ff. des ersten Bandes). Und diese beiden Doppelpunkte jener Projektivität sind zugleich *Doppelpunkte der Kollineation* und mögen die **Hauptpunkte der Kollineation f** heißen.

Neben ihnen aber besitzt die Kollineation noch einen dritten Doppelpunkt, den man zugleich als *Nullpunkt der Kollineation* bezeichnen kann. Derselbe ist nichts anderes als derjenige Punkt

$$(71) \qquad a = \mathfrak{a}_1 e_1 + \mathfrak{a}_2 e_2 + \mathfrak{a}_3 e_3,$$

der aus den Nennerpunkten e_1, e_2, e_3 durch die Koeffizienten $\mathfrak{a}_1$, $\mathfrak{a}_2$, $\mathfrak{a}_3$ der Zahlbeziehung (67) abgeleitet ist Wegen (7) wird nämlich sein zugeordneter Punkt $a\mathfrak{f}$ im zweiten System:

$$a\mathfrak{f} = \mathfrak{a}_1 a_1 + \mathfrak{a}_2 a_2 + \mathfrak{a}_3 a_3,$$

das heißt wegen (67):

$$(72) \qquad a\mathfrak{f} = 0.$$

Die einfach entartende Punkt-Punkt-Kollineation $\mathfrak{f}$ weist also dem Punkte a die Zahlgröße 0 zu, und zwar ist offenbar (vgl. Satz 315) der Punkt a der einzige Punkt, der diese Eigenschaft hat, und möge daher der **Nullpunkt der einfach entartenden Punkt-Punkt-Kollineation** genannt werden.

Schreibt man die Gleichung (72) in der Form

$$(73) \qquad a\mathfrak{f} = 0 \cdot z,$$

wo z einen ganz beliebigen Punkt der Ebene bedeutet, so sieht man, *daß der Bildpunkt des Nullpunktes a seiner Lage nach ganz unbestimmt ist, daß ihm aber die Masse 0 zukommt*. Man ist daher nicht gerade genötigt, als zugeordneten Punkt des Nullpunktes a einen Punkt der Hauptgeraden der Kollineation $\mathfrak{f}$ anzusehen wie bei den übrigen Punkten der Ebene, sondern man kann auch jeden andern Punkt der Ebene, insbesondere den Punkt a selbst, als zugeordneten Punkt des Nullpunktes a auffassen. In diesem Sinne erscheint der Nullpunkt a zugleich als *ein dritter Doppelpunkt* der einfach entartenden Punkt-Punkt-Kollineation $\mathfrak{f}$.

Man kann den Nullpunkt a der Kollineation $\mathfrak{f}$ *auch in ihre Bruchdarstellung als Nenner einführen.* Dabei hat man dafür zu sorgen, daß die neuen Nenner linear unabhängig von einander werden, und muß daher den Nullpunkt *a an die Stelle desjenigen Nenners setzen, der dem nicht verschwindenden Koeffizienten der Gleichung* (67) *entspricht*, das heißt nach (69) an die Stelle des Nenners e_3. Man erhält so für den Kollineationsbruch $\mathfrak{f}$ die Darstellung

$$(74) \qquad \mathfrak{f} = \frac{a_1,\ a_2,\ 0}{e_1,\ e_2,\ a},$$

welche das obige Ergebnis bestätigt, daß in einer einfach entartenden Punkt-Punkt-Kollineation $\mathfrak{f}$ einem jeden Punkte der Ebene ein Punkt der Hauptgeraden $a_1 a_2$ zugewiesen wird, wobei freilich als Bild des Nullpunktes a auch jeder beliebige Punkt der Ebene angesehen werden kann, wenn man ihm die Masse 0 beilegt.

Der zweite Fall, der beim Verschwinden des äußeren Produktes $[a_1 a_2 a_3]$ aller drei Zählerpunkte des Bruches $\mathfrak{f}$ für die Punkt-Punkt-Abbildung einer Kollineation eintreten kann, war der, wo die sämtlichen drei zweifaktorigen Produkte $[a_2 a_3]$, $[a_3 a_1]$, $[a_1 a_2]$ ihrer drei Zählerpunkte null sind, wo also die drei Gleichungen bestehen:

$$(75) \qquad [a_2 a_3] = [a_3 a_1] = [a_1 a_2] = 0,$$

während wenigstens eine der drei Größen a_i von Null verschieden sein sollte. Wir sagen in diesem Falle, die Punkt-Punkt-Kollineation $\mathfrak{f}$ sei zweifach entartend.

Verfügen wir alsdann über die Indizes der drei Größen a_i in der Weise, daß a_3 nicht verschwindet, so werden zwischen den drei Größen a_i zwei Zahlbeziehungen von der Form bestehen müssen:

$$(76) \qquad a_1 = \mathfrak{f} a_3, \quad a_2 = \mathfrak{g} a_3 \quad \text{oder}$$

$$(77) \qquad a_1 - \mathfrak{f} a_3 = 0, \quad a_2 - \mathfrak{g} a_3 = 0.$$

Diese Gleichungen sagen aus, daß die beiden Punkte a_1 und a_2, sofern sie nicht null sind, mit dem Punkte a_3 zusammenfallen. Daraus wiederum folgt, daß dann überhaupt jedem Punkte

$$x = \mathfrak{x}_1 e_1 + \mathfrak{x}_2 e_2 + \mathfrak{x}_3 e_3$$

der Ebene ein mit dem Punkte a_3 zusammenfallender Punkt zugewiesen wird; denn es wird

$$x \mathfrak{f} = \mathfrak{x}_1 a_1 + \mathfrak{x}_2 a_2 + \mathfrak{x}_3 a_3$$

oder wegen (76)

$$x \mathfrak{f} = (\mathfrak{x}_1 \mathfrak{f} + \mathfrak{x}_2 \mathfrak{g} + \mathfrak{x}_3) a_3.$$

Aus diesem Grunde heißt der Punkt a_3 der Hauptpunkt der zweifach entartenden Punkt-Punkt-Kollineation $\mathfrak{f}$.

Bezeichnet man ferner noch die beiden Punkte, die aus den Nennerpunkten e_1, e_2, e_3 durch die Koeffizienten der beiden Zahlbeziehungen (77) abgeleitet sind, mit a' und a'', setzt also

$$(78) \qquad a' = e_1 - \mathfrak{f}e_3, \quad a'' = e_2 - \mathfrak{g}e_3,$$

so lassen sich die Gleichungen (77) auch in der Form schreiben

$$(79) \qquad a'\mathfrak{f} = 0, \quad a''\mathfrak{f} = 0,$$

welche zeigt, daß den Punkten a' und a'' durch die Kollineation $\mathfrak{f}$ die Zahlgröße 0 zugewiesen wird. Aber man sieht auch sofort, daß die Kollineation $\mathfrak{f}$ eine ganze Punktreihe von Nullpunkten besitzt; denn sie verwandelt bei der Multiplikation auch jede Vielfachensumme der Punkte a' und a'' in die Zahlgröße 0. In der Tat wird für jeden Punkt

$$(80) \qquad a = \mathfrak{a}'a' + \mathfrak{a}''a''$$

der Geraden $a'a''$ wegen (79)

$$(81) \qquad a\mathfrak{f} = 0.$$

Die ganze Punktreihe $\mathfrak{a}'a' + \mathfrak{a}''a''$ besteht demnach aus Nullpunkten der zweifach entartenden Punkt-Punkt-Kollineation. Eine solche Kollineation besitzt somit *einen* Hauptpunkt und eine Nullpunktreihe.

Man kann auch hier wieder die Nullpunkte a' und a'' der Kollineation in ihre Bruchdarstellung als Nenner einführen, wobei man wieder dafür Sorge zu tragen hat, daß *die drei Nenner der neuen Bruchdarstellung linear unabhängig von einander sind.* Diese Bedingung wird erfüllt, wenn man die beiden Nullpunkte a' und a'' an die Stelle der Nenner e_1 und e_2 treten läßt. Man bekommt so für den extensiven Bruch der zweifach entartenden Punkt-Punkt-Kollineation die Darstellung:

$$(82) \qquad \mathfrak{f} = \frac{0, \; 0, \; a_3}{a', \; a'', \; e_3}.$$

Der dritte Fall einer entartenden Kollineation $\mathfrak{f}$ ist die dreifach entartende oder uneigentliche Punkt-Punkt-Kollineation. Bei ihr verschwinden alle drei Zähler des Bruches $\mathfrak{f}$. Derselbe hat also die Form

$$(83) \qquad \mathfrak{f} = \frac{0, \; 0, \; 0}{e_1, \; e_2, \; e_3}$$

und weist überhaupt einem jeden Punkte der Ebene die Zahlgröße 0 zu. Auch hat in diesem Falle der Bruch $\mathfrak{f}$ selbst den Wert 0.

Man kann schließlich die gewonnenen Ergebnisse in dem folgenden Satze zusammenfassen:

Satz 316: Der Potenzwert der Punkt-Punkt-Abbildung $\mathfrak{f}$ einer Kollineation in der Ebene verschwindet dann und nur dann, wenn diese Kollineation entartet.

Ist in diesem Falle von den drei äußeren Produkten aus je zweien der Zähler des Bruches $\mathfrak{f}$ wenigstens noch eins von Null verschieden, so nennt man die Abbildung eine *einfach entartende Punkt-Punkt-Kollineation*. Dieselbe ordnet sämtlichen Punkten der Ebene Punkte einer und derselben Geraden zu, die als die Hauptgerade der einfach entartenden Punkt-Punkt-Kollineation bezeichnet wird; außerdem besitzt die Kollineation noch einen ausgezeichneten Punkt, dem durch die Abbildung die Zahlgröße 0 zugewiesen wird, und der daher der Nullpunkt der einfach entartenden Punkt-Punkt-Kollineation heißt.

Verschwinden dagegen alle drei zweifaktorigen äußeren Produkte der drei Zähler von $\mathfrak{f}$, ohne daß zugleich alle drei Zähler selbst gleich Null sind, so heißt die Abbildung eine *zweifach entartende Punkt-Punkt-Kollineation*. In ihr entspricht jedem Punkte der Ebene ein und derselbe Punkt, der Hauptpunkt der Kollineation; außerdem aber besitzt sie eine ganze Punktreihe von Nullpunkten, das heißt von Punkten, denen die Zahlgröße 0 zugewiesen wird.

Verschwinden endlich sämtliche drei Zähler des Bruches $\mathfrak{f}$, so heißt die Abbildung eine *dreifach entartende oder uneigentliche Punkt-Punkt-Kollineation*. Bei ihr ist jeder Punkt der Ebene ein Nullpunkt der Kollineation.

Das kombinatorische Produkt $[\mathfrak{K}\mathfrak{L}]$ *der Stab-Stab-Abbildungen zweier Kollineationen.* Wir haben oben auf Seite 55 f. die Stab-Stab-Kollineation

$$(84) \qquad \mathfrak{K} = \frac{A_1,\ A_2,\ A_3}{E_1,\ E_2,\ E_3}$$

als adjungierte Abbildung zur Punkt-Punkt-Kollineation eingeführt. Aber man kann selbstverständlich ebenso gut auch von einer durch den Bruch (84) definierten Stab-Stab-Kollineation als der ursprünglichen Kollineation ausgehen und von ihr die adjungierte Punkt-Punkt-Kollineation.

$$(85) \qquad \bar{\mathfrak{f}} = \frac{[A_2 A_3],\ [A_3 A_1],\ [A_1 A_2]}{[E_2 E_3],\ [E_3 E_1],\ [E_1 E_2]}$$

bilden, daß heißt diejenige Abbildung, deren Zähler und Nenner die zweifaktorigen planimetrischen Produkte der Zähler und Nenner von $\mathfrak{K}$ sind.

Auch für diese adjungierte Abbildung $\bar{\mathfrak{f}}$ einer Stab-Stab-Kollineation $\mathfrak{K}$ ergibt sich eine Darstellung als kombinatorisches Quadrat von $\mathfrak{K}$, wenn man noch *den Begriff des kombinatorischen Produktes* [$\Re\Lagr$] *zweier Stab-Stab-Kollineationen* $\Re$ *und* $\Lagr$ *einführt.*

Wir definieren dazu genau wie bei der dualistisch entsprechenden Entwickelung zunächst den Ausdruck [$VW \cdot \Re\Lagr$], in welchem V und W zwei beliebige Stäbe sind, durch die Formel

$$(86) \qquad [VW \cdot \Re\Lagr] = \frac{[V\Re \cdot W\Lagr] - [W\Re \cdot V\Lagr]}{2},$$

aus der dann wiederum folgt, daß, wenn U ebenfalls einen Stab bedeutet,

$$(87) \qquad [UU \cdot \Re\Lagr] = 0$$

ist, und daß

$$(88) \qquad [WV \cdot \Re\Lagr] = -[VW \cdot \Re\Lagr]$$

aber

$$(89) \qquad [VW \cdot \Lagr\Re] = [VW \cdot \Re\Lagr]$$

ist. Wir nennen den Ausdruck

$$[VW \cdot \Re\Lagr]$$

das kombinatorische Produkt der Stäbe V, W *und der Kollineationen* $\Re$, $\Lagr$. Die Formeln (88) und (89) enthalten den Satz:

Satz 317: In dem kombinatorischen Produkte [$VW \cdot \Re\Lagr$] sind die Stabfaktoren V und W *mit*, die Kollineationsfaktoren $\Re$ und $\Lagr$ *ohne* Zeichenwechsel vertauschbar.

Definiert man sodann weiter das kombinatorische Produkt [$\Re\Lagr$] durch die Formel

$$(90) \qquad [VW][\Re\Lagr] = [VW \cdot \Re\Lagr],$$

die für beliebige Werte der Stäbe V und W gelten soll, so zeigt man wieder wie auf Seite 58f., daß

$$(91) \qquad [\Re\Lagr] = \frac{[E_2 E_3 \cdot \Re\Lagr],}{[E_2 E_3],} \frac{[E_3 E_1 \cdot \Re\Lagr],}{[E_3 E_1],} \frac{[E_1 E_2 \cdot \Re\Lagr]}{[E_1 E_2]}$$

ist, woraus wegen (89) noch folgt, daß allgemein

$$(92) \qquad [\Lagr\Re] = [\Re\Lagr]$$

ist. Es gilt also der Satz:

Satz 318: In dem kombinatorischen Produkte der Stab-Stab-Abbildungen zweier Kollineationen sind die Faktoren ohne Zeichenwechsel vertauschbar.

In dem Bruche auf der rechten Seite von (91) besitzen die Zähler nach (86) die Werte:

$$(93) \qquad [E_2 E_3 \cdot \Re\Lagr] = \frac{[E_2\Re \cdot E_3\Lagr] - [E_3\Re \cdot E_2\Lagr]}{2}, \cdots,$$

für die man, wenn man noch

$$(94) \qquad \Re = \frac{A_1,\; A_2,\; A_3}{E_1,\; E_2,\; E_3}, \qquad \Lagr = \frac{B_1,\; B_2,\; B_3}{E_1,\; E_2,\; E_3}$$

setzt, auch schreiben kann:

$$(95) \qquad [E_2 E_3 \cdot \mathfrak{K} \mathfrak{L}] = \frac{[A_2 B_3] - [A_3 B_2]}{2}, \ldots$$

Bei Einführung dieser Werte nimmt die Gleichung (91) die Gestalt an:

$$(96) \quad [\mathfrak{K} \mathfrak{L}] = \frac{\frac{1}{2}\{[A_2 B_3] - [A_3 B_2]\},\ \frac{1}{2}\{[A_3 B_1] - [A_1 B_3]\},\ \frac{1}{2}\{[A_1 B_2] - [A_2 B_1]\}}{[E_2 E_3],\qquad\qquad [E_3 E_1],\qquad\qquad [E_1 E_2]}.$$

Die zu einer Stab-Stab-Kollineation $\mathfrak{K}$ adjungierte Kollineation $\bar{\mathfrak{k}}$ als kombinatorisches Quadrat von $\mathfrak{K}$. Für das „kombinatorische Quadrat" $[\mathfrak{K}^2]$ der Stab-Stab-Kollineation $\mathfrak{K}$ erhält man ferner wie auf Seite 60 die Formeln:

$$(97) \qquad\qquad [VW\mathfrak{K}^2] = [V\mathfrak{K} \cdot W\mathfrak{K}] \quad \text{und}$$

$$(98) \qquad [\mathfrak{K}^2] = \frac{[E_2\mathfrak{K} \cdot E_3\mathfrak{K}],\quad [E_3\mathfrak{K} \cdot E_1\mathfrak{K}],\quad [E_1\mathfrak{K} \cdot E_2\mathfrak{K}]}{[E_2 E_3],\qquad [E_3 E_1],\qquad [E_1 E_2]},$$

von denen sich die letztere wegen der ersten Formel (94) verkürzt zu:

$$(99) \qquad\qquad [\mathfrak{K}^2] = \frac{[A_2 A_3],\ [A_3 A_1],\ [A_1 A_2]}{[E_2 E_3],\ [E_3 E_1],\ [E_1 E_2]}.$$

Der Bruch rechter Hand ist aber nach (85) gerade der Ausdruck für die zur Stab-Stab-Kollineation $\mathfrak{K}$ adjungierte Punkt-Punkt-Kollineation $\bar{\mathfrak{k}}$, und man hat daher die Gleichung bewiesen:

$$(100) \qquad\qquad\qquad [\mathfrak{K}^2] = \bar{\mathfrak{k}}.$$

Diese Gleichung enthält den Satz:

    Satz 319: Die adjungierte Abbildung $\bar{\mathfrak{k}}$ der Stab-Stab-Abbildung $\mathfrak{K}$ einer Kollineation ist das kombinatorische Quadrat von $\mathfrak{K}$.

    Ferner entnimmt man aus der Gleichung (100) und aus (90) und (97), daß

$$(101) \qquad [VW]\bar{\mathfrak{k}} = [VW][\mathfrak{K}^2] = [VW\mathfrak{K}^2] = [V\mathfrak{K} \cdot W\mathfrak{K}].$$

Insbesondere ist also

$$(102) \qquad\qquad [VW]\bar{\mathfrak{k}} = [V\mathfrak{K} \cdot W\mathfrak{K}],$$

und man hat den zu dem Satze 310 dualistisch entsprechenden Satz (vgl. Fig. 39):

    Satz 320: Adjungiert man einem Kollineationsbruche

$$\mathfrak{K} = \frac{A_1,\ A_2,\ A_3}{E_1,\ E_2,\ E_3},$$

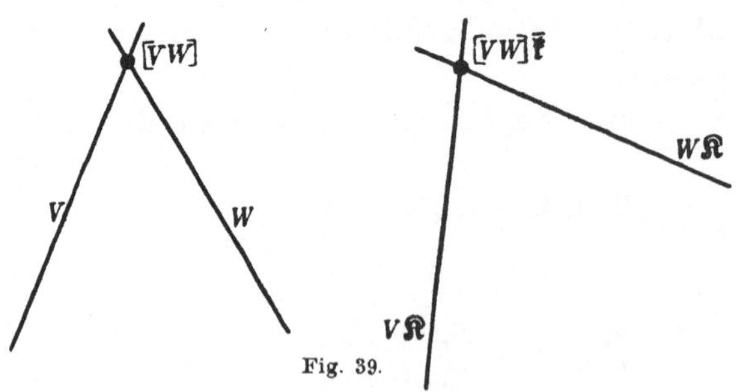

welcher Stäbe in Stäbe überführt, einen zweiten Bruch

$$\bar{\mathfrak{k}} = \frac{[A_2 A_3],\ [A_3 A_1],\ [A_1 A_2]}{[E_2 E_3],\ [E_3 E_1],\ [E_1 E_2]}$$

in der Weise, daß er den planimetrischen Produkten aus je zwei von den Nennern des Bruches $\mathfrak{K}$ die entsprechenden planimetrischen Produkte aus den Zählern von $\mathfrak{K}$ zuordnet, so weist dieser zu $\mathfrak{K}$ adjungierte Bruch $\bar{\mathfrak{k}}$ überhaupt jedem Punkte $[VW]$, daß heißt jedem Produkte zweier Stäbe V und W des ersten Systems, den Schnittpunkt $[V\mathfrak{K} \cdot W\mathfrak{K}]$ ihrer Bilder $V\mathfrak{K}$ und $W\mathfrak{K}$ im zweiten System zu.

Die Grundeigenschaften der Stab-Stab-Abbildung einer Kollineation. Überhaupt ergibt die Auffassung der Kollineation als Stab-Stab-Abbildung zu jedem oben für die Kollineation gewonnenen Satze eine dualistisch entsprechende Eigenschaft. Insbesondere kann man aus der Distributivität des Bruches $\mathfrak{K}$ die folgenden beiden neuen Grundeigenschaften der Kollineation folgern:

Satz 321: Dritte Grundeigenschaft der Kollineation: Drei gerade Linien, die durch *einen* Punkt gehen, werden durch kollineare Abbildung wieder in drei gerade Linien übergeführt, die sich in einem und demselben Punkte schneiden. Und:

Satz 322: Vierte Grundeigenschaft der Kollineation: Ein jeder Strahlwurf wird durch kollineare Abbildung in einen Strahlwurf von demselben Doppelverhältnis verwandelt.

Hieraus aber folgt weiter der Satz:

Satz 323: Jedes Strahlbüschel wird durch eine Kollineation in ein projektives Strahlbüschel übergeführt.

Die kollinearen Bilder einer Kurve zweiter Ordnung und zweiter Klasse. Aus dem Satze 323 und seinem dualistischen Gegenstück, dem Satze 308, ergibt sich dann noch ein wichtiger Satz über die kollineare Abbildung der Kurven zweiter Ordnung und zweiter Klasse, nämlich der Satz:

Satz 324: Bei kollinearer Abbildung ist das Bild einer Kurve zweiter Ordnung wieder eine Kurve zweiter Ordnung und das Bild einer Kurve zweiter Klasse wieder eine Kurve zweiter Klasse.

In der Tat läßt sich ja jede Kurve zweiter Ordnung als Erzeugnis zweier projektiven Strahlbüschel darstellen, und da nach Satz 323 jedes Strahlbüschel durch eine Kollineation in ein projektives Strahlbüschel übergeführt wird, so werden insbesondere auch zwei zueinander projektive Strahlbüschel wieder in zwei projektive Strahlbüschel verwandelt, also auch diejenige Kurve zweiter Ordnung, die das Erzeugnis der beiden ersten projektiven Strahlbüschel bildet, in das Erzeugnis der beiden letzten projektiven Strahlbüschel, das heißt wieder in eine Kurve zweiter Ordnung.

Natürlich kann man die Begründung auch auf Grund des Satzes 54 geben. Man kann nämlich nach diesem Satze jede Kurve zweiter Ordnung als geometrischen Ort derjenigen Punkte x auffassen, welche vier feste Punkte a, b, c, d durch einen Strahlwurf von gegebenem Doppelverhältnis $\mathfrak{g}$ projizieren. Wenn aber das Doppelverhältnis eines jeden Strahlwurfes bei der kollinearen Abbildung erhalten bleibt, so projiziert auch das Bild $x\mathfrak{k}$ des laufenden Punktes x jener Kurve zweiter Ordnung die Bilder $a\mathfrak{k}$, $b\mathfrak{k}$, $c\mathfrak{k}$, $d\mathfrak{k}$ jener vier festen Punkte durch einen Strahlwurf von dem Doppelverhältnis $\mathfrak{g}$, das heißt, auch der Punkt $x\mathfrak{k}$ beschreibt eine Kurve zweiter Ordnung.

Den zweiten Teil des Satzes 324 beweist man ebenso:

Da eine jede Kurve zweiter Klasse als Erzeugnis zweier projektiven Punktreihen dargestellt werden kann, und nach Satz 308 jede Punktreihe durch eine Kollineation in eine projektive Punktreihe übergeführt wird, so werden insbesondere auch zwei zueinander projektive Punktreihen wieder in zwei projektive Punktreihen verwandelt, also auch diejenige Kurve zweiter Klasse, die das Erzeugnis der beiden ersten projektiven Punktreihen bildet, in das Erzeugnis der beiden letzten projektiven Punktreihen, das heißt wieder in eine Kurve zweiter Klasse.

Auch hier kann man einen zweiten Beweis geben, und zwar unter Benutzung des Satzes 56. Eine jede Kurve zweiter Klasse läßt sich nämlich als Hüllkurve aller Geraden U auffassen, die von vier festen Geraden A, B, C, D in einem Punktwurf von gegebenem Doppelverhältnis $\mathfrak{g}$ geschnitten werden. Wegen der Invarianz des Doppelverhältnisses bei der kollinearen Abbildung wird daher auch das Bild $U\mathfrak{K}$ der Geraden U die Bilder $A\mathfrak{K}$, $B\mathfrak{K}$, $C\mathfrak{K}$, $D\mathfrak{K}$ jener vier festen Geraden in einem Punktwurfe vom Doppelverhältnis $\mathfrak{g}$ schneiden, daß heißt, selbst eine Kurve zweiter Klasse umhüllen müssen.

Die zur adjungierten Abbildung $\mathfrak{K}$ einer Punkt-Punkt-Kollineation $\mathfrak{k}$ adjungierte Abbildung $\bar{\mathfrak{k}}$. Ist die Stab-Stab-Kollineation

$$(103) \qquad \mathfrak{K} = \frac{A_1,\; A_2,\; A_3}{E_1,\; E_2,\; E_3}$$

die adjungierte Abbildung einer Punkt-Punkt-Kollineation

$$(104) \qquad \mathfrak{k} = \frac{a_1,\; a_2,\; a_3}{e_1,\; e_2,\; e_3},$$

so daß

$$(105) \qquad \begin{cases} A_1 = [a_2 a_3], & A_2 = [a_3 a_1], & A_3 = [a_1 a_2] \\ E_1 = [e_2 e_3], & E_2 = [e_3 e_1], & E_3 = [e_1 e_2] \end{cases}$$

ist, so unterscheidet sich die zur adjungierten Kollineation $\mathfrak{K}$ adjungierte Abbildung

$$(106) \qquad \bar{\mathfrak{f}} = \frac{[A_2 A_3], \ [A_3 A_1], \ [A_1 A_2]}{[E_2 E_3], \ [E_3 E_1], \ [E_1 E_2]}$$

von der ursprünglichen Kollineation $\mathfrak{f}$ in (104) nur um den Zahlfaktor

$$(107) \qquad \mathfrak{a} = [a_1 a_2 a_3] = [\mathfrak{f}^3],$$

(vgl. die Gleichungen (61) und (14)); es gilt nämlich dann die Formel

$$(108) \qquad \bar{\mathfrak{f}} = \mathfrak{a}\mathfrak{f}.$$

In der Tat ist ja nach den Formeln (15) des 25. Abschnitts:

$$(109) \qquad [E_2 E_3] = e_1, \quad [E_3 E_1] = e_2, \quad [E_1 E_2] = e_3,$$

und überdies wird wegen (107) (vgl. auch die Gleichung (21) des 3. Abschnitts) das Produkt:

$$[A_2 A_3] = [a_3 a_1 \cdot a_1 a_2] = [a_3 a_1 a_2] a_1 = [a_1 a_2 a_3] a_1 = \mathfrak{a} a_1;$$

und Entsprechendes gilt auch für die Produkte $[A_3 A_1]$ und $[A_1 A_2]$. Man erhält also die Formeln:

$$(110) \qquad [A_2 A_3] = \mathfrak{a} a_1, \quad [A_3 A_1] = \mathfrak{a} a_2, \quad [A_1 A_2] = \mathfrak{a} a_3;$$

und die Gleichung (106) nimmt daher die Gestalt an:

$$\bar{\mathfrak{f}} = \frac{\mathfrak{a} a_1, \ \mathfrak{a} a_2, \ \mathfrak{a} a_3}{e_1, \quad e_2, \quad e_3} \quad \text{oder}$$

$$\bar{\mathfrak{f}} = \mathfrak{a} \, \frac{a_1, \ a_2, \ a_3}{e_1, \ e_2, \ e_3},$$

und diese ist mit Rücksicht auf (104) gleichbedeutend mit der obigen Gleichung:

$$(108) \qquad \bar{\mathfrak{f}} = \mathfrak{a}\mathfrak{f}.$$

Wegen (100), (44), und (62) auch kann man dieselbe übrigens auch in der Form schreiben:

$$(111) \qquad \bar{\mathfrak{f}} = [\mathfrak{K}^2] = [[\mathfrak{f}^2]^2] = [\mathfrak{f}^3]\mathfrak{f}.$$

Das kombinatorische Produkt $[\mathfrak{K}\mathfrak{L}\mathfrak{M}]$ *der Stab-Stab-Abbildungen dreier Kollineationen.* Sind $\mathfrak{K}$, $\mathfrak{L}$, $\mathfrak{M}$ die Stab-Stab-Abbildungen dreier Kollineationen und U, V, W drei beliebige Stäbe der Ebene, so definieren wir das kombinatorische Produkt

$$[UVW \cdot \mathfrak{K}\mathfrak{L}\mathfrak{M}]$$

durch die Formel:

$$(112) \quad \begin{cases} \quad [UVW \cdot \mathfrak{KLM}] \\ = \dfrac{1}{3!} \left\{ \begin{aligned} &[U\mathfrak{K} \cdot V\mathfrak{L} \cdot W\mathfrak{M}] + [V\mathfrak{K} \cdot W\mathfrak{L} \cdot U\mathfrak{M}] + [W\mathfrak{K} \cdot U\mathfrak{L} \cdot V\mathfrak{M}] \\ &- [U\mathfrak{K} \cdot W\mathfrak{L} \cdot V\mathfrak{M}] - [V\mathfrak{K} \cdot U\mathfrak{L} \cdot W\mathfrak{M}] - [W\mathfrak{K} \cdot V\mathfrak{L} \cdot U\mathfrak{M}] \end{aligned} \right\} \end{cases}.$$

Ist dann noch

$$(113) \qquad\qquad [UVW] \neq 0,$$

so ist der Bruch

$$\frac{[UVW \cdot \mathfrak{KLM}]}{[UVW]}$$

eine von der Lage, der Größe und dem Sinne der Stäbe U, V, W unabhängige Zahlgröße und kann als *kombinatorisches Produkt der Kollineationsbrüche* $\mathfrak{K}$, $\mathfrak{L}$, $\mathfrak{M}$ aufgefaßt werden. Wir setzen also:

$$(114) \qquad\qquad [\mathfrak{KLM}] = \frac{[UVW \cdot \mathfrak{KLM}]}{[UVW]},$$

wobei U, V, W drei beliebige, aber der Ungleichung (113) unterliegende, Stäbe sind. Und da wegen der Gleichung (16) des 25. Abschnitts diese Ungleichung auch für die drei Grundstäbe E_1, E_2, E_3 erfüllt ist, so wird insbesondere auch

$$(115) \qquad\qquad [\mathfrak{KLM}] = \frac{[E_1 E_2 E_3 \cdot \mathfrak{KLM}]}{[E_1 E_2 E_3]}.$$

Aus der Formel (114) folgt ferner durch Wegschaffung des Nenners die Formel

$$(116) \qquad\qquad [UVW][\mathfrak{KLM}] = [UVW \cdot \mathfrak{KLM}].$$

Weiter sind wieder die Faktoren des Produktes $[\mathfrak{KLM}]$ ohne Zeichenwechsel vertauschbar, so daß man hat:

$$(117) \quad [\mathfrak{KLM}] = [\mathfrak{LMK}] = [\mathfrak{MKL}] = [\mathfrak{KML}] = [\mathfrak{LKM}] = [\mathfrak{MLK}].$$

Der Potenzwert der Stab-Stab-Abbildung einer Kollineation. Nimmt man endlich noch in der Formel (115) die Kollineationsbrüche $\mathfrak{K}$, $\mathfrak{L}$, $\mathfrak{M}$ einander gleich an, setzt also

$$\mathfrak{M} = \mathfrak{L} = \mathfrak{K},$$

so verwandelt sich das kombinatorische Produkt $[\mathfrak{KLM}]$ in die kombinatorische dritte Potenz von $\mathfrak{K}$, die wir durch das Symbol $[\mathfrak{K}^3]$ darstellen und wieder als den „Potenzwert des Bruches $\mathfrak{K}$" bezeichnen wollen. Es wird

$$(118) \qquad\qquad [\mathfrak{K}^3] = \frac{[E_1 E_2 E_3 \; \mathfrak{K}^3]}{[E_1 E_2 E_3]}.$$

Hierin ist wegen (112) der Zähler der rechten Seite (vgl. auch die Entwickelung auf Seite 64)

$$(119) \qquad\qquad [E_1 E_2 E_3 \; \mathfrak{K}^3] = [E_1\mathfrak{K} \cdot E_2\mathfrak{K} \cdot E_3\mathfrak{K}];$$

also wird der Potenzwert von $\Re$

$$(120) \qquad [\Re^3] = \frac{[E_1\Re \cdot E_2\Re \cdot E_3\Re]}{[E_1 E_2 E_3]}$$

oder mit Rücksicht auf den Wert von $\Re$ in (84)

$$(121) \qquad [\Re^3] = \frac{[A_1 A_2 A_3]}{[E_1 E_2 E_3]}.$$

Der Potenzwert des Bruches $\Re$ ist also wieder gleich dem planimetrischen Produkte der Zähler dividiert durch dasjenige der Nenner.

Übrigens vereinfacht sich die Gleichung (121) wegen der Gleichung (16) des 25. Abschnitts zu

$$(122) \qquad [\Re^3] = [A_1 A_2 A_3];$$

und wenn man noch entsprechend wie bei der Punkt-Punkt-Kollineation $\mathfrak{k}$ für das planimetrische Produkt der drei Zählerstäbe von $\Re$ eine kurze Bezeichnung einführt, also etwa

$$(123) \qquad [A_1 A_2 A_3] = \mathfrak{A}$$

setzt, so verwandelt sich die Formel (122) in

$$(124) \qquad [\Re^3] = \mathfrak{A}.$$

Diese Zahlgröße $\mathfrak{A}$ steht, falls die Stab-Stab-Kollineation $\Re$ die adjungierte Abbildung einer Punkt-Punkt-Kollineation $\mathfrak{k}$ sein sollte, zu deren Potenzwert $\mathfrak{a}$ in einer engen Beziehung; denn es wird wegen (123), (110) und (105)

$$(125) \qquad \mathfrak{A} = [A_1 A_2 A_3] = [\mathfrak{a}\,a_3 A_3] = \mathfrak{a}\,[a_3 A_3] = \mathfrak{a}\,[a_3 a_1 a_2] = \mathfrak{a}\,[a_1 a_2 a_3] = \mathfrak{a}^2.$$

Die Gleichung (124) läßt sich dann also auch in der Form schreiben:

$$(126) \qquad [\Re^3] = \mathfrak{a}^2$$

oder, wenn man will, (vgl. die Gleichungen (44) und (62)) in der Form:

$$(127) \qquad [[\mathfrak{k}^2]^3] = [\mathfrak{k}^3]^2.$$

Das Verschwinden des Potenzwertes der Stab-Stab-Abbildung einer Kollineation: Entartende Stab-Stab-Kollineationen. Verschwindet der Potenzwert $[\Re^3]$ einer Stab-Stab-Kollineation $\Re$, besteht also die Gleichung

$$(128) \qquad [\Re^3] = 0$$

oder wegen (122) die Gleichung

$$(129) \qquad [A_1 A_2 A_3] = 0,$$

so entartet die Stab-Stab-Kollineation $\Re$. Dabei ergeben sich wieder *drei verschiedene Formen der Entartung:*

Die einfach entartende Stab-Stab-Kollineation gestattet die Bruchdarstellung

$$(130) \qquad \Re = \frac{A_1,\ A_2,\ 0}{E_1,\ E_2,\ A}$$

und weist allen Geraden der Ebene die Geraden eines und desselben Strahlbüschels mit dem Scheitelpunkt $[A_1 A_2]$ zu; dieser Punkt heißt der **Hauptpunkt der einfach entartenden Stab-Stab-Kollineation**. Die Geraden des zweiten Systems konzentrieren sich also auf die Strahlen des Strahlbüschels, das den Hauptpunkt zum Scheitel hat.

Man kann noch hinzufügen: Ebenso wie allen übrigen Geraden der Ebene werden auch den Strahlen dieses Strahlbüschels selbst durch die Kollineation Strahlen zugewiesen, die in diesem ausgezeichneten Strahlbüschel enthalten sind. Und da nach Satz 323 einem jeden Strahlbüschel bei kollinearer Abbildung ein *projektives Strahlbüschel* entspricht, so bildet das Strahlbüschel des Hauptpunktes zusammen mit dem ihm kollinear zugeordneten Strahlbüschel eine *Projektivität in dem Strahlbüschel des Hauptpunktes*. Eine Projektivität im Strahlbüschel aber enthält, wenn sie nicht eine bloße Deckung ist, zwei getrennte reelle, zwei zusammenfallende reelle oder zwei konjugiert komplexe Doppelstrahlen; und diese beiden Doppelstrahlen der Projektivität im Strahlbüschel sind zugleich *Doppellinien der Kollineation* und mögen die **Hauptlinien der einfach entartenden Stab-Stab-Kollineation** genannt werden.

Neben diese beiden Hauptlinien ist dann als dritte Doppellinie noch die Gerade des Stabes A zu stellen, welche als **Nulllinie der Kollineation** bezeichnet werden kann; denn dieser Geraden entspricht nach (130) in der Abbildung die Zahlgröße 0.

Zweitens stellt der Bruch

$$(131) \qquad \Re = \frac{0,\ \ 0,\ \ A_3}{A',\ A'',\ E_3}$$

eine **zweifach entartende Stab-Stab-Kollineation** dar. Sie führt sämtliche Geraden der Ebene in eine und dieselbe Gerade A_3, die **Hauptlinie**, über und hat das Strahlbüschel, das durch die beiden Stäbe A' und A'' bestimmt wird, zum **Nullstrahlbüschel**, indem jeder Geraden dieses Strahlbüschels die Zahlgröße 0 zugeordnet wird.

Drittens ist der Bruch

$$(132) \qquad \Re = \frac{0,\ \ 0,\ \ 0}{E_1,\ E_2,\ E_3}$$

der Ausdruck einer **dreifach entartenden oder uneigentlichen Stab-Stab-Kollineation**. Bei ihr entspricht jeder Geraden der Ebene die Zahlgröße 0. Auch hat in diesem Falle der Bruch $\Re$ selbst den Wert 0.

Man kann noch bemerken, daß *die adjungierte Abbildung einer einfach entartenden Punkt-Punkt-Kollineation eine zweifach entartende Stab-Stab-Kollineation, und die adjungierte Abbildung einer zweifach entartenden Punkt-Punkt-Kollineation eine uneigentliche Stab-Stab-Kollineation ist;* und daß umgekehrt *die adjungierte Abbildung einer einfach entartenden Stab-Stab-Kollineation eine zweifach entartende Punkt-Punkt-Kollineation,* und *die adjungierte Abbildung einer zweifach entartenden Stab-Stab-Kollineation eine uneigentliche Punkt-Punkt-Kollineation* ist; daß aber die einfach entartende Stab-Stab-Kollineation sich nicht als adjungierte Abbildung einer Punkt-Punkt-Kollineation darstellen läßt, und ebenso wenig eine einfach entartende Punkt-Punkt-Kollineation als adjungierte Abbildung einer Stab-Stab-Kollineation.

Die inverse Abbildung einer Kollineation. Schließt man entartende Kollineationen von der Betrachtung aus, so stellt der aus dem Bruche

$$(7) \qquad \mathfrak{f} = \frac{a_1,\ a_2,\ a_3}{e_1,\ e_2,\ e_3}$$

für die Punkt-Punkt-Kollineation durch Vertauschung seiner Zähler und Nenner hervorgehende reziproke Bruch:

$$(133) \qquad \frac{1}{\mathfrak{f}} = \frac{e_1,\ e_2,\ e_3}{a_1,\ a_2,\ a_3}$$

ebenfalls eine Punkt-Punkt-Kollineation dar, und zwar gerade die umgekehrte, „inverse" Kollineation, durch welche die Punkte $x\mathfrak{f}$ des zweiten Systems der Kollineation $\mathfrak{f}$ in die entsprechenden Punkte x des ersten Systems zurückverwandelt werden. Denn nach dem Begriffe des extensiven Bruches wird

$$(134) \qquad a_i\,\frac{1}{\mathfrak{f}} = e_i.$$

Ist also wieder

$$x = \mathfrak{x}_1 e_1 + \mathfrak{x}_2 e_2 + \mathfrak{x}_3 e_3, \quad \text{somit}$$

$$x\mathfrak{f} = \mathfrak{x}_1 a_1 + \mathfrak{x}_2 a_2 + \mathfrak{x}_3 a_3, \quad \text{so wird}$$

$$x\mathfrak{f}\,\frac{1}{\mathfrak{f}} = (\mathfrak{x}_1 a_1 + \mathfrak{x}_2 a_2 + \mathfrak{x}_3 a_3)\,\frac{1}{\mathfrak{f}}$$

$$= \mathfrak{x}_1 e_1 + \mathfrak{x}_2 e_2 + \mathfrak{x}_3 e_3$$

$$= x, \quad \text{das heißt, es wird wirklich}$$

$$(135) \qquad x\mathfrak{f}\,\frac{1}{\mathfrak{f}} = x.$$

Die Notwendigkeit, bei der Bildung der inversen Kollineation $\frac{1}{\mathfrak{f}}$ sich auf Abbildungen $\mathfrak{f}$ zu beschränken, die nicht entarten, wird dadurch bedingt, daß wegen der Distributivität eines extensiven Bruches eine Zahlbeziehung zwischen den drei Nennern $a_1,\ a_2,\ a_3$ des Bruches

$$\frac{e_1,\ e_2,\ e_3}{a_1,\ a_2,\ a_3}$$

die entsprechende Zahlbeziehung zwischen den drei Zählern $e_1,\ e_2,\ e_3$ nach sich ziehen würde. Eine solche aber widerspricht der von uns oben (vgl. S. 49) gemachten Voraussetzung, nach der diese Punkte nicht derselben Geraden angehören sollten. Und diese Voraussetzung für die Nennerpunkte der Kollineation $\mathfrak{f}$ war auch erforderlich, weil sonst durch den Bruch $\mathfrak{f}$ gar nicht jedem Punkt der Ebene ein Bildpunkt zugeordnet werden würde. Man sieht daher, daß die Begriffe „umkehrbare“ und „nicht entartende“ Kollineationen gleichbedeutend sind.

Ganz entsprechende Beziehungen gelten auch für die inverse Abbildung einer Stab-Stab-Kollineation.

Dualistisches zum Fundamentalsatz der Kollineation. Um endlich zu dem Fundamentalsatz der Kollineation das dualistische Gegenstück zu entwickeln, beweise man zunächt den folgenden Hülfssatz:

Satz 325: Sind in einer Ebene vier gerade Linien G_1, G_2, G_3, G_4 gegeben, von denen keine drei durch einen Punkt gehen, so läßt sich stets ein Fundamentaldreieck angeben, dessen Grundstäbe E_1, E_2, E_3 dreien von diesen Geraden angehören, während zugleich sein Einheitsstab

$$E = E_1 + E_2 + E_3$$

in der vierten Geraden gelegen ist (vgl. Fig. 40).

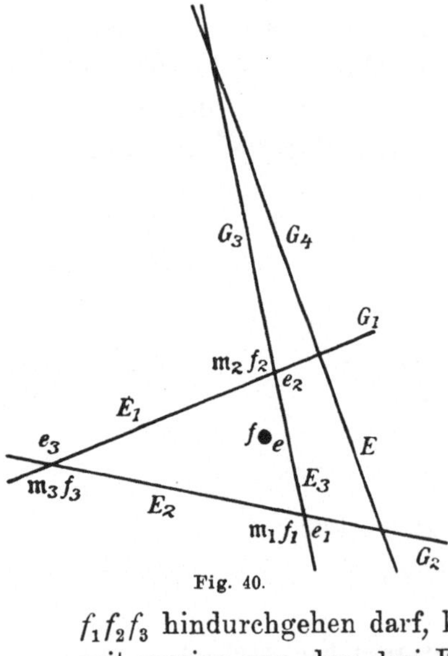

Zum Beweise bezeichne man mit f_1, f_2, f_3 diejenigen drei einfachen Punkte, in denen sich die drei Geraden G_1, G_2, G_3 schneiden, und mit f den einfachen Punkt, welcher der vierten Geraden G_4 in bezug auf das Dreieck $f_1 f_2 f_3$ als Pol zugeordnet ist (vgl. Seite 17 f.). Mit Rücksicht auf die soeben über die Geraden G_i getroffene Festsetzung, nach der keine drei von den vier Geraden G_i durch *einen* Punkt gehen sollen, nach der also insbesondere die Gerade G_4 nicht durch eine Ecke des Dreiecks

Fig. 40.

$f_1 f_2 f_3$ hindurchgehen darf, kann dann der Pol f der Geraden G_4 auch nicht mit zweien von den drei Ecken f_1, f_2, f_3 jenes Dreiecks in einer geraden Linie liegen. Der Punkt f erfüllt also in bezug auf das Dreieck $f_1 f_2 f_3$ die Bedingung, die oben auf Seite 1 an den Einheitspunkt des Fundamentaldreiecks gestellt wurde. Wählt man daher zu Grundpunkten drei vielfache Punkte e_1, e_2, e_3, welche mit den Punkten f_1, f_2, f_3 zusammenfallen, und deren Massen m_1, m_3, m_2 so bestimmt sein mögen, daß ein mit f zusammenfallender Punkt e der Einheitspunkt wird, und daß zugleich

$[e_1 e_2 e_3] = 1$ wird, was nach Seite 1 ff. immer, aber auch nur auf eine Weise möglich ist, so gehören wirklich nicht nur die drei Grundstäbe E_1, E_2, E_3 des Systems den drei gegebenen Geraden G_1, G_2, G_3 an, sondern es liegt zugleich auch (vgl. Seite 15 ff.) der Einheitsstab E des Fundamentaldreiecks auf der vierten Geraden G_4. Damit aber ist unser Satz bewiesen.

Will man jetzt zwei ebene Systeme in der Weise kollinear auf einander beziehen, daß vier gerade Linien von allgemeiner Lage G_1, G_2, G_3, G_4

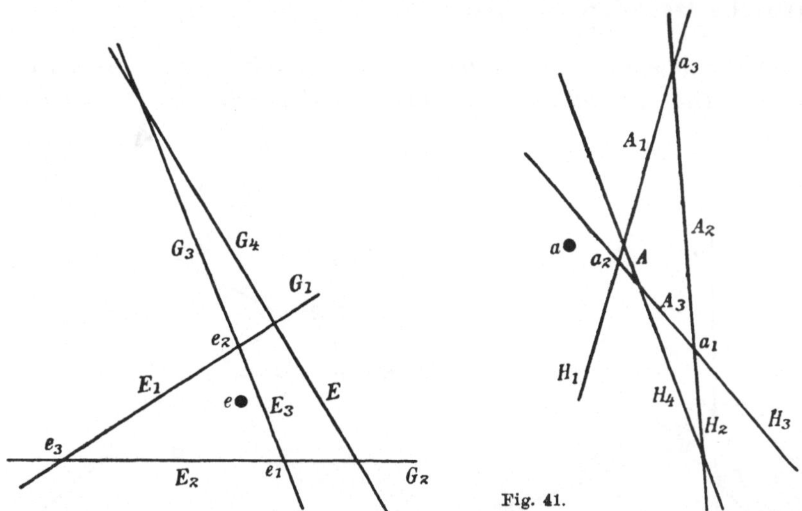

Fig. 41.

in vier andere gerade Linien H_1, H_2, H_3, H_4 derselben Art übergeführt werden (vgl. Fig. 41), so wähle man als Nenner des Kollineationsbruches $\mathfrak{k}$ die soeben charakterisierten drei Punkte e_i, als Zähler aber diejenigen drei Punkte a_i, die zu den vier Geraden H in einer entsprechenden Beziehung stehen wie die drei Punkte e_i zu den vier Geraden G, das heißt, man benutze als Zählerpunkte a_i des Bruches $\mathfrak{k}$ die Schnittpunkte der drei ersten Geraden H_1, H_2, H_3 und bestimme die Massen dieser Punkte in der Weise, daß der Pol der vierten Geraden H_4 in bezug auf das Dreieck $a_1 a_2 a_3$ der Einheitspunkt a der drei Punkte a_i wird. Dann gehört zugleich der Einheitsstab des zweiten Systems

$$A = A_1 + A_2 + A_3$$

der vierten Geraden H_4 an, und es werden somit durch die Kollineation $\mathfrak{K}$ nicht nur die Stäbe E_1, E_2, E_3, die den Geraden G_1, G_2, G_3 angehören, in die Stäbe A_1, A_2, A_3 übergeführt, die auf den Geraden H_1, H_2, H_3 liegen, sondern zugleich auch der Stab E der Geraden G_4 in den Stab A der Geraden H_4, das heißt, es wird wirklich durch den Bruch

$$\mathfrak{k} = \frac{a_1, \; a_2, \; a_3}{e_1, \; e_2, \; e_3}$$

oder auch durch den adjungierten Bruch

$$\mathfrak{K} = \frac{A_1, \; A_2, \; A_3}{E_1, \; E_2, \; E_3}$$

die gewünschte Zuordnung geleistet. Man hat also den Satz:

Satz 326: Um eine Kollineation in der Ebene festzulegen, kann man vier beliebigen Geraden von allgemeiner Lage vier ebensolche Geraden zuweisen.

Die Beziehungen einer Kollineation zur unendlich fernen Geraden. Die Affinität. Die Fluchtlinie und Verschwindungslinie einer Kollineation.

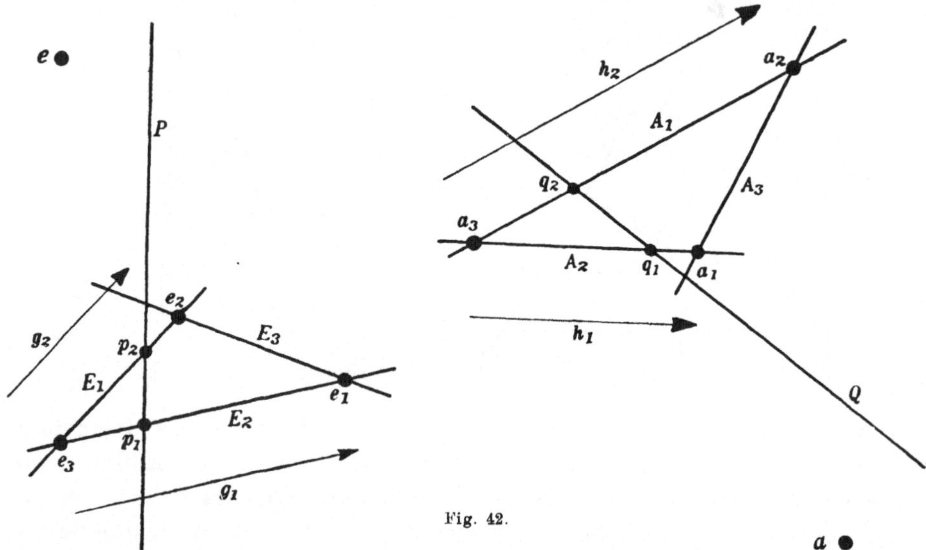

Fig. 42.

Eine besondere Betrachtung verdienen noch diejenigen Punkte, welche durch eine Kollineation *den Strecken der Ebene zugewiesen werden,* und andrerseits die Punkte, die durch die Kollineation *in Strecken verwandelt werden.* Wie auf Seite 3 ff. des ersten Bandes gezeigt ist, können die Strecken der Ebene als die im Endlichen liegenden und in ihm verschiebbaren, gleichsam greifbar gewordenen Abbilder der unendlich fernen Punkte aufgefaßt werden, und eine solche Strecke stellte sich dar als die Differenz zweier im Endlichen liegenden Punkte von gleicher Masse. Führt man zum Beispiel die Grundpunkte e_i durch Division mit ihrer Masse $\mathfrak{m}_i$ auf die entsprechenden einfachen Punkte zurück und bildet aus diesen die Differenzen

$$(136) \qquad g_1 = \frac{e_1}{\mathfrak{m}_1} - \frac{e_3}{\mathfrak{m}_3}, \quad g_2 = \frac{e_2}{\mathfrak{m}_2} - \frac{e_3}{\mathfrak{m}_3},$$

so erhält man die Ausdrücke für zwei Strecken, die nach Länge und

Richtung mit zwei Seiten des Fundamentaldreiecks übereinstimmen (vgl. Fig. 42). Aus diesen beiden Strecken läßt sich dann jede weitere Strecke g der Ebene numerisch ableiten, das heißt, es lassen sich zu jeder Strecke g der Ebene zwei Zahlgrößen $\mathfrak{a}_1$ und $\mathfrak{a}_2$ finden, für welche die Gleichung besteht

$$(137) \qquad\qquad g = \mathfrak{a}_1 g_1 + \mathfrak{a}_2 g_2;$$

und umgekehrt stellt jeder Ausdruck von der Form (137) eine Strecke der Ebene dar.

Bezeichnet man weiter diejenigen Größen, welche die Kollineation $\mathfrak{k}$ den drei Strecken g_1, g_2 und g zuweist, mit q_1, q_2 und q, setzt also

$$(138) \qquad q_1 = g_1\mathfrak{k}, \quad q_2 = g_2\mathfrak{k}, \quad q = g\mathfrak{k}, \quad \text{so wird}$$

$$(139) \qquad q_1 = \frac{a_1}{\mathfrak{m}_1} - \frac{a_3}{\mathfrak{m}_3}, \quad q_2 = \frac{a_2}{\mathfrak{m}_2} - \frac{a_3}{\mathfrak{m}_3} \quad \text{und}$$

$$(140) \qquad\qquad q = \mathfrak{a}_1 q_1 + \mathfrak{a}_2 q_2.$$

Es bieten sich dann der Betrachtung zwei wesentlich verschiedene Fälle dar.

Erstens nämlich der Fall, wo die beiden Größen q_1 und q_2 selbst wieder Strecken sind. Dann ist auch ihre Vielfachensumme q eine Strecke; die Kollineation $\mathfrak{k}$ verwandelt also überhaupt *jede* Strecke g der Ebene wieder in eine Strecke, oder anders ausgedrückt, sie weist jedem unendlich fernen Punkte wieder einen unendlich fernen Punkt zu. Daraus aber folgt, daß *parallele Geraden*, das heißt gerade Linien, die einen unendlich fernen Punkt gemein haben, in gerade Linien derselben Art übergeführt werden, also bei ihrer Abbildung *parallel bleiben*.

Die durch diese Eigenschaft charakterisierte besondere Art der Kollineation führt den Namen Affinität. Ihr analytisches Merkmal findet man, wenn man die Bedingung aufsucht, unter der die Punkte des Minuendus und Subtrahendus der Differenzen (139) gleiche Massen besitzen. Dazu bezeichne man noch die Massen der Grundpunkte a_i des zweiten Systems mit $\mathfrak{n}_i$, so werden die in Betracht kommenden Brüche $\dfrac{a_1}{\mathfrak{m}_1}, \dfrac{a_2}{\mathfrak{m}_2}, \dfrac{a_3}{\mathfrak{m}_3}$ gleiche Massen haben, sobald sich verhält

$$(141) \qquad\qquad \mathfrak{m}_1 : \mathfrak{m}_2 : \mathfrak{m}_3 = \mathfrak{n}_1 : \mathfrak{n}_2 : \mathfrak{n}_3.$$

Man hat also den Satz:

Satz 327: Eine Kollineation wird zur Affinität, wenn die Massen der drei Grundpunkte des ersten Systems den Massen der drei Grundpunkte des zweiten proportional sind.

Der zweite, allgemeinere, Fall ist der, wo die Bedingung (141) *nicht* erfüllt ist, wo also die beiden durch die Differenzen (139) dargestellten Punkte q_1 und q_2 nicht beide zugleich unendlich fern sind (auf diesen Fall bezieht sich speziell die obige Figur 42). Dann liegt wegen (140) ein jeder Punkt q, der im zweiten Systeme einem unendlich fernen Punkte g

des ersten Systems entspricht, auf der durch die Punkte q_1 und q_2 bestimmten Geraden

$$(142) \quad Q = [q_1 q_2] = \left[\left(\frac{a_1}{m_1} - \frac{a_3}{m_3}\right)\left(\frac{a_2}{m_2} - \frac{a_3}{m_3}\right)\right] = \frac{[a_2 a_3]}{m_2 m_3} + \frac{[a_3 a_1]}{m_3 m_1} + \frac{[a_1 a_2]}{m_1 m_2}.$$

Diese Gerade Q, deren Punkte den unendlich fernen Punkten des ersten Systems zugeordnet sind, heißt die **Fluchtlinie des zweiten Systems** oder schlechtweg die **Fluchtlinie der Kollineation f**. Der für sie gewonnene Ausdruck vereinfacht sich noch etwas, wenn man wie oben in (105) setzt

$$(143) \qquad [a_2 a_3] = A_1, \quad [a_3 a_1] = A_2, \quad [a_1 a_2] = A_3.$$

Dadurch verwandelt sich der Ausdruck für Q in

$$(144) \qquad Q = \frac{m_1 A_1 + m_2 A_2 + m_3 A_3}{m_1 m_2 m_3}.$$

Eine zweite Fluchtlinie, nämlich die **Fluchtlinie des ersten Systems** oder die **Verschwindungslinie der Kollineation f**, bildet der geometrische Ort derjenigen Punkte des ersten Systems, die durch die Kollineation **f** in unendlich ferne Punkte des zweiten Systems übergeführt werden. Man kann den analytischen Ausdruck für diese Linie dadurch gewinnen, daß man diejenigen Punkte aufsucht, die durch die inverse Kollineation $\frac{1}{f}$ den unendlich fernen Punkten des zweiten Systems zugewiesen werden. Sind p_1 und p_2 die Punkte des ersten Systems, die den Strecken

$$(145) \qquad h_1 = \frac{a_1}{n_1} - \frac{a_3}{n_3}, \quad h_2 = \frac{a_2}{n_2} - \frac{a_3}{n_3}$$

des zweiten Systems entsprechen, ist also

$$(146) \qquad p_1 = h_1 \frac{1}{f}, \quad p_2 = h_2 \frac{1}{f}$$

und daher wegen (133)

$$(147) \qquad p_1 = \frac{e_1}{n_1} - \frac{e_3}{n_3}, \quad p_2 = \frac{e_2}{n_2} - \frac{e_3}{n_3},$$

so erhält man für die Fluchtlinie P des ersten Systems (die Verschwindungslinie P der Kollineation f) die Darstellung

$$(148) \quad P = [p_1 p_2] = \left[\left(\frac{e_1}{n_1} - \frac{e_3}{n_3}\right)\left(\frac{e_2}{n_2} - \frac{e_3}{n_3}\right)\right] = \frac{[e_2 e_3]}{n_2 n_3} + \frac{[e_3 e_1]}{n_3 n_1} + \frac{[e_1 e_2]}{n_1 n_2}$$

oder wegen (105)

$$(149) \qquad P = \frac{n_1 E_1 + n_2 E_2 + n_3 E_3}{n_1 n_2 n_3}.$$

Abschnitt 28.
Die Doppelelemente der Kollineation.

Die Doppelpunktsgleichung und die Hauptgleichung der Kollineation $\mathfrak{k}$. Man gehe von der Frage aus, ob es Punkte d_t in der Ebene gibt, die mit ihren entsprechenden Punkten $d_t\mathfrak{k}$ zusammenfallen, die sich also bei der Multiplikation mit dem Kollineationsbruche $\mathfrak{k}$ höchstens ihrer Masse nach ändern, nicht aber ihren Ort wechseln. Man erhält für diese Punkte — sie mögen die **Doppelpunkte der Kollineation** $\mathfrak{k}$ heißen — die Gleichung

$$(1) \qquad d_t\mathfrak{k} = \mathfrak{r}_t d_t,$$

in der $\mathfrak{r}_t$ einen Zahlfaktor bedeutet, der die Massenänderung des Punktes d_t bewirken soll, und in welcher selbstverständlich d_t nicht null sein darf. Diese Gleichung läßt sich zunächst in der Form schreiben:

$$(2) \qquad 0 = d_t(\mathfrak{r}_t - \mathfrak{k})$$

und verwandelt sich, wenn man noch die Ableitzahlen von d_t mit $\mathfrak{d}_{t,1}$, $\mathfrak{d}_{t,2}$, $\mathfrak{d}_{t,3}$ bezeichnet, also

$$(3) \qquad d_t = \mathfrak{d}_{t,1}e_1 + \mathfrak{d}_{t,2}e_2 + \mathfrak{d}_{t,3}e_3$$

setzt, in

$$0 = \mathfrak{d}_{t,1}e_1(\mathfrak{r}_t - \mathfrak{k}) + \mathfrak{d}_{t,2}e_2(\mathfrak{r}_t - \mathfrak{k}) + \mathfrak{d}_{t,3}e_3(\mathfrak{r}_t - \mathfrak{k})$$

oder wegen (7) des vorigen Abschnitts in

$$(4) \qquad 0 = \mathfrak{d}_{t,1}(e_1\mathfrak{r}_t - a_1) + \mathfrak{d}_{t,2}(e_2\mathfrak{r}_t - a_2) + \mathfrak{d}_{t,3}(e_3\mathfrak{r}_t - a_3).$$

Aus dieser extensiven Gleichung werden unten (vgl. Seite 86) die Verhältnisse der Ableitzahlen der Doppelpunkte abgeleitet werden; sie möge daher die „**Doppelpunktsgleichung**" der Kollineation $\mathfrak{k}$ genannt werden. In ihr können dann nicht alle drei Koeffizienten $\mathfrak{d}_{t,u}$, $u = 1, 2, 3$, gleichzeitig null sein, weil sonst wegen (3) auch d_t verschwinden würde, was oben ausgeschlossen ist. Wenn aber von den drei Zahlgrößen $\mathfrak{d}_{t,1}$, $\mathfrak{d}_{t,2}$, $\mathfrak{d}_{t,3}$ auch nur eine, etwa die Größe $\mathfrak{d}_{t,1}$ von Null verschieden ist, so folgt aus der Gleichung (4) durch äußere Multiplikation mit dem Produkte $[(e_2\mathfrak{r}_t - a_2)(e_3\mathfrak{r}_t - a_3)]$ und Division mit $\mathfrak{d}_{t,1}$ die Gleichung

$$(5) \qquad [(e_1\mathfrak{r}_t - a_1)(e_2\mathfrak{r}_t - a_2)(e_3\mathfrak{r}_t - a_3)] = 0,$$

für die man wegen der Gleichungen (2), (14) und (22) des vorigen Abschnitts auch schreiben kann

$$(6) \quad \mathfrak{r}_t^3 - \{[a_1E_1] + [a_2E_2] + [a_3E_3]\}\mathfrak{r}_t^2 + \{[A_1e_1] + [A_2e_2] + [A_3e_3]\}\mathfrak{r}_t - \mathfrak{a} = 0.$$

Diese Zahlgleichung dritten Grades liefert für die Zahlgröße $\mathfrak{r}_t$ drei Werte $\mathfrak{r}_1$, $\mathfrak{r}_2$, $\mathfrak{r}_3$, welche die **Hauptzahlen des Bruches** $\mathfrak{k}$ oder der **Kollineation** $\mathfrak{k}$ heißen mögen, während die Gleichung (6) selbst oder die gleichwertige Gleichung (5) als die „Hauptgleichung der Kollineation $\mathfrak{k}$" bezeichnet werden soll. Hat man die Hauptzahlen bestimmt, so läßt sich zunächst zu jeder *reellen* Hauptzahl $\mathfrak{r}_t$ mit Hülfe der Doppelpunktsgleichung (4) der ihr zugehörige Doppelpunkt d_t ermitteln[1]). Multipliziert man nämlich die Gleichung (4) der Reihe nach äußerlich mit den Punkten $e_u \mathfrak{r}_t - a_u$, $u = 1$, 2, 3, so erhält man die Verhältnisse der drei Ableitzahlen $\mathfrak{d}_{t,1}$, $\mathfrak{d}_{t,2}$, $\mathfrak{d}_{t,3}$ des Punktes d_t. Durch Multiplikation mit dem Punkte $e_1 \mathfrak{r}_t - a_1$ ergibt sich zum Beispiel die Gleichung

$$0 = \mathfrak{d}_{t,2}[(e_1 \mathfrak{r}_t - a_1)(e_2 \mathfrak{r}_t - a_2)] + \mathfrak{d}_{t,3}[(e_1 \mathfrak{r}_t - a_1)(e_3 \mathfrak{r}_t - a_3)].$$

Aus ihr aber und den beiden andern so entstehenden Gleichungen folgt die laufende Proportion

$$(7) \quad \mathfrak{d}_{t,1} : \mathfrak{d}_{t,2} : \mathfrak{d}_{t,3} = \left\{ \begin{array}{l} [(e_2 \mathfrak{r}_t - a_2)(e_3 \mathfrak{r}_t - a_3)] : [(e_3 \mathfrak{r}_t - a_3)(e_1 \mathfrak{r}_t - a_1)] \\ \quad : [(e_1 \mathfrak{r}_t - a_1)(e_2 \mathfrak{r}_t - a_2)] \end{array} \right\},$$

welche mit einziger Ausnahme des Falles, wo die drei Produkte auf der rechten Seite gleichzeitig verschwinden, für jeden Wert von t die drei Ableitzahlen $\mathfrak{d}_{t,u}$ des zugehörigen Doppelpunktes d_t bis auf einen Proportionalitätsfaktor eindeutig bestimmt.

Erster Hauptfall: Alle drei Hauptzahlen der Kollineation $\mathfrak{k}$ sind von einander verschieden. Sie sind überdies reell. Für die weitere Untersuchung der kollinearen Abbildung in der Ebene ist es von Wichtigkeit, ob die Hauptzahlen einer Kollineation $\mathfrak{k}$ alle drei von einander verschieden sind, oder ob zwei unter ihnen gleich, oder endlich alle drei gleich groß sind.

Wir betrachten zunächst als ersten Hauptfall den Fall, wo alle drei Hauptzahlen der Kollineation $\mathfrak{k}$ von einander verschieden sind.

Sind dann überdies noch die drei Hauptzahlen reell, so sind nach der Proportion (7) auch die zugehörigen drei Doppelpunkte reell, und wie sogleich gezeigt werden soll, außerdem ihrer Lage nach von einander verschieden. Denn angenommen, es wären zwei Punkte d_t bis auf einen Zahlfaktor einander gleich, also etwa

$$(*) \qquad\qquad d_2 = \mathfrak{s}\, d_1,$$

wo $\mathfrak{s}$ eine von Null verschiedene Zahlgröße bedeutet, so müßte auch

$$d_2 \mathfrak{k} = \mathfrak{s}\, d_1 \mathfrak{k}, \quad \text{das heißt wegen (1)}$$
$$\mathfrak{r}_2 d_2 = \mathfrak{s}\, \mathfrak{r}_1 d_1 \quad \text{oder wegen (*)}$$
$$\mathfrak{r}_2\, \mathfrak{s} d_1 = \mathfrak{s}\, \mathfrak{r}_1 d_1 \quad \text{sein.}$$

---

[1]) Vergleiche hierzu meine Darstellung der *Kollineationen des Raumes* in den Anmerkungen zur neuen Ausgabe der Ausdehnungslehre meines Vaters vom Jahre 1862 (Hermann Graßmanns gesammelte mathematische und physikalische Werke. Ersten Bandes zweiter Teil. In Gemeinschaft mit H. Graßmann d. J. herausgegeben von Fr. Engel. Leipzig, 1896. S. 438—464).

Da aber nach der Voraussetzung $\mathfrak{s}$ und d_1 von Null verschieden sind, so kann diese Gleichung nicht anders bestehen, als wenn $\mathfrak{r}_2 = \mathfrak{r}_1$ ist, was oben ausgeschlossen ist. Folglich liegen die drei Punkte d_t von einander getrennt.

In dem Falle ungleicher Hauptzahlen können aber auch nicht etwa die drei Punkte d_t in einer geraden Linie liegen; denn dann müßte sich jeder von ihnen als Vielfachensumme der beiden andern darstellen lassen, also etwa

$$(**) \qquad d_3 = \mathfrak{s}_1 d_1 + \mathfrak{s}_2 d_2$$

sein, wo $\mathfrak{s}_1$ und $\mathfrak{s}_2$ zwei von Null verschiedene Zahlgrößen sind. Diese Gleichung aber führt ebenfalls auf einen Widerspruch. Aus ihr folgt nämlich wieder durch Multiplikation mit $\mathfrak{k}$ die Gleichung

$$d_3 \mathfrak{k} = \mathfrak{s}_1 \; d_1 \mathfrak{k} + \mathfrak{s}_2 \; d_2 \mathfrak{k},$$

für die man wegen (1) auch schreiben kann

$$\mathfrak{r}_3 d_3 = \mathfrak{s}_1 \; \mathfrak{r}_1 d_1 + \mathfrak{s}_2 \; \mathfrak{r}_2 d_2 \qquad \text{oder wegen } (**)$$

$$\mathfrak{r}_3(\mathfrak{s}_1 d_1 + \mathfrak{s}_2 d_2) = \mathfrak{s}_1 \; \mathfrak{r}_1 d_1 + \mathfrak{s}_2 \; \mathfrak{r}_2 d_2 \qquad \text{oder endlich}$$

$$(\dagger) \qquad \mathfrak{s}_1(\mathfrak{r}_3 - \mathfrak{r}_1)d_1 + \mathfrak{s}_2(\mathfrak{r}_3 - \mathfrak{r}_2)d_2 = 0.$$

Nun stehen aber, wie oben bewiesen ist, die Punkte d_1 und d_2 nicht in einer Zahlbeziehung; und da nach der Voraussetzung die Zahlgrößen $\mathfrak{s}_1$ und $\mathfrak{s}_2$ ungleich Null sind, so kann die Gleichung $(\dagger)$ nicht anders befriedigt werden, als wenn gleichzeitig

$$\mathfrak{r}_3 - \mathfrak{r}_1 = 0 \quad \text{und} \quad \mathfrak{r}_3 - \mathfrak{r}_2 = 0$$

ist, was der Voraussetzung widersprechen würde, daß alle drei Hauptzahlen von einander verschieden sind.

Unter den angegebenen Bedingungen besitzt daher die Kollineation drei ein Dreieck bildende Doppelpunkte.

Damit ist der Satz bewiesen:

Satz 328: Hat die Hauptgleichung einer Kollineation $\mathfrak{k}$ drei ungleiche reelle Wurzeln, sind also die Hauptzahlen der Kollineation von einander verschieden und überdies reell, so besitzt die Kollineation drei getrennte, nicht in einer geraden liegende Doppelpunkte d_1, d_2, d_3. Bei der Multiplikation mit dem Kollineationsbruche $\mathfrak{k}$ werden diese Punkte nur um einen Zahlfaktor geändert; sie multiplizieren sich nämlich der Reihe nach mit den zugehörigen Hauptzahlen $\mathfrak{r}_1, \mathfrak{r}_2, \mathfrak{r}_3$, das heißt, sie genügen den drei Gleichungen:

$$(8) \qquad d_1 \mathfrak{k} = \mathfrak{r}_1 d_1, \quad d_2 \mathfrak{k} = \mathfrak{r}_2 d_2, \quad d_3 \mathfrak{k} = \mathfrak{r}_3 d_3.$$

Diese Eigenschaft, die einer Kollineation $\mathfrak{k}$ mit drei ungleichen reellen Hauptzahlen zukommt, ermöglicht für eine solche Kollineation eine besonders einfache Darstellung des Bruches $\mathfrak{f}$. Da nämlich nach Seite 51 f zwei extensive Brüche für zwei Punkt-Punkt-Kollineationen in der Ebene einander gleich sind, sobald diese Brüche mit *drei* nicht in gerader Linie liegenden Punkten multipliziert Gleiches ergeben, und der Bruch $\mathfrak{f}$ bei der Multiplikation mit den drei Punkten d_1, d_2, d_3 den Gleichungen (8) zufolge dieselben Ergebnisse liefert wie der Bruch

$$\frac{\mathfrak{r}_1 d_1,\ \mathfrak{r}_2 d_2,\ \mathfrak{r}_3 d_3}{d_1,\quad d_2,\quad d_3},$$

so kann man setzen

$$(9)\qquad \mathfrak{f} = \frac{\mathfrak{r}_1 d_1,\ \mathfrak{r}_2 d_2,\ \mathfrak{r}_3 d_3}{d_1,\quad d_2,\quad d_3}.$$

Wir nennen die rechte Seite der Gleichung (9) die **Normalform des extensiven Bruches einer Punkt-Punkt-Kollineation mit drei ungleichen reellen Hauptzahlen**.

Die Doppelliniengleichung und die Hauptgleichung der Kollineation $\mathfrak{K}$. Ganz entsprechend kann man bei einer Stab-Stab-Kollineation $\mathfrak{K}$ nach denjenigen Stäben D_t fragen, die mit ihren zugeordneten Stäben $D_t\mathfrak{K}$ in dieselbe gerade Linie fallen, sich also bei der Multiplikation mit dem Kollineationsbruche $\mathfrak{K}$ höchstens ihrer Länge und ihrem Sinne nach ändern, nicht aber ihre Gerade verlassen. Ein solcher Stab D_t muß der Gleichung genügen

$$(10)\qquad D_t\mathfrak{K} = \mathfrak{R}_t D_t,$$

in der $\mathfrak{R}_t$ einen Zahlfaktor bedeutet, und in der selbstversändlich D_t von Null verschieden ist. Die Gerade eines Stabes dieser Art heißt eine **Doppellinie der Kollineation $\mathfrak{K}$**. Man kann die Gleichung (10) auch in der Form schreiben:

$$(11)\qquad 0 = D_t(\mathfrak{R}_t - \mathfrak{K})$$

oder wenn man setzt:

$$(12)\qquad D_t = \mathfrak{D}_{t,1} E_1 + \mathfrak{D}_{t,2} E_2 + \mathfrak{D}_{t,3} E_3,$$

in der Form:

$$0 = \mathfrak{D}_{t,1} E_1(\mathfrak{R}_1 - \mathfrak{K}) + \mathfrak{D}_{t,2} E_2(\mathfrak{R}_t - \mathfrak{K}) + \mathfrak{D}_{t,3} E_3(\mathfrak{R}_t - \mathfrak{K})$$

oder endlich wegen der Gleichung (84) des vorigen Abschnitts in der Form:

$$(13)\qquad 0 = \mathfrak{D}_{t,1}(E_1\mathfrak{R}_t - A_1) + \mathfrak{D}_{t,2}(E_2\mathfrak{R}_t - A_2) + \mathfrak{D}_{t,3}(E_3\mathfrak{R}_t - A_3).$$

Diese Gleichung heißt die „**Doppelliniengleichung**" der Kollineation $\mathfrak{K}$. Aus ihr folgt wie auf Seite 85 für die **Hauptzahlen** $\mathfrak{R}_t$ des Bruches $\mathfrak{K}$ die Gleichung dritten Grades

$$(14)\qquad [(E_1\mathfrak{R}_t - A_1)(E_2\mathfrak{R}_t - A_2)(E_3\mathfrak{R}_t - A_3)] = 0,$$

die als die „**Hauptgleichung der Kollineation $\mathfrak{K}$**" bezeichnet werden kann.

In dem Falle, wo die Stab-Stab-Kollineation $\Re$ die adjungierte Abbildung der oben betrachteten Punkt-Punkt-Kollineation $\mathfrak{k}$ ist, wo also die Gleichungen bestehen (vgl. die Gleichungen (105), (107), (110) und (125) des vorigen Abschnitts):

$$(15) \quad \begin{cases} A_1 = [a_2 a_3], \quad A_2 = [a_3 a_1], \quad A_3 = [a_1 a_2] \\ [A_2 A_3] = \mathfrak{a}\, a_1, \quad [A_3 A_1] = \mathfrak{a}\, a_2, \quad [A_1 A_2] = \mathfrak{a}\, a_3, \\ [a_1 a_2 a_3] = \mathfrak{a}, \quad [A_1 A_2 A_3] = \mathfrak{a}^2 \end{cases}$$

kann man die Hauptgleichung der Kollineation $\Re$ auch in der Form schreiben (vgl. auch die Gleichungen (9) und (15) des 25. Abschnitts):

$$(16) \quad \Re_t^3 - \{[e_1 A_1] + [e_2 A_2] + [e_3 A_3]\}\, \Re_t^2 + \mathfrak{a}\, \{[E_1 a_1] + [E_2 a_2] + [E_3 a_3]\}\, \Re_t - \mathfrak{a}^2 = 0.$$

Um diese Gleichung mit der Hauptgleichung (6) der zugehörigen Punkt-Punkt-Kollineation $\mathfrak{k}$ in Beziehung zu bringen, multipliziere man sie mit $-\mathfrak{a}$ und dividiere sie mit $\Re_t^3$, wodurch sie die Form annimmt

$$(17) \quad \left(\frac{\mathfrak{a}}{\Re_t}\right)^3 - \{[a_1 E_1] + [a_2 E_2] + [a_3 E_3]\}\left(\frac{\mathfrak{a}}{\Re_t}\right)^2 + \{[A_1 e_1] + [A_2 e_2] + [A_3 e_3]\}\frac{\mathfrak{a}}{\Re_t} - \mathfrak{a} = 0.$$

Dann unterscheidet sie sich von der Gleichung (6) für die Hauptzahlen $\mathfrak{r}_t$ der ursprünglichen Punkt-Punkt-Kollineation $\mathfrak{k}$ nur noch dadurch, daß an Stelle der Hauptzahl $\mathfrak{r}_t$ der Kollineation $\mathfrak{k}$ der Ausdruck $\frac{\mathfrak{a}}{\Re_t}$, das heißt der mit dem Potenzwert $\mathfrak{a}$ des Bruches $\mathfrak{k}$ multiplizierte reziproke Wert der Hauptzahl $\Re_t$ des adjungierten Bruches $\Re$, getreten ist, während die Koeffizienten genau dieselben geblieben sind. Es müssen daher die mit $\mathfrak{a}$ multiplizierten reziproken Werte der Größen $\Re_t$ mit den Größen $\mathfrak{r}_t$ übereinstimmen, oder was dasselbe ist, es müssen die Gleichungen bestehen:

$$(18) \quad \frac{\mathfrak{a}}{\Re_t} = \mathfrak{r}_t, \quad t = 1,\, 2,\, 3,$$

die man auch in der Form schreiben kann:

$$(19) \quad \Re_t = \frac{\mathfrak{a}}{\mathfrak{r}_t}, \quad t = 1,\, 2,\, 3,$$

und man hat den Satz:

Satz 329: Die Hauptzahlen des adjungierten Bruches $\Re$ gehen aus den reziproken Werten der Hauptzahlen des ursprünglichen Bruches $\mathfrak{k}$ durch Multiplikation mit dessen Potenzwert hervor.

Für den Fall, daß der Bruch $\mathfrak{k}$ drei reelle, ein Dreieck bildende Doppelpunkte d_t besitzt, versteht sich dieses Ergebnis von selbst. Denn in diesem Falle kann man den Bruch $\mathfrak{k}$ (nach Seite 88) auf die Form bringen:

$$(20) \quad \mathfrak{k} = \frac{\mathfrak{r}_1 d_1,\ \ \mathfrak{r}_2 d_2,\ \ \mathfrak{r}_3 d_3}{d_1,\ \ \ d_2,\ \ \ d_3}$$

und erhält somit für den adjungierten Bruch $\Re$ die Darstellung

$$(21) \qquad \Re = \frac{r_2 r_3 [d_2 d_3], \; r_3 r_1 [d_3 d_1], \; r_1 r_2 [d_1 d_2]}{[d_2 d_3], \qquad [d_3 d_1], \qquad [d_1 d_2]}.$$

Nun entnimmt man aber aus der Form der Gleichung (6), daß das Produkt ihrer drei Wurzeln r_t, das heißt das Produkt

$$(22) \qquad r_1 r_2 r_3 = \mathfrak{a}$$

ist. woraus folgt, daß die in der Gleichung (21) auftretenden Produkte $r_2 r_3$, $r_3 r_1$, $r_1 r_2$ die Werte besitzen:

$$r_2 r_3 = \frac{\mathfrak{a}}{r_1}, \quad r_3 r_1 = \frac{\mathfrak{a}}{r_2}, \quad r_1 r_2 = \frac{\mathfrak{a}}{r_3}.$$

Die Gleichung (21) gewinnt daher die Form

$$(23) \qquad \Re = \frac{\dfrac{\mathfrak{a}}{r_1} [d_2 d_3], \; \dfrac{\mathfrak{a}}{r_2} [d_3 d_1], \; \dfrac{\mathfrak{a}}{r_3} [d_1 d_2]}{[d_2 d_3], \qquad [d_3 d_1], \qquad [d_1 d_2]},$$

die das oben in (19) für die Hauptzahlen des Bruches $\Re$ gefundene Ergebnis bestätigt und zugleich zeigt, daß für den Fall dreier reeller, ein Dreieck bildender Doppelpunkte die Doppelgeraden nichts anderes sind als deren gerade Verbindungslinien.

Daß übrigens die Doppellinien einer Kollineation die Verbindungsgeraden der Doppelpunkte sind, ergibt sich auch schon aus der allgemeinen auf Seite 55 entwickelten Eigenschaft der Kollineation $\mathfrak{k}$, nach welcher der Verbindungsgeraden irgend zweier Punkte der Ebene stets die Verbindungsgerade der beiden zugeordneten Punkte zugewiesen wird; denn aus dieser Eigenschaft folgt insbesondere, daß jede Verbindungslinie zweier Doppelpunkte der Kollineation $\mathfrak{k}$ sich selbst entsprechen muß, also eine Doppellinie der adjungierten Kollineation $\Re$ sein wird.

Hat man die Hauptzahlen der Kollineation $\Re$ bestimmt, so ergibt die Doppelliniengleichung (vgl. die dualistisch entsprechende Entwickelung auf Seite 86) zu jeder *reellen* Hauptzahl $\Re_t$ von $\Re$ für die Ableitzahlen $\mathfrak{D}_{t,u}$ des Stabes D_t der zugehörigen Doppellinie (vgl. die Gleichung (12)) die laufende Proportion:

$$(24) \qquad \left\{ \begin{aligned} & \mathfrak{D}_{t,1} : \mathfrak{D}_{t,2} : \mathfrak{D}_{t,3} = [(E_2 \Re_t - A_2)(E_3 \Re_t - A_3)] \\ & : [(E_3 \Re_t - A_3)(E_1 \Re_t - A_1)] : [(E_1 \Re_t - A_1)(E_2 \Re_t - A_2)], \end{aligned} \right.$$

welche wieder mit einziger Ausnahme des Falles, wo die drei Produkte auf der rechten Seite gleichzeitig verschwinden, für jeden Wert von t die drei Ableitzahlen $\mathfrak{D}_{t,u}$ der zugehörigen Doppellinie bis auf einen Proportionalitätsfaktor eindeutig bestimmt.

Genau so wie bei dem Dualistischen zeigt man dann auch hier: Sind die drei Hauptzahlen $\Re_t$ einer Kollineation $\Re$ reell und voneinander verschieden, so bilden ihre drei Doppellinien ein eigentliches Dreiseit.

Geometrische Deutung der Doppelpunktsgleichung. Die Doppelpunktsgleichung (4) und die Doppelliniengleichung (13) gestatten übrigens in dem Falle, wo die drei Hauptzahlen reell und voneinander verschieden sind, noch eine einfache geometrische Deutung. Setzt man nämlich zur Abkürzung

$$(25) \qquad e_u \mathfrak{r}_t - a_u = c_{t,u} \quad t, u = 1, 2, 3,$$

so nimmt die Doppelpunktsgleichung (4) die Gestalt an:

$$(26) \qquad \mathfrak{d}_{t,1} c_{t,1} + \mathfrak{d}_{t,2} c_{t,2} + \mathfrak{d}_{t,3} c_{t,3} = 0, \quad t = 1, 2, 3,$$

in der sie aussagt, daß von den 9 Punkten $c_{t,u}$, $t, u = 1, 2, 3$, immer 3 solche Punkte, die denselben vorderen Index t besitzen, in einer und derselben Geraden liegen.

Man überzeugt sich ferner leicht, daß diese drei Geraden nichts anderes sind als die Verbindungslinien der Doppelpunkte der Kollineation $\mathfrak{f}$ oder, was dasselbe ist, als die drei Doppellinien der Kollineation $\mathfrak{K}$. Da sich nämlich wegen der Gleichungen (8) des vorigen Abschnitts die Gleichungen (25) in der Form schreiben lassen:

$$e_u \mathfrak{r}_t - e_u \mathfrak{f} = c_{t,u}, \quad t, u = 1, 2, 3,$$

oder auch in der Form

$$(27) \qquad e_u (\mathfrak{r}_t - \mathfrak{f}) = c_{t,u}, \quad t, u = 1, 2, 3,$$

so kann man die drei Differenzen $\mathfrak{r}_t - \mathfrak{f}$, $t = 1, 2, 3$, als die Ausdrücke für drei Punkt-Punkt-Kollineationen auffassen; denn die neun Gleichungen (27) liefern ja für diese drei Differenzen die folgende Darstellung durch extensive Brüche:

$$(28) \qquad \mathfrak{r}_t - \mathfrak{f} = \frac{c_{t,1}, \; c_{t,2}, \; c_{t,3}}{e_1, \; e_2, \; e_3}, \quad t = 1, 2, 3.$$

Dabei gehören die drei gewonnenen Brüche (28) wegen (26) drei *entartenden* Punkt-Punkt-Kollineationen zu.

Man kann noch hinzufügen, daß diese Kollineationen *einfach* entarten. Um dies einzusehen, frage man: In welcher Weise wandeln die drei entartenden Kollineationen (28) die Doppelpunkte d_u der Kollineation $\mathfrak{f}$ um? Man bilde also die neun Produkte

$$d_u (\mathfrak{r}_t - \mathfrak{f}), \quad t, u = 1, 2, 3;$$

es wird

$$d_u (\mathfrak{r}_t - \mathfrak{f}) = d_u \mathfrak{r}_t - d_u \mathfrak{f} \quad \text{oder wegen (1)}$$

$$= d_u \mathfrak{r}_t - \mathfrak{r}_u d_u, \quad \text{das heißt:}$$

$$(29) \qquad d_u (\mathfrak{r}_t - \mathfrak{f}) = (\mathfrak{r}_t - \mathfrak{r}_u) d_u, \quad t, u = 1, 2, 3.$$

Da aber nach Satz 328 für den von uns vorausgesetzten Fall dreier reellen und voneinander verschiedenen Hauptzahlen die drei Doppelpunkte

d_u ein eigentliches Dreieck bilden, also als Nenner von Kollineationsbrüchen zulässig sind, so folgen aus den Gleichungen (29) für die Differenzen $r_t - \mathfrak{k}$ die neuen Bruchdarstellungen:

$$(30) \qquad r_t - \mathfrak{k} = \frac{(r_t - r_1)\,d_1,\ \ (r_t - r_2)\,d_2,\ \ (r_t - r_3)\,d_3}{d_1,\qquad d_2,\qquad d_3}, \quad t = 1, 2, 3.$$

Insbesondere wird somit

$$(31) \qquad \begin{cases} r_1 - \mathfrak{k} = \dfrac{0,\qquad (r_1 - r_2)\,d_2,\ \ (r_1 - r_3)\,d_3}{d_1,\qquad d_2,\qquad d_3}, \\[2ex] r_2 - \mathfrak{k} = \dfrac{(r_2 - r_1)\,d_1,\qquad 0,\qquad (r_2 - r_3)\,d_3}{d_1,\qquad d_2,\qquad d_3}, \\[2ex] r_3 - \mathfrak{k} = \dfrac{(r_3 - r_1)\,d_1,\ \ (r_3 - r_2)\,d_2,\qquad 0}{d_1,\qquad d_2,\qquad d_3}. \end{cases}$$

In jedem von diesen drei Brüchen (31) sind die beiden neben der Zahlgröße 0 auftretenden Zähler *linear unabhängig voneinander*; denn

erstens liegen nach obigem die Punkte d_1, d_2, d_3 voneinander getrennt, und

zweitens sind die 6 Differenzen

$$r_t - r_u, \quad t, u = 1, 2, 3, \quad u \neq t,$$

nach unserer Voraussetzung über die Hauptzahlen r_t von Null verschieden. Die drei Brüche (31) sind daher wirklich die Ausdrücke für drei *einfach* entartende Punkt-Punkt-Kollineationen, und diese besitzen, wie die Form jener Brüche zeigt, beziehlich die Geraden der drei Stäbe

$$D_1 = [d_2 d_3], \quad D_2 = [d_3 d_1], \quad D_3 = [d_1 d_2],$$

das heißt die drei Doppellinien der Kollineation $\mathfrak{K}$, *zu Hauptgeraden*, die Punkte

$$d_2 \text{ und } d_3, \quad d_3 \text{ und } d_1, \quad d_1 \text{ und } d_2$$

zu Hauptpunkten (vgl. S. 67 f.) und die drei Punkte

$$d_1, \qquad d_2, \qquad d_3,$$

oder was dasselbe ist, die jenen Doppellinien gegenüberliegenden Doppelpunkte der Kollineation $\mathfrak{k}$, *zu Nullpunkten* (vgl. Fig. 43).

Da nun aber bei einer einfach entartenden Kollineation die Bilder aller Punkte der Ebene auf die Hauptgerade fallen und abgesehen von dem Bilde des Nullpunktes der Kollineation auch eine von Null verschiedene Masse haben, so gehören insbesondere auch die drei Punkttripel

$$c_{1,u} = e_u(r_1 - \mathfrak{k}), \quad c_{2,u} = e_u(r_2 - \mathfrak{k}), \quad c_{3,u} = e_u(r_3 - \mathfrak{k}),$$
$$u = 1, 2, 3, \qquad u = 1, 2, 3, \qquad u = 1, 2, 3,$$

die in den drei einfach entartenden Kollineationen

$$r_1 - \mathfrak{k}, \qquad r_2 - \mathfrak{k}, \qquad r_3 - \mathfrak{k}$$

den Ecken e_μ des Fundamentaldreiecks entsprechen, den Doppellinien

$$D_1, \quad D_2, \quad D_3$$

der Kollineation $\mathfrak{K}$ an. Und da
in jedem dieser drei Punkttripel
mindestens zwei von Null verschiedene Punkte enthalten sein müssen,
so kann man die drei Doppellinien
D_1, D_2, D_3 der Kollineation $\mathfrak{K}$ finden, indem man immer zwei der-
artige Punkte des zugehörigen
Punkttripels miteinander verbindet.
Und die Schnittpunkte der Doppel-
linien D_1, D_2, D_3 von $\mathfrak{K}$ sind
dann die Doppelpunkte.

$$d_1, \quad d_2, \quad d_3$$

der Kollineation $\mathfrak{k}$[1]).

Eine dualistisch entsprechende
geometrische Deutung wie die
Doppelpunktsgleichung (4) gestattet die Doppelliniengleichung (13).

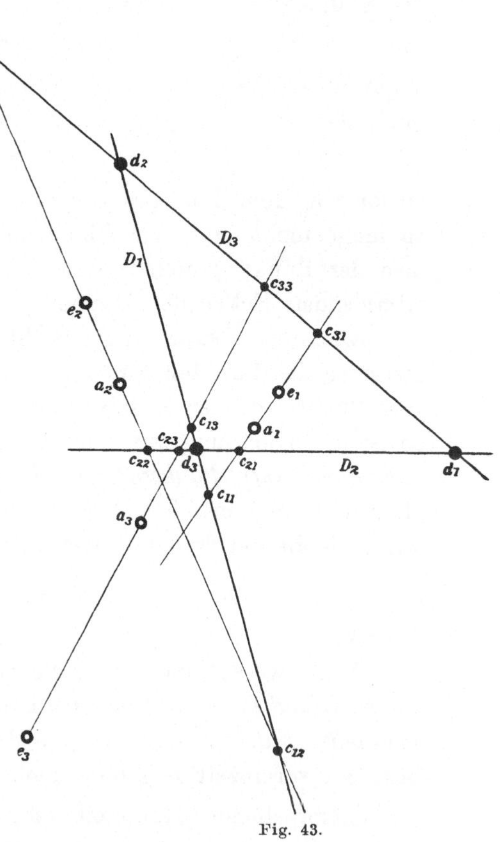

Fig. 43.

*Die Abbildung innerhalb einer
Doppellinie der Kollineation: Projektivität in der Geraden. Der Fall
zweier konjugiert komplexen Haupt-
zahlen: Positiv zirkuläre Abbildung in der zugehörigen Doppellinie.* Man kann
noch bemerken, daß in dem vor der Hand allein betrachteten Falle ungleicher Hauptzahlen eine Doppellinie sich niemals punktweise zugeordnet ist. In der Tat, *sind die drei Hauptzahlen der Kollineation $\mathfrak{k}$ zugleich
sämtlich reell*, besitzt also die Kollineation drei getrennte, ein Dreieck
bildende reelle Doppelpunkte, deren Verbindungslinien dann die Doppellinien darstellen, so sind auf jeder von diesen Doppellinien die beiden
auf ihr liegenden Ecken des Doppelpunktsdreiecks die einzigen Punkte
dieser Doppellinie, welche sich selbst entsprechen. Denn, ist zum Beispiel

$$(32) \qquad\qquad y = \mathfrak{y}_1 d_1 + \mathfrak{y}_2 d_2$$

---

1) Vgl. hierzu die Dissertation von G. Wolff: Über Kollineationen in der
Ebene. Gießen 1910. Herr Wolff, dem ich meine oben entwickelte heuristische
Methode für die Deutung der Doppelpunktsgleichung mitgeteilt hatte, gibt in seiner
Arbeit Seite 32—34 eine verifizierende Bestätigung meines Ergebnisses.

ein beliebiger Punkt der Doppellinie $d_1 d_2$, so wird ihm wegen (9) durch die Kollineation $\mathfrak{k}$ der Punkt

$$(33) \qquad y\mathfrak{k} = \mathfrak{y}_1 \mathfrak{r}_1 d_1 + \mathfrak{y}_2 \mathfrak{r}_2 d_2$$

zugewiesen. Der Punkt $\mathfrak{y}_1 \mathfrak{r}_1 d_1 + \mathfrak{y}_2 \mathfrak{r}_2 d_2$ aber gehört zwar, wie es sein muß, der Geraden $d_1 d_2$ an, ist aber andererseits wegen

$$\mathfrak{r}_1 \neq \mathfrak{r}_2$$

sicher von dem Punkt $y = \mathfrak{y}_1 d_1 + \mathfrak{y}_2 d_2$ räumlich verschieden, wenigstens so lange nicht eine der Ableitzahlen $\mathfrak{y}_1$ und $\mathfrak{y}_2$ verschwindet, so lange also der Punkt y nicht gerade mit einer der beiden die Doppellinie bestimmenden Ecken des Doppelpunktsdreiecks zusammenfällt.

Aber man kann auch leicht angeben, welcher Art die Zuordnung zwischen den Punkten y und $y\mathfrak{k}$ sein muß. Denn, da durch die Kollineation jede Punktreihe der Ebene in eine projektive Punktreihe übergeführt wird, so ist die Abbildung auf einer Doppellinie nichts anderes als *eine projektive Abbildung einer Punktreihe in ihrer eigenen Linie*, wie wir sie im dritten Hauptteil ausführlich behandelt haben. Und diese projektive Abbildung wird, wie die Vergleichung von (32) und (33) zeigt, durch Projektivitätsbruch

$$(34) \qquad \mathfrak{p} = \frac{\mathfrak{r}_1 d_1 ,\ \mathfrak{r}_2 d_2}{d_1 ,\ \ d_2}$$

bewirkt.

Nicht wesentlich anders liegen die Verhältnisse, *wenn zwei Hauptzahlen $\mathfrak{r}_1$ und $\mathfrak{r}_2$ der Kollineation $\mathfrak{k}$ konjugiert komplex oder entgegengesetzt rein imaginär sind.* Alsdann ist die dritte Hauptzahl $\mathfrak{r}_3$ reell, und dieser gehört ein vereinzelt liegender reeller Doppelpunkt d_3 zu. Ferner ist auch die entsprechende Hauptzahl $\Re_3 = \dfrac{a}{\mathfrak{r}_3}$ der adjungierten Kollineation $\Re$ reell und somit auch die dem Punkte d_3 gegenüberliegende Doppellinie D_3. Die Abbildung auf dieser Doppellinie aber ist wiederum eine Projektivität in der Geraden, und zwar eine Projektivität mit zwei konjugiert komplexen Doppelpunkten, das heißt, die im 17. Abschnitt eingehend untersuchte *positiv zirkuläre Abbildung in der Geraden*. Dabei läßt sich ein Komponentenpaar jener konjugiert komplexen Doppelpunkte wieder nach dem auf S. 152 ff. des ersten Bandes entwickelten Verfahren bestimmen.

Zweiter Hauptfall: Die Kollineation $\mathfrak{k}$ besitzt zwei gleiche Hauptzahlen. Wir gehen nunmehr zu dem zweiten Hauptfalle einer Punkt-Punkt-Kollineation über, wo die Hauptgleichung (6) zwei gleiche Wurzeln

$$(35) \qquad \mathfrak{r}_2 = \mathfrak{r}_3 = \mathfrak{n}$$

darbietet, bei dem aber die dritte Wurzel

$$(36) \qquad \mathfrak{r}_1 = \mathfrak{m}$$

von den beiden Wurzeln $\mathfrak{r}_2$ und $\mathfrak{r}_3$ verschieden ist, wo also

$$(37) \qquad \mathfrak{m} \neq \mathfrak{n}$$

ist. Wie oben gezeigt wurde, sind dann die beiden zu den Hauptzahlen $\mathfrak{m}$ und $\mathfrak{n}$ gehörenden Doppelpunkte d_1 und d_2 voneinander getrennt, und es herrscht also zwischen diesen beiden Punkten keine Zahlbeziehung. Ferner liegt von den drei Grundpunkten e_1, e_2, e_3 der Kollineation, die ja die Ecken eines eigentlichen Dreiecks bilden, sicher einer nicht auf der Geraden $d_1 d_2$; dieser Punkt sei e_3. Alsdann lassen sich die drei Punkte d_1, d_2, e_3 als Nenner des Bruches $\mathfrak{k}$ verwenden; der Bruch gestattet somit die Darstellung:

$$\mathfrak{k} = \frac{\mathfrak{m} d_1,\ \mathfrak{n} d_2,\ a_3}{d_1,\quad d_2,\quad e_3}.$$

Und diese kann man, wenn man in ihr

für die Zähler $\quad \mathfrak{m} d_1$ und a_3

die Produkte $\quad d_1 \mathfrak{k}$ und $e_3 \mathfrak{k}$

setzt, die aus den entsprechenden Nennern durch Multiplikation mit $\mathfrak{k}$ hervorgehen, auch in der Form schreiben:

$$(38) \qquad \mathfrak{k} = \frac{d_1 \mathfrak{k},\ \mathfrak{n} d_2,\ e_3 \mathfrak{k}}{d_1,\quad d_2,\quad e_3}.$$

Stellt man aber auf Grund dieser Form (38) des Bruches $\mathfrak{k}$ die Hauptgleichung (5) von neuem auf, so erhält man die Gleichung

$$[(\mathfrak{r} d_1 - d_1 \mathfrak{k})(\mathfrak{r} d_2 - \mathfrak{n} d_2)(\mathfrak{r} e_3 - e_3 \mathfrak{k})] = 0 \quad \text{oder}$$

$$(\mathfrak{r} - \mathfrak{n})\,[(\mathfrak{r} d_1 - d_1 \mathfrak{k}) d_2\,(\mathfrak{r} e_3 - e_3 \mathfrak{k})] = 0.$$

Soll nun diese Gleichung dritten Grades in $\mathfrak{r}$ zwei gleiche Wurzeln $\mathfrak{r} = \mathfrak{n}$ aufweisen, so muß sie auch nach der Division mit $\mathfrak{r} - \mathfrak{n}$ noch immer erfüllt bleiben, sobald man in ihr $\mathfrak{r} = \mathfrak{n}$ setzt, das heißt, es muß die Gleichung bestehen:

$$[(\mathfrak{n} d_1 - d_1 \mathfrak{k}) d_2\,(\mathfrak{n} e_3 - e_3 \mathfrak{k})] = 0.$$

Aus dem Verschwinden des äußeren Produktes auf der linken Seite folgt, daß zwischen seinen Faktoren eine Zahlbeziehung herrscht, also eine Gleichung von der Form gilt:

$$(39) \qquad \mathfrak{f}(\mathfrak{n} d_1 - d_1 \mathfrak{k}) + \mathfrak{g} d_2 + \mathfrak{h}(\mathfrak{n} e_3 - e_3 \mathfrak{k}) = 0.$$

Und in dieser Gleichung kann $\mathfrak{h}$ nicht null sein, weil sonst wegen $d_1 \mathfrak{k} = \mathfrak{m} d_1$ zwischen den Doppelpunkten d_1 und d_2 allein eine lineare Abhängigkeit bestehen würde, was nach dem Obigen ausgeschlossen ist.

Schreibt man die Gleichung (39) in der Form:

$$(40) \qquad \mathfrak{g} d_2 + \mathfrak{n}(\mathfrak{f} d_1 + \mathfrak{h} e_3) - (\mathfrak{f} d_1 + \mathfrak{h} e_3)\mathfrak{k} = 0$$

und führt endlich für die in den beiden Klammern auftretende Summe

$\mathfrak{f}d_1 + \mathfrak{h}e_3$ die kurze Bezeichnung t_3 ein, setzt somit

$$(41) \qquad t_3 = \mathfrak{f}d_1 + \mathfrak{h}e_3,$$

so ist t_3 ein Punkt, welcher der Geraden d_1e_3 angehört (vgl. Fig. 44),

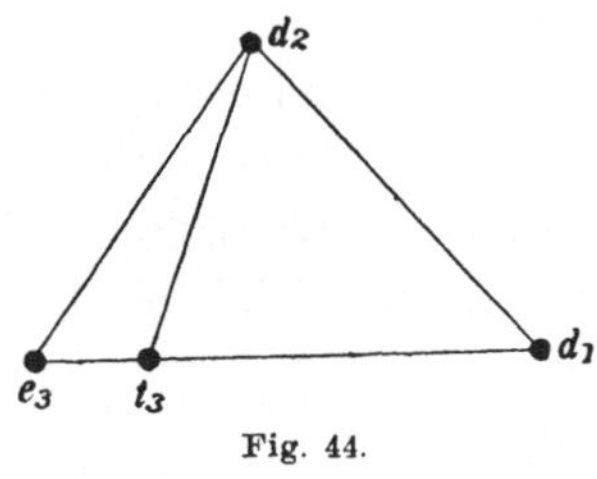

Fig. 44.

ohne mit d_1 zusammenzufallen, der also nicht auf der Geraden d_1d_2 liegt. Infolgedessen darf er neben d_1 und d_2 als dritter Nenner des Bruches $\mathfrak{f}$ verwendet werden. Man kann aber auch leicht den entsprechenden Zähler angeben. Denn durch Substitution der Abkürzung (41) verwandelt sich die Gleichung (40) in:

$$(42) \qquad \mathfrak{g}d_2 + \mathfrak{n}t_3 - t_3\mathfrak{f} = 0,$$

und diese liefert für den zu dem Nenner t_3 gehörigen Zähler $t_3\mathfrak{f}$ den Wert

$$(43) \qquad t_3\mathfrak{f} = \mathfrak{n}t_3 + \mathfrak{g}d_2.$$

Für den Bruch $\mathfrak{f}$ erhält man also die folgende neue Form:

$$(44) \qquad \mathfrak{f} = \frac{\mathfrak{m}d_1,\ \mathfrak{n}d_2,\ \mathfrak{n}t_3 + \mathfrak{g}d_2}{d_1,\ \ d_2,\ \ t_3},$$

welche die „Normalform des extensiven Bruches einer Punkt-Punkt-Kollineation mit zwei gleichen Hauptzahlen" heißen möge. Diese Normalform liefert *zwei Unterfälle*, je nachdem $\mathfrak{g} = 0$ oder $\mathfrak{g} \neq 0$ ist.

Erster Unterfall: Die perspektive Kollineation. Ihre Charakteristik, ihre Fluchtlinie. In dem ersten Unterfall, das heißt in dem Falle, wo $\mathfrak{g} = 0$ ist, wird der Punkt t_3 zum Doppelpunkt und möge daher mit dem Buchstaben d_3 bezeichnet werden. Der Bruch (44) nimmt dann die Form an:

$$(45) \qquad \mathfrak{f} = \frac{\mathfrak{m}d_1,\ \mathfrak{n}d_2,\ \mathfrak{n}d_3}{d_1,\ \ d_2,\ \ d_3}.$$

Durch ihn wird jeder Punkt der Geraden $S = [d_2d_3]$ in sein $\mathfrak{n}$-faches verwandelt, die Gerade S geht also punktweise in sich über, das heißt,

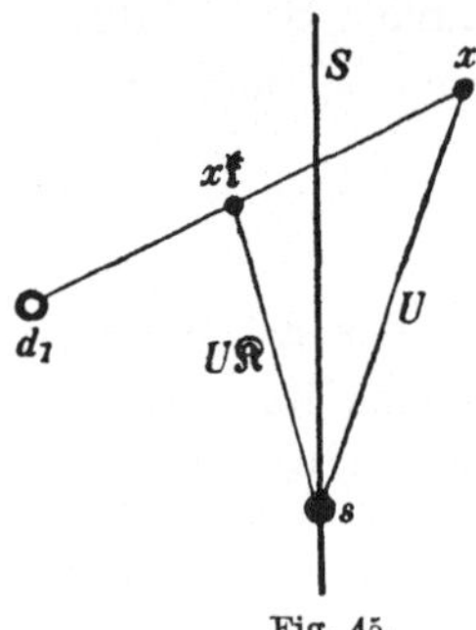

Fig. 45.

jeder ihrer Punkte ist ein Doppelpunkt. Dadurch wiederum wird es bedingt, daß auf einer jeden Geraden U ihr Schnittpunkt s mit der Geraden S fest bleibt, daß ihr also, falls sie nicht gerade durch den vereinzelt liegenden Doppelpunkt d_1 geht, eine von ihr verschiedene Gerade $U\mathfrak{K}$ zugewiesen wird, die sich mit der Originalgeraden U auf der Linie S schneidet (vgl. Fig. 45). Geht aber die Gerade U durch den Doppelpunkt d_1 hindurch, so bleibt auf ihr außer ihrem Schnittpunkt s mit der Geraden S auch der Punkt d_1 fest. Eine jede derartige Gerade ist daher eine Doppellinie der

Abbildung, und die Punkte s und d_1 sind die auf ihr liegenden Doppelpunkte; jeder andere Punkt x einer solchen Geraden dagegen wird durch die Abbildung in einen von ihm getrennt liegenden, aber ebenfalls der Doppellinie $x d_1$ angehörenden Punkt $x\mathfrak{k}$ übergeführt.

Die durch diese Eigenschaften gekennzeichnete Kollineation (45) heißt eine „perspektive Kollineation in der Ebene" oder auch wohl eine „zentrische Perspektive in der Ebene", der Punkt d_1 ihr „Kollineationszentrum" oder ihr „Mittelpunkt", die Gerade S ihre „Kollineationsachse" oder ihre „Spurlinie".

Mit Rücksicht auf diese Kunstausdrücke kann man unsere Ergebnisse in dem folgenden Satze zusammenfassen:

Satz 330: Bei der durch den Bruch (45) dargestellten perspektiven Kollineation liegen je zwei entsprechende Punkte x und $x\mathfrak{k}$ auf einer durch das Kollineationszentrum d_1 gehenden Geraden, und je zwei entsprechende, nicht durch d_1 gehende, Geraden U und $U\mathfrak{K}$ schneiden sich in einem Punkte der Kollineationsachse $S = [d_2 d_3]$ (vgl. die obige Figur 45).

Will man über die geometrische Bedeutung der Hauptzahlen $\mathfrak{m}$ und $\mathfrak{n}$ oder vielmehr ihres Verhältnisses $\dfrac{\mathfrak{m}}{\mathfrak{n}}$, dem ja allein ein geometrischer Sinn zukommen kann, Aufschluß erhalten, so stelle man einen beliebigen Punkt x der Ebene als Vielfachensumme des Kollineationszentrums d_1 und desjenigen Punktes t dar, in dem die Spurlinie S von der Geraden $x d_1$ geschnitten wird (vgl. Fig. 46). Es sei

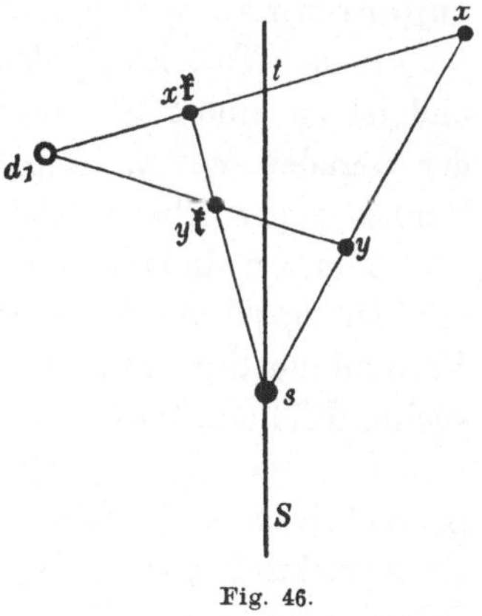

$$(46) \qquad x = \mathfrak{d}_1 d_1 + t t;$$

dann muß der zugeordnete Punkt $x\mathfrak{k}$ nach Satz 330 ebenfalls der Doppellinie $d_1 t$ angehören. In der Tat wird

$$x\mathfrak{k} = \mathfrak{d}_1\, d_1\mathfrak{k} + t\, t\mathfrak{k},$$

oder, da die Punkte d_1 und t bei der Multiplikation mit $\mathfrak{k}$ in ihr $\mathfrak{m}$- und $\mathfrak{n}$-faches übergehen,

$$(47) \qquad x\mathfrak{k} = \mathfrak{m}\,\mathfrak{d}_1 d_1 + \mathfrak{n} t t.$$

Das Doppelverhältnis des Punktwurfes d_1, t, x, $x\mathfrak{k}$ wird daher (vgl. Seite 50 des ersten Bandes)

$$(48) \qquad (d_1 t x\ x\mathfrak{k}) = \frac{[d_1 x]}{[x t]} : \frac{[d_1 x\mathfrak{k}]}{[x\mathfrak{k}\, t]} = \frac{\mathfrak{m}}{\mathfrak{n}}\,,$$

Fig. 46.

womit *die geometrische Bedeutung des Verhältnisses* $\dfrac{\mathfrak{m}}{\mathfrak{n}}$ *der beiden voneinander verschiedenen Hauptzahlen* gefunden ist, und man hat den Satz:

Satz 331: Bei der perspektiven Kollineation in der Ebene ist das durch das Kollineationszentrum, die Kollineationsachse und ein Paar zugeordneter Punkte bestimmte Doppelverhältnis konstant, nämlich gleich dem Verhältnis der beiden dem Kollineationszentrum und der Kollineationsachse zugehörigen Hauptzahlen.

Ist das Kollineationszentrum und die Kollineationsachse der perspektiven Kollineation gegeben, so reicht die Angabe des genannten Doppelverhältnisses, also des Verhältnisses $\frac{m}{n}$ der beiden voneinander verschiedenen Hauptzahlen, aus, um die Abbildung abgesehen von einem geometrisch bedeutungslosen Zahlfaktor eindeutig zu definieren. Dies Doppelverhältnis heißt daher (nach W. Fiedler[1])) die Charakteristik der perspektiven Kollineation.

Da ferner die Charakteristik festgelegt ist, sobald außer dem Kollineationszentrum und der Kollineationsachse noch zwei zugeordnete Punkte ihrer Lage nach bekannt sind, so hat man den weiteren Satz:

Satz 332: Eine perspektive Kollineation in der Ebene ist eindeutig bestimmt durch das Kollineationszentrum, die Kollineationsachse und ein Paar zugeordneter Punkte, die noch auf einer durch das Kollineationszentrum gehenden Geraden beliebig angenommen werden dürfen.

In der Tat, ist d_1 das Kollineationszentrum, S die Kollineationsachse, und ist zu einem beliebigen Punkte x der Ebene sein Bildpunkt $x\bar{\imath}$ auf der Geraden $d_1 x$ beliebig angenommen, so läßt sich zu jedem weiteren Punkte y der Ebene sein Bildpunkt $y\bar{\imath}$ in folgender Weise konstruieren:

Man verbinde x mit y und bringe die Verbindungslinie zum Schnitt mit der Spurlinie S im Punkte s, verbinde $x\bar{\imath}$ mit s und schneide die Verbindungslinie mit der Geraden $d_1 y$, so ist der Schnittpunkt der gesuchte Bildpunkt $y\bar{\imath}$ des Punktes y (vgl. die obige Figur 46).

Um noch eine vollständigere Anschauung von der Abbildung der perspektiven Kollineation zu gewinnen[2]), betrachte man noch die durch sie bewirkte Umwandlung der unendlich fernen Elemente der Ebene, deren Bilder nach Seite 83 f. der Fluchtlinie der Kollineation angehören werden. Dazu bezeichne man noch den mit dem Mittelpunkte d_1 der Kollineation zusammenfallenden einfachen Punkt mit m und einen beliebigen einfachen Punkt der Kollineationsachse S mit n (vgl. Fig. 47), dann läßt sich der

---

1) Vgl. W. Fiedler, Die darstellende Geometrie in organischer Verbindung mit der Geometrie der Lage. Teil I. Vierte Auflage. 1904. Seite 89 ff.

2) Vgl. hierzu F. Klein, Einleitung in die höhere Geometrie, I (Autographierte Vorlesungshefte). Göttingen 1893. (Zweiter Abdruck. Leipzig 1907). Seite 286 ff.

unendlich ferne Punkt (eine Strecke) g der Geraden mn durch die Differenz darstellen:

$$(49) \qquad g = n - m.$$

Nun kann man den Bruch (45) mit Rücksicht auf die neue Bezeichnung auch in der Form schreiben:

$$(50) \qquad \mathfrak{f} = \frac{\mathfrak{m}m,\ \mathfrak{n}d_2,\ \mathfrak{n}d_3}{m,\ \ d_2,\ \ d_3}.$$

Und da der Punkt n sich als Vielfachensumme von d_2 und d_3 ausdrücken läßt, so geht er durch Multiplikation mit $\mathfrak{f}$ ebenso wie d_2 und d_3 in sein $\mathfrak{n}$-faches über, das heißt, es wird

$$(51) \qquad n\mathfrak{f} = \mathfrak{n}n.$$

Für den der Strecke g zugeordneten Punkt

$$(52) \qquad q = g\mathfrak{f}$$

oder, was dasselbe ist, für den Fluchtpunkt der Geraden mn, erhält man daher den Ausdruck

$$(53) \qquad q = \mathfrak{n}n - \mathfrak{m}m.$$

Diese Gleichung aber sagt aus: Dem unendlich fernen Punkte g der „Mittelpunktsgeraden" mn wird ein Punkt q derselben Geraden zugeordnet,

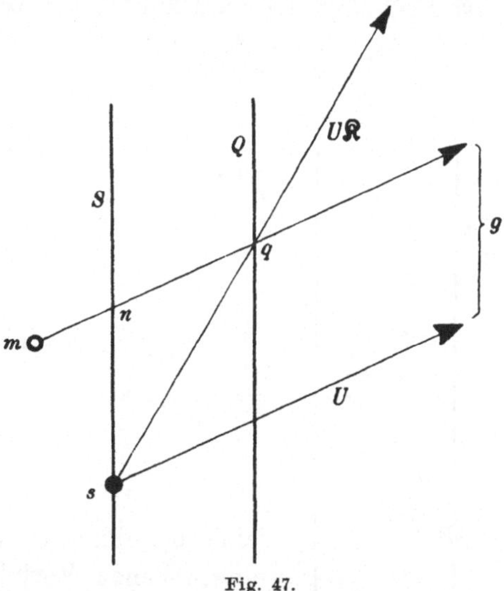

Fig. 47.

der das Stück mn jener Mittelpunktsgeraden zwischen dem Kollineationszentrum m und der Kollineationsachse S algebraisch im Verhältnisse $\mathfrak{n} : -\mathfrak{m}$ teilt, das heißt im Verhältnisse $|\mathfrak{n}| : |\mathfrak{m}|$ innerlich oder äußerlich teilt, je nachdem das Verhältnis $\mathfrak{n} : -\mathfrak{m}$ positiv oder negativ ist. Hieraus folgt: Die Fluchtlinie Q der perspektiven Kollineation ist der Spurlinie (Kollineationsachse) S der Abbildung parallel und teilt den Abstand des Kollineationszentrums m von der Spurlinie S in dem angegebenen Verhältnis. Ist zum Beispiel die Charakteristik $\dfrac{\mathfrak{m}}{\mathfrak{n}}$ positiv und zugleich < 1, so liegt die Fluchtlinie Q vom Kollineationszentrum m der Abbildung aus gerechnet jenseits der Spurlinie S, und ihr Abstand von dieser Linie verhält sich zu dem des Kollineationszentrums von der Spurlinie wie $\mathfrak{m} : (\mathfrak{n} - \mathfrak{m})$. Die ganze Halbebene jenseits der Spurlinie S wird dann bei der Abbildung *reliefartig auf den Ebenenstreifen zwischen den parallen Geraden S und Q, das heißt zwischen der Spurlinie und der Fluchtlinie, zusammengedrängt.* Diese Zusammendrängung ist um so stärker, je weiter das abzubildende Stück der Halbebene von der Spurlinie entfernt liegt.

Ist das Kollineationszentrum m, die Spurlinie S und die Fluchtlinie Q der perspektiven Kollineation $\mathfrak{k}$ gegeben (vgl. die obige Fig. 47), so kann man zu jeder Geraden U ihre entsprechende Gerade $U\mathfrak{K}$ finden, indem man

erstens „ihren Spurpunkt" s, das heißt denjenigen Punkt der Spurlinie S bestimmt, in dem sie von der Geraden U geschnitten wird,

zweitens aber „ihren Fluchtpunkt" q aufsucht, das heißt denjenigen Punkt der Fluchtlinie Q, in welchem sie von der projizierenden Linie des unendlich fernen Punktes der Geraden U oder, was dasselbe ist, von der Parallelen getroffen wird, die man durch den Mittelpunkt m zu der Geraden U ziehen kann.

Die Verbindungslinie der Punkte s und q ist dann die Bildgerade $U\mathfrak{K}$ der Geraden U.

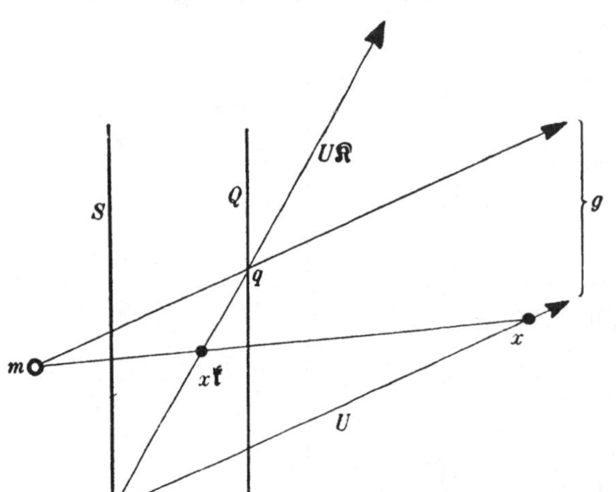

Fig. 48.

Unter denselben Voraussetzungen kann man auch zu einem beliebigen Punkte x seinen Bildpunkt $x\mathfrak{k}$ konstruieren. Dazu lege man (vgl. Fig. 48) durch den Punkt x eine beliebige Gerade U, bestimme nach dem soeben angegebenen Verfahren ihre Bildgerade $U\mathfrak{K}$ und bringe sie zum Schnitt mit der Geraden mx, das heißt mit dem projizierenden Strahle des Punktes x, vom Kollineationszentrum m aus gezogen, so schneidet dieser die Bildgerade $U\mathfrak{K}$ der Geraden U in dem gesuchten Bildpunkte $x\mathfrak{k}$ des Punktes x.

Die perspektive Kollineation mit der Charakteristik — 1: Spiegelung an einem Punkt und einer Geraden. Ein Interesse bietet noch der *besondere Fall*, wo die Charakteristik den Wert — 1 hat, wo also das Verhältnis der beiden Hauptzahlen

$$(54) \qquad \frac{\mathfrak{m}}{\mathfrak{n}} = -1, \text{ das heißt,}$$

$$(55) \qquad \mathfrak{n} = -\mathfrak{m}$$

ist. In diesem Falle verwandelt sich der Bruch $\mathfrak{k}$ aus (50) in den Bruch

$$(56) \qquad \mathfrak{s}' = \frac{\mathfrak{m}\,m,\ -\mathfrak{m}\,d_2,\ -\mathfrak{m}\,d_3}{m,\qquad d_2,\qquad d_3}$$

oder in das Produkt

$$\mathfrak{s}' = \mathfrak{m}\,\frac{m,\ -d_2,\ -d_3}{m,\ \ d_2,\ \ d_3},$$

welches geometrisch gleichbedeutend ist mit dem Bruche

$$(57) \qquad \mathfrak{s} = \frac{m, \;\; -d_2, \;\; -d_3}{m, \;\; d_2, \;\; d_3}.$$

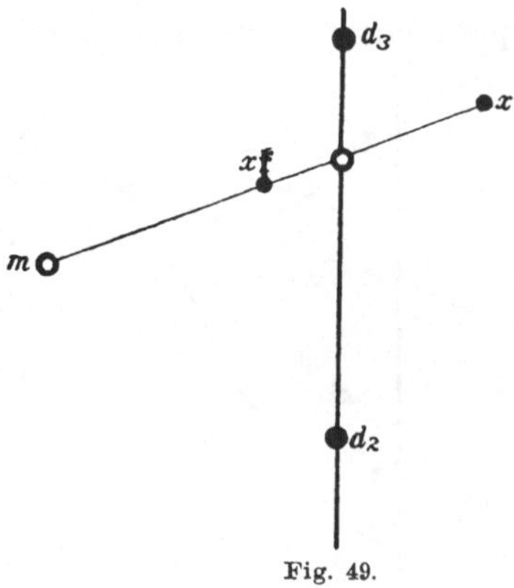

Dieser weist einem jeden Punkte der Ebene denjenigen Punkt zu, der von ihm durch das Kollineationszentrum und die Spurlinie der Abbildung harmonisch getrennt ist. Die perspektive Kollineation mit der Charakterisik — 1 ist also involutorisch und kann mit H. Wiener[1]) als eine „Spiegelung am Punkte m und der Geraden $d_2 d_3$" bezeichnet werden. Bei ihr liegt die Fluchtlinie *in der Mitte* zwi-

schen der Spurlinie und dem Mittelpunkte der Abbildung (vgl. Fig. 49).

Das Kollineationszentrum der perspektiven Kollineation liegt im Unendlichen: Perspektive Affinität. Ihre Charakteristik. Zwei wichtige Sonderfälle der perspektiven Kollineation erhält man, wenn man den Mittelpunkt oder die Spurlinie der Abbildung ins Unendliche rücken läßt.

Zunächst also verlege man den Mittelpunkt m der perspektiven Kollineation ins Unendliche, das heißt, man ersetze ihn durch eine Strecke g, so daß an die Stelle des Bruches (50) der Bruch

$$(58) \qquad \mathfrak{a} = \frac{m\,g, \;\; \mathfrak{n}\,d_2, \;\; \mathfrak{n}\,d_3}{g, \;\; d_2, \;\; d_3}$$

tritt. Alsdann enthält die unendlich ferne Gerade zwei Doppelpunkte, nämlich außer der Strecke g noch den unendlich fernen Punkt (die Strecke) h der Spurlinie $d_2 d_3$. Die unendlich ferne Gerade ist daher selbst eine Doppellinie der Abbildung, das heißt, ihr Bild, die Fluchtlinie Q, fällt ebenfalls ins Unendliche. Jedem unendlich fernen Punkt entspricht also wieder ein unendlich ferner Punkt, und die Abbildung geht somit über (vgl. S. 82 f.) in einen besonderen Fall der Affinität, nämlich in eine Affinität mit einer punktweise sich selbst entsprechenden im Endlichen liegenden „Spurlinie" $d_2 d_3$. Diese Art der Affinität heißt „perspektive Affinität in der Ebene", ihre Spurlinie $d_2 d_3$ auch die „Affinitätsachse", und die den Mittelpunkt der perspektiven Kollineation vertretende Richtung g die „Affinitätsrichtung".

---

1) Vgl. H. Wiener, Über geometrische Analysen, Berichte der math.-phys. Klasse der Sächs. Ges. der Wissenschaften. Juli 1890. Nr. 41. Seite 259 und August 1891. Nr. 78. Seite 439.

Die Charakteristik der perspektiven Kollineation gewinnt in dem Spezialfalle der perspektiven Affinität eine noch einfachere geometrische Bedeutung: Ist nämlich x ein *einfacher Punkt* und n *derjenige einfache Punkt, in dem die Affinitätsachse* $d_2 d_3$ *von der Geraden xg geschnitten wird* (vgl. Fig. 50), so ist

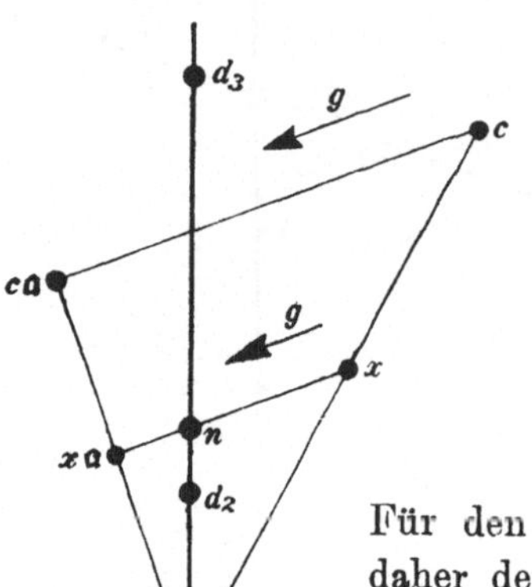

$$(59) \qquad x = n + \mathfrak{x}g$$

unter $\mathfrak{x}$ eine Zahlgröße verstanden, und es wird (vgl. Gleichung (51) und (58))

$$x\mathfrak{a} = \mathfrak{n}n + \mathfrak{m}\mathfrak{x}g.$$

Für den entsprechenden *einfachen* Punkt $\dfrac{x\mathfrak{a}}{\mathfrak{n}}$ erhält man daher den Ausdruck

$$(60) \qquad \frac{x\mathfrak{a}}{\mathfrak{n}} = n + \frac{\mathfrak{m}}{\mathfrak{n}}\mathfrak{x}g.$$

Das Verhältnis der beiden Strecken von dem Spurpunkte n des projizierenden Strahles $x\ x\mathfrak{a}$ nach den beiden entsprechenden Punkten $\dfrac{x\mathfrak{a}}{\mathfrak{n}}$ und x gezogen wird daher

$$(61) \qquad \frac{x\mathfrak{a}}{\mathfrak{n}} - n : x - n = \mathfrak{m} : \mathfrak{n}.$$

Fig. 50.

Wir erhalten also den Satz:

Satz 333: Bei der perspektiven Affinität in der Ebene ist das Verhältnis der senkrechten oder in der Affinitätsrichtung gemessenen Abstände der Bild- und Originalpunkte von der Affinitätsachse konstant, nämlich gleich dem absoluten Wert der Charakteristik. Ist dabei die Charakteristik positiv, so liegen Bild und Original auf derselben Seite der Affinitätsachse, ist sie negativ, so liegen sie auf verschiedenen Seiten derselben.

Die perspektive Affinität $\mathfrak{a}$ in der Ebene ist daher abgesehen von einem geometrisch bedeutungslosen Zahlfaktor vollständig bestimmt, wenn außer der Affinitätsachse $d_2 d_3$ und der Affinitätsrichtung g noch die Charakteristik $\mathfrak{m} : \mathfrak{n}$ gegeben ist. Dabei kann anstatt der Affinitätsrichtung g und der Charakteristik $\mathfrak{m} : \mathfrak{n}$ auch ein Paar zugeordneter Punkte c und $c\mathfrak{a}$ gegeben sein, da durch ein solches Paar sowohl die Affinitätsrichtung wie die Charakteristik bestimmt ist. Man hat daher den Satz:

Satz 334: Eine perspektive Affinität in der Ebene ist vollständig festgelegt, sobald die Affinitätsachse und ein Paar zugeordneter Punkte gegeben ist.

In der Tat erhält man auch mittelst der angegebenen Bestimmungsstücke sofort zu jedem beliebigen Punkte x seinen Bildpunkt $x\mathfrak{a}$. Man braucht nur den Punkt x mit dem Punkte c zu verbinden und die Verbindungslinie mit der Affinitätsachse zum Schnitt zu bringen im Punkte s. Alsdann schneidet die Verbindungslinie $c\mathfrak{a}\,s$ aus der durch x zu der Geraden $c\;c\mathfrak{a}$ gezogenen Parallelen den gesuchten Bildpunkt $x\mathfrak{a}$ aus.

Die perspektive Affinität mit der Charakteristik — 1: Schiefe und senkrechte Spiegelung an einer Geraden. Besitzt die Charakteristik den besonderen Wert — 1, ist also die Abbildung *zugleich involutorisch,* so geht aus der perspektiven Affinität der spezielle Fall der „schiefen oder senkrechten Spiegelung an der Geraden $d_2 d_3$" hervor (vgl. Fig. 51). Dieselbe läßt sich durch den Bruch darstellen:

$$(62) \qquad \mathfrak{s} = \frac{-g,\; d_2,\; d_3}{g,\; d_2,\; d_3}.$$

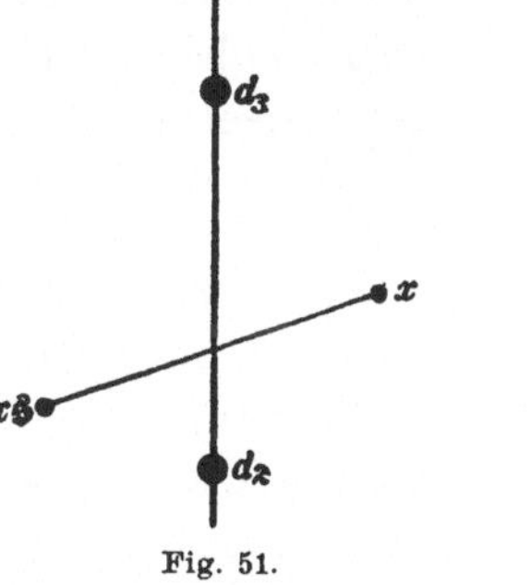

Fig. 51.

Die Spurlinie der perspektiven Kollineation liegt im Unendlichen: Perspektive Ähnlichkeit. Ihr Vergrößerungsverhältnis. Läßt man andererseits bei einer perspektiven Kollineation die Spurlinie ins Unendliche rücken, ersetzt also die Doppelpunkte d_2 und d_3, die derselben Hauptzahl $\mathfrak{n}$ zugehören, durch zwei Strecken g_2 und g_3, so tritt an die Stelle des Bruches (50) der Bruch

$$(63) \qquad \ddot{\mathfrak{a}} = \frac{\mathfrak{m}\,m,\; \mathfrak{n}\,g_2,\; \mathfrak{n}\,g_3}{m,\; g_2,\; g_3},$$

und es entspricht die unendlich ferne Gerade punktweise sich selbst. Einer jeden andern Geraden ist also eine mit ihr parallele oder zusammenfallende Gerade zugeordnet. Insbesondere laufen somit auch die Seiten entsprechender Dreiecke einander parallel, und da andererseits die Verbindungslinien zugeordneter Ecken zweier solchen Dreiecke wie bei jeder perspektiven Kollineation durch einen und denselben Punkt, nämlich durch den in den Brüchen (63) und (50) auftretenden Punkt m gehen, so sind zwei solche Dreiecke ähnlich und in ähnlicher (perspektiver) Lage, woraus dann folgt, daß dasselbe auch von den ganzen durch den Bruch $\ddot{\mathfrak{a}}$ aufeinander bezogenen Systemen gilt.

Die Abbildung $\ddot{\mathfrak{a}}$ heißt daher „perspektive Ähnlichkeit", der Punkt m ihr „Ähnlichkeitspunkt" (vgl. Fig. 52).

Um die geometrische Bedeutung der Charakteristik zu finden, stelle man einen beliebigen *einfachen* Punkt x als Vielfachensumme des Ähnlichkeitspunktes m, der wie bisher als *einfacher* Punkt gedacht werden soll, und des unendlich fernen Punktes g der Geraden mx dar. Es sei

$$(64) \qquad x = \mathfrak{m} + \mathfrak{x}g,$$

unter $\mathfrak{x}$ eine Zahlgröße verstanden. Dann wird

$$x\ddot{\mathfrak{a}} = \mathfrak{m}m + \mathfrak{n}\mathfrak{x}g.$$

Für den entsprechenden einfachen Punkt $\dfrac{x\ddot{\mathfrak{a}}}{\mathfrak{m}}$ erhält man also den Ausdruck

$$(65) \qquad \frac{x\ddot{\mathfrak{a}}}{\mathfrak{m}} = m + \frac{\mathfrak{n}}{\mathfrak{m}}g.$$

Das Verhältnis der beiden Strecken, die von dem Ähnlichkeitspunkte m beider Systeme nach den entsprechenden Punkten $x\ddot{\mathfrak{a}}$ und x führen, das man zugleich als das „Vergrößerungsverhältnis der Abbildung" bezeichnen kann, wird daher:

$$(66) \qquad \frac{x\ddot{\mathfrak{a}}}{\mathfrak{m}} - m : x - m = \mathfrak{n} : \mathfrak{m},$$

und man hat den Satz:

Satz 335: Bei der perspektiven Ähnlichkeit ist das Vergrößerungsverhältnis der reziproke Wert der absolut genommenen Charakteristik. Ist ferner die Charakteristik positiv, so sind die beiden aufeinander bezogenen Systeme gleichsinnig ähnlich, ist sie negativ, so sind sie ungleichsinnig ähnlich.

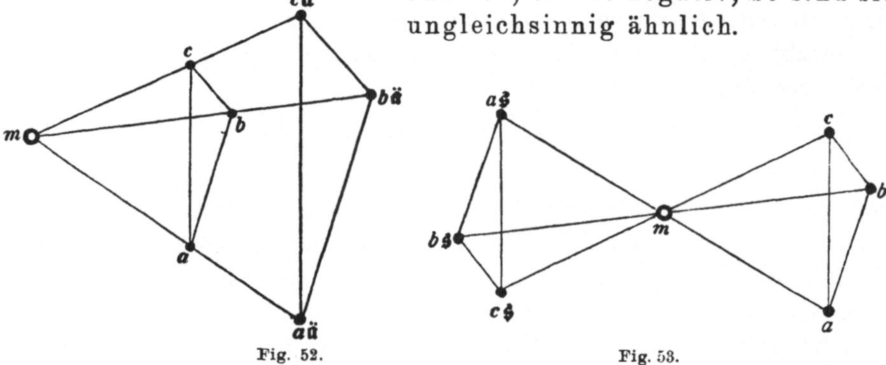

Fig. 52.   Fig. 53.

Die perspektive Ähnlichkeit mit der Charakteristik — 1: Spiegelung an einem Punkte. Besitzt die Charakteristik den besonderen Wert — 1, ist also die Abbildung involutorisch, so geht die perspektive Ähnlichkeit über in die Spiegelung am Punkte m (vgl. Fig. 53). Sie läßt sich am einfachsten durch den Bruch darstellen:

$$(67) \qquad \mathfrak{F} = \frac{m, \; -g_2, \; -g_3}{m, \; \; g_2, \; \; g_3}.$$

Zweiter Unterfall: Zwei getrennte reelle Doppelpunkte und neben ihrer Verbindungslinie noch eine zweite, durch den einen von den beiden Doppel-

punkten gehende, Doppellinie, auf der eine zentrische Schiebung in der Geraden nach jenem Doppelpunkte als Zielpunkt stattfindet. Wir gehen nunmehr zu dem zweiten Unterfalle über, wo in dem obigen Bruche:

$$(44) \qquad \mathfrak{f} = \frac{\mathfrak{m}d_1, \quad \mathfrak{n}d_2, \quad \mathfrak{n}t_3 + \mathfrak{g}d_2}{d_1, \quad d_2, \quad t_3}$$

die Zahlgröße

$$(68) \qquad \mathfrak{g} \neq 0$$

ist. In diesem Falle besitzt die zugehörige Kollineation die beiden getrennt liegenden reellen Punkte d_1 uund d_2 zu Doppelpunkten und ihre Verbindungslinie $d_1 d_2$ zur Doppellinie. Außerdem aber hat sie noch die Gerade $d_2 t_3$ zur Doppellinie. In dieser Geraden ist jedoch der Punkt d_2 der einzige Doppelpunkt, und die Kollineation ruft in dieser Doppellinie genau wie der zu $\mathfrak{f}$ gehörende Unterbruch

$$(69) \qquad \mathfrak{p} = \frac{\mathfrak{n}d_2, \quad \mathfrak{n}t_3 + \mathfrak{g}d_2}{d_2, \quad t_3}$$

(vgl. Seite 198 ff. des ersten Bandes) eine zentrische Schiebung in der Geraden mit dem Zielpunkte d_2 hervor, in der die Punkte t_3 und $\mathfrak{n}t_3 + \mathfrak{g}d_2$ einander zugeordnet sind.

Dritter Hauptfall: Die Kollineation $\mathfrak{f}$ besitzt drei gleiche Hauptzahlen. Wir wenden uns endlich zu dem dritten Hauptfall, wo alle drei Wurzeln der Hauptgleichung (6) einander gleich sind, wo somit

$$(70) \qquad \mathfrak{r}_1 = \mathfrak{r}_2 = \mathfrak{r}_3 = \mathfrak{m}$$

ist. Ist dann d der zu der Hauptzahl $\mathfrak{m}$ gehörende Doppelpunkt, und sind e_2 und e_3 zwei von ihm räumlich verschiedene Ecken des Fundamentaldreiecks, so gestattet der Bruch (7) des vorigen Abschnitts die Darstellung

$$(71) \qquad \mathfrak{f} = \frac{\mathfrak{m}d, \quad a_2, \quad a_3}{d, \quad e_2, \quad e_3}.$$

Und stellt man auf Grund dieser zweiten Form des Bruches $\mathfrak{f}$ die Hauptgleichung (5) von Neuem auf, so erhält man die Gleichung

$$[(\mathfrak{r}d - \mathfrak{m}d)(\mathfrak{r}e_2 - a_2)(\mathfrak{r}e_3 - a_3)] = 0$$

oder

$$(72) \qquad (\mathfrak{r} - \mathfrak{m})[d(\mathfrak{r}e_2 - a_2)(\mathfrak{r}e_3 - a_3)] = 0.$$

Soll nun diese Gleichung dritten Grades in $\mathfrak{r}$ drei gleiche Wurzeln

$$\mathfrak{r}_1 = \mathfrak{r}_2 = \mathfrak{r}_3 = \mathfrak{m}$$

darbieten, so muß sie auch nach der Division mit $\mathfrak{r} - \mathfrak{m}$ noch erfüllt bleiben, sobald man $\mathfrak{r} = \mathfrak{m}$ setzt, das heißt, es muß die Gleichung bestehen:

$$(73) \qquad [d(\mathfrak{m}e_2 - a_2)(\mathfrak{m}e_3 - a_3)] = 0.$$

Aus dem Verschwinden des äußeren Produktes der linken Seite aber folgt, daß zwischen seinen Faktoren eine Zahlbeziehung herrscht, also eine Gleichung von der Form gilt:

$$(74) \qquad \mathfrak{f}\, d + \mathfrak{f}_2 (\mathfrak{m} e_2 - a_2) + \mathfrak{f}_3 (\mathfrak{m} e_3 - a_3) = 0.$$

In dieser Zahlbeziehung können die beiden Ableitzahlen $\mathfrak{f}_2$ und $\mathfrak{f}_3$ nicht gleichzeitig verschwinden. Denn da sicher nicht alle drei Größen $\mathfrak{f}, \mathfrak{f}_2, \mathfrak{f}_3$ gleich Null sind, so würde aus dem Verschwinden von $\mathfrak{f}_2$ und $\mathfrak{f}_3$ das Verschwinden von d folgen, was selbstverständlich ausgeschlossen ist. Wir setzen nun

$$(75) \qquad t_2 = \mathfrak{f}_2 e_2 + \mathfrak{f}_3 e_3;$$

dann ist t_2 eine von Null verschiedene Größe erster Stufe (ein Punkt oder eine Strecke). Und nehmen wir etwa noch an, daß speziell $\mathfrak{f}_2$ von Null verschieden sei, so liegt t_2 auf der Geraden $e_2 e_3$, ohne mit dem Punkte e_3 zusammen-zufallen, bildet daher sicher ebenso wie e_2 mit den beiden Punkten d und e_3 ein Dreieck (vgl. Fig. 54) und kann somit anstatt e_2 als Nenner des Bruches $\mathfrak{f}$ verwendet werden. Dabei wird der zugehörige Zählerpunkt:

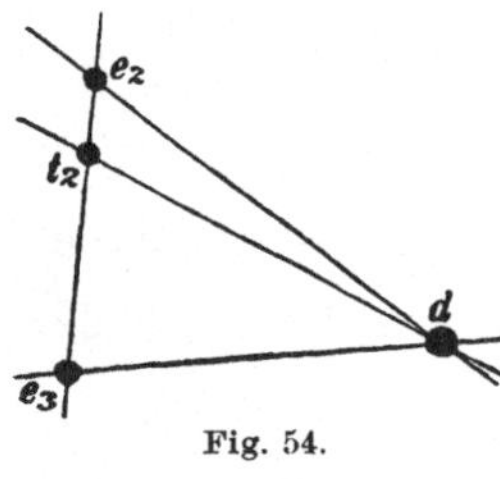

Fig. 54.

$$(76) \qquad t_2 \mathfrak{f} = \mathfrak{f}_2 a_2 + \mathfrak{f}_3 a_3.$$

Nun läßt sich aber die Gleichung (74) in die Form schreiben:

$$\mathfrak{f}\, d + \mathfrak{m}(\mathfrak{f}_2 e_2 + \mathfrak{f}_3 e_3) - (\mathfrak{f}_2 a_2 + \mathfrak{f}_3 a_3) = 0$$

oder wegen (75) und (76) in der Form:

$$\mathfrak{f}\, d + \mathfrak{m} t_2 - t_2 \mathfrak{f} = 0,$$

so daß man für $t_2 \mathfrak{f}$ den Wert erhält:

$$(77) \qquad t_2 \mathfrak{f} = \mathfrak{m} t_2 + \mathfrak{f}\, d.$$

Der Punkt t_2 liefert also bei der Multiplikation mit $\mathfrak{f}$ sein $\mathfrak{m}$-faches noch vermehrt um ein gewisses Vielfaches des Doppelpunktes d und der Bruch $\mathfrak{f}$ läßt daher die Darstellung zu:

$$(78) \qquad \mathfrak{f} = \frac{\mathfrak{m} d, \quad \mathfrak{m} t_2 + \mathfrak{f}\, d, \quad a_3}{d, \qquad t_2, \qquad e_3}.$$

Stellt man jetzt endlich auf Grund dieser dritten Form des Bruches $\mathfrak{f}$ die Hauptgleichung (5) von Neuem auf, so erhält man die Gleichung:

$$[(\mathfrak{r} d - \mathfrak{m} d)(\mathfrak{r} t_2 - \mathfrak{m} t_2 - \mathfrak{f}\, d)(\mathfrak{r} e_3 - a_3)] = 0 \quad \text{oder}$$

$$(\mathfrak{r} - \mathfrak{m})[d((\mathfrak{r} - \mathfrak{m}) t_2 - \mathfrak{f}\, d)(\mathfrak{r} e_3 - a_3)] = 0$$

oder nach Satz 16 die Gleichung:

$$(79) \qquad (\mathfrak{r} - \mathfrak{m})^2 [d t_2 (\mathfrak{r} e_3 - a_3)] = 0.$$

Nun soll aber diese Gleichung dritten Grades in $\mathfrak{r}$ drei gleiche Wurzeln m aufweisen, sie muß also auch noch nach der Division mit $(\mathfrak{r} - \mathfrak{m})^2$ erfüllt bleiben, sobald man $\mathfrak{r} = \mathfrak{m}$ setzt, das heißt, es muß die Gleichung bestehen:

$$(80) \qquad [dt_2(\mathfrak{m}e_3 - a_3)] = 0$$

oder die gleichwertige Zahlbeziehung:

$$(81) \qquad \mathfrak{g}d + \mathfrak{h}t_2 + \mathfrak{j}(\mathfrak{m}e_3 - a_3) = 0,$$

in der wieder die Zahlgröße $\mathfrak{j}$ nicht null sein darf, weil sonst zwischen den Größen d und t_2 eine Zahlbeziehung herrschen würde, was nach dem Obigen nicht der Fall ist. Setzt man daher

$$(82) \qquad t_3 = \mathfrak{j}e_3,$$

so ist t_3 ebenso wie e_3 ein Punkt, der als Nenner von $\mathfrak{k}$ dienen kann, und es wird wegen (78)

$$(83) \qquad t_3\mathfrak{k} = \mathfrak{j}a_3.$$

Mit Rücksicht auf (82) und (83) aber läßt sich die Gleichung (81) auch in der Form schreiben

$$\mathfrak{g}d + \mathfrak{h}t_2 + \mathfrak{m}t_3 - t_3\mathfrak{k} = 0$$

und liefert also für $t_3\mathfrak{k}$ den Wert

$$(84) \qquad t_3\mathfrak{k} = \mathfrak{m}t_3 + \mathfrak{g}d + \mathfrak{h}t_2.$$

Für den Bruch $\mathfrak{k}$ erhält man daher die folgende vierte Form

$$(85) \qquad \mathfrak{k} = \frac{\mathfrak{m}d,\quad \mathfrak{m}t_2 + \mathfrak{f}d,\quad \mathfrak{m}t_3 + \mathfrak{g}d + \mathfrak{h}t_2}{d,\qquad t_2,\qquad t_3},$$

welche die „**Normalform des Bruches einer Punkt-Punkt-Kollineation mit drei gleichen Hauptzahlen**" heißen mag. Diese Normalform liefert *drei wesentlich verschiedene Unterfälle.*

Erster Unterfall: Die Deckung und Identität. Sind zuerst alle drei Größen $\mathfrak{f}$, $\mathfrak{g}$, $\mathfrak{h}$ gleich Null, so werden die Punkte t_2 und t_3 zu Doppelpunkten. Die Buchstaben t_2 und t_3 mögen daher in diesem Falle durch die Buchstaben d_2 und d_3 ersetzt werden. Schreibt man zugleich d_1 anstatt d, so erhält der Kollineationsbruch die Form

$$(86) \qquad \mathfrak{k} = \frac{\mathfrak{m}d_1,\quad \mathfrak{m}d_2,\quad \mathfrak{m}d_3}{d_1,\quad d_2,\quad d_3} = \mathfrak{m}.$$

Derselbe verwandelt überhaupt jeden Punkt der Ebene in sein $\mathfrak{m}$-faches. Die beiden durch den Bruch $\mathfrak{k}$ aufeinander bezogenen Punktsysteme decken sich somit vollständig, und der Bruch $\mathfrak{k}$ ist also der analytische Ausdruck für die „**Deckung**" zweier ebenen Systeme. Er verwandelt sich in den Ausdruck für die „**Identität**"

$$(87) \qquad 1 = \frac{d_1,\quad d_2,\quad d_3}{d_1,\quad d_2,\quad d_3},$$

wenn die Zahlgröße $\mathfrak{m}$ den Wert 1 besitzt.

Zweiter Unterfall: Die zentrische Schiebung in der Ebene. Ihr Ziel-punkt und ihre Spurlinie. Ist ferner in dem Bruche (85) die Zahlgröße $\mathfrak{f} = 0$, aber wenigstens eine von den beiden Zahlgrößen $\mathfrak{g}$ und $\mathfrak{h}$ von Null verschieden, so wird t_2 ein Doppelpunkt. Wir ersetzen daher wieder den Buchstaben t_2 durch d_2; zugleich schreiben wir d_1 anstatt d und erhalten so den Bruch:

$$\mathfrak{z} = \frac{\mathfrak{m}\,d_1,\ \ \mathfrak{m}\,d_2,\ \ \mathfrak{m}\,t_3 + \mathfrak{g}\,d_1 + \mathfrak{h}\,d_2}{d_1,\ \ \ d_2,\ \ \ t_3}.$$

In ihm ist die Summe $\mathfrak{g}\,d_1 + \mathfrak{h}\,d_2$ ein Punkt der Geraden $d_1 d_2$. Bezeichnet man diesen Punkt mit d', setzt also

$$(88) \qquad\qquad d' = \mathfrak{g}\,d_1 + \mathfrak{h}\,d_2,$$

so verwandelt sich der Bruch $\mathfrak{z}$ in

$$(89) \qquad\qquad \mathfrak{z} = \frac{\mathfrak{m}\,d_1,\ \ \mathfrak{m}\,d_2,\ \ \mathfrak{m}\,t_3 + d'}{d_1,\ \ \ d_2,\ \ \ t_3},$$

wo d' durch die Gleichung (88) definiert ist.

Aus dieser Form kann man leicht die geometrische Bedeutung des Bruches $\mathfrak{z}$ ablesen. Zunächst sieht man, daß der Bruch die Gerade $d_1 d_2$ punktweise in sich überführt. Diese Gerade heißt daher „die Spurlinie der Kollineation $\mathfrak{z}$". Ist ferner

$$(90) \qquad\qquad x = \mathfrak{x}_1 d_1 + \mathfrak{x}_2 d_2 + \mathfrak{x}_3 t_3$$

ein Punkt außerhalb der Spurlinie, ist also in der Vielfachensumme (90)

$$\mathfrak{x}_3 \neq 0,$$

so wird wegen (89)

$$(91) \qquad\qquad x\mathfrak{z} = \mathfrak{m}\,x + \mathfrak{x}_3 d'.$$

Der Punkt x verwandelt sich somit in sein $\mathfrak{m}$-faches noch vermehrt um ein nicht verschwindendes Vielfaches von d'. Ein jeder nicht auf der Spurlinie liegende Punkt x wird also auf der von ihm nach dem „Zielpunkte" d' führenden Geraden $x d'$ verschoben (vgl. Fig. 55), woraus folgt, daß jede einzelne solche „Zielgerade" $x d'$ eine Doppellinie der Kollineation $\mathfrak{z}$ bildet, daß also das Strahlbüschel mit dem Scheitel d' strahlweise in sich übergeht.

Um die Größe der Verschiebung des Punktes x auf seiner Zielgeraden $x d'$ zu bestimmen, das heißt, seinen Bildpunkt $x\mathfrak{z}$ zu konstruieren, denke man

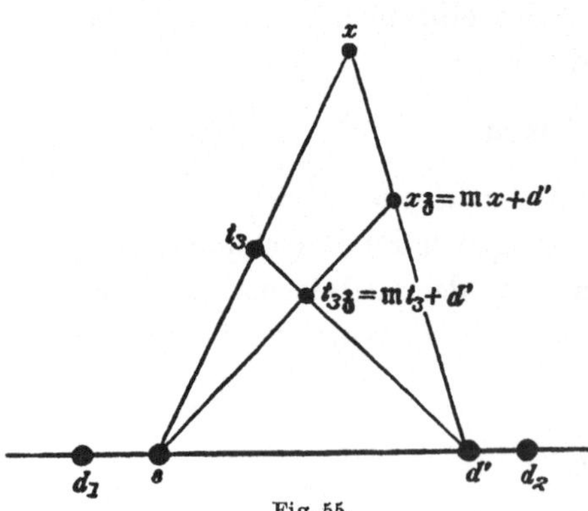

Fig. 55.

sich außer der Spurlinie $d_1 d_2$ und dem Punkte t_3 noch seinen Bildpunkt

$$t_3\mathfrak{z} = \mathfrak{m} t_3 + d'$$

gegeben. Dann schneidet die Verbindungslinie $t_3\ t_3\mathfrak{z}$ aus der Spurgeraden $d_1 d_2$ den Zielpunkt d' der Abbildung aus. Ferner beachte man, daß sich je zwei einander zugeordnete Geraden der Ebene auf der Spurlinie schneiden müssen. Ist daher s der Punkt, in dem die Gerade $x t_3$ die Spurlinie $d_1 d_2$ trifft, so wird die der Geraden $s t_3$ zugeordnete Gerade $s\ t_3\mathfrak{z}$ die Zielgerade $x d'$ des Punktes x in dem gesuchten Bildpunkt $x\mathfrak{z}$ schneiden.

Man kann daher sagen: Der Bruch $\mathfrak{z}$ bewirkt eine „zentrische Schiebung in der Ebene mit dem Zielpunkte d' und der durch ihn gehenden Spurlinie $d_1 d_2$". Dabei entspricht der Zielpunkt d' der Schiebungsrichtung einer gewöhnlichen Schiebung, während die Spurlinie dieselbe Rolle spielt, die bei einer gewöhnlichen Schiebung der unendlich fernen Geraden zukommt. In der Tat bleiben bei einer gewöhnlichen Schiebung alle Geraden der Ebene sich selber parallel, schneiden sich also mit ihrer Bildgeraden auf der unendlich fernen Geraden. Diese entspricht daher wirklich genau der Spurlinie der zentrischen Schiebung.

Die Spurlinie der zentrischen Schiebung liegt im Unendlichen: Gewöhnliche Schiebung in der Ebene. Man erhält den extensiven Bruch für eine *gewöhnliche Schiebung*, indem man in der Gleichung (88) und in dem Bruche (89) für die zentrische Schiebung die Doppelpunkte d_1 und d_2 durch zwei Strecken g_1 und g_2 ersetzt, wodurch sich der Ausdruck (88) für den Zielpunkt d' in den Ausdruck für eine Strecke

$$(92) \qquad\qquad g' = \mathfrak{g} d_1 + \mathfrak{h} d_2$$

verwandelt. Diese Strecke g' wird dabei direkt die Verschiebungsstrecke, wenn man noch $\mathfrak{m} = 1$ annimmt und den Punkt t_3 als einfachen Punkt voraussetzt. Der auf diese Weise aus (89) hervorgehende Bruch

$$(93) \qquad\qquad \mathfrak{i} = \frac{g_1,\ g_2,\ t_3 + g'}{g_1,\ g_2,\ \ \ t_3}$$

stellt dann die „Schiebung in der Ebene um die Strecke g'" dar.

Dritter Unterfall: Ein Doppelpunkt und eine durch ihn gehende Doppellinie. Verbindung einer zentrischen Schiebung in der Doppellinie nach dem Doppelpunkte hin mit einer Strahlbüschelschiebung um den Doppelpunkt nach der Doppellinie hin. Sind endlich in dem Bruche (85) alle drei Zahlgrößen $\mathfrak{f}$, $\mathfrak{g}$, $\mathfrak{h}$ von Null verschieden, so läßt der Bruch

$$(94) \qquad\qquad \mathfrak{k} = \frac{\mathfrak{m} d,\ \ \mathfrak{m} t_2 + \mathfrak{f} d,\ \ \mathfrak{m} t_3 + \mathfrak{g} d + \mathfrak{h} t_2}{d,\ \ \ \ t_2,\ \ \ \ \ \ t_3}$$

in seiner Ebene $d t_2 t_3$ nur den einen Punkt d und die durch ihn gehende

Gerade dt_2 in Ruhe und ruft in der auf dieser Geraden liegenden Punktreihe ebenso wie sein Unterbruch

$$(95) \qquad \mathfrak{p} = \frac{\mathfrak{m}d,\; \mathfrak{m}t_2 + \mathfrak{f}d}{d,\quad t_2}$$

(vgl. Seite 198 ff. des ersten Bandes) eine **zentrische Schiebung** mit

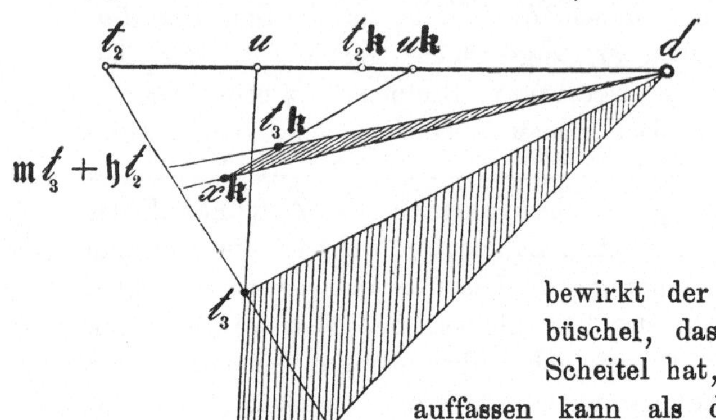

Fig. 56.

dem Zielpunkte d hervor, deren Größe sich dadurch bestimmt, daß durch sie der Punkt t_2 in den Punkt $t_2\mathfrak{f} = \mathfrak{m}t_2 + \mathfrak{f}d$ übergeführt wird (vgl. Fig. 56). Außerdem aber bewirkt der Bruch $\mathfrak{f}$ in dem Strahlbüschel, das den Doppelpunkt d zum Scheitel hat, eine Abbildung, die man auffassen kann als den Schein einer gewissen zentrischen Schiebung einer zweiten Punktreihe genommen vom Punkte d aus. Multipliziert man nämlich den zweiten und dritten Nenner und Zähler des Bruches (94) äußerlich mit dem Doppelpunkte d, so findet man, daß die Strahlen

$$[t_2 d] \quad \text{und} \quad [t_3 d] \quad \text{in die Strahlen}$$
$$\mathfrak{m}[t_2 d] \quad \text{und} \quad [(\mathfrak{m}t_3 + \mathfrak{h}t_2)d]$$

verwandelt werden, welche die Scheine der Punkte

$$\mathfrak{m}t_2 \quad \text{und} \quad \mathfrak{m}t_3 + \mathfrak{h}t_2$$

vom Punkte d aus gesehen darstellen. Bezeichnet man daher den Bruch, der die Nenner

$$t_2 \quad \text{und} \quad t_3$$

des Bruches (94) in die eben genannten Punkte

$$\mathfrak{m}t_2 \quad \text{und} \quad \mathfrak{m}t_3 + \mathfrak{h}t_2$$

überführt, mit $\mathfrak{c}$, setzt also

$$(96) \qquad \mathfrak{c} = \frac{\mathfrak{m}t_2,\; \mathfrak{m}t_3 + \mathfrak{h}t_2}{t_2,\quad t_3},$$

so bewirkt der Bruch $\mathfrak{c}$ eine *zentrische Schiebung in der Geraden $t_2 t_3$ nach dem Zielpunkte t_2 hin* und von solcher Größe, daß der Punkt t_3 in den Punkt $\mathfrak{m}t_3 + \mathfrak{h}t_2$ übergeführt wird. Der aus $\mathfrak{c}$ durch äußere Erweiterung mit dem Punkte d entstehende Bruch

$$(97) \qquad \mathfrak{C} = \frac{\mathfrak{m}[t_2 d],\; \mathfrak{m}[t_3 d] + \mathfrak{h}[t_2 d]}{[t_2 d],\quad [t_3 d]},$$

welcher die durch den Bruch $\mathfrak{k}$ vermittelte Abbildung des Strahlbüschels
mit dem Scheitel d analytisch ausdrückt, stellt also eine „Strahlbüschelschiebung" dar die aus der zentrischen Schiebung $\mathfrak{c}$ in der Geraden
$t_2 t_3$ durch Projektion vom Punkte d aus hervorgeht und also den Strahl
$[t_2 d]$ zum „Zielstrahl" hat. Sie ist vollständig festgelegt, wenn außer
dem Zielstrahl $[t_2 d]$ noch ein Paar zugeordnete Strahlen gegeben sind,
etwa die beiden Strahlen, die den Punkt t_3 und seinen zugeordneten Punkt
$t_3 \mathfrak{k} = \mathfrak{m} t_3 + \mathfrak{g} d + \mathfrak{h} t_2$ von d aus projizieren. Die beiden Schiebungen in
der Punktreihe t_2, d und in dem Strahlbüschel mit dem Scheitel d stehen
zueinander in der Beziehung, daß der Träger des einen Gebildes (das heißt
der Punktreihe oder des Strahlbüschels) das *„Zielelement"* des andern ist.
Sie bestimmen zusammen mit der Lage der beiden zugeordneten Punkte t_3
und $t_3 \mathfrak{k}$ auf den einander entsprechenden Strahlen $[t_3 d]$ und $[(\mathfrak{m} t_3 + \mathfrak{h} t_2) d]$
der Strahlbüschelschiebung die Kollineation $\mathfrak{k}$ eindeutig.

In der Tat findet man zu einem beliebigen Punkte x der Ebene den
entsprechenden Punkt $x \mathfrak{k}$, indem man die Gerade $x t_3$ mit der Doppellinie
$t_2 d$ schneidet, zu dem Schnittpunkte u den entsprechenden Punkt $u \mathfrak{k}$ in
der Geraden $t_2 d$ aufsucht und schließlich die Gerade $t_3 \mathfrak{k} \cdot u \mathfrak{k}$ mit demjenigen Strahle zum Schnitt bringt, in den der Strahl $x d$ durch die
Strahlbüschelschiebung übergeführt wird.

Die drei Fälle, wo

$$\mathfrak{f} \neq 0 \quad \mathfrak{g} = 0 \quad \text{und} \quad \mathfrak{h} = 0$$
$$\mathfrak{f} \neq 0 \quad \mathfrak{g} \neq 0 \quad \text{und} \quad \mathfrak{h} = 0$$
$$\mathfrak{f} \neq 0 \quad \mathfrak{g} = 0 \quad \text{und} \quad \mathfrak{h} \neq 0$$

ist, liefern nichts Neues, sondern lassen sich auf die beiden Unterfälle 2
und 3 zurückführen.

Abschnitt 29.

Das Verschwinden des kombinatorischen Produktes
dreier Punkt-Punkt-Kollineationen[1]).

Analytische Umformung der Gleichung $[\mathfrak{f} \mathfrak{l} \mathfrak{m}] = 0$. Es sollen im Folgenden drei Punkt-Punkt-Kollineationen $\mathfrak{f}$, $\mathfrak{l}$, $\mathfrak{m}$ in der Ebene betrachtet
werden, deren kombinatorisches Produkt verschwindet, die also der Glei-
chung genügen:

$$(1) \qquad\qquad [\mathfrak{f} \mathfrak{l} \mathfrak{m}] = 0.$$

---

1) Vgl. zu diesem Abschnitt die von mir veranlaßte Dissertation von H. Wehrheim: Über das kombinatorische Produkt dreier Kollineationen in der Ebene.
Gießen. 1909.

Für einen besonderen Fall ist die geometrische Bedeutung einer solchen Gleichung schon im 27. Abschnitt untersucht, nämlich *für den Fall, wo die drei Faktoren auf der linken Seite der Gleichung (1) einander gleich sind*, wo es sich also um das Verschwinden der kombinatorischen dritten Potenz eines Kollineationsbruches handelt. Dabei ergab sich, daß die in diesem Falle aus (1) hervorgehende Gleichung

$$(2) \qquad\qquad [\mathfrak{f}^3] = 0$$

eine notwendige und hinreichende Bedingung für das Entarten der Kollineation $\mathfrak{f}$ *darstellt* (vgl. Seite 64 ff.).

Bevor wir aber an die Aufgabe herangehen, die allgemeinere Gleichung (1) geometrisch zu deuten, suchen wir zunächst dieser Gleichung *eine andere Form zu verleihen*. Nach den Gleichungen (55) und (46) des 27. Abschnitts gestattet die linke Seite der Gleichung (1) die Darstellung:

$$(3) \quad [\mathfrak{f}\mathfrak{l}\mathfrak{m}] = \frac{1}{3!}\frac{1}{[xyz]}\left\{\begin{array}{l} [x\mathfrak{f}\cdot y\mathfrak{l}\cdot z\mathfrak{m}] + [y\mathfrak{f}\cdot z\mathfrak{l}\cdot x\mathfrak{m}] + [z\mathfrak{f}\cdot x\mathfrak{l}\cdot y\mathfrak{m}] \\ -[x\mathfrak{f}\cdot z\mathfrak{l}\cdot y\mathfrak{m}] - [y\mathfrak{f}\cdot x\mathfrak{l}\cdot z\mathfrak{m}] - [z\mathfrak{f}\cdot y\mathfrak{l}\cdot x\mathfrak{m}] \end{array}\right\},$$

in der die Größen x, y, z drei Punkte sind, die nur der Ungleichung (50) des 27. Abschnitts, das heißt der Ungleichung

$$(4) \qquad\qquad [xyz] \gtrless 0,$$

zu genügen haben, also drei ganz beliebige, nicht in gerader Linie liegende Punkte sind. Die Gleichung (1) nimmt also die Form an:

$$(5) \qquad \left\{\begin{array}{l} [x\mathfrak{f}\cdot y\mathfrak{l}\cdot z\mathfrak{m}] + [y\mathfrak{f}\cdot z\mathfrak{l}\cdot x\mathfrak{m}] + [z\mathfrak{f}\cdot x\mathfrak{l}\cdot y\mathfrak{m}] \\ -[x\mathfrak{f}\cdot z\mathfrak{l}\cdot y\mathfrak{m}] - [y\mathfrak{f}\cdot x\mathfrak{l}\cdot z\mathfrak{m}] - [z\mathfrak{f}\cdot y\mathfrak{l}\cdot x\mathfrak{m}] \end{array}\right\} = 0.$$

Dabei ist bemerkenswert (vgl. die Entwickelung auf Seite 62 f.), daß, wenn die Gleichung (5) für *irgend ein* Punkttripel x, y, z besteht, das der Ungleichung (4) Genüge leistet, sie auch für *jedes* solche Punkttripel befriedigt wird. Man hat also den Satz:

Satz 336: Sind $\mathfrak{f}$, $\mathfrak{l}$, $\mathfrak{m}$ die extensiven Brüche dreier Punkt-Punkt-Kollineationen in der Ebene, so läßt sich die Gleichung

$$(1) \qquad\qquad [\mathfrak{f}\mathfrak{l}\mathfrak{m}] = 0$$

auch durch die Gleichung ersetzen:

$$(5) \qquad \left\{\begin{array}{l} [x\mathfrak{f}\cdot y\mathfrak{l}\cdot z\mathfrak{m}] + [y\mathfrak{f}\cdot z\mathfrak{l}\cdot x\mathfrak{m}] + [z\mathfrak{f}\cdot x\mathfrak{l}\cdot y\mathfrak{m}] \\ -[x\mathfrak{f}\cdot z\mathfrak{l}\cdot y\mathfrak{m}] - [y\mathfrak{f}\cdot x\mathfrak{l}\cdot z\mathfrak{m}] - [z\mathfrak{f}\cdot y\mathfrak{l}\cdot x\mathfrak{m}] \end{array}\right\} = 0,$$

in der x, y, z drei beliebige, nicht in einer Geraden liegende Punkte sind. Und umgekehrt:

Sobald die Gleichung (5) für irgend drei ein eigentliches Dreieck bildende Punkte x, y, z gilt, so ist auch die Gleichung (1) erfüllt, und es besteht also auch die Gleichung (5) nicht nur für jenes eine Punkttripel x, y, z, sondern für je drei Punkte der Ebene, die nicht in einer geraden Linie liegen[1]).

Anwendung auf die Gleichung $[\mathfrak{f}11] = 0$. Um die geometrische Bedeutung der Gleichung (1) zu finden, schicken wir die Betrachtung einer Anzahl *spezieller Fälle* voraus. Wir untersuchen *zunächst* den Fall, wo in der Gleichung (1) an die Stelle der Kollineationen $\mathfrak{l}$ und $\mathfrak{m}$ die identische Punkt-Punkt-Kollineation 1 getreten ist, fragen also nach dem geometrischen Sinn der Gleichung

$$(6) \qquad\qquad [\mathfrak{f}11] = 0,$$

in der die Identität

$$(7) \qquad\qquad 1 = \frac{e_1,\; e_2,\; e_3}{e_1,\; e_2,\; e_3}$$

als spezielle Punkt-Punkt-Kollineation aufgefaßt ist.

Nach unserm Satze 336 läßt sich die Gleichung (6) auch durch die Gleichung ersetzen:

$$\left\{ \begin{array}{l} [x\mathfrak{f}yz] + [y\mathfrak{f}zx] + [z\mathfrak{f}xy] \\ - [x\mathfrak{f}zy] - [y\mathfrak{f}xz] - [z\mathfrak{f}yx] \end{array} \right\} = 0;$$

und diese kann, da die untereinander stehenden Produkte einander entgegengesetzt gleich sind, auch in der Form geschrieben werden:

$$(8) \qquad\qquad [x\mathfrak{f}yz] + [y\mathfrak{f}zx] + [z\mathfrak{f}xy] = 0.$$

Der Satz 336 liefert daher in dem vorliegenden Falle den folgenden Sondersatz:

Satz 337: Erster Sonderfall von Satz 336: Ist $\mathfrak{f}$ der extensive Bruch einer Punkt-Punkt-Kollineation in der Ebene, so läßt sich die Gleichung

$$(6) \qquad\qquad [\mathfrak{f}11] = 0$$

auch durch die Gleichung ersetzen:

$$(8) \qquad\qquad [x\mathfrak{f}yz] + [y\mathfrak{f}zx] + [z\mathfrak{f}xy] = 0,$$

in der x, y, z drei beliebige, nicht in einer Geraden liegende Punkte sind. Und umgekehrt:

---

1) Sie besteht übrigens auch für Punkte einer und derselben Geraden. Doch bietet dies in so fern *kein Interesse*, als für drei Punkte einer Geraden die Gleichung (5) überhaupt stets erfüllt ist, wie auch die drei Kollineationen $\mathfrak{f}$, $\mathfrak{l}$, $\mathfrak{m}$ beschaffen sein mögen. Denn die Gleichung (5) läßt sich ja nach der Gleichung (46) des 27. Abschnitts auch in der Form schreiben:

$$[xyz \cdot \mathfrak{f}\mathfrak{l}\mathfrak{m}] = 0;$$

und diese Gleichung wird bei beliebigen Werten von $\mathfrak{f}$, $\mathfrak{l}$, $\mathfrak{m}$ befriedigt, sobald zwischen den drei Punkten x, y, z eine Zahlbeziehung herrscht, das heißt, sobald diese drei Punkte in einer Geraden liegen.

Sobald die Gleichung (8) für irgend drei ein eigentliches Dreieck bildende Punkte x, y, z gilt, so ist auch die Gleichung (6) erfüllt, und es besteht also auch die Gleichung (8) nicht nur für jenes eine Punkttripel x, y, z, sondern für je drei Punkte der Ebene, die nicht in einer Geraden liegen.

Eine Kollineation 𝔱 *genügt dann und nur dann der Gleichung* [𝔱 11] = 0, *wenn sie sich in eingeschriebener Dreieckslage befindet.* Wir finden eine erste geometrische Deutung der Gleichung (6), wenn wir in der mit ihr gleichwertigen Gleichung (8) die beiden ersten Ecken x und y des Dreiecks xyz beliebig lassen, die dritte Ecke z aber so wählen, *daß die beiden ersten Glieder der linken Seite von* (8) *verschwinden,* so daß also die Gleichungen bestehen:

$$(9) \qquad \begin{cases} [x𝔱yz] = 0 \\ [y𝔱zx] = 0, \end{cases}$$

welche aussagen, daß der Punkt z erstens der Verbindungslinie der Punkte y und $x𝔱$ und zweitens der Verbindungslinie der Punkte x und $y𝔱$ angehört (vgl. Fig. 57). Bei dieser Wahl der dritten Ecke z verkürzt sich die Gleichung (8) zu

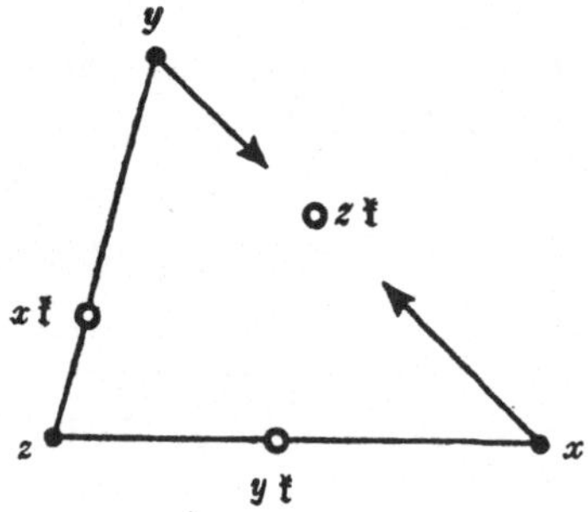

$$(10) \qquad [z𝔱xy] = 0,$$

und diese Gleichung besagt, daß der Punkt $z𝔱$ auf der Verbindungslinie der Punkte x und y gelegen ist. Daraus folgt, *daß das Dreieck* $x𝔱\,y𝔱\,z𝔱$ *dem Dreieck* xyz *eingeschrieben ist.*

Da es aber in der Ebene ∞^2 Punkte, also ∞^4 Punktpaare x, y gibt, so enthält die Ebene ∞^4 Dreiecke xyz, denen die in der Kollineation 𝔱 entsprechenden Dreiecke $x𝔱\,y𝔱\,z𝔱$ eingeschrieben sind.

Fig. 57.

Dies Ergebnis rührt abgesehen von der Form der Bedingungsgleichung (6) von M. Pasch her[1]). Man kann dasselbe in dem folgenden Satze darstellen:

Satz 338: Erster Satz von Pasch: Genügt eine Punkt-Punkt-Kollineation 𝔱 **in der Ebene der Gleichung**

$$(6) \qquad [𝔱\,11] = 0,$$

und bestimmt man zu zwei beliebigen Punkten x und y einen dritten Punkt z als Schnittpunkt der Geraden $y\,x𝔱$ und $x\,y𝔱$, so

---

1) Vgl. M. Pasch, Zur Theorie der Collineation und der Reciprocität, Math. Ann. Bd. 23 (1884), Seite 126.

liegt auch der Bildpunkt $z\mathfrak{f}$ des dritten Punktes z auf der Verbindungslinie xy der beiden ersten Punkte, das heißt, das Bilddreieck $x\mathfrak{f}\ y\mathfrak{f}\ z\mathfrak{f}$ ist dem Originaldreieck xyz in dem Sinne eingeschrieben, daß jede Ecke des Bilddreiecks derjenigen Seite des Originaldreiecks angehört, die der zugehörigen Originalecke gegenüberliegt.

Mit Rücksicht auf den Satz 337 kann man noch die Umkehrung hinzufügen:

Satz 339: Umkehrung von Satz 338: Ist in einer Punkt-Punkt-Kollineation $\mathfrak{f}$ *auch nur ein* Bilddreieck $x\mathfrak{f}\ y\mathfrak{f}\ z\mathfrak{f}$ seinem Originaldreieck xyz in dem Sinne eingeschrieben, daß die Bildpunkte

$$x\mathfrak{f}, \quad y\mathfrak{f}, \quad z\mathfrak{f}$$

der drei Ecken

$$x, \quad y, \quad z$$

des Originaldreiecks auf den diesen Ecken gegenüberliegenden Seiten

$$yz, \quad zx, \quad xy$$

liegen, so genügt die Kollineation $\mathfrak{f}$ der Gleichung

$$(6) \qquad\qquad [\mathfrak{f}11] = 0,$$

und es gibt somit ∞^4 Dreiecke, denen dieselbe Eigenschaft zukommt.

Pasch sagt daher von einer Kollineation $\mathfrak{f}$, die der Gleichung $[\mathfrak{f}11] = 0$ Genüge leistet, „sie befinde sich in eingeschriebener Dreieckslage"[1]).

Linienzugseigenschaft einer Kollineation in eingeschriebener Dreieckslage. Läßt man in der Gleichung (8) den Punkt x willkürlich, legt aber den Punkten y und z die Werte bei:

$$(11) \qquad\qquad \begin{cases} y = x\mathfrak{f} \\ z = y\mathfrak{f} = x\mathfrak{f}^2, \end{cases}$$

wählt also als zweiten Punkt des Punkttripels xyz das Bild $x\mathfrak{f}$ des ersten, als dritten das Bild $y\mathfrak{f}$ des zweiten in der Kollineation $\mathfrak{f}$, so verschwinden in der obigen Gleichung

$$(8) \qquad\qquad [x\mathfrak{f}yz] + [y\mathfrak{f}zx] + [z\mathfrak{f}xy] = 0$$

die in ihren beiden ersten Gliedern auftretenden äußeren Produkte, weil sie wegen (11) zwei gleiche Faktoren enthalten, und die Gleichung (8) verkürzt sich zu:

$$(12) \qquad\qquad [z\mathfrak{f}xy] = 0,$$

---

1) Vgl. die auf der vorigen Seite zitierte Arbeit von Pasch, Seite 426.

oder wenn man mit Hülfe von (11) y und z herausschafft, zu:

(13)
$$[x\mathfrak{k}^3 \; x \; x\mathfrak{k}] = 0.$$

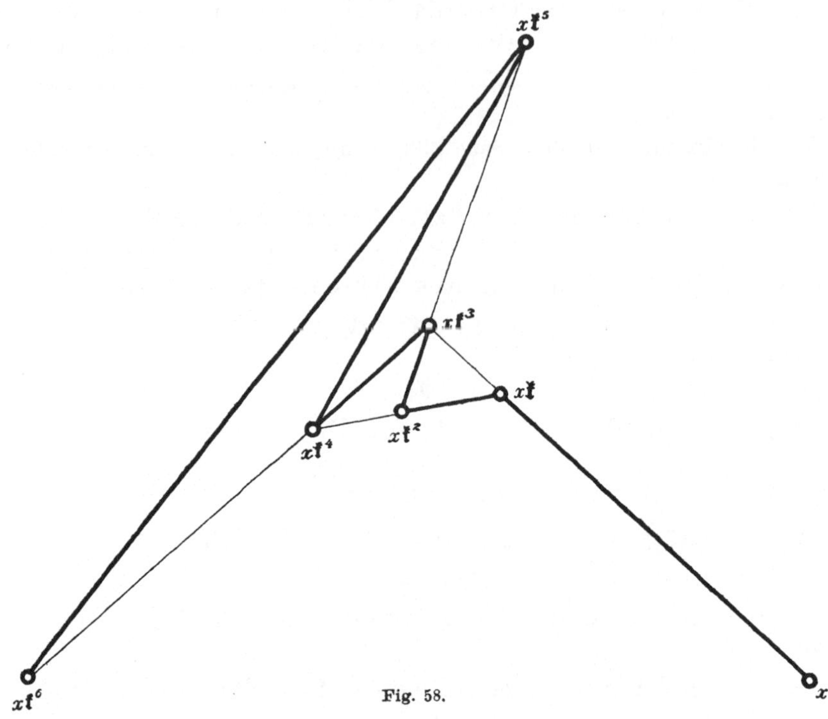

Fig. 58.

Diese Gleichung sagt aus (vgl. Fig. 58):

Der Punkt $x\mathfrak{k}^3$ gehört der Geraden $x \; x\mathfrak{k}$ an;

und ebenso gehört dann auch

der Punkt $x\mathfrak{k}^4$ der Geraden $x\mathfrak{k} \; x\mathfrak{k}^2$ an

und so weiter, das heißt: *Der Linienzug $x \; x\mathfrak{k} \; x\mathfrak{k}^2 \; x\mathfrak{k}^3 \; x\mathfrak{k}^4 \ldots$ ist sich selbst in dem Sinne eingeschrieben,* daß

der Punkt $x\mathfrak{k}^3$ auf der Geraden $x \; x\mathfrak{k}$ gelegen ist,

der Punkt $x\mathfrak{k}^4$ „   „   „ $x\mathfrak{k} \; x\mathfrak{k}^2$ „   „

und so weiter.   Man hat also den Satz:

Satz 340: Erster Satz von Clebsch und Gordan: Genügt eine Punkt-Punkt-Kollineation $\mathfrak{k}$ in der Ebene der Gleichung

(6)
$$[\mathfrak{k}11] = 0,$$

oder was dasselbe ist, befindet sie sich in eingeschriebener Dreieckslage, und sucht man zu einem beliebigen Punkte x seinen Bildpunkt $x\mathfrak{k}$ in der Kollineation $\mathfrak{k}$ auf, zu diesem wieder seinen Bildpunkt $x\mathfrak{k}^2$ und so weiter, und verbindet alle diese

Punkte der Reihe nach durch den Linienzug

$$x \quad x\mathfrak{k} \quad x\mathfrak{k}^2 \quad x\mathfrak{k}^3 \quad x\mathfrak{k}^4 \ldots,$$

so ist derselbe in dem Sinne sich selbst eingeschrieben, daß der Punkt $x\mathfrak{k}^3$ der Geraden $x\,x\mathfrak{k}$ angehört, der Punkt $x\mathfrak{k}^4$ der Geraden $x\mathfrak{k}\,x\mathfrak{k}^2$ und so weiter[1]).

Der Linienzug $x\,x\mathfrak{k}\,x\mathfrak{k}^2 \ldots$ artet in eine gerade Linie aus, wenn x auf einer Doppellinie von $\mathfrak{k}$ gelegen ist, ohne mit einem Doppelpunkte zusammenzufallen. Denn einem Punkte einer Doppellinie entspricht, falls er nicht gerade zugleich ein Doppelpunkt ist, nach Seite 93 f. stets ein von ihm getrennt liegender Punkt jener Doppellinie.

Fällt dagegen der Punkt x in einen Doppelpunkt, so *zieht sich der Linienzug $x\,x\mathfrak{k}\,x\mathfrak{k}^2 \ldots$ in diesen Doppelpunkt zusammen.*

Über ein vollständiges Vierseit, das einem vollständigen Viereck verkehrt eingeschrieben ist. Bevor wir eine weitere Eigenschaft einer Kollineation in eingeschriebener Dreieckslage entwickeln, schicken wir einen Hülfssatz über ein einem vollständigen Viereck in besonderer Weise eingeschriebenes vollständiges Vierseit voraus.

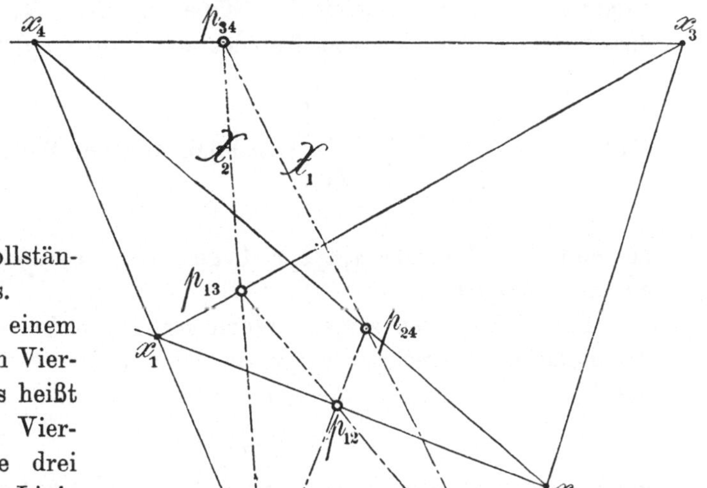

Wir gehen von einem eigentlichen einfachen Viereck $x_1 x_2 x_3 x_4$ aus, das heißt von einem einfachen Viereck, von dem keine drei Ecken in einer geraden Linie liegen, und nehmen auf dessen vier Seiten $x_1 x_2$, $x_2 x_3$, $x_3 x_4$, $x_4 x_1$ zunächst ganz beliebig vier Punkte an (vgl. Fig. 59), die wir jenen vier Seiten entsprechend mit p_{12}, p_{23}, p_{34}, p_{41} bezeichnen wollen. Dieselben genügen vier Gleichungen von der Form

Fig. 59.

---

1) Vgl. A. Clebsch und P. Gordan, Ueber biternäre Formen mit contragredienten Variablen, Math. Ann. Bd. 1 (1869), Seite 392. Ferner: Clebsch-Lindemann, Vorlesungen über Geometrie Bd. I, Teil 2 (1876), Seite 994.

$$(14) \quad \begin{cases} p_{12} = \mathfrak{p}_{12}x_1 + \mathfrak{p}_{21}x_2 \\ p_{23} = \mathfrak{p}_{23}x_2 + \mathfrak{p}_{32}x_3 \\ p_{34} = \mathfrak{p}_{34}x_3 + \mathfrak{p}_{43}x_4 \\ p_{41} = \mathfrak{p}_{41}x_4 + \mathfrak{p}_{14}x_1. \end{cases}$$

Ferner führen wir für die äußeren Produkte je zweier aufeinanderfolgenden von den vier Punkten p_{ik} kurze Bezeichnungen ein, setzen nämlich

$$(15) \quad \begin{cases} [p_{23}p_{34}] = X_1 \\ [p_{34}p_{41}] = X_2 \\ [p_{41}p_{12}] = X_3 \\ [p_{12}p_{23}] = X_4, \end{cases}$$

wobei die Indizes 1, 2, 3, 4 in der Weise auf die vier Punkte X_i verteilt sind, daß einem jedem Produkte X_i derjenige Index i beigelegt ist, der unter den Indizes seiner beiden Faktoren nicht auftritt. Alsdann bestimmen die vier Geraden der Stäbe X_1, X_2, X_3, X_4 bei Festhaltung dieser Reihenfolge der vier Geraden ein *einfaches Vierseit*, dessen Ecken

$$(16) \quad \begin{cases} [X_1X_2] \equiv p_{34} \\ [X_2X_3] \equiv p_{41} \\ [X_3X_4] \equiv p_{12} \\ [X_4X_1] \equiv p_{23} \end{cases} \text{beziehlich auf den Seiten} \begin{cases} x_3x_4 \\ x_4x_1 \\ x_1x_2 \\ x_2x_3 \end{cases}$$

des einfachen Vierecks $x_1x_2x_3x_4$ liegen, das also *diesem einfachen Viereck eingeschrieben* ist.

Und wir können zeigen: Wenn man über die bisher auf den Seiten des einfachen Vierecks $x_1x_2x_3x_4$ beliebig angenommenen Punkte (14) in der Weise verfügt, *daß die fünfte Ecke*

$$(17) \qquad\qquad [X_2X_4] = p_{13}$$

des zu dem einfachen Vierseit $X_1X_2X_3X_4$ gehörigen vollständigen Vierseits auf der fünften Seite x_1x_3 des zu dem einfachen Viereck $x_1x_2x_3x_4$ gehörigen vollständigen Vierecks liegt, so liegt auch die sechste Ecke

$$(18) \qquad\qquad [X_1X_3] = p_{24}$$

des vollständigen Vierseits auf der sechsten Seite x_2x_4 des vollständigen Vierecks.

Der Beweis dieser Behauptung kann folgendermaßen geführt werden:

Da die Ecke X_2X_4 des vollständigen Vierseits $X_1X_2X_3X_4$ auf der Seite x_1x_3 des vollständigen Vierecks $x_1x_2x_3x_4$ liegen soll, so muß die Gleichung bestehen:

$$(19) \qquad\qquad [X_2X_4\ x_1x_3] = 0.$$

Nun ist aber wegen (15) und (14)

$$\begin{cases} X_2 = [p_{34}p_{41}] = [(\mathfrak{p}_{34}x_3 + \mathfrak{p}_{43}x_4)(\mathfrak{p}_{41}x_4 + \mathfrak{p}_{14}x_1)] \\ X_4 = [p_{12}p_{23}] = [(\mathfrak{p}_{12}x_1 + \mathfrak{p}_{21}x_2)(\mathfrak{p}_{23}x_2 + \mathfrak{p}_{32}x_3)] \end{cases} \text{oder}$$

$$(20) \quad \begin{cases} X_2 = \mathfrak{p}_{34}\mathfrak{p}_{41}[x_3x_4] + \mathfrak{p}_{34}\mathfrak{p}_{14}[x_3x_1] + \mathfrak{p}_{43}\mathfrak{p}_{14}[x_4x_1] \\ X_4 = \mathfrak{p}_{12}\mathfrak{p}_{23}[x_1x_2] + \mathfrak{p}_{12}\mathfrak{p}_{32}[x_1x_3] + \mathfrak{p}_{21}\mathfrak{p}_{32}[x_2x_3]. \end{cases}$$

Schreibt man dann die linke Seite von (19) in der Form:

$$[X_2 X_4 \; x_1 x_3] = [X_2(X_4 \; x_1 x_3)]$$

und führt noch für X_4 seinen Wert aus (20) ein, so erhält man:

$$[X_2 X_4 \; x_1 x_3] = [X_2(\mathfrak{p}_{12}\mathfrak{p}_{23}[x_1 x_2 \cdot x_1 x_3] + \mathfrak{p}_{21}\mathfrak{p}_{32}[x_2 x_3 \cdot x_1 x_3])],$$

oder da nach den Gleichungen (8) und (22) des dritten Abschnitts

$$[x_1 x_2 \cdot x_1 x_3] = [x_1 x_2 x_3] x_1$$

$$[x_2 x_3 \cdot x_1 x_3] = [x_2 x_1 x_3] x_3 = - [x_1 x_2 x_3] x_3$$

ist, so wird

$$[X_2 X_4 \; x_1 x_3] = [x_1 x_2 x_3][X_2(\mathfrak{p}_{12}\mathfrak{p}_{23}x_1 - \mathfrak{p}_{21}\mathfrak{p}_{32}x_3)]$$

oder wegen (20)

$$[X_2 X_4 \; x_1 x_3] = [x_1 x_2 x_3]\{\mathfrak{p}_{12}\mathfrak{p}_{23}\mathfrak{p}_{34}\mathfrak{p}_{41}[x_3 x_4 x_1] - \mathfrak{p}_{21}\mathfrak{p}_{32}\mathfrak{p}_{43}\mathfrak{p}_{14}[x_3 x_4 x_1]\}$$

oder endlich

$$(21) \quad [X_2 X_4 \; x_1 x_3] = [x_1 x_2 x_3][x_3 x_4 x_1]\{\mathfrak{p}_{12}\mathfrak{p}_{23}\mathfrak{p}_{34}\mathfrak{p}_{41} - \mathfrak{p}_{21}\mathfrak{p}_{32}\mathfrak{p}_{43}\mathfrak{p}_{14}\}.$$

Hier sind auf der rechten Seite die beiden äußeren Produkte $[x_1 x_2 x_3]$ und $[x_3 x_4 x_1]$ von Null verschieden; denn nach der auf Seite 117 gemachten Voraussetzung sollen die vier Punkte x_1, x_2, x_3, x_4 ein eigentliches Viereck bilden, das heißt, es sollen keine drei von den vier Punkten in eine gerade Linie fallen. Setzt man daher den Wert (21) in die Gleichung (19) ein, so läßt sich die entstehende Gleichung durch das Produkt $[x_1 x_2 x_3][x_3 x_4 x_1]$ dividieren, und man erhält die Gleichung:

$$(22) \qquad \mathfrak{p}_{12}\mathfrak{p}_{23}\mathfrak{p}_{34}\mathfrak{p}_{41} = \mathfrak{p}_{21}\mathfrak{p}_{32}\mathfrak{p}_{43}\mathfrak{p}_{14}.$$

Diese Gleichung ist nur eine Umformung der Gleichung (19). Sobald also die fünfte Ecke $X_2 X_4$ des vollständigen Vierseits $X_1 X_2 X_3 X_4$ auf der fünften Seite $x_1 x_3$ des vollständigen Vierecks $x_1 x_2 x_3 x_4$ liegt, ist die Gleichung (22) erfüllt; und umgekehrt: Sobald die Gleichung (22) befriedigt wird, liegt die Ecke $X_2 X_4$ auf der Geraden $x_1 x_3$.

Nun unterscheidet sich aber die Gleichung

$$(23) \qquad [X_1 X_3 \; x_2 x_4] = 0,$$

welche aussagt, daß die sechste Ecke $X_1 X_3$ des vollständigen Vierseits der sechsten Seite des vollständigen Vierecks angehört, von der Gleichung (19) nur dadurch, daß die Indizes 1 und 2 und ebenso die Indizes 3 und 4 mit einander vertauscht sind. Die der Gleichung (22) entsprechende Umformung der Gleichung (23) muß daher aus der Gleichung (22) ebenfalls durch diese beiden Vertauschungen hervorgehen. Diese beiden Vertauschungen *verändern nun aber die Gleichung* (22) *gar nicht*; folglich zieht die Gleichung (22) (und somit auch die Gleichung (19)) die Gleichung (23) nach sich, und man hat wirklich den Satz bewiesen:

Satz 341: Ist zu einem vollständigen Viereck $x_1 x_2 x_3 x_4$, von dem keine drei Ecken in einer Geraden liegen, ein vollständiges Vierseit $X_1 X_2 X_3 X_4$ in der Weise gelegen, daß fünf von den sechs Ecken $X_i X_k$ des vollständigen Vierseits immer auf denjenigen Seiten $x_r x_s$ des vollständigen Vierecks liegen, deren Indizes r, s von den Indizes i, k jener Ecken $X_i X_k$ verschieden sind, so fällt auch die sechste Ecke des vollständigen Vierseits auf die sechste Seite des vollständigen Vierecks.

M. Pasch sagt von einem vollständigen Vierseit, das zu einem vollständigen Viereck die in dem Satze 341 angegebene Lage hat, es sei diesem vollständigen Viereck „verkehrt eingeschrieben", wobei der Zusatz „*verkehrt*" darauf hindeuten soll, daß die Indizes i, k und r, s der zusammengehörigen Ecken und Seiten der beiden Figuren *sich nicht entsprechen*.

Viereckseigenschaft einer Kollineation in eingeschriebener Dreieckslage. Die beiden oben auf Seite 113 bis 117 entwickelten Eigenschaften einer Kollineation, die der Gleichung $[\mathfrak{f}\,11] = 0$ Genüge leistet, gelten für *gewisse* Dreiecke und Linienzüge der Ebene. Es soll jetzt weiter eine Eigenschaft einer solchen Kollineation entwickelt werden, die *allen* eigentlichen *Vierecken* der Ebene zukommt. Wir knüpfen dabei an unsere letzten Ergebnisse an.

Es sei also einem vollständigen Viereck $x_1 x_2 x_3 x_4$, von dem keine drei Ecken in einer Geraden liegen, ein vollständiges Vierseit $X_1 X_2 X_3 X_4$ verkehrt eingeschrieben, und es werde die Umwandlung betrachtet, die eine Kollineation $\mathfrak{f}$ in eingeschrieber Dreieckslage bei den vier in dem Viereck enthaltenen Dreiecken $x_1 x_2 x_3$, $x_2 x_3 x_4$, $x_3 x_4 x_1$, $x_4 x_1 x_2$ hervorruft. Dieselben sind aus den vier Gleichungen zu entnehmen, die aus der Gleichung (8) hervorgehen, wenn man in ihr das Punkttripel x, y, z der Reihe nach durch die vier Punktripel $x_1, x_2, x_3,\ \ x_2, x_3, x_4,\ \ x_3, x_4 x_1,\ \ x_4, x_1, x_2$ ersetzt. Dadurch entstehen die Gleichungen:

$$(24) \qquad [x_1\,\mathfrak{f}\,x_2 x_3] + [x_2\,\mathfrak{f}\,x_3 x_1] + [x_3\,\mathfrak{f}\,x_1 x_2] = 0$$

$$(25) \qquad [x_2\,\mathfrak{f}\,x_3 x_4] + [x_3\,\mathfrak{f}\,x_4 x_2] + [x_4\,\mathfrak{f}\,x_2 x_3] = 0$$

$$(26) \qquad [x_3\,\mathfrak{f}\,x_4 x_1] + [x_4\,\mathfrak{f}\,x_1 x_3] + [x_1\,\mathfrak{f}\,x_3 x_4] = 0$$

$$(27) \qquad [x_4\,\mathfrak{f}\,x_1 x_2] + [x_1\,\mathfrak{f}\,x_2 x_4] + [x_2\,\mathfrak{f}\,x_4 x_1] = 0.$$

Diese vier Gleichungen bringen wir mit der obigen Bedingungsgleichung

$$(22) \qquad \mathfrak{p}_{12}\,\mathfrak{p}_{23}\,\mathfrak{p}_{34}\,\mathfrak{p}_{41} = \mathfrak{p}_{21}\,\mathfrak{p}_{32}\,\mathfrak{p}_{43}\,\mathfrak{p}_{14}$$

in Zusammenhang, die sich uns zwischen den acht in den Gleichungen (14) auftretenden Ableitzahlen der Punkte p_{12}, p_{23}, p_{34}, p_{41} für den Fall ergeben hat, daß diese Punkte ein einfaches Vierseit bestimmen, das, zu einem vollständigen Vierseit ergänzt, dem vollständigen Viereck $x_1 x_2 x_3 x_4$ verkehrt eingeschrieben ist.

Vermöge dieser Gleichung (22) können wir eins von den vier Verhältnissen $\frac{p_{12}}{p_{21}}$, $\frac{p_{23}}{p_{32}}$, $\frac{p_{34}}{p_{43}}$, $\frac{p_{41}}{p_{14}}$ der Ableitzahlen von (14) durch die drei andern ausdrücken. Aber es bleiben dann immer noch drei von den vier Verhältnissen frei verfügbar. Wir treffen diese Verfügung in der Weise, daß wir fordern, es sollen die drei ersten Seiten X_1, X_2, X_3 unseres vollständigen Vierseits (vgl. die Gleichungen (15)) durch die Bilder $x_1\mathfrak{k}$, $x_2\mathfrak{k}$, $x_3\mathfrak{k}$ der drei ersten Ecken des vollständigen Vierecks hindurchgehen (vgl. Fig. 60). Diese Forderung läßt sich durch die drei Gleichungen ausdrücken:

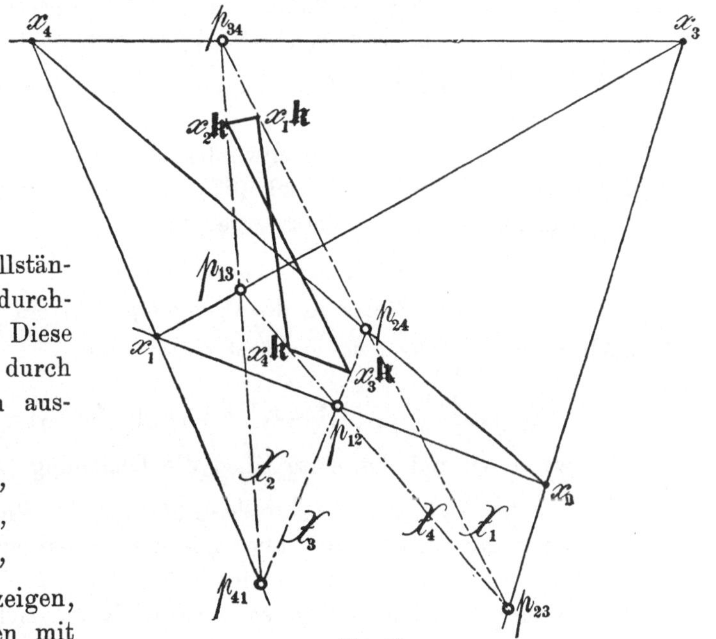

$$(28) \quad \begin{cases} [x_1\mathfrak{k}\ X_1] = 0, \\ [x_2\mathfrak{k}\ X_2] = 0, \\ [x_3\mathfrak{k}\ X_3] = 0, \end{cases}$$

Fig. 60.

und wir werden zeigen, daß diese Gleichungen mit Rücksicht auf (22) und (24) bis (27) die Gleichung nach sich ziehen:

$$(29) \quad [x_4\mathfrak{k}\ X_4] = 0,$$

welche zeigt, daß dann auch die vierte Seite X_4 des vollständigen Vierseits durch das Bild $x_4\mathfrak{k}$ der vierten Ecke des vollständigen Vierecks hindurchgeht.

Wegen (15) und (14) lassen sich die drei Gleichungen (28) in der Form schreiben:

$$0 = [x_1\mathfrak{k}\, p_{23}p_{34}] = [x_1\mathfrak{k}\, (\mathfrak{p}_{23}x_2 + \mathfrak{p}_{32}x_3)(\mathfrak{p}_{34}x_3 + \mathfrak{p}_{43}x_4)]$$
$$0 = [x_2\mathfrak{k}\, p_{34}p_{41}] = [x_2\mathfrak{k}\, (\mathfrak{p}_{34}x_3 + \mathfrak{p}_{43}x_4)(\mathfrak{p}_{41}x_4 + \mathfrak{p}_{14}x_1)]$$
$$0 = [x_3\mathfrak{k}\, p_{41}p_{12}] = [x_3\mathfrak{k}\, (\mathfrak{p}_{41}x_4 + \mathfrak{p}_{14}x_1)(\mathfrak{p}_{12}x_1 + \mathfrak{p}_{21}x_2)]$$

oder, wenn man ausmultipliziert, in der Form:

$$(30) \quad \begin{cases} 0 = \mathfrak{p}_{23}\mathfrak{p}_{34}[x_1\mathfrak{k}\,x_2\,x_3] + \mathfrak{p}_{23}\mathfrak{p}_{43}[x_1\mathfrak{k}\,x_2\,x_4] + \mathfrak{p}_{32}\mathfrak{p}_{43}[x_1\mathfrak{k}\,x_3\,x_4] \\ 0 = \mathfrak{p}_{34}\mathfrak{p}_{41}[x_2\mathfrak{k}\,x_3\,x_4] + \mathfrak{p}_{34}\mathfrak{p}_{14}[x_2\mathfrak{k}\,x_3\,x_1] + \mathfrak{p}_{43}\mathfrak{p}_{14}[x_2\mathfrak{k}\,x_4\,x_1] \\ 0 = \mathfrak{p}_{41}\mathfrak{p}_{12}[x_3\mathfrak{k}\,x_4\,x_1] + \mathfrak{p}_{41}\mathfrak{p}_{21}[x_3\mathfrak{k}\,x_4\,x_2] + \mathfrak{p}_{14}\mathfrak{p}_{21}[x_3\mathfrak{k}\,x_1\,x_2]; \end{cases}$$

und multipliziert man diese Gleichungen der Reihe nach mit den Produkten $\mathfrak{p}_{14}\mathfrak{p}_{21}$, $\mathfrak{p}_{23}\mathfrak{p}_{21}$, $\mathfrak{p}_{34}\mathfrak{p}_{23}$ und addiert, so erhält man die Gleichung

$$(31) \quad 0 = \begin{cases} \mathfrak{p}_{23}\mathfrak{p}_{34}\mathfrak{p}_{14}\mathfrak{p}_{21}([x_1\mathfrak{k}\,x_2\,x_3] + [x_2\mathfrak{k}\,x_3\,x_1] + [x_3\mathfrak{k}\,x_1\,x_2]) \\ + \mathfrak{p}_{23}\mathfrak{p}_{43}\mathfrak{p}_{14}\mathfrak{p}_{21}([x_1\mathfrak{k}\,x_2\,x_4] + [x_2\mathfrak{k}\,x_4\,x_1]) \\ + \mathfrak{p}_{12}\mathfrak{p}_{23}\mathfrak{p}_{34}\mathfrak{p}_{41}([x_1\mathfrak{k}\,x_3\,x_4] + [x_3\mathfrak{k}\,x_4\,x_1]) \\ + \mathfrak{p}_{34}\mathfrak{p}_{41}\mathfrak{p}_{23}\mathfrak{p}_{21}([x_2\mathfrak{k}\,x_3\,x_4] + [x_3\mathfrak{k}\,x_4\,x_2]) \end{cases},$$

wobei in der vorletzten Zeile der rechten Seite die Gleichung (22) berücksichtigt ist.

In dieser Gleichung verschwindet aber wegen (24) die runde Klammer der ersten Zeile, während nach (27), (26), (25) die runden Klammern der drei letzten Zeilen die Werte ergeben:

$$- [x_4\mathfrak{k}\,x_1\,x_2], \quad - [x_4\mathfrak{k}\,x_1\,x_3], \quad - [x_4\mathfrak{k}\,x_2\,x_3].$$

Führen wir diese Werte in die Gleichung (31) ein und multiplizieren sie noch mit $- \dfrac{\mathfrak{p}_{32}}{\mathfrak{p}_{23}\mathfrak{p}_{34}\mathfrak{p}_{41}}$, so verkürzt sie sich zu:

$$0 = \mathfrak{p}_{32}\frac{\mathfrak{p}_{43}\mathfrak{p}_{14}}{\mathfrak{p}_{34}\mathfrak{p}_{41}}\mathfrak{p}_{21}[x_4\mathfrak{k}\,x_1\,x_2] + \mathfrak{p}_{12}\mathfrak{p}_{32}[x_4\mathfrak{k}\,x_1\,x_3] + \mathfrak{p}_{21}\mathfrak{p}_{32}[x_4\mathfrak{k}\,x_2\,x_3],$$

oder wenn wir auf das erste Glied die Gleichung (22) anwenden, zu:

$$(32) \quad 0 = \mathfrak{p}_{12}\mathfrak{p}_{23}[x_4\mathfrak{k}\,x_1\,x_2] + \mathfrak{p}_{12}\mathfrak{p}_{32}[x_4\mathfrak{k}\,x_1\,x_3] + \mathfrak{p}_{21}\mathfrak{p}_{32}[x_4\mathfrak{k}\,x_2\,x_3].$$

Die Gleichung (32) stimmt aber mit der zu beweisenden Gleichung (29) überein; denn ersetzen wir in dieser den Stab X_4 durch seinen Wert aus der zweiten Gleichung (20), so verwandelt sie sich gerade in die Gleichung (32).

Es ist also wirklich das Viereck $x_1\mathfrak{k}\,x_2\mathfrak{k}\,x_3\mathfrak{k}\,x_4\mathfrak{k}$ dem vollständigen Vierseit $X_1X_2X_3X_4$ eingeschrieben, und man hat also den Satz bewiesen:

Satz 342: Ist eine Kollineation $\mathfrak{k}$ in eingeschriebener Dreieckslage, so läßt sich jedem eigentlichen vollständigen Viereck $x_1x_2x_3x_4$ ein vollständiges Vierseit in der Weise verkehrt einschreiben, daß seine vier Seiten X_1, X_2, X_3, X_4 beziehlich durch die Bilder $x_1\mathfrak{k}$, $x_2\mathfrak{k}$, $x_3\mathfrak{k}$, $x_4\mathfrak{k}$ der vier Ecken des Vierecks $x_1x_2x_3x_4$ hindurchgehen.

In Anlehnung an eine Ausdrucksweise von Reye sagt J. Kraus[1]) von

---

1) Vgl. J. Kraus, Die geometrische Deutung von Invarianten, welche bei ebenen Collineationen auftreten. Inaugural-Dissertation. Gießen, 1886. Seite 12.

einem Viereck $x_1' x_2' x_3' x_4'$, dessen Ecken auf den mit demselben Index versehenen Seiten eines vollständigen Vierseits $X_1 X_2 X_3 X_4$ liegen, das seiner-

seits wiederum einem vollständigen Viereck $x_1 x_2 x_3 x_4$ verkehrt eingeschrieben ist, es stütze das Viereck $x_1 x_2 x_3 x_4$, und ebenso dann umgekehrt von dem Viereck $x_1 x_2 x_3 x_4$ es ruhe auf dem Viereck $x_1' x_2' x_3' x_4'$ (vgl. Fig. 61).

Man kann dann den Satz 342 auch in der Form aussprechen (vgl. Fig. 60):

Satz 343: Zweite Fassung des Satzes 342: Bei einer Kollineation in eingeschriebener Dreieckslage stützt jedes Bildviereck $x_1\mathfrak{k}\, x_2\mathfrak{k}\, x_3\mathfrak{k}\, x_4\mathfrak{k}$

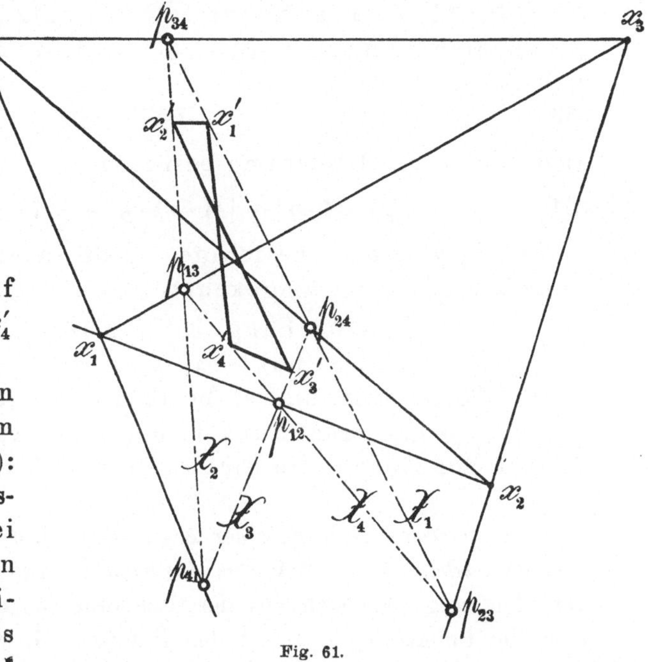

Fig. 61.

das zugehörige Originalviereck $x_1 x_2 x_3 x_4$, oder was dasselbe ist: Ein jedes Originalviereck $x_1 x_2 x_3 x_4$ ruht auf seinem Bildviereck $x_1\mathfrak{k}\, x_2\mathfrak{k}\, x_3\mathfrak{k}\, x_4\mathfrak{k}$.

Analytische Umformung der Gleichung $[\mathfrak{k}\,\mathfrak{k}\,1] = 0$. Wir wenden uns *zweitens* (vgl. Seite 113) zur Untersuchung des Falles, wo in der Gleichung (1) an die Stelle der Kollineationen $\mathfrak{l}$ und $\mathfrak{m}$ die Kollineationen $\mathfrak{k}$ und 1 getreten sind, fragen also nach der geometrischen Bedeutung der Gleichung

$$(33) \qquad [\mathfrak{k}\,\mathfrak{k}\,1] = 0,$$

in der der Faktor 1 wieder als Zeichen für die identische Punkt-Punkt-Kollineation (7) aufzufassen ist.

Nach dem Satze 336 läßt sich die Gleichung (33) auch in der Form schreiben:

$$\left\{ \begin{array}{l} [x\mathfrak{k}\cdot y\mathfrak{k}\cdot z] + [y\mathfrak{k}\cdot z\mathfrak{k}\cdot x] + [z\mathfrak{k}\cdot x\mathfrak{k}\cdot y] \\ - [x\mathfrak{k}\cdot z\mathfrak{k}\cdot y] - [y\mathfrak{k}\cdot x\mathfrak{k}\cdot z] - [z\mathfrak{k}\cdot y\mathfrak{k}\cdot x] \end{array} \right\} = 0;$$

und diese kann man, da die äußeren Produkte der zweiten Zeile denen der ersten entgegengesetzt gleich sind, auch durch die Gleichung ersetzen:

$$(34) \qquad [y\mathfrak{k}\cdot z\mathfrak{k}\cdot x] + [z\mathfrak{k}\cdot x\mathfrak{k}\cdot y] + [x\mathfrak{k}\cdot y\mathfrak{k}\cdot z] = 0.$$

Der Satz 336 liefert daher in dem vorliegenden Falle den folgenden Sondersatz:

Satz 344: Zweiter Sonderfall von Satz 336: Ist f der extensive Bruch einer Punkt-Punkt-Kollineation in der Ebene, so läßt sich die Gleichung

$$(33) \qquad\qquad [\mathfrak{f}\,\mathfrak{f}\,1] = 0$$

auch durch die Gleichung ersetzen:

$$(34) \qquad [y\mathfrak{f}\cdot z\mathfrak{f}\cdot x] + [z\mathfrak{f}\cdot x\mathfrak{f}\cdot y] + [x\mathfrak{f}\cdot y\mathfrak{f}\cdot z] = 0,$$

in der x, y, z drei beliebige, nicht in einer Geraden liegende Punkte sind. Und umgekehrt:

Sobald die Gleichung (34) für irgend drei ein eigentliches Dreieck bildende Punkte x, y, z gilt, so ist auch die Gleichung (33) erfüllt, und es besteht also die Gleichung (34) nicht nur für jenes eine Punkttripel x, y, z, sondern für je drei Punkte der Ebene, die nicht in einer Geraden liegen.

Geometrische Deutung einer Kollineation $\mathfrak{f}$, *die der Gleichung* $[\mathfrak{f}\,\mathfrak{f}\,1] = 0$ *Genüge leistet. Ihre Dreiecks-, Linienzugs- und Vierecks-Eigenschaft.* Da die Gleichung (34) sich aus der Gleichung (8) dadurch ableiten läßt, daß man die Punkte x, y, z mit den Punkten $x\mathfrak{f}$, $y\mathfrak{f}$, $z\mathfrak{f}$ vertauscht, so sieht man, daß eine Kollineation $\mathfrak{f}$, die der Gleichung (33) unterliegt, zu einer Kollineation in eingeschriebener Dreieckslage invers ist.

Führt man ferner jene Vertauschung der Punkte x, y, z mit den Punkten $x\mathfrak{f}$, $y\mathfrak{f}$, $z\mathfrak{f}$ in der Figur 57 (des Satzes 338) aus, so gelangt man

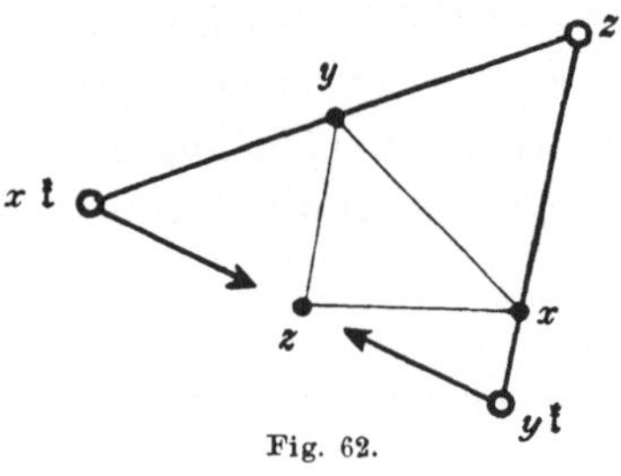

Fig. 62.

zu einer dem Satze 338 entsprechenden Dreieckseigenschaft einer Kollineation $\mathfrak{f}$, welche der Gleichung (33) unterworfen ist. Dieselbe wurde ebenso wie der Satz 338 zuerst von M. Pasch ausgesprochen[1]), der freilich der Bedingungsgleichung (33) eine etwas andere Form gab. Man kann diese Eigenschaft folgendermaßen formulieren (vgl. Fig. 62).

Satz 345: Zweiter Satz von Pasch: Genügt eine Punkt-Punkt-Kollineation f in der Ebene der Gleichung

$$(33) \qquad\qquad [\mathfrak{f}\,\mathfrak{f}\,1] = 0,$$

und bestimmt man zu zwei beliebigen Punkten x und y ihre

---

1) Vgl. die auf Seite 114 zitierte Arbeit von Pasch, Seite 426.

Bildpunkte $x\mathfrak{f}$ und $y\mathfrak{f}$, so hat derjenige Bildpunkt $z\mathfrak{f}$, in dem sich die Geraden $y\mathfrak{f}\,x$ und $x\mathfrak{f}\,y$ schneiden, seinen Originalpunkt z auf der Verbindungslinie der Bildpunkte $x\mathfrak{f}$ und $y\mathfrak{f}$ jener Punkte x und y.

Man findet übrigens diesen Satz auch direkt auf Grund der Gleichung (34), wenn man den Punkt $z\mathfrak{f}$ so wählt, daß die beiden ersten Glieder ihrer linken Seiten verschwinden, indem ja die Gleichung (34) zeigt, daß dann auch das dritte Glied ihrer linken Seite null sein muß.

Man sieht ferner wieder (vgl. Seite 114), daß es ∞^4 Dreiecke xyz gibt, denen die in der Kollineation $\mathfrak{f}$ entsprechenden Dreiecke $x\mathfrak{f}\,y\mathfrak{f}\,z\mathfrak{f}$ umschrieben sind.

Mit Rücksicht hierauf und auf den Satz 344 kann man endlich noch die folgende Umkehrung des Satzes 345 hinzufügen:

Satz 346: Umkehrung von Satz 345: Ist in einer Punkt-Punkt-Kollineation $\mathfrak{f}$ *auch nur ein* Bilddreieck $x\mathfrak{f}\,y\mathfrak{f}\,z\mathfrak{f}$ seinem Originaldreieck xyz in dem Sinne umschrieben, daß die Seiten

$$y\mathfrak{f}\,z\mathfrak{f}, \quad z\mathfrak{f}\,x\mathfrak{f}, \quad x\mathfrak{f}\,y\mathfrak{f}$$

des Bilddreiecks durch die Ecken

$$x, \qquad y, \qquad z$$

des Originaldreiecks gehen, so genügt die Kollineation $\mathfrak{f}$ der Gleichung:

(33)
$$[\mathfrak{f}\,\mathfrak{f}\,1] = 0,$$

und es gibt ∞^4 Dreiecke, denen dieselbe Eigenschaft zukommt.

Pasch sagt daher von einer Kollineation $\mathfrak{f}$, die der Gleichung $[\mathfrak{f}\,\mathfrak{f}\,1]=0$ Genüge leistet, sie befinde sich in umschriebener Dreieckslage".

Man gelangt zu der dem Satze 340 entsprechenden *Linienzugs-Eigenschaft* einer Kollineation in umschriebener Dreieckslage, wenn man in der Gleichung

(34)
$$[y\mathfrak{f} \cdot z\mathfrak{f} \cdot x] + [z\mathfrak{f} \cdot x\mathfrak{f} \cdot y] + [x\mathfrak{f} \cdot y\mathfrak{f} \cdot z] = 0$$

den Punkt x willkürlich läßt, aber den Punkten y und z die Werte beilegt

(35)
$$\begin{cases} y = x\mathfrak{f} \\ z = y\mathfrak{f} = x\mathfrak{f}^2. \end{cases}$$

Alsdann verschwinden in der Gleichung (34) die beiden letzten Glieder; die Gleichung verkürzt sich also zu:

(36)
$$[y\mathfrak{f} \cdot z\mathfrak{f} \cdot x] = 0,$$

oder wenn man mit Hülfe von (35) die Größen y und z herausschafft, zu:

(37)
$$[x\mathfrak{f}^2 \cdot x\mathfrak{f}^3 \cdot x] = 0.$$

Diese Gleichung sagt aus:

Der Punkt $x\mathfrak{k}^3$ gehört der Geraden $x\ x\mathfrak{k}^2$ an,

und ebenso gehört dann auch

der Punkt $x\mathfrak{k}^4$ der Geraden $x\mathfrak{k}\ x\mathfrak{k}^3$ an und so weiter.

das heißt: *der Linienzug $x\ x\mathfrak{k}\ x\mathfrak{k}^2\ x\mathfrak{k}^3\ldots$ ist sich selbst in dem Sinne umschrieben* (vgl. Fig. 63), daß

der Punkt $x\mathfrak{k}^3$ auf der Geraden $x\ x\mathfrak{k}^2$ gelegen ist,

der Punkt $x\mathfrak{k}^4$ auf der Geraden $x\mathfrak{k}\ x\mathfrak{k}^3$ und so weiter.

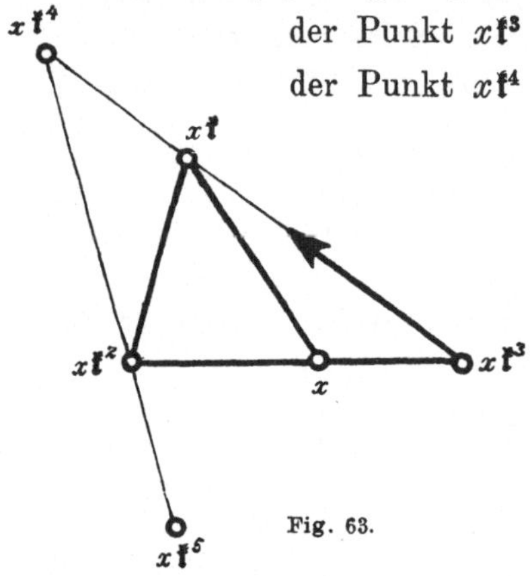

Man hat also die folgende Linienzugseigenschaft einer Kollineation in umschriebener Dreieckslage:

Satz 347: Zweiter Satz von Clebsch und Gordan: Genügt eine Punkt-Punkt-Kollineation in der Ebene der Gleichung

$$(33) \qquad [\mathfrak{k}\mathfrak{k}1] = 0,$$

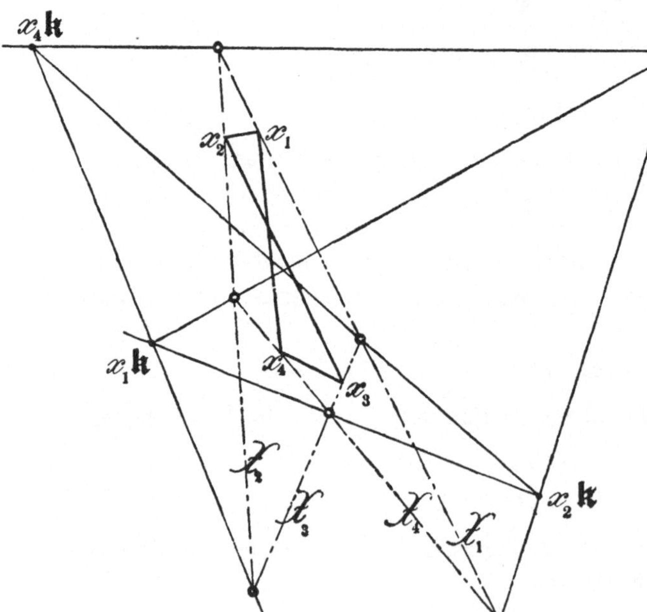

Fig. 63.

oder, was dasselbe ist, befindet sie sich in umschriebener Dreieckslage, so ist der Linienzug

$$x\ x\mathfrak{k}\ x\mathfrak{k}^2\ x\mathfrak{k}^3\ x\mathfrak{k}^4\ldots$$

in dem Sinne sich selbst umschrieben, daß der Punkt $x\mathfrak{k}^3$ auf der Geraden $x\ x\mathfrak{k}^2$ gelegen ist, der Punkt $x\mathfrak{k}^4$ auf der Geraden $x\mathfrak{k}\ x\mathfrak{k}^3$ und so weiter[1]).

Man erhält endlich aus Satz 342 eine *Vierecks-Eigenschaft* für eine Kollineation in umschriebener Dreieckslage, indem man in der zu diesem Satze gehörenden Figur 60 die Bild- und Originalpunkte

Fig. 64.

1) Vgl. die oben auf Seite 117 zitierte Arbeit von Clebsch und Gordan, Seite 392.

miteinander vertauscht. Man gelangt so zu dem folgenden Satze (vgl. Fig. 64):

Satz 348: Ist eine Kollineation $\mathfrak{f}$ in umschriebener Dreieckslage, so läßt sich jedem eigentlichen Viereck $x_1 x_2 x_3 x_4$ ein vollständiges Vierseit $X_1 X_2 X_3 X_4$ umschreiben, das zugleich dem durch die Bilder $x_1\mathfrak{f}$, $x_2\mathfrak{f}$, $x_3\mathfrak{f}$, $x_4\mathfrak{f}$ der Punkte x_1, x_2, x_3, x_4 bestimmten vollständigen Viereck verkehrt eingeschrieben ist. Oder in anderer Fassung: Bei einer Kollineation in umschriebener Dreieckslage stützt jedes Viereck $x_1 x_2 x_3 x_4$ sein Bildviereck $x_1\mathfrak{f}\, x_2\mathfrak{f}\, x_3\mathfrak{f}\, x_4\mathfrak{f}$. Oder endlich: Jedes Bildviereck $x_1\mathfrak{f}\, x_2\mathfrak{f}\, x_3\mathfrak{f}\, x_4\mathfrak{f}$ ruht auf seinem Originalviereck $x_1 x_2 x_3 x_4$.

Analytische Umformung der Gleichung $[\mathfrak{f}\,\mathfrak{l}\,1] = 0$. Wir gehen zu einem dritten Spezialfall der Gleichung (1) über (vgl. Seite 113 und Seite 123), nämlich zu dem Fall, wo die beiden ersten Kollineationen $\mathfrak{f}$ und $\mathfrak{l}$ des Produktes $[\mathfrak{f}\,\mathfrak{l}\,\mathfrak{m}]$ voneinander verschieden sind, während wieder wie in Fall 1 und 2 an die Stelle der dritten Kollineation $\mathfrak{m}$ die Identität 1 getreten ist. Wir suchen also nach der geometrischen Beziehung zwischen zwei Kollineationen $\mathfrak{f}$ und $\mathfrak{l}$, die der Gleichung

$$(38) \qquad\qquad [\mathfrak{f}\,\mathfrak{l}\,1] = 0$$

unterliegen.

Nach unserem Satze 336 läßt sich die Gleichung (38) auch durch die Gleichung ersetzen:

$$(39) \qquad \left.\begin{array}{l} [y\mathfrak{f}\cdot z\mathfrak{l}\cdot x] + [z\mathfrak{f}\cdot x\mathfrak{l}\cdot y] + [x\mathfrak{f}\cdot y\mathfrak{l}\cdot z] \\ -\,[z\mathfrak{f}\cdot y\mathfrak{l}\cdot x] - [x\mathfrak{f}\cdot z\mathfrak{l}\cdot y] - [y\mathfrak{f}\cdot x\mathfrak{l}\cdot z] \end{array}\right\} = 0.$$

Der Satz 336 ergibt daher in dem vorliegenden Falle den folgenden Sondersatz:

Satz 349: Dritter Sonderfall von Satz 336: Sind $\mathfrak{f}$ und $\mathfrak{l}$ die extensiven Brüche zweier Punkt-Punkt-Kollineationen in der Ebene, so läßt sich die Gleichung

$$(38) \qquad\qquad [\mathfrak{f}\,\mathfrak{l}\,1] = 0$$

auch durch die Gleichung ersetzen:

$$(39) \qquad \left.\begin{array}{l} [y\mathfrak{f}\cdot z\mathfrak{l}\cdot x] + [z\mathfrak{f}\cdot x\mathfrak{l}\cdot y] + [x\mathfrak{f}\cdot y\mathfrak{l}\cdot z] \\ -\,[z\mathfrak{f}\cdot y\mathfrak{l}\cdot x] - [x\mathfrak{f}\cdot z\mathfrak{l}\cdot y] - [y\mathfrak{f}\cdot x\mathfrak{l}\cdot z] \end{array}\right\} = 0,$$

in der x, y, z drei beliebige, nicht in einer Geraden liegende Punkte sind. Und umgekehrt:

Sobald die Gleichung (39) für irgend drei ein eigentliches Dreieck bildende Punkte x, y, z gilt, so ist auch die Gleichung (38) erfüllt, und es besteht also die Gleichung (39) nicht nur für jenes eine Punkttripel x, y, z, sondern für je drei Punkte der Ebene, die nicht in einer Geraden liegen.

Sechseckseigenschaft zweier Kollineationen $\mathfrak{k}$ *und* $\mathfrak{l}$, *die der Gleichung* $[\mathfrak{k}\,|\,\mathfrak{l}\,1] = 0$ *Genüge leisten.* Um die Gleichung (39) geometrisch zu deuten, bemerke man zunächst, daß es ∞^6 Dreiecke xyz in der Ebene gibt, und daß man also, um ein solches Dreieck zu bestimmen, seinen Punkten sechs Bedingungen auferlegen darf. Wenn man ferner die drei Punkte x, y, z *nur fünf Bedingungen unterwirft*, so werden noch ∞^1 Dreiecke xyz übrig bleiben, die diese fünf Bedingungen erfüllen. Man wird zum Beispiel noch ∞^1 Dreiecke x, y, z erhalten, wenn man fordert, die drei Ecken des Dreiecks sollen so gewählt werden, daß fünf von den sechs Gliedern der Gleichung (39) zu Null werden. Alsdann verschwindet aber zufolge der Gleichung (39) auch ihr sechstes Glied.

Nun besagt aber das Verschwinden der beiden Glieder der ersten Spalte von (39), das heißt das Bestehen der Gleichungen:

$$(40) \qquad [y\mathfrak{k} \cdot z\mathfrak{l} \cdot x] = 0 \quad \text{und}$$

$$(41) \qquad [z\mathfrak{k} \cdot y\mathfrak{l} \cdot x] = 0,$$

daß der Punkt x der Schnittpunkt der Geraden $y\mathfrak{k}\,z\mathfrak{l}$ und $z\mathfrak{k}\,y\mathfrak{l}$ ist (vgl.

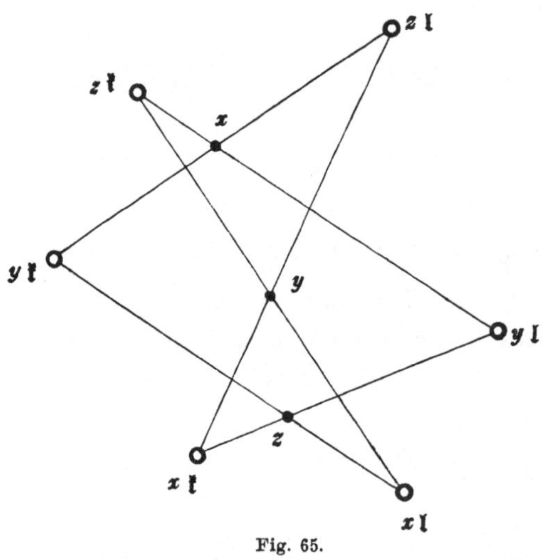

Fig. 65.

Fig. 65); und das Verschwinden der Glieder der zweiten Spalte, das heißt das Bestehen der Gleichungen

$$(42) \qquad [z\mathfrak{k} \cdot x\mathfrak{l} \cdot y] = 0 \quad \text{und}$$

$$(43) \qquad [x\mathfrak{k} \cdot z\mathfrak{l} \cdot y] = 0,$$

sagt aus, daß der Punkt y der Schnittpunkt der Geraden $z\mathfrak{k}\,x\mathfrak{l}$ und $x\mathfrak{k}\,z\mathfrak{l}$ ist. Wird jetzt endlich noch die fünfte Gleichung erfüllt:

$$(44) \qquad [x\mathfrak{k} \cdot y\mathfrak{l} \cdot z] = 0,$$

so ziehen die fünf Gleichungen (40) bis (44) die sechste Gleichung

$$(45) \qquad [y\mathfrak{k} \cdot x\mathfrak{l} \cdot z] = 0$$

nach sich, und die Gleichungen (44) und (45) zeigen dann, daß der Punkt z der Schnittpunkt der Geraden $x\mathfrak{k}\,y\mathfrak{l}$ und $y\mathfrak{k}\,x\mathfrak{l}$ ist.

Das einfache Sechseck $y\mathfrak{k}\,z\mathfrak{l}\,x\mathfrak{k}\,y\mathfrak{l}\,z\mathfrak{k}\,x\mathfrak{l}$ hat also die Eigenschaft, daß seine drei Paare Gegenseiten

$$y\mathfrak{k}\,z\mathfrak{l} \text{ und } y\mathfrak{l}\,z\mathfrak{k}, \quad z\mathfrak{l}\,x\mathfrak{k} \text{ und } z\mathfrak{k}\,x\mathfrak{l}, \quad x\mathfrak{k}\,y\mathfrak{l} \text{ und } x\mathfrak{l}\,y\mathfrak{k}$$

sich beziehlich in den Punkten

$$x, \qquad\qquad y, \qquad\qquad z$$

schneiden. Man kann daher den Satz aussprechen:

Satz 350: Genügen zwei Punkt-Punkt-Kollineationen 𝔣 und 𝔩 in der Ebene der Gleichung

$$(38) \qquad\qquad [𝔣\,𝔩1] = 0,$$

so lassen sich ∞^1 Punkttripel x, y, z angeben, deren Bilder in den Kollineationen 𝔣 und 𝔩 ein einfaches Sechseck $y𝔣\,z𝔩\,x𝔣\,y𝔩\,z𝔣\,x𝔩$ bestimmen, dessen drei Paare Gegenseiten

$$y𝔣\,z𝔩 \text{ und } y𝔩\,z𝔣, \quad z𝔩\,x𝔣 \text{ und } z𝔣\,x𝔩, \quad x𝔣\,y𝔩 \text{ und } x𝔩\,y𝔣$$

sich beziehlich in den Punkten

$$x, \qquad\qquad y, \qquad\qquad z$$

treffen.

Mit Rücksicht auf den Satz 349 kann man ferner noch die Umkehrung hinzufügen:

Satz 351: Umkehrung von Satz 350: Besitzen zwei Punkt-Punkt-Kollineationen 𝔣 und 𝔩 derselben Ebene die Eigenschaft, daß *auch nur für ein* Punkttripel x, y, z die zugehörigen Bildtripel $x𝔣, y𝔣, z𝔣$ und $x𝔩, y𝔩, z𝔩$ ein einfaches Sechseck

$$y𝔣\,z𝔩\,x𝔣\,y𝔩\,z𝔣\,x𝔩$$

bestimmen, dessen drei Paare Gegenseiten

$$y𝔣\,z𝔩 \text{ und } y𝔩\,z𝔣, \quad z𝔩\,x𝔣 \text{ und } z𝔣\,x𝔩, \quad x𝔣\,y𝔩 \text{ und } x𝔩\,y𝔣$$

sich in den Punkten

$$x, \qquad\qquad y, \qquad\qquad z$$

schneiden, so besteht zwischen den Kollineationen 𝔣 und 𝔩 die Gleichung

$$(38) \qquad\qquad [𝔣\,𝔩1] = 0,$$

und es gibt also ∞^1 Punkttripel x, y, z, denen dieselbe Eigenschaft zukommt.

Die Involutionskurve zweier Punkttripel und die Involutionsgerade zweier projektiven Punktreihen mit verschiedenen Trägern. Man kann die Gleichung (39) (oder die gleichwertige Gleichung (38)) noch auf eine andere Weise erfüllen. Faßt man nämlich in der Gleichung (39) die Glieder mit x, mit y und mit z immer zu einem Gliede zusammen, so nimmt sie die Form an:

$$(46) \qquad \begin{cases} \{[y𝔣\cdot z𝔩\cdot x] - [z𝔣\cdot y𝔩\cdot x]\} + \{[z𝔣\cdot x𝔩\cdot y]-[x𝔣\cdot z𝔩\cdot y]\} \\ \qquad + \{[x𝔣\cdot y𝔩\cdot z] - [y𝔣\cdot x𝔩\cdot z]\} = 0. \end{cases}$$

Und setzt man hierin

$$(47) \qquad \begin{cases} [y\mathfrak{f}\,z\mathfrak{l}] - [z\mathfrak{f}\,y\mathfrak{l}] = U, \\ [z\mathfrak{f}\,x\mathfrak{l}] - [x\mathfrak{f}\,z\mathfrak{l}] = V, \\ [x\mathfrak{f}\,y\mathfrak{l}] - [y\mathfrak{f}\,x\mathfrak{l}] = W, \end{cases}$$

so verkürzt sie sich zu:

$$(48) \qquad [Ux] + [Vy] + [Wz] = 0.$$

Zugleich folgt wegen (3) für die linke Seite von (38) die Darstellung

$$(49) \qquad [\mathfrak{f}\,\mathfrak{l}\,1] = \frac{1}{3!}\,\frac{1}{[xyz]}\,\{[Ux] + [Vy] + [Wz]\}.$$

Um die geometrische Bedeutung der Gleichung (48) zu finden, suche man zunächst die Lage der Geraden U, V, W zu ermitteln und gehe dazu von einer allgemeineren Fragestellung aus.

Man denke sich in der Ebene zwei ganz beliebige Punkttripel a, b, c und a', b', c' gegeben und projiziere dieselben von einem beliebigen Punkte x ihrer Ebene aus durch die beiden Strahltripel xa, xb, xc und xa', xb', xc'; dann bestimmen diese beiden Strahltripel in dem Strahlbüschel mit dem Scheitel x eine Projektivität. Und wir fragen: Wie muß der Punkt x gelegen sein, damit die betrachtete Projektivität involutorisch sei[1])? Die Antwort lautet: Es müssen sich in diesem Falle die beiden zugeordneten Strahlen xa und xa' wechselseitig entsprechen. Daraus aber folgt, daß alsdann die Doppelverhältnisse

$$(xa\ xb\ xc\ xa') \quad \text{und} \quad (xa'\ xb'\ xc'\ xa)$$

einander gleich sein werden, so daß also die Gleichung besteht:

$$\frac{[xa \cdot xc]}{[xc \cdot xb]} \cdot \frac{[xa \cdot xa']}{[xa' \cdot xb]} = \frac{[xa' \cdot xc']}{[xc' \cdot xb']} \cdot \frac{[xa' \cdot xa]}{[xa \cdot xb']},$$

für die man nach dem Vorbilde von Seite 57 des ersten Bandes auch schreiben kann:

$$\frac{[xac]}{[xcb]} \cdot \frac{[xaa']}{[xa'b]} = \frac{[xa'c']}{[xc'b']} \cdot \frac{[xa'a]}{[xab']},$$

oder falls man berücksichtigt, daß $[xa'a] = -[xaa']$ ist, und zugleich die Nenner beseitigt,

$$(50) \qquad [xac]\,[xa'b]\,[xc'b] + [xa'c']\,[xab']\,[xcb] = 0.$$

Diese Gleichung ist *eine Zahlgleichung, die in bezug auf x vom dritten Grade ist;* und da sie überdies, wie man sich leicht überzeugt, nicht durch jeden Punkt x der Ebene erfüllt wird, so stellt sie eine Kurve dritter Ordnung dar. Wir wollen sie als „die Involutionskurve der beiden Punkttripel" bezeichnen.

---

1) Vgl. zum Folgenden die oben auf Seite 38 und 122 zitierte Dissertation von J. Kraus, Seite 8 ff.

Dieselbe geht durch die sechs Punkte a, b, c, a', b', c' der beiden Punkttripel hindurch; denn setzt man x gleich irgend einem dieser sechs Punkte, so verschwindet in jedem der beiden Glieder der linken Seite von (50) eins von den drei in ihm auftretenden äußeren Produkten. Man hat also den Satz:

Satz 352: Der geometrische Ort aller Punkte einer Ebene, von denen aus zwei Punkttripel dieser Ebene durch sechs Strahlen einer Involution projiziert werden, ist eine Kurve dritter Ordnung, die durch die sechs Punkte jener beiden Punkttripel hindurchgeht. Dieselbe heißt die Involutionskurve der beiden Punkttripel.

Will man die Involutionskurve *angenähert konstruieren*, so kann man noch die sechs Tangenten der Kurve in den sechs Punkten jener beiden Punkttripel benutzen, welche nach dem Begriff der Kurve jedesmal *zusammen mit den fünf von dem Berührungspunkte nach den andern Punkten der beiden Punkttripel gezogenen Strahlen sechs Strahlen einer Involution bilden.*

Treffen wir jetzt weiter die besondere Voraussetzung, daß die Punkte a, b, c und a', b', c' der beiden Punkttripel *in je einer geraden Linie liegen*, so kann man über die Massen der beiden ersten Punkte a, b und a', b' der beiden Punkttripel in der Weise verfügen, daß jedesmal der dritte Punkt c und c' des Tripels der negativ genommene Einheitspunkt der beiden ersten Punkte wird, so daß also

$$(51) \qquad \begin{cases} c = -\,(a + b) \quad \text{und} \\ c' = -\,(a' + b') \end{cases}$$

wird. Alsdann nimmt die Gleichung (50) die Form an:

$$[x\,a(a+b)][x\,a'b][x(a'+b')b'] + [x\,a'(a'+b')][x\,ab'][x(a+b)b] = 0,$$

und verkürzt sich sogleich zu:

$$[x\,ab][x\,a'b][x\,a'b'] + [x\,a'b'][x\,ab'][x\,ab] = 0$$

oder zu:

$$(52) \qquad [x\,ab][x\,a'b'][x\{[ab'] - [ba']\}] = 0.$$

Diese Gleichung aber zeigt, daß unter der von uns gemachten Voraussetzung die Involutionskurve der beiden Punkttripel in drei gerade Linien zerfällt, nämlich in die Geraden, denen die Stäbe angehören:

$$[a\,b], \quad [a'b'] \quad \text{und} \quad [a\,b'] - [b\,a'].$$

Die beiden ersten Geraden sind die Träger der beiden Punkttripel. Für ihre Punkte *entartet die Strahlinvolution einfach* oder, was dasselbe ist, *sie wird parabolisch* (vgl. den 15. Abschnitt, insbesondere Seite 184 ff. des ersten Bandes); denn den sämtlichen Strahlen des einen Strahlbüschels wird ein und derselbe Strahl des andern zugewiesen.

Um die Lage *der dritten Geraden* zu finden, bemerken wir, daß den Gleichungen (51) zufolge die drei Punkte a, b, c, und ebenso die drei Punkte a', b', c' ganz gleichberechtigt sind, und daß somit die dritte Gerade auch die Stäbe enthält:

$$[bc'] - [cb'] \quad \text{und}$$
$$[ca'] - [ac'].$$

Sie geht daher durch die Punkte

$$(53) \qquad [ab' \cdot a'b], \quad [b'c \cdot bc'], \quad [ca' \cdot c'a]$$

hindurch und ist also die *Pascalsche Gerade des einfachen Sechsecks $ab'ca'bc'$* (vgl. Fig. 66), *das dem Linienpaar ab, $a'b'$ eingeschrieben ist.* Damit ist

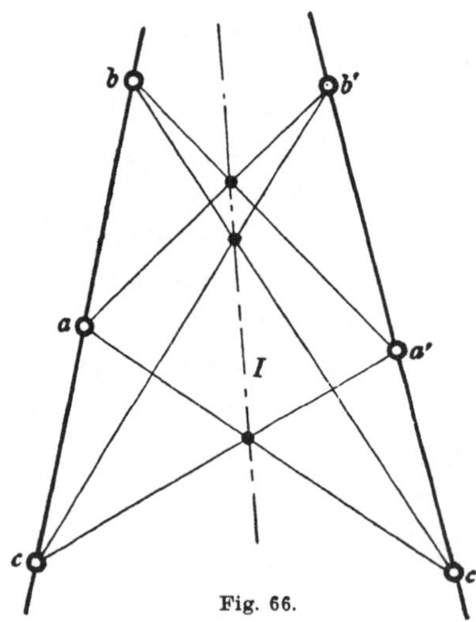

Fig. 66.

zugleich eine Bestätigung dafür gewonnen, daß die drei Punkte (53) in einer geraden Linie liegen.

Da diese dritte Gerade der geometrische Ort der Punkte ist, von denen aus die beiden durch die Punkttripel a, b, c und a', b', c' bestimmten projektiven Punktreihen $\mathfrak{x}a + \mathfrak{y}b$ und $\mathfrak{x}a' + \mathfrak{y}b'$ *durch eine nicht entartende Strahlinvolution projiziert werden*, und die projektive Beziehung dieser beiden Punktreihen bereits durch die Punkte a, b und a', b' vollständig bestimmt wird, falls an ihnen ihre (entsprechend den Gleichungen (51) gewählten) Massen festgehalten werden, so sagen wir, die Gerade des Stabes $[ab'] - [ba']$ sei „die Involutionsgerade der beiden projektiven Punktreihen a, b und a', b'", und bezeichnen diesen Stab mit dem Buchstaben I, setzen also

$$(54) \qquad I = [ab'] - [ba'].$$

Man kann dann das gewonnene Ergebnis folgendermaßen in Satzform aussprechen:

Satz 353: Der geometrische Ort aller Punkte, von denen aus zwei projektive Punktreihen $\mathfrak{x}a + \mathfrak{y}b$ und $\mathfrak{x}a' + \mathfrak{y}b'$ mit zwei verschiedenen Trägern durch eine nicht entartende Strahlinvolution projiziert werden, ist diejenige gerade Linie, die durch den Stab

$$(54) \qquad I = [ab'] - [ba']$$

bestimmt wird. Dieselbe heißt die Involutionsgerade der beiden projektiven Punktreihen a, b und a', b'.

Dreieckseigenschaft zweier Kollineationen $\mathfrak{k}$ *und* $\mathfrak{l}$, *die der Gleichung* $[\mathfrak{k}\,\mathfrak{l}\,1] = 0$ *Genüge leisten.* Der Satz 353 liefert die von uns gesuchte geometrische Deutung der durch die Gleichung (47) eingeführten Stäbe U, V, W und damit auch den geometrischen Sinn der Gleichung (48). Denn nach dem Satze 353 sind die Geraden der Stäbe

$$(47) \quad \begin{cases} U = [y\mathfrak{k}\ z\mathfrak{l}] - [z\mathfrak{k}\ y\mathfrak{l}] \\ V = [z\mathfrak{k}\ x\mathfrak{l}] - [x\mathfrak{k}\ z\mathfrak{l}] \\ W = [x\mathfrak{k}\ y\mathfrak{l}] - [y\mathfrak{k}\ x\mathfrak{l}] \end{cases}$$

beziehlich die Involutionsgeraden der projektiven Punktreihen

$$y\mathfrak{k},\ z\mathfrak{k} \quad \text{und} \quad y\mathfrak{l},\ z\mathfrak{l},$$
$$z\mathfrak{k},\ x\mathfrak{k} \quad \text{und} \quad z\mathfrak{l},\ x\mathfrak{l},$$
$$x\mathfrak{k},\ y\mathfrak{k} \quad \text{und} \quad x\mathfrak{l},\ y\mathfrak{l}.$$

Man kann daher das Dreiseit der Geraden U, V, W als „das Involutionsdreiseit der beiden Tripel vielfacher Punkte $x\mathfrak{k}$, $y\mathfrak{k}$, $z\mathfrak{k}$ und $x\mathfrak{l}$, $y\mathfrak{l}$, $z\mathfrak{l}$" bezeichnen, oder kürzer als „das Involutionsdreiseit der beiden Punkttripel $x\mathfrak{k}$, $y\mathfrak{k}$, $z\mathfrak{k}$ und $x\mathfrak{l}$, $y\mathfrak{l}$, $z\mathfrak{l}$".

Die Verwendung der Bezeichnung *„Punkttripel"* statt des einfacheren Ausdrucks *„Dreieck"* soll dabei darauf hindeuten, daß man an den sechs Punkten $x\mathfrak{k}$, $y\mathfrak{k}$, $z\mathfrak{k}$, $x\mathfrak{l}$, $y\mathfrak{l}$, $z\mathfrak{l}$ nicht nur ihre Lage, sondern auch ihre Masse festzuhalten hat. In der Tat bestimmen ja *nur unter dieser Bedingung* jene sechs Punkte auf den drei Paaren entsprechender Verbindungslinien:

$$y\mathfrak{k}\ z\mathfrak{k} \quad \text{und} \quad y\mathfrak{l}\ z\mathfrak{l}$$
$$z\mathfrak{k}\ x\mathfrak{k} \quad \text{und} \quad z\mathfrak{l}\ x\mathfrak{l}$$
$$x\mathfrak{k}\ y\mathfrak{k} \quad \text{und} \quad x\mathfrak{l}\ y\mathfrak{l}$$

drei Paare projektiver Punktreihen und damit das Involutionsdreiseit UVW.

Jetzt zeigt weiter die Gleichung (48): Sobald man unter den ∞^6 Dreiecken der Ebene solche Dreiecke xyz auswählt, für welche die Gleichungen

$$(55) \qquad\qquad [Ux] = 0 \quad \text{und} \quad [Vy] = 0$$

erfüllt sind, für die also die beiden ersten Seiten U, V des Involutionsdreiseits UVW der beiden Punkttripel $x\mathfrak{k}$, $y\mathfrak{k}$, $z\mathfrak{k}$ und $x\mathfrak{l}$, $y\mathfrak{l}$, $z\mathfrak{l}$ beziehlich die beiden ersten Ecken x, y des Dreiecks xyz enthalten, geht wegen (48) auch die dritte Seite W des Dreiseits durch die dritte Ecke z jenes Dreiecks hindurch, das heißt, es wird auch die Gleichung befriedigt:

$$(56) \qquad\qquad [Wz] = 0,$$

und es ist somit das Dreieck xyz dem Involutionsdreiseit UVW der beiden Punkttripel $x\mathfrak{k}$, $y\mathfrak{k}$, $z\mathfrak{k}$ und $x\mathfrak{l}$, $y\mathfrak{l}$, $z\mathfrak{l}$ eingeschrieben.

Durch die beiden Bedingungen (55) werden übrigens aus den ∞^6 Dreiecken der Ebene ∞^4 Dreiecke ausgeschieden. Man kann zum Beispiel die Punkte x und y ganz willkürlich lassen, den Punkt z aber so bestimmen, daß die beiden Gleichungen (55) erfüllt werden. Durch diese Forderung wird dann der Punkt z abgesehen von seiner Masse, die unbestimmt bleibt, eindeutig festgelegt; denn führt man in die Gleichungen (55) für die in ihnen auftretenden Stäbe U und V ihre Werte aus (47) ein, so erhält man zur Bestimmung von z die beiden in z linearen homogenen Zahlgleichungen:

$$(57) \qquad \begin{cases} [y\mathfrak{f} \cdot z\mathfrak{l} \cdot x] - [z\mathfrak{f} \cdot y\mathfrak{l} \cdot x] = 0 \quad \text{und} \\ [z\mathfrak{f} \cdot x\mathfrak{l} \cdot y] - [x\mathfrak{f} \cdot z\mathfrak{l} \cdot y] = 0. \end{cases}$$

Der Punkt z ist also wirklich bei beliebig gegebenem x und y als Schnittpunkt der beiden durch die Gleichungen (57) dargestellten geraden Linien seiner Lage nach eindeutig bestimmt. Man hat daher den Satz:

Satz 354: Sind $\mathfrak{f}$ und $\mathfrak{l}$ zwei Punkt-Punkt-Kollineationen, die der Gleichung

$$(38) \qquad\qquad [\mathfrak{f}\,\mathfrak{l}\,1] = 0$$

unterliegen, so gibt es ∞^4 Dreiecke xyz, die dem Involutionsdreiseit der beiden durch die Kollineationen $\mathfrak{f}$ und $\mathfrak{l}$ bestimmten Punkttripel $x\mathfrak{f}$, $y\mathfrak{f}$, $z\mathfrak{f}$ und $x\mathfrak{l}$, $y\mathfrak{l}$, $z\mathfrak{l}$ eingeschrieben sind; und zwar bestimmt sich zu einem jeden beliebig gewählten Punktpaar x, y der zugehörige Punkt z auf Grund der Gleichungen (57).

Mit Rücksicht auf Satz 349 kann man noch die Umkehrung hinzufügen:

Satz 355: Umkehrung von Satz 354: Sind $\mathfrak{f}$ und $\mathfrak{l}$ zwei Punkt-Punkt-Kollineationen in derselben Ebene, und ist *auch nur ein* Dreieck xyz dem Involutionsdreiseit der beiden durch die Kollineationen $\mathfrak{f}$ und $\mathfrak{l}$ bestimmten Punkttripel $x\mathfrak{f}$, $y\mathfrak{f}$, $z\mathfrak{f}$ und $x\mathfrak{l}$, $y\mathfrak{l}$, $z\mathfrak{l}$ eingeschrieben, so genügen die beiden Kollineationen der Gleichung:

$$(38) \qquad\qquad [\mathfrak{f}\,\mathfrak{l}\,1] = 0,$$

und es gibt somit ∞^4 Dreiecke, denen dieselbe Eigenschaft zukommt.

Führt man noch eine Punkt-Punkt-Kollineation $\mathfrak{f}'$ ein durch den Bruch

$$(58) \qquad\qquad \mathfrak{f}' = \frac{[VW], \ [WU], \ [UV]}{x, \qquad y, \qquad z},$$

wo U, V, W die durch die Gleichungen (47) definierten Stäbe sind, vorausgesetzt, daß in diesen Gleichungen die Kollineationen $\mathfrak{f}$ und $\mathfrak{l}$ der Gleichung

$$(38) \qquad\qquad [\mathfrak{f}\,\mathfrak{l}\,1] = 0$$

Genüge leisten, so muß sich nach Satz 354 und 346 diese Kollineation $\mathfrak{k}'$ in umschriebener Dreieckslage befinden, das heißt die Kollineation $\mathfrak{k}'$ muß die Gleichung

(59)
$$[\mathfrak{k}'\mathfrak{k}'1] = 0$$

befriedigen. Dies bestätigt man auch leicht analytisch.

In der Tat wird nach den Gleichungen (57) und (46) des 27. Abschnitts (vgl. auch Seite 125):

$$[xyz][\mathfrak{k}'\mathfrak{k}'1] = [xyz \cdot \mathfrak{k}'\mathfrak{k}'1] = \frac{2}{3!}\{[y\mathfrak{k}' \cdot z\mathfrak{k}' \cdot x] + [z\mathfrak{k}' \cdot x\mathfrak{k}' \cdot y] + [x\mathfrak{k}' \cdot y\mathfrak{k}' \cdot z]\},$$

oder wenn man für $x\mathfrak{k}'$, $y\mathfrak{k}'$, $z\mathfrak{k}'$ ihre Werte aus (58) einführt:

$$3[xyz][\mathfrak{k}'\mathfrak{k}'1] = [WU \cdot UV \cdot x] + [UV \cdot VW \cdot y] + [VW \cdot WU \cdot z]$$

oder nach Gleichung (21) des 3. Abschnitts

$$= [WUV][Ux] + [UVW][Vy] + [VWU][Wz] \quad \text{oder}$$

(60)
$$3[xyz][\mathfrak{k}'\mathfrak{k}'1] = [UVW]\{[Ux] + [Vy] \overset{.}{+} [Wz]\}$$

oder nach Gleichung (49)

$$3[xyz][\mathfrak{k}'\mathfrak{k}'1] = 3![UVW][xyz][\mathfrak{k}\,\mathfrak{l}1] \quad \text{oder endlich}$$

(61)
$$[\mathfrak{k}'\mathfrak{k}'1] = 2[UVW][\mathfrak{k}\,\mathfrak{l}1].$$

Das Verschwinden des kombinatorischen Produktes $[\mathfrak{k}\,\mathfrak{l}1]$ zieht also das Verschwinden des Produktes $[\mathfrak{k}'\mathfrak{k}'1]$ nach sich. Damit ist aber wirklich der Satz bewiesen:

Satz 356: Sind $\mathfrak{k}$ und $\mathfrak{l}$ zwei Punkt-Punkt-Kollineationen in der Ebene, und sind U, V, W die durch die Gleichungen (47) eingeführten Stäbe aus den Involutionsgeraden der beiden Punkttripel $x\mathfrak{k}, y\mathfrak{k}, z\mathfrak{k}$ und $x\mathfrak{l}, y\mathfrak{l}, z\mathfrak{l}$, ist endlich eine dritte Punkt-Punkt-Kollineation $\mathfrak{k}'$ definiert durch den Bruch

(58)
$$\mathfrak{k}' = \frac{[VW], [WU], [UV]}{x, \qquad y, \qquad z},$$

so zieht die Gleichung

(38)
$$[\mathfrak{k}\,\mathfrak{l}1] = 0$$

die Gleichung

(59)
$$[\mathfrak{k}'\mathfrak{k}'1] = 0$$

nach sich, welche aussagt, daß sich die Kollineation $\mathfrak{k}'$ in umschriebener Dreieckslage befindet.

Das Involutionsviereck zweier Punktquadrupel. Zwei Kollineationen $\mathfrak{k}$ und $\mathfrak{l}$, die der Gleichung (38) Genüge leisten, besitzen nun aber auch noch eine Viereckseigenschaft, die der Viereckseigenschaft einer Kollineation in umschriebener Dreieckslage entspricht und in diese übergeht, wenn man $\mathfrak{l} = \mathfrak{k}$ werden läßt.

Um zu dieser Viereckseigenschaft zu gelangen, entwickeln wir zunächst den Begriff des *Involutionsvierecks zweier Quadrupel vielfacher Punkte*. Es seien also vier vielfache Punkte x_1, x_2, x_3, x_4 gegeben, von denen wir nur voraussetzen wollen, daß keine drei von ihnen in einer geraden Linie liegen. Über die Massen dieser vier Punkte möge in der Weise verfügt werden, daß

$$(62) \qquad x_1 + x_2 + x_3 + x_4 = 0$$

wird. Dann gilt die entsprechende Beziehung auch zwischen den beiden Punktquadrupeln $x_1\mathfrak{t}$, $x_2\mathfrak{t}$, $x_3\mathfrak{t}$, $x_4\mathfrak{t}$ und $x_1\mathfrak{l}$, $x_2\mathfrak{l}$, $x_3\mathfrak{l}$, $x_4\mathfrak{l}$, das heißt, es bestehen auch die beiden Gleichungen:

$$(63) \qquad \begin{cases} x_1\mathfrak{t} + x_2\mathfrak{t} + x_3\mathfrak{t} + x_4\mathfrak{t} = 0 \\ x_1\mathfrak{l} + x_2\mathfrak{l} + x_3\mathfrak{l} + x_4\mathfrak{l} = 0. \end{cases}$$

Ferner lege man auf jedem der sechs Paare zusammengehöriger Seiten der beiden vollständigen Vierecke

$$x_1\mathfrak{t} \; x_2\mathfrak{t} \; x_3\mathfrak{t} \; x_4\mathfrak{t} \quad \text{und} \quad x_1\mathfrak{l} \; x_2\mathfrak{l} \; x_3\mathfrak{l} \; x_4\mathfrak{l}$$

eine projektive Beziehung dadurch fest, daß man nicht nur die auf ihnen liegenden Ecken $x_i\mathfrak{t}$, $x_r\mathfrak{t}$ und $x_i\mathfrak{l}$, $x_r\mathfrak{l}$ einander zuordnet, sondern zugleich je zwei mit gleichen Ableitzahlen $\mathfrak{x}_i$, $\mathfrak{x}_r$ versehene Vielfachensummen $\mathfrak{x}_i\, x_i\mathfrak{t} + \mathfrak{x}_r\, x_r\mathfrak{t}$ und $\mathfrak{x}_i\, x_i\mathfrak{l} + \mathfrak{x}_r\, x_r\mathfrak{l}$ sich entsprechen läßt. Alsdann bestimmen diese sechs Paare projektiver Punktreihen *sechs Involutionslinien*, denen die Stäbe angehören:

$$(64) \qquad \begin{cases} I_{23} = [x_2\mathfrak{t}\; x_3\mathfrak{l}] - [x_3\mathfrak{t}\; x_2\mathfrak{l}], & I_{41} = [x_4\mathfrak{t}\; x_1\mathfrak{l}] - [x_1\mathfrak{t}\; x_4\mathfrak{l}], \\ I_{31} = [x_3\mathfrak{t}\; x_1\mathfrak{l}] - [x_1\mathfrak{t}\; x_3\mathfrak{l}], & I_{42} = [x_4\mathfrak{t}\; x_2\mathfrak{l}] - [x_2\mathfrak{t}\; x_4\mathfrak{l}], \\ I_{12} = [x_1\mathfrak{t}\; x_2\mathfrak{l}] - [x_2\mathfrak{t}\; x_1\mathfrak{l}], & I_{43} = [x_4\mathfrak{t}\; x_3\mathfrak{l}] - [x_3\mathfrak{t}\; x_4\mathfrak{l}]. \end{cases}$$

Definiert man außerdem nach demselben Schema auch die Stäbe I_{32}, I_{13}, ..., so wird

$$(65) \qquad I_{sr} = -I_{rs}.$$

Nun folgen aus den Gleichungen (63), wann man die zweite von ihnen mit $x_1\mathfrak{t}$ vormultipliziert und die erste mit $x_1\mathfrak{l}$ nachmultipliziert, die beiden Gleichungen:

$$[x_1\mathfrak{t}\; x_1\mathfrak{l}] + [x_1\mathfrak{t}\; x_2\mathfrak{l}] + [x_1\mathfrak{t}\; x_3\mathfrak{l}] + [x_1\mathfrak{t}\; x_4\mathfrak{l}] = 0$$
$$[x_1\mathfrak{t}\; x_1\mathfrak{l}] + [x_2\mathfrak{t}\; x_1\mathfrak{l}] + [x_3\mathfrak{t}\; x_1\mathfrak{l}] + [x_4\mathfrak{t}\; x_1\mathfrak{l}] = 0;$$

und aus ihnen ergibt sich durch Subtraktion:

$$[x_1\mathfrak{t}\; x_2\mathfrak{l}] - [x_2\mathfrak{t}\; x_1\mathfrak{l}] + [x_1\mathfrak{t}\; x_3\mathfrak{l}] - [x_3\mathfrak{t}\; x_1\mathfrak{l}] + [x_1\mathfrak{t}\; x_4\mathfrak{l}] - [x_4\mathfrak{t}\; x_1\mathfrak{l}] = 0$$

oder wegen (64) (vgl. auch (65)):

$$I_{12} + I_{13} + I_{14} = 0.$$

Ebenso beweist man die drei hinsichtlich des Zyklus 1, 2, 3, 4 zyklisch entsprechenden Gleichungen, das heißt, man erhält das System Gleichungen:

$$(66) \quad \begin{cases} I_{12} + I_{13} + I_{14} = 0 \\ I_{23} + I_{24} + I_{21} = 0 \\ I_{34} + I_{31} + I_{32} = 0 \\ I_{41} + I_{42} + I_{43} = 0. \end{cases}$$

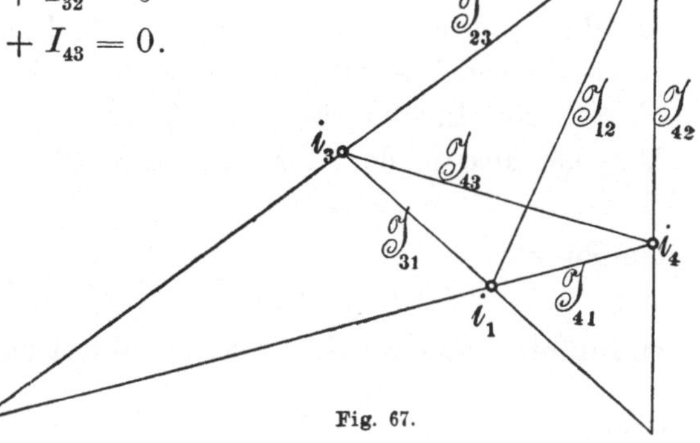

Fig. 67.

Diese vier Gleichungen zeigen, daß sich immer drei solche von den sechs Involutionsgeraden, deren Stäbe (64) *einen Index gemein haben, in einem Punkte schneiden.* Man bezeichne diese vier Schnittpunkte der Reihe nach mit i_1, i_2, i_3, i_4, indem man jedem Schnittpunkt i_k denjenigen Index k beilegt, der den drei zugehörigen Involutionslinien gemeinsam ist. Dann bilden die vier Punkte i_1, i_2, i_3, i_4 die Ecken eines vollständigen Vierecks, dessen Seiten die sechs Involutionslinien I_{rs} sind (vgl. Fig. 67), und man hat den Satz:

Satz 357: Liegen von den vier Punkten x_1, x_2, x_3, x_4 keine drei Punkte in einer Geraden, sind ferner $x_1\mathfrak{k}$, $x_2\mathfrak{k}$, $x_3\mathfrak{k}$, $x_4\mathfrak{k}$ und $x_1\mathfrak{l}$, $x_2\mathfrak{l}$, $x_3\mathfrak{l}$, $x_4\mathfrak{l}$ die Bilder jener vier Punkte in den Kollineationen $\mathfrak{k}$ und $\mathfrak{l}$, und legt man auf den sechs Paaren entsprechender Seiten der beiden vollständigen Vierecke $x_1\mathfrak{k} \, x_2\mathfrak{k} \ldots$ und $x_1\mathfrak{l} \, x_2\mathfrak{l} \ldots$ je eine projektive Beziehung dadurch fest, daß man für beliebige Werte der Zahlgrößen $\mathfrak{x}_i$ und $\mathfrak{x}_r$ die Punkte

$$\mathfrak{x}_i x_i \mathfrak{k} + \mathfrak{x}_r x_r \mathfrak{k} \quad \text{und} \quad \mathfrak{x}_i x_i \mathfrak{l} + \mathfrak{x}_r x_r \mathfrak{l}$$

einander zuweist, unter $x_i\mathfrak{k}$, $x_r\mathfrak{k}$ und $x_i\mathfrak{l}$, $x_r\mathfrak{l}$ die diese Seiten bestimmenden Ecken jener Vierecke verstanden, so bilden die sechs Involutionsgeraden dieser sechs Paare projektiver Punktreihen wiederum die Seiten eines vollständigen Vierecks. Dieses Viereck bezeichnen wir als das Involutionsviereck der beiden Punktquadrupel $x_1\mathfrak{k}$, $x_2\mathfrak{k}$, $\ldots$ und $x_1\mathfrak{l}$, $x_2\mathfrak{l}$, $\ldots$.

Auch hier soll die Verwendung des Ausdrucks *„Punktquadrupel"* anstatt des Wortes *„Viereck"* daran erinnern, daß für die Bestimmung der sechs Involutionsgeraden *neben der Lage der acht Punkte*

$$x_i\mathfrak{k}, \; x_i\mathfrak{l}, \; i = 1, 2, 3, 4,$$

auch deren Massen in Frage kommen.

Viereckseigenschaft zweier Kollineationen $\mathfrak{k}$ und $\mathfrak{l}$, die der Gleichung $[\mathfrak{k}\,\mathfrak{l}\,1] = 0$ Genüge leisten. Wir setzen jetzt wieder wie oben auf Seite 128 f.

und 133 ff. voraus, daß die beiden Kollineationen $\mathfrak{k}$ und $\mathfrak{l}$ die Gleichung

$$(38) \qquad\qquad [\mathfrak{k}\,\mathfrak{l}\,1] = 0$$

befriedigen, und führen noch eine dritte Kollineation ein, welche der Kollineation $\mathfrak{k}'$ in (58) entspricht und aus ihr hervorgeht, wenn man in ihr die Punkte x, y, z durch die Punkte x_1, x_2, x_3, der Entwickelung auf Seite 136 f. ersetzt und somit an die Stelle der Involutionslinien U, V, W die Involutionslinien I_{23}, I_{31}, I_{12} von Seite 136 treten läßt. Man hat also in der Gleichung (58) für die Punkte

$$[VW], \qquad [WU], \qquad [UV]$$

die Punkte

$$i_1 = [I_{31}I_{12}], \quad i_2 = [I_{12}I_{23}], \quad i_3 = [I_{23}I_{31}]$$

einzuführen und erhält so die Kollineation:

$$(67) \qquad\qquad \mathfrak{k}' = \frac{[I_{31}I_{12}],\quad [I_{12}I_{23}],\quad [I_{23}I_{31}]}{x_1,\qquad x_2,\qquad x_3}.$$

Dieselbe befindet sich dann nach Satz 356 in umschriebener Dreieckslage. Ihre Zähler fallen dabei mit den drei ersten Ecken i_1, i_2, i_3 des Involutionsvierecks $i_1 i_2 i_3 i_4$ der beiden Punktquadrupel $x_1\mathfrak{k}$, $x_2\mathfrak{k}$, ... und $x_1\mathfrak{l}$, $x_2\mathfrak{l}$, ... zusammen. Man überzeugt sich aber leicht, daß die Kollineation $\mathfrak{k}'$ nicht nur die drei ersten Ecken x_1, x_2, x_3 des Vierecks $x_1 x_2 x_3 x_4$ in die drei ersten Ecken i_1, i_2, i_3 jenes Involutionsvierecks $i_1 i_2 i_3 i_4$ überführt, sondern zugleich die vierte Ecke x_4 des Vierecks $x_1 x_2 x_3 x_4$ in die vierte Ecke i_4 des Vierecks $i_1 i_2 i_3 i_4$ verwandelt.

In der Tat wird wegen (62)

$$x_4\mathfrak{k}' = -(x_1 + x_2 + x_3)\,\mathfrak{k}',$$

das heißt wegen (67):

$$(68) \qquad\qquad x_4\mathfrak{k}' = [I_{12}I_{31}] + [I_{23}I_{12}] + [I_{31}I_{23}].$$

Denselben Wert aber findet man für das Produkt $[I_{24}I_{14}]$; denn aus den beiden ersten Gleichungen (66) folgen für die beiden Stäbe I_{24} und I_{14} die Werte:

$$I_{24} = -(I_{23} + I_{21})$$
$$I_{14} = -(I_{12} + I_{13});$$

für das Produkt $[I_{24}I_{14}]$ erhält man daher den Ausdruck (vgl. auch die Gleichungen (65)):

$$[I_{24}I_{14}] = [(I_{23} + I_{21})(I_{12} + I_{13})] = [I_{23}I_{12}] + [I_{23}I_{13}] + [I_{21}I_{13}] \text{ oder}$$
$$(36) \qquad\qquad [I_{24}I_{14}] = [I_{23}I_{12}] + [I_{31}I_{23}] + [I_{12}I_{31}],$$

das heißt, es wird wirklich:

$$(37) \qquad\qquad x_4\mathfrak{k}' = [I_{24}I_{14}] = i_4,$$

womit unsere obige Behauptung bewiesen ist. Die Kollineation $\mathfrak{k}'$ hat also die Eigenschaft, das ganze Viereck $x_1x_2x_3x_4$ in das Involutionsviereck $i_1i_2i_3i_4$ der beiden Punktquadrupel $x_1\mathfrak{k}$, $x_2\mathfrak{k}$, ... $x_1\mathfrak{l}$, $x_2\mathfrak{l}$, ... zu verwandeln.

Nun stützt ferner nach Satz 348 bei einer jeden Kollineation $\mathfrak{k}'$ von umschriebener Dreieckslage ein jedes Viereck $x_1x_2x_3x_4$ sein Bildviereck $x_1\mathfrak{k}'\,x_2\mathfrak{k}'\,x_3\mathfrak{k}'\,x_4\mathfrak{k}'$, und da das letztere Viereck zugleich das Involutionsviereck $i_1i_2i_3i_4$ der beiden soeben genannten Punktquadrupel ist, so hat man den Satz:

Satz 358: Genügen zwei Kollineationen $\mathfrak{k}$ und $\mathfrak{l}$ der Gleichung:

$$(38) \qquad\qquad [\mathfrak{k}\,\mathfrak{l}\,1] = 0,$$

so stützt jedes Viereck $x_1x_2x_3x_4$ das Involutionsviereck $i_1i_2i_3i_4$ der beiden seinen Ecken entsprechenden Punktquadrupel

$$x_1\mathfrak{k}\;x_2\mathfrak{k}\;x_3\mathfrak{k}\;x_4\mathfrak{k} \quad \text{und} \quad x_1\mathfrak{l}\;x_2\mathfrak{l}\;x_3\mathfrak{l}\;x_4\mathfrak{l}.$$

Und von diesem Satze gilt auch die Umkehrung.

Geometrische Beziehungen zwischen drei Kollineationen $\mathfrak{k}$, $\mathfrak{l}$, $\mathfrak{m}$, die der Gleichung $[\mathfrak{k}\,\mathfrak{l}\,\mathfrak{m}] = 0$ unterliegen. Ihre Sechsecks-, Dreiecks- und Vierecks-Eigenschaft. Es bedarf jetzt nur noch eines kleinen Schrittes, um nun auch die allgemeine Gleichung

$$(1) \qquad\qquad [\mathfrak{k}\,\mathfrak{l}\,\mathfrak{m}] = 0$$

geometrisch zu deuten, die wir an die Spitze dieses Abschnitts gestellt haben.

Zunächst braucht man, um die Entwickelung von Seite 128 f. auf diesen Fall zu übertragen, nur die in den Gleichungen (40) bis (45) an dritter Stelle auftretenden Faktoren x, y, z durch die Faktoren $x\mathfrak{m}$, $y\mathfrak{m}$, $z\mathfrak{m}$ zu ersetzen und erhält so die folgende *Sechseckseigenschaft der drei Kollineationen* $\mathfrak{k}$, $\mathfrak{l}$, $\mathfrak{m}$.

Satz 359: Genügen drei Punkt-Punkt-Kollineationen $\mathfrak{k}$, $\mathfrak{l}$, $\mathfrak{m}$ in der Ebene der Gleichung

$$(1) \qquad\qquad [\mathfrak{k}\,\mathfrak{l}\,\mathfrak{m}] = 0,$$

so lassen sich ∞^1 Punkttripel x, y, z angeben, deren Bilder in den Kollineationen $\mathfrak{k}$ und $\mathfrak{l}$ ein einfaches Sechseck $y\mathfrak{k}\,z\mathfrak{l}\,x\mathfrak{k}\,y\mathfrak{l}\,z\mathfrak{k}\,x\mathfrak{l}$ bestimmen, dessen drei Paare Gegenseiten

$$y\mathfrak{k}\,z\mathfrak{l} \;\text{und}\; y\mathfrak{l}\,z\mathfrak{k}, \quad z\mathfrak{l}\,x\mathfrak{k} \;\text{und}\; z\mathfrak{k}\,x\mathfrak{l}, \quad x\mathfrak{k}\,y\mathfrak{l} \;\text{und}\; x\mathfrak{l}\,y\mathfrak{k}$$

sich beziehlich in den Punkten

$$x\mathfrak{m}, \qquad\qquad y\mathfrak{m}, \qquad\qquad z\mathfrak{m}$$

treffen.

Es gilt aber ebenso auch die Umkehrung, nämlich der Satz:

Satz 360: Umkehrung von Satz 359: Besitzen drei Punkt-Punkt-Kollineationen $\mathfrak{k}$, $\mathfrak{l}$, $\mathfrak{m}$ derselben Ebene die Eigenschaft, daß *auch nur für ein* Punkttripel x, y, z die zugehörigen Bildtripel

$x\mathfrak{f}$, $y\mathfrak{f}$, $z\mathfrak{f}$ und $x\mathfrak{l}$, $y\mathfrak{l}$, $z\mathfrak{l}$ ein einfaches Sechseck $y\mathfrak{f}\,z\mathfrak{l}\,x\mathfrak{f}\,y\mathfrak{l}\,z\mathfrak{f}\,x\mathfrak{l}$ bestimmen, dessen drei Paare Gegenseiten

$$y\mathfrak{f}\,z\mathfrak{l} \text{ und } y\mathfrak{l}\,z\mathfrak{f}, \quad z\mathfrak{l}\,x\mathfrak{f} \text{ und } z\mathfrak{f}\,x\mathfrak{l}, \quad x\mathfrak{f}\,y\mathfrak{l} \text{ und } x\mathfrak{l}\,y\mathfrak{f}$$

sich beziehlich in den Punkten

$$x\mathfrak{m}, \qquad y\mathfrak{m}, \qquad z\mathfrak{m}$$

des dritten Bildtripels schneiden, so besteht die Gleichung

$$(1) \qquad\qquad [\mathfrak{f}\mathfrak{l}\mathfrak{m}] = 0,$$

und es gibt also ∞^1 Punkttripel x, y, z, denen dieselbe Eigenschaft zukommt.

Um ferner zu einer den Sätzen 354 und 355 entsprechenden *Dreieckseigenschaft der drei Kollineationen* $\mathfrak{f}$, $\mathfrak{l}$, $\mathfrak{m}$ zu gelangen, bemerken wir, daß nach den Gleichungen (58) des 27. Abschnitts die Gleichung (1) die beiden zyklisch entsprechenden Gleichungen

$$(69) \qquad \begin{cases} [\mathfrak{l}\mathfrak{m}\mathfrak{f}] = 0 \quad \text{und} \\ [\mathfrak{m}\mathfrak{f}\mathfrak{l}] = 0 \end{cases}$$

nach sich zieht. Die drei Gleichungen (1) und (69) aber lassen sich nach Satz 336 durch die Gleichungen ersetzen:

$$(70) \quad \begin{cases} [x\mathfrak{f}\{[y\mathfrak{l}\,z\mathfrak{m}]-[z\mathfrak{l}\,y\mathfrak{m}]\}]+[y\mathfrak{f}\{[z\mathfrak{l}\,x\mathfrak{m}]-[x\mathfrak{l}\,z\mathfrak{m}]\}] \\ \qquad +[z\mathfrak{f}\{[x\mathfrak{l}\,y\mathfrak{m}]-[y\mathfrak{l}\,x\mathfrak{m}]\}]=0 \\[4pt] [x\mathfrak{l}\{[y\mathfrak{m}\,z\mathfrak{f}]-[z\mathfrak{m}\,y\mathfrak{f}]\}]+[y\mathfrak{l}\{[z\mathfrak{m}\,x\mathfrak{f}]-[x\mathfrak{m}\,z\mathfrak{f}]\}] \\ \qquad +[z\mathfrak{l}\{[x\mathfrak{m}\,y\mathfrak{f}]-[y\mathfrak{m}\,x\mathfrak{f}]\}]=0 \\[4pt] [x\mathfrak{m}\{[y\mathfrak{f}\,z\mathfrak{l}]-[z\mathfrak{f}\,y\mathfrak{l}]\}]+[y\mathfrak{m}\{[z\mathfrak{f}\,x\mathfrak{l}]-[x\mathfrak{f}\,z\mathfrak{l}]\}] \\ \qquad +[z\mathfrak{m}\{[x\mathfrak{f}\,y\mathfrak{l}]-[y\mathfrak{f}\,x\mathfrak{l}]\}]=0, \end{cases}$$

in denen x, y, z drei beliebige nicht in einer Geraden liegende Punkte sind. Setzt man dann noch:

$$(71) \quad \begin{cases} [y\mathfrak{l}\,z\mathfrak{m}]-[z\mathfrak{l}\,y\mathfrak{m}]=U_{\mathfrak{l}\mathfrak{m}},\ [z\mathfrak{l}\,x\mathfrak{m}]-[x\mathfrak{l}\,z\mathfrak{m}]=V_{\mathfrak{l}\mathfrak{m}},\ [x\mathfrak{l}\,y\mathfrak{m}]-[y\mathfrak{l}\,x\mathfrak{m}]=W_{\mathfrak{l}\mathfrak{m}} \\ [y\mathfrak{m}\,z\mathfrak{f}]-[z\mathfrak{m}\,y\mathfrak{f}]=U_{\mathfrak{m}\mathfrak{f}},\ [z\mathfrak{m}\,x\mathfrak{f}]-[x\mathfrak{m}\,z\mathfrak{f}]=V_{\mathfrak{m}\mathfrak{f}},\ [x\mathfrak{m}\,y\mathfrak{f}]-[y\mathfrak{m}\,x\mathfrak{f}]=W_{\mathfrak{m}\mathfrak{f}} \\ [y\mathfrak{f}\,z\mathfrak{l}]-[z\mathfrak{f}\,y\mathfrak{l}]=U_{\mathfrak{f}\mathfrak{l}},\ [z\mathfrak{f}\,x\mathfrak{l}]-[x\mathfrak{f}\,z\mathfrak{l}]=V_{\mathfrak{f}\mathfrak{l}},\ [x\mathfrak{f}\,y\mathfrak{l}]-[y\mathfrak{f}\,x\mathfrak{l}]=W_{\mathfrak{f}\mathfrak{l}}, \end{cases}$$

so nehmen die drei Gleichungen (70) die einfachere Gestalt an

$$(72) \quad \begin{cases} [x\mathfrak{f}\,U_{\mathfrak{l}\mathfrak{m}}]+[y\mathfrak{f}\,V_{\mathfrak{l}\mathfrak{m}}]+[z\mathfrak{f}\,W_{\mathfrak{l}\mathfrak{m}}]=0 \\ [x\mathfrak{l}\,U_{\mathfrak{m}\mathfrak{f}}]+[y\mathfrak{l}\,V_{\mathfrak{m}\mathfrak{f}}]+[z\mathfrak{f}\,W_{\mathfrak{m}\mathfrak{f}}]=0 \\ [x\mathfrak{m}\,U_{\mathfrak{f}\mathfrak{l}}]+[y\mathfrak{l}\,V_{\mathfrak{f}\mathfrak{l}}]+[z\mathfrak{f}\,W_{\mathfrak{f}\mathfrak{l}}]=0. \end{cases}$$

Nun bilden nach Seite 133 f. die Linien der Stäbe

$$U_{\mathfrak{l}\mathfrak{m}}, \quad V_{\mathfrak{l}\mathfrak{m}}, \quad W_{\mathfrak{l}\mathfrak{m}}$$

zusammen das Involutionsdreiseit der beiden Punkttripel

$$x\mathfrak{l}, \quad y\mathfrak{l}, \quad z\mathfrak{l} \quad \text{und} \quad x\mathfrak{m}, \quad y\mathfrak{m}, \quad z\mathfrak{m},$$

und entsprechend die Linien der Stäbe

$$U_{\mathfrak{m}\mathfrak{f}}, \quad V_{\mathfrak{m}\mathfrak{f}}, \quad W_{\mathfrak{m}\mathfrak{f}}$$

zusammen das Involutionsdreiseit der beiden Punkttripel

$$x\mathfrak{m}, \quad y\mathfrak{m}, \quad z\mathfrak{m} \quad \text{und} \quad x\mathfrak{f}, \quad y\mathfrak{f}, \quad z\mathfrak{f},$$

endlich die Linien der Stäbe

$$U_{\mathfrak{f}\mathfrak{l}}, \quad V_{\mathfrak{f}\mathfrak{l}}, \quad W_{\mathfrak{f}\mathfrak{l}}$$

zusammen das Involutionsdreiseit der beiden Punkttripel

$$x\mathfrak{f}, \quad y\mathfrak{f}, \quad z\mathfrak{f} \quad \text{und} \quad x\mathfrak{l}, \quad y\mathfrak{l}, \quad z\mathfrak{l}.$$

Nach Seite 133 f. erhält man also die folgende *Dreieckseigenschaft der drei Kollineationen* $\mathfrak{f}$, $\mathfrak{l}$, $\mathfrak{m}$:

Satz 361: Genügen drei Kollineationen $\mathfrak{f}$, $\mathfrak{l}$, $\mathfrak{m}$ der Gleichung

$$(1) \qquad\qquad [\mathfrak{f}\mathfrak{l}\mathfrak{m}] = 0,$$

so gibt es ∞^4 Punkttripel x, y, z, die durch die drei Kollineationen in drei Punkttripel von solcher Lage und Masse übergeführt werden, daß jedes von den drei Bildtripeln dem Involutionsdreieck der beiden andern eingeschrieben ist.

Es gilt aber auch die Umkehrung, nämlich der Satz:

Satz 362: Umkehrung von Satz 361: Sind $\mathfrak{f}$, $\mathfrak{l}$, $\mathfrak{m}$ drei Punkt-Punkt-Kollineationen derselben Ebene, und besitzen die drei Bildtripel $x\mathfrak{f}$, $y\mathfrak{f}$, $z\mathfrak{f}$, $x\mathfrak{l}$, $y\mathfrak{l}$, $z\mathfrak{l}$, $x\mathfrak{m}$, $y\mathfrak{m}$, $z\mathfrak{m}$ *auch nur eines* Punkttripels x, y, z, die Eigenschaft, daß eins von ihnen (und somit überhaupt jedes von ihnen) dem Involutionsdreiseit der beiden andern eingeschrieben ist, so genügen die drei Kollineationen der Gleichung

$$(1) \qquad\qquad [\mathfrak{f}\mathfrak{l}\mathfrak{m}] = 0,$$

und es gibt somit ∞^4 Punkttripel x, y, z, denen dieselbe Eigenschaft zukommt.

Ebenso findet man endlich durch eine Verallgemeinerung der Schlußweise, die zu dem Satze 358 führte, die folgende *Viereckseigenschaft der drei Kollineationen* $\mathfrak{f}$, $\mathfrak{l}$, $\mathfrak{m}$:

Satz 363: Befriedigen drei Punkt-Punkt-Kollineationen $\mathfrak{f}$, $\mathfrak{l}$, $\mathfrak{m}$ derselben Ebene die Gleichung:

$$(1) \qquad\qquad [\mathfrak{f}\mathfrak{l}\mathfrak{m}] = 0$$

so wird jedes Punktquadrupel x_1, x_2, x_3, x_4 durch diese drei Kollineationen in drei neue Punktquadrupel

$$x_1\mathfrak{f},\ x_2\mathfrak{f},\ x_3\mathfrak{f},\ x_4\mathfrak{f}, \qquad x_1\mathfrak{l},\ x_2\mathfrak{l},\ x_3\mathfrak{l},\ x_4\mathfrak{l}, \qquad x_1\mathfrak{m},\ x_2\mathfrak{m},\ x_3\mathfrak{m},\ x_4\mathfrak{m}$$

übergeführt, von denen jedes das Involutionsviereck der beiden andern stützt.

Und auch von diesem Satze gilt wieder die Umkehrung, nämlich der Satz:

Satz 364: Umkehrung von Satz 363: Besitzen drei Punkt-Punkt-Kollineationen $\mathfrak{k}$, $\mathfrak{l}$, $\mathfrak{m}$ derselben Ebene die Eigenschaft, daß *auch nur für ein* Punktquadrupel x_1, x_2, x_3, x_4 eins von seinen drei Bildquadrupeln

$$x_1\mathfrak{k},\ x_2\mathfrak{k},\ x_3\mathfrak{k},\ x_4\mathfrak{k},\qquad x_1\mathfrak{l},\ x_2\mathfrak{l},\ x_3\mathfrak{l},\ x_4\mathfrak{l},\qquad x_1\mathfrak{m},\ x_2\mathfrak{m},\ x_3\mathfrak{m},\ x_4\mathfrak{m}$$

das Involutionsviereck der beiden andern stützt, so genügen die drei Kollineationen der Gleichung

$$(1)\qquad\qquad [\mathfrak{k}\mathfrak{l}\mathfrak{m}] = 0,$$

und es kommt daher dieselbe Eigenschaft überhaupt jedem Punktquadrupel der Ebene zu.

Das Verschwinden des kombinatorischen Produktes dreier Stab-Stab-Kollineationen $\mathfrak{K}$, $\mathfrak{L}$, $\mathfrak{M}$ besitzt eine dualistisch genau entsprechende geometrische Bedeutung, worauf hier nur hingedeutet werden mag[1]).

---

1) Einige Ausführungen dazu findet man in der auf Seite 111 erwähnten Dissertation von H. Wehrheim Seite 43 bis 45.

Sechster Hauptteil.

Die Reziprozität und das Polarsystem.
Kurven zweiter Ordnung und zweiter Klasse.

Abschnitt 30.
Die allgemeinen Eigenschaften der Reziprozität.

Der extensive Bruch für die Punkt-Stab-Abbildung einer Reziprozität.
In ganz ähnlicher Weise wie die Kollineation läßt sich auch die Abbildung der Reziprozität durch einen Bruch mit drei Nennern und drei Zählern darstellen; nur hat man als Zähler des Bruches anstatt dreier Punkte a_i drei Stäbe A_i zu wählen. Es seien also wie bisher zu Ecken des Fundamentaldreiecks drei vielfache Punkte e_1, e_2, e_3 gemacht, deren äußeres Produkt

$$(1) \qquad [e_1 e_2 e_3] = 1$$

ist, und es seien aus den Grundstäben dieses Dreiecks

$$(2) \qquad E_1 = [e_2 e_3], \quad E_2 = [e_3 e_1], \quad E_3 = [e_1 e_2]$$

mittelst der neun reellen Zahlgrößen a_{ik} drei neue Stäbe abgeleitet:

$$(3) \qquad \begin{cases} A_1 = a_{11} E_1 + a_{12} E_2 + a_{13} E_3 \\ A_2 = a_{21} E_1 + a_{22} E_2 + a_{23} E_3 \\ A_3 = a_{31} E_1 + a_{32} E_2 + a_{33} E_3 \end{cases}$$

(vgl. Fig. 68). Das planimetrische Produkt dieser drei Stäbe A_i, welches übrigens mit Rücksicht auf die schon mehrfach benutzte Gleichung

$$(4) \qquad [E_1 E_2 E_3] = 1$$

der Determinante $|a_{ik}|$ aus den Ableitzahlen a_{ik} der A_i gleich sein wird, möge mit a bezeichnet werden, das heißt, es möge

$$(5) \quad [A_1 A_2 A_3] = a$$

gesetzt werden. Dann weist der Bruch

$$(6) \quad r = \frac{A_1,\ A_2,\ A_3,}{e_1,\ e_2,\ e_3}$$

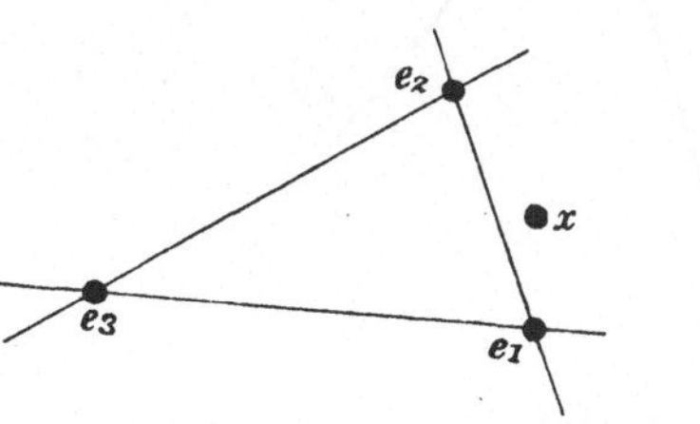

Fig. 68.

nach dem Begriffe des extensiven Bruches seinen drei Nennern e_i die drei Zähler A_i zu, das heißt, es wird

$$(7) \qquad e_i r = A_i, \quad i = 1, 2, 3,$$

außerdem aber führt er, falls man auch bei ihm an der Distributivität festhält, einen jeden Punkt

$$(8) \qquad x = \mathfrak{x}_1 e_1 + \mathfrak{x}_2 e_2 + \mathfrak{x}_3 e_3$$

der Ebene, der aus den drei Grundpunkten e_i durch die drei Zahlgrößen $\mathfrak{x}_i$ abgeleitet ist, in denjenigen Stab

$$(9) \qquad x r = \mathfrak{x}_1 A_1 + \mathfrak{x}_2 A_2 + \mathfrak{x}_3 A_3$$

derselben Ebene über, der aus den Bildern A_i der Grundpunkte e_i durch dieselben Zahlgrößen $\mathfrak{x}_i$ entwickelt wird.

Man erhält so eine Zuordnung der Punkte und Geraden der Ebene, die den Namen reziproke Abbildung oder Reziprozität führt, oder noch genauer als die Punkt-Stab-Abbildung der Reziprozität bezeichnet wird, und die zu der Abbildung der Kollineation in enger Beziehung steht. In der Tat findet eine ganze Reihe von Sätzen über kollineare Systeme bei der reziproken Abbildung ihr Analogon.

Die Grundeigenschaften der Punkt-Stab-Abbildung einer Reziprozität. Der Fundamentalsatz der Reziprozität. Dies gilt insbesondere von den Grundeigenschaften und dem Fundamentalsatz der Kollineation, denen die Grundeigenschaften und der Fundamentalsatz der Reziprozität genau entsprechen. So hat man den Satz:

Satz 365: Erste Grundeigenschaft der Reziprozität: Drei Punkte einer Geraden werden durch reziproke Abbildung in drei gerade Linien übergeführt, die durch einen Punkt gehen.

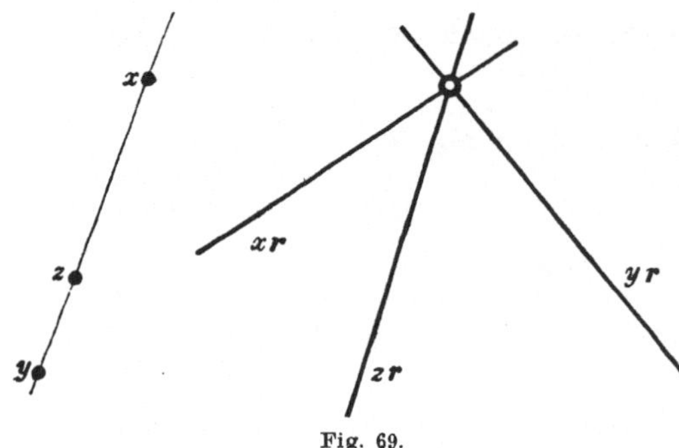

Fig. 69.

Ist nämlich z ein Punkt, der mit den Punkten x und y auf einer Geraden liegt (vgl. Fig. 69), ist also

$$z = \mathfrak{x} x + \mathfrak{y} y,$$

wo $\mathfrak{x}$ und $\mathfrak{y}$ Zahlgrößen sind, so wird

$$z r = \mathfrak{x}\, x r + \mathfrak{y}\, y r.$$

Diese Gleichung aber besagt, daß der Stab $z r$, der das Bild des Punktes z darstellt, mit den Bildern $x r$ und $y r$ der Punkte x und y durch einen Punkt geht.

Ferner gilt der Satz:

Satz 366: Zweite Grundeigenschaft der Reziprozität: Die reziproke Abbildung ordnet einem jeden Punktwurf einen Strahlwurf von gleichem Doppelverhältnis zu.

Der Beweis kann genau so geführt werden, wie bei dem entsprechenden Satze über die kollineare Abbildung (vgl. Seite 53). Man stelle wie dort die Punkte des Wurfes in der Form dar

$$x, \quad y, \quad u = x + \mathfrak{g}y, \quad v = x + \mathfrak{h}y$$

(vgl. Fig. 70), so hat ihr Doppelverhältnis (nach Seite 54 des ersten

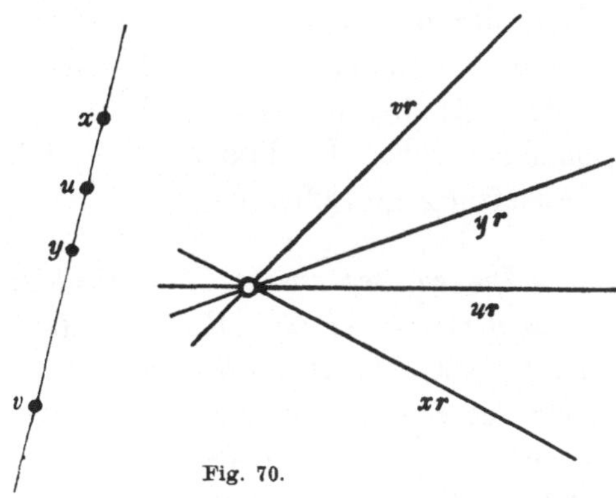

Fig. 70.

Bandes) den Wert $\frac{\mathfrak{g}}{\mathfrak{h}}$; für die zugeordneten Stäbe des entsprechenden Strahlwurfes im reziproken System erhält man nun aber die Ausdrücke

$$x\mathbf{r}, \quad y\mathbf{r}, \quad u\mathbf{r} = x\mathbf{r} + \mathfrak{g}\, y\mathbf{r}, \quad v\mathbf{r} = x\mathbf{r} + \mathfrak{h}\, y\mathbf{r},$$

ihr Doppelverhältnis hat daher nach Seite 58 des ersten Bandes genau denselben Wert $\frac{\mathfrak{g}}{\mathfrak{h}}$.

Hieraus aber folgt weiter der Satz:

Satz 367: Jede Punktreihe wird durch die reziproke Abbildung in ein *projektives* Strahlbüschel übergeführt, jede Kurve zweiter Klasse in eine Kurve zweiter Ordnung.

Dem Fundamentalsatze der Kollineation endlich entspricht der folgende Fundamentalsatz der reziproken Abbildung:

Satz 368: Fundamentalsatz der Reziprozität: Um die Punkt-Stab-Abbildung einer Reziprozität in der Ebene festzulegen, kann man *vier* ihrer Lage nach beliebig gewählten Punkten, von denen aber keine drei derselben Geraden angehören dürfen, *vier* beliebig gegebene Geraden derselben Ebene zuweisen, von denen jedoch keine drei durch einen und denselben Punkt gehen. Dadurch ist dann die Abbildung bis auf einen Zahlfaktor eindeutig bestimmt.

In der Tat braucht man nur drei vielfache Punkte, die mit den drei ersten von den vier Punkten zusammenfallen, zu Nennern des Bruches und drei Stäbe, die auf den drei ersten Geraden liegen, zu Zählern des Bruches zu machen und dabei die Massen jener drei Punkte und die Längen dieser drei Stäbe so zu wählen, daß der vierte von den gegebenen Punkten der Einheitspunkt des Nennersystems und ein Stab der vierten

Geraden der Einheitsstab des Zählersystems wird (vgl. Fig. 71). Durch diese Forderungen sind die Massen der drei Nennerpunkte mit Rücksicht auf die Gleichung (1) eindeutig bestimmt. Aber auch die Längen und der Sinn der drei Zählerstäbe sind durch die obigen Bestimmungen wenigstens bis auf einen Proportionalitätsfaktor festgelegt; dieser bleibt willkürlich, da über den Wert des planimetrischen Produktes $[A_1 A_2 A_3]$ der drei Zähler keine Festsetzung getroffen ist.

Die zu der Punkt-Stab-Abbildung r einer Reziprozität adjungierte Stab-Punkt-Abbildung R. Da die Reziprozität r den Punkten *einer Geraden* stets gerade Linien zuweist, die *durch einen Punkt gehen*, so ordnet der Bruch r auch jeder *geraden Linie des ersten Systems einen Punkt des zweiten* zu.

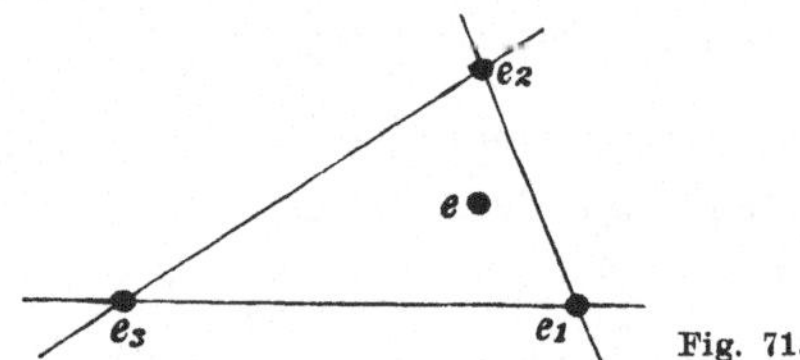

Fig. 71.

Indes wird diese Beziehung der Geraden des ersten Systems auf die Punkte des zweiten durch den Bruch r nur indirekt vermittelt. Man erhält aber auch hier wieder eine direktere Darstellung dieser Abbildung von Geraden auf Punkte, wenn man neben dem Bruche r einen **adjungierten Bruch R** einführt, dessen Nenner und Zähler die multiplikativen Kombinationen ohne Wiederholung zur zweiten Klasse aus den Nennern und Zählern des Bruches r sind, das heißt, wenn man setzt

$$(10) \qquad R = \frac{[A_2 A_3], \ [A_3 A_1], \ [A_1 A_2]}{[e_2 e_3], \ [e_3 e_1], \ [e_1 e_2]} \quad \text{oder}$$

$$(11) \qquad R = \frac{a_1, \ a_2, \ a_3}{E_1, \ E_2, \ E_3}, \quad \text{wo}$$

$$(12) \qquad E_1 = [e_2 e_3], \quad E_2 = [e_3 e_1], \quad E_3 = [e_1 e_2] \quad \text{und}$$

$$(13) \qquad a_1 = [A_2 A_3], \quad a_2 = [A_3 A_1], \quad a_3 = [A_1 A_2]$$

ist (vgl. Fig. 72). Die Zählerpunkte a_i lassen sich hier übrigens leicht als Vielfachensummen der Grundpunkte e_k darstellen. Dazu führe man

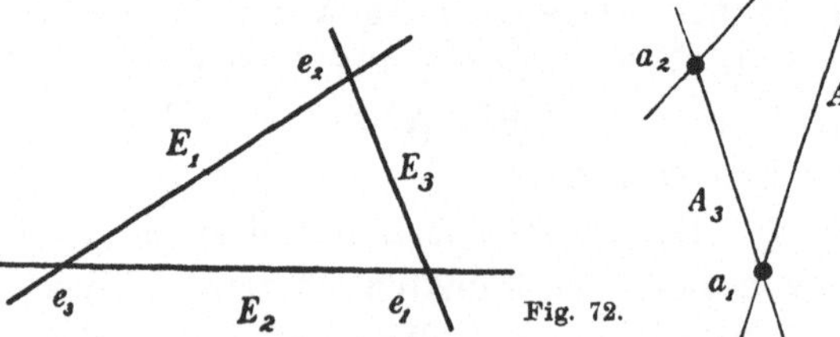

Fig. 72.

in die Gleichungen (13) auf den rechten Seiten die Ausdrücke (3) ein und multipliziere aus unter Berücksichtigung der Gleichungen

$$(14) \qquad [E_2 E_3] = e_1, \quad [E_3 E_1] = e_2, \quad [E_1 E_2] = e_3,$$

dann erhält man die Gleichungen:

$$(15) \quad \begin{cases} a_1 = \mathfrak{A}_{11}e_1 + \mathfrak{A}_{12}e_2 + \mathfrak{A}_{13}e_3 \\ a_2 = \mathfrak{A}_{21}e_1 + \mathfrak{A}_{22}e_2 + \mathfrak{A}_{23}e_3 \\ a_3 = \mathfrak{A}_{31}e_1 + \mathfrak{A}_{32}e_2 + \mathfrak{A}_{33}e_3, \end{cases}$$

in denen die $\mathfrak{A}_{ik}$ die Unterdeterminanten der Determinante $\mathfrak{a} = |\,\mathfrak{a}_{ik}\,|$ sind.

Ferner wird wegen (5) und (13)

$$(16) \quad [a_i A_i] = [A_i a_i] = \mathfrak{a}, \quad i = 1,\, 2,\, 3,$$

während andererseits

$$(17) \quad [a_i A_k] = [A_k a_i] = 0, \quad i,\, k = 1,\, 2,\, 3, \quad i \neq k.$$

Um jetzt den Nachweis zu erbringen, daß der Bruch $\boldsymbol{R}$ wirklich die gewünschte Beziehung zwischen den Geraden des ersten und den Punkten des zweiten Systems herstellt, hat man zu zeigen, daß der Bruch $\boldsymbol{R}$ den Verbindungsstab $[yz]$ zweier beliebigen Punkte y und z in den Schnittpunkt $[yr \cdot zr]$ der Geraden derjenigen beiden Stäbe yr und zr überführt, welche durch den Bruch r den Punkten y und z zugewiesen werden. Dazu setze man wie gewöhnlich (vgl. Fig. 73)

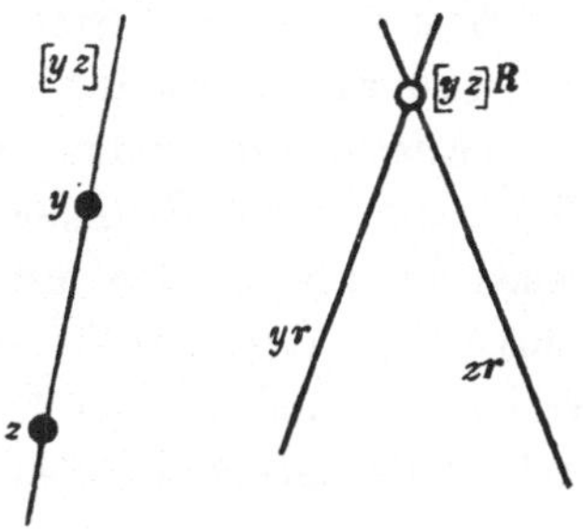

Fig. 73.

$$(18) \quad \begin{cases} y = \mathfrak{y}_1 e_1 + \mathfrak{y}_2 e_2 + \mathfrak{y}_3 e_3 \\ z = \mathfrak{z}_1 e_1 + \mathfrak{z}_2 e_2 + \mathfrak{z}_3 e_3; \quad \text{dann wird} \end{cases}$$

$$[yz] = \begin{vmatrix} \mathfrak{y}_2 & \mathfrak{y}_3 \\ \mathfrak{z}_2 & \mathfrak{z}_3 \end{vmatrix} E_1 + \begin{vmatrix} \mathfrak{y}_3 & \mathfrak{y}_1 \\ \mathfrak{z}_3 & \mathfrak{z}_1 \end{vmatrix} E_2 + \begin{vmatrix} \mathfrak{y}_1 & \mathfrak{y}_2 \\ \mathfrak{z}_1 & \mathfrak{z}_2 \end{vmatrix} E_3,$$

also wegen (11)

$$[yz]\boldsymbol{R} = \begin{vmatrix} \mathfrak{y}_2 & \mathfrak{y}_3 \\ \mathfrak{z}_2 & \mathfrak{z}_3 \end{vmatrix} a_1 + \begin{vmatrix} \mathfrak{y}_3 & \mathfrak{y}_1 \\ \mathfrak{z}_3 & \mathfrak{z}_1 \end{vmatrix} a_2 + \begin{vmatrix} \mathfrak{y}_1 & \mathfrak{y}_2 \\ \mathfrak{z}_1 & \mathfrak{z}_2 \end{vmatrix} a_3.$$

Andererseits wird

$$yr = \mathfrak{y}_1 A_1 + \mathfrak{y}_2 A_2 + \mathfrak{y}_3 A_3,$$
$$zr = \mathfrak{z}_1 A_1 + \mathfrak{z}_2 A_2 + \mathfrak{z}_3 A_3,$$

also mit Rücksicht auf (13)

$$[yr \cdot zr] = \begin{vmatrix} \mathfrak{y}_2 & \mathfrak{y}_3 \\ \mathfrak{z}_2 & \mathfrak{z}_3 \end{vmatrix} a_1 + \begin{vmatrix} \mathfrak{y}_3 & \mathfrak{y}_1 \\ \mathfrak{z}_3 & \mathfrak{z}_1 \end{vmatrix} a_2 + \begin{vmatrix} \mathfrak{y}_1 & \mathfrak{y}_2 \\ \mathfrak{z}_1 & \mathfrak{z}_2 \end{vmatrix} a_3,$$

und es wird daher wirklich

$$(19) \quad [yz]\boldsymbol{R} = [yr \cdot zr],$$

das heißt, man hat den Satz:

10*

Satz 369: Adjungiert man einem Reziprozitätsbruche

$$r = \frac{A_1,\ A_2,\ A_3}{e_1,\ e_2,\ e_3},$$

welcher Punkte in Stäbe überführt, einen zweiten Bruch

$$R = \frac{a_1,\ a_2,\ a_3}{E_1,\ E_2,\ E_3}$$

in der Weise, daß dieser neue Bruch den Seiten E_i des Nennerdreiecks von r die Ecken a_i des Zählerdreiseits von r zuordnet, jene Seiten und diese Ecken dargestellt als entsprechende planimetrische Produkte der Nennerpunkte und Zählerstäbe von r, so weist der „adjungierte Bruch" R überhaupt *jedem* Stabe $[yz]$, das heißt jedem Produkt zweier Punkte y und z des ersten Systems, den Schnittpunkt $[yr \cdot zr]$ der Geraden ihrer Bildstäbe yr und zr im zweiten System zu.

Aus diesem Satze läßt sich noch eine wichtige Folgerung ziehen. Nach der ersten Grundeigenschaft der Reziprozität (Satz 365) wird einem jeden Punkte x, der mit zwei Punkten y und z in einer Geraden liegt, durch eine Reziprozität r ein Bildstab xr zugeordnet, der mit den Bildstäben yr und zr der Punkte y und z durch einen und denselben Punkt geht. Es entspricht also einem Punkte x, der die Gleichung

(†) $[x(yz)] = 0$

erfüllt, ein Bildstab xr, welcher der Gleichung

$$[xr(yr \cdot zr)] = 0$$

Genüge leistet; und diese Gleichung kann man wegen (19) auch in der Form schreiben:

(††) $[xr \cdot yz\,R] = 0.$

Und setzt man endlich in den beiden Gleichungen (†) und (††)

(20) $[yz] = U,$

wodurch sie die Form annehmen:

(21) $[xU] = 0$ und

(22) $[xr \cdot UR] = 0,$

so kann man das gewonnene Ergebnis auch so formulieren:

Aus der Bedingung des Vereintliegens eines Punktes x und eines Stabes U, das heißt aus der Gleichung

(21) $[xU] = 0,$

folgt die entsprechende Gleichung

(22) $[xr \cdot UR] = 0$

für das Vereintliegen des Bildstabes xr des Punktes x und des Bildpunktes UR des Stabes U.

Man hat also den Satz:

Satz 370: Ist r der extensive Bruch für die Punkt-Stab-Abbildung einer Reziprozität, und R der adjungierte Bruch für die zugehörige Stab-Punkt-Abbildung, so zieht die Bedingungsgleichung

$$(21) \qquad [xU] = 0$$

für das Vereintliegen des Punktes x und des Stabes U die entsprechende Bedingungsgleichung

$$(22) \qquad [xr \cdot UR] = 0$$

nach sich für das Vereintliegen der Bilder xr und UR des Punktes x und des Stabes U in der Reziprozität r, R.

Das kombinatorische Produkt $[rs]$ *der Punkt-Stab-Abbildungen zweier Reziprozitäten.* Man kann übrigens auch hier wieder den Bruch für die zur Reziprozität r adjungierte Reziprozität R als kombinatorisches Quadrat des Bruches r darstellen, vorausgesetzt daß man den Begriff des kombinatorischen Produktes der Punkt-Stab-Abbildungen r und s zweier Reziprozitäten in entsprechender Weise wie oben (vgl. Seite 57 ff.) das kombinatorische Produkt der Punkt-Punkt-Abbildungen zweier Kollineationen definiert.

Wir führen dazu zunächst wieder einen Ausdruck von der Form $[yz \cdot rs]$ ein, in welchem y und z zwei beliebige Punkte sind, indem wir setzen:

$$(23) \qquad [yz \cdot rs] = \frac{[yr \cdot zs] - [zr \cdot ys]}{2}$$

und zeigen wieder wie dort, daß der durch den Bruch auf der rechten Seite von (23) definierte Ausdruck $[yz \cdot rs]$ den Charakter eines aus den vier Größen y, z, r, s gebildeten *Produktes* besitzt, indem *erstens* jeder Zahlfaktor, der zu einer der vier Größen y, z, r, s hinzutritt, vor den ganzen Ausdruck gestellt werden kann, und indem *zweitens* der Ausdruck distributiv ist gegenüber einer Summe, die an Stelle einer der vier Größen y, z, r, s in den Ausdruck eingesetzt wird. Das Produkt $[yz \cdot rs]$ verdient aber auch den Namen eines *kombinatorischen* Produktes, da wenigstens für seine Punktfaktoren y und z die Grundformel eines solchen Produktes gilt, nämlich die Formel:

$$(24) \qquad [xx \cdot rs] = 0,$$

(vgl. Gleichung (23)). Diese Formel aber zieht die weitere Formel nach sich:

$$(25) \qquad [zy \cdot rs] = -[yz \cdot rs],$$

welche aussagt, daß die beiden Punktfaktoren y und z des Produktes $[yz \cdot rs]$ nur mit Zeichenwechsel vertauschbar sind.

Die beiden Reziprozitätsfaktoren r und s dagegen dürfen offenbar ohne Zeichenwechsel vertauscht werden; denn es wird wegen (23)

$$[yz \cdot sr] = \frac{[ys \cdot zr] - [zs \cdot yr]}{2}$$

oder da nach Satz 22 die Stabfaktoren ys und zr, zs und yr der planimetrischen (regressiven) Produkte des Zählers nur mit Zeichenwechsel vertauschbar sind,

$$[yz \cdot sr] = \frac{[yr \cdot zs] - [zr \cdot ys]}{2}.$$

Das ist aber gerade der Ausdruck für das Produkt $[yz \cdot rs]$; es ist daher wirklich

$$(26) \qquad\qquad [yz \cdot sr] = [yz \cdot rs],$$

und man hat den Satz:

Satz 371: In dem kombinatorischen Produkte $[yz \cdot rs]$ sind die Punktfaktoren y und z *mit*, die Reziprozitätsfaktoren r und s *ohne* Zeichenwechsel vertauschbar.

Aus den Formeln (24) und (25) kann man ferner wiederum folgern, daß das kombinatorische Produkt $[yz \cdot rs]$ auch als ein Produkt aufgefaßt werden kann, dessen einer Faktor der Stab $[yz]$ ist. Dazu suche man eine Größe $[rs]$ einzuführen, welche die Eigenschaft hat, einen jeden Stab $[yz]$ bei der Multiplikation in das Produkt $[yz \cdot rs]$ zu verwandeln, die also für beliebiges y und z der Gleichung genügt:

$$(27) \qquad\qquad [yz][rs] = [yz \cdot rs]$$

Um auf Grund dieser Gleichung einen analytischen Ausdruck für die Größe $[rs]$ zu finden, setze man in die Gleichung (27) für y und z ihre Ableitausdrücke

$$(28) \qquad \begin{cases} y = \mathfrak{y}_1 e_1 + \mathfrak{y}_2 e_2 + \mathfrak{y}_3 e_3 \\ z = \mathfrak{z}_1 e_1 + \mathfrak{z}_2 e_2 + \mathfrak{z}_3 e_3 \end{cases}$$

ein, schreibe die Gleichung also in der Form:

$$[(\mathfrak{y}_1 e_1 + \cdots)(\mathfrak{z}_1 e_1 + \cdots)][rs] = [(\mathfrak{y}_1 e_1 + \cdots)(\mathfrak{z}_1 e_1 + \cdots) \cdot rs],$$

führe sodann die Multiplikation der runden Klammern aus und berücksichtige dabei, daß sowohl linker Hand wie rechter Hand die Regeln der kombinatorischen Multiplikation zur Geltung kommen (vgl. hinsichtlich der rechten Seite die Formeln (24) und (25)). Auf diese Weise erhält man die Gleichung:

$$(29) \qquad \left\{ \begin{vmatrix} \mathfrak{y}_2 & \mathfrak{y}_3 \\ \mathfrak{z}_2 & \mathfrak{z}_3 \end{vmatrix} [e_2 e_3] + \cdots \right\}[rs] = \begin{vmatrix} \mathfrak{y}_2 & \mathfrak{y}_3 \\ \mathfrak{z}_2 & \mathfrak{z}_3 \end{vmatrix} [e_3 e_3 \cdot rs] + \cdots$$

Hier sind die Ausdrücke $[e_2 e_3 \cdot rs], \cdots$ gewisse Punkte, die nach (23) die Darstellung gestatten:

$$(30) \qquad [e_2 e_3 \cdot rs] = \frac{[e_2 r \cdot e_3 s] - [e_3 r \cdot e_2 s]}{2}, \cdots,$$

für die sich also, wenn man noch

$$(31) \qquad r = \frac{A_1, \; A_2, \; A_3}{e_1, \; e_2, \; e_3}, \quad s^\bullet = \frac{B_1, \; B_2, \; B_3}{e_1, \; e_2, \; e_3}$$

setzt, die Werte ergeben:

$$(32) \qquad \begin{cases} [e_2 e_3 \cdot rs] = \dfrac{[A_2 B_3] - [A_3 B_2]}{2}, \quad [e_3 e_1 \cdot rs] = \dfrac{[A_3 B_1] - [A_1 B_3]}{2}, \\[2ex] \qquad\qquad [e_1 e_2 \cdot rs] = \dfrac{[A_1 B_2] - [A_2 B_1]}{2}. \end{cases}$$

Die in der geschweiften Klammer der linken Seite von (29) angegebene Vielfachensumme der Stäbe $[e_2 e_3]$, $[e_3 e_1]$, $[e_1 e_2]$ wird nun nach (29) durch Multiplikation mit der Größe $[rs]$ in die entsprechende Vielfachensumme der Punkte $[e_2 e_3 \cdot rs]$, $[e_3 e_1 \cdot rs]$, $[e_1 e_2 \cdot rs]$ übergeführt, und da diese Beziehung für beliebige Werte von $\mathfrak{y}_i$ und $\mathfrak{z}_k$, $i, k = 1, 2, 3$, gelten soll, so kann man setzen:

$$(33) \qquad [rs] = \frac{[e_2 e_3 \cdot rs], \; [e_3 e_1 \cdot rs], \; [e_1 e_2 \cdot rs]}{[e_2 e_3], \qquad [e_3 e_1], \qquad [e_1 e_2]}.$$

Den so definierten Ausdruck $[rs]$ bezeichnen wir als das **kombinatorische Produkt der Reziprozitäten** r und s. Dasselbe stellt, wie die Gleichung (33) zeigt, die Stab-Punkt-Abbildung einer gewissen neuen Reziprozität dar.

Man überzeugt sich dann wieder leicht, daß seine Faktoren ohne Zeichenwechsel vertauschbar sind. Denn es wird nach (33)

$$(34) \qquad [sr] = \frac{[e_2 e_3 \cdot sr], \; [e_3 e_1 \cdot sr], \; [e_1 e_2 \cdot sr]}{[e_2 e_3], \qquad [e_3 e_1], \qquad [e_1 e_2]}.$$

Nun sind aber nach dem Satze 371 die entsprechenden Zähler der Brüche (33) und (34) einander gleich; man hat also die Formel

$$(35) \qquad [sr] = [rs]$$

und damit den Satz:

Satz 372: In dem kombinatorischen Produkte der Punkt-Stab-Abbildungen zweier Reziprozitäten sind die Faktoren ohne Zeichenwechsel vertauschbar.

Führt man schließlich in die Bruchdarstellung (33) des kombinatorischen Produktes $[rs]$ an Stelle der Zähler $[e_2 e_3 \cdot rs], \cdots$ ihre Werte aus (32) ein, so findet man für das kombinatorische Produkt $[rs]$ den Ausdruck:

$$(36) \quad [rs] = \frac{\frac{1}{2}\{[A_2 B_3] - [A_3 B_2]\}, \; \frac{1}{2}\{[A_3 B_1] - [A_1 B_3]\}, \; \frac{1}{2}\{[A_1 B_2] - [A_2 B_1]\}}{[e_2 e_3], \qquad\qquad [e_3 e_1], \qquad\qquad [e_1 e_2]}.$$

Die zu einer Punkt-Stab-Reziprozität r adjungierte Reziprozität R als kombinatorisches Quadrat von r. Läßt man in der Formel (23) die beiden in ihr auftretenden Reziprozitäten r und s einander gleich werden, setzt also $s = r$, so ergibt sich aus ihr die Spezialformel

$$[yz\ r^2] = \frac{[yr \cdot zr] - [zr \cdot yr]}{2}.$$

Da aber nach Satz 22

$$[yr \cdot zr] = -[zr \cdot yr]$$

ist, so vereinfacht sich diese Formel zu:

$$(37) \qquad\qquad [yz\ r^2] = [yr \cdot zr].$$

Ferner erhält man aus (33) für das „kombinatorische Quadrat" $[r^2]$ der Reziprozität r die Darstellung

$$[r^2] = \frac{[e_2 e_3\ r^2],\ \ [e_3 e_1\ r^2],\ \ [e_1 e_2\ r^2]}{[e_2 e_3],\qquad [e_3 e_1],\qquad [e_1 e_2]}$$

oder wegen (37)

$$(38) \qquad\qquad [r^2] = \frac{[e_2 r \cdot e_3 r],\ \ [e_3 r \cdot e_1 r],\ \ [e_1 r \cdot e_2 r]}{[e_2 e_3],\qquad\ \ [e_3 e_1],\qquad\ \ [e_1 e_2]},$$

wofür man mit Rücksicht auf den Wert von r in (31) auch schreiben kann:

$$(39) \qquad\qquad [r^2] = \frac{[A_2 A_3],\ \ [A_3 A_1],\ \ [A_1 A_2]}{[e_2 e_3],\quad\ [e_3 e_1],\quad\ [e_1 e_2]}$$

oder wegen (12) und (13)

$$(40) \qquad\qquad [r^2] = \frac{a_1,\ \ a_2,\ \ a_3}{E_1,\ E_2,\ E_3}.$$

Die Vergleichung mit (11) zeigt dann, daß

$$(41) \qquad\qquad\qquad [r^2] = R,$$

und endlich entnimmt man aus dieser Gleichung und aus (27) und (37), daß

$$(42) \qquad [yz]R = [yz][r^2] = [yz\,r^2] = [yr \cdot zr],$$

wodurch zugleich die Formel (19) bestätigt wird. Das Hauptergebnis dieser Untersuchung läßt sich in dem Satze ausdrücken:

Satz 373: Die adjungierte Abbildung R der Punkt-Stab-Abbildung r einer Reziprozität ist das kombinatorische Quadrat von r.

Das kombinatorische Produkt $[rst]$ der Punkt-Stab-Abbildungen dreier Reziprozitäten. Sind r, s, t die Punkt-Stab-Abbildungen *dreier* Reziprozitäten und x, y, z drei beliebige Punkte der Ebene, so definieren wir das kombinatorische Produkt

$$[xyz \cdot rst]$$

durch die Formel

$$(43)\ [xyz \cdot rst] = \frac{1}{3!}\left\{ \begin{matrix} [xr \cdot ys \cdot zt] + [yr \cdot zs \cdot xt] + [zr \cdot xs \cdot yt] \\ -[xr \cdot zs \cdot yt] - [yr \cdot xs \cdot zt] - [zr \cdot ys \cdot xt] \end{matrix} \right\},$$

das heißt, wir verstehen unter dem Produkte $[xyz \cdot rst]$ das arithmetische Mittel der Ausdrücke, die hervorgehen, wenn man die Punktfaktoren x, y, z in allen möglichen Anordnungen mit den in der Reihenfolge r, s, t genommenen Reziprozitätsfaktoren multipliziert, die erhaltenen Produkte jedesmal zu einem planimetrischen Produkte vereinigt und dem so entstehenden Produkte das Plus- oder Minuszeichen vorsetzt, je nachdem die Anordnung der Punktfaktoren, die in diesem Produkte vorkommt, gegenüber der ursprünglichen Reihenfolge x, y, z eine gerade oder ungerade Anzahl von Inversionen aufweist.

Man kann dann genau so wie in der entsprechenden Untersuchung über Kollineationen (vgl. Seite 62 f.) zeigen, daß der Bruch

$$(44) \qquad \frac{[xyz \cdot rst]}{[xyz]},$$

von dem wir wieder voraussetzen wollen, daß sein Nenner

$$(45) \qquad [xyz] \neq 0$$

sei, eine von der Lage und Masse der Punkte x, y, z unabhängige Zahlgröße darstellt, und kann daher für diesen Bruch ein Symbol einführen, das nur noch die Größen r, s, t enthält. Wir wählen das Zeichen $[rst]$, setzen also

$$(46) \qquad [rst] = \frac{[xyz \cdot rst]}{[xyz]}$$

und bezeichnen die so definierte Größe $[rst]$ als das *kombinatorische Produkt der drei Reziprozitäten* r, s, t. Dabei können in der Formel (46) für x, y, z drei ganz beliebige nicht in einer Geraden liegende Punkte benutzt werden; insbesondere kann man also auch die drei Grundpunkte e_1, e_2, e_3 verwenden, so daß man auch hat

$$(47) \qquad [rst] = \frac{[e_1 e_2 e_3 \cdot rst]}{[e_1 e_2 e_3]}.$$

Aus der Formel (46) folgt ferner durch Wegschaffung des Nenners die Formel

$$(48) \qquad [xyz][rst] = [xyz \cdot rst].$$

Außerdem beweist man wieder leicht, daß die Faktoren des Produktes $[rst]$ ohne Zeichenwechsel vertauschbar sind, daß also

$$(49) \qquad [rst] = [str] = [trs] = [rts] = [srt] = [tsr].$$

Der Potenzwert der Punkt-Stab-Abbildung einer Reziprozität. Nimmt man in der Formel (47) die Reziprozitätsbrüche r, s, t einander gleich an, setzt somit

$$t = s = r,$$

so verwandelt sich das kombinatorische Produkt $[rst]$ in die kombinatorische dritte Potenz $[r^3]$ von r, die wir als den Potenzwert von r bezeichnen wollen. Es wird

$$(50) \qquad [r^3] = \frac{[e_1 e_2 e_3 \ r^3]}{[e_1 e_2 e_3]}.$$

In dem Bruche auf der rechten Seite ist aber mit Rücksicht auf (43) der Zähler

$$[e_1 e_2 e_3 \ r^3] = \frac{1}{3!} \left\{ \begin{array}{l} [e_1 r \cdot e_2 r \cdot e_3 r] + [e_2 r \cdot e_3 r \cdot e_1 r] + [e_3 r \cdot e_1 r \cdot e_2 r] \\ - [e_1 r \cdot e_3 r \cdot e_2 r] - [e_2 r \cdot e_1 r \cdot e_3 r] - [e_3 r \cdot e_2 r \cdot e_1 r] \end{array} \right\}.$$

Und da hier nach den Gleichungen (33) des dritten Abschnitts sämtliche Glieder innerhalb der geschweiften Klammer (einschließlich ihrer Vorzeichen genommen) einander gleich sind, so wird

$$(51) \qquad [e_1 e_2 e_3 \ r^3] = [e_1 r \cdot e_2 r \cdot e_3 r]$$

und also der Potenzwert von r

$$(52) \qquad [r^3] = \frac{[e_1 r \cdot e_2 r \cdot e_3 r]}{[e_1 e_2 e_3]} = \frac{[A_1 A_2 A_3]}{[e_1 e_2 e_3]}.$$

Der Potenzwert eines Reziprozitätsbruches r ist also wieder gleich dem kombinatorischen Produkte seiner Zähler dividiert durch dasjenige seiner Nenner.

Da übrigens nach der Gleichung (1) das Produkt im Nenner von (52) den Wert 1 hat, so kann man die Gleichung (52) auch in der Form schreiben:

$$(53) \qquad [r^3] = [A_1 A_2 A_3]$$

oder, wenn man die Gleichung (5) berücksichtigt, auch in der Form:

$$(54) \qquad [r^3] = \mathfrak{a}.$$

Zugleich entnimmt man aus der Formel (53), daß das Verschwinden des Potenzwertes $[r^3]$ der Punkt-Stab-Abbildung r einer Reziprozität, das heißt die Gleichung

$$(55) \qquad [r^3] = 0,$$

die Bedingung des Entartens der Punkt-Stab-Reziprozität r ist.

Aus der Gleichung (52) kann man ferner noch folgern, daß das Produkt

$$(56) \qquad [e_1 e_2 e_3][r^3] = [e_1 r \cdot e_2 r \cdot e_3 r]$$

ist, und diese Gleichung bleibt auch bestehen, wenn man an die Stelle der Punkte e_1, e_2, e_3 drei ganz beliebige Punkte x, y, z treten läßt, es gilt also auch die Gleichung:

$$(57) \qquad [xyz][r^3] = [xr \cdot yr \cdot zr].$$

Das kombinatorische Produkt $[RS]$ der Stab-Punkt-Abbildungen zweier Reziprozitäten. Wir haben oben auf Seite 146 die Stab-Punkt-Reziprozität

$$(58) \qquad R = \frac{a_1, \ a_2, \ a_3}{E_1, \ E_2, \ E_3}$$

als adjungierte Abbildung zur Punkt-Stab-Reziprozität eingeführt. Aber man kann selbstverständlich ebenso gut auch von einer durch den Bruch (58) definierten Stab-Punkt-Reziprozität als der ursprünglichen Reziprozität ausgehen und von ihr die adjungierte Punkt-Stab-Reziprozität

$$(59) \qquad \bar{r} = \frac{[a_2\,a_3],\ \ [a_3\,a_1],\ \ [a_1\,a_2]}{[E_2\,E_3],\ \ [E_3\,E_1],\ \ [E_1\,E_2]}$$

bilden, das heißt diejenige Abbildung, deren Zähler und Nenner die zweifaktorigen planimetrischen Produkte der Zähler und Nenner von R sind.

Auch für diese adjungierte Abbildung $\bar{r}$ einer Stab-Punkt-Reziprozität R ergibt sich eine Darstellung als kombinatorisches Quadrat von R, wenn man wieder entsprechend dem Obigen den Begriff des kombinatorischen Produktes $[RS]$ zweier Stab-Punkt-Reziprozitäten R und S einführt.

Wir definieren dazu genau wie bei der dualistisch entsprechenden Entwickelung zunächst den Ausdruck $[VW \cdot RS]$, in dem V und W zwei beliebige Stäbe sind, durch die Formel

$$(60) \qquad [VW \cdot RS] = \frac{[VR \cdot WS] - [WR \cdot VS]}{2},$$

aus der dann wiederum folgt, daß, wenn U ebenfalls einen Stab bedeutet,

$$(61) \qquad [UU \cdot RS] = 0$$

ist, und daß

$$(62) \qquad [WV \cdot RS] = -[VW \cdot RS] \quad \text{und}$$

$$(63) \qquad [VW \cdot SR] = [VW \cdot RS]$$

ist. Wir nennen den Ausdruck $[VW \cdot RS]$ *das kombinatorische Produkt der Stäbe V, W und der Reziprozitäten R, S.* Die Formeln (62) und (63) enthalten dann den Satz:

Satz 374: In dem kombinatorischen Produkte $[VW \cdot RS]$ sind die Stabfaktoren V und W *mit*, die Reziprozitätsfaktoren R und S *ohne* Zeichenwechsel vertauschbar.

Definiert man sodann weiter das kombinatorische Produkt $[RS]$ durch die Formel:

$$(64) \qquad [VW][RS] = [VW \cdot RS],$$

die für beliebige Werte der Stäbe V und W gelten soll, so zeigt man wieder wie auf Seite 150 f., daß

$$(65) \qquad [RS] = \frac{[E_2\,E_3 \cdot RS],\ \ [E_3\,E_1 \cdot RS],\ \ [E_1\,E_2 \cdot RS]}{[E_2\,E_3],\ \ \ \ [E_3\,E_1],\ \ \ \ [E_1\,E_2]}$$

ist, woraus wegen (63) noch folgt, daß allgemein

$$(66) \qquad [SR] = [RS]$$

ist. Es gilt also der Satz:

Satz 375: In dem kombinatorischen Produkte der Stab-Punkt-Abbildungen zweier Reziprozitäten sind die Faktoren ohne Zeichenwechsel vertauschbar.

In dem Bruche auf der rechten Seite von (65) besitzen die Zähler nach (60) die Werte:

$$(67) \qquad [E_2 E_3 \cdot RS] = \frac{[E_2 R \cdot E_3 S] - [E_3 R \cdot E_2 S]}{2}, \quad \ldots,$$

für die man, wenn man noch

$$(68) \qquad R = \frac{a_1, \ a_2, \ a_3}{E_1, \ E_2, \ E_3}, \quad S = \frac{b_1, \ b_2, \ b_3}{E_1, \ E_2, \ E_3}$$

setzt, auch schreiben kann:

$$(69) \qquad [E_2 E_3 \cdot RS] = \frac{[a_2 b_3] - [a_3 b_2]}{2}, \quad \ldots$$

Bei Einführung dieser Werte nimmt die Gleichung (65) die Gestalt an:

$$(70) \quad [RS] = \frac{\tfrac{1}{2}\{[a_2 b_3] - [a_3 b_2]\}, \quad \tfrac{1}{2}\{[a_3 b_1] - [a_1 b_3]\}, \quad \tfrac{1}{2}\{[a_1 b_2] - [a_2 b_1]\}}{[E_2 E_3], \qquad\qquad [E_3 E_1] \qquad\qquad [E_1 E_2]}.$$

Die zu einer Stab-Punkt-Reziprozität R adjungierte Reziprozität $\bar{r}$ als kombinatorisches Quadrat von R. Für das kombinatorische Quadrat $[R^2]$ der Stab-Punkt-Reziprozität R erhält man ferner wie auf Seite 152 die Formeln:

$$(71) \qquad [VWR^2] = [VR \cdot WR] \quad \text{und}$$

$$(72) \qquad [R^2] = \frac{[E_2 R \cdot E_3 R], \quad [E_3 R \cdot E_1 R], \quad [E_1 R \cdot E_2 R]}{[E_2 E_3], \qquad\quad [E_3 E_1], \qquad\quad [E_1 E_2]},$$

von denen sich die letztere wegen (58) auch in der Form schreiben läßt:

$$(73) \qquad [R^2] = \frac{[a_2 a_3], \quad [a_3 a_1], \quad [a_1 a_2]}{[E_2 E_3], \ [E_3 E_1], \ [E_1 E_2]}.$$

Der Bruch rechter Hand ist aber nach (59) gerade der Ausdruck für die zur Stab-Punkt-Reziprozität R adjungierte Punkt-Stab-Reziprozität $\bar{r}$, und man hat daher die Gleichung bewiesen:

$$(74) \qquad [R^2] = \bar{r}.$$

Diese Gleichung enthält den Satz:

Satz 376: Die adjungierte Abbildung $\bar{r}$ der Stab-Punkt-Abbildung R einer Reziprozität ist das kombinatorische Quadrat von R.

Ferner entnimmt man aus der Gleichung (74) und aus (64) und (71), daß

$$(75) \qquad [VW]\bar{r} = [VW][R^2] = [VW\, R^2] = [VR \cdot WR].$$

Insbesondere ist also

$$(76) \qquad [VW]\bar{r} = [VR \cdot WR],$$

und man hat den zu dem Satze 369 dualistisch entsprechenden Satz (vgl. Fig. 74):

Satz 377: Adjungiert man einem Reziprozitätsbruche

$$R = \frac{a_1, \; a_2, \; a_3}{E_1, \; E_2, \; E_3},$$

welcher Stäbe in Punkte überführt, einen zweiten Bruch:

$$\bar{r} = \frac{[a_2\,a_3], \; [a_3\,a_1], \; [a_1\,a_2]}{[E_2\,E_3], \; [E_3\,E_1], \; [E_1\,E_2]}$$

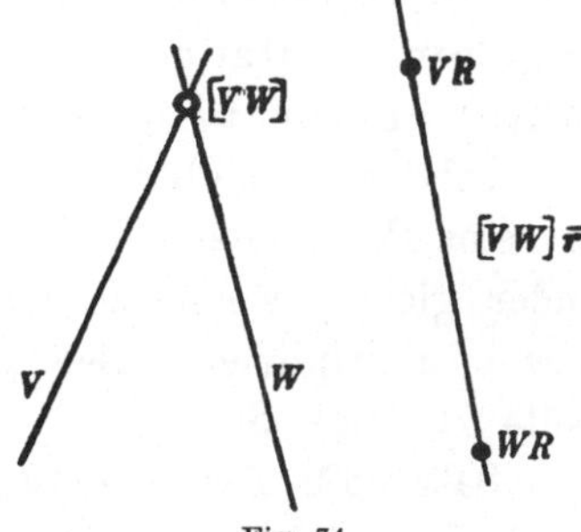

Fig. 74.

in der Weise, daß er den planimetrischen Produkten aus je zweien von den Nennern des Bruches *R* die entsprechenden planimetrischen Produkte aus den Zählern von *R* zuordnet, so weist dieser zu *R* adjungierte Bruch r̄ überhaupt *jedem* Punkte [*VW*], das heißt jedem Produkte zweier Stäbe *V* und *W* des ersten Systems, die Verbindungsgerade [*VR* · *WR*] ihrer Bildpunkte *VR* und *WR* im zweiten System zu.

Die Grundeigenschaften der Stab-Punkt-Abbildung einer Reziprozität. Überhaupt ergibt die Auffassung der Reziprozität als Stab-Punkt-Abbildung zu jedem oben für die Reziprozität gewonnenen Satze eine dualistisch entsprechende Eigenschaft. Insbesondere kann man aus der Distributivität des Bruches *R* die folgenden beiden neuen Grundeigenschaften der Reziprozität folgern:

Satz 378: Dritte Grundeigenschaft der Reziprozität: Drei gerade Linien, die durch einen Punkt gehen, werden durch reziproke Abbildung in drei Punkte übergeführt, die in derselben geraden Linie liegen. Und:

Satz 379: Vierte Grundeigenschaft der Reziprozität: Ein jeder Strahlwurf wird durch reziproke Abbildung in einen Punktwurf von demselben Doppelverhältnis verwandelt.

Hieraus aber folgt weiter der Satz:

Satz 380: Jedes Strahlbüschel wird durch eine Reziprozität in eine projektive Punktreihe übergeführt, jede Kurve zweiter Ordnung in eine Kurve zweiter Klasse.

Ferner gilt auch der dem Fundamentalsatz der Reziprozität dualistisch entsprechende Satz:

Satz 381: Um die Stab-Punkt-Abbildung einer Reziprozität in der Ebene festzulegen, kann man *vier* ihrer Lage nach beliebig gegebenen Geraden, von denen jedoch keine drei durch einen und denselben Punkt gehen dürfen, *vier* beliebig gegebene Punkte zuweisen, von denen aber keine drei derselben Geraden angehören. Dadurch ist dann die Abbildung bis auf einen Zahlfaktor eindeutig bestimmt.

Setzt man endlich wie oben bei der Kollineation zwei extensive Brüche für eine Punkt-Stab- (oder Stab-Punkt-)Abbildung dann und nur dann einander gleich, wenn sie mit jedem Punkte (oder Stabe) der betrachteten Ebene multipliziert Gleiches liefern, so beweist man genau so wie auf Seite 51 f. den Satz:

Satz 382: Zwei extensive Brüche, die die Punkt-Stab- (oder Stab-Punkt-)Abbildung einer Reziprozität in der Ebene vermitteln, sind einander gleich, sobald sie mit drei von einander linear unabhängigen Punkten (oder Stäben) multipliziert Gleiches liefern.

Die zur adjungierten Abbildung R einer Punkt-Stab-Reziprozität r adjungierte Abbildung $\bar{r}$. Ist die Stab-Punkt-Reziprozität

$$(77) \qquad R = \frac{a_1,\; a_2,\; a_3}{E_1,\; E_2,\; E_3}$$

die adjungierte Abbildung einer Punkt-Stab-Reziprozität

$$(78) \qquad r = \frac{A_1,\; A_2,\; A_3}{e_1,\; e_2,\; e_3},$$

so daß

$$(79) \qquad \begin{cases} a_1 = [A_2 A_3], & a_2 = [A_3 A_1], & a_3 = [A_1 A_2] \\ E_1 = [e_2 e_3], & E_2 = [e_3 e_1], & E_3 = [e_1 e_2] \end{cases}$$

ist, so unterscheidet sich die zur adjungierten Reziprozität R adjungierte Abbildung

$$(80) \qquad \bar{r} = \frac{[a_2 a_3],\; [a_3 a_1],\; [a_1 a_2]}{[E_2 E_3],\; [E_3 E_1],\; [E_1 E_2]}$$

von der ursprünglichen Reziprozität r in (78) nur um den Zahlfaktor

$$(81) \qquad \mathfrak{a} = [A_1 A_2 A_3] = [r^3],$$

(vgl. die Gleichungen (53) und (5)); es gilt nämlich dann die Formel:

$$(82) \qquad \bar{r} = \mathfrak{a} r.$$

In der Tat ist ja nach den Formeln (15) des 25. Abschnitts

$$(83) \qquad [E_2 E_3] = e_1,\quad [E_3 E_1] = e_2,\quad [E_1 E_2] = e_3,$$

und überdies wird wegen (79) (vgl. auch die Gleichung (40) des dritten Abschnitts) das Produkt

$$[a_2 a_3] = [A_3 A_1 \cdot A_1 A_2] = [A_3 A_1 A_2] A_1 = [A_1 A_2 A_3] A_1 = \mathfrak{a} A_1;$$

und Entsprechendes gilt auch für die Produkte $[a_3 a_1]$ und $[a_1 a_2]$. **Man** erhält also die Formeln:

$$(84) \qquad [a_2 a_3] = \mathfrak{a} A_1, \quad [a_3 a_1] = \mathfrak{a} A_2, \quad [a_1 a_2] = \mathfrak{a} A_3;$$

und die Gleichung (80) nimmt daher die Gestalt an:

$$\bar{r} = \frac{\mathfrak{a} A_1, \ \mathfrak{a} A_2, \ \mathfrak{a} A_3}{e_1, \quad e_2, \quad e_3} \quad \text{oder}$$

$$\bar{r} = \mathfrak{a} \frac{A_1, \ A_2, \ A_3}{e_1, \ e_2, \ e_3},$$

und diese ist mit Rücksicht auf (78) gleichbedeutend mit der obigen Gleichung

$$(82) \qquad \bar{r} = \mathfrak{a} r.$$

Wegen (74), (41) und (54) kann man dieselbe übrigens auch in der Form schreiben:

$$(85) \qquad \bar{r} = [R^2] = [[r^2]^2] = [r^3] r.$$

Setzt man ferner in die Gleichung (76) an Stelle der Reziprozität $\bar{r}$ ihren Wert $\mathfrak{a} r$ aus der Gleichung (82) ein und vertauscht zugleich die beiden Seiten der entstehenden Gleichung mit einander, so nimmt sie die Form an

$$(86) \qquad [VR \cdot WR] = \mathfrak{a}[VW] r.$$

Das kombinatorische Produkt $[RST]$ *der Stab-Punkt-Abbildungen dreier Reziprozitäten.* Sind R, S, T die Stab-Punkt-Abbildungen dreier Reziprozitäten und U, V, W drei beliebige Stäbe der Ebene, so definieren wir das kombinatorische Produkt

$$[UVW \cdot RST]$$

durch die Formel:

$$(87) \quad \begin{cases} [UVW \cdot RST] \\ = \frac{1}{3!} \begin{cases} [UR \cdot VS \cdot WT] + [VR \cdot WS \cdot UT] + [WR \cdot US \cdot VT] \\ - [UR \cdot WS \cdot VT] - [VR \cdot US \cdot WT] - [WR \cdot VS \cdot UT] \end{cases} \end{cases}.$$

Ist dann noch

$$(88) \qquad [UVW] \neq 0,$$

so ist der Bruch

$$\frac{[UVW \cdot RST]}{[UVW]}$$

eine von der Lage, der Größe und dem Sinn der Stäbe U, V, W unabhängige Zahlgröße und kann als *kombinatorisches Produkt der Reziprozitätsbrüche* R, S, T aufgefaßt werden. Wir setzen also:

$$(89) \qquad [RST] = \frac{[UVW \cdot RST]}{[UVW]},$$

wobei U, V, W drei beliebige, aber der Ungleichung (88) unterliegende Stäbe sind. Und da wegen der Gleichung (16) des 25. Abschnitts diese

Ungleichung auch für die drei Grundstäbe E_1, E_2, E_3 erfüllt ist, so wird insbesondere auch:

$$(90) \qquad [RST] = \frac{[E_1 E_2 E_3 \cdot RST]}{[E_1 E_2 E_3]}.$$

Aus der Formel (89) folgt ferner durch Wegschaffung des Nenners die Formel:

$$(91) \qquad [UVW][RST] = [UVW \cdot RST].$$

Weiter sind wieder die Faktoren des Produktes $[RST]$ ohne Zeichenwechsel vertauschbar, so daß man hat:

$$(92) \quad [RST] = [STR] = [TRS] = [RTS] = [SRT] = [TSR].$$

Der Potenzwert der Stab-Punkt-Abbildung der Reziprozität. Nimmt man endlich in der Formel (89) die Reziprozitätsbrüche R, S, T einander gleich an, setzt also

$$T = S = R,$$

so verwandelt sich das kombinatorische Produkt $[RST]$ in die kombinatorische dritte Potenz von R, die wir durch das Symbol $[R^3]$ darstellen und wieder als den „Potenzwert des Bruches R" bezeichnen wollen. Es wird

$$(93) \qquad [R^3] = \frac{[E_1 E_2 E_3 \, R^3]}{[E_1 E_2 E_3]}.$$

Hierin ist wegen (87) der Zähler der rechten Seite (vgl. auch die Entwickelung auf Seite 154)

$$(94) \qquad [E_1 E_2 E_3 \, R^3] = [E_1 R \cdot E_2 R \cdot E_3 R];$$

also wird der Potenzwert von R

$$(95) \qquad [R^3] = \frac{[E_1 R \cdot E_2 R \cdot E_3 R]}{[E_1 E_2 E_3]}$$

oder mit Rücksicht auf den Wert von R in (58)

$$(96) \qquad [R^3] = \frac{[a_1 \, a_2 \, a_3]}{[E_1 E_2 E_3]}.$$

Der Potenzwert des Bruches R ist also wieder gleich dem planimetrischen Produkte der Zähler dividiert durch dasjenige der Nenner.

Übrigens vereinfacht sich die Gleichung (96) wegen der Gleichung (16) des 25. Abschnitts zu:

$$(97) \qquad [R^3] = [a_1 a_2 a_3];$$

und wenn man noch entsprechend wie bei der Punkt-Stab-Reziprozität r für das planimetrische (äußere) Produkt der drei Zählerpunkte von R eine kurze Bezeichnung einführt, also etwa

$$(98) \qquad [a_1 a_2 a_3] = \mathfrak{A}$$

setzt, so verwandelt sich die Formel (97) in:

$$(99) \qquad [R^3] = \mathfrak{A}.$$

Und diese Zahlgröße $\mathfrak{A}$ steht wieder, falls die Stab-Punkt-Reziprozität R die adjungierte Abbildung der Punkt-Stab-Reziprozität r sein sollte, zu deren Potenzwert $\mathfrak{a}$ in der Beziehung:

$$(100) \qquad \mathfrak{A} = \mathfrak{a}^2;$$

denn es wird wegen (98), (84) und (79):

$$(101) \quad \mathfrak{A} = [a_1 a_2 a_3] = [\mathfrak{a} A_3 a_3] = \mathfrak{a}[A_3 a_3] = \mathfrak{a}[a_3 A_3] = \mathfrak{a}[A_1 A_2 A_3] = \mathfrak{a}^2.$$

Die Gleichung (99) läßt sich dann also auch in der Form schreiben:

$$(102) \qquad [R^3] = \mathfrak{a}^2$$

oder, wenn man will (vgl. die Gleichungen (41) und (54)), in der Form:

$$(103) \qquad [[r^2]^3] = [r^3]^2.$$

Aus der Formel (97) entnimmt man ferner, daß das Verschwinden des Potenzwertes $[R^3]$ der Stab-Punkt-Reziprozität R, das heißt die Gleichung

$$(104) \qquad [R^3] = 0,$$

die Bedingung des Entartens der Stab-Punkt-Reziprozität R ist.

Die Kollineation als Folge zweier Reziprozitäten. Bildet man das Folgeprodukt aus dem Bruche r für die Punkt-Stab-Abbildung einer Reziprozität und dem Bruche S für die Stab-Punkt-Abbildung einer zweiten Reziprozität, so erhält man den Ausdruck für die Punkt-Punkt-Abbildung $\mathfrak{k}$ einer Kollineation

In der Tat, ist

$$(105) \qquad r = \frac{A_1, \; A_2, \; A_3}{c_1, \; c_2, \; c_3} \quad \text{und} \quad S = \frac{b_1, \; b_2, \; b_3}{E_1, \; E_2, \; E_3},$$

so forme man den Bruch S für die zweite Reziprozität in der Weise um, daß seine Nenner mit den Zählern des ersten Bruches übereinstimmen. Dazu setze man wie bisher:

$$(106) \qquad \begin{cases} A_1 = \mathfrak{a}_{11} E_1 + \mathfrak{a}_{12} E_2 + \mathfrak{a}_{13} E_3 \\ A_2 = \mathfrak{a}_{21} E_1 + \mathfrak{a}_{22} E_2 + \mathfrak{a}_{23} E_3 \\ A_3 = \mathfrak{a}_{31} E_1 + \mathfrak{a}_{32} E_2 + \mathfrak{a}_{33} E_3; \end{cases}$$

dann lautet die gewünschte Umformung:

$$(107) \quad S = \frac{\mathfrak{a}_{11} b_1 + \mathfrak{a}_{12} b_2 + \mathfrak{a}_{13} b_3, \; \mathfrak{a}_{21} b_1 + \mathfrak{a}_{22} b_2 + \mathfrak{a}_{23} b_3, \; \mathfrak{a}_{31} b_1 + \mathfrak{a}_{32} b_2 + \mathfrak{a}_{33} b_3}{A_1, \qquad\qquad A_2, \qquad\qquad A_3}$$

Für das Folgeprodukt rS ergibt sich also der Wert:

$$(108) \quad rS = \frac{\mathfrak{a}_{11} b_1 + \mathfrak{a}_{12} b_2 + \mathfrak{a}_{13} b_3, \; \mathfrak{a}_{21} b_1 + \mathfrak{a}_{22} b_2 + \mathfrak{a}_{23} b_3, \; \mathfrak{a}_{31} b_1 + \mathfrak{a}_{32} b_2 + \mathfrak{a}_{33} b_3}{c_1, \qquad\qquad c_2, \qquad\qquad c_3},$$

das heißt, man erhält wirklich einen extensiven Bruch für die Punkt-Punkt-Abbildung einer Kollineation. Setzt man diesen Bruch $= \mathfrak{k}$, so kann man schreiben:

$$(109) \qquad r\,S = \mathfrak{k}.$$

Ebenso zeigt man, daß die Folge der Stab-Punkt-Abbildung R einer Reziprozität und der Punkt-Stab-Abbildung s einer zweiten Reziprozität die Stab-Stab-Abbildung $\mathfrak{K}$ einer Kollineation darstellt, das heißt, man beweist die Gleichung

$$(110) \qquad R\,s = \mathfrak{K}.$$

Man hat also den Satz:

Satz 383: Die Folge der Punkt-Stab-Abbildung einer Reziprozität und der Stab-Punkt-Abbildung einer zweiten Reziprozität ist die Punkt-Punkt-Abbildung einer Kollineation, und die umgekehrte Folge ist die Stab-Stab-Abbildung einer Kollineation.

Die inverse Abbildung einer Reziprozität. Wir wollen im folgenden immer an der Voraussetzung festhalten, *daß die Stab-Punkt-Reziprozität* R *die adjungierte Abbildung der Punkt-Stab-Reziprozität* r *sei*, und sprechen demgemäß von der Reziprozität r, R.

Die Einführung der Brüche

$$(111) \qquad \frac{1}{r} = \frac{e_1,\; e_2,\; e_3}{A_1,\; A_2,\; A_3} \quad \text{und} \quad (112) \quad \frac{1}{R} = \frac{E_1,\; E_2,\; E_3}{a_1,\; a_2,\; a_3}$$

für die zur Reziprozität r, R inverse Abbildung muß an die Bedingung geknüpft werden, daß die beiden planimetrischen Produkte ihrer drei Nenner von Null verschieden seien.

Denn wäre zum Beispiel das Produkt der drei Nenner des Bruches $\frac{1}{r}$, das heißt das Produkt $[A_1 A_2 A_3] = 0$, also nach (5) $\mathfrak{a} = 0$, so würde zwischen den Nennern A_i dieses Bruches eine Zahlbeziehung bestehen müssen. Eine solche Zahlbeziehung zwischen den Nennern eines extensiven Bruches, dessen Zähler linear unabhängig sind, widerspricht aber dem Begriffe des extensiven Bruches. Ein solcher Bruch nämlich sollte nach seiner Erklärung *erstens* seinen drei Nennern die drei Zähler zuweisen und *zweitens* bei der Multiplikation mit einer Vielfachensumme aus den drei Nennern distributiv sein. Diese beiden Eigenschaften aber sind nicht mit einander vereinbar, sobald zwischen den Nennern eine Zahlbeziehung herrscht, der nicht die entsprechende Zahlbeziehung zwischen den Zählern zur Seite steht. Denn aus einer zwischen den Nennern des Bruches $\frac{1}{r}$ obwaltenden Zahlbeziehung

$$A_3 = \mathfrak{g}_1 A_1 + \mathfrak{g}_2 A_2$$

würde durch Multiplikation mit dem Bruche $\dfrac{1}{r}$ die Gleichung folgen:

$$A_3 \frac{1}{r} = (\mathfrak{g}_1 A_1 + \mathfrak{g}_2 A_2) \frac{1}{r},$$

für die man wegen der Distributivität des Bruches $\dfrac{1}{r}$ auch schreiben kann:

$$A_3 \frac{1}{r} = \mathfrak{g}_1 A_1 \frac{1}{r} + \mathfrak{g}_2 A_2 \frac{1}{r} \quad \text{oder wegen (111):}$$

$$e_3 = \mathfrak{g}_1 e_1 + \mathfrak{g}_2 e_2.$$

Jede Zahlbeziehung zwischen den Nennern eines extensiven Bruches würde also nach dem Begriffe eines solchen Bruches die entsprechende Zahlbeziehung zwischen den Zählern nach sich ziehen. Da nun aber bei den beiden Brüchen (111) und (112) zwischen den Zählern überhaupt keine Zahlbeziehung bestehen kann, insofern ja die beiden Zählerprodukte $[e_1 e_2 e_3]$ und $[E_1 E_2 E_3]$ beide $= 1$, also sicher von Null verschieden sind, so ist der Fall eines verschwindenden Nennerproduktes ganz von der Betrachtung auszuschließen

Die für die Umkehrbarkeit der Brüche r und R erforderlichen Bedingungen

$$(113) \qquad [A_1 A_2 A_3] \neq 0 \quad \text{und} \quad (114) \quad [a_1 a_2 a_3] \neq 0,$$

die man wegen (5) und (98) auch in der Form schreiben kann:

$$(115) \qquad \mathfrak{a} \neq 0 \qquad \text{und} \quad (116) \qquad \mathfrak{A} \neq 0,$$

sind übrigens für den Fall, wo R die adjungierte Abbildung zu r ist, nicht unabhängig von einander, sondern die Ungleichung (113) (oder (115)) zieht mit Rücksicht auf (100) die Ungleichung (114) (also auch die Ungleichung (116)) nach sich.

Ferner sind die Ungleichungen (113) und (114) (oder (115) und (116)) zugleich die Bedingungen dafür, daß die Reziprozitäten r und R nicht entarten.

Ist aber die für die Existenz der Brüche $\dfrac{1}{r}$ und $\dfrac{1}{R}$ erforderliche Bedingung $\mathfrak{a} \neq 0$ erfüllt, so sind diese Brüche, wie ihre Form zeigt, ebenso wie die Brüche r und R, Ausdrücke einer gewissen Reziprozität, und zwar ist der Bruch $\dfrac{1}{r}$ der Ausdruck für die zur Abbildung r inverse Stab-Punkt-Zuordnung und der Bruch $\dfrac{1}{R}$ der Ausdruck für die zur Abbildung R inverse Punkt-Stab-Zuordnung. In der Tat wird die durch den Bruch r bewirkte Abbildung durch den Bruch $\dfrac{1}{r}$ wieder rückgängig gemacht und umgekehrt, und Entsprechendes gilt von den Brüchen R und $\dfrac{1}{R}$; das heißt, es bestehen die Gleichungen

$$(117) \qquad x\,r\,\frac{1}{r} = x \qquad\qquad (118) \quad U\frac{1}{r}\,r = U$$

$$(119) \qquad U R\,\frac{1}{R} = U \qquad\qquad (120) \quad x\,\frac{1}{R}\,R = x.$$

Diesen Beziehungen kann man aber noch eine andere Form verleihen. Setzt man nämlich

$$(121) \qquad\qquad x\,r = U,$$

so nimmt die Gleichung (117) die Form an

$$(122) \qquad\qquad x = U\frac{1}{r},$$

und man hat den Satz:

Satz 384: **Wenn das planimetrische Produkt der Zähler von r von Null verschieden ist, das heißt, wenn die Ungleichung**

$$(113) \qquad\qquad [A_1 A_2 A_3] \neq 0$$

erfüllt ist, oder was dasselbe ist, die Ungleichung:

$$(115) \qquad\qquad \mathfrak{a} \neq 0,$$

so ist die Gleichung

$$(121) \qquad\qquad x\,r = U$$

nach x auflösbar und ergibt für x den Wert

$$(122) \qquad\qquad x = U\frac{1}{r}.$$

Verschwindet hingegen das äußere Produkt der drei Zähler von r, so verliert der Bruch $\frac{1}{r}$ seine Bedeutung. Bei gegebenem U und r wird alsdann durch die Gleichung (121) der Punkt x noch nicht eindeutig bestimmt.

Setzt man andererseits

$$(123) \qquad\qquad U R = x,$$

so verwandelt sich die Gleichung (119) in

$$(124) \qquad\qquad U = x\frac{1}{R},$$

und man erhält also den Satz:

Satz 385: **Wenn das planimetrische Produkt der Zähler von R von Null verschieden ist, das heißt, wenn die Ungleichung**

$$(114) \qquad\qquad [a_1 a_2 a_3] \neq 0$$

erfüllt ist, oder was dasselbe ist, die Ungleichung

$$(116) \qquad\qquad \mathfrak{A} \neq 0,$$

so ist die Gleichung

$$(123) \qquad\qquad U R = x$$

nach U auflösbar und ergibt für U den Wert

$$(124) \qquad U = x\,\frac{1}{R}\,.$$

Verschwindet hingegen das planimetrische Produkt $[a_1 a_2 a_3]$, so verliert der Bruch $\frac{1}{R}$ seine Bedeutung. Bei gegebenem x und R wird alsdann der Stab U durch die Gleichung (123) noch nicht eindeutig bestimmt.

Wie die Vergleichung der vier extensiven Brüche r und $\frac{1}{R}$, R und $\frac{1}{r}$ zeigt (vgl. die Formeln (6), (11), (111) und (112)), sind die beiden ersten und die beiden letzten Brüche gleichartige Größen. Der Bruch $\frac{1}{R}$ insbesondere hat es mit dem Bruche r gemein, daß er wie dieser eine Reziprozität darstellt, aufgefaßt als Punkt-Stab-Zuordnung. Aber trotzdem sind diese beiden Reziprozitäten *im allgemeinen keineswegs mit einander identisch* oder auch nur bis auf einen Zahlfaktor einander gleich. Dies erkennt man sofort, wenn man die drei Stäbe bestimmt, die durch *den einen* Bruch $\frac{1}{R} = \frac{E_1,\ E_2,\ E_3}{a_1,\ a_2,\ a_3}$ den Nennerpunkten e_i *des andern* Bruches $r = \frac{A_1,\ A_2,\ A_3}{e_1,\ e_2,\ e_3}$ zugewiesen werden, und die Ausdrücke für diese Stäbe mit denen für die Stäbe $e_i r = A_i$ vergleicht, in welche dieselben Punkte e_i durch den Bruch r übergeführt werden, das heißt nach (3) mit den Ausdrücken

$$(125) \qquad e_i r = \mathfrak{a}_{i1} E_1 + \mathfrak{a}_{i2} E_2 + \mathfrak{a}_{i3} E_3, \quad i = 1,\ 2,\ 3.$$

Dazu stelle man zunächst die Nenner e_i des Bruches r als Vielfachensummen der Nenner a_k des Bruches $\frac{1}{R}$ dar. Nach (15) bestehen zwischen den a_k und e_i die Gleichungen

$$a_1 = \mathfrak{A}_{11} e_1 + \mathfrak{A}_{12} e_2 + \mathfrak{A}_{13} e_3$$
$$a_2 = \mathfrak{A}_{21} e_1 + \mathfrak{A}_{22} e_2 + \mathfrak{A}_{23} e_3$$
$$a_3 = \mathfrak{A}_{31} e_1 + \mathfrak{A}_{32} e_2 + \mathfrak{A}_{33} e_3.$$

Multipliziert man diese drei Gleichungen mit den Faktoren $\mathfrak{a}_{1i}$, $\mathfrak{a}_{2i}$, $\mathfrak{a}_{3i}$, addiert und berücksichtigt die aus der Theorie der Determinanten bekannten Gleichungen

$$(126) \qquad \mathfrak{a}_{1i}\mathfrak{A}_{1i} + \mathfrak{a}_{2i}\mathfrak{A}_{2i} + \mathfrak{a}_{3i}\mathfrak{A}_{3i} = \mathfrak{a}, \quad i = 1,\ 2,\ 3, \quad \text{und}$$

$$(127) \qquad \mathfrak{a}_{1i}\mathfrak{A}_{1k} + \mathfrak{a}_{2i}\mathfrak{A}_{2k} + \mathfrak{a}_{3i}\mathfrak{A}_{3k} = 0, \quad i,\ k = 1,\ 2,\ 3, \quad i \neq k,$$

so erhält man

$$(128) \qquad \mathfrak{a} e_i = \mathfrak{a}_{1i} a_1 + \mathfrak{a}_{2i} a_2 + \mathfrak{a}_{3i} a_3, \quad i = 1,\ 2,\ 3, \quad \text{also}$$

$$(129) \qquad e_i = \frac{1}{\mathfrak{a}}\left(\mathfrak{a}_{1i} a_1 + \mathfrak{a}_{2i} a_2 + \mathfrak{a}_{3i} a_3\right), \quad i = 1,\ 2,\ 3.$$

Man bekommt daher für die drei Stäbe, welche durch den Bruch $\frac{1}{R}$ den Nennern e_i des Bruches r zugewiesen werden, mit Rücksicht auf (112) die

Ausdrücke

$$(130) \qquad e_i \frac{1}{R} = \frac{1}{\mathfrak{a}} (\mathfrak{a}_{1i} E_1 + \mathfrak{a}_{2i} E_2 + \mathfrak{a}_{3i} E_3), \quad i = 1, 2, 3,$$

die sich von den Ausdrücken (125) für die Stäbe $e_i r$ außer durch den Zahlfaktor $\frac{1}{\mathfrak{a}}$ noch dadurch unterscheiden, daß die Ableitzahlen in der Klammer gegen die Ableitzahlen der Stäbe $e_i r$ transponiert sind. Die Geraden der Stäbe $e_i r$ und $e_i \frac{1}{R}$ sind daher im allgemeinen von einander verschieden, das heißt, es werden einem jeden von den drei Grundpunkten e_i und somit überhaupt jedem Punkte der Ebene im allgemeinen *zwei auch ihrer Lage nach verschiedene* Stäbe zugeordnet sein, je nachdem man zu seiner Abbildung den Bruch r oder den Bruch $\frac{1}{R}$ verwendet.

Da die Abbildung r die Punkte des „ersten Systems“ in die Stäbe des zweiten überführt, und die Abbildung R den Stäben des ersten Systems die Punkte des zweiten zuordnet, die Abbildung $\frac{1}{R}$ somit die Punkte des „zweiten Systems“ in die Stäbe des ersten zurückverwandelt, so kann man sagen:

Die Reziprozität r dient zur Abbildung der Punkte des ersten Systems auf die Stäbe des zweiten und die Reziprozität $\frac{1}{R}$ zur Abbildung der Punkte des zweiten Systems auf die Stäbe des ersten.

Und man hat daher den Satz:

Satz 386: Die beiden Stäbe, in die ein Punkt x der Ebene durch eine Reziprozität $\left\{ \begin{matrix} r, & R \\ \frac{1}{r}, & \frac{1}{R} \end{matrix} \right\}$ übergeführt wird, sind im allgemeinen auch ihrer Lage von einander verschieden, je nachdem der Punkt x als Punkt des ersten oder des zweiten Systems aufgefaßt wird, je nachdem also zu seiner Abbildung der Bruch r oder der Bruch $\frac{1}{R}$ verwendet wird.

Will man andererseits auch die Beziehung zwischen der zur Reziprozität r adjungierten Reziprozität R und der zu r inversen Reziprozität $\frac{1}{r}$ entwickeln, so bestimme man diejenigen drei Punkte $E_i \frac{1}{r}$, die durch den Bruch $\frac{1}{r} = \dfrac{e_1, \; e_2, \; e_3}{A_1, \; A_2, \; A_3}$ den Nennern E_i *des andern* Bruches $R = \dfrac{a_1, \; a_2, \; a_3}{E_1, \; E_2, \; E_3}$ zugewiesen werden, und vergleiche die Ausdrücke für diese drei Punkte mit denen für die Punkte $E_i R = a_i$, in welche dieselben Stäbe durch den Bruch R übergeführt werden, das heißt nach (15) mit den Ausdrücken

$$(131) \qquad E_i R = \mathfrak{A}_{i1} e_1 + \mathfrak{A}_{i2} e_2 + \mathfrak{A}_{i3} e_3, \quad i = 1, 2, 3.$$

Dazu stelle man zunächst die Nenner E_i des Bruches R als Vielfachensummen der Nenner A_k des Bruches $\dfrac{1}{r}$ dar. Nach (3) bestehen zwischen den A_k und E_i die Gleichungen

$$A_1 = \mathfrak{a}_{11}E_1 + \mathfrak{a}_{12}E_2 + \mathfrak{a}_{13}E_3$$
$$A_2 = \mathfrak{a}_{21}E_1 + \mathfrak{a}_{22}E_2 + \mathfrak{a}_{23}E_3$$
$$A_3 = \mathfrak{a}_{31}E_1 + \mathfrak{a}_{32}E_2 + \mathfrak{a}_{33}E_3$$

Multipliziert man diese drei Gleichungen mit den Faktoren $\mathfrak{A}_{1i}$, $\mathfrak{A}_{2i}$, $\mathfrak{A}_{3i}$, addiert und berücksichtigt die Gleichungen (126) und (127), so erhält man

(132) $$\mathfrak{a}E_i = \mathfrak{A}_{1i}A_1 + \mathfrak{A}_{2i}A_2 + \mathfrak{A}_{3i}A_3, \quad i = 1,\ 2,\ 3,\ \text{also}$$

(133) $$E_i = \frac{1}{\mathfrak{a}}(\mathfrak{A}_{1i}A_1 + \mathfrak{A}_{2i}A_2 + \mathfrak{A}_{3i}A_3), \quad i = 1,\ 2,\ 3.$$

Man bekommt daher für die drei Stäbe, die durch den Bruch $\dfrac{1}{r}$ den Nennern E_i des Bruches $\boldsymbol{R}$ zugewiesen werden, mit Rücksicht auf (111) die Ausdrücke:

(134) $$E_i\frac{1}{r} = \frac{1}{\mathfrak{a}}(\mathfrak{A}_{1i}e_1 + \mathfrak{A}_{2i}e_2 + \mathfrak{A}_{3i}e_3), \quad i = 1,\ 2,\ 3,$$

die sich von den Ausdrücken (131) für die Punkte $E_i\boldsymbol{R}$ wieder außer durch den Zahlfaktor $\dfrac{1}{\mathfrak{a}}$ noch dadurch unterscheiden, daß die Ableitzahlen in der Klammer gegen die Ableitzahlen der Punkte $E_i\boldsymbol{R}$ transponiert sind. Die Punkte $E_i\boldsymbol{R}$ und $E_i\dfrac{1}{r}$ sind daher im allgemeinen voneinander verschieden, das heißt, es werden einem jeden von den drei Grundstäben E_i und somit überhaupt jedem Stabe der Ebene im allgemeinen *zwei auch ihrer Lage nach verschiedene* Punkte zugeordnet sein, je nachdem man zu seiner Abbildung den Bruch $\boldsymbol{R}$ oder $\dfrac{1}{r}$ verwendet.

Da die Abbildung $\boldsymbol{R}$ die Stäbe des „ersten Systems" in die Punkte des zweiten überführt, und die Abbildung r den Punkten des ersten Systems die Stäbe des zweiten zuordnet, die Abbildung $\dfrac{1}{r}$ somit die Stäbe des „zweiten Systems" in die Punkte des ersten zurückverwandelt, so kann man sagen:

Die Reziprozität $\boldsymbol{R}$ *dient zur Abbildung der Stäbe des ersten Systems auf die Punkte des zweiten und die Reziprozität* $\dfrac{1}{r}$ *zur Abbildung der Stäbe des zweiten Systems auf die Punkte des ersten.*

Und man hat daher den Satz:

Satz 387: Die beiden Punkte, in die ein Stab U der Ebene durch eine Reziprozität $\left\{ \begin{matrix} r, & \boldsymbol{R} \\ \dfrac{1}{r}, & \dfrac{1}{\boldsymbol{R}} \end{matrix} \right\}$ übergeführt wird, sind im allgemeinen auch ihrer Lage nach voneinander verschieden, je nachdem der Stab U als ein Stab des ersten oder des zweiten Systems aufgefaßt wird, je nachdem also zu seiner Abbildung der Bruch R oder der Bruch $\dfrac{1}{r}$ verwendet wird.

Der Fluchtpunkt und der Verschwindungspunkt einer Reziprozität. Nach dem Satze 386 werden insbesondere auch jedem *unendlich fernen* Punkte der Ebene im allgemeinen zwei verschiedene Stäbe entsprechen, und diese Stäbe gruppieren sich, falls man sämtliche unendlich fernen Punkte abbildet, zu zwei Strahlbüscheln. Wie schon oben bei der Kollineation gezeigt wurde, lassen sich nämlich die unendlich fernen Punkte, das heißt die Strecken g der Ebene, sämtlich aus zwei Grundstrecken, etwa aus den Strecken

$$(135) \qquad g_1 = \frac{e_1}{\mathfrak{m}_1} - \frac{e_3}{\mathfrak{m}_3}, \quad g_2 = \frac{e_2}{\mathfrak{m}_2} - \frac{e_3}{\mathfrak{m}_3},$$

numerisch ableiten, also unter der Form

$$(136) \qquad g = \mathfrak{g}_1 g_1 + \mathfrak{g}_2 g_2$$

darstellen. Faßt man diese Strecken als Elemente des ersten Systems auf, so werden sie durch den Bruch r in die Stäbe

$$(137) \qquad g\,r = \mathfrak{g}_1\, g_1 r + \mathfrak{g}_2\, g_2 r$$

übergeführt. Den unendlich fernen Punkten (den Strecken) des ersten Systems entsprechen daher wirklich die Stäbe eines Strahlbüschels. Der Scheitel dieses Strahlbüschels, das heißt der Punkt

$$(138) \qquad u = [g_1 r \cdot g_2 r],$$

möge der Fluchtpunkt der Reziprozität r, R genannt werden.

Um die geometrische Bedeutung des Fluchtpunktes u einer Reziprozität zu finden, beachte man, daß ein System paralleler Geraden der Ebene sich auf der unendlich fernen Geraden schneidet, also ein Strahlbüschel bildet, dem auch die unendlich ferne Gerade angehört. Daraus aber folgt nach der dritten Grundeigenschaft der Reziprozität (Satz 378), daß auch die Bildpunkte eines jeden Systems paralleler Geraden mit dem Bildpunkte der unendlich fernen Geraden, das heißt mit dem Fluchtpunkte u der Reziprozität in einer geraden Linie liegen. Man hat somit den Satz:

Satz 388: Bei der reziproken Abbildung liegen die Bildpunkte eines jeden Systems paralleler gerader Linien auf einer Geraden, die durch den Fluchtpunkt u der Reziprozität geht.

Betrachtet man andererseits die unendlich fernen Punkte, das heißt die Strecken g der Ebene, als Elemente des zweiten Systems, bezeichnet sie als solche mit dem Buchstaben h und benutzt als Grundstrecken dieses Systems die Strecken

$$(139) \qquad h_1 = \frac{a_1}{n_1} - \frac{a_3}{n_3}, \quad h_2 = \frac{a_2}{n_2} - \frac{a_3}{n_3},$$

wo die Nenner n_i die Massen der Punkte a_i bezeichnen, so wird

$$(140) \qquad h = \mathfrak{h}_1 h_1 + \mathfrak{h}_2 h_2.$$

Für die Stäbe des ersten Systems, welche diesen Strecken h entsprechen, bekommt man also die Darstellung

$$(141) \qquad h\,\frac{1}{R} = \mathfrak{h}_1\, h_1\,\frac{1}{R} + \mathfrak{h}_2\, h_2\,\frac{1}{R},$$

aus der für den Scheitel v des von ihnen beschriebenen Strahlbüschels, wir nennen ihn den **Verschwindungspunkt der Reziprozität** r, R, der Wert hervorgeht

$$(142) \qquad v = \left[h_1\,\frac{1}{R} \cdot h_2\,\frac{1}{R} \right].$$

Der in dem Satze 388 enthaltenen Eigenschaft des Fluchtpunktes einer Reziprozität entspricht dann die folgende Eigenschaft des Verschwindungspunktes:

Satz 389: Bei einer reziproken Abbildung sind die Bildgeraden zweier Punkte, deren Verbindungslinie durch den Verschwindungspunkt v der Reziprozität geht, einander parallel.

Übrigens läßt sich der Fluchtpunkt u und der Verschwindungspunkt v einer Reziprozität r, R auch leicht als Vielfachensumme der Grundpunkte darstellen. Für die den Strecken g_1 und g_2 des ersten Systems zugeordneten Stäbe $g_1 r$ und $g_2 r$ ergeben sich nämlich aus (135) und (6) die Werte

$$(143) \qquad g_1 r = \frac{A_1}{m_1} - \frac{A_3}{m_3}, \quad g_2 r = \frac{A_2}{m_2} - \frac{A_3}{m_3}.$$

Man erhält also für den Fluchtpunkt u der Reziprozität nach (138) die Darstellung

$$(144) \qquad u = \left[\left(\frac{A_1}{m_1} - \frac{A_3}{m_3} \right) \left(\frac{A_2}{m_2} - \frac{A_3}{m_3} \right) \right] = \frac{[A_2 A_3]}{m_2 m_3} + \frac{[A_3 A_1]}{m_3 m_1} + \frac{[A_1 A_2]}{m_1 m_2}$$

oder wegen (13)

$$(145) \qquad u = \frac{m_1 a_1 + m_2 a_2 + m_3 a_3}{m_1 m_2 m_3}.$$

Entsprechend findet man für den Verschwindungspunkt v der Reziprozität den Ausdruck

$$(146) \qquad v = \frac{n_1 e_1 + n_2 e_2 + n_3 e_3}{n_1 n_2 n_3},$$

in dem die Zahlgrößen n_i die Massen der Punkte a_i bedeuten. Aus der allgemeinen Massenformel (28) des 25. Abschnitts folgen daher für sie mit Rücksicht auf (15) die Werte

$$(147) \qquad n_i = \mathfrak{A}_{i1} m_1 + \mathfrak{A}_{i2} m_2 + \mathfrak{A}_{i3} m_3, \quad i = 1,\ 2,\ 3.$$

Abschnitt 31.

Das Polarsystem.

Übergang von der allgemeinen Reziprozität zum Polarsystem. Erste Grundeigenschaft des Polarsystems. Die Beziehung zwischen den beiden Ausdrücken (125) und (130) des vorigen Abschnitts für die den Grundpunkten e_i im zweiten und ersten System zugeordneten Geraden tritt noch etwas deutlicher hervor, wenn man anstatt des Bruches $\frac{1}{R}$ den von ihm nur um den konstanten Zahlfaktor $\mathfrak{a}$ verschiedenen Bruch $\frac{\mathfrak{a}}{R}$ verwendet, der ja geometrisch dieselbe Reziprozität definiert wie der Bruch $\frac{1}{R}$, nur daß alle Stäbe gegen die entsprechenden Stäbe der Abbildung $\frac{1}{R}$ noch mit einem konstanten Zahlfaktor $\mathfrak{a}$ multipliziert erscheinen. Für diesen Bruch gelten die Gleichungen (vgl. die Gleichungen (130) des vorigen Abschnitts):

$$(1) \qquad e_i \frac{\mathfrak{a}}{R} = \mathfrak{a}_{1i} E_1 + \mathfrak{a}_{2i} E_2 + \mathfrak{a}_{3i} E_3, \quad i = 1, 2, 3.$$

Die Ausdrücke für die so gewonnenen Stäbe $e_i \frac{\mathfrak{a}}{R}$ unterscheiden sich daher von den für die Stäbe $e_i r$ in (125) des vorigen Abschnitts angegebenen Werten

$$(2) \qquad e_i r = \mathfrak{a}_{i1} E_1 + \mathfrak{a}_{i2} E_2 + \mathfrak{a}_{i3} E_3, \quad i = 1, 2, 3,$$

nur noch dadurch, daß ihre Ableitzahlen gegen die der Stäbe $e_i r$ transponiert sind. Sollte daher allgemein für jeden Wert von i und k

$$(3) \qquad \mathfrak{a}_{ki} = \mathfrak{a}_{ik}, \quad i, k = 1, 2, 3,$$

sein, so werden die beiden Ausdrücke (2) und (1) identisch, das heißt, es wird

$$(4) \qquad e_i r = e_i \frac{\mathfrak{a}}{R}, \quad i = 1, 2, 3;$$

und somit wird auch allgemein für jeden beliebigen Punkt x

$$(5) \qquad x r = x \frac{\mathfrak{a}}{R} \cdot$$

Man kann daher auch die Brüche r und $\frac{\mathfrak{a}}{R}$ selbst einander gleich setzen und erhält so die Gleichung

$$(6) \qquad r = \frac{\mathfrak{a}}{R} \text{ und damit den Satz:}$$

Satz 390: Eine reziproke Abbildung r, deren Ableitzahlen den drei Bedingungen

$$\mathfrak{a}_{ki} = \mathfrak{a}_{ik}, \quad i, k = 1, 2, 3, \quad k \neq i,$$

Genüge leisten, stimmt bis auf einen Zahlfaktor $\mathfrak{a}$ mit dem reziproken Werte der adjungierten Abbildung R überein. Dieser Zahlfaktor ist dabei der Potenzwert der Reziprozität r.

Und von diesem Satze gilt auch die Umkehrung. Aus den Gleichungen (1) und (2) folgen nämlich durch Vormultiplizieren mit e_k die Gleichungen:

$$(7) \qquad \left[e_k \cdot e_i \frac{\mathfrak{a}}{R} \right] = \mathfrak{a}_{ki},$$

$$(8) \qquad \left[e_k \cdot e_i r \right] = \mathfrak{a}_{ik}.$$

Die aus den Gleichungen (4) durch Vormultiplizieren mit e_k, $k = 1, 2, 3$, $k \neq i$, hervorgehenden drei Gleichungen

$$\left[e_k \cdot e_i r \right] = \left[e_k \cdot e_i \frac{\mathfrak{a}}{R} \right], \quad i, k = 1, 2, 3, \quad k \neq i$$

lassen sich daher auch in der Form schreiben:

$$\mathfrak{a}_{ik} = \mathfrak{a}_{ki}, \qquad i, k = 1, 2, 3, \quad k \neq i$$

und man hat den Satz:

Satz 391: Umkehrung von Satz 390: Besteht zwischen der Punkt-Stab-Abbildung r einer Reziprozität vom Potenzwert $\mathfrak{a}$ und ihrer adjungierten Abbildung R die Beziehung

$$(6) \qquad r = \frac{\mathfrak{a}}{R},$$

so genügen ihre Ableitzahlen $\mathfrak{a}_{ik}$ den drei Gleichungen:

$$(3) \qquad \mathfrak{a}_{ki} = \mathfrak{a}_{ik}, \qquad i, k = 1, 2, 3, \quad k \neq i.$$

Bezeichnet man also den Bruch für die Punkt-Stab-Abbildung einer solchen speziellen Reziprozität, deren Ableitzahlen die Gleichungen (3) erfüllen, mit dem besonderen Buchstaben p und den adjungierten Bruch mit dem Buchstaben P, so verwandelt sich die Gleichung (6) in:

$$(9) \qquad p = \frac{\mathfrak{a}}{P};$$

und es wird daher für einen jeden Punkt x

$$xp = x\frac{\mathfrak{a}}{P},$$

oder da die Stellung des Zahlfaktors $\mathfrak{a}$ willkürlich ist,

$$xp = \mathfrak{a} \cdot x\frac{1}{P}.$$

Multipliziert man aber diese Gleichung mit P, so nimmt sie die Form an:

$$xpP = \mathfrak{a} \cdot x\frac{1}{P}P,$$

oder endlich, wenn man die Gleichung (120) des vorigen Abschnitts berücksichtigt, die für eine jede Reziprozität R, insbesondere also auch für die Reziprozität P gilt, die Form:

$$(10) \qquad\qquad x\,p\,P = \mathfrak{a}\,x.$$

Damit ist der Satz bewiesen:

Satz 392: Eine reziproke Abbildung p, deren Ableitzahlen die drei Bedingungen

$$\mathfrak{a}_{ki} = \mathfrak{a}_{ik}, \quad i,\, k = 1,\, 2,\, 3, \quad k \neq i,$$

befriedigen, hat die Eigenschaft, daß jeder Stab xp, der aus einem beliebigen Punkte x vermöge der Abbildung p hervorgeht, durch die adjungierte Abbildung P in den mit dem Punkte x kongruenten Punkt $\mathfrak{a}x$ übergeführt wird, unter $\mathfrak{a}$ der Potenzwert der Reziprozität p verstanden.

Wegen dieser Eigenschaft nennt man eine reziproke Abbildung, deren Ableitzahlen den Gleichuugen

$$\mathfrak{a}_{ki} = \mathfrak{a}_{ik}, \quad i,\, k = 1,\, 2,\, 3,$$

genügen, involutorisch und benutzt für eine solche involutorische Reziprozität noch den besonderen Namen „Polarreziprozität". Ferner sagt man von den beideu Systemen, die einander durch eine Polarreziprozität zugewiesen werden, sie bilden zusammen ein „Polarsystem". Auch bezeichnet man wohl die *Abbildung selbst* als ein Polarsystem.

Man nennt ferner die einem beliebigen Punkte x in einem Polarsystem p, P zugeordnete Gerade xp die Polare des Punktes x in dem Polarsystem p, P und umgekehrt den einer beliebigen Geraden U zugeordneten Punkt UP den Pol der Geraden U in dem Polarsystem p, P.

Die Brüche p und P für das Polarsystem genügen zunächst selbstverständlich allen denjenigen Formeln, die oben für eine *beliebige* Reziprozität entwickelt sind. Der Übersicht wegen seien sie hier unter Benutzung der neuen Bezeichnung noch einmal zusammengestellt. Es sind die Formeln:

$$(11) \quad p = \frac{A_1,\; A_2,\; A_3}{e_1,\; e_2,\; e_3}, \qquad\qquad (12) \quad P = \frac{a_1,\; a_2,\; a_3}{E_1,\; E_2,\; E_3},$$

$$(13) \quad e_i\, p = A_i, \qquad\qquad (14) \quad E_i\, P = a_i,$$

$$(15) \quad \frac{1}{p} = \frac{e_1,\; e_2,\; e_3}{A_1,\; A_2,\; A_3}, \qquad\qquad (16) \quad \frac{1}{P} = \frac{E_1,\; E_2,\; E_3}{a_1,\; a_2,\; a_3},$$

$$(17) \quad A_i\,\frac{1}{p} = e_i, \qquad\qquad (18) \quad a_i\,\frac{1}{P} = E_i,$$

$$(19) \quad E_1 = [e_2\,e_3], \quad E_2 = [e_3\,e_1], \quad E_3 = [e_1\,e_2],$$

$$(20) \quad a_1 = [A_2\,A_3], \quad a_2 = [A_3\,A_1], \quad a_3 = [A_1\,A_2],$$

$$(21) \quad [e_1\,e_2\,e_3] = 1, \qquad\qquad (22) \quad [E_1\,E_2\,E_3] = 1,$$

$$(23) \quad [e_i\,E_i] = [E_i\,e_i] = 1, \qquad (24) \quad [e_i\,E_k] = [E_k\,e_i] = 0, \quad i \neq k,$$

$$(25) \qquad A_i = \mathfrak{a}_{i1} E_1 + \mathfrak{a}_{i2} E_2 + \mathfrak{a}_{i3} E_3, \quad i = 1, 2, 3,$$

$$(26) \qquad a_i = \mathfrak{A}_{i1} e_1 + \mathfrak{A}_{i2} e_2 + \mathfrak{A}_{i3} e_3, \quad i = 1, 2, 3,$$

wo die $\mathfrak{A}_{ik}$ die Unterdeterminanten der Determinante

$$(27) \qquad \mathfrak{a} = |\mathfrak{a}_{ik}| \quad \text{sind.}$$

$$(28) \qquad [p^3] = [A_1 A_2 A_3] = |\mathfrak{a}_{ik}| = \mathfrak{a},$$

$$(29) \qquad [P^3] = [a_1 a_2 a_3] = |\mathfrak{A}_{ik}| = \mathfrak{A} = \mathfrak{a}^2,$$

$$(30) \qquad [E_2 E_3] = e_1, \quad [E_3 E_1] = e_2, \quad [E_1 E_2] = e_3,$$

$$(31) \qquad [a_2 a_3] = \mathfrak{a} A_1, \quad [a_3 a_1] = \mathfrak{a} A_2, \quad [a_1 a_2] = \mathfrak{a} A_3,$$

$$(32) \quad [a_i A_i] = [A_i a_i] = \mathfrak{a} \qquad (33) \qquad [a_i A_k] = [A_k a_i] = 0, \quad i \neq k.$$

Aus den Gleichungen (31) geht noch hervor, daß die Unterdeterminanten $\overline{\mathfrak{a}_{ik}}$ der „adjungierten Determinante" $|\mathfrak{A}_{ik}|$ zu den Elementen $\mathfrak{a}_{ik}$ der ursprünglichen Determinante in der Beziehung stehen:

$$(34) \qquad \overline{\mathfrak{a}_{ik}} = \mathfrak{a}\, \mathfrak{a}_{ik}, \quad i, k = 1, 2, 3$$

Ferner erhält man die Formeln:

$$(35) \qquad [p^2] = P, \qquad\qquad (36) \qquad [P^2] = \bar{p},$$

vorausgesetzt, daß unter $\bar{p}$ der adjungierte Bruch des zu p adjungierten Bruches P verstanden wird, daß also

$$(37) \qquad \bar{p} = \frac{[a_2 a_3],\ [a_3 a_1],\ [a_1 a_2]}{[E_2 E_3],\ [E_3 E_1],\ [E_1 E_2]}$$

ist, und zugleich ist

$$(38) \qquad \bar{p} = \mathfrak{a} p.$$

Weiter wird:

$$(39) \qquad [yp \cdot zp] = [yz] P,$$

$$(40) \qquad [VP \cdot WP] = [VW] \bar{p} = \mathfrak{a} [VW] p,$$

$$(41) \qquad xp \frac{1}{p} = x, \qquad\qquad (42) \qquad U \frac{1}{p} p = U,$$

$$(43) \qquad UP \frac{1}{P} = U, \qquad\qquad (44) \qquad x \frac{1}{P} P = x.$$

Wenn endlich

$$(45) \qquad \mathfrak{a} \neq 0$$

ist, so ist die Gleichung

$$(46) \qquad xp = U$$

nach x auflösbar und ergibt für x den Wert

$$(47) \qquad x = U \frac{1}{p},$$

und andererseits ist unter derselben Bedingung die Gleichung

$$(48) \qquad UP = x$$

nach U auflösbar und liefert für U den Wert

$$(49) \qquad U = x \frac{1}{P}.$$

Zu diesen Formeln, welche sämtlich auch noch für jede beliebige Reziprozität gelten, treten nun weiter diejenigen Formeln hinzu, *die dem Polarsystem eigentümlich sind*, also zunächst die Bedingungsgleichungen des Polarsystems

$$(50) \qquad \mathfrak{a}_{ki} = \mathfrak{a}_{ik}, \quad i, k = 1, 2, 3,$$

aus denen noch folgt, daß auch

$$(51) \qquad \mathfrak{A}_{ki} = \mathfrak{A}_{ik}, \quad i, k = 1, 2, 3,$$

ist. Ferner die oben aus (50) abgeleitete Formel

$$(52) \quad p = \frac{\mathfrak{a}}{P}, \quad \text{für die man auch schreiben kann} \quad (53) \quad P = \frac{\mathfrak{a}}{p} \quad \text{oder}$$

$$(54) \quad \frac{1}{P} = \frac{p}{\mathfrak{a}} \qquad\qquad \text{und} \qquad\qquad (55) \quad \frac{1}{p} = \frac{P}{\mathfrak{a}}.$$

Endlich die Formeln, die den involutorischen Charakter des Polarsystems ausdrücken, nämlich die Formel:

$$(56) \qquad x\,p\,P = \mathfrak{a}\,x,$$

und andererseits die aus (42) und (55) entspringende Formel:

$$(57) \qquad U\,P\,p = \mathfrak{a}\,U.$$

Von diesen beiden Formeln zeigt nämlich die erste (56): Wenn der Stab U die Polare des Punktes x, also $U = xp$ ist, so fällt auch umgekehrt der Pol des Stabes U auf den Punkt x; denn es ist ja zufolge (56) dann $UP = \mathfrak{a}x$. Und ebenso zeigt die zweite Formel (57): Wenn der Punkt x der Pol des Stabes U, also $x = UP$ ist, so fällt auch umgekehrt die Polare des Punktes x zusammen mit der Geraden des Stabes U; denn es ist ja nach (57) dann $xp = \mathfrak{a}\,U$.

Man hat also den Satz:

Satz 393: Erste Grundeigenschaft des Polarsystems: Bildet man in einem Polarsystem p, P zu einem beliebigen Punkte x die Polare und zu dieser Polaren wieder den Pol, so kommt man zu einem mit dem ursprünglichen Punkte x zusammenfallenden Punkte zurück; dabei multipliziert sich der Punkt x nur mit dem Potenzwert $\mathfrak{a}$ des Bruches p, das heißt, es besteht die Formel

$$(55) \qquad x\,p\,P = \mathfrak{a}\,x.$$

Bildet man andererseits in einem Polarsystem p, P zu einem beliebigen Stabe U den Pol und zu diesem Pol wieder die Polare, so kommt man zu einem Stabe zurück, der in die Gerade des ursprünglichen Stabes U fällt. Die Größe und der Sinn dieses neuen Stabes ergibt sich dabei, indem man den Stab U mit dem

Potenzwert $\mathfrak{a}$ des Bruches p multipliziert, das heißt, es besteht die Formel

$$(57) \qquad U\,Pp = \mathfrak{a}\,U.$$

Zweite Grundeigenschaft des Polarsystems: Seine erste Grundgleichung.
Man kann übrigens den Bedingungsgleichungen (50) des Polarsystems durch Einführung der Grundpunkte e_i und ihrer Polaren A_i noch eine andere Form geben, die für geometrische Folgerungen vielfach geeigneter ist. Mit Rücksicht auf die Gleichungen (25), (23) und (24) wird nämlich

$$(58) \qquad \mathfrak{a}_{ki} = [e_i A_k], \qquad i, k = 1, 2, 3,$$

oder wegen (13)

$$(59) \qquad \mathfrak{a}_{ki} = [e_i \cdot e_k p], \qquad i, k = 1, 2, 3.$$

Die Bedingungsgleichungen (50) lassen sich daher in der Form schreiben:

$$[e_i A_k] = [e_k A_i], \qquad i, k = 1, 2, 3,$$

oder auch in der Form

$$(60) \qquad [e_i \cdot e_k p] = [e_k \cdot e_i p], \qquad i, k = 1, 2, 3.$$

Diese letzteren Gleichungen, welche eine Beziehung zwischen je zwei Grundpunkten e_i und e_k und ihren Polaren $e_i p$ und $e_k p$ enthalten, sind um so wichtiger, als sich aus ihnen die entsprechende Beziehung für irgend zwei beliebige Punkte y und z und ihre Polaren yp und zp ableiten läßt. Dazu führe man in den Ausdruck $[z \cdot yp]$ für die Punkte z und y ihre Ableitausdrücke

$$z = \sum_{1}^{3} {}^{i}\, \mathfrak{z}_i e_i \quad \text{und} \quad y = \sum_{1}^{3} {}^{k}\, \mathfrak{y}_k e_k \quad \text{ein und bekommt so}$$

$$
\begin{aligned}
[z \cdot yp] &= \left[\left(\sum_{1}^{3} {}^{i}\, \mathfrak{z}_i e_i \right) \cdot \left(\sum_{1}^{3} {}^{k}\, \mathfrak{y}_k e_k \right) p \right] \\
&= \left[\left(\sum_{1}^{3} {}^{i}\, \mathfrak{z}_i e_i \right) \cdot \left(\sum_{1}^{3} {}^{k}\, \mathfrak{y}_k e_k p \right) \right] \\
&= \sum_{1}^{3} {}^{i} \sum_{1}^{3} {}^{k}\, \mathfrak{z}_i \mathfrak{y}_k [e_i \cdot e_k p], \quad \text{das heißt wegen (60)} \\
&= \sum_{1}^{3} {}^{i} \sum_{1}^{3} {}^{k}\, \mathfrak{z}_i \mathfrak{y}_k [e_k \cdot e_i p] \\
&= \sum_{1}^{3} {}^{k} \sum_{1}^{3} {}^{i}\, \mathfrak{y}_k \mathfrak{z}_i [e_k \cdot e_i p] \\
&= [y \cdot zp].
\end{aligned}
$$

Es besteht also wirklich für beliebige Punkte y und z die Gleichung

$$(61) \qquad [z \cdot y\,p] = [y \cdot z\,p];$$

sie möge die erste Grundgleichung des Polarsystems heißen. Aus ihr folgt insbesondere, daß mit der Gleichung

$$[z \cdot y\,p] = 0 \quad \text{stets die Gleichung} \quad [y \cdot z\,p] = 0$$

verknüpft ist, und damit der Satz:

Satz 394: Zweite Grundeigenschaft des Polarsystems: Wenn z auf der Polare eines Punktes y liegt, so liegt auch y auf der Polare des Punktes z (vgl. Fig. 75).

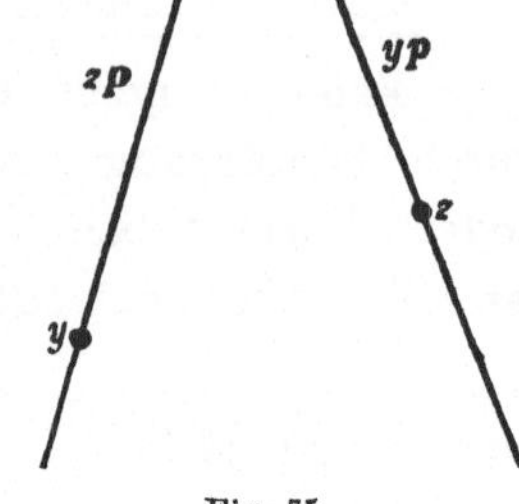

Fig. 75.

Dritte Grundeigenschaft des Polarsystems: Sätze von K. v. Staudt. Eine andere geometrische Folgerung ergibt sich aus den Bedingungsgleichungen des Polarsystems

$$(50) \qquad \mathfrak{a}_{ki} = \mathfrak{a}_{ik}, \quad i,\ k = 1,\ 2,\ 3,$$

wenn man nach den Beziehungen fragt, die zwischen den Zähler- und Nenner-Dreiecken des Bruches p (also auch des adjungierten Bruches P)

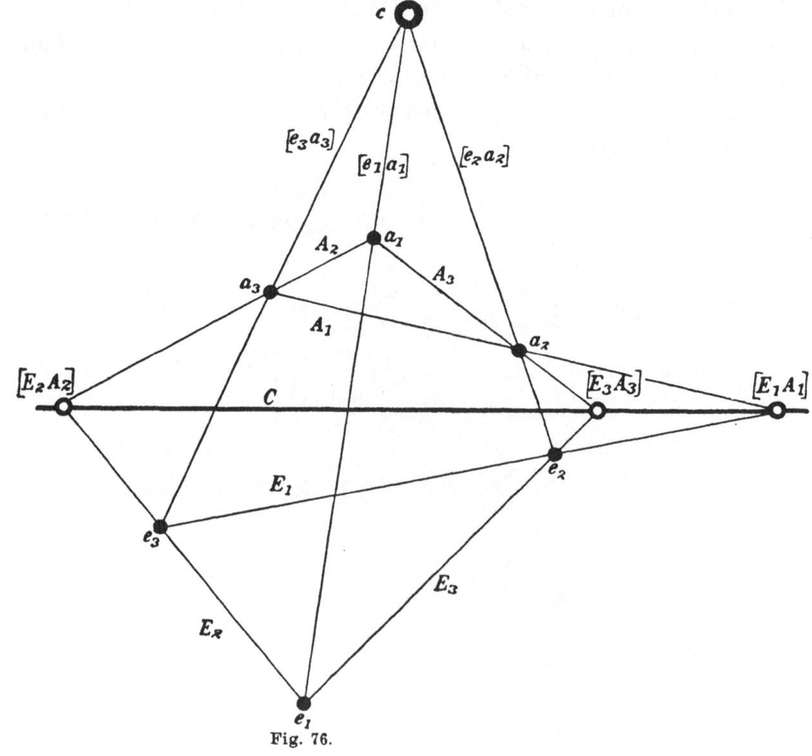

Fig. 76.

herrschen (vgl. Fig. 76). Dazu bestimme man die Schnittpunkte der Stäbe E_i und A_i von gleichem Index und erhält

$$[E_1 A_1] = \mathfrak{a}_{12}[E_1 E_2] + \mathfrak{a}_{13}[E_1 E_3]$$

oder nach den Gleichungen (30) unter Berücksichtigung des Satzes 22:

$$(62) \qquad \begin{cases} [E_1 A_1] = \mathfrak{a}_{12} e_3 - \mathfrak{a}_{13} e_2 \quad \text{und entsprechend} \\ [E_2 A_2] = \mathfrak{a}_{23} e_1 - \mathfrak{a}_{21} e_3 \\ [E_3 A_3] = \mathfrak{a}_{31} e_2 - \mathfrak{a}_{32} e_1 . \end{cases}$$

Die Addition dieser Gleichungen aber liefert wegen der Bedingungsgleichungen (50) des Polarsystems die Gleichung

$$(63) \qquad\qquad [E_1 A_1] + [E_2 A_2] + [E_3 A_3] = 0 .$$

Und diese extensive Gleichung (63) ersetzt die drei Gleichungen (50) vollständig; denn substituiert man in die Gleichung (63) für die Produkte $[E_i A_i]$ ihre Werte aus (62) und ordnet nach e_1, e_2, e_3, so erhält man die Gleichung

$$(\mathfrak{a}_{23} - \mathfrak{a}_{32}) e_1 + (\mathfrak{a}_{31} - \mathfrak{a}_{13}) e_2 + (\mathfrak{a}_{12} - \mathfrak{a}_{21}) e_3 = 0 ,$$

die sich wegen $[e_1 e_2 e_3] \neq 0$ nicht anders befriedigen läßt, als wenn alle drei Koeffizienten der e_i verschwinden, das heißt nicht anders, als wenn die drei Gleichungen (50) erfüllt sind. Die extensive Gleichung (63) ist also nicht nur eine Folge der Gleichungen (50), sondern zieht auch umgekehrt die Gleichungen (50) nach sich.

Nach der Gleichung (63) besteht nun zwischen den drei Schnittpunkten $[E_i A_i]$ der drei Paare entsprechender Seiten der beiden Nenner- und Zähler-Dreiecke $e_1 e_2 e_3$ und $a_1 a_2 a_3$ eine *besonders einfache* Zahlbeziehung Aber schon aus der Tatsache, daß zwischen den drei Punkten $[E_i A_i]$ *überhaupt* eine Zahlbeziehung herrscht, folgert man den Satz:

Satz 395: Die Schnittpunkte der drei Paare entsprechender Seiten des Nenner- und Zähler-Dreiecks eines Polarsystems p, P liegen auf *einer* Geraden.

Und aus dieser Eigenschaft folgt bekanntlich nach dem Satze von Desargues[1]) die andere:

Satz 396: Die Verbindungslinien entsprechender Ecken beider Dreiecke schneiden sich in *einem* Punkte.

Sie ergibt sich übrigens auch *direkt* analytisch, wenn man durch Multiplikation der Gleichungen (26) mit den Punkten e_i die zu (62) dualistischen Ausdrücke bildet:

---

1) Vgl. Oeuvres de Desargues réunies et analysées par Poudra, Bd. I. Paris 1864. Seite 413 ff. und Seite 430.

$$(64) \quad \begin{cases} [e_1 a_1] = \mathfrak{A}_{12} E_3 - \mathfrak{A}_{13} E_2 \\ [e_2 a_2] = \mathfrak{A}_{23} E_1 - \mathfrak{A}_{21} E_3 \\ [e_3 a_3] = \mathfrak{A}_{31} E_2 - \mathfrak{A}_{32} E_1, \end{cases}$$

sodann wieder diese Ausdrücke addiert und dabei die Gleichungen $\mathfrak{A}_{ki} = \mathfrak{A}_{ik}$ berücksichtigt. Auf diese Weise erhält man die zu (63) dualistische Gleichung

$$(65) \qquad [e_1 a_1] + [e_2 a_2] + [e_3 a_3] = 0,$$

welche die genannte Eigenschaft ausspricht.

Nennt man noch zwei Dreiecke, die zueinander in der durch die beiden letzten Sätze ausgedrückten Beziehung stehen, zueinander **perspektiv**, so kann man die beiden gewonnenen Ergebnisse auch in dem Satz zusammenfassen:

Satz 397: **Das Nenner-Dreieck eines Polarsystems ist zu seinem Zähler-Dreieck perspektiv.**

Doch sind mit diesen Sätzen die Beziehungen zwischen dem Nenner- und Zähler-Dreieck eines Polarsystems noch nicht erschöpft; und in der Tat würden sich ja, wie auch schon oben angedeutet ist, die entwickelten Eigenschaften bereits haben folgern lassen, wenn sich zwischen den drei Punkten $[E_i A_i]$ und den drei Stäben $[e_i a_i]$ *überhaupt irgend eine* Zahlbeziehung ergeben hätte, während den Gleichungen (63) und (65) zufolge zwischen ihnen *eine ganz besonders einfache* Zahlbeziehung herrscht, eine Zahlbeziehung nämlich, deren Koeffizienten sämtlich gleich 1 sind. Es läßt sich also vermuten, daß die Gleichungen (63) und (65) oder die mit ihnen gleichwertigen Gleichungssysteme (50) und (51) noch eine weitere geometrische Bedeutung besitzen.

Um diese zu finden, bilde **man** den Ausdruck für einen Stab C der „Perspektivitätsachse", indem man etwa die in (62) angegebenen Ausdrücke für die Punkte $[E_2 A_2]$ und $[E_3 A_3]$ miteinander planimetrisch (äußerlich) multipliziert. Dadurch erhält man für den Stab C den Wert:

$$C = [E_2 A_2 \cdot E_3 A_3] = [(\mathfrak{a}_{23} e_1 - \mathfrak{a}_{21} e_3)(\mathfrak{a}_{31} e_2 - \mathfrak{a}_{32} e_1)]$$

oder wegen (19)

$$(66) \qquad C = \mathfrak{a}_{21} \mathfrak{a}_{31} E_1 + \mathfrak{a}_{21} \mathfrak{a}_{32} E_2 + \mathfrak{a}_{23} \mathfrak{a}_{31} E_3.$$

Da ferner nach (12) der Bruch für die betrachtete Stab-Punkt-Zuordnung P des betrachteten Polarsystems lautet:

$$(12) \qquad P = \frac{a_1, \; a_2, \; a_3}{E_1, \; E_2, \; E_3},$$

so ergibt sich für den Pol CP der Perspektivitätsachse C die Summendarstellung:

$$(67) \qquad CP = \mathfrak{a}_{21} \mathfrak{a}_{31} a_1 + \mathfrak{a}_{21} \mathfrak{a}_{32} a_2 + \mathfrak{a}_{23} \mathfrak{a}_{31} a_3.$$

Mit diesem Ausdruck vergleiche man den Ausdruck für das „Perspektivitätszentrum" c der beiden perspektiven Dreiecke. Dazu stelle man dieses Perspektivitätszentrum c ebenfalls als Vielfachensumme der Ecken a_i des Zählerdreiecks dar und gehe zu diesem Zwecke auf die Formeln (128) des vorigen Abschnitts zurück, durch welche die Ecken e_i des Nennerdreiecks mit den Ecken a_i des Zählerdreiecks verknüpft sind, das heißt auf die Formeln:

$$(68) \qquad \begin{cases} \mathfrak{a}\, e_1 = \mathfrak{a}_{11} a_1 + \mathfrak{a}_{21} a_2 + \mathfrak{a}_{31} a_3 \\ \mathfrak{a}\, e_2 = \mathfrak{a}_{12} a_1 + \mathfrak{a}_{22} a_2 + \mathfrak{a}_{32} a_3 \\ \mathfrak{a}\, e_3 = \mathfrak{a}_{13} a_1 + \mathfrak{a}_{23} a_2 + \mathfrak{a}_{33} a_3. \end{cases}$$

Aus ihnen leite man zunächst die Ausdrücke für die drei Verbindungslinien entsprechender Ecken der beiden perspektiven Dreiecke ab, indem man sie beziehlich mit a_1, a_2, a_3 äußerlich multipliziert. Aus der ersten Gleichung (68) ergibt sich durch äußere Multiplikation mit a_1:

$$\mathfrak{a}\,[e_1 a_1] = \mathfrak{a}_{31}[a_3 a_1] - \mathfrak{a}_{21}[a_1 a_2],$$

oder da nach (31)

$$[a_3 a_1] = \mathfrak{a} A_2 \quad \text{und} \quad [a_1 a_2] = \mathfrak{a} A_3 \quad \text{ist:}$$
$$\mathfrak{a}\,[e_1 a_1] = \mathfrak{a}\,(\mathfrak{a}_{31} A_2 - \mathfrak{a}_{21} A_3).$$

Setzt man also wie bisher voraus, daß

$$\mathfrak{a} \neq 0$$

sei, daß also das Polarsystem nicht entartet, so wird

$$(69) \qquad \begin{cases} [e_1 a_1] = \mathfrak{a}_{31} A_2 - \mathfrak{a}_{21} A_3 \quad \text{und entsprechend findet man:} \\ [e_2 a_2] = \mathfrak{a}_{12} A_3 - \mathfrak{a}_{32} A_1 \\ [e_3 a_3] = \mathfrak{a}_{23} A_1 - \mathfrak{a}_{13} A_2. \end{cases}$$

Für das Perspektivitätszentrum c, das heißt für den Schnittpunkt der Geraden $[a_i e_i]$, erhält man daher die Darstellung

$$c = [e_2 a_2 \cdot e_3 a_3] = [(\mathfrak{a}_{12} A_3 - \mathfrak{a}_{32} A_1)(\mathfrak{a}_{23} A_1 - \mathfrak{a}_{13} A_2)]$$

oder wegen (20)

$$(70) \qquad c = \mathfrak{a}_{12}\mathfrak{a}_{13} a_1 + \mathfrak{a}_{12}\mathfrak{a}_{23} a_2 + \mathfrak{a}_{32}\mathfrak{a}_{13} a_3.$$

Dieser Ausdruck aber stimmt wegen (50) mit der oben in (67) für den Pol CP der Perspektivitätsachse C gewonnenen Vielfachensumme überein, und man sieht somit, daß bei einem Polarsystem *nicht nur die Nenner- und Zählerdreiecke perspektiv liegen, sondern daß überdies das Perspektivitätszentrum den Pol der Perspektivitätsachse bildet.*

Beachtet man endlich, daß diese beiden Eigenschaften des Nenner- und Zähler-Dreiecks aus den Gleichungen

$$(50) \qquad \mathfrak{a}_{ki} = \mathfrak{a}_{ik}, \quad i, k = 1, 2, 3,$$

abgeleitet sind, die sich auch in der Form schreiben lassen:

$$(60) \qquad [e_i \cdot e_k p] = [e_k \cdot e_i p], \quad i, k = 1, 2, 3,$$

und daß diese Formel, welcher je zwei Ecken e_i und e_k des Nennerdreiecks genügen, in (61) auch für zwei ganz beliebige Punkte y und z bewiesen ist, so sieht man, daß die beiden oben für das Nenner- und Zähler-Dreieck bewiesenen Eigenschaften auch für je zwei beliebige eigentliche Dreiecke gelten müssen, die einander in einem nicht entarteten Polarsystem entsprechen. Man hat also den Satz:

Satz 398: Dritte Grundeigenschaft des Polarsystems: Erster Satz von Chr. v. Staudt: Je zwei eigentliche Dreiecke, die einander durch ein nicht entartendes Polarsystem zugewiesen werden, liegen perspektiv, und zugleich ist ihr Perspektivitätszentrum der Pol ihrer Perspektivitätsachse[1]).

Übrigens läßt sich der zweite Teil dieses Satzes auch leicht aus dem ersten rein geometrisch mit Hülfe der ersten Grundeigenschaft des Polarsystems ableiten, wenn man noch die in den Sätzen 369 und 377 enthaltenen Eigenschaften einer beliebigen Reziprozität verwertet, die sich speziell für ein Polarsystem in der Form aussprechen lassen:

Satz 399: Ein Polarsystem p, P ordnet der geraden Verbindungslinie zweier Punkte als Pol den Schnittpunkt der Polaren dieser Punkte zu und weist andererseits dem Schnittpunkte zweier Geraden als Polare die gerade Verbindungslinie der Pole dieser Geraden zu.

Aus diesem Satze folgt zunächst — und das gilt noch ebenso für eine beliebige Reziprozität —: In dem Polarsysteme p, P entsprechen nicht nur den drei *Ecken* e_1, e_2, e_3 des Nennerdreiecks die Linien der drei Seiten A_1, A_2, A_3 des Zählerdreiecks, sondern auch den Linien der drei *Seiten* E_1, E_2, E_3 des Nennerdreiecks die drei Ecken a_1, a_2, a_3 des Zählerdreiecks (vgl. die Fig. 76).

Nach der ersten Grundeigenschaft des Polarsystems (Satz 393) werden dann aber auch umgekehrt durch das Polarsystem p, P den Ecken a_1, a_2, a_3 des Zählerdreiecks die Linien der drei Seiten E_1, E_2, E_3 des Nennerdreiecks zugeordnet.

Hieraus wiederum ergibt sich bei abermaliger Anwendung des Satzes 399: Die Verbindungslinien entsprechender Ecken des Nenner- und Zähler-Dreiecks eines Polarsystems p, P sind die Polaren für die Schnittpunkte der diesen Ecken gegenüberliegenden Seiten der beiden Dreiecke, das heißt, es sind die Linien

$$[e_1 a_1], \quad [e_2 a_2], \quad [e_3 a_3]$$

---

1) Vgl. Chr. v. Staudt, Geometrie der Lage, Nürnberg 1847. Nr. 242.

beziehlich die Polaren der Punkte

$$[E_1 A_1], \quad [E_2 A_2], \quad [E_3 A_3].$$

Daraus endlich folgert man bei nochmaliger Anwendung des Satzes 399: Ein Polarsystem p, P weist der Perspektivitätsachse seines Nenner- und Zählerdreiecks das Perspektivitätszentrum dieser beiden Dreiecke zu.

Damit aber ist wirklich der zweite Teil des Satzes 398 mit Hülfe der ersten Grundeigenschaft des Polarsystems aus dem ersten Teil dieses Satzes abgeleitet.

Wenn wir die in dem Satze 398 ausgesprochene Eigenschaft eines Polarsystems als eine Grundeigenschaft des Polarsystems bezeichnet haben, so soll damit darauf hingewiesen werden, daß durch dieselbe eine Reziprozität vollständig als ein Polarsystem charakterisiert werden kann; und zwar brauchen wir diese Eigenschaft nur für ein einziges Dreieck und sein entsprechendes Dreieck vorauszusetzen. Es gilt nämlich der Satz:

Satz 400: Zweiter Satz von Chr. v. Staudt (Umkehrung des ersten): Wenn durch eine Reziprozität r, R den Ecken eines Dreiecks die Seiten eines zu ihm perspektiv liegenden Dreiecks zugewiesen werden, und überdies der Perspektivitätsachse beider Dreiecke das Perspektivitätszentrum zugeordnet wird, so ist die Reziprozität ein Polarsystem[1]).

In der Tat, sind wieder

$$e_1, \quad e_2, \quad e_3, \quad E_1, \quad E_2, \quad E_3$$

die Ecken und Seiten des ersten Dreiecks,

$$A_1, \quad A_2, \quad A_3, \quad a_1, \quad a_2, \quad a_3$$

die Seiten und Ecken des zweiten, zu dem ersten Dreieck perspektiven Dreiecks, und sind

$$(71) \qquad r = \frac{A_1, \; A_2, \; A_3}{e_1, \; e_2, \; e_3} \qquad \text{und} \qquad (72) \qquad R = \frac{a_1, \; a_2, \; a_3}{E_1, \; E_2, \; E_3}$$

die beiden Brüche, welche die Punkt-Stab-Zuordnung und die Stab-Punkt-Zuordnung der im Satz beschriebenen Reziprozität vermitteln, und ist dabei R der adjungierte Bruch zu r, so wird genau wie in (66) ein Stab C der Perspektivitätsachse beider Dreiecke

$$(73) \qquad C = \mathfrak{a}_{21}\mathfrak{a}_{31} E_1 + \mathfrak{a}_{21}\mathfrak{a}_{32} E_2 + \mathfrak{a}_{23}\mathfrak{a}_{31} E_3,$$

und diesem Stabe C wird wegen (72) in der Reziprozität r, R der Punkt zugewiesen:

$$(74) \qquad C R = \mathfrak{a}_{21}\mathfrak{a}_{31} a_1 + \mathfrak{a}_{21}\mathfrak{a}_{32} a_2 + \mathfrak{a}_{23}\mathfrak{a}_{31} a_3.$$

---

1) Vgl. Chr. v. Staudt, Geometrie der Lage, Nürnberg 1847. Nr. 241.

Andererseits wird wieder wie in (70) das Perspektivitätszentrum c der beiden Dreiecke durch die Vielfachensumme dargestellt:

$$(75) \qquad c = \mathfrak{a}_{12}\mathfrak{a}_{13}a_1 + \mathfrak{a}_{12}\mathfrak{a}_{23}a_2 + \mathfrak{a}_{32}\mathfrak{a}_{13}a_3.$$

Soll daher dieser Punkt mit dem zugeordneten Punkte CR der Perspektivitätsachse C zusammenfallen, so müssen die Ableitzahlen des Punktes c denen des Punktes CR proportional sein, das heißt, es muß die Doppelgleichung bestehen:

$$(76) \qquad \frac{\mathfrak{a}_{21}\mathfrak{a}_{31}}{\mathfrak{a}_{12}\mathfrak{a}_{13}} = \frac{\mathfrak{a}_{21}\mathfrak{a}_{32}}{\mathfrak{a}_{12}\mathfrak{a}_{23}} = \frac{\mathfrak{a}_{23}\mathfrak{a}_{31}}{\mathfrak{a}_{32}\mathfrak{a}_{13}}.$$

Aus der Gleichheit der beiden ersten Brüche aber folgt, daß

$$\frac{\mathfrak{a}_{31}}{\mathfrak{a}_{13}} = \frac{\mathfrak{a}_{32}}{\mathfrak{a}_{23}}$$

ist, und aus der Gleichheit des ersten und dritten Bruches, daß

$$\frac{\mathfrak{a}_{21}}{\mathfrak{a}_{12}} = \frac{\mathfrak{a}_{23}}{\mathfrak{a}_{32}}$$

ist; und durch Vergleichung dieser beiden Gleichungen findet man, daß auch

$$\frac{\mathfrak{a}_{31}}{\mathfrak{a}_{13}} = \frac{\mathfrak{a}_{12}}{\mathfrak{a}_{21}}$$

sein muß. Man erhält daher die neue Doppelgleichung

$$(77) \qquad \frac{\mathfrak{a}_{21}}{\mathfrak{a}_{12}} = \frac{\mathfrak{a}_{23}}{\mathfrak{a}_{32}} = \frac{\mathfrak{a}_{13}}{\mathfrak{a}_{31}}.$$

Wegen der Perspektivität der beiden Dreiecke muß nun aber weiter zwischen den drei Punkten

$$[E_1 A_1], \qquad [E_2 A_2], \qquad [E_3 A_3]$$

eine Zahlbeziehung herrschen. Sie möge lauten:

$$(78) \qquad \mathfrak{g}_1[E_1 A_1] + \mathfrak{g}_2[E_2 A_2] + \mathfrak{g}_3[E_3 A_3] = 0.$$

Dieselbe verwandelt sich, wenn man für die Produkte $[E_i A_i]$ ihre Werte aus (62) substituiert, in:

$$\mathfrak{g}_1(\mathfrak{a}_{12}e_3 - \mathfrak{a}_{13}e_2) + \mathfrak{g}_2(\mathfrak{a}_{23}e_1 - \mathfrak{a}_{21}e_3) + \mathfrak{g}_3(\mathfrak{a}_{31}e_2 - \mathfrak{a}_{32}e_1) = 0.$$

und nimmt, wenn man nach e_1, e_2, e_3 ordnet, die Form an:

$$(79) \qquad (\mathfrak{g}_2\mathfrak{a}_{23} - \mathfrak{g}_3\mathfrak{a}_{32})e_1 + (\mathfrak{g}_3\mathfrak{a}_{31} - \mathfrak{g}_1\mathfrak{a}_{13})e_2 + (\mathfrak{g}_1\mathfrak{a}_{12} - \mathfrak{g}_2\mathfrak{a}_{21})e_3 = 0.$$

Da aber die drei Punkte e_1, e_2, e_3 ein eigentliches Dreieck bilden, so müssen die Koeffizienten dieser Gleichung einzeln verschwinden, das heißt, es müssen die drei Proportionen gelten:

$$(80) \qquad \begin{cases} \mathfrak{a}_{21} : \mathfrak{a}_{12} = \mathfrak{g}_1 : \mathfrak{g}_2 \\ \mathfrak{a}_{23} : \mathfrak{a}_{32} = \mathfrak{g}_3 : \mathfrak{g}_2 \\ \mathfrak{a}_{13} : \mathfrak{a}_{31} = \mathfrak{g}_3 : \mathfrak{g}_1. \end{cases}$$

Setzt man aber die drei so gewonnenen Werte der in (77) auftretenden

Brüche in die Doppelgleichung (77) ein, so nimmt sie die Form an:

$$(81) \qquad \mathfrak{g}_1 : \mathfrak{g}_2 = \mathfrak{g}_3 : \mathfrak{g}_2 = \mathfrak{g}_3 : \mathfrak{g}_1$$

und vereinfacht sich sofort zu:

$$(82) \qquad \mathfrak{g}_1 = \mathfrak{g}_2 = \mathfrak{g}_3.$$

Die Proportionen (80) verwandeln sich daher in die Gleichungen

$$(83) \qquad \begin{cases} \mathfrak{a}_{21} = \mathfrak{a}_{12} \\ \mathfrak{a}_{32} = \mathfrak{a}_{23} \\ \mathfrak{a}_{13} = \mathfrak{a}_{31}, \end{cases}$$

das heißt, es ist allgemein

$$(84) \qquad \mathfrak{a}_{ki} = \mathfrak{a}_{ik}, \quad i, k = 1, 2, 3.$$

Das aber waren gerade die Bedingungsgleichungen des Polarsystems. Also ist der Satz 400 bewiesen.

Der Abbildungsbruch eines Polarsystems p für den Fall, wo das Nennerdreieck ein Polardreieck ist. Das Perspektivitätszentrum und die Perspektivitätsachse werden unbestimmt, aber man wird doch den Bedingungsgleichungen des Polarsystems

$$(84) \qquad \mathfrak{a}_{ki} = \mathfrak{a}_{ik}, \quad i, k = 1, 2, 3,$$

ganz sicher gerecht, wenn man die Koeffizienten

$$(85) \qquad \mathfrak{a}_{ik} = 0$$

wählt für je zwei verschiedene Werte der Indizes i und k, die Koeffizienten mit gleichen Indizes aber, das heißt die Größen $\mathfrak{a}_{ii}$, willkürlich läßt (vgl. Fig. 77). Dann verwandeln sich die Gleichungen (25) in

$$(86) \qquad A_i = \mathfrak{a}_{ii} E_i,$$

und der Bruch p nimmt daher die Gestalt an

$$(87) \qquad p = \frac{\mathfrak{a}_{11} E_1, \ \mathfrak{a}_{22} E_2, \ \mathfrak{a}_{33} E_3}{e_1, \quad e_2, \quad e_3},$$

welche zeigt, daß er den Ecken des Fundamentaldreiecks deren Gegenseiten

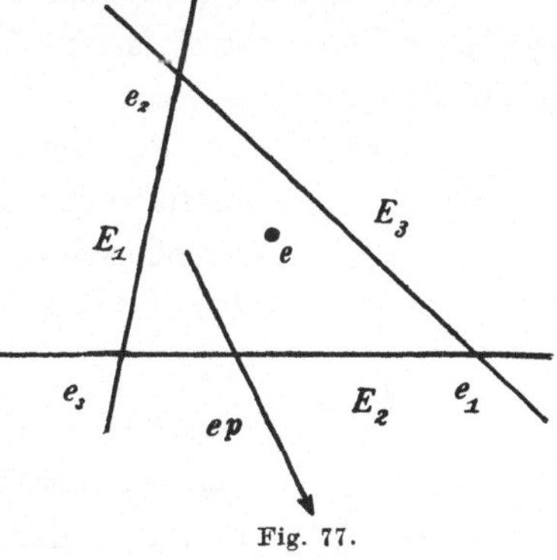

Fig. 77.

als Polaren zuweist, außerdem aber dem Einheitspunkte

$$(88) \qquad e = e_1 + e_2 + e_3$$

den Stab

$$(89) \qquad ep = \mathfrak{a}_{11} E_1 + \mathfrak{a}_{22} E_2 + \mathfrak{a}_{33} E_3,$$

das heißt mit Rücksicht auf die Willkürlichkeit der $\mathfrak{a}_{ii}$, einen ganz beliebigen Stab der Ebene.

Bezeichnet man noch ein Dreieck, dessen Seiten die Polaren der gegenüberliegenden Ecken hinsichtlich eines Polarsystems p bilden, als ein Polardreieck des Polarsystems, so läßt sich das gewonnene Ergebnis in dem Satze aussprechen:

Satz 401: **Um ein Polarsystem festzulegen, kann man ein Polardreieck des Systems willkürlich annehmen und außerdem noch einem beliebigen vierten Punkte, der aber nicht auf einer Seite des Polardreiecks liegen darf, eine beliebige Gerade als Polare zuweisen. Dadurch ist dann das Polarsystem bis auf einen konstanten Faktor, von dem die Länge der Bildstäbe abhängt, eindeutig bestimmt.**

Zugleich folgt aus der soeben gegebenen Entwickelung noch der wichtige Satz:

Satz 402: **Wenn eine Reziprozität jeder Ecke eines Dreiecks ihre Gegenseite zuweist, so ist sie ein Polarsystem.**

Die Polkurve eines Polarsystems: Das Polarsystem zweiter Ordnung. An die Stelle der Frage nach den Doppelelementen, die bei den kollinearen Systemen hervortrat, stellt sich bei der reziproken Abbildung und insbesondere auch bei dem Polarsystem die Frage nach denjenigen Punkten, die auf ihren zugeordneten Geraden liegen. Dieser Forderung aber entsprechen hier nicht nur einzelne getrennt liegende Punkte, sondern die sämtlichen Punkte einer Kurve. Diese Kurve heißt die Polkurve der Abbildung.

Man versteht also insbesondere unter der Polkurve eines Polarsystems den geometrischen Ort derjenigen Punkte x der Ebene, die auf ihren Polaren xp liegen. Diese Erklärung liefert sofort die *Gleichung* der Polkurve eines Polarsystems; denn diese hat ja nur auszudrücken, daß das äußere Produkt aus dem Punkte x und seiner Polare xp verschwindet. Die Gleichung der Polkurve des Polarsystems p lautet also

$$(90) \qquad\qquad [x \cdot xp] = 0$$

und ist somit *eine Zahlgleichung zweiten Grades in bezug auf den laufenden Punkt x*, und da sie nicht durch jeden Punkt x der Ebene befriedigt werden kann[1]), so stellt sie nach Seite 71 des ersten Bandes eine Kurve zweiter Ordnung dar. In der Tat wird die Kurve (90) von einer jeden Geraden $[yz]$ in zwei getrennten reellen, zusammenfallenden reellen oder konjugiert komplexen Punkten ge-

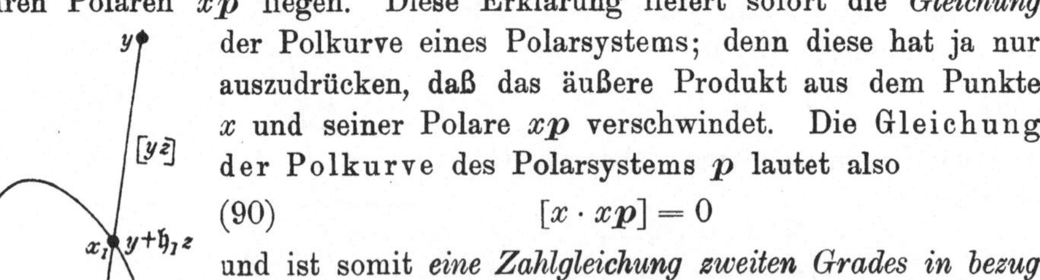

Fig. 78.

---

1) Wenigstens wenn wir von einem sogleich zu behandelnden Ausnahmefall absehen.

schnitten (vgl. Fig. 78). Substituiert man nämlich in die Gleichung (90) für x den Ausdruck $y + \mathfrak{h}z$ für den laufenden Punkt der Geraden $[yz]$, so erhält man für den Parameter $\mathfrak{h}$ ihres Schnittpunktes mit der Kurve die Gleichung

$$(91) \qquad [(y + \mathfrak{h}z) \cdot (y + \mathfrak{h}z)p] = 0 \quad \text{oder}$$

$$(92) \qquad [y \cdot yp] + \mathfrak{h}([z \cdot yp] + [y \cdot zp]) + \mathfrak{h}^2[z \cdot zp] = 0,$$

die man mit Rücksicht auf die Grundgleichung des Polarsystems

$$(61) \qquad [z \cdot yp] = [y \cdot zp]$$

auch in der Form schreiben kann

$$(93) \qquad [y \cdot yp] + 2\mathfrak{h}[z \cdot yp] + \mathfrak{h}^2[z \cdot zp] = 0.$$

Diese in $\mathfrak{h}$ quadratische Gleichung läßt den Parameter $\mathfrak{h}$ des Punktes $y + \mathfrak{h}z$ dann und nur dann *unbestimmt*, wenn ihre drei Koeffizienten

$$[y \cdot yp], \quad [z \cdot yp], \quad [z \cdot zp]$$

gleichzeitig verschwinden. In diesem Falle gehört *jeder beliebige* Punkt $y + \mathfrak{h}z$ der Geraden $[yz]$, das heißt also die ganze Gerade $[yz]$, der Polkurve an. In jedem andern Falle liefert die Gleichung (93) für den Parameter $\mathfrak{h}$ zwei Werte $\mathfrak{h}_1$ und $\mathfrak{h}_2$. Die Kurve (90) wird also wirklich von jeder Geraden $[yz]$, die nicht ganz der Kurve angehört, in *zwei* getrennten reellen, zusammenfallenden reellen oder konjugiert komplexen Punkten geschnitten, nämlich in den Punkten

$$(94) \qquad x_1 = y + \mathfrak{h}_1 z \quad \text{und} \quad x_2 = y + \mathfrak{h}_2 z.$$

Ihre Parameter $\mathfrak{h}_1$ und $\mathfrak{h}_2$ lassen sich, falls

$$(95) \qquad [z \cdot zp] \neq 0$$

ist, falls also z nicht auf der Polkurve liegt, auch unmittelbar hinschreiben; denn es folgen alsdann aus (93) für $\mathfrak{h}_1$ und $\mathfrak{h}_2$ die Werte:

$$(96) \qquad \left\{ \begin{matrix} \mathfrak{h}_1 \\ \mathfrak{h}_2 \end{matrix} \right\} = \frac{-[z \cdot yp] \pm \sqrt{[z \cdot yp]^2 - [y \cdot yp][z \cdot zp]}}{[z \cdot zp]}.$$

Daß die Gleichung (90) nur in einem ganz besonderen Ausnahmefalle durch einen jeden Punkt x der Ebene befriedigt werden kann, sieht man folgendermaßen ein. Wäre die Gleichung (90) für jeden Punkt x der Ebene erfüllt, so müßte ihr auch jeder Punkt x genügen, der sich als Summe $y + z$ zweier beliebigen Punkte y und z der Ebene darstellt, das heißt, es müßte die Gleichung bestehen:

$$(*) \qquad [(y + z) \cdot (y + z)p] = 0;$$

da aber dann ferner auch die Gleichungen gelten würden

$$[y \cdot yp] = 0 \quad \text{und} \quad [z \cdot zp] = 0,$$

so würde sich die Gleichung (*) auf die Form reduzieren:

$$[z \cdot yp] = -[y \cdot zp].$$

Diese aber ist mit der Gleichung (61) nicht anders verträglich, als wenn allgemein

(**) $$[z \cdot yp] = 0$$

ist. Hieraus aber würde wiederum wegen der Willkürlichkeit des Punktes z folgen, daß auch

$$yp = 0$$

ist, und zwar für jeden Wert von y. Insbesondere müßten also die drei Gleichungen erfüllt werden:

(***) $$e_1 p = 0, \quad e_2 p = 0, \quad e_3 p = 0,$$

das heißt, es müßten alle drei Zähler von p verschwinden, das Polarsystem würde somit die Form annehmen:

(****) $$p = \frac{0,\ 0,\ 0}{e_1,\ e_2,\ e_3}.$$

Ein solches Polarsystem werden wir später (vgl. Seite 218 f.) als „uneigentliches Polarsystem p" bezeichnen.

Bei der Formulierung unseres obigen Ergebnisses müssen wir uns daher auf „eigentliche Polarsysteme p" beschränken, das heißt auf solche Polarsysteme p, bei denen nicht alle drei Zähler gleichzeitig verschwinden, und erhalten so den Satz:

Satz 403: Die Polkurve eines eigentlichen Polarsystems p ist eine Kurve zweiter Ordnung.

Mit Rücksicht auf diesen Satz möge die Punkt-Stab-Abbildung p eines Polarsystems auch als ein Polarsystem zweiter Ordnung bezeichnet werden.

Die Lage des Pols und seiner Polare gegen die Polkurve eines Polarsystems zweiter Ordnung. Die Polkurve gewinnt für das Polarsystem dadurch noch eine besondere Bedeutung, daß sie eine anschauliche Darstellung der Beziehung zwischen dem Pol und der Polare eines Polarsystems ermöglicht. Um diese zu finden, denke man sich in der Gleichung (93) etwa den Punkt y fest gegeben, den Punkt z aber in der Ebene beweglich und frage nach denjenigen Punkten z der Ebene, die von dem Punkte y durch die Polkurve harmonisch getrennt werden (vgl. Fig. 79). Dazu hat man die Bedingung aufzustellen, der die Punkte z genügen

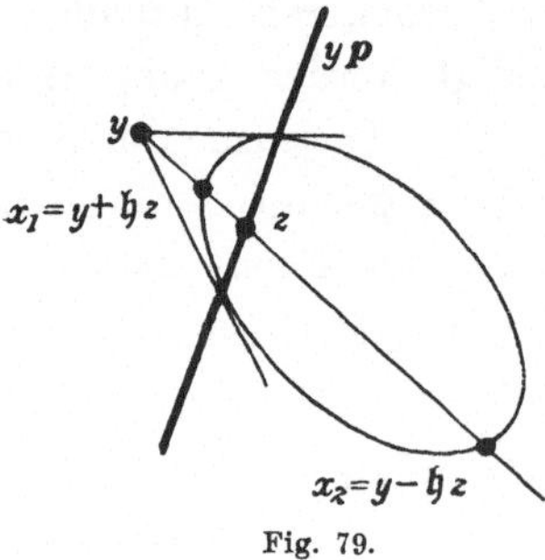

Fig. 79.

müssen, damit die Gleichung (93) für den Parameter $\mathfrak{h}$ zwei entgegengesetzt gleiche Werte $\mathfrak{h}_1 = \mathfrak{h}$ und $\mathfrak{h}_2 = -\mathfrak{h}$ liefere, damit sich also für die Schnittpunkte x_1 und x_2 der Geraden $[yz]$ mit der Kurve zwei Werte von der Form

$$(97) \qquad x_1 = y + \mathfrak{h}z \quad \text{und} \quad x_2 = y - \mathfrak{h}z$$

ergeben. Man findet diese Bedingung, wenn man den Koeffizienten von $\mathfrak{h}$ in der Gleichung (93) gleich Null setzt, und erhält so für die Punkte z, welche vom Punkte y harmonisch getrennt werden, die Gleichung

$$(98) \qquad [z \cdot yp] = 0.$$

Diese Gleichung enthält den Satz:

Satz 404: Der geometrische Ort aller Punkte z, die zusammen mit einem gegebenen Punkte y als zugeordnetem Punkte und den Schnittpunkten der Geraden $[yz]$ mit der Polkurve eines Polarsystems p einen harmonischen Punktwurf bilden, ist eine Gerade, nämlich die Polare yp des Punktes y in bezug auf jenes Polarsystem p.

Zunächst erscheint es freilich so, als kämen für diesen Satz nur solche Punkte z in Betracht, deren Verbindungslinien mit dem Punkte y von der Polkurve getroffen werden. Dehnt man indes den Begriff eines harmonischen Punktwurfes auch auf den Fall aus, wo eins von seinen beiden Punktpaaren konjugiert komplex ist, so sieht man, daß unser Satz keiner Einschränkung bedarf.

Behandelt man nämlich einen in einem planimetrischen Produkt zu einem Faktor hinzutretenden komplexen oder rein imaginären Zahlfaktor genau wie einen reellen Zahlfaktor und setzt somit insbesondere fest, es sollen die Formeln (5) des zweiten Abschnitts für die Verstellbarkeit eines Zahlfaktors in einem äußeren Produkte zweier Punkte, das heißt die Formeln:

$$\begin{cases} [a \cdot \mathfrak{n}b] = \mathfrak{n}[ab] \\ [\mathfrak{n}b \cdot a] = \mathfrak{n}[ba], \end{cases}$$

auch für den Fall gültig bleiben, wo die Zahlgröße $\mathfrak{n}$ komplex oder rein imaginär, also etwa

$$\mathfrak{n} = \mathfrak{k} + i\mathfrak{l}$$

ist, unter $\mathfrak{k}$ und $\mathfrak{l}$ reelle Zahlgrößen verstanden, bestimmt daher, es solle auch

$$(99) \qquad \begin{cases} [a \cdot (\mathfrak{k} + i\mathfrak{l})b] = (\mathfrak{k} + i\mathfrak{l})[ab] \\ [(\mathfrak{k} + i\mathfrak{l})b \cdot a] = (\mathfrak{k} + i\mathfrak{l})[ba] \end{cases}$$

gesetzt werden, so wird auch das Doppelverhältnis des Punktwurfes

$$(100) \qquad a, \quad b, \quad a + i\mathfrak{l}b, \quad a - i\mathfrak{l}b, \quad (\mathfrak{l} \neq 0),$$

gleich -1, und man wird also im Einklang mit Seite 54 des ersten Bandes diesen Punktwurf als einen harmonischen Punktwurf bezeichnen können.

Dabei ist vorausgesetzt, daß man an der Definitionsgleichung des Doppelverhältnisses eines Punktwurfes, das heißt an der Gleichung (1) des fünften Abschnitts, auch für den Fall komplexer Punkte festhält. In der Tat wird dann

$$(ab(a + i\mathfrak{l}b)(a - i\mathfrak{l}b)) = \frac{[a(a + i\mathfrak{l}b)]}{[(a + i\mathfrak{l}b)b]} : \frac{[a(a - i\mathfrak{l}b)]}{[(a - i\mathfrak{l}b)b]}$$

oder wegen (99)

$$= \frac{i\mathfrak{l}[ab]}{[ab]} : \frac{-i\mathfrak{l}[ab]}{[ab]}$$

das heißt, es wird wirklich, falls $\mathfrak{l} \neq 0$ ist, das Doppelverhältnis

$$(101) \qquad\qquad (ab(a + i\mathfrak{l}b)(a - i\mathfrak{l}b)) = -1.$$

Dagegen wird zum Beispiel das Doppelverhältnis des Punktwurfes

$$(102) \qquad\qquad a, \quad b, \quad a + (\mathfrak{k} + i\mathfrak{l})b, \quad a + (\mathfrak{k} - i\mathfrak{l})b:$$

$$(103) \qquad (ab(a + (\mathfrak{k} + i\mathfrak{l})b)(a + (\mathfrak{k} - i\mathfrak{l})b)) = \mathfrak{k} + i\mathfrak{l} : \mathfrak{k} - i\mathfrak{l}.$$

Solange also

$$\mathfrak{k} \neq 0 \quad \text{und} \quad \mathfrak{l} \neq 0$$

ist, wird das Doppelverhältnis des Punktwurfes (102) überhaupt nicht reell. Und harmonisch wird der Punktwurf (102) dann und nur dann, wenn

$$\mathfrak{k} = 0 \quad \text{und} \quad \mathfrak{l} \neq 0.$$

Nach diesen Vorbereitungen kehren wir wieder zu unserer eigentlichen Aufgabe zurück und *setzen voraus, die beiden Wurzeln* (96) *der quadratischen Gleichung* (93) *seien konjugiert komplex oder entgegengesetzt rein imaginär*, es sei also

$$(104) \qquad\qquad \mathfrak{h}_1 = \mathfrak{k} + i\mathfrak{l}, \quad \mathfrak{h}_2 = \mathfrak{k} - i\mathfrak{l}, \quad \mathfrak{l} \neq 0;$$

dann wird wegen (96)

$$(105) \qquad\qquad\qquad \mathfrak{k} = -\frac{[z \cdot yp]}{[z \cdot zp]}.$$

Ferner nehmen dann wegen (94) die Ausdrücke für die Schnittpunkte x_1 und x_2 der Geraden $[yz]$ mit der Polkurve die Form an:

$$(106) \qquad\qquad x_1 = y + \mathfrak{k}z + i\mathfrak{l}z, \quad x_2 = y + \mathfrak{k}z - i\mathfrak{l}z.$$

Diese Punkte bilden aber nach dem Obigen mit den Punkten y und z dann und nur dann einen harmonischen Punktwurf, wenn

$$(107) \qquad\qquad\qquad\qquad \mathfrak{k} = 0$$

ist, oder wegen (105), wenn die obige Gleichung erfüllt wird:

$$(98) \qquad\qquad\qquad\qquad [z \cdot yp] = 0$$

das heißt, wenn z auf der Polare yp des Punktes y liegt.

Damit sind wir zu derjenigen Eigenschaft der Polare gelangt, die gewöhnlich der Erklärung der Polare zu Grunde gelegt wird, indem man nämlich von einer Kurve zweiter Ordnung ausgehend die Polare eines

Punktes y in bezug auf diese Kurve definiert als geometrischen Ort derjenigen Punkte, die von dem Punkte y durch die Kurve zweiter Ordnung harmonisch getrennt sind. Doch hat die von uns gegebene Erklärung der Polare eines Punktes *durch ein Polarsystem* insofern einen Vorzug vor der Erklärung *durch eine Kurve zweiter Ordnung*, als bei Zugrundelegung des Polarsystems die Polare auch dann noch aus reellen Elementen konstruierbar bleibt, wenn die Kurve zweiter Ordnung, das heißt die Polkurve des Polarsystems, imaginär wird.

Ist die Polkurve des Polarsystems p reell, und reduziert sich diese Kurve nicht gerade auf einen einzigen Punkt, so kann man den Satz 404 benutzen, *um zu einem beliebig gegebenen Punkte y der Ebene die Polare yp hinsichtlich des Polarsystems p zu konstruieren.* Man lege dazu durch den Punkt y zwei gerade Linien hindurch, welche die Polkurve von p in je zwei Punkten schneiden. Dann bestimmen die so erhaltenen vier Schnittpunkte die Ecken eines vollständigen Vierecks, von dem der Punkt y eine Nebenecke bildet. Konstruiert man daher noch die beiden andern Nebenecken dieses vollständigen Vierecks und außerdem die sie verbindende Nebenseite, so werden nach dem Satze 299 die beiden von y ausgehenden Seiten des Vierecks durch die Nebenecke y und die soeben

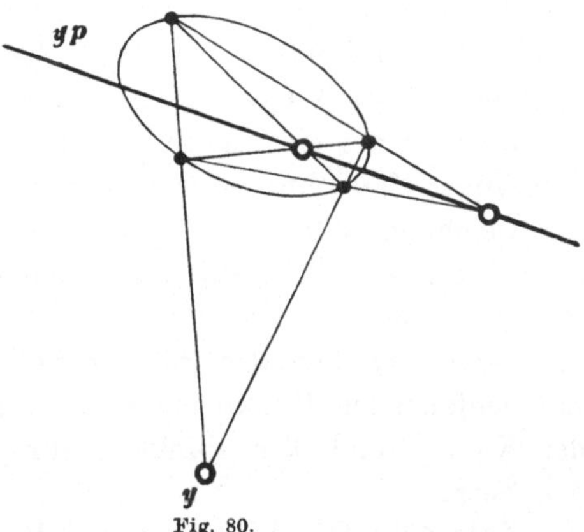

konstruierte, der Nebenecke y gegenüberliegende Nebenseite harmonisch geteilt. Diese Nebenseite ist also nach dem Satze 404 die Polare yp des Punktes y hinsichtlich des Polarsystems p (vgl. Fig. 80).

Lassen sich von dem Punkte y *reelle Tangenten* an die Polkurve legen, *so geht die Polare yp durch die Berührungspunkte dieser Tangenten hindurch.* Denn da die beiden Schnittpunkte der Kurve mit einer Tangente in den Berührungspunkt dieser Tangente zusammenfallen, so liegt auch der von y durch diese beiden zusammenfallenden Schnittpunkte harmonisch getrennte Punkt der Tangente, der nach dem Satze 404 der Polare yp des Punktes y angehört, mit dem Berührungspunkt der Tangente vereint.

Gehen also vom Punkte y *zwei reelle Tangenten* an die Polkurve des Polarsystems p, so ist *ihre Berührungssekante die Polare yp des Punktes y in bezug auf das Polarsystem p.* Diese Eigenschaft der Polare ist bereits in der obigen Figur 79 verwertet.

Eine besondere Besprechung erfordert noch der Fall, wo der Punkt y, dessen Polare yp zufolge der Gleichung (98) von dem Punkte z beschrieben wird, selbst auf der Polkurve $[x \cdot xp] = 0$ gelegen ist, also der Gleichung

$$(108) \qquad [y \cdot yp] = 0$$

genügt (vgl. Fig. 81).

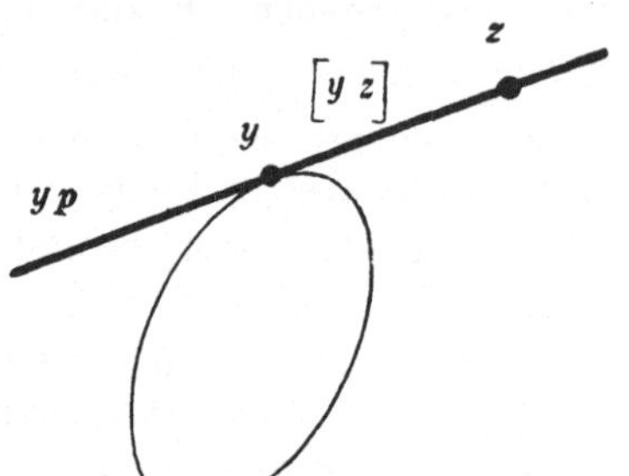

Fig. 81.

In diesem Falle liegt der Punkt y, wie die Gleichung (108) zeigt, auf seiner Polare yp, was übrigens auch aus dem *Begriffe der Polkurve* hervorgeht. Die oben betrachtete Gerade $[yz]$, welche einen beliebigen Punkt z der Polare yp mit y verbindet, ist daher identisch mit der Polare yp des Punktes y. Aus der Voraussetzung, nach welcher der Punkt y ein Punkt der Polkurve ist, folgt aber weiter, daß von den beiden Schnittpunkten $x_1 = y + \mathfrak{h}_1 z$ und $x_2 = y + \mathfrak{h}_2 z$ der Geraden $[yz]$ und der Polkurve sicher der eine, sagen wir der Punkt $x_1 = y + \mathfrak{h}_1 z$, mit dem Punkte y zusammenfällt, und es wird somit $\mathfrak{h}_1 = 0$; und, da wegen (98) (vgl. auch die Gleichung (93)) überdies $\mathfrak{h}_2 = - \mathfrak{h}_1$ ist, so wird auch $\mathfrak{h}_2 = 0$, das heißt, auch der zweite Schnittpunkt x_2 der Geraden $[yz]$ und der Polkurve fällt mit y zusammen. Die Gerade $[yz]$ oder, was nach Obigem dasselbe ist, die Gerade yp hat also mit der Polkurve die beiden in den Punkt y zusammenfallenden Punkte x_1 und x_2 gemein; sie ist somit eine Tangente der Kurve, und der Punkt y ihr Berührungspunkt. Man hat daher den Satz:

Satz 405: Die Polare eines Punktes der Polkurve eines Polarsystems ist die Tangente der Kurve in diesem Punkte.

Ferner gelten selbstverständlich für das Polarsystem auch die schon oben in Satz 367 für eine beliebige Reziprozität ausgesprochenen Eigenschaften. Doch kann man ihnen beim Polarsystem mit Rücksicht auf die für dieses eingeführten besonderen Bezeichnungen eine speziellere Fassung geben. Man erhält so die Sätze:

Satz 406: Durchläuft ein Punkt eine geradlinige Punktreihe, so dreht sich seine Polare hinsichtlich eines Polarsystems um einen festen Punkt, den Pol des Trägers jener Punktreihe. Dabei ist das von der beweglichen Polare beschriebene Strahlbüschel zu der von ihrem Pole durchlaufenen Punktreihe projektiv. Und

Satz 407: Durch ein Polarsystem wird eine Kurve zweiter Klasse in eine Kurve zweiter Ordnung übergeführt.

Die Involutionen, die ein Polarsystem zweiter Ordnung in einer Geraden und in einem Punkte seiner Ebene hervorruft. Nennt man noch zwei Punkte y und z eines Polarsystems, von denen jeder auf der Polare des andern liegt (vgl. die zweite Grundeigenschaft des Polarsystems (Satz 394)), hinsichtlich des Polarsystems (oder auch hinsichtlich seiner Polkurve) konjugiert, so kann man die Gleichung

$$(98) \qquad\qquad [z \cdot y\boldsymbol{p}] = 0$$

oder die gleichwertige Gleichung

$$(109) \qquad\qquad [y \cdot z\boldsymbol{p}] = 0$$

als die Bedingung des Konjugiertseins der Punkte y und z hinsichtlich des Polarsystems $\boldsymbol{p}$ bezeichnen.

Läßt man dann den Punkt y eine feste Gerade beschreiben, von der ein beliebiger Stab mit G bezeichnet sein mag (vgl. Fig. 82), und bestimmt zu jeder Lage des Punktes y den auf *derselben Geraden G* liegenden konjugierten Punkt z, so erhält man auf ihr *zwei projektive Punktreihen von besonderer Art.* In der Tat sind zunächst die beiden Punktreihen der Punkte y und z *projektiv*; denn nach Satz 406 wird eine jede geradlinige Punktreihe durch ein Polarsystem, in ein projektives Strahlbüschel übergeführt. Es ist daher auch das Strahlbüschel der Polaren $y\boldsymbol{p}$, welches der Punktreihe der Punkte y durch das Polarsystem zugewiesen wird, zu dieser Punktreihe projektiv. Die Punktreihe der Punkte z andererseits ist wieder zum Strahlbüschel dieser Polaren $y\boldsymbol{p}$ perspektiv. Denn die Erklärungsgleichung konjugierter Punkte

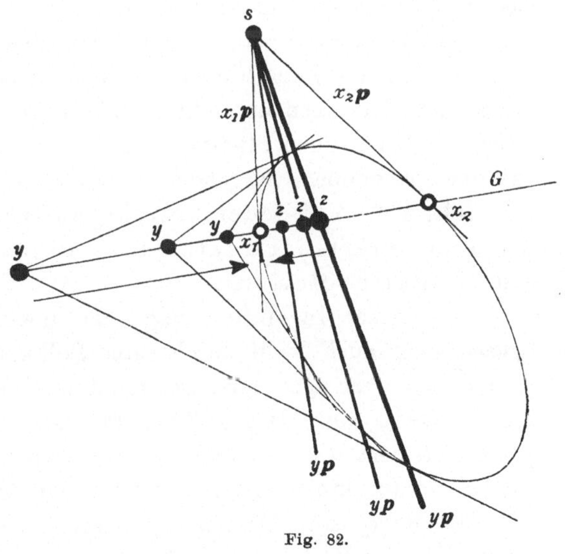

Fig. 82.

$$(98) \qquad\qquad [z \cdot y\boldsymbol{p}] = 0$$

besagt ja, daß der zu y konjugierte Punkt z auf dem Strahle $y\boldsymbol{p}$ liegt. Folglich ist nach Satz 39 die Punktreihe der Punkte z zu dem Strahlbüschel der Polaren $y\boldsymbol{p}$ auch projektiv und somit auch projektiv zu der mit diesem Strahlbüschel projektiven Punktreihe der Punkte y.

Die beiden projektiven Punktreihen der Punkte y und z haben nun aber noch die *besondere Eigenschaft*, daß, wenn dem Punkte y, aufgefaßt als Punkt der ersten Punktreihe, in der zweiten Punktreihe der Punkt z zugeordnet ist, dann auch umgekehrt dem Punkte z, aufgefaßt als Punkt der ersten Punktreihe, in der zweiten Punktreihe der Punkt y zugewiesen wird, was man unmittelbar aus dem gleichzeitigen Bestehen der Gleichungen

$$(98) \quad [z \cdot y\boldsymbol{p}] = 0 \quad \text{und} \quad\quad (109) \quad [y \cdot z\boldsymbol{p}] = 0$$

folgern kann. *Es entsprechen sich also je zwei einander zugeordnete Punkte der beiden projektiven Punktreihen wechselseitig;* dieselben bilden somit nach Satz 104 zusammen eine Punktinvolution.

Eine solche Punktinvolution auf der Geraden kann als ein *binäres Abbild des Polarsystems in der Ebene* aufgefaßt werden, insofern die beiden Grundeigenschaften einer solchen Involution, die projektive Zuordnung und das wechselseitige Entsprechen der Elemente, ja auch gerade für das Polarsystem charakteristisch sind. Aus diesem Grunde wurde schon oben (vgl. S. 172) das Polarsystem als eine *involutorische* reziproke Abbildung bezeichnet. Die oben betrachtete Involution auf der Geraden G bildet aber ferner zugleich einen *Ausschnitt aus dem Polarsystem* $\boldsymbol{p}$; denn man kann das oben gewonnene Ergebnis auch in der Form aussprechen:

Satz 408: **Auf jeder beliebigen Geraden G der Ebene bilden die konjugierten Punkte eines Polarsystems zweiter Ordnung eine Punktinvolution.**

Von dieser Involution sagt man noch, sie werde *durch das Polarsystem* (oder auch wohl durch seine Polkurve) *auf der Geraden G hervorgerufen oder erzeugt*. Man bekommt dieselbe, indem man einen Punkt y die Gerade G durchlaufen läßt, zu jeder Lage des Punktes y die Polare $y\boldsymbol{p}$ konstruiert und diese mit der Geraden G schneidet im Punkte z; dann bilden die Punkte y und z ein Paar der Involution.

Die *analytische Darstellung* dieser Involution erhält man, wenn man die in der Gleichung (98) auftretenden Punkte y und z als planimetrische Produkte des Trägers G der Involution und je eines Stabes V und W darstellt, also setzt:

$$(110) \quad\quad\quad\quad y = [GV], \quad z = [GW],$$

wodurch die Gleichung (98) übergeht in:

$$(111) \quad\quad\quad\quad [GW \cdot GV\boldsymbol{p}] = 0.$$

Erteilt man in dieser Gleichung dem Stabe V einen beliebigen aber bestimmten Wert und legt dadurch zugleich den Schnittpunkt $y = [GV]$ dieses Stabes mit der Geraden G fest, so enthält die Gleichung (111) als einzige veränderliche Größe nur noch den Stab W und ist in bezug auf ihn linear. Sie stellt daher einen Punkt dar, und zwar mit Rücksicht auf (98) und (110) den zum Punkt y in der betrachteten Involution zugeordneten Punkt z. *Die Gleichung* (111) *kann also wirklich als Gleichung der Involution aufgefaßt werden, die das Polarsystem p auf der Geraden G hervorruft.*

Man findet andererseits die Gleichung der Doppelpunkte dieser Involution, wenn man in der Gleichung (111) die beiden Stäbe V und W einander gleich werden läßt, also

$$(112) \qquad\qquad V = W = U$$

setzt, wodurch sich die Gleichung ergibt:

$$(113) \qquad\qquad [GU \cdot GUp] = 0.$$

Natürlich gelangt man zu dieser Gleichung auch, wenn man in die Gleichung (90) der Polkurve für x den **Wert**

$$(114) \qquad\qquad x = [GU]$$

substituiert.

Die so gewonnene in U quadratische Gleichung (113) ist dann die gewünschte *Gleichung des Doppelpunktpaares derjenigen Involution, die das Polarsystem p auf der Geraden G erzeugt;* denn sie wird befriedigt durch alle Stäbe U, für die der Punkt $[GU]$ der Polkurve $[x \cdot xp] = 0$ angehört, deren Geraden also die Gerade des Stabes G in ihren Schnittpunkten x_1 und x_2 mit der Kurve $[x \cdot xp] = 0$ treffen. Dabei erscheint jenes Doppelpunktpaar, möge dasselbe nun getrennt reell, zusammenfallend reell oder konjugiert komplex sein, als eine zerfallende Kurve zweiter Klasse.

Übrigens kann man ebenso gut wie von der Punktinvolution, die das Polarsystem p auf einer Geraden hervorruft, auch von einer Strahlinvolution sprechen, die das Polarsystem p in einem Punkte erzeugt.

Anstatt nämlich die Geraden yp mit der Geraden G zu schneiden in den Punkten z und die Beziehung zwischen den Punkten y und z aufzusuchen, kann man natürlich auch die Punkte y mit dem Pole s der Geraden G verbinden und die Beziehung zwischen den Strahlen $[sy]$ und yp ins Auge fassen. Läßt man dann wieder den Punkt y die Gerade G durchlaufen, so dreht sich der Strahl yp um den Pol s von G und beschreibt zusammen mit dem Strahle $[sy]$ eine Strahlinvolution mit dem Scheitel s, die zu der vorher betrachteten Punktinvolution auf der Geraden G perspektiv liegt (vgl. Fig. 82). Man hat daher den Satz:

Satz 409: Ein Polarsystem zweiter Ordnung p ruft in jedem Punkte s seiner Ebene eine Strahlinvolution hervor. Dieselbe wird erzeugt, wenn man einen Punkt y die Polare G des Punktes s durchlaufen läßt und dann für jede Lage des Punktes y *erstens* seinen Verbindungsstrahl $[sy]$ mit dem Punkte s und *zweitens* seine (ebenfalls durch s gehende) Polare yp konstruiert.

Zweite Grundgleichung des Polarsystems. In ähnlicher Weise wie oben die Bedingungsgleichungen

$$(50) \qquad \mathfrak{a}_{ki} = \mathfrak{a}_{ik}, \quad i,\, k = 1,\, 2,\, 3,$$

für die Ableitzahlen des Bruches p zu dem Zwecke geometrischer Folgerungen umgewandelt wurden, lassen sich auch die aus den Gleichungen (50) folgenden Bedingungsgleichungen

$$(51) \qquad \mathfrak{A}_{ki} = \mathfrak{A}_{ik}, \quad i,\, k = 1,\, 2,\, 3,$$

für die Ableitzahlen des adjungierten Bruches P umformen und durch Gleichungen ersetzen, die eine direkte geometrische Deutung zulassen.

Mit Rücksicht auf die Gleichungen (26), (23) und (24) wird nämlich wieder

$$(115) \qquad \mathfrak{A}_{ki} = [E_i a_k], \quad i,\, k = 1,\, 2,\, 3,$$

oder wegen (14)

$$(116) \qquad \mathfrak{A}_{ki} = [E_i \cdot E_k P], \quad i,\, k = 1,\, 2,\, 3.$$

Die Bedingungsgleichungen (51) verwandeln sich daher in die Gleichungen:

$$(117) \qquad [E_i \cdot E_k P] = [E_k \cdot E_i P], \quad i,\, k = 1,\, 2,\, 3.$$

Aus diesen Gleichungen für die Grundstäbe E_i und E_k folgt dann wieder genau so wie in der dualistisch entsprechenden Entwickelung (vgl. Seite 175f) das Bestehen der analogen Gleichung für zwei beliebige Stäbe V und W, daß heißt, man erhält die Gleichung

$$(118) \qquad [W \cdot V P] = [V \cdot W P].$$

Diese Gleichung möge die **zweite Grundgleichung des Polarsystems** heißen.

Man kann sie auch leicht ohne ein Zurückgehen auf die Ableitzahlen aus der ersten Grundgleichung des Polarsystems entwickeln. In der Tat, setzt man

$$V = [yv], \qquad W = [zw],$$

so wird

$$[W \cdot V P] = [zw \cdot yv P]$$

oder nach der Gleichung (39)

$$= [zw \cdot yp \, vp].$$

Hierfür aber kann man nach dem Satze 25 auch schreiben:

$$= \begin{vmatrix} [z \cdot yp], & [w \cdot yp] \\ [z \cdot vp], & [w \cdot vp] \end{vmatrix},$$

oder wenn man jetzt die erste Grundgleichung des Polarsystem (Gleichung (61)) anwendet

$$= \begin{vmatrix} [y \cdot zp], & [y \cdot wp] \\ [v \cdot zp], & [v \cdot wp] \end{vmatrix}.$$

Daraus folgt dann wieder rückwärts

$$= [yv \cdot zp \; wp]$$
$$= [yv \cdot zw\,P]$$
$$= [V \cdot WP],$$

womit wirklich die zweite Grundgleichung des Polarsystems von Neuem bewiesen ist[1]).

Dieselbe kann als Ausgangspunkt für die Ableitung derjenigen Eigenschaften des Polarsystems dienen, die den bisher entwickelten Eigenschaften dualistisch entsprechen. Zunächst folgt aus ihr wieder, daß mit der Gleichung

(119) $$[W \cdot VP] = 0$$

stets die Gleichung

(120) $$[V \cdot WP] = 0$$

verknüpft ist. Darin aber liegt der Satz (vgl. Fig. 83):

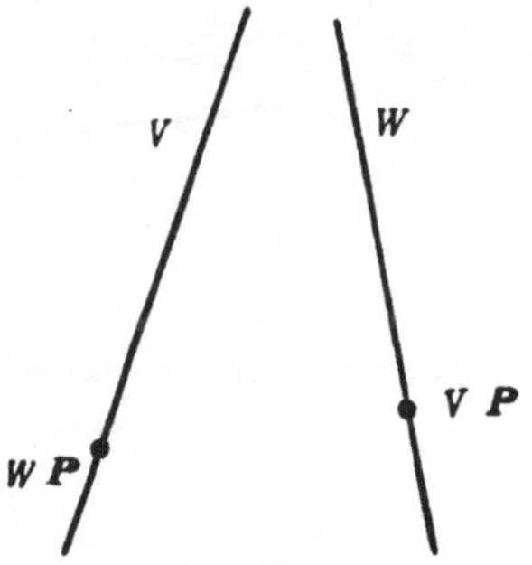

Satz 410: Zweite Grundeigenschaft des Polarsystems (zweite Fassung): Wenn die Gerade des Stabes W durch den Pol von V geht, so geht auch die Gerade des Stabes V durch den Pol von W hindurch.

Dieser Satz stimmt seinem Inhalte nach genau mit dem Satze 394 überein; er ist nur die dualistisch entsprechende Fassung derselben Eigenschaft des Polarsystems.

Die Polarkurve eines Polarsystems: Das Polarsystem zweiter Klasse. Ferner frage man nach der Kurve, die der Polkurve dualistisch entspricht, das heißt nach dem Hüllgebilde aller derjenigen Geraden U der Ebene, die durch ihre eigenen Pole UP hindurchgehen. Diese Kurve möge die **Polarkurve** des Polarsystems genannt werden. Aus ihrer Erklärung folgt unmittelbar die Gleichung der Kurve:

(121) $$[U \cdot UP] = 0.$$

Sie ist eine Zahlgleichung zweiten Grades in bezug auf den laufenden Stab U, und da sie, (falls wir von einem sogleich zu besprechenden Ausnahmefalle absehen), nicht durch jeden Stab U der Ebene befriedigt werden kann, so stellt sie nach Seite 75 des ersten Bandes eine **Kurve zweiter Klasse** dar. In der Tat gehen von jedem Punkte der Ebene zwei getrennte reelle, zwei zusammenfallende reelle oder zwei konjugiert komplexe

---

1) Durch ein ganz entsprechendes Verfahren läßt sich auch umgekehrt die erste Grundgleichung des Polarsystems aus der zweiten ableiten.

Tangenten an die Kurve (121). Um dies zu zeigen, denke man sich jenen
Punkt als planimetrisches Produkt $[VW]$ zweier beliebigen Stäbe V und W

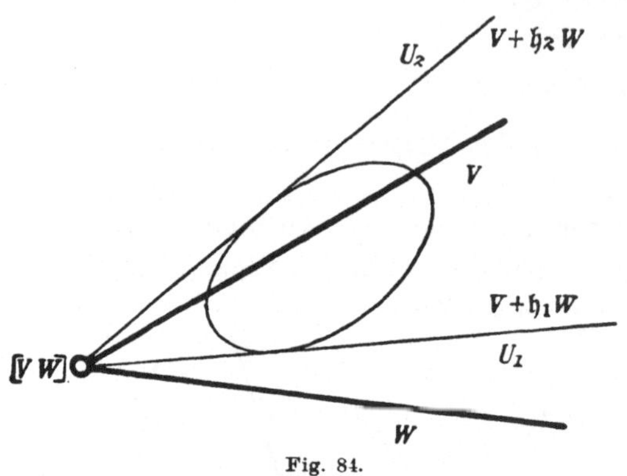

Fig. 84.

dargestellt, welche durch ihn hindurchgehen (vgl. Fig. 84). Dann
wird jeder beliebige Strahl des
Strahlbüschels mit dem Scheitel
$[VW]$ sich durch eine Summe von
der Form $V + \mathfrak{h} W$ ausdrücken
lassen, und man wird die in dem
Strahlbüschel mit dem Scheitel
$[VW]$ enthaltenen Tangenten der
Polkurve (121) erhalten, wenn man
in die Gleichung (121) statt U den
Ausdruck $V + \mathfrak{h} W$ für einen be-

liebigen Strahl jenes Strahlbüschels substituiert. Dadurch aber bekommt
man für den Parameter $\mathfrak{h}$ der in dem Strahlbüschel enthaltenen Tangenten
der Kurve die Gleichung:

$$(122) \qquad [(V + \mathfrak{h} W) \cdot (V + \mathfrak{h} W)\,P] = 0 \quad \text{oder}$$

$$[V \cdot V P] + \mathfrak{h}([W \cdot V P] + [V \cdot W P]) + \mathfrak{h}^2[W \cdot W P] = 0,$$

für die man mit Rücksicht auf die zweite Grundgleichung des Polarsystems

$$(118) \qquad\qquad [W \cdot V P] = [V \cdot W P]$$

auch schreiben kann

$$(123) \qquad [V \cdot V P] + 2\mathfrak{h}[W \cdot V P] + \mathfrak{h}^2[W \cdot W P] = 0.$$

Diese in $\mathfrak{h}$ quadratische Gleichung läßt den Parameter $\mathfrak{h}$ des Stabes $V + \mathfrak{h} W$
dann und nur dann unbestimmt, wenn ihre drei Koeffizienten

$$[V \cdot V P], \quad [W \cdot V P], \quad [W \cdot W P]$$

gleichzeitig verschwinden. In diesem Falle gehört jeder beliebige Strahl
$V + \mathfrak{h} W$ des Strahlbüschels mit dem Scheitel $[VW]$ der Polarkurve an.
In jedem andern Falle aber liefert die Gleichung (123) zwei Werte $\mathfrak{h}_1$
und $\mathfrak{h}_2$; an die Polkurve (121) lassen sich also wirklich von jedem Punkte
$[VW]$ der Ebene, der nicht der Scheitel eines Strahlbüschels ist, das ganz
der Kurve angehört, zwei getrennte reelle, zwei zusammenfallende reelle
oder zwei konjugiert komplexe Tangenten legen, nämlich die Tangenten

$$(124) \qquad U_1 = V + \mathfrak{h}_1 W \quad \text{und} \quad U_2 = V + \mathfrak{h}_2 W.$$

Ihre Parameter $\mathfrak{h}_1$ und $\mathfrak{h}_2$ besitzen, falls

$$(125) \qquad\qquad [W \cdot W P] \neq 0$$

ist, falls also die Gerade des Stabes W nicht selbst eine Hüllgerade der

Polarkurve ist, die Werte:

$$(126) \qquad \left\{ \begin{matrix} \mathfrak{h}_1 \\ \mathfrak{h}_2 \end{matrix} \right\} = \frac{-[W \cdot VP] \pm \sqrt{[W \cdot VP]^2 - [V \cdot VP][W \cdot WP]}}{[W \cdot WP]}.$$

Daß die Gleichung (121) nur in einem ganz besonderen Ausnahmefalle durch einen jeden Stab U der Ebene befriedigt werden kann, sieht man folgendermaßen ein. Wäre die Gleichung (121) für jeden Stab U der Ebene erfüllt, so müßte ihr auch jeder Stab U genügen, der sich als Summe $V + W$ zweier beliebigen Stäbe V und W der Ebene darstellt, das heißt, es müßte die Gleichung bestehen:

$$(*) \qquad [(V + W) \cdot (V + W) P] = 0;$$

da aber dann ferner auch die Gleichungen gelten würden

$$[V \cdot VP] = 0 \quad \text{und} \quad [W \cdot WP] = 0,$$

so würde sich die Gleichung (*) auf die Form reduzieren:

$$[W \cdot VP] = -[V \cdot WP].$$

Diese aber ist mit der Gleichung (118) nicht anders verträglich, als wenn allgemein

$$(**) \qquad [W \cdot VP] = 0$$

ist. Hieraus aber würde wiederum wegen der Willkürlichkeit des Stabes W folgen, daß auch

$$VP = 0$$

ist, und zwar für jeden Wert von V. Insbesondere müßten also die drei Gleichungen erfüllt werden:

$$(***) \qquad E_1' P = 0, \quad E_2' P = 0, \quad E_3' P = 0,$$

das heißt, es müßten alle drei Zähler von P verschwinden, das Polarsystem würde somit die Form annehmen

$$(****) \qquad P = \frac{0, \quad 0, \quad 0}{E_1, \quad E_2, \quad E_3}.$$

Ein solches Polarsystem werden wir später (vgl. Seite 230, als „uneigentliches Polarsystem P" bezeichnen.

Bei der Formulierung unseres obigen Ergebnisses müssen wir uns daher auf „eigentliche Polarsysteme P" beschränken, das heißt auf solche Polarsysteme P, bei denen nicht alle drei Zähler gleichzeitig verschwinden, und wir erhalten so den Satz:

Satz 411: Die Polarkurve eines eigentlichen Polarsystems P ist eine Kurve zweiter Klasse.

Mit Rücksicht auf diesen Satz möge die Stab-Punkt-Abbildung P eines Polarsystems auch als ein Polarsystem zweiter Klasse bezeichnet werden.

Die Lage der Polare und ihres Pols gegen die Polarkurve eines Polarsystems zweiter Klasse. Hält man in der Gleichung (123) den Stab V fest, denkt sich aber den Stab W in der Ebene veränderlich, den Punkt $[VW]$ also auf der Geraden V verschiebbar, und fragt nach denjenigen Stäben W, welche durch die beiden vom Punkte $[VW]$ ausgehenden Tangenten U_1 und U_2 harmonisch getrennt werden (vgl. Fig. 85a und 85b), so hat man die Bedingung aufzustellen, der die Stäbe W genügen müssen, damit die Gleichung (123) für $\mathfrak{h}$ zwei entgegengesetzt gleiche Werte $\mathfrak{h}_1 = \mathfrak{h}$ und $\mathfrak{h}_2 = -\mathfrak{h}$ liefere, damit sich also für die Tangenten U_1 und U_2 Werte

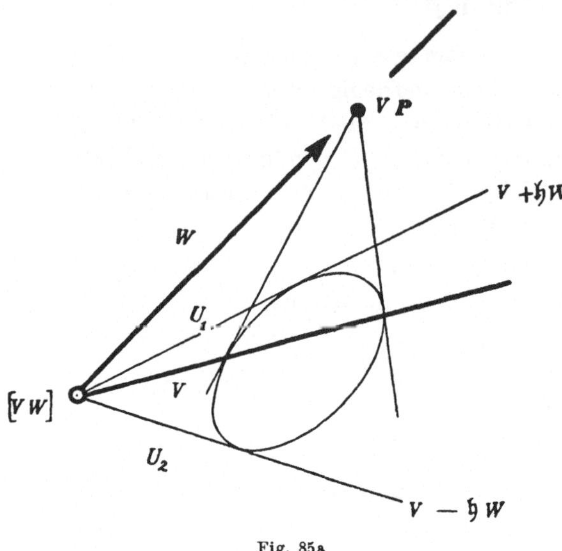

Fig. 85a

von der Form

$$(127) \qquad U_1 = V + \mathfrak{h}\,W \quad \text{und} \quad U_2 = V - \mathfrak{h}\,W$$

ergeben. Diese Bedingung findet man, wenn man den Koeffizienten von $\mathfrak{h}$ in der Gleichung (123) gleich Null setzt, wodurch man für den Stab W die Gleichung erhält

$$(128) \qquad [W \cdot V\boldsymbol{P}] = 0,$$

das heißt, es ergibt sich eine Gleichung ersten Grades in W, welche aussagt, daß das äußere Produkt des Stabes W und des Poles $V\boldsymbol{P}$ der Geraden V verschwindet; darin liegt der Satz:

Satz 412: Das Hüllgebilde aller Strahlen W, die zusammen mit einer gegebenen Geraden V als zugeordnetem Strahle und den Tangenten vom Punkte $[VW]$ an die Polarkurve eines Polarsystems $\boldsymbol{P}$ gezogen einen harmonischen

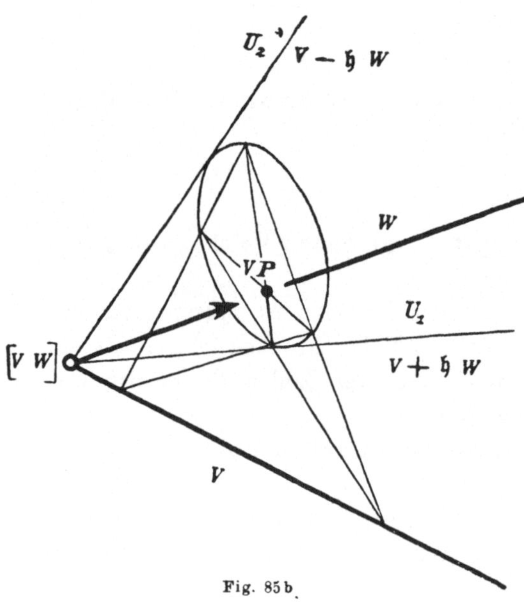

Fig. 85b.

Strahlwurf bilden, ist ein Punkt, nämlich der Pol VP der Geraden V in bezug auf das Polarsystem P.

Man überzeugt sich auch hier wieder leicht, daß für diesen Satz keineswegs nur solche Strahlen W in Betracht kommen, von deren Schnittpunkt $[VW]$ mit der Geraden V sich reelle Tangenten an die Polarkurve legen lassen (vgl. Fig. 85a und 85b). Sind nämlich die Wurzeln (126) der quadratischen Gleichung (123) konjugiert komplex oder entgegengesetzt rein imaginär, ist also

$$(129) \qquad \mathfrak{h}_1 = \mathfrak{k} + i\mathfrak{l} \quad \text{und} \quad \mathfrak{h}_2 = \mathfrak{k} - i\mathfrak{l}, \quad \mathfrak{l} \neq 0,$$

so wird wegen (126)

$$(130) \qquad \mathfrak{k} = - \frac{[W \cdot VP]}{[W \cdot WP]}.$$

Ferner nehmen dann wegen (124) die Ausdrücke für die Tangenten U_1 und U_2, die sich vom Punkte $[VW]$ an die Polarkurve ziehen lassen, die Form an:

$$(131) \qquad U_1 = V + \mathfrak{k}\,W + i\mathfrak{l}\,W, \quad U_2 = V + \mathfrak{k}\,W - i\mathfrak{l}\,W.$$

Diese Strahlen aber bilden mit den Strahlen V und W dann und nur dann einen harmonischen Strahlwurf (vgl. Seite 187f.), wenn

$$(132) \qquad \mathfrak{k} = 0$$

ist, oder wegen (130), wenn die obige Gleichung erfüllt wird:

$$(128) \qquad [W \cdot VP] = 0,$$

das heißt, wenn die Gerade des Stabes W durch den Pol VP der Geraden V hindurchgeht (vgl. Fig. 86).

Eine besondere Besprechung erfordert noch der Fall, wo der Stab V, dessen Pol VP zufolge der Gleichung (128) von den Geraden der Stäbe W umhüllt wird, selbst die Polarkurve $[U \cdot UP] = 0$ berührt, also der Gleichung

$$(133) \qquad [V \cdot VP] = 0$$

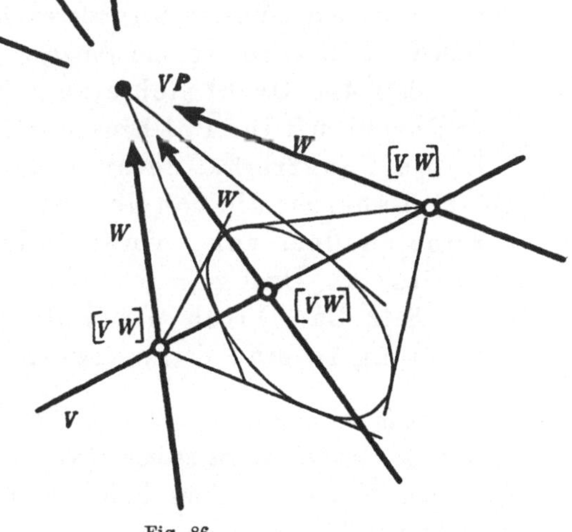

Fig. 86.

Genüge leistet (vgl. Fig. 87). In diesem Falle geht die Gerade V, wie die Gleichung (133) zeigt, selbst durch ihren Pol VP hindurch, was übrigens auch aus dem *Begriffe der Polarkurve* folgt. Der oben betrachtete Punkt $[VW]$, den ein beliebiger Strahl W des Strahlbüschels mit dem Scheitel VP aus der Geraden V ausschneidet, fällt also mit dem Punkte VP, das heißt mit dem Pole der Geraden V, zusammen. Aus der Voraussetzung, nach welcher die Gerade des Stabes V eine Tangente der Polarkurve ist, folgt aber weiter, daß von den beiden Tangenten $U_1 = V + \mathfrak{h}_1 W$ und $U_2 = V + \mathfrak{h}_2 W$, die sich von dem Punkte $[VW]$ aus an die Polarkurve legen lassen, die eine, sagen wir die Tangente $U_1 = V + \mathfrak{h}_1 W$, mit der Geraden V zusammenfallen muß, und es wird somit $\mathfrak{h}_1 = 0$; und, da wegen (128) (vgl. auch die Gleichung (123)) überdies $\mathfrak{h}_2 = - \mathfrak{h}_1$ ist, so wird auch $\mathfrak{h}_2 = 0$, das heißt, auch die zweite vom Punkte $[VW]$ ausgehende Tangente U_2 fällt mit der Geraden V zusammen. Vom Punkte $[VW]$, oder was dasselbe ist, vom Punkte VP, läßt sich daher nur *eine* Tangente an die Polarkurve ziehen, nämlich die Gerade V selbst; folglich ist der Punkt VP der Berührungspunkt der Geraden V. Man hat also den Satz:

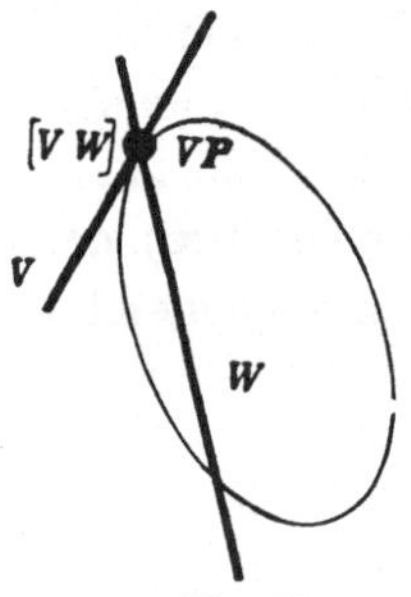

Fig. 87.

Satz 413: Der Pol einer Tangente der Polarkurve ist der Berührungspunkt dieser Tangente.

Ferner gelten selbstverständlich für das Polarsystem auch die schon oben in Satz 380 für eine beliebige Reziprozität ausgesprochenen Eigenschaften. Doch kann man ihnen beim Polarsystem mit Rücksicht auf die für dieses eingeführten besonderen Bezeichnungen eine speziellere Fassung geben. Man erhält so die Sätze:

Satz 414: Dreht sich eine gerade Linie um einen festen Punkt, so durchläuft ihr Pol hinsichtlich eines Polarsystems eine geradlinige Punktreihe, deren Träger die Polare des festen Punktes ist. Dabei ist die von dem beweglichen Pol beschriebene Punktreihe zu dem von seiner Polare durchlaufenen Strahlbüschel projektiv. Und

Satz 415: Durch ein Polarsystem wird eine Kurve zweiter Ordnung in eine Kurve zweiter Klasse übergeführt.

Die Involutionen, die ein Polarsystem zweiter Klasse in einem Punkte und in einer Geraden seiner Ebene hervorruft. Nennt man noch zwei gerade Linien V und W eines Polarsystems, von denen jede durch den Pol der andern geht (vgl. die zweite Grundeigenschaft des Polarsystems, zweite Fassung (Satz 410)) hinsichtlich des Polarsystems (oder auch hinsichtlich seiner Polarkurve) konjugiert, so kann man die Gleichung

$$(119) \qquad\qquad [W \cdot VP] = 0$$

oder die gleichwertige Gleichung

$$(120) \qquad\qquad [V \cdot WP] = 0$$

als die Bedingung dafür bezeichnen, daß die beiden Geraden V und W hinsichtlich des Polarsystems P konjugiert sind.

Läßt man dann die Geraden V ein Strahlbüschel beschreiben, dessen Scheitel mit s bezeichnet sein möge (vgl. Fig. 88), und bestimmt zu jedem Strahle V dieses Strahlbüschels denjenigen konjugierten Strahl W, der *ebenfalls durch s hindurchgeht*, so bilden die Strahlen W im Punkte s ein zweites, zum Büschel der Strahlen V *projektives Strahlbüschel mit der besonderen Eigenschaft, daß die Strahlen beider Büschel einander wechselseitig zugeordnet sind.* In der Tat sind zunächst die beiden Büschel der Strahlen V und W *projektiv*; denn nach Satz 414 wird ein Strahlbüschel durch ein Polarsystem in eine projektive Punktreihe übergeführt. Es ist daher auch die Punktreihe der Pole VP, welche dem Strahlbüschel der Geraden V zugewiesen wird, zu diesem Strahlbüschel projektiv. Das Strahlbüschel der Geraden W andererseits ist wieder zu der Punktreihe dieser Pole VP perspektiv. Denn die Erklärungsgleichung konjugierter Geraden

$$(119) \qquad [W \cdot VP] = 0$$

besagt ja, daß die zu V konjugierte Gerade W durch den Punkt VP hindurchgeht. Folglich ist nach Satz 38 das Strahlbüschel der Geraden W zu der Punktreihe der Pole VP auch projektiv und somit auch projektiv zu dem mit dieser Punktreihe projektiven Strahlbüschel der Geraden V.

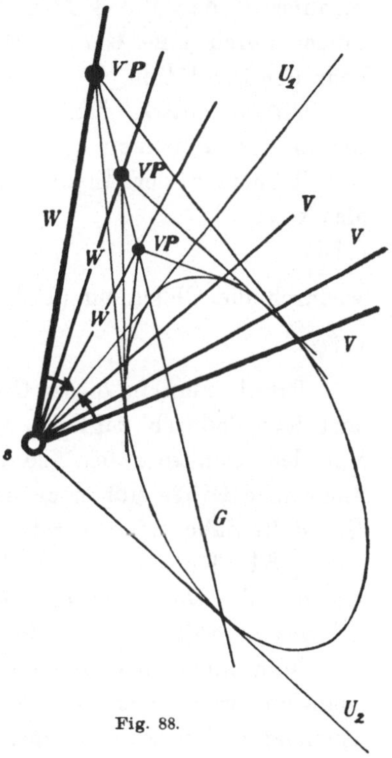

Daß aber auch die Strahlen V und W der beiden projektiven Strahlbüchel einander *wechselseitig zugeordnet* sind, folgt aus dem gleichzeitigen Bestehen der Gleichungen

$$(119) \quad [W \cdot VP] = 0 \qquad \text{und} \qquad (120) \quad [V \cdot WP] = 0.$$

Die beiden Strahlbüschel bilden also zusammen eine Strahlinvolution.

Eine solche Strahlinvolution in einem Punkte kann ebenso wie die Punktinvolution auf einer Geraden als ein *binäres Abbild des Polarsystems in der Ebene* aufgefaßt werden. Die oben betrachtete Involution im Punkte s insbesondere bildet überdies einen *Ausschnitt aus dem Polar-*

Fig. 88.

system P; denn man kann das gewonnene Ergebnis auch in der Form aussprechen:

Satz 416: In jedem beliebigen Punkte s der Ebene bilden die durch ihn gehenden konjugierten Strahlen eines Polarsystems P eine Strahlinvolution.

Von dieser Involution sagt man ferner, sie werde *durch das Polarsystem P* (oder auch wohl durch seine Polarkurve) *in dem Punkte s hervorgerufen oder erzeugt.* Man bekommt dieselbe, indem man einen Strahl V das Strahlbüschel mit dem Scheitel s beschreiben läßt, zu jeder Lage des Strahles V den Pol VP konstruiert und diesen mit dem Punkte s verbindet durch eine Gerade W; dann bilden die Strahlen V und W ein Paar der Involution.

Die *analytische Darstellung* dieser Involution erhält man, wenn man die in der Gleichung (119) auftretenden Stäbe V und W als Produkte des Trägers s der Involution und je eines Punktes y und z darstellt, also setzt:

$$(134) \qquad V = [sy], \quad W = [sz],$$

wodurch die Gleichung (119) übergeht in:

$$(135) \qquad [sz \cdot sy\,P] = 0.$$

Erteilt man in dieser Gleichung dem Punkte y einen beliebigen Wert und legt dadurch zugleich die Verbindungslinie $V = [sy]$ dieses Punktes mit dem Punkte s fest, so enthält die Gleichung (135) als einzige veränderliche Größe nur noch den Punkt z und ist in bezug auf ihn linear. Sie stellt daher eine gerade Linie dar, und zwar mit Rücksicht auf (119) und (134) den zum Strahle V in der betrachteten Involution zugeordneten Strahl W. *Die Gleichung* (135) *kann also wirklich als Gleichung der Involution aufgefaßt werden, die das Polarsystem P in dem Punkte s hervorruft.*

Man findet andererseits die Gleichung der Doppelstrahlen dieser Involution, wenn man in der Gleichung (135) die beiden Punkte y und z einander gleich werden läßt, also

$$(136) \qquad y = z = x$$

setzt, wodurch sich die Gleichung ergibt:

$$(137) \qquad [sx \cdot sx\,P] = 0.$$

Natürlich gelangt man zu dieser Gleichung auch, wenn man in die Gleichung (121) der Polarkurve für U den Wert

$$(138) \qquad U = [sx]$$

substituiert.

Die so gewonnene in x quadratische Gleichung (137) ist dann die gewünschte *Gleichung des Doppelstrahlpaars derjenigen Involution, die das*

Polarsystem P *in dem Punkte* s *erzeugt;* denn sie wird befriedigt durch alle Punkte x, für die der Stab $[sx]$ eine Tangente der Polarkurve ist. Dabei erscheint jenes Doppelstrahlpaar, möge dasselbe nun getrennt reell, zusammenfallend reell oder konjugiert komplex sein, als eine zerfallende Kurve zweiter Ordnung.

Übrigens kann man ebenso gut wie von der Strahlinvolution, die das Polarsystem P in einem Punkte hervorruft, auch von einer Punktinvolution sprechen, die das Polarsystem P auf einer Geraden erzeugt.

Anstatt nämlich die Punkte VP mit dem Punkte s zu verbinden durch die Geraden W und die Beziehung zwischen den Geraden V und W aufzusuchen, kann man natürlich auch die Geraden V mit der Polare G von s zum Schnitt bringen und die Beziehung der Punkte $[GV]$ und VP ins Auge fassen. Läßt man dann wieder den Strahl V das Strahlbüschel mit dem Scheitel s beschreiben, so durchläuft der Punkt VP die Polare G von s und beschreibt zusammen mit dem Punkte $[GV]$ eine Punktinvolution auf der Geraden G, die zu der vorher betrachteten Strahlinvolution perspektiv liegt (vgl. Fig. 88). Man hat daher den Satz:

Satz 417: Ein Polarsystem zweiter Klasse P ruft auf jeder Geraden G seiner Ebene eine Punktinvolution hervor. Dieselbe wird erzeugt, wenn man eine Gerade V sich um den Pol s von G drehen läßt und dann. für jede Lage der Geraden V *erstens* seinen Schnittpunkt $[GV]$ mit der Geraden G und *zweitens* seinen (ebenfalls auf G liegenden) Pol VP konstruiert.

Der Zusammenhang zwischen der Pol- und Polarkurve eines Polarsystems. Die Beziehungen des Pols und der Polare eines Polarsystems zu dessen Polkurve und Polarkurve legen die Vermutung nahe, daß die beiden Kurven überhaupt identisch sind, daß also die Tangenten der Polkurve nichts anderes sind als die Hüllgeraden der Polarkurve (vgl. Fig. 89). Um dies rein analytisch zu beweisen, bezeichne man die Polare des Punktes x mit U, setze also

$$(139) \qquad xp = U.$$

Ist dann ferner noch

$$(140) \qquad \mathfrak{a} \neq 0$$

ist, so wird nach (47)

$$x = U\frac{1}{p}$$

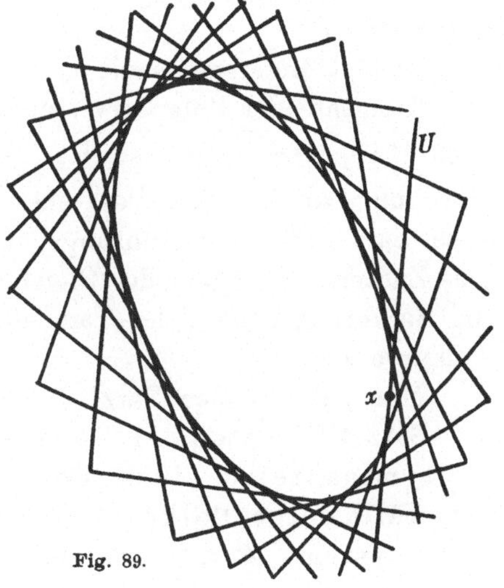

Fig. 89.

oder wegen (55)

$$(141) \qquad x = U\frac{P}{\mathfrak{a}}.$$

Mit Hülfe der beiden Formeln (139) und (141) aber läßt sich die linke Seite der Polkurvengleichung

$$(142) \qquad [x \cdot xp] = 0$$

umformen; man erhält

$$[x \cdot xp] = \left[U\frac{P}{\mathfrak{a}} \cdot U \right]$$

oder wegen (48) und (49) des zweiten Abschnitts

$$(143) \qquad [x \cdot xp] = \frac{1}{\mathfrak{a}}[U \cdot UP].$$

Diese Umformung war aber an die Bedingung geknüpft, daß $\mathfrak{a} \neq 0$ ist, und zeigt also, daß, *wenn diese Bedingung erfüllt ist, und unter U die Polare xp des Punktes x verstanden wird*, die Gleichung

$$(142) \qquad [x \cdot xp] = 0$$

stets die Gleichung

$$(144) \qquad [U \cdot UP] = 0$$

nach sich zieht, und daß umgekehrt die letztere Gleichung die erstere zur Folge hat.

Wenn aber der Punkt x der Gleichung (142) genügt, also auf der Polkurve liegt, so ist nach Satz 405 die Polare $U = xp$ die Tangente der Polkurve im Punkte x; und da die Gleichung (144) die Polarkurve darstellte, so besagt das Zusammenbestehen der Gleichungen (142) und (144) wirklich, daß jede Tangente der Polkurve eine Hüllgerade der Polarkurve ist.

Genügt andererseits die Gerade U der Gleichung (144), ist somit U eine Tangente der Polarkurve, und ist außerdem wie vorher $xp = U$, also nach (141) $x = \frac{1}{\mathfrak{a}}UP$, so ist der Punkt x, welcher dann der letzten Gleichung zufolge den Pol jener Tangente U der Polarkurve darstellt, nach Satz 413 der Berührungspunkt dieser Tangente U der Polarkurve. Das Zusammenbestehen der Gleichungen (144) und (142) zeigt daher, daß die Berührungspunkte der Tangenten der Polarkurve zugleich Punkte der Polkurve sind.

Man hat also den Satz:

Satz 418: Unter der Voraussetzung, daß der Potenzwert (die Determinante) $\mathfrak{a}$ eines Polarsystems p von Null verschieden ist, fällt seine Polkurve mit der Polarkurve des adjungierten Polarsystems P zusammen.

Abschnitt 32.

Entartende Polarsysteme.

Die drei Fälle des Entartens eines Polarsystems zweiter Ordnung. Die bisherige Untersuchung erstreckte sich vorzugsweise auf Polarsysteme zweiter Ordnnng und zweiter Klasse, deren Potenzwerte $a = |a_{ik}|$ und $\mathfrak{A} = |\mathfrak{A}_{ik}|$ von Null verschieden sind. Und in der Tat erfordern die Polarsysteme mit verschwindendem Potenzwert eine besondere Betrachtung, zu der wir nunmehr übergehen wollen.

Es sei also ein Polarsystem zweiter Ordnung gegeben durch einen Bruch

$$(1) \qquad p = \frac{A_1,\ A_2,\ A_3}{e_1,\ e_2,\ e_3},$$

der als Ausdruck eines Polarsystems der ersten Grundgleichung des Polarsystems (vgl. die Gleichung (61) des vorigen Abschnitts):

$$(2) \qquad [z \cdot yp] = [y \cdot zp]$$

Genüge leistet, der sich aber von den bisher betrachteten Brüchen p dadurch unterscheidet, daß das planimetrische Produkt seiner Zähler, das heißt das Produkt $[A_1 A_2 A_3]$,

$$(3) \qquad [A_1 A_2 A_3] = 0$$

ist, daß also die Determinante $a = |a_{ik}|$ oder, was dasselbe ist, der Potenzwert von p verschwindet. Diese Gleichung (3) bedingt es, daß der reziproke Wert des Bruches p keinen Sinn mehr hat, und daß daher alle diejenigen Formeln des vorigen Abschnitts, in denen der Bruch $\frac{1}{p}$ auftrat, ihre Bedeutung verlieren.

Aus der Gleichung (3) folgt[1]), daß zwischen den drei Zählerstäben A_1, A_2, A_3 eines solchen *entartenden Polarsystems* p mindestens eine Zahlbeziehung herrscht, also eine Gleichung von der Form

$$(4) \qquad \mathfrak{f}_1 A_1 + \mathfrak{f}_2 A_2 + \mathfrak{f}_3 A_3 = 0$$

besteht, in der jedenfalls *eine* der drei Zahlgrößen $\mathfrak{f}_i$ von Null verschieden ist. Man hat dann drei Fälle zu unterscheiden:

Erstens den Fall, wo von den drei planimetrischen Produkten aus je zweien der Größen A_i wenigstens eins von Null verschieden ist,

zweitens den Fall, wo diese drei Produkte gleichzeitig verschwinden, ohne daß alle drei Größen A_i gleich Null sind, und endlich

drittens den Fall, wo sämtliche drei Größen A_i verschwinden.

---

1) Hinsichtlich der hier benutzten Schlußweise vergleiche: H. Graßmann, Die Ausdehnungslehre. Berlin, 1862. Nr. 66. (Gesammelte mathematische und physikalische Werke, Bd. 1, Teil 2. Leipzig, 1896.)

Das einfach entartende Polarsystem zweiter Ordnung. *Zuerst* also sei *der Fall* betrachtet, wo zwar das kombinatorische Produkt $[A_1 A_2 A_3]$ aller drei Zählerstäbe des Bruches p verschwindet, aber wenigstens eins von den drei Produkten $[A_2 A_3]$, $[A_3 A_1]$, $[A_1 A_2]$ aus je zweien dieser Stäbe von Null verschieden ist. Wir bezeichnen diesen Fall als den Fall eines „einfach entartenden Polarsystems zweiter Ordnung". Es läßt sich zeigen, daß in diesem Falle neben der Gleichung (4) nicht noch eine zweite von ihr unabhängige Zahlbeziehung zwischen den A_i bestehen kann. Ist nämlich zum Beispiel das Produkt

$$(5) \qquad\qquad [A_1 A_2] \neq 0,$$

so herrscht sicher zwischen den Stäben A_1 und A_2 keine Zahlbeziehung. Daraus aber folgt, daß in der Gleichung (4) der Koeffizient

$$(6) \qquad\qquad \mathfrak{f}_3 \neq 0$$

sein muß; denn bei verschwindendem $\mathfrak{f}_3$ würde sich ja die Gleichung (4) auf eine Zahlbeziehung zwischen A_1 und A_2 allein reduzieren, und eine solche ist eben durch die Ungleichung (5) ausgeschlossen. Ist aber die Ungleichung (6) erfüllt, so ist die Gleichung (4) nach A_3 auflösbar und liefert für A_3 den Wert

$$(7) \qquad\qquad A_3 = -\frac{\mathfrak{f}_1}{\mathfrak{f}_3} A_1 - \frac{\mathfrak{f}_2}{\mathfrak{f}_3} A_2.$$

Angenommen nun, es bestünde zwischen den drei Stäben A_1, A_2, A_3 noch eine zweite Zahlbeziehung:

$$(*) \qquad\qquad \mathfrak{f}_1 A_1 + \mathfrak{f}_2 A_2 + \mathfrak{f}_3 A_3 = 0,$$

so müßte auch diese nach A_3 auflösbar sein und würde für A_3 den Wert ergeben:

$$(**) \qquad\qquad A_3 = -\frac{\mathfrak{f}_1}{\mathfrak{f}_3} A_1 - \frac{\mathfrak{f}_2}{\mathfrak{f}_3} A_2.$$

Aus den beiden Gleichungen (7) und (**) folgt aber durch Subtraktion die neue Gleichung

$$\left(\frac{\mathfrak{f}_1}{\mathfrak{f}_3} - \frac{\mathfrak{f}_1}{\mathfrak{f}_3}\right) A_1 + \left(\frac{\mathfrak{f}_2}{\mathfrak{f}_3} - \frac{\mathfrak{f}_2}{\mathfrak{f}_3}\right) A_2 = 0.$$

Und da zwischen den Stäben A_1 und A_2 allein eine Zahlbeziehung nicht bestehen darf, so müssen die Koeffizienten dieser Gleichung einzeln verschwinden, das heißt, es müssen die Gleichungen befriedigt werden:

$$\frac{\mathfrak{f}_1}{\mathfrak{f}_3} = \frac{\mathfrak{f}_1}{\mathfrak{f}_3} \quad \text{und} \quad \frac{\mathfrak{f}_2}{\mathfrak{f}_3} = \frac{\mathfrak{f}_2}{\mathfrak{f}_3}$$

oder, was dasselbe ist, die Proportion:

$$\mathfrak{f}_1 : \mathfrak{f}_2 : \mathfrak{f}_3 = \mathfrak{f}_1 : \mathfrak{f}_2 : \mathfrak{f}_3.$$

Diese Proportion aber zeigt, daß die Zahlbeziehung (*) aus der Zahlbeziehung (4) durch bloße Multiplikation mit einem Zahlfaktor hervorgeht, daß es somit keine zweite von der Zahlbeziehung (4) unabhängige Zahlbeziehung zwischen den Stäben A_1, A_2, A_3 gibt. Man hat also den Satz:

Satz 419: Sobald das Produkt

$$(3) \qquad [A_1 A_2 A_3] = 0$$

ist, aber wenigstens *eins* von den drei Produkten $[A_2 A_3]$, $[A_3 A_1]$, $[A_1 A_2]$ von Null verschieden ist, besteht zwischen den drei Größen A_i *eine und nur eine* Zahlbeziehung

$$(4) \qquad \mathfrak{f}_1 A_1 + \mathfrak{f}_2 A_2 + \mathfrak{f}_3 A_3 = 0.$$

Eine solche Zahlbeziehung sagt aus, daß die Geraden der drei Stäbe A_i einen Punkt mit einander gemein haben (vgl. Fig. 90). Um die Eigenschaften zu ermitteln, die hieraus für das Polarsystem p entspringen, bezeichne man noch denjenigen Punkt, dessen Ableitzahlen die Koeffizienten der Zahlbeziehung (4) sind, mit s, setze also

$$(8) \qquad s = \mathfrak{f}_1 e_1 + \mathfrak{f}_2 e_2 + \mathfrak{f}_3 e_3,$$

so läßt sich wegen (1) die Gleichung (4) auch in der Form schreiben

$$(9) \qquad sp = 0,$$

in der sie für geometrische Folgerungen geeigneter ist.

Zunächst nämlich zeigt diese Gleichungsform, daß der Punkt s in dem Polarsystem p keine Polare

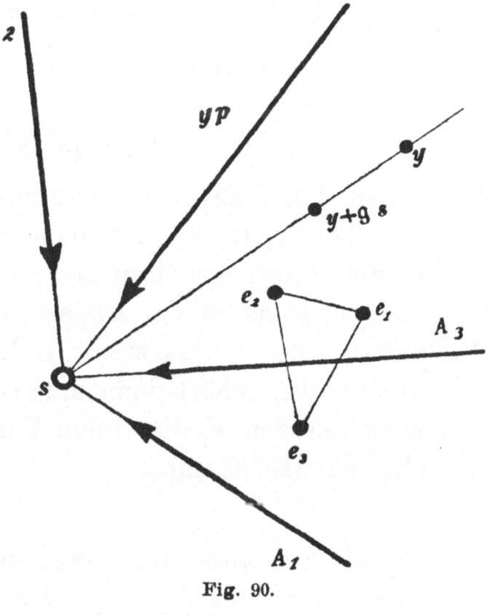

Fig. 90.

besitzt, oder, wenn man will, daß seine Polare ganz unbestimmt ist. Man kann nämlich die Gleichung (9) auch durch die Gleichung

$$(10) \qquad sp = 0 \cdot W$$

ersetzen, in der W einen ganz beliebigen Stab der Ebene bedeutet, und man sagt daher von dem Punkte s, er sei der **Nullpunkt des Polarsystems zweiter Ordnung** p, oder auch, *er sei zum Polarsystem p apolar*[1]).

Ferner folgt aus der Gleichungsform (9) sofort, daß der Punkt s auf der Polkurve des Polarsystems liegt. Denn multipliziert man die Gleichung (9) mit s, so findet man für den Punkt s die Zahlgleichung

$$(11) \qquad [s \cdot sp] = 0,$$

---

1) Vgl. Reye, Erweiterung der Polarentheorie algebraischer Flächen. Journal für die reine und angewandte Mathematik, Bd. 78 (1874), S. 97.

aus der hervorgeht, daß *der Nullpunkt s des Polarsystems p der Polkurve*

$$(12) \qquad\qquad [x \cdot xp] = 0 \quad \textit{angehört.}$$

Aber die Gleichung (9) zeigt zugleich, daß *der Punkt s auch auf der Geraden aller drei Zählerstäbe A_i liegen muß*, also der gemeinsame Schnittpunkt dieser drei Geraden ist. In der Tat erhält man mit Rücksicht auf die Grundgleichung (2) des Polarsystems für die Produkte $[sA_i]$ die Darstellung

$$(13) \qquad\qquad [sA_i] = [s \cdot e_i p] = [e_i \cdot sp] = 0,$$

welche wirklich aussagt, daß der Punkt s den drei Polaren A_i der drei Grundpunkte e_i angehört. Dies Ergebnis läßt sich aber noch *verallgemeinern.* Ist nämlich V die Polare eines ganz beliebigen Punktes y, also

$$(14) \qquad\qquad V = yp,$$

so geht auch die Gerade des Stabes V durch den Punkt s hindurch; denn es wird wieder

$$(15) \qquad\qquad [sV] = [s \cdot yp] = [y \cdot sp] = 0.$$

Sieht man daher davon ab, daß zufolge der Gleichung (10) jeder beliebige Stab W der Ebene, wenn man sich ihn mit dem Koeffizienten 0 behaftet denkt, als Polare des Punktes s aufgefaßt werden kann, so bleiben als Polaren von Punkten der Ebene nur solche Geraden übrig, die durch den Nullpunkt s des Polarsystems p hindurchgehen.

Dafür aber gehört dann umgekehrt einer jeden durch den Nullpunkt s gehenden Geraden V, die einem Punkte y der Ebene als Polare zugeordnet ist, also der Gleichung

$$(14) \qquad\qquad V = yp$$

genügt, als Pol *nicht nur* dieser eine Punkt y zu, sondern zugleich auch die sämtlichen Punkte $y + \mathfrak{g}s$ der geraden Verbindungslinie von y und s. Wegen (9) wird nämlich

$$(16) \qquad\qquad (y + \mathfrak{g}s)p = yp + \mathfrak{g}\ sp = yp = V,$$

das heißt, die Gerade V kann auch als die Polare eines jeden beliebigen Punktes $y + \mathfrak{g}s$ jener Verbindungslinie $[ys]$ aufgefaßt werden.

Um die Gestalt der Polkurve

$$(17) \qquad\qquad [x \cdot xp] = 0$$

eines einfach entartenden Polarsystems zweiter Ordnung p kennen zu lernen, berücksichtige man zunächst, daß dieselbe ihrer Gleichung (17) zufolge (vgl. die Entwickelung auf Seite 184 f.) von einer jeden Geraden in zwei getrennten reellen, zwei zusammenfallenden reellen oder in zwei konjugiert komplexen Punkten geschnitten wird. Insbesondere wird dies auch für die Gerade $[e_1 e_2]$ zutreffen, jedoch, wie man sich leicht überzeugt, mit der

Einschränkung, daß für sie der Fall zweier zusammenfallenden reellen Schnittpunkte ausgeschlossen ist (vgl. Fig. 91). Wegen der Ungleichung (6) nämlich (vgl. auch die Gleichung (8)) geht die Gerade $[e_1 e_2]$ nicht durch

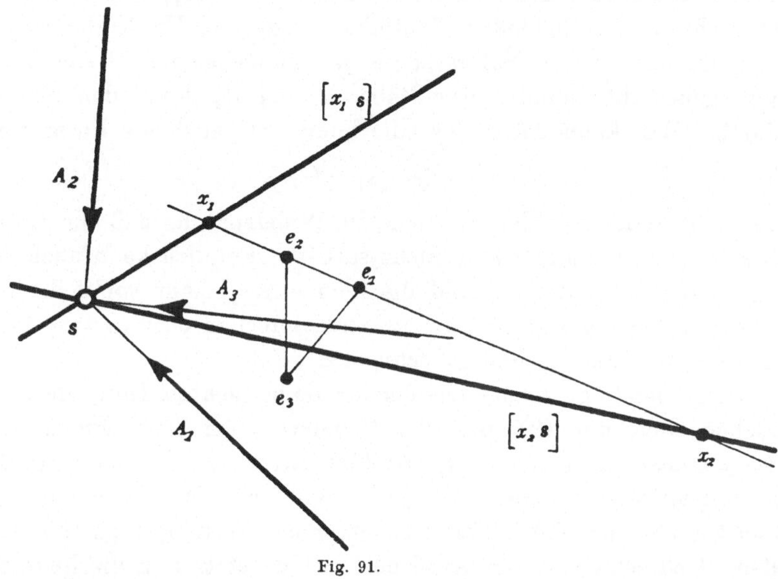

Fig. 91.

den Nullpunkt s hindurch. Ersetzt man nun aber in der Gleichung (96) des vorigen Abschnitts die Punkte y und z durch die Punkte e_1 und e_2, so erhält man die Gleichung

$$(18) \qquad \left\{ \begin{matrix} \mathfrak{h}_1 \\ \mathfrak{h}_2 \end{matrix} \right\} = \frac{-\,[e_2 \cdot e_1 p] \pm \sqrt{[e_2 \cdot e_1 p]^2 - [e_1 \cdot e_1 p][e_2 \cdot e_2 p]}}{[e_2 \cdot e_2 p]},$$

welche die beiden Werte angibt, die der Parameter $\mathfrak{h}$ in dem Ausdruck

$$x = e_1 + \mathfrak{h} e_2$$

annehmen muß, damit der Punkt x der Polkurve (17) angehört. Und diese beiden Werte könnten nur dann einander gleich werden, die beiden Schnittpunkte

$$(19) \qquad x_1 = e_1 + \mathfrak{h}_1 e_1 \quad \text{und} \quad x_2 = e_1 + \mathfrak{h}_2 e_2$$

der Geraden $[e_1 e_2]$ mit der Kurve (17) könnten somit nur dann in einen Punkt zusammenfallen, wenn in der Gleichung (18) die Quadratwurzel verschwände oder, was dasselbe ist, wenn die Gleichung bestünde:

$$(20) \qquad \begin{vmatrix} [e_1 \cdot e_1 p], & [e_2 \cdot e_1 p] \\ [e_1 \cdot e_2 p], & [e_2 \cdot e_2 p] \end{vmatrix} = 0,$$

die man nach Satz 25 auch in der Form schreiben kann:

$$[e_1 e_2 \cdot e_1 p \; e_2 p] = 0$$

oder wegen (1) in der Form:

$$[e_1 e_2 \cdot A_1 A_2] = 0. \tag{21}$$

In dieser Gleichung aber kann das Produkt $[A_1 A_2]$ sich höchstens um einen nicht verschwindenden Zahlfaktor (vgl. die Ungleichung (5)) von dem Nullpunkte s des Polarsystems p unterscheiden. Denn nach dem Obigen gehen die Geraden der Stäbe A_1 und A_2 durch den Nullpunkt s hindurch. Man kann daher der Gleichung (21) auch die Form verleihen:

$$[e_1 e_2 s] = 0. \tag{22}$$

Diese steht indes mit der Tatsache in Widerspruch, daß die Gerade des Stabes $[e_1 e_2]$ den Nullpunkt s nicht enthält. Folglich kann auch die Gleichung (20) nicht bestehen, und die Gerade $[e_1 e_2]$ kann somit die Polkurve des Polarsystems p nur in zwei *getrennten* reellen oder in zwei konjugiert komplexen Punkten x_1 und x_2 schneiden.

Dann aber folgt wieder aus der für die betrachtete Entartung charakteristischen Gleichung (9), daß der Polkurve auch *jeder Punkt derjenigen beiden Geraden* $[x_1 s]$ *und* $[x_2 s]$ *angehört, welche die Punkte x_1 und x_2 mit dem Nullpunkte s verbinden.* Ein jeder Punkt nämlich, der einer von diesen beiden Geraden angehört, läßt sich unter der Form $x_i + \mathfrak{g} s \; (i = 1, 2)$ darstellen. Und setzt man den Ausdruck $x_i + \mathfrak{g} s$ statt x in die linke Seite der Gleichung (17) ein, so nimmt diese die Form an $[(x_i + \mathfrak{g} s) \cdot (x_i + \mathfrak{g} s) p]$ oder

$$[x_i \cdot x_i p] + 2 \mathfrak{g} [x_i \cdot s p] + \mathfrak{g}^2 [s \cdot s p].$$

In dieser Summe verschwinden aber die beiden letzten Glieder wegen (9); doch auch das erste Glied ist gleich Null, da nach der Voraussetzung die beiden Punkte x_i auf der Polkurve

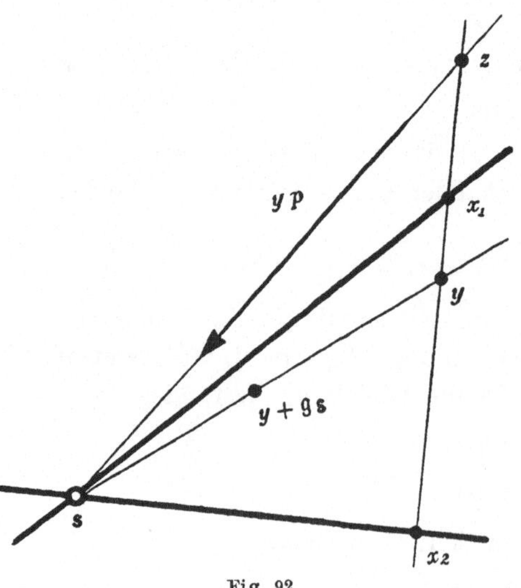

Fig. 92.

liegen. Also ist der Punkt $x_i + \mathfrak{g} s$ ebenfalls ein Punkt der Polkurve. Die Kurve enthält daher die beiden vom Nullpunkte s nach den Punkten x_1 und x_2 laufenden getrennten reellen oder konjugiert komplexen Geraden und kann, da sie von zweiter Ordnung ist, auch *nur* aus diesen beiden Geraden bestehen, sie zerfällt somit in ein Geradenpaar mit dem Doppelpunkte s.

Bezeichnet man jetzt endlich wieder wie auf S. 185 mit x_1 und x_2 die beiden Schnittpunkte, die eine *beliebige* Gerade $[y z]$ mit der Polkurve (17) des einfach entartenden Polarsystems zweiter Ordnung gemein hat, und setzt dann wieder wie dort

$$(23) \qquad x_1 = y + \mathfrak{h}_1 z \quad \text{und} \quad x_2 = y + \mathfrak{h}_2 z,$$

so sind $\mathfrak{h}_1$ und $\mathfrak{h}_2$ die Wurzeln der quadratischen Gleichung:

$$(24) \qquad [y \cdot yp] + 2\mathfrak{h}[z \cdot yp] + \mathfrak{h}^2[z \cdot zp] = 0.$$

Die aus dieser Gleichung sich ergebenden Werte der Parameter $\mathfrak{h}_1$ und $\mathfrak{h}_2$ der beiden Punkte x_1 und x_2 werden entgegengesetzt gleich, das heißt, der Punktwurf yzx_1x_2 wird *harmonisch* (vgl. Fig. 92), wenn der Koeffizient von $\mathfrak{h}$ in der Gleichung (24) verschwindet, wenn also die Gleichung besteht:

$$[z \cdot yp] = 0.$$

Dann liegt der Punkt z auf der Polare yp des Punktes y, von der bereits oben gezeigt ist, daß sie durch den Nullpunkt s hindurchgeht, und daß sie zugleich auch jedem Punkte $y + \mathfrak{g}s$ als Polare zugeordnet ist, der auf der Verbindungslinie von y und s gelegen ist.

Die gewonnenen Ergebnisse lassen sich daher in den Satz zusammenfassen:

Satz 420: Ein einfach entartendes Polarsystem zweiter Ordnung p besitzt stets einen und nur einen Nullpunkt s, oder was dasselbe ist, einen Punkt s, der zu dem Polarsystem apolar ist. Die Polkurve eines solchen Polarsystems p zerfällt in ein *Linienpaar*, das entweder aus zwei nicht zusammenfallenden reellen Geraden besteht, die sich in dem Nullpunkte s schneiden, oder aus zwei konjugiert komplexen Geraden, die jenen Nullpunkt zum reellen Doppelpunkt haben.

Die Polaren sämtlicher Punkte hinsichtlich des Polarsystems p gehen durch den Nullpunkt s, den Doppelpunkt des Linienpaars, hindurch und werden durch das Linienpaar von ihren Polen harmonisch getrennt. Umgekehrt kann eine jede Gerade, die durch den Doppelpunkt des Linienpaars geht, als Polare *eines jeden* Punktes aufgefaßt werden, der von ihr durch das Linienpaar harmonisch getrennt wird, das heißt, der Pol einer derartigen Geraden kann auf dem Strahle beliebig gewählt werden, der jener Geraden hinsichtlich des Linienpaars harmonisch zugeordnet ist.

Man kann dem Hauptinhalt dieses Satzes auch die Fassung geben:

Satz 421: Bei einem einfach entartenden Polarsysteme zweiter Ordnung p zerfällt die Polkurve in ein Linienpaar, das aus den Doppelstrahlen derjenigen Strahlinvolution gebildet wird, die das Polarsystem p in seinem Nullpunkte s hervorruft.

Ein einfach entartendes Polarsystem zweiter Ordnung erzeugt nämlich nicht nur in jeder Geraden seiner Ebene eine Punktinvolution, sondern außerdem noch in seinem Nullpunkte eine Strahlinvolution. Dieselbe ist der Schein einer jeden Punktinvolution, die das Polarsystem auf den Geraden ihrer Ebene besitzt. (Vgl. auch S. 193 und S. 207 f.)

Die adjungierte Abbildung eines einfach entartenden Polarsystems zweiter Ordnung. Da der Satz von der Identität der Pol- und Polarkurve nur für den Fall bewiesen ist, wo das planimetrische Produkt $[A_1 A_2 A_3] \neq 0$ ist, so bedarf die Polarkurve

$$(25) \qquad\qquad [U \cdot UP] = 0$$

bei den entartenden Polarsystemen, für welche ja jenes Produkt verschwindet, einer besonderen Untersuchung. Dazu berücksichtige man, daß bei dem soeben betrachteten *einfach* entartenden Polarsystem p die Zähler a des adjungierten Bruches

$$(26) \qquad\qquad P = \frac{a_1, \ a_2, \ a_3}{E_1, \ E_2, \ E_3}$$

ein Vielfaches des Nullpunktes s darstellen müssen. Denn da, wie bewiesen die drei Zählerstäbe A_i des Bruches p durch den Nullpunkt s hindurchgehen, so müssen die Produkte je zweier von ihnen, das heißt also die Zähler des adjungierten Bruches P, sofern sie von Null verschieden sind, abgesehen von einem Zahlfaktor den Nullpunkt s liefern. Aber dies Ergebnis läßt sich noch bestimmter formulieren. Multipliziert man nämlich die Gleichung (4) hinten mit A_3, so erhält man die Gleichung

$$- \mathfrak{f}_1 [A_3 A_1] + \mathfrak{f}_2 [A_2 A_3] = 0$$

oder wegen der Gleichungen (20) des vorigen Abschnitts

$$\mathfrak{f}_1 a_2 = \mathfrak{f}_2 a_1.$$

Aus dieser Gleichung und den beiden zyklisch entsprechenden Gleichungen folgt zunächst, daß die Punkte a_i, (falls sie nicht null sind), in *einen* Punkt zusammenfallen, und dieser Punkt kann, wie schon oben gezeigt ist, kein anderer sein als der Nullpunkt s. Andererseits entspringt aus diesen Gleichungen die laufende Proportion

$$(27) \qquad\qquad \mathfrak{f}_1 : \mathfrak{f}_2 : \mathfrak{f}_3 = a_1 : a_2 : a_3,$$

für die man auch die Doppelgleichung schreiben kann

$$(28) \qquad\qquad \frac{a_1}{\mathfrak{f}_1} = \frac{a_2}{\mathfrak{f}_2} = \frac{a_3}{\mathfrak{f}_3}.$$

Und da außerdem die Punkte a_i mit dem Nullpunkte s des Polarsystems oder, was dasselbe ist, mit dem Doppelpunkte seiner Polkurve zusammenfallen, so muß der gemeinschaftliche Wert der drei Brüche (28) ein gewisses Vielfaches von s sein, das überdies wegen (5) sicher von Null verschieden ist. Man erhält somit die drei Gleichungen

$$\frac{a_i}{\mathfrak{l}_i} = \mathfrak{k}s \quad \text{oder}$$

$$(29) \qquad\qquad a_i = \mathfrak{k}\mathfrak{l}_i s.$$

Für den adjungierten Bruck (26) ergibt sich daher die Darstellung

$$(30) \qquad P = \mathfrak{k}\,\frac{\mathfrak{l}_1 s,\ \mathfrak{l}_2 s,\ \mathfrak{l}_3 s}{E_1,\ E_2,\ E_3}.$$

Ist also

$$(31) \qquad V = \mathfrak{v}_1 E_1 + \mathfrak{v}_2 E_2 + \mathfrak{v}_3 E_3$$

ein ganz beliebiger Stab (vgl. Fig. 93),
so wird wegen (30) sein Pol

$$(32) \qquad VP = \mathfrak{k}(\mathfrak{v}_1\mathfrak{l}_1 + \mathfrak{v}_2\mathfrak{l}_2 + \mathfrak{v}_3\mathfrak{l}_3)s.$$

Dier hier in der Klammer auftretende
Summe ist nun aber mit Rücksicht auf die
Werte von V und s (vgl. Gleichung (31)

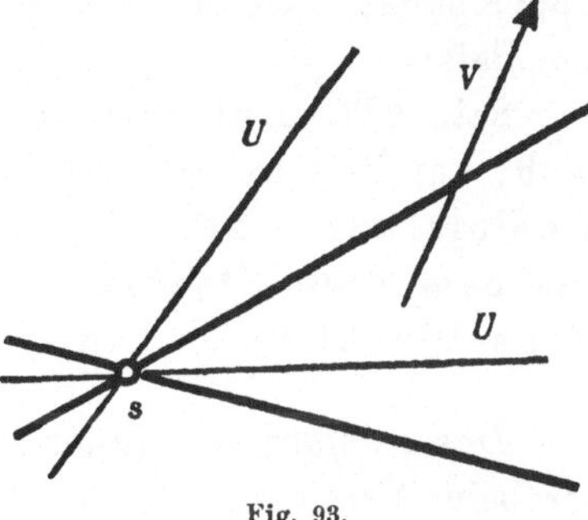

Fig. 93.

und (8)) gleich dem äußeren Produkte $[Vs]$, und die Gleichung (32) läßt sich daher in der einfacheren Form schreiben

$$(33) \qquad VP = \mathfrak{k}[Vs]s,$$

welche zeigt, daß der Pol einer beliebigen Geraden V hinsichtlich des Polarsystems P mit dem Punkte s zusammenfällt, wofern nicht die Gerade des Stabes V selbst durch den Punkt s hindurchgeht.

In diesem Falle nämlich verschwindet der Faktor $[Vs]$, und die Gleichung (33) reduziert sich daher auf die Form

$$(34) \qquad VP = 0,$$

welche aussagt, daß dann der Pol des Stabes V unbestimmt bleibt, oder daß er *zum Polarsystem P apolar sei.* Man erhält also den Satz:

Satz 422: Bei einem einfach entartenden Polarsystem zweiter Ordnung p mit dem Nullpunkte s sind die Stäbe des Strahlbüschels mit dem Scheitel s zu dem zu p adjungierten Polarsystem zweiter Klasse P apolar.

Ändert man ferner in der Gleichung (33) die Bezeichnung, schreibt sie nämlich in der Form

$$UP = \mathfrak{k}[Us]s,$$

und multipliziert sie dann mit U, so findet man für die der Polarkurve des Polarsystems P zugehörende quadratische Form $[U \cdot UP]$ die Darstellung

$$(35) \qquad [U \cdot UP] = \mathfrak{k}[Us]^2,$$

das heißt, die quadratische Form $[U \cdot UP]$ ist gleich dem Produkte
aus einem von Null verschiedenen konstanten Zahlfaktor $\mathfrak{k}$ und
dem Quadrat einer linearen Form.

Die Gleichung der gesuchten Polarkurve lautet daher

$$(36) \qquad\qquad [Us]^2 = 0$$

und stellt doppelt zählend dasjenige Strahlbüschel dar, dessen Scheitel der
Doppelpunkt s des die Polkurve bildenden Linienpaares ist. Man hat somit
den Satz:

Satz 423: Entartet ein Polarsystem zweiter Ordnung p einfach, zerfällt also seine Polkurve in ein Linienpaar, so besteht
die Polarkurve des adjungierten Polarsystems zweiter Klasse P
aus dem doppeltzählenden Strahlbüschel, dessen Scheitel der
Doppelpunkt jenes Linienpaares ist.

Das zweifach entartende Polarsystem zweiter Ordnung. Der zweite Fall,
der beim Verschwinden des planimetrischen Produktes $[A_1 A_2 A_3]$ aller drei
Zählerstäbe eines Polarsystems zweiter Ordnung p eintreten kann, ist der,
wo *die sämtlichen drei zweifaktorigen planimetrischen Produkte* $[A_2 A_3], [A_3 A_1],$
$[A_1 A_2]$ *null sind*, wo also die drei Gleichungen bestehen:

$$(37) \qquad\qquad [A_2 A_3] = [A_3 A_1] = [A_1 A_2] = 0,$$

ohne daß zugleich alle drei Größen A_i verschwinden. Wir sagen in diesem
Falle, das Polarsystem p sei ein „zweifach entartendes Polarsystem
zweiter Ordnung".

Verfügen wir dabei über die Indizes der drei Größen A_i in der Weise,
daß A_3 nicht verschwindet, so werden zwischen den drei Größen A_i zwei
Zahlbeziehungen von der Form bestehen müssen:

$$A_1 = \mathfrak{f} A_3 \quad \text{und} \quad A_2 = \mathfrak{g} A_3 \quad \text{oder}$$
$$(38) \qquad \mathfrak{f} A_3 - A_1 = 0 \quad \text{und} \quad \mathfrak{g} A_3 - A_2 = 0.$$

Diese Gleichungen sagen aus, daß die drei Stäbe A_1, A_2, A_3, sofern sie
nicht null sind,
*der nämlichen Ge-
raden angehören*
(vgl. Fig. 94).

Bezeichnet man
ferner noch die
beiden Punkte, die
aus den Grund-
punkten e_1, e_2, e_3

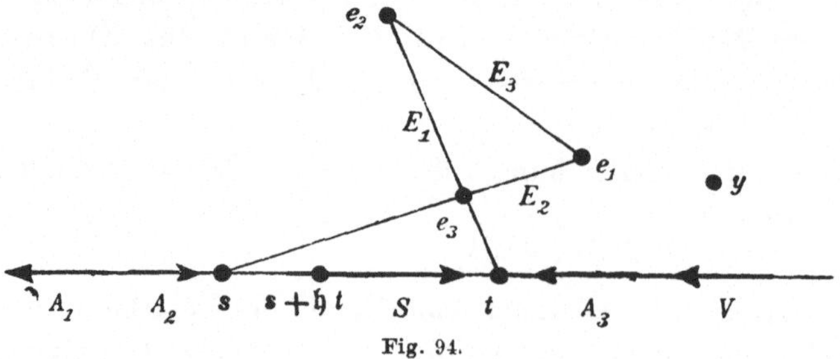

Fig. 94.

durch die Koeffizienten der beiden Zahlbeziehungen (38) abgeleitet werden können, mit s und t, setzt also

(39) $$s = \mathfrak{f}e_3 - e_1 \quad \text{und} \quad t = \mathfrak{g}e_3 - e_2,$$

so lassen sich die Gleichungen (38) auch in der Form schreiben:

(40) $$sp = 0 \quad \text{und} \quad tp = 0.$$

Aus diesen beiden Gleichungen folgt zunächst, daß *die Punkte s und t auf der Geraden der drei Stäbe A_i liegen müssen*; denn es wird

(41) $$\begin{cases} [sA_i] = [s \cdot e_i p] = [e_i \cdot sp] = 0, \\ [tA_i] = [t \cdot e_i p] = [e_i \cdot tp] = 0. \end{cases}$$

Ferner zeigen die Gleichungen (40), daß *die beiden Punkte s und t Nullpunkte des Polarsystems p sind*, oder wie wir auch sagen wollen, *zum Polarsystem p apolar* sind. Dieselbe Eigenschaft besitzt aber offenbar auch jeder Punkt $s + \mathfrak{h}t$ der Geraden

(42) $$S = [st].$$

In der Tat folgt aus den Gleichungen (40) für ganz beliebige Werte der Zahlgröße $\mathfrak{h}$ die Gleichung

(43) $$(s + \mathfrak{h}t)p = 0,$$

welche wirklich aussagt, daß *das Polarsystem p die sämtlichen Punkte der Punktreihe $s + \mathfrak{h}t$ zu Nullpunkten hat,* oder bei Benutzung der soeben eingeführten Ausdrucksweise, daß *jeder Punkt der Geraden S zum Polarsystem p apolar ist.* Diese Gleichung (43) ist zugleich für die geometrische Deutung der neuen Entartung des Polarsystems am geeignetsten.

Multipliziert man sie nämlich äußerlich mit dem Punkte $s + \mathfrak{h}t$, so erhält man die Gleichung

(44) $$[(s + \mathfrak{h}t) \cdot (s + \mathfrak{h}t)p] = 0.$$

welche besagt:

Jeder Punkt $s + \mathfrak{h}t$ der Geraden $S = [st]$ liegt auf der Polkurve des Polarsystems p.

Aber die Gleichung (43) zeigt zugleich, daß *die Polare eines jeden beliebigen Punktes der Ebene mit der Geraden S zusammenfällt.* In der Tat, ist V die Polare eines beliebigen Punktes y, also

(45) $$V = yp,$$

so folgert man aus der Gleichung (43) unter Benutzung der ersten Grundgleichung (2) des Polarsystems, daß das äußere Produkt $[(s + \mathfrak{h}t)V]$ verschwindet; denn es wird

(46) $$[(s + \mathfrak{h}t)V] = [(s + \mathfrak{h}t) \cdot yp] = [y \cdot (s + \mathfrak{h}t)p] = 0.$$

Die Polare V eines beliebigen Punktes y der Ebene geht also durch einen jeden Punkt $s + \mathfrak{h}t$ der Geraden S hindurch und fällt somit wirklich mit der Geraden S zusammen. Die beiden Stäbe V und S können sich daher nur um einen Zahlfaktor voneinander unterscheiden, und man kann die Gleichung ansetzen

$$(47) \qquad V = yp = \mathfrak{r}_{(y)} S,$$

in welcher der Faktor $\mathfrak{r}_{(y)}$ eine vom Punkte y abhängende Zahlfunktion bedeutet. Bildet man insbesondere diejenigen drei Spezialgleichungen, die aus der Gleichung (47) hervorgehen, wenn man den Punkt y durch die drei Ecken e_i des Fundamentaldreiecks ersetzt, und bezeichnet die Werte, welche die Funktion $\mathfrak{r}_{(y)}$ für die Argumente e_1, e_2, e_3 annimmt, mit $\mathfrak{r}_1$, $\mathfrak{r}_2$, $\mathfrak{r}_3$, so erhält man die drei Gleichungen

$$(48) \qquad A_1 = e_1 p = \mathfrak{r}_1 S, \quad A_2 = e_2 p = \mathfrak{r}_2 S, \quad A_3 = e_3 p = \mathfrak{r}_3 S.$$

Die geometrische Bedeutung der hier auftretenden Zahlgrößen $\mathfrak{r}_i$ ergibt sich leicht aus den Grundgleichungen des Polarsystems

$$(49) \qquad [e_i \cdot e_k p] = [e_k \cdot e_i p].$$

Führt man nämlich in diese Gleichungen anstatt der Produkte

$$e_k p \quad \text{und} \quad e_i p \quad \text{ihre Werte}$$

$$\mathfrak{r}_k S \quad \text{und} \quad \mathfrak{r}_i S$$

aus (48) ein, so bekommt man die Gleichungen

$$\mathfrak{r}_k [e_i S] = \mathfrak{r}_i [e_k S],$$

für die man, wenn man noch

$$(50) \qquad S = \mathfrak{S}_1 E_1 + \mathfrak{S}_2 E_2 + \mathfrak{S}_3 E_3$$

setzt, auch schreiben kann

$$(51) \qquad \mathfrak{r}_k \mathfrak{S}_i = \mathfrak{r}_i \mathfrak{S}_k.$$

Aus diesen Gleichungen aber folgt die laufende Proportion

$$\mathfrak{r}_1 : \mathfrak{r}_2 : \mathfrak{r}_3 = \mathfrak{S}_1 : \mathfrak{S}_2 : \mathfrak{S}_3,$$

welche wiederum gleichbedeutend ist mit den Proportionalitätsgleichungen

$$(52) \qquad \mathfrak{r}_i = \mathfrak{f} \mathfrak{S}_i,$$

in denen $\mathfrak{f}$ einen konstanten nicht verschwindenden Zahlfaktor bezeichnet. Die Gleichungen (48) verwandeln sich daher in

$$(53) \qquad A_1 = \mathfrak{f} \mathfrak{S}_1 S, \quad A_2 = \mathfrak{f} \mathfrak{S}_2 S, \quad A_3 = \mathfrak{f} \mathfrak{S}_3 S,$$

und es wird also

$$(54) \qquad p = \frac{\mathfrak{f}\mathfrak{S}_1 S, \quad \mathfrak{f}\mathfrak{S}_2 S, \quad \mathfrak{f}\mathfrak{S}_3 S}{e_1, \qquad e_2, \qquad e_3}.$$

Aus dieser Darstellung des Bruches p kann man zunächst eine Bestätigung dafür ablesen, daß jeder beliebige Punkt y der Ebene

$$(55) \qquad y = \mathfrak{y}_1 e_1 + \mathfrak{y}_2 e_2 + \mathfrak{y}_3 e_3$$

durch den Bruch p in einen Stab der Geraden S übergeführt wird; denn durch Multiplikation der Gleichungen (55) und (54) erhält man für die Polare yp des Punktes y den Wert

$$yp = \mathfrak{k}(\mathfrak{y}_1 \mathfrak{S}_1 + \mathfrak{y}_2 \mathfrak{S}_2 + \mathfrak{y}_3 \mathfrak{S}_3)S,$$

oder mit Rücksicht auf (55) und (50) den Ausdruck

$$(56) \qquad yp = \mathfrak{k}[yS]S,$$

welcher in der Tat zeigt, daß die Polare eines ganz beliebigen Punktes y der Ebene sich nur durch den Zahlfaktor

$$\mathfrak{r}_{(y)} = \mathfrak{k}[yS]$$

von dem Stabe S unterscheidet.

Um ferner die Gestalt der Polkurve

$$(57) \qquad [x \cdot xp] = 0$$

für ein zweifach entartendes Polarsystem zweiter Ordnung p zu ermitteln, multipliziere man die Gleichung

$$(58) \qquad xp = \mathfrak{k}[xS]S,$$

die aus (56) durch Substitution von x an Stelle von y hervorgeht, mit x und erhält so für die linke Seite der Gleichung (57) die Darstellung

$$(59) \qquad [x \cdot xp] = \mathfrak{k}[xS]^2$$

und damit den Satz:

Satz 424: Bei einem zweifach entartenden Polarsystem zweiter Ordnung p ist die seiner Polkurve zugehörende quadratische Form $[x \cdot xp]$ das Produkt aus einem konstanten nicht verschwindenden Zahlfaktor und dem Quadrat einer linearen Form.

Die Gleichung der Polkurve nimmt daher die Gestalt an

$$(60) \qquad [xS]^2 = 0,$$

und man hat somit den Satz:

Satz 425: Bei einem zweifach entartenden Polarsystem zweiter Ordnung p besteht die Polkurve aus einer doppeltzählenden Geraden. Mit dieser Geraden fallen zugleich die Polaren sämtlicher Punkte der Ebene hinsichtlich des Polarsystems p zusammen.

Aus der Gleichung (54) liest man ferner mit Rücksicht auf die Gleichung (50) den Satz ab:

Satz 426: Stellt man ein zweifach entartendes Polarsystem zweiter Ordnung durch einen extensiven Bruch dar, dessen Nenner die Ecken e_i des Fundamentaldreiecks sind, so unterscheiden sich die zugehörigen Zähler nur um drei konstante Zahlfaktoren von einem Stabe S der doppeltzählenden Geraden, die die Polkurve des Polarsystems bildet. Außerdem sind diese

Zahlfaktoren den drei Zahlgrößen $\mathfrak{S}_1$, $\mathfrak{S}_2$, $\mathfrak{S}_3$ proportional, mittelst deren sich jener Stab S aus den drei zweifaktorigen Produkten

$$E_1 = [e_2 e_3], \quad E_2 = [e_3 e_1], \quad E_3 = [e_1 e_2]$$

der drei Nenner ableiten läßt.

Und aus ihm folgt wieder der Satz:

Satz 427: Zwei zweifach entartende Polarsysteme zweiter Ordnung haben dann und nur dann dieselbe doppeltzählende Gerade zur Polkurve, wenn sie sich voneinander nur um einen von Null verschiedenen Zahlfaktor unterscheiden.

Die adjungierte Abbildung eines zweifach entartenden Polarsystems zweiter Ordnung. Der Ausdruck für das zu einem zweifach entartenden Polarsystem zweiter Ordnung p adjungierte Polarsystem zweiter Klasse P, das heißt der Bruch

$$(61) \qquad P = \frac{[A_2 A_3], \; [A_3 A_1], \; [A_1 A_2]}{E_1, \quad E_2, \quad E_3},$$

nimmt infolge der Gleichungen (37) die Form an:

$$(62) \qquad P = \frac{0, \quad 0, \quad 0}{E_1, \; E_2, \; E_3}.$$

Wir bezeichnen ein solches Polarsystem (62) als ein uneigentliches Polarsystem zweiter Klasse. Dasselbe weist einem jeden Stabe V der Ebene die Zahlgröße 0 zu. Denn es wird wegen (62) für jeden Stab V der Ebene das Produkt

$$(63) \qquad VP = 0.$$

Auch kann man wegen (63) setzen:

$$P = 0.$$

Man hat also den Satz:

Satz 428: Bei einem zweifach entartenden Polarsystem zweiter Ordnung p ist die adjungierte Abbildung P ein uneigentliches Polarsystem zweiter Klasse. Dasselbe weist einem jeden beliebigen Stabe der Ebene die Zahlgröße 0 zu, oder was dasselbe ist, ein jeder Stab der Ebene ist zu der adjungierten Abbildung P apolar.

Das dreifach entartende Polarsystem zweiter Ordnung. Die dritte Art des Verschwindens des planimetrischen Produktes $[A_1 A_2 A_3]$ der drei Zählerstäbe eines Polarsystems zweiter Ordnung p ist die, wo alle drei Größen A_i einzeln null sind. Dann besitzt der Bruch p die Form

$$(64) \qquad p = \frac{0, \; 0, \; 0}{e_1, \; e_2, \; e_3},$$

und wir sagen in diesem Falle, das Polarsystem p sei „ein dreifach entartendes Polarsystem zweiter Ordnung" oder auch „ein uneigentliches Polarsystem zweiter Ordnung" (vgl. Seite 186). Dasselbe weist einem jeden Punkte der Ebene die Zahlgröße 0 zu, und man kann daher auch setzen:

$$p = 0.$$

Neue Form der Kriterien für die drei Fälle des Entartens eines Polarsystems zweiter Ordnung. Die allgemeine Bedingung für das Entarten eines Polarsystems zweiter Ordnung

$$(65) \qquad p = \frac{A_1,\; A_2,\; A_3}{e_1,\; e_2,\; e_3}$$

lautete nach der Gleichung (3):

$$(66) \qquad [A_1 A_2 A_3] = 0,$$

und diese Gleichung kann man nach der Gleichung (28) des 31. Abschnitts auch in der Form schreiben:

$$(67) \qquad [p^3] = 0.$$

Für den Fall des *einfachen* Entartens des Polarsystems zweiter Ordnung p trat dann noch die Bedingung hinzu, daß wenigstens eins von den drei Produkten

$$[A_2 A_3], \quad [A_3 A_1], \quad [A_1 A_2]$$

von Null verschieden sei. Diese drei Produkte bilden aber gerade die Zähler des zu p adjungierten Bruches

$$(68) \qquad [p^2] = P = \frac{[A_2 A_3],\; [A_3 A_1],\; [A_1 A_2]}{E_1,\qquad E_2,\qquad E_3}.$$

Jene drei Produkte werden also dann und nur dann gleichzeitig verschwinden, wenn

$$[p^2] = 0$$

ist. Die Bedingung, daß wenigstens eins von den drei Produkten von Null verschieden sei, ist daher gleichbedeutend mit der Forderung, daß

$$(69) \qquad [p^2] \neq 0$$

sei, und man hat somit den Satz:

Satz 429: Ein Polarsystem zweiter Ordnung p entartet dann und nur dann *einfach*, wenn

$$[p^3] = 0 \quad \text{und zugleich} \quad [p^2] \neq 0$$

ist.

Der Fall des *zweifachen* Entartens eines Polarsystems zweiter Ordnung wurde auf Seite 214 dadurch charakterisiert, daß neben dem Produkte

$$[A_1 A_2 A_3]$$

auch die sämtlichen drei zweifaktorigen Produkte

$$[A_2 A_3], \quad [A_3 A_1], \quad [A_1 A_2]$$

null sind, ohne daß zugleich alle drei Größen

$$A_1, \quad A_2, \quad A_3$$

verschwinden. Es tritt dann also zu der Bedingung

$$(67) \qquad\qquad\qquad [p^3] = 0$$

noch die Bedingung

$$(70) \qquad\qquad\qquad [p^2] = 0$$

hinzu, während die Bedingung, daß nicht alle drei Größen A_i verschwinden
dürfen, mit Rücksicht auf (65) auch durch die Bedingung ersetzt werden
kann, daß

$$(71) \qquad\qquad\qquad p \neq 0$$

sei. Bei der Formulierung dieses Ergebnisses kann man berücksichtigen,
daß die Gleichung (67) bereits eine Folge der Gleichung (70) ist, und
erhält so den Satz:

Satz 430: Ein Polarsystem zweiter Ordnung p entartet dann
und nur dann *zweifach*, wenn

$$[p^2] = 0 \quad \text{und zugleich} \quad p \neq 0$$

ist.

Man kann noch den Satz hinzufügen (vgl. Seite 218 f.):

Satz 431: Ein Polarsystem zweiter Ordnung p entartet dann
und nur dann *dreifach*, wenn

$$p = 0$$

ist.

Die drei Fälle des Entartens eines Polarsystems zweiter Klasse. Um
zu den dualistisch entsprechenden Entartungen eines Polarsystems zu gelangen, gehe man von dem Bruche

$$(72) \qquad\qquad\qquad P = \frac{a_1, \; a_2, \; a_3}{E_1, \; E_2, \; E_3}$$

aus, fasse ihn aber nicht wie bisher als adjungierten Bruch zu einem
primitiven Bruche p auf, sondern behandle ihn, entsprechend wie oben
auf Seite 154 ff. die Stab-Punkt-Abbildung einer beliebigen Reziprozität,
selbst als einen ursprünglichen Bruch, zu dem erst ein adjungierter Bruch
$\bar{p}$ gebildet werden soll. Dabei seien im übrigen die bisherigen Bezeichnungen festgehalten. Es seien also die drei Zähler a_i des Bruches P aus
den drei Nennerprodukten

$$(73) \qquad e_1 = [E_2 E_3], \quad e_2 = [E_3 E_1], \quad e_3 = [E_1 E_2]$$

durch neun Ableitzahlen $\mathfrak{A}_{ik}$ abgeleitet, also als Vielfachensummen

$$(74) \qquad\qquad a_i = \mathfrak{A}_{i1}\, e_1 + \mathfrak{A}_{i2}\, e_2 + \mathfrak{A}_{i3}\, e_3$$

dargestellt, in denen die $\mathfrak{A}_{ik}$ den Bedingungen genügen:

$$(75) \qquad \mathfrak{A}_{ki} = \mathfrak{A}_{ik}.$$

Aus diesen folgt, wie oben gezeigt ist, daß für beliebige Stäbe V und W die zweite Grundgleichung des Polarsytems besteht

$$(76) \qquad [W \cdot VP] = [V \cdot WP].$$

Man setze dann entsprechend der dualistischen Entwickelung voraus, daß das Produkt der drei Zähler a_i des Bruches P, das heißt das Produkt $[a_1 a_2 a_3]$,

$$(77) \qquad [a_1 a_2 a_3] = 0$$

ist, und hat dann auch hier wieder drei Fälle zu unterscheiden:

Erstens den Fall, wo von den drei planimetrischen Produkten aus je zweien der Größen a_i wenigstens eins von Null verschieden ist,

zweitens den Fall, wo diese drei Produkte gleichzeitig verschwinden, ohne daß alle drei Größen a_i gleich Null sind, und endlich

drittens den Fall, wo sämtliche drei Größen a_i verschwinden.

Das einfach entartende Polarsystem zweiter Klasse. Im ersten Falle besteht zwischen den drei Zählern a_i des Bruches P *eine und nur eine Zahlbeziehung* (vgl. Seite 205 ff.), sie möge lauten:

$$(78) \qquad \mathfrak{S}_1 a_1 + \mathfrak{S}_2 a_2 + \mathfrak{S}_3 a_3 = 0$$

und sagt aus, daß die drei Punkte a_i einer und derselben Geraden angehören (vgl. Fig. 95). Wir nennen alsdann die Abbildung P ein „ein-

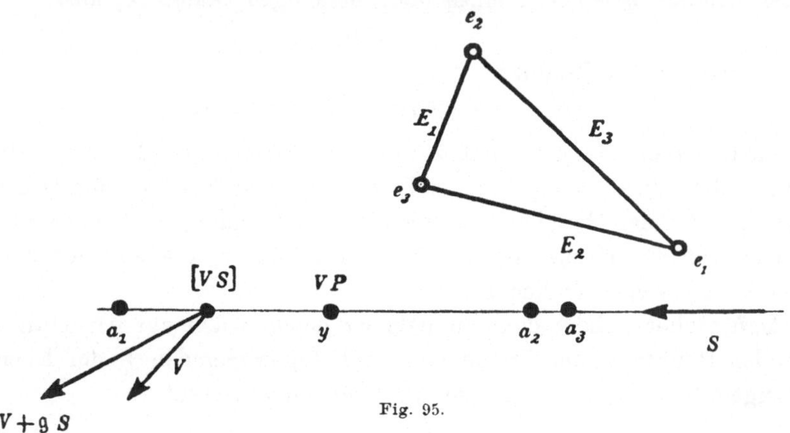

Fig. 95.

fach entartendes Polarsystem zweiter Klasse" und bezeichnen denjenigen Stab, dessen Ableitzahlen die Koeffizienten der Zahlbeziehung (78) sind, mit S, setzen also

$$(79) \qquad S = \mathfrak{S}_1 E_1 + \mathfrak{S}_2 E_2 + \mathfrak{S}_3 E_3,$$

so kann man wegen (72) die Gleichung (78) durch die Gleichung ersetzen:

$$(80) \qquad\qquad S\boldsymbol{P} = 0,$$

welche den weiteren Folgerungen zu Grunde gelegt werden soll.

Zunächst kann man dieser Gleichung wiederum die Form geben

$$(81) \qquad\qquad S\boldsymbol{P} = 0 \cdot z,$$

in der z einen ganz beliebigen Punkt bedeutet, und welche daher aussagt, daß der Pol des Stabes S hinsichtlich des Polarsystems $\boldsymbol{P}$ unbestimmt bleibt. Man sagt daher von der Geraden S, sie sei die **Nulllinie des Polarsystems zweiter Klasse** $\boldsymbol{P}$, oder auch der Stab S sei *zum Polarsystem* $\boldsymbol{P}$ *apolar.*

Ferner folgt aus der Gleichung (80), daß der Stab S auch der Gleichung genügt:

$$(82) \qquad\qquad [S \cdot S\boldsymbol{P}] = 0,$$

daß also *die Nulllinie S der Polarkurve des Polarsystems $\boldsymbol{P}$ angehört.*

Aber die Gleichung (80) zeigt zugleich, daß *die Gerade des Stabes S auch durch alle drei Zählerpunkte a_i hindurchgehen muß.* In der Tat erhält man mit Rücksicht auf die Grundgleichung (76) für die Produkte $[Sa_i]$ die Darstellung

$$(83) \qquad\qquad [Sa_i] = [S \cdot E_i \boldsymbol{P}] = [E_i \cdot S\boldsymbol{P}] = 0,$$

aus der die Richtigkeit der aufgestellten Behauptung hervorgeht. Aber wie man sofort bemerkt, liegen nicht nur die Pole der Grundstäbe, sondern überhaupt die Pole *sämtlicher* Stäbe der Ebene auf der Geraden des Stabes S. Ist nämlich y der Pol eines ganz beliebigen Stabes V, also

$$(84) \qquad\qquad y = V\boldsymbol{P},$$

so wird wieder das Produkt

$$(85) \qquad\qquad [Sy] = [S \cdot V\boldsymbol{P}] = [V \cdot S\boldsymbol{P}] = 0.$$

Sieht man daher davon ab, daß zufolge der Gleichung (81) jeder beliebige Punkt z der Ebene, wenn man sich ihn mit dem Koeffizienten 0 behaftet denkt, als Pol der Geraden S aufgefaßt werden kann, so bleiben als Pole von Geraden der Ebene nur solche Punkte übrig, die auf der Nulllinie S des Polarsystems $\boldsymbol{P}$ liegen.

Dafür aber gehört dann umgekehrt einem jeden auf der Nulllinie S liegenden Punkte y, der irgend einer beliebigen Geraden V der Ebene als Pol zugeordnet ist, für den also die Gleichung besteht

$$(84) \qquad\qquad y = V\boldsymbol{P},$$

als Polare *nicht nur* jene eine Gerade V zu, sondern zugleich auch die sämtlichen Geraden $V + \mathfrak{g}S$ desjenigen Strahlbüschels, das den Schnittpunkt der Geraden V und S zum Scheitel hat. Wegen (80) wird nämlich

$$(86) \qquad\qquad (V + \mathfrak{g}S)\boldsymbol{P} = V\boldsymbol{P} + \mathfrak{g}S\boldsymbol{P} = V\boldsymbol{P} = y,$$

das heißt, der Punkt y kann als Pol einer jeden Geraden $V + \mathfrak{g}S$ des Strahlbüschels mit dem Scheitel $[VS]$ aufgefaßt werden (vgl. Fig. 95).

Um die Gestalt der Polarkurve

$$(87) \qquad [U \cdot UP] = 0$$

eines einfach entartenden Polarsystems zweiter Klasse kennen zu lernen, zeige man zunächst in derselben Weise wie bei einem beliebigen Polarsystem, daß man von jedem Punkte $[VW]$, der nicht auf der Nulllinie S

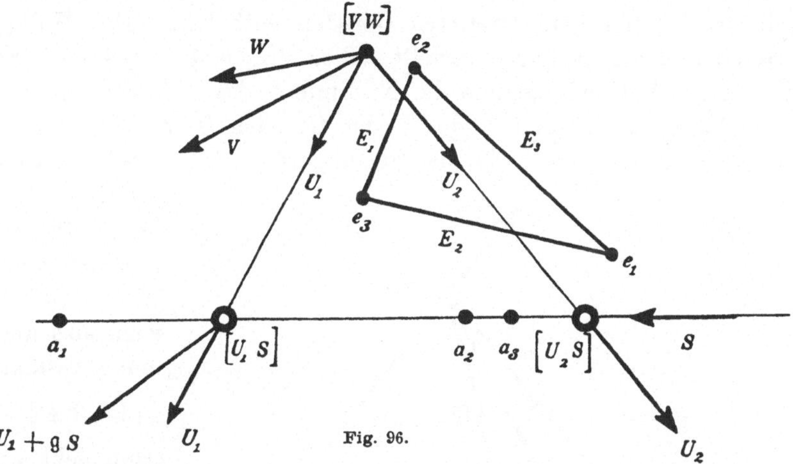

Fig. 96.

liegt (vgl. Fig. 96), zwei Tangenten U_1 und U_2 an die Polarkurve legen kann. Man substituiere dazu wieder in die Gleichung (87) statt U den Ausdruck $V + \mathfrak{h}W$ für einen beliebigen Strahl des Strahlbüschels mit dem Scheitel $[VW]$ und erhält so die in $\mathfrak{h}$ quadratische Gleichung

$$(88) \qquad [V \cdot VP] + 2\mathfrak{h}[W \cdot VP] + \mathfrak{h}^2[W \cdot WP] = 0.$$

Sind $\mathfrak{h}_1$ und $\mathfrak{h}_2$ ihre beiden Wurzeln, so sind

$$(89) \qquad U_1 = V + \mathfrak{h}_1 W \quad \text{und} \quad U_2 = V + \mathfrak{h}_2 W$$

die beiden Tangenten, die sich vom Punkte $[VW]$ an die Polarkurve legen lassen, und diese Tangenten können auch *nicht in eine einzige Gerade zusammenfallen*, was ebenso wie bei der dualistischen Entwickelung bewiesen werden kann (vgl. S. 208 ff.).

Dann aber folgt weiter aus der für die betrachtete Entartung charakteristischen Gleichung (80), daß der Polarkurve auch *jede Gerade derjenigen beiden Strahlbüschel angehört, deren Scheitel die Punkte* $[U_1 S]$ *und* $[U_2 S]$ *sind*. Denn jeder Strahl $U_i + \mathfrak{g}S$ $(i = 1, 2)$ eines dieser beiden Strahlbüschel genügt der Gleichung (87). Setzt man nämlich den Ausdruck

$U_i + \mathfrak{g}S$ in die linke Seite von (87) ein, so verwandelt sie sich in die Summe

$$[U_i \cdot U_i P] + 2\mathfrak{g}[U_i \cdot SP] + \mathfrak{g}^2[S \cdot SP];$$

und von dieser verschwinden die beiden letzten Glieder wegen (80), und das erste Glied, weil nach der Voraussetzung die beiden Geraden U_i der Polarkurve angehören. Die Polarkurve wird daher von sämtlichen Geraden der beiden Strahlbüschel berührt, welche die Punkte $[U_1 S]$ und $[U_2 S]$ zu Scheiteln und daher die Nulllinie S zum Doppelstrahl haben; und da sie von der zweiten Klasse ist, so kann sie außer den Geraden dieser beiden Strahlbüschel auch keine weiteren Geraden enthalten. Das Hüllgebilde der Geraden der Polarkurve zerfällt daher in das Punktpaar $[U_1 S]$ und $[U_2 S]$, dessen Verbindungslinie die Nulllinie S des Polarsystems P ist.

Die Parameter $\mathfrak{h}_1$ und $\mathfrak{h}_2$ der beiden Geraden U_1 und U_2 werden entgegengesetzt gleich, das heißt, der Strahlwurf VWU_1U_2 wird harmonisch

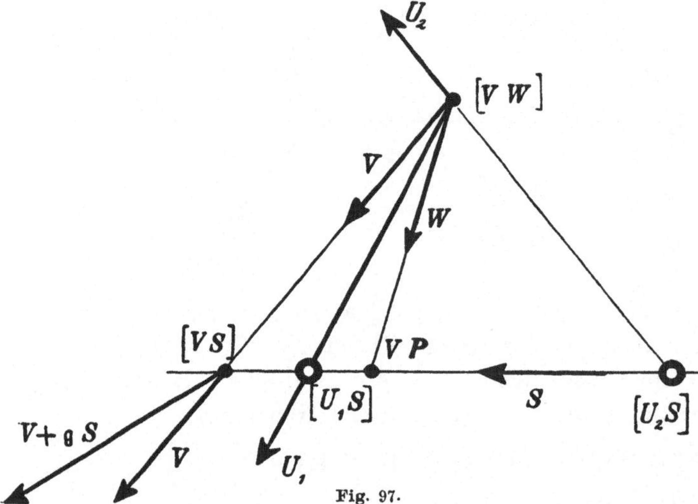

Fig. 97.

(vgl. Fig. 97), wenn der Koeffizient von $\mathfrak{h}$ in der Gleichung (88) verschwindet, wenn also die Gleichung besteht

$$[W \cdot VP] = 0.$$

Dann geht die Gerade W durch den Pol VP der Geraden V hindurch, von dem bereits oben gezeigt wurde, daß er auf der Nulllinie S liegt, und daß er zugleich einer jeden Geraden $V + \mathfrak{g}S$ als Pol zugeordnet ist, die durch den Schnittpunkt $[VS]$ der Geraden V und S geht. Die gewonnenen Ergebnisse lassen sich daher in den Satz zusammenfassen:

Satz 432: Ein einfach entartendes Polarsystem zweiter Klasse P besitzt stets eine und nur eine Nulllinie S, oder was dasselbe ist, eine Gerade S, die zu dem Polarsystem P apolar ist. Die Polarkurve eines solchen Polarsystems P zerfällt in ein *Punktpaar*, das entweder aus zwei getrennt liegenden reellen Punkten besteht, die auf der Nulllinie S liegen, oder aus zwei konjugiert komplexen Punkten, deren Träger wieder durch die Nulllinie gebildet wird.

Die Pole sämtlicher Geraden der Ebene hinsichtlich des Polarsystems P liegen auf der Nulllinie S, dem Träger des Punktpaars, und werden durch das Punktpaar von ihren Polaren harmonisch getrennt. Umgekehrt kann ein jeder Punkt, der auf der Verbindungslinie des Punktpaars liegt, als Pol *einer jeden* Geraden aufgefaßt werden, die von ihm durch das Punktpaar harmonisch getrennt ist, das heißt, die Polare eines solchen Punktes kann in dem Strahlbüschel beliebig gewählt werden, dessen Scheitel jenem Punkte hinsichtlich des Punktpaars harmonisch zugeordnet ist.

Man kann dem Hauptinhalt dieses Satzes auch die Fassung geben:

Satz 433: Bei einem einfach entartenden Polarsystem zweiter Klasse P zerfällt die Polarkurve in ein Punktpaar, das durch die Doppelpunkte derjenigen Punktinvolution gebildet wird, die das Polarsystem P auf seiner Nulllinie hervorruft.

Ein einfach entartendes Polarsystem zweiter Klasse erzeugt nämlich nicht nur in jedem Punkte seiner Ebene eine Strahlinvolution, sondern außerdem noch auf seiner Nulllinie eine Punktinvolution. Dieselbe ist der Schnitt einer jeden Strahlinvolution, die das Polarsystem in den Punkten seiner Ebene hervorruft. (Vgl. auch S. 203 und S. 222.)

Die adjungierte Abbildung eines einfach entartenden Polarsystems zweiter Klasse. Der zu dem Bruche P adjungierte Bruch

$$(90) \qquad \overline{p} = \frac{[a_2\,a_3],\ [a_3\,a_1],\ [a_1\,a_2]}{e_1,\qquad e_2,\qquad e_3}$$

läßt sich auf dieselbe Weise umformen wie der Bruch P bei der entsprechenden Entartung in der dualistischen Entwickelung (vgl. Seite 212 f.) und nimmt dadurch die Gestalt an

$$(91) \qquad \overline{p} = \mathfrak{k}\,\frac{\mathfrak{S}_1\,S,\ \mathfrak{S}_2\,S,\ \mathfrak{S}_3\,S}{e_1,\qquad e_2,\qquad e_3}.$$

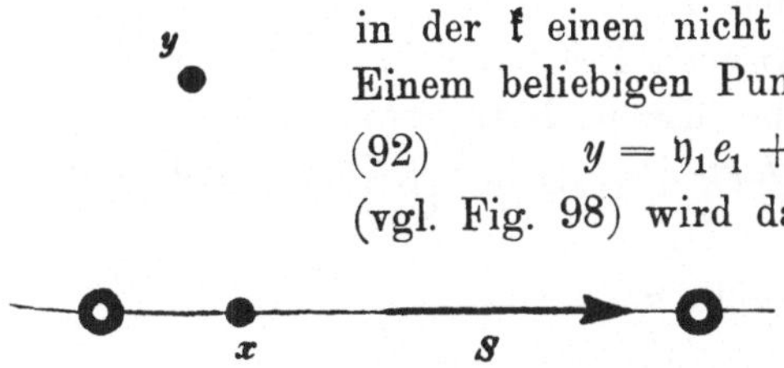

in der $\mathfrak{k}$ einen nicht verschwindenden Zahlfaktor bedeutet. Einem beliebigen Punkt der Ebene

$$(92) \qquad y = \mathfrak{y}_1 e_1 + \mathfrak{y}_2 e_2 + \mathfrak{y}_3 e_3$$

(vgl. Fig. 98) wird daher durch den Bruch $\overline{p}$ die Gerade

$$(93) \qquad y\overline{p} = \mathfrak{k}(\mathfrak{y}_1\,\mathfrak{S}_1 + \mathfrak{y}_2\,\mathfrak{S}_2 + \mathfrak{y}_3\,\mathfrak{S}_3)\,S$$

zugewiesen, oder was dasselbe ist, die Gerade

$$(94) \qquad y\overline{p} = \mathfrak{k}[yS]S.$$

Fig. 98.

Diese Darstellung der Polare des Punktes y zeigt, daß der zu P adjungierte Bruch $\overline{p}$ jedem beliebigen Punkte y der Ebene als Polare den Träger S

der Punkte des Punktpaars $[U_1 S]$, $[U_2 S]$ zuordnet, was zu dem oben gewonnenen Ergebnisse stimmt, daß der Pol der Nulllinie S in bezug auf das Polarsystem P unbestimmt bleibt. Nur in dem Falle, wo der Punkt y auf der Geraden S liegt, reduziert sich die Gleichung (94) auf die Form

$$(95) \qquad\qquad y\,\overline{p} = 0;$$

in diesem Falle sagt sie daher aus, daß die Polare des Punktes y unbestimmt wird. Man hat somit den Satz:

Satz 434: **Entartet ein Polarsystem zweiter Klasse P einfach, zerfällt also seine Polarkurve in ein Punktpaar, so sind die Punkte des Trägers dieses Punktpaars zu dem adjungierten Polarsystem zweiter Ordnung $\overline{p}$ apolar.**

Überdies zeigt der Vergleich der Gleichungen (91) und (54), daß der Bruch $\overline{p}$ genau mit demjenigen Bruche p übereinstimmt, der sich oben in der dualistischen Entwickelung bei der Untersuchung des *zweifach entartenden Polarsystems zweiter Ordnung* ergab, und man kann daher zu den bisher gewonnenen Eigenschaften der Abbildung $\overline{p}$ noch das dort gefundene Ergebnis hinzufügen: Die quadratische Form, welche der Polkurve des Polarsystems $\overline{p}$ zugehört, gestattet die Darstellung

$$(96) \qquad\qquad [x \cdot x\,\overline{p}] = \mathfrak{k}[xS]^2,$$

in der $\mathfrak{k}$ eine nicht verschwindende Zahlgröße ist. Die Gleichung der Polkurve lautet daher

$$(97) \qquad\qquad [xS]^2 = 0$$

und stellt somit die doppelt zu zählende Gerade S dar. Hierin liegt der Satz:

Satz 435: **Entartet ein Polarsystem zweiter Klasse P einfach, zerfällt also seine Polarkurve in ein Punktpaar, so entartet das adjungierte Polarsystem zweiter Ordnung $\overline{p}$ zweifach, und seine Polkurve ist der doppeltzählende Träger dieses Punktpaars.**

Das zweifach entartende Polarsystem zweiter Klasse. Der zweite Fall, der beim Verschwinden des planimetrischen Produktes $[a_1 a_2 a_3]$ aller drei Zählerpunkte eines Polarsystems zweiter Klasse P eintreten kann, ist der, wo *die sämtlichen zweifaktorigen Produkte $[a_2 a_3]$, $[a_3 a_1]$, $[a_1 a_2]$ null sind,* wo also die drei Gleichungen bestehen:

$$(98) \qquad\qquad [a_2 a_3] = [a_3 a_1] = [a_1 a_2] = 0,$$

ohne daß zugleich alle drei Größen a_i verschwinden. Wir sagen in diesem Falle, das Polarsystem P sei ein „zweifach entartendes Polarsystem zweiter Klasse".

Verfügen wir dabei über die Indizes der drei Größen a_i in der Weise, daß a_3 nicht verschwindet, so werden zwischen den drei Größen a_i zwei

Zahlbeziehungen von der Form bestehen müssen:

$$a_1 = \mathfrak{f}a_3 \quad \text{und} \quad a_2 = \mathfrak{g}a_3 \quad \text{oder}$$

$$(99) \qquad \mathfrak{f}a_3 - a_1 = 0 \quad \text{und} \quad \mathfrak{g}a_3 - a_2 = 0,$$

welche aussagen, daß die drei Punkte a_i, sofern sie nicht null sind, *in einen Punkt zusammenfallen* (vgl. Fig. 99).

Bezeichnet man dann wieder die beiden Stäbe, die aus den Grundstäben E_1, E_2, E_3 durch die Koeffizienten der beiden Zahlbeziehungen (99) abgeleitet werden können, mit S und T, setzt also

$$(100) \qquad S = \mathfrak{f}E_3 - E_1 \quad \text{und} \quad T = \mathfrak{g}E_3 - E_2,$$

woraus noch folgt, daß S durch den Schnittpunkt e_2 von E_3 und E_1, und T durch den Schnittpunkt e_1 von E_3 und E_2 hindurchgeht, so lassen sich die Gleichungen (99) auch in der Form schreiben:

$$(101) \qquad S\boldsymbol{P} = 0 \quad \text{und} \quad T\boldsymbol{P} = 0.$$

Aus diesen beiden Gleichungen folgt zunächst, daß *die Geraden der Stäbe S und T durch denjenigen Punkt hindurchgehen müssen, in den die drei Punkte a_i zusammengefallen sind.* Denn es wird

$$(102) \qquad \begin{cases} [Sa_i] = [S \cdot E_i\boldsymbol{P}] = [E_i \cdot S\boldsymbol{P}] = 0 \\ [Ta_i] = [T \cdot E_i\boldsymbol{P}] = [E_i \cdot T\boldsymbol{P}] = 0. \end{cases}$$

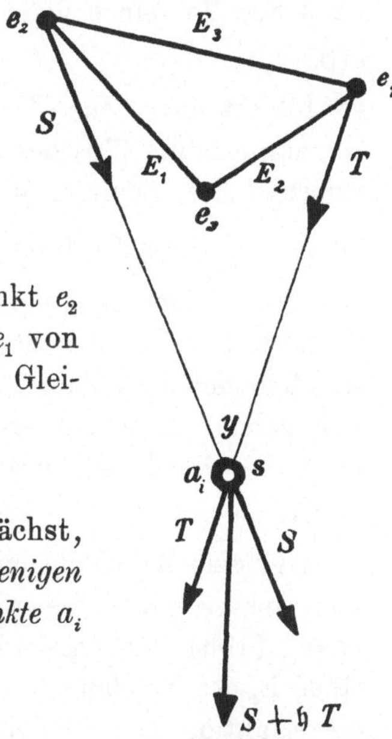

Ferner zeigen sie, daß *die Geraden S und T* Nulllinien des Polarsystems $\boldsymbol{P}$ sind, oder wie wir auch sagen wollen, *zum Polarsystem $\boldsymbol{P}$ apolar* sind. Dieselbe Eigenschaft besitzt aber offenbar auch jede Gerade $S + \mathfrak{h}T$ des Strahlbüschels mit dem Scheitel

$$(103) \qquad s = [ST].$$

In der Tat folgt aus den Gleichungen (101) für ganz beliebige Werte der Zahlgröße $\mathfrak{h}$ die Gleichung

$$(104) \qquad (S + \mathfrak{h}T)\boldsymbol{P} = 0,$$

welche wirklich aussagt, daß *das Polarsystem $\boldsymbol{P}$ die sämtlichen Strahlen des Strahlbüschels $S + \mathfrak{h}T$ zu Nulllinien hat*, oder anders ausgedrückt, daß *jede Gerade des Strahlbüschels mit dem Scheitel s zum Polarsystem $\boldsymbol{P}$ apolar ist.* An diese Gleichung (104) lassen sich wiederum am leichtesten die weiteren Folgerungen knüpfen.

Multipliziert man sie zunächst äußerlich mit dem Stabe $S + \mathfrak{h}T$, so erhält man die Gleichung

15*

$$(105) \qquad [(S + \mathfrak{h}T) \cdot (S + \mathfrak{h}T)\boldsymbol{P}] = 0,$$

welche besagt:

Jede Gerade $S + \mathfrak{h}T$ des Strahlbüschels mit dem Scheitel $s = [ST]$ gehört der Polarkurve des Polarsystems $\boldsymbol{P}$ an.

Aber die Gleichung (104) zeigt zugleich, daß *der Pol eines jeden beliebigen Stabes der Ebene mit dem Punkte s zusammenfällt.* In der Tat, ist y der Pol eines beliebigen Stabes V, also

$$(106) \qquad y = V\boldsymbol{P},$$

so folgert man aus der Gleichung (104) unter Benutzung der zweiten Grundgleichung (76) des Polarsystems, daß das äußere Produkt $[(S + \mathfrak{h}T)y]$ verschwindet; denn es wird

$$(107) \quad [(S + \mathfrak{h}T)y] = [(S + \mathfrak{h}T) \cdot V\boldsymbol{P}] = [V \cdot (S + \mathfrak{h}T)\boldsymbol{P}] = 0.$$

Der Pol y einer beliebigen Geraden V der Ebene liegt also auf einer jeden Geraden $S + \mathfrak{h}T$ des Strahlbüschels mit dem Scheitel s und fällt somit wirklich mit dem Punkte s zusammen. Die beiden Punkte y und s können sich daher nur um einen Zahlfaktor von einander unterscheiden, und man kann die Gleichung ansetzen:

$$(108) \qquad y = V\boldsymbol{P} = \mathfrak{r}_{(V)}s,$$

wo $\mathfrak{r}_{(V)}$ eine Zahlfunktion bedeutet, die von dem Stabe V abhängt. Bildet man insbesondere diejenigen drei Spezialgleichungen, die aus der Gleichung (108) hervorgehen, wenn man den Stab V durch die drei Grundstäbe E_i des Fundamentaldreiecks ersetzt, und bezeichnet die Werte, welche die Funktion $\mathfrak{r}_{(V)}$ für die Argumente E_1, E_2, E_3 annimmt, mit $\mathfrak{r}_1$, $\mathfrak{r}_2$, $\mathfrak{r}_3$, so erhält man die drei Gleichungen

$$(109) \qquad a_1 = E_1\boldsymbol{P} = \mathfrak{r}_1 s, \quad a_2 = E_2\boldsymbol{P} = \mathfrak{r}_2 s, \quad a_3 = E_3\boldsymbol{P} = \mathfrak{r}_3 s.$$

Die geometrische Bedeutung der hier auftretenden Zahlgrößen $\mathfrak{r}_i$ ergibt sich wieder leicht aus der Grundgleichung des Polarsystems

$$(110) \qquad [E_i \cdot E_k \boldsymbol{P}] = [E_k \cdot E_i \boldsymbol{P}].$$

Führt man nämlich in diese Gleichung anstatt der Produkte

$$E_k\boldsymbol{P} \quad \text{und} \quad E_i\boldsymbol{P}$$

ihre Werte

$$\mathfrak{r}_k s \quad \text{und} \quad \mathfrak{r}_i s$$

aus (109) ein, so erhält man die Gleichung

$$\mathfrak{r}_k[E_i s] = \mathfrak{r}_i[E_k s],$$

für die man, wenn man noch

$$(111) \qquad s = \mathfrak{f}_1 e_1 + \mathfrak{f}_2 e_2 + \mathfrak{f}_3 e_3$$

setzt, auch schreiben kann

$$(112) \qquad \mathfrak{r}_k \mathfrak{f}_i = \mathfrak{r}_i \mathfrak{f}_k.$$

Und diese drei Produktengleichungen lassen sich wieder durch die Proportionalitätsgleichungen ersetzen

$$(113) \qquad \mathfrak{r}_i = \mathfrak{k}\mathfrak{f}_i,$$

in denen $\mathfrak{k}$ einen konstanten nicht verschwindenden Zahlfaktor bedeutet. Die Gleichungen (109) verwandeln sich daher in

$$(114) \qquad a_1 = \mathfrak{k}\mathfrak{f}_1 s, \quad a_2 = \mathfrak{k}\mathfrak{f}_2 s, \quad a_3 = \mathfrak{k}\mathfrak{f}_3 s,$$

und es wird also

$$(115) \qquad P = \frac{\mathfrak{k}\mathfrak{f}_1 s, \ \mathfrak{k}\mathfrak{f}_2 s, \ \mathfrak{k}\mathfrak{f}_3 s}{E_1, \quad E_2, \quad E_3}.$$

Aus dieser Form des Bruches P folgt dann wieder wie bei der dualistischen Entwickelung (vgl. S. 216 f.) für den Pol VP eines beliebigen Stabes V derAusdruck

$$(116) \qquad VP = \mathfrak{k}[Vs]s,$$

und man erhält zugleich für die der Polarkurve zugehörige quadratische Form $[U \cdot UP]$ die Darstellung

$$(117) \qquad [U \cdot UP] = \mathfrak{k}[Us]^2$$

und damit den Satz:

Satz 436: Bei einem zweifach entartenden Polarsystem zweiter Klasse P ist die seiner Polarkurve zugehörende quadratische Form $[U \cdot UP]$ das Produkt aus einen konstanten nicht verschwindenden Zahlfaktor und dem Quadrat einer linearen Form.

Die Gleichung der Polkurve läßt sich daher auch in der Form schreiben:

$$(118) \qquad [Us]^2 = 0,$$

und es ergibt sich also der Satz:

Satz 437: Bei einem zweifach entartenden Polarsystem zweiter Klasse P besteht die Polarkurve aus einem doppeltzählenden Punkt. Mit diesem Punkte fallen zugleich die Pole sämtlicher Geraden der Ebene hinsichtlich des Polarsystems P zusammen.

Aus der Gleichung (115) liest man ferner mit Rücksicht auf (111) den Satz ab:

Satz 438: Stellt man ein zweifach entartendes Polarsystem zweiter Klasse durch einen extensiven Bruch dar, dessen Nenner die Stäbe E_i aus den Seiten des Fundamentaldreiecks sind, so unterscheiden sich die zugehörigen Zähler nur um drei konstante Zahlfaktoren von dem Punkte s, welcher doppeltzählend die Polarkurve des Polarsystems bildet. Außerdem sind diese drei Zahlfaktoren den drei Zahlgrößen $\mathfrak{f}_1, \mathfrak{f}_2, \mathfrak{f}_3$ proportional, mittelst deren sich jener Punkt s aus den zweifaktorigen Produkten

$$e_1 = [E_2 E_3], \quad e_2 = [E_3 E_1], \quad e_3 = [E_1 E_2]$$

der drei Nenner ableiten läßt.

Und aus ihm folgt wieder der Satz:

Satz 439: Zwei zweifach entartende Polarsysteme zweiter Klasse haben dann und nur dann denselben doppeltzählenden Punkt zur Polarkurve, wenn sie sich von einander nur um einen von Null verschiedenen Zahlfaktor unterscheiden.

Die adjungierte Abbildung eines zweifach entartenden Polarsystems zweiter Klasse. Der Ausdruck für das zu einem zweifach entartenden Polarsystem zweiter Klasse P adjungierte Polarsystem zweiter Ordnung $\bar{p}$ nimmt wegen (98) die Form an:

$$(119) \qquad\qquad \bar{p} = \frac{0,\ 0,\ 0}{e_1,\ e_2,\ e_3}.$$

Das Polarsystem $\bar{p}$ ist also ein uneigentliches Polarsystem zweiter Ordnung. Dasselbe weist einem jeden Punkte y der Ebene die Zahlgröße 0 zu. Denn es wird wegen (119) für jeden Punkt y der Ebene das Produkt

$$(120) \qquad\qquad y\bar{p} = 0.$$

Auch kann man wegen (120) setzen:

$$\bar{p} = 0.$$

Man hat also den Satz:

Satz 440: Bei einem zweifach entartenden Polarsystem zweiter Klasse P ist die adjungierte Abbildung $\bar{p}$ ein uneigentliches Polarsystem zweiter Ordnung. Dasselbe weist einem jeden beliebigen Punkte der Ebene die Zahlgröße 0 zu, oder was dasselbe ist, ein jeder Punkt der Ebene ist zu der adjungierten Abbildung $\bar{p}$ apolar.

Das dreifach entartende Polarsystem zweiter Klasse. Die dritte Art des Verschwindens des planimetrischen Produktes $[a_1 a_2 a_3]$ der drei Zählerpunkte eines Polarsystems zweiter Klasse P ist die, wo alle drei Größen a_i einzeln null sind. Dann besitzt der Bruch P die Form

$$(121) \qquad\qquad P = \frac{0,\ 0,\ 0}{E_1,\ E_2,\ E_3},$$

und wir sagen in diesem Falle, das Polarsystem P sei „ein dreifach entartendes Polarsystem zweiter Klasse" oder auch „ein uneigentliches Polarsystem zweiter Klasse". Wir sind einem solchen schon auf S. 218 gelegentlich begegnet.

Neue Form der Kriterien für die drei Fälle des Entartens eines Polarsystems zweiter Klasse. Die allgemeine Bedingung des Entartens eines Polarsystems zweiter Klasse

$$(122) \qquad P = \frac{a_1, \; a_2, \; a_3}{E_1, \; E_2, \; E_3}$$

lautet nach der Gleichung (77):

$$(123) \qquad\qquad [a_1 a_2 a_3] = 0,$$

und diese Gleichung kann man nach der Gleichung (97) des 30. Abschnitts auch in der Form schreiben:

$$(124) \qquad\qquad [P^3] = 0.$$

Für den Fall des *einfachen* Entartens des Polarsystems zweiter Klasse P trat dann noch die Bedingung hinzu, daß wenigstens eins von den drei Produkten

$$[a_2 a_3], \quad [a_3 a_1], \quad [a_1 a_2]$$

von Null verschieden sei. Diese drei Produkte bilden aber gerade die Zähler des zu P adjungierten Bruches

$$(125) \qquad [P^2] = \bar{p}\,{}' = \frac{[a_2 a_3], \; [a_3 a_1], \; [a_1 a_2]}{e_1, \qquad e_2, \qquad e_3}\,.$$

Jene drei Produkte werden also dann und nur dann gleichzeitig verschwinden, wenn

$$[P^2] = 0$$

ist. Die Bedingung, daß wenigstens eins von den drei Produkten von Null verschieden sei, ist daher gleichbedeutend mit der Forderung, daß

$$(126) \qquad\qquad [P^2] \neq 0$$

sei, und man hat somit den Satz:

Satz 441: Ein Polarsystem zweiter Klasse P entartet dann und nur dann *einfach*, wenn

$$[P^3] = 0 \quad \text{und zugleich} \quad [P^2] \neq 0 \quad \text{ist.}$$

Und ebenso ergeben sich für die beiden andern Fälle des Entartens eines Polarsystems zweiter Klasse die Sätze (vgl. das Dualistische auf Seite 219 f.):

Satz 442: Ein Polarsystem zweiter Klasse P entartet dann und nur dann *zweifach*, wenn

$$[P^2] = 0 \quad \text{und zugleich} \quad P \neq 0$$

ist. Und

Satz 443: Ein Polarsystem zweiter Klasse P entartet dann und nur dann *dreifach*, wenn

$$P = 0$$

ist.

Linienpaare und Punktpaare mit demselben Träger. Man erhält eine Anwendung der Sätze 439 und 427, wenn man die Bedingung dafür aufsucht, daß zwei Linienpaare oder zwei Punktpaare denselben Träger haben.

Es leuchtet sogleich ein, daß zwei Linienpaare, die die Polkurven zweier einfach entartenden Polarsysteme zweiter Ordnung p und q bilden, ihren Doppelpunkt dann und nur dann miteinander gemein haben, wenn die adjungierten Polarsysteme zweiter Klasse

$$(127) \qquad P = [p^2] \quad \text{und} \quad Q = [q^2]$$

bis auf einen von Null verschiedenen Zahlfaktor einander gleich sind.

Diese beiden adjungierten Polarsysteme P und Q sind nämlich nach Satz 423 (vgl. auch Seite 226 ff.) zwei zweifach entartende Polarsysteme zweiter Klasse. Ihre Polarkurven sind dabei in je einen doppeltzählenden Punkt zusammengeschrumpft, der mit dem Doppelpunkt der entsprechenden Polarsysteme zweiter Ordnung p und q identisch ist. Damit aber diese Doppelpunkte, oder was dasselbe ist, jene Polarkurven *in denselben Punkt zusammenfallen*, ist nach Satz 439 notwendig und hinreichend, daß

$$(128) \qquad Q = \mathfrak{k} P$$

oder wegen (127), daß

$$(129) \qquad [q^2] = \mathfrak{k}[p^2]$$

sei, unter $\mathfrak{k}$ eine von Null verschiedene Zahlgröße verstanden.

Wenn man will, kann man die Gleichung (128), oder (129), auch durch Gleichungen zwischen den Zählerpunkten von P und Q oder zwischen deren Ableitzahlen ersetzen. In der Tat ist dieselbe gleichbedeutend mit den Punktgleichungen

$$(130) \qquad b_i = \mathfrak{k} a_i, \quad i = 1, 2, 3,$$

oder mit den Zahlgleichungen

$$(131) \qquad \mathfrak{B}_{ik} = \mathfrak{k} \mathfrak{A}_{ik}, \quad i, k = 1, 2, 3,$$

und man hat den Satz:

Satz 444: Damit zwei Linienpaare, die die Polkurven zweier einfach entartenden Polarsysteme zweiter Ordnung p und q bilden, ihren Doppelpunkt miteinander gemein haben, ist notwendig und hinreichend, daß zwischen den adjungierten Polarsystemen zweiter Klasse P und Q eine Gleichung von der Form herrsche:

$$Q = \mathfrak{k} P,$$

unter $\mathfrak{k}$ eine nicht verschwindende Zahlgröße verstanden. Man kann diese Gleichung auch in der Form schreiben:

$$[q^2] = \mathfrak{k}[p^2];$$

auch läßt sie sich durch die Punktgleichungen ersetzen:

$$b_i = \mathfrak{k} a_i, \quad i = 1, 2, 3,$$

oder endlich auch durch die Zahlgleichungen:

$$\mathfrak{B}_{ik} = \mathfrak{k}\,\mathfrak{A}_{ik}, \quad i,\, k = 1, 2, 3,$$

in denen die a_i und b_i die Zählerpunkte von P und Q, die $\mathfrak{A}_{ik}$ und $\mathfrak{B}_{ik}$ deren Ableitzahlen bedeuten, wo also die $\mathfrak{A}_{ik}$ und $\mathfrak{B}_{ik}$ die zu den Elementen $\mathfrak{a}_{ik}$ und $\mathfrak{b}_{ik}$ der Determinanten $\mathfrak{a}$ und $\mathfrak{b}$ von p und q gehörigen Unterdeterminanten sind.

Andererseits werden zwei Punktpaare, die die Polarkurven zweier einfach entartenden Polarsysteme zweiter Klasse P und Q bilden, dann und nur dann ihre Träger miteinander gemein haben, das heißt, in dieselbe Gerade fallen, wenn die adjungierten Polarsysteme

$$(132) \qquad\qquad \bar{p} = [P^2] \quad \text{und} \quad \bar{q} = [Q^2]$$

bis auf einen von Null verschiedenen Zahlfaktor einander gleich sind. Denn nach dem Satze 435 sind diese beiden Polarsysteme $\bar{p}$ und $\bar{q}$ zwei zweifach entartende Polarsystem zweiter Ordnung. Ihre Polkurven werden dabei durch je eine doppelt zählende Gerade dargestellt, die mit dem Träger des zu P und Q gehörenden Punktpaares identisch ist. Damit aber die Träger dieser beiden Punktpaare oder, was dasselbe ist, jene Polkurven von $\bar{p}$ und $\bar{q}$ *in dieselbe Gerade zusammenfallen*, ist nach Satz 427 notwendig und hinreichend, daß

$$(133) \qquad\qquad \bar{q} = \mathfrak{k}\,\bar{p}$$

oder wegen (132), daß

$$(134) \qquad\qquad [Q^2] = \mathfrak{k}[P^2]$$

sei, unter $\mathfrak{k}$ eine von Null verschiedene Zahlgröße verstanden.

Hier kann man wieder die Gleichung (133) (oder (134)) durch Gleichungen zwischen den Zählerstäben von $\bar{p}$ und $\bar{q}$ oder zwischen deren Ableitzahlen ersetzen. In der Tat ist dieselbe gleichbedeutend mit den Stabgleichungen

$$(135) \qquad\qquad \bar{B}_i = \mathfrak{k}\,\bar{A}_i, \quad i = 1,\, 2,\, 3,$$

oder mit den Zahlgleichungen

$$(136) \qquad\qquad \bar{\mathfrak{b}}_{ik} = \mathfrak{k}\,\bar{\mathfrak{a}}_{ik}, \quad i,\, k = 1,\, 2,\, 3,$$

und man hat den Satz:

Satz 445: Damit zwei Punktpaare, die die Polarkurven zweier einfach entartenden Polarsysteme zweiter Klasse P und Q bilden, in eine und dieselbe Gerade fallen, ist notwendig und hinreichend, daß zwischen den adjungierten Polarsystemen zweiter Ordnung $\bar{p}$ und $\bar{q}$ eine Gleichung von der Form herrsche:

$$\bar{q} = \mathfrak{k}\,\bar{p},$$

unter $\mathfrak{k}$ eine nicht verschwindende Zahlgröße verstanden. Dieselbe läßt sich auch in der Form schreiben:

$$[Q^2] = \mathfrak{k}[P^2];$$

auch läßt sie sich durch die Stabgleichungen ersetzen:

$$\overline{B}_i = \mathfrak{k}\,\overline{A}_i, \quad i = 1, 2, 3,$$

oder endlich auch durch die Zahlgleichungen:

$$\overline{\mathfrak{b}_{ik}} = \mathfrak{k}\,\overline{\mathfrak{a}_{ik}}, \quad i,\, k = 1, 2, 3,$$

in denen die $\overline{A}_i$ und $\overline{B}_i$ die Zählerstäbe von p und q und die $\mathfrak{a}_{ik}$ und $\mathfrak{b}_{ik}$ die zu den Elementen $\mathfrak{A}_{ik}$ und $\mathfrak{B}_{ik}$ der Determinanten $\mathfrak{A}$ und $\mathfrak{B}$ von P und Q gehörigen Unterdeterminanten sind.

Abschnitt 33.

Die verschiedenen Formen der Gleichung einer Kurve zweiter Ordnung und zweiter Klasse in Dreieckskoordinaten.

Die allgemeine Gleichung zweiten Grades zwischen den Dreieckskoordinaten eines Punktes. Die in den beiden letzten Abschnitten entwickelten Eigenschaften der Brüche p und P ermöglichen eine Diskussion der verschiedenen Formen, welche die allgemeine Gleichung zweiten Grades zwischen den Dreieckskoordinaten $\mathfrak{x}_1$, $\mathfrak{x}_2$, $\mathfrak{x}_3$ eines Punktes x und den Dreieckskoordinaten $\mathfrak{u}_1$, $\mathfrak{u}_2$, $\mathfrak{u}_3$ eines Stabes U für besondere Werte der Koeffizienten annehmen kann.

Zunächst überzeugt man sich leicht, daß die oben gewonnene Gleichung der Polkurve eines Polarsystems p, P, das heißt die Gleichung

$$(1) \qquad\qquad [x \cdot xp] = 0,$$

mit der allgemeinen Form der Gleichung zweiten Grades zwischen den Dreieckskoordinaten $\mathfrak{x}_1$, $\mathfrak{x}_2$, $\mathfrak{x}_3$ des Punktes x vollkommen gleichwertig ist. Aus dem Ableitausdruck des Punktes x

$$(2) \qquad\qquad x = \mathfrak{x}_1 e_1 + \mathfrak{x}_2 e_2 + \mathfrak{x}_3 e_3$$

folgt nämlich für seine Polare xp der Wert

$$(3) \qquad\qquad xp = \mathfrak{x}_1\, e_1 p + \mathfrak{x}_2\, e_2 p + \mathfrak{x}_3\, e_3 p;$$

und multipliziert man die beiden Ausdrücke (2) und (3) planimetrisch miteinander, so ergibt sich mit Rücksicht auf die Gleichung (60) des 31. Abschnitts für die linke Seite der Gleichung (1) die Darstellung

$$(4) \quad [x \cdot xp] = \begin{cases} \mathfrak{x}_1^{\,2}[e_1 \cdot e_1 p] + \mathfrak{x}_2^{\,2}[e_2 \cdot e_2 p] + \mathfrak{x}_3^{\,2}[e_3 \cdot e_3 p] \\ + 2\mathfrak{x}_2\mathfrak{x}_3[e_2 \cdot e_3 p] + 2\mathfrak{x}_3\mathfrak{x}_1[e_3 \cdot e_1 p] + 2\mathfrak{x}_1\mathfrak{x}_2[e_1 \cdot e_2 p], \end{cases}$$

für die man wegen der Gleichungen (59) und (50) des 31. Abschnitts auch schreiben kann:

$$(5) \qquad [x \cdot xp] = \mathfrak{a}_{11}\mathfrak{x}_1{}^2 + \mathfrak{a}_{22}\mathfrak{x}_2{}^2 + \mathfrak{a}_{33}\mathfrak{x}_3{}^2 + 2\mathfrak{a}_{23}\mathfrak{x}_2\mathfrak{x}_3 + 2\mathfrak{a}_{31}\mathfrak{x}_3\mathfrak{x}_1 + 2\mathfrak{a}_{12}\mathfrak{x}_1\mathfrak{x}_2.$$

Mit Rücksicht auf die Gleichungen (11) und (25) des 31. Abschnitts kann man also den Satz aussprechen:

Satz 446: Die Gleichung

$$(1) \qquad\qquad\qquad [x \cdot xp] = 0$$

für die Polkurve des Polarsystems zweiter Ordnung:

$$p = \frac{A_1,\ A_2,\ A_3}{e_1,\ e_2,\ e_3}, \quad A_i = \mathfrak{a}_{i1}E_1 + \mathfrak{a}_{i2}E_2 + \mathfrak{a}_{i3}E_3, \quad i = 1, 2, 3,$$

ist vollkommen gleichbedeutend mit der allgemeinen Gleichung zweiten Grades in Punktkoordinaten:

$$(6) \qquad \mathfrak{a}_{11}\mathfrak{x}_1{}^2 + \mathfrak{a}_{22}\mathfrak{x}_2{}^2 + \mathfrak{a}_{33}\mathfrak{x}_3{}^2 + 2\mathfrak{a}_{23}\mathfrak{x}_2\mathfrak{x}_3 + 2\mathfrak{a}_{31}\mathfrak{x}_3\mathfrak{x}_1 + 2\mathfrak{a}_{12}\mathfrak{x}_1\mathfrak{x}_2 = 0.$$

Diese Gleichung ist auch wirklich die allgemeine Gleichung zweiten Grades; denn die ursprünglich im 31. Abschnitt den Koeffizienten $\mathfrak{a}_{ik}$ auferlegte Bedingung, daß ihre Determinante $\mathfrak{a} = |\mathfrak{a}_{ik}|$ von Null verschieden sei, ist ja im 32. Abschnitt aufgehoben worden. Daraus geht zugleich hervor, daß man auch umgekehrt *jede Kurve zweiter Ordnung,* deren Gleichung in der Form (6) gegeben ist, durch eine Gleichung von der Form

$$[x \cdot xp] = 0$$

darstellen kann, und der Satz 446 zeigt, wie man aus den Koeffizienten der Gleichung (6) den Ausdruck für das zugehörige Polarsystem p zu bilden hat.

Die allgemeine Gleichung zweiten Grades zwischen den Dreieckskoordinaten eines Stabes. Auf dieselbe Weise zeigt man, daß die Gleichung der Polkurve des Polarsystems p, P, das heißt die Gleichung

$$(7) \qquad\qquad\qquad [U \cdot UP] = 0,$$

als eine andere Form der Gleichung dieser Kurve in Linienkoordinaten aufgefaßt werden kann. Denn aus dem Ableitausdruck des Stabes U

$$(8) \qquad\qquad\qquad U = \mathfrak{u}_1 E_1 + \mathfrak{u}_2 E_2 + \mathfrak{u}_3 E_3$$

folgt für dessen Pol UP der Wert:

$$(9) \qquad\qquad UP = \mathfrak{u}_1\ E_1 P + \mathfrak{u}_2\ E_2 P + \mathfrak{u}_3\ E_3 P,$$

und die planimetrische Multiplikation der beiden Ausdrücke (8) und (9) ergibt mit Rücksicht auf die Gleichung (117) des 31. Abschnitts für die linke Seite von (7) die Darstellung

$$(10)\ \ [U \cdot UP] = \begin{cases} \mathfrak{u}_1{}^2[E_1 \cdot E_1 P] + \mathfrak{u}_2{}^2[E_2 \cdot E_2 P] + \mathfrak{u}_3{}^2[E_3 \cdot E_3 P] \\ + 2\mathfrak{u}_2\mathfrak{u}_3[E_2 \cdot E_3 P] + 2\mathfrak{u}_3\mathfrak{u}_1[E_3 \cdot E_1 P] + 2\mathfrak{u}_1\mathfrak{u}_2[E_1 \cdot E_2 P] \end{cases}$$

oder wegen der Gleichungen (116) und (51) des 31. Abschnitts:

$$(11) \quad [U \cdot UP] = \mathfrak{A}_{11} \mathfrak{u}_1{}^2 + \mathfrak{A}_{22} \mathfrak{u}_2{}^2 + \mathfrak{A}_{33} \mathfrak{u}_3{}^2 + 2\mathfrak{A}_{23} \mathfrak{u}_2 \mathfrak{u}_3 + 2\mathfrak{A}_{31} \mathfrak{u}_3 \mathfrak{u}_1 + 2\mathfrak{A}_{12} \mathfrak{u}_1 \mathfrak{u}_2.$$

Mit Rücksicht auf die Gleichungen (12) und (26) des 31. Abschnitts kann man also den Satz aussprechen:

Satz 447: Die Gleichung

$$(7) \qquad\qquad\qquad [U \cdot UP] = 0$$

für die Polarkurve des Polarsystems zweiter Klasse:

$$P = \frac{a_1,\ a_2,\ a_3}{E_1,\ E_2,\ E_3}, \quad a_i = \mathfrak{A}_{i1} e_1 + \mathfrak{A}_{i2} e_2 + \mathfrak{A}_{i3} e_3, \quad i = 1,\, 2,\, 3,$$

ist vollkommen gleichbedeutend mit der allgemeinen Gleichung zweiten Grades in Linienkoordinaten:

$$(12) \quad \mathfrak{A}_{11} \mathfrak{u}_1{}^2 + \mathfrak{A}_{22} \mathfrak{u}_2{}^2 + \mathfrak{A}_{33} \mathfrak{u}_3{}^2 + 2\mathfrak{A}_{23} \mathfrak{u}_2 \mathfrak{u}_3 + 2\mathfrak{A}_{31} \mathfrak{u}_3 \mathfrak{u}_1 + 2\mathfrak{A}_{12} \mathfrak{u}_1 \mathfrak{u}_2 = 0.$$

Die geometrische Bedeutung des Verschwindens einzelner Koeffizienten der allgemeinen Gleichung zweiten Grades zwischen den Dreieckskoordinaten eines Punktes. Fragen wir nun weiter: Welche Bedeutung hat es, wenn einzelne von den Koeffizienten der Gleichungen (6) und (12) verschwinden?

Zunächst leuchtet die geometrische Bedeutung des Verschwindens einer Größe $\mathfrak{a}_{ii}$, $i = 1,\, 2,\, 3$, das heißt des Koeffizienten von $\mathfrak{x}_i{}^2$ in der Gleichung (6), ohne weiteres ein. Denn die Gleichung

$$(13) \qquad\qquad 0 = \mathfrak{a}_{ii} = [e_i \cdot e_i p]$$

wird wegen (1) dann und nur dann erfüllt, wenn die Ecke e_i des Fundamentaldreiecks auf der Kurve (1) (oder (6)) liegt. Und man hat somit den Satz:

Satz 448: Verschwindet in der Gleichung

$$(6) \quad \mathfrak{a}_{11} \mathfrak{x}_1{}^2 + \mathfrak{a}_{22} \mathfrak{x}_2{}^2 + \mathfrak{a}_{33} \mathfrak{x}_3{}^2 + 2\mathfrak{a}_{23} \mathfrak{x}_2 \mathfrak{x}_3 + 2\mathfrak{a}_{31} \mathfrak{x}_3 \mathfrak{x}_1 + 2\mathfrak{a}_{12} \mathfrak{x}_1 \mathfrak{x}_2 = 0$$

einer Kurve zweiter Ordnung in Dreieckskoordinaten eine Größe $\mathfrak{a}_{ii}$, das heißt der Koeffizient des Quadrates $\mathfrak{x}_i{}^2$ einer Koordinate des laufenden Punktes der Kurve, so liegt die jenem Quadrat entsprechende Ecke e_i des Fundamentaldreiecks auf der Kurve (6) (oder (1)). Und umgekehrt: Sobald die Kurve zweiter Ordnung (6) durch eine Ecke e_i des Fundamentaldreiecks hindurchgeht, verschwindet in ihrer Gleichung der Koeffizient $\mathfrak{a}_{ii}$ desjenigen Koordinatenquadrats des laufenden Punktes, das jener Ecke des Fundamentaldreiecks entspricht.

Ebenso leicht ergibt sich zweitens die geometrische Bedeutung des Verschwindens einer der drei Größen $\mathfrak{a}_{ik}$, $i \neq k$, in der Gleichung (6). Denn die Gleichung

$$(14) \qquad\qquad 0 = \mathfrak{a}_{ik} = [e_k \cdot e_i p], \quad i \neq k,$$

wird, wie man unmittelbar aus ihrer Form abliest, dann und nur dann befriedigt, wenn die Polare $e_i p$ des Punktes e_i durch den Punkt e_k hindurchgeht, oder was dasselbe ist (vgl. S. 191), wenn die Ecken e_i und e_k des Fundamentaldreiecks hinsichtlich des Polarsystems p (oder der Kurve (6)) konjugiert sind. Man hat also den Satz:

Satz 449: Verschwindet in der Gleichung

$$(6) \qquad \mathfrak{a}_{11}\mathfrak{x}_1{}^2 + \mathfrak{a}_{22}\mathfrak{x}_2{}^2 + \mathfrak{a}_{33}\mathfrak{x}_3{}^2 + 2\,\mathfrak{a}_{23}\mathfrak{x}_2\mathfrak{x}_3 + 2\,\mathfrak{a}_{31}\mathfrak{x}_3\mathfrak{x}_1 + 2\,\mathfrak{a}_{12}\mathfrak{x}_1\mathfrak{x}_2 = 0$$

einer Kurve zweiter Ordnung in Dreieckskoordinaten eine der drei Größen $\mathfrak{a}_{ik}$, $i \neq k$, **so sind die jener Größe** $\mathfrak{a}_{ik}$ **entsprechenden Ecken** e_i **und** e_k **des Fundamentaldreiecks hinsichtlich der Kurve (6) konjugiert. Und umgekehrt: Sobald zwei Ecken** e_i **und** e_k **des Fundamentaldreiecks hinsichtlich der Kurve zweiter Ordnung (6) konjugiert sind, verschwindet in ihrer Gleichung die ihnen entsprechende Größe** $\mathfrak{a}_{ik}$.

Die Gleichung einer Kurve zweiter Ordnung in bezug auf ein Polardreieck als Fundamentaldreieck. Verschwinden insbesondere alle drei Größen $\mathfrak{a}_{ik}$, $i \neq k$, gleichzeitig, besitzt daher die Gleichung der Kurve zweiter Ordnung die Gestalt:

$$(15) \qquad \mathfrak{a}_{11}\mathfrak{x}_1{}^2 + \mathfrak{a}_{22}\mathfrak{x}_2{}^2 + \mathfrak{a}_{33}\mathfrak{x}_3{}^2 = 0,$$

und hat somit der extensive Bruch für das zugehörige Polarsystem p die Form:

$$(16) \qquad p = \frac{\mathfrak{a}_{11}E_1,\ \ \mathfrak{a}_{22}E_2,\ \ \mathfrak{a}_{33}E_3}{e_1,\ \ \ e_2,\ \ \ e_3},$$

so sind alle drei Ecken des Fundamentaldreiecks einander hinsichtlich der Kurve (15) konjugiert, und eine jede Seite des Fundamentaldreiecks ist die Polare ihrer Gegenecke. Das Fundamentaldreieck ist also nach Seite 184 ein Polardreieck des Polarsystems p, oder wie man auch sagt, ein Polardreieck seiner Polkurve, das heißt der Kurve (15) (vgl. Fig. 100).

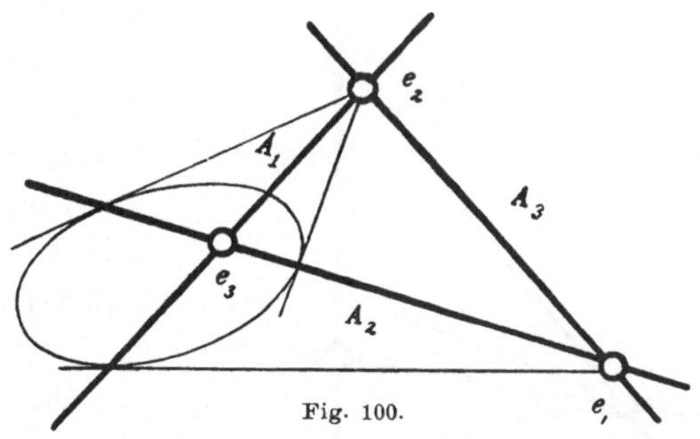

Fig. 100.

Da endlich auch umgekehrt die Gleichung einer Kurve zweiter Ordnung, die auf ein Polardreieck der Kurve bezogen ist, die Form (15) hat, so erhält man den Satz:

Satz 450: Bezieht man die Gleichung einer Kurve zweiter Ordnung auf ein Polardreieck der Kurve, so verschwinden alle

drei Koeffizienten $\mathfrak{a}_{ik}(i \neq k)$, die Gleichung hat also die Form:

$$(15) \qquad \mathfrak{a}_{11}\mathfrak{x}_1{}^2 + \mathfrak{a}_{22}\mathfrak{x}_2{}^2 + \mathfrak{a}_{33}\mathfrak{x}_3{}^2 = 0,$$

und umgekehrt stellt eine jede Gleichung von der Form (15) eine Kurve zweiter Ordnung dar bezogen auf ein Polardreieck der Kurve. Ferner lautet der extensive Bruch für das zugehörige Polarsystem p:

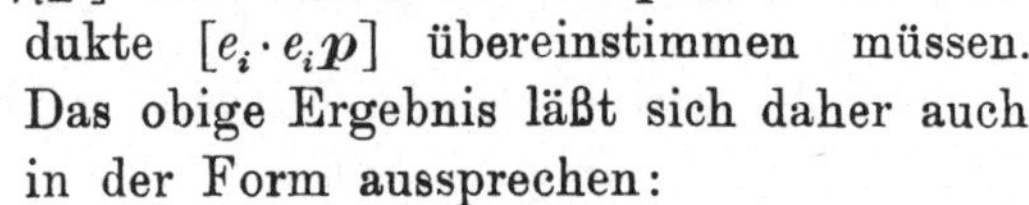

$$(16) \qquad p = \frac{\mathfrak{a}_{11}E_1,\ \mathfrak{a}_{22}E_2,\ \mathfrak{a}_{33}E_3}{e_1,\qquad e_2,\qquad e_3}.$$

Aus der Form der Gleichung (15) für eine auf ein Polardreieck bezogene Kurve zweiter Ordnung entnimmt man noch das Ergebnis:

Soll die Gleichung einer auf ein Polardreieck e_1, e_2, e_3 bezogenen Kurve zweiter Ordnung außer durch die Werte $\mathfrak{x}_1 = \mathfrak{x}_2 = \mathfrak{x}_3 = 0$, denen überhaupt keine Punkte der Kurve entsprechen, noch durch andere reelle Werte der Koordinaten $\mathfrak{x}_i$ befriedigt werden, so dürfen die drei Koeffizienten $\mathfrak{a}_{ii} = [e_i \cdot e_i p]$ nicht alle dasselbe Vorzeichen haben.

Diesem Ergebnis kann man noch eine etwas andere Form geben, wenn man in die drei Produkte $[e_i \cdot e_i p]$ anstatt der vielfachen Punkte e_i die mit ihnen zusammenfallenden *einfachen* Punkte f_i einführt. Aus den zwischen den e_i und den f_i bestehenden Beziehungen $e_i = \mathfrak{m}_i f_i$ folgt nämlich, daß sich das Produkt $[e_i \cdot e_i p]$ von dem Produkte $[f_i \cdot f_i p]$ nur durch den Faktor $\mathfrak{m}_i{}^2$ unterscheidet. Und da nach S. 1 die Massen der drei Grundpunkte als reell vorausgesetzt sind, so ergibt sich, daß die Vorzeichen der drei Produkte $[f_i \cdot f_i p]$ mit denen der entsprechenden Produkte $[e_i \cdot e_i p]$ übereinstimmen müssen. Das obige Ergebnis läßt sich daher auch in der Form aussprechen:

Satz 451: Sind f_1, f_2, f_3 drei einfache Punkte, die in die Ecken eines Polardreiecks einer reellen Kurve zweiter Ordnung fallen, so haben die drei Produkte $[f_i \cdot f_i p]$, $i = 1, 2, 3$, nicht sämtlich dasselbe Vorzeichen.

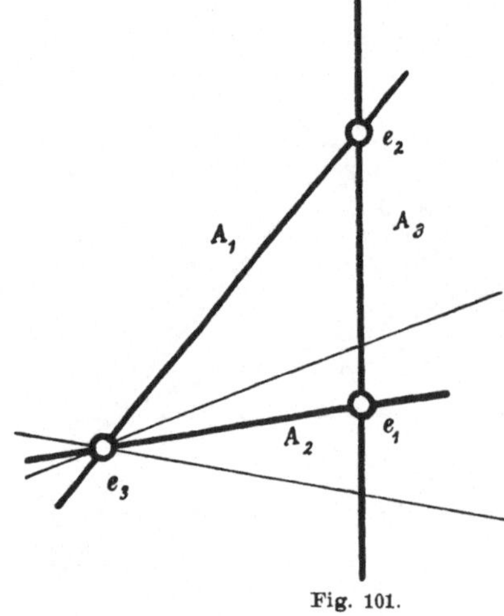

Fig. 101.

Die auf ein Polardreieck bezogene Gleichung eines Linienpaares. Bei einer in ein Linienpaar zerfallenden Kurve zweiter Ordnung vereinfacht sich die Gleichungsform (15) noch weiter. Ein Polardreieck *eines Linienpaars* wird nämlich nach S. 207 ff. gebildet durch den Doppelpunkt des Linienpaars und irgend ein Punktpaar, das durch die beiden Geraden des Linienpaars harmonisch getrennt ist (vgl. Fig. 101). Von den drei Ecken e_1, e_2, e_3 des Polardreiecks liegt also *eine* Ecke, nämlich der Doppelpunkt des Linienpaars, er sei bezeichnet mit e_3, auf der Kurve selbst. Infolgedessen verschwindet nach Satz 448 der zugehörige Koeffizient a_{33}, und die Gleichung des Linienpaars besitzt daher die Form

$$(17) \qquad a_{11}\, \mathfrak{x}_1{}^2 + a_{22}\, \mathfrak{x}_2{}^2 = 0,$$

die eine *Trennung* der beiden Linien des Paares gestattet; denn man liest aus ihr für diese beiden Geraden die Gleichungen ab:

$$(18) \qquad \sqrt{a_{11}}\,\mathfrak{x}_1 + \sqrt{-a_{22}}\,\mathfrak{x}_2 = 0 \quad \text{und} \quad \sqrt{a_{11}}\,\mathfrak{x}_1 - \sqrt{-a_{22}}\,\mathfrak{x}_2 = 0.$$

Zugleich erhält man für das zugehörige entartende Polarsystem, das heißt für das Polarsystem q, welches das Linienpaar (17) zur Polkurve hat, die Darstellung

$$(19) \qquad q = \frac{a_{11}\,E_1,\ a_{22}\,E_2,\ 0}{e_1,\qquad e_2,\qquad e_3}.$$

Aus der Form der Gleichungen (18) geht ohne weiteres hervor, daß die Linien des Linienpaars dann und nur dann reell sind, wenn die beiden Koeffizienten a_{11} und a_{22} der Gleichung (17) entgegengesetztes Vorzeichen besitzen. Haben dagegen diese beiden Koeffizienten dasselbe Vorzeichen, so lassen sich die Gleichungen (18) stets in der Weise schreiben, daß ihre linken Seiten konjugiert komplex werden, und wir sagen dann auch „das Linienpaar sei konjugiert komplex"[1].

Das Polarsystem einer elliptischen Strahlinvolution. Setzt man zum Beispiel

$$(20) \qquad a_{11} = a_{22} = 1$$

und bezeichnet das besondere Polarsystem, das durch diese Spezialisierung der Konstanten a_{11} und a_{22} aus dem Polarsystem q hervorgeht, mit e, so verwandeln sich die Gleichungen (17), (18) und (19) in

$$(21) \qquad \mathfrak{x}_1{}^2 + \mathfrak{x}_2{}^2 = 0,$$

$$(22) \qquad \mathfrak{x}_1 + i\mathfrak{x}_2 = 0 \quad \text{und} \quad \mathfrak{x}_1 - i\mathfrak{x}_2 = 0,$$

$$(23) \qquad e = \frac{E_1,\ E_2,\ 0}{e_1,\ e_2,\ e_3}.$$

Von dem zugehörigen konjugiert komplexen Linienpaar ist dann (vgl. S. 210 f.) *wenigstens der Schnittpunkt reell*; denn die beiden Gleichungen (22) werden gleichzeitig befriedigt, wenn man setzt:

$$(24) \qquad \mathfrak{x}_1 = 0 \quad \text{und} \quad \mathfrak{x}_2 = 0.$$

---

1) Es werden nämlich in diesem Falle auch die Stabdarstellungen der beiden Linien des Paares konjugiert komplex (vgl. Seite 25.)

Diese Gleichungen aber stellen die Ecke e_3 des Fundamentaldreiecks dar, von der wir ja auch bereits oben gesehen haben, daß sie der Polkurve angehört.

Um endlich die geometrische Bedeutung des Polarsystems e zu ermitteln, dessen Polkurve das konjugiert komplexe Linienpaar (22) ist, beachte man, daß das Polarsystem e in einer engen Beziehung steht zu der oben auf Seite 235 des ersten Bandes betrachteten elliptischen Strahlinvolution

$$(25) \qquad \mathfrak{E} = \frac{E_2, \; -E_1}{E_1, \quad E_2},$$

das heißt, zu derjenigen elliptischen Strahlinvolution mit dem Scheitel e_3, in der die Strahlen E_1 und E_2 und ebenso die Strahlen $E_2 + E_1$ und $E_2 - E_1$ ein Paar bilden. In der Tat kann man den Bruch für diese elliptische Strahlinvolution auch in der Form schreiben:

$$(26) \qquad \mathfrak{E} = \frac{E_1, \; E_2}{-E_2, \; E_1} = \frac{E_1, \quad E_2}{[e_1 e_3], \; [e_2 e_3]}.$$

Ist daher

$$(27) \qquad x = \mathfrak{x}_1 e_1 + \mathfrak{x}_2 e_2 + \mathfrak{x}_3 e_3$$

ein beliebiger Punkt der Ebene, so wird sein Verbindungsstab mit dem Scheitel e_3 des betrachteten Strahlbüschels durch die Summe dargestellt:

$$(28) \qquad [x e_3] = \mathfrak{x}_1 [e_1 e_3] + \mathfrak{x}_2 [e_2 e_3].$$

Dieser Stab $[x e_3]$ aber wird durch die elliptische Strahlinvolution $\mathfrak{E}$ wegen (26) übergeführt in den Stab

$$(29) \qquad [x e_3] \mathfrak{E} = \mathfrak{x}_1 E_1 + \mathfrak{x}_2 E_2.$$

In genau denselben Stab wird aber der Punkt x durch das Polarsystem e umgewandelt. Wegen (23) wird nämlich

$$(30) \qquad x e = \mathfrak{x}_1 E_1 + \mathfrak{x}_2 E_2;$$

und es besteht daher zwischen den Brüchen e und $\mathfrak{E}$ die Beziehung

$$(31) \qquad x e = [x e_3] \mathfrak{E}.$$

Man sieht also, daß das Polarsystem e von der elliptischen Strahlinvolution $\mathfrak{E}$ nur unwesentlich verschieden ist; denn dasselbe weist einem jeden Punkte x der Ebene einen Strahl des Strahlbüschels mit dem Scheitel e_3 zu, und zwar gerade denselben Strahl, welcher der Verbindungslinie des Punktes x und des Scheitels e_3 durch die elliptische Strahlinvolution $\mathfrak{E}$ zugeordnet wird. Wir nennen deshalb das Polarsystem e „*das Polarsystem der elliptischen Strahlinvolution* $\mathfrak{E}$".

Eine Seite des Fundamentaldreiecks ist die Polare ihrer Gegenecke in bezug auf eine Kurve zweiter Ordnung. Ist weiter *wenigstens noch eine Seite des Fundamentaldreiecks die Polare der gegenüberliegenden Ecke*, stimmt also etwa die Polare A_3 der Ecke e_3 mit der Seite E_3 des Fundamentaldreiecks bis auf einen Zahlfaktor überein, das heißt, ist

$$(32) \qquad A_3 = \mathfrak{a}_{33} E_3 \quad \text{und somit}$$

$$(*) \qquad \mathfrak{a}_{31} = \mathfrak{a}_{32} = 0,$$

so nimmt die Gleichung (6) die Form an:

$$(33) \qquad \mathfrak{a}_{11}\mathfrak{x}_1{}^2 + \mathfrak{a}_{22}\mathfrak{x}_2{}^2 + \mathfrak{a}_{33}\mathfrak{x}_3{}^2 + 2\,\mathfrak{a}_{12}\mathfrak{x}_1\mathfrak{x}_2 = 0,$$

und man hat den Satz (vgl. Fig. 102):

Satz 452: Bezieht man die Gleichung einer Kurve zweiter Ordnung auf ein Fundamentaldreieck, dessen eine Seite die Polare ihrer Gegenecke ist, so verschwinden in ihr diejenigen beiden Koeffizienten $\mathfrak{a}_{ik}(i \neq k)$, von denen ein Index jener Ecke entspricht.

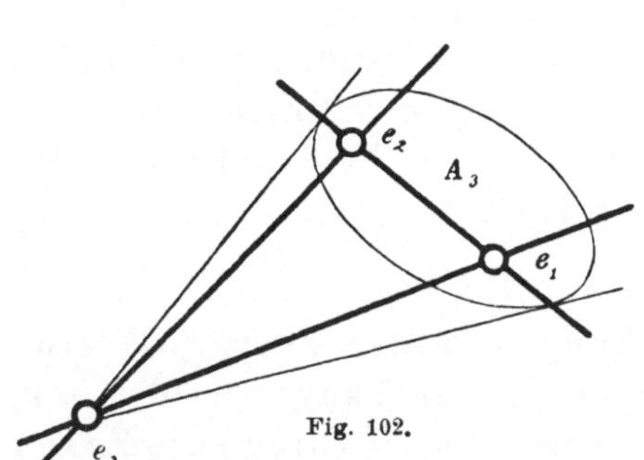

Fig. 102.

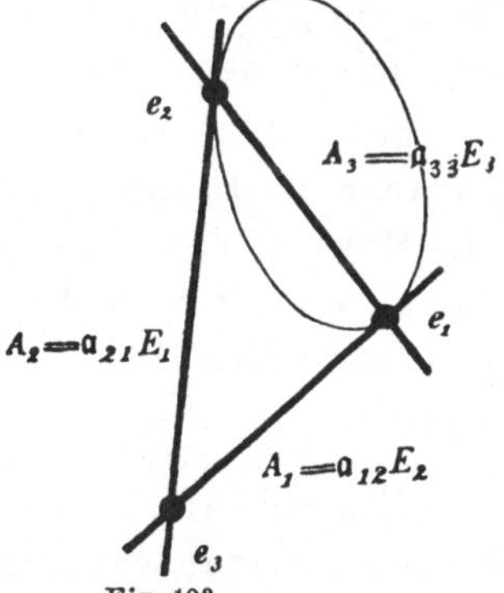

Fig. 103.

Die auf ein Tangentialdreieck bezogene Gleichung einer Kurve zweiter Ordnung. Will man die Gleichung (33) noch weiter vereinfachen, so wähle man außerdem noch

$$(**) \qquad \mathfrak{a}_{11} = \mathfrak{a}_{22} = 0,$$

nehme also die Ecken e_1 und e_2 des Fundamentaldreiecks auf der Kurve an. Dann gewinnt die Gleichung (33) die Form

$$(34) \qquad \mathfrak{a}_{33}\mathfrak{x}_3{}^2 + 2\,\mathfrak{a}_{12}\mathfrak{x}_1\mathfrak{x}_2 = 0,$$

und die Gleichungen für die A_i aus Nr. 25 des 31. Abschnitts gehen über in

$$(35) \qquad \begin{cases} A_1 = e_1 p = \mathfrak{a}_{12} E_2 \\ A_2 = e_2 p = \mathfrak{a}_{21} E_1 \\ A_3 = e_3 p = \mathfrak{a}_{33} E_3, \end{cases}$$

so daß man für den Bruch p die Darstellung erhält:

$$(36) \qquad p = \frac{\mathfrak{a}_{12} E_2,\ \ \mathfrak{a}_{21} E_1,\ \ \mathfrak{a}_{33} E_3}{e_1,\qquad e_2,\qquad e_3}, \quad \mathfrak{a}_{21} = \mathfrak{a}_{12}.$$

Es ist daher nicht nur die Seite E_3 des Fundamentaldreiecks die Polare der ihr gegenüberliegenden Ecke e_3, sondern es werden zugleich auch die Seiten E_2 und E_1 die Polaren der *auf ihnen liegenden* Ecken e_1 und e_2 und sind somit die Tangenten der Kurve in diesen Punkten e_1 und e_2 (vgl. Fig. 103). Infolgedessen wird die dritte Seite E_3 des Fundamentaldreiecks, die ja als solche durch die Ecken e_1 und e_2 hindurchgeht, zur Berührungssehne jenes Tangentenpaars.

Umgekehrt aber nimmt auch die Gleichung jeder Kurve zweiter Ordnung, die auf ein Tangentenpaar E_1, E_2 und dessen Berührungssehne E_3 bezogen ist, die Form (34) an.

Nennt man noch ein Dreieck, das aus zwei Tangenten einer Kurve zweiter Ordnung oder zweiter Klasse und ihrer Berührungssehne gebildet wird, ein „Tangentialdreieck der Kurve", so läßt sich das gewonnene Ergebnis in der Form aussprechen:

Satz 453: Wählt man ein Tangentialdreieck einer Kurve zweiter Ordnung zum Fundamentaldreieck und verlegt dabei die Ecke e_3 des Fundamentaldreiecks in den Schnittpunkt, die Ecken e_1 und e_2 in die Berührungspunkte der beiden Tangenten, so nimmt die Gleichung der Kurve die Form an:

$$(34) \qquad a_{33}\mathfrak{x}_3{}^2 + 2a_{12}\mathfrak{x}_1\mathfrak{x}_2 = 0.$$

Umgekehrt stellt jede Gleichung von der Form (34) eine Kurve zweiter Ordnung dar, bezogen auf ein Tangentialdreieck, dessen Tangentenschnittpunkt die Ecke e_3 ist, während die Ecken e_1 und e_2 die Berührungspunkte der beiden Tangenten bilden.

Andererseits besitzt der Bruch p für das zugehörige Polarsystem die Form

$$(36) \qquad p = \frac{a_{12}E_2,\ a_{21}E_1,\ a_{33}E_3}{e_1,\quad e_2,\quad e_3}, \quad a_{21} = a_{12}.$$

Neue Gleichungsform eines Linienpaars. Das Polarsystem einer hyperbolischen Strahlinvolution. Die Kurve zweiter Ordnung (34) geht in ein Linienpaar über und zwar in das Tangentenpaar E_1, E_2, wenn man noch die Forderung stellt, der Schnittpunkt e_3 der beiden Tangenten solle selbst der Kurve zweiter Ordnung angehören. In der Tat verschwindet dann nach Satz 448 der Koeffizient a_{33}, und die Gleichung (34) reduziert sich, wenn man etwa noch $a_{12} = 1$ annimmt, auf die Form:

$$(37) \qquad \mathfrak{x}_1\mathfrak{x}_2 = 0,$$

für die man auch schreiben kann:

$$(38) \qquad [x E_1][x E_2] = 0.$$

Jede von diesen beiden Gleichungen aber stellt wirklich das Linienpaar

E_1, E_2 dar. Zu gleicher Zeit verwandelt sich der Ausdruck (37) für das zugehörige Polarsystem in

$$(39) \qquad h = \frac{E_2,\ E_1,\ 0}{e_1,\ e_2,\ e_3}.$$

Man hat daher den Satz:

Satz 454: Die Gleichung für das Linienpaar der beiden Seiten E_1 und E_2 des Fundamentaldreiecks lautet:

$$(37) \qquad \mathfrak{x}_1 \mathfrak{x}_2 = 0 \ \text{oder}$$

$$(38) \qquad [x E_1][x E_2] = 0.$$

Ferner besitzt der Bruch für das entartende Polarsystem h, dessen Polkurve dieses Linienpaar ist, die Form:

$$(39) \qquad h = \frac{E_2,\ E_1,\ 0}{e_1,\ e_2,\ e_3},$$

in der e_3 der Doppelpunkt des Linienpaars ist, und e_1 und e_2 zwei beliebige von e_3 verschiedene Punkte der Geraden E_2 und E_1 sind, und wo wie gewöhnlich $E_1 = [e_2 e_3]$ und $E_2 = [e_3 e_1]$ ist.

Die für das Polarsystem dieses Linienpaars gewählte Bezeichnung h soll auf die Beziehung hinweisen, in der das Polarsystem h zu derjenigen hyperbolischen Strahlinvolution $\mathfrak{H}$ steht, welche die Strahlen E_1 und E_2 des Linienpaars zu Doppelstrahlen hat. Aus der Gleichung

$$x = \mathfrak{x}_1 e_1 + \mathfrak{x}_2 e_2 + \mathfrak{x}_3 e_3$$

folgt durch Multiplikation mit h wegen (39)

$$(40) \qquad x h = \mathfrak{x}_1 E_2 + \mathfrak{x}_2 E_1;$$

ferner durch äußere Multiplikation mit e_3

$$[x e_3] = \mathfrak{x}_1 [e_1 e_3] + \mathfrak{x}_2 [e_2 e_3] = \mathfrak{x}_1 (- E_2) + \mathfrak{x}_2 E_1$$

Setzt man also (vgl. Gleichung (24) des 16. Abschnitts)

$$(41) \qquad \mathfrak{H} = \frac{E_2,\ E_1}{- E_2,\ E_1} = \frac{E_1,\ - E_2}{E_1,\ E_2},$$

so wird

$$(42) \qquad [x e_3] \mathfrak{H} = \mathfrak{x}_1 E_2 + \mathfrak{x}_2 E_1$$

und somit, wie die Vergleichung mit (40) zeigt,

$$(43) \qquad x h = [x e_3] \mathfrak{H}.$$

Das Polarsystem h weist demnach einem jeden Punkte x der Ebene einen Strahl des Strahlbüschels mit dem Scheitel e_3 zu, und zwar gerade denselben Strahl, welcher der Verbindungslinie des Punktes x und des Scheitels e_3 durch die hyperbolische Strahlinvolution $\mathfrak{H}$ zugeordnet wird. Aus diesem Grunde werden wir das Polarsystem h im folgenden als „*das Polarsystem der hyperbolischen Strahlinvolution* $\mathfrak{H}$" bezeichnen.

Es versteht sich von selbst, daß die Gleichung (38) noch einer Verallgemeinerung fähig ist. In der Tat lautet die Gleichung eines beliebigen Linienpaars, dessen Geraden die Stäbe R und S enthalten:

$$(44) \qquad [xR][xS] = 0.$$

Die Gleichung einer doppeltzählenden Geraden und der Bruch für das zugehörige zweifach entartende Polarsystem zweiter Ordnung. Man kann übrigens aus der Gleichung (34) auch die Gleichung einer Doppellinie ableiten, wenn man in der Gleichung (34) anstatt der Konstante a_{33} die Konstante $a_{12} = 0$ setzt und etwa $a_{33} = 1$ annimmt. Dadurch reduziert sich diese Gleichung auf

$$(45) \qquad \mathfrak{x}_3^2 = 0,$$

für die man auch schreiben kann:

$$(46) \qquad [xE_3]^2 = 0.$$

Jede von diesen beiden Gleichungen stellt aber die doppeltzählende Gerade E_3 dar. Zugleich verwandelt sich der Ausdruck (36) für das zugehörige Polarsystem in:

$$(47) \qquad d = \frac{0,\ 0,\ E_3}{e_1,\ e_2,\ e_3}.$$

Man hat also den Satz:

Satz 455: Die Gleichung für die doppeltzählende Seite E_3 des Fundamentaldreiecks lautet:

$$(45) \qquad \mathfrak{x}_3^2 = 0 \quad \text{oder}$$

$$(46) \qquad [xE_3]^2 = 0;$$

und der Bruch für das zweifach entartende Polarsystem zweiter Ordnung d, dessen Polkurve diese doppeltzählende Gerade ist, besitzt die Form:

$$(47) \qquad d = \frac{0,\ 0,\ E_3}{e_1,\ e_2,\ e_3}.$$

Die geometrische Bedeutung des Verschwindens einzelner Koeffizienten der allgemeinen Gleichung zweiten Grades zwischen den Dreieckskoordinaten eines Stabes und die Gleichung einer Kurve zweiter Klasse in bezug auf ein Poldreiseit. Ganz entsprechende Sätze gelten für die Gleichung einer *Kurve zweiter Klasse.*

Erstens ergibt sich wieder sogleich die geometrische Bedeutung des Verschwindens einer Größe $\mathfrak{A}_{ii}$, $i = 1, 2, 3$, das heißt des Koeffizienten eines der drei Quadrate $\mathfrak{u}_i^2$ in der Gleichung (12). Denn die Gleichung

$$(48) \qquad 0 = \mathfrak{A}_{ii} = [E_i \cdot E_i P]$$

wird wegen (7) dann und nur dann erfüllt, wenn die Seite E_i des Fundamentaldreiecks eine Tangente der Kurve (7) (oder (12)) ist. Und man hat den Satz:

Satz 456: Verschwindet in der Gleichung

$$(12)\quad \mathfrak{A}_{11}\mathfrak{u}_1^2 + \mathfrak{A}_{22}\mathfrak{u}_2^2 + \mathfrak{A}_{33}\mathfrak{u}_3^2 + 2\mathfrak{A}_{23}\mathfrak{u}_2\mathfrak{u}_3 + 2\mathfrak{A}_{31}\mathfrak{u}_3\mathfrak{u}_1 + 2\mathfrak{A}_{12}\mathfrak{u}_1\mathfrak{u}_2 = 0$$

einer Kurve zweiter Klasse in Dreieckskoordinaten eine Größe $\mathfrak{A}_{ii}$, das heißt der Koeffizient des Quadrates $\mathfrak{u}_i^2$ einer Koordinate der laufenden Tangente der Kurve, so berührt die jenem Quadrat entsprechende Seite E_i des Fundamentaldreiecks die Kurve (12) (oder (7)). Und umgekehrt: Sobald die Kurve zweiter Klasse (12) von einer Seite E_i des Fundamentaldreiecks berührt wird, verschwindet in ihrer Gleichung der Koeffizient $\mathfrak{A}_{ii}$ desjenigen Koordinatenquadrats der laufenden Tangente, das jener Seite des Fundamentaldreiecks entspricht.

Ebenso leicht ergibt sich zweitens die geometrische Bedeutung des Verschwindens einer der drei Größen $\mathfrak{A}_{ik}$, $i \neq k$, in der Gleichung (12). Denn die Gleichung

$$(49)\qquad\qquad 0 = \mathfrak{A}_{ik} = [E_k \cdot E_i \boldsymbol{P}], \quad i \neq k,$$

wird, wie man unmittelbar aus ihrer Form abliest, dann und nur dann befriedigt, wenn der Pol $E_i\boldsymbol{P}$ des Stabes E_i auf der Geraden das Stabes E_k liegt, oder was dasselbe ist (vgl. S. 200), wenn die Seiten E_i und E_k des Fundamentaldreiecks hinsichtlich des Polarsystems $\boldsymbol{P}$ oder der Kurve (12) konjugiert sind. Man hat also den Satz:

Satz 457: Verschwindet in der Gleichung

$$(12)\quad \mathfrak{A}_{11}\mathfrak{u}_1^2 + \mathfrak{A}_{22}\mathfrak{u}_2^2 + \mathfrak{A}_{33}\mathfrak{u}_3^2 + 2\mathfrak{A}_{23}\mathfrak{u}_2\mathfrak{u}_3 + 2\mathfrak{A}_{31}\mathfrak{u}_3\mathfrak{u}_1 + 2\mathfrak{A}_{12}\mathfrak{u}_1\mathfrak{u}_2 = 0$$

einer Kurve zweiter Klasse in Dreieckskoordinaten eine der drei Größen $\mathfrak{A}_{ik}$, $i \neq k$, so sind die jener Größe $\mathfrak{A}_{ik}$ entsprechenden Seiten E_i und E_k des Fundamentaldreiecks hinsichtlich der Kurve (12) konjugiert. Und umgekehrt: Sobald zwei Seiten E_i und E_k des Fundamentaldreiecks hinsichtlich einer Kurve zweiter Klasse (12) konjugiert sind, verschwindet in ihrer Gleichung die ihnen entsprechende Größe $\mathfrak{A}_{ik}$.

Bezeichnet man noch ein Dreiseit, dessen Ecken die Pole der gegenüberliegenden Seiten hinsichtlich eines Polarsystems zweiter Klasse $\boldsymbol{P}$ bilden, als Poldreiseit des Polarsystems $\boldsymbol{P}$ (oder seiner Polarkurve), so kann man aus dem Satze 457 folgern:

Die Gleichung

$$(50)\qquad\qquad \mathfrak{A}_{11}\mathfrak{u}_1^2 + \mathfrak{A}_{22}\mathfrak{u}_2^2 + \mathfrak{A}_{33}\mathfrak{u}_3^2 = 0$$

ist die Gleichung einer Kurve zweiter Klasse *bezogen auf ein Poldreiseit der Kurve als Fundamentaldreiseit* (vgl. Fig. 104), und der Bruch

$$(51) \qquad P = \frac{\mathfrak{A}_{11}e_1, \quad \mathfrak{A}_{22}e_2, \quad \mathfrak{A}_{33}e_3}{E_1, \quad E_2, \quad E_3}$$

ist der Ausdruck für *das zugehörige Polarsystem zweiter Klasse.*

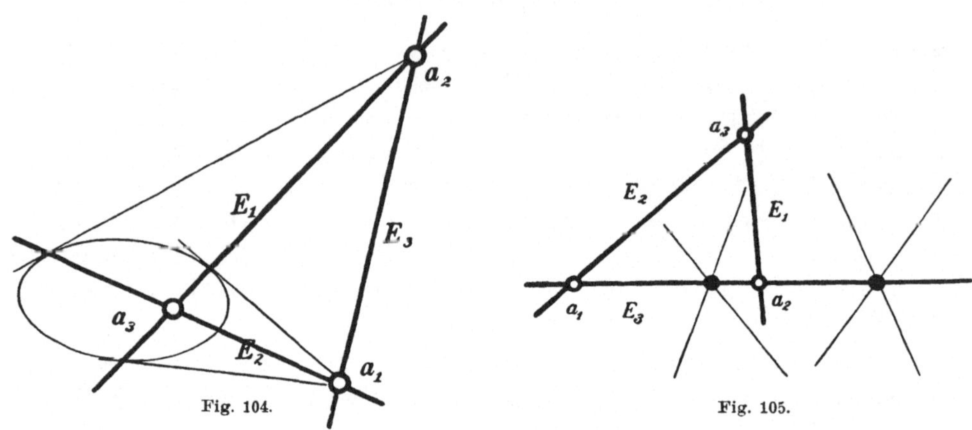

Fig. 104.   Fig. 105.

Die auf ein Poldreiseit bezogene Gleichung eines Punktpaars. Bei
einer in ein Punktpaar zerfallenden Kurve zweiter Klasse vereinfacht sich die Gleichung (50) noch weiter. Ein Poldreiseit *eines Punkt-*
paars wird nämlich nach Seite 222 ff. aus dem Träger dieses Punktpaars
und einem beliebigen Geradenpaar gebildet, das durch das Punktpaar harmonisch getrennt ist (vgl. Fig. 105). Von den drei Seiten E_1, E_2, E_3
des Poldreiseits gehört also eine Seite, nämlich der Träger des Punktpaars,
selbst zu den Hüllgeraden des Punktpaars. Dies sei die Seite E_3; dann
verschwindet der zugehörige Koeffizient $\mathfrak{A}_{33}$, und die Gleichung des Punktpaars besitzt daher die Form

$$(52) \qquad \mathfrak{A}_{11}\mathfrak{u}_1^2 + \mathfrak{A}_{22}\mathfrak{u}_2^2 = 0,$$

die eine *Trennung* der beiden Punkte des Paares gestattet; denn man liest
aus ihr für diese beiden Punkte die Gleichungen ab:

$$(53) \qquad \sqrt{\mathfrak{A}_{11}}\,\mathfrak{u}_1 + \sqrt{-\mathfrak{A}_{22}}\,\mathfrak{u}_2 = 0 \quad \text{und} \quad \sqrt{\mathfrak{A}_{11}}\,\mathfrak{u}_1 - \sqrt{-\mathfrak{A}_{22}}\,\mathfrak{u}_2 = 0.$$

Zugleich erhält man für das zugehörige entartende Polarsystem Q, welches
das Punktpaar (53) zur Polarkurve hat, die Darstellung

$$(54) \qquad Q = \frac{\mathfrak{A}_{11}e_1, \quad \mathfrak{A}_{22}e_2, \quad 0}{E_1, \quad E_2, \quad E_3}.$$

Die Form der Gleichungen (53) zeigt, daß die Punkte des Punktpaars dann
und nur dann reell sind, wenn die beiden Koeffizienten $\mathfrak{A}_{11}$ und $\mathfrak{A}_{22}$ der
Gleichung (52) entgegengesetztes Vorzeichen besitzen. Haben dagegen
diese beiden Koeffizienten dasselbe Vorzeichen, so lassen sich die Glei-

chungen (53) stets in der Weise schreiben, daß ihre linken Seiten konjugiert komplex werden, und wir sagen dann auch „das Punktpaar sei konjugiert komplex"[1]).

Das Polarsystem einer elliptischen Punktinvolution. Setzt man zum Beispiel

(55) $$\mathfrak{A}_{11} = \mathfrak{A}_{22} = 1$$

und bezeichnet das besondere Polarsystem, das durch diese Spezialisierung der Konstanten $\mathfrak{A}_{11}$ und $\mathfrak{A}_{22}$ aus dem Polarsystem Q hervorgeht, mit E, so verwandeln sich die Gleichungen (52), (53) und (54) in

(56) $$\mathfrak{u}_1^2 + \mathfrak{u}_2^2 = 0,$$

(57) $$\mathfrak{u}_1 + i\mathfrak{u}_2 = 0 \quad \text{und} \quad \mathfrak{u}_1 - i\mathfrak{u}_2 = 0,$$

(58) $$E = \frac{e_1, \; e_2, \; 0}{E_1, \; E_2, \; E_3}.$$

Von dem zugehörigen konjugiert komplexen Punktpaar ist übrigens wenigstens die Verbindungslinie reell; denn die beiden Gleichungen (57) werden gleichzeitig befriedigt, wenn man setzt:

(59) $$\mathfrak{u}_1 = 0 \quad \text{und} \quad \mathfrak{u}_2 = 0.$$

Diese Gleichungen aber stellen die Seite E_3 des Fundamentaldreiecks dar, von der wir ja auch bereits oben gesehen haben, daß sie eine Hüllgerade der Polarkurve ist.

Um endlich die geometrische Bedeutung des Polarsystems E zu ermitteln, dessen Polarkurve das konjugiert komplexe Punktpaar (56) ist, beachte man seine Beziehung zu der auf Seite 165 ff. des ersten Bandes behandelten elliptischen Punktivolution

(60) $$\mathfrak{c} = \frac{e_2, \; -e_1}{e_1, \; e_2},$$

das heißt, zu derjenigen elliptischen Involution in der Geraden E_3, in der die Punkte e_1 und e_2 und ebenso die Punkte $e_2 + e_1$ und $e_2 - e_1$ ein Paar bilden. In der Tat kann man den Bruch für diese elliptische Involution auch in der Form schreiben:

(61) $$\mathfrak{c} = \frac{e_1, \; e_2}{-e_2, \; e_1} = \frac{e_1, \; e_2}{[E_1 E_3], \; [E_2 E_3]}.$$

Ist daher

(62) $$U = \mathfrak{u}_1 E_1 + \mathfrak{u}_2 E_2 + \mathfrak{u}_3 E_3$$

ein beliebiger Stab der Ebene, so wird sein Schnitt mit dem Träger E_3

---

1) Es werden nämlich in diesem Falle auch die Ableitausdrücke der beiden Punkte des Paares konjugiert komplex (vgl. Seite 25 f.).

des betrachteten Punktpaars durch die Summe dargestellt:

$$(63) \qquad [UE_3] = \mathfrak{u}_1[E_1E_3] + \mathfrak{u}_2[E_2E_3].$$

Dieser Punkt $[UE_3]$ aber wird durch die elliptische Punktinvolution $\mathfrak{e}$ wegen (61) übergeführt in den Punkt

$$(64) \qquad [UE_3]\mathfrak{e} = \mathfrak{u}_1 e_1 + \mathfrak{u}_2 e_2.$$

In genau denselben Punkt wird aber der Stab U durch das Polarsystem E umgewandelt. Wegen (58) wird nämlich

$$(65) \qquad UE = \mathfrak{u}_1 e_1 + \mathfrak{u}_2 e_2,$$

und es besteht daher zwischen den Brüchen E und $\mathfrak{e}$ die Beziehung

$$(66) \qquad UE = [UE_3]\mathfrak{e}.$$

Man sieht also, daß das Polarsystem E von der elliptischen Punktinvolution $\mathfrak{e}$ nur unwesentlich verschieden ist; denn dasselbe weist einem jeden Stabe U der Ebene einen Punkt der Punktreihe mit dem Träger E_3 zu, und zwar gerade denselben Punkt, der dem Schnittpunkte der Geraden U und des Trägers E_3 des Punktpaars durch die elliptische Punktinvolution $\mathfrak{e}$ zugeordnet wird.

Wir nennen deshalb das Polarsystem E *„das Polarsystem der elliptischen Punktinvolution $\mathfrak{e}$"*.

Eine Ecke des Fundamentaldreiecks ist der Pol ihrer Gegenseite. Ferner ergibt sich wieder der Satz:

Satz 458: Bezieht man die Gleichung einer Kurve zweiter Klasse auf ein Fundamentaldreieck, dessen eine Ecke der Pol ihrer Gegenseite in bezug auf die Kurve zweiter Klasse ist, so verschwinden in der Gleichung diejenigen beiden Koeffizienten $\mathfrak{A}_{ik}$ $(i \neq k)$, von denen ein Index jener Ecke entspricht. Ist also e_3 die fragliche Ecke des Fundamentaldreiecks, so besitzt die Gleichung der Kurve die Form:

$$(67) \qquad \mathfrak{A}_{11}\mathfrak{u}_1^2 + \mathfrak{A}_{22}\mathfrak{u}_2^2 + \mathfrak{A}_{33}\mathfrak{u}_3^2 + 2\mathfrak{A}_{12}\mathfrak{u}_1\mathfrak{u}_2 = 0.$$

Die auf ein Tangentialdreieck bezogene Gleichung einer Kurve zweiter Klasse. Endlich stellt wieder eine Gleichung von der Form

$$(68) \qquad \mathfrak{A}_{33}\mathfrak{u}_3^2 + 2\mathfrak{A}_{12}\mathfrak{u}_1\mathfrak{u}_2 = 0$$

eine Kurve zweiter Klasse *bezogen auf ein Tangentialdreieck der Kurve* dar, und der Bruch P für das zugehörige Polarsystem besitzt die Form:

$$(69) \qquad P = \frac{\mathfrak{A}_{12}e_2,\ \mathfrak{A}_{21}e_1,\ \mathfrak{A}_{33}e_3}{E_1 \qquad E_2 \qquad E_3}, \qquad \mathfrak{A}_{21} = \mathfrak{A}_{12}.$$

Man hat also den Satz (vgl. Fig. 106):

Satz 459: Macht man ein Tangentialdreieck einer Kurve zweiter Klasse zum Fundamentaldreieck und wählt dabei die beiden ersten Seiten E_1 und E_2 dieses Dreiecks zu Tangenten der Kurve, die dritte Seite E_3 zur zugehörigen Berührungssehne, so nimmt die Gleichung der Kurve die Form an:

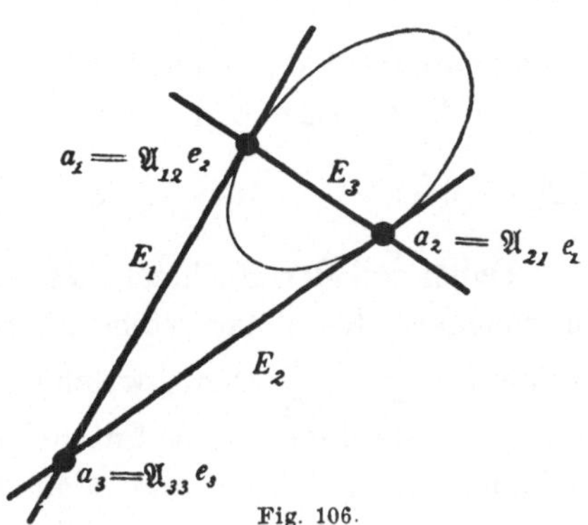

Fig. 106.

(68) $\mathfrak{A}_{33}\mathfrak{u}_3^2 + 2\mathfrak{A}_{12}\mathfrak{u}_1\mathfrak{u}_2 = 0.$

Umgekehrt stellt jede Gleichung von der Form (68) eine Kurve zweiter Klasse bezogen auf ein Tangentialdreieck dar, dessen Tangenten die beiden ersten Seiten E_1 und E_2 des Fundamentaldreiecks sind, während die dritte Seite durch die Berührungssehne dieser Tangenten gebildet wird.

Ferner besitzt der Bruch für das zugehörige Polarsystem die Form:

$$(69) \qquad P = \frac{\mathfrak{A}_{12}\,e_2,\;\; \mathfrak{A}_{21}\,e_1,\;\; \mathfrak{A}_{33}\,e_3}{E_1,\qquad E_2,\qquad E_3}, \quad \mathfrak{A}_{21} = \mathfrak{A}_{12}.$$

Neue Gleichungsform eines Punktpaars. Das Polarsystem einer hyperbolischen Punktinvolution. Die Kurve zweiter Klasse (68) geht in ein Punktpaar über, und zwar in das Paar der beiden Berührungspunkte e_1, e_2 des Tangentialdreiecks, wenn man noch die Forderung stellt, die Verbindungslinie der beiden Berührungspunkte, das heißt die Berührungssehne E_3, solle selbst eine Tangente der Kurve zweiter Klasse bilden. In der Tat verschwindet dann nach Satz 456 der Koeffizient $\mathfrak{A}_{33}$, und die Gleichung (68) reduziert sich, wenn man etwa noch $\mathfrak{A}_{12} = 1$ annimmt, auf die Form

$$(70) \qquad\qquad \mathfrak{u}_1\mathfrak{u}_2 = 0,$$

für die man auch schreiben kann:

$$(71) \qquad\qquad [U e_1][U e_2] = 0.$$

Jede von diesen beiden Gleichungen aber stellt wirklich das Punktpaar e_1, e_2 dar. Zu gleicher Zeit verwandelt sich der Ausdruck (69) für das zugehörige Polarsystem in

$$(72) \qquad\qquad H = \frac{e_2,\;\; e_1,\;\; 0}{E_1,\;\; E_2,\;\; E_3}.$$

Man hat daher den Satz:

Satz 460: Die Gleichung für das Punktpaar der beiden Ecken e_1, e_2 des Fundamentaldreiecks lautet:

$$(70) \qquad\qquad \mathfrak{u}_1 \mathfrak{u}_2 = 0 \quad \text{oder}$$

$$(71) \qquad\qquad [Ue_1][Ue_2] = 0.$$

Ferner besitzt der Bruch für das einfach entartende Polarsystem, dessen Polarkurve dieses Punktpaar ist, die Form:

$$(72) \qquad\qquad H = \frac{e_2,\ e_1,\ 0}{E_1,\ E_2,\ E_3}.$$

Dabei soll der Buchstabe H wieder auf den Zusammenhang hindeuten, in welchem das Polarsystem H zu derjenigen hyperbolischen Punktinvolution $\mathfrak{h} = \dfrac{e_1,\ -\ e_2}{e_1,\ \quad e_2}$ steht, welche die Punkte e_1 und e_2 zu Doppelpunkten hat, (vgl. die dualistische Entwickelung auf Seite 243). Wegen dieser Beziehung wollen wir im folgenden das Polarsystem H als „*das Polarsystem der hyperbolischen Punktinvolution* $\mathfrak{h}$" bezeichnen.

Auch hier kann man hinzufügen, daß die Gleichung (71) eine Verallgemeinerung zuläßt, indem sich ganz entsprechend ein beliebiges Punktpaar r, s durch eine Gleichung von der Form

$$(73) \qquad\qquad [Ur][Us] = 0$$

darstellen läßt.

Die Gleichung eines doppeltzählenden Punktes und der Bruch für das zugehörige zweifach entartende Polarsystem zweiter Klasse. Man kann aber aus der Gleichung (68) auch die Gleichung eines doppeltzählenden Punktes ableiten, wenn man in der Gleichung (68) anstatt der Konstanten $\mathfrak{A}_{33}$ die Konstante $\mathfrak{A}_{12} = 0$ setzt und etwa $\mathfrak{A}_{33} = 1$ annimmt. Dadurch reduziert sich dann diese Gleichung auf

$$(74) \qquad\qquad \mathfrak{u}_3^2 = 0,$$

für die man auch schreiben kann:

$$(75) \qquad\qquad [Ue_3]^2 = 0.$$

Jede von diesen beiden Gleichungen stellt aber den doppelt zählenden Punkt e_3 dar. Zugleich verwandelt sich der Ausdruck (69) für das zugehörige Polarsystem in:

$$(76) \qquad\qquad D = \frac{0,\ 0,\ e_3}{E_1,\ E_2,\ E_3}.$$

Man hat also den Satz:

Satz 461: Die Gleichung für die doppeltzählende Ecke e_3 des Fundamentaldreiecks lautet:

$$(74) \qquad\qquad \mathfrak{u}_3^2 = 0 \quad \text{oder}$$

$$(75) \qquad\qquad [Ue_3]^2 = 0;$$

und der Bruch für das zweifach entartende Polarsystem, dessen

Polarkurve dieser doppeltzählende Punkt ist, besitzt die Form:

$$(76) \qquad D = \frac{0, \quad 0, \quad e_3}{E_1, \; E_2, \; E_3}.$$

*Die Schnittpunkte einer Kurve zweiter Ordnung mit einer Geraden.
Bedingung ihrer Reellität.* Um ferner *die Bedingung zu finden, unter der
die unendlich ferne Gerade die Kurve zweiter Ordnung* $[x \cdot xp] = 0$ *berührt
und andererseits in zwei reellen oder imaginären Punkten schneidet,* frage
man zuerst allgemein nach den Schnittpunkten einer beliebigen Geraden

$$(77) \qquad U = [yz]$$

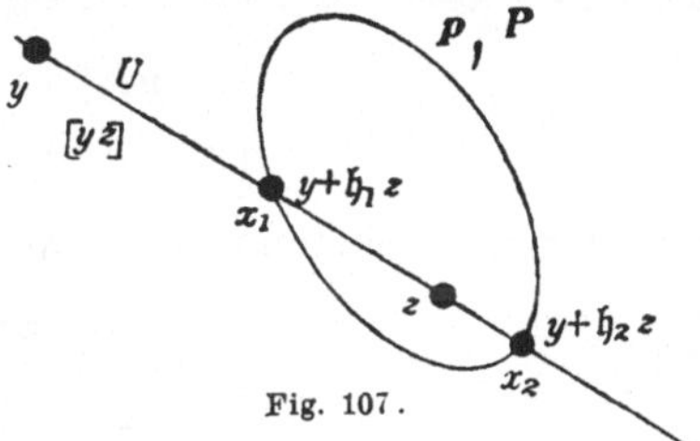

Fig. 107.

mit der Kurve $[x \cdot xp] = 0$ (vgl. Fig. 107).
Es ergab sich bereits oben in der Glei-
chung (93) des 31. Abschnitts für die
Parameter $\mathfrak{h}_1$ und $\mathfrak{h}_2$ dieser Schnittpunkte

$$x_1 = y + \mathfrak{h}_1 z \quad \text{und} \quad x_2 = y + \mathfrak{h}_2 z$$

die quadratische Gleichung

$$(78) \qquad [y \cdot yp] + 2\,\mathfrak{h}[z \cdot yp] + \mathfrak{h}^2[z \cdot zp] = 0,$$

aus der, falls $[z \cdot zp] \neq 0$ ist, für die beiden Parameter $\mathfrak{h}_1$ und $\mathfrak{h}_2$ die
Werte folgen:

$$(79) \qquad \begin{Bmatrix} \mathfrak{h}_1 \\ \mathfrak{h}_2 \end{Bmatrix} = \frac{-[z \cdot yp] \pm \sqrt{[z \cdot yp]^2 - [y \cdot yp][z \cdot zp]}}{[z \cdot zp]}.$$

Hier entscheidet das Vorzeichen des Radikandus über die Reellität der
beiden Parameter $\mathfrak{h}_1$ und $\mathfrak{h}_2$ und damit zugleich über die Reellität der
Schnittpunkte der Geraden U mit der Kurve $[x \cdot xp] = 0$. Dieser Radikandus enthält aber noch die beiden zur Festlegung der Geraden des
Stabes U benutzten Punkte y und z, während doch die Reellität dieser
Schnittpunkte nur von der *Lage der Geraden* des Stabes U abhängen
kann, aber von *der Lage der Punkte* y und z auf dieser Geraden unabhängig sein muß. Man suche daher jenen Radikandus als bloße Funktion
des Stabes U darzustellen. Dazu schreibe man den negativ genommenen
Radikandus — man nennt ihn die Diskriminante der Gleichung (78) —
unter Anwendung des Determinantensymbols und berücksichtige dabei die
erste Grundgleichung des Polarsystems (Gleichung (61) des 31. Abschnitts),
so erhält man für die Diskriminante der Gleichung (78) die Darstellung

$$(80) \qquad [y \cdot yp][z \cdot zp] - [z \cdot yp]^2 = \begin{vmatrix} [y \cdot yp] & [z \cdot yp] \\ [y \cdot zp] & [z \cdot zp] \end{vmatrix},$$

in der die Produkte yp und zp Stäbe sind. Die Diskriminante besitzt
daher die Form

$$\begin{vmatrix} [yV] & [zV] \\ [yW] & [zW] \end{vmatrix}.$$

Dabei sind wie bisher überall durch die kleinen lateinischen Buchstaben Punkte, durch die großen Stäbe bezeichnet. Die Diskriminante läßt sich also nach dem Multiplikationssatz für die zweifaktorigen planimetrischen Produkte (Satz 25) umformen. Nach diesem ist

$$(81) \qquad \begin{vmatrix} [yV] & [zV] \\ [yW] & [zW] \end{vmatrix} = [yz \cdot VW].$$

Es wird somit die Diskriminante

$$(82) \qquad \begin{vmatrix} [y \cdot yp] & [z \cdot yp] \\ [y \cdot zp] & [z \cdot zp] \end{vmatrix} = [yz \cdot yp \ zp]$$

oder wegen Gleichung (39) des 31. Abschnitts

$$(83) \qquad \begin{vmatrix} [y \cdot yp] & [z \cdot yp] \\ [y \cdot zp] & [z \cdot zp] \end{vmatrix} = [yz \cdot yz \ P],$$

oder wenn man endlich für das Produkt $[yz]$ seinen Wert U aus (77) einführt:

$$(84) \qquad \begin{vmatrix} [y \cdot yp] & [z \cdot yp] \\ [y \cdot zp] & [z \cdot zp] \end{vmatrix} = [U \cdot UP].$$

Damit ist wirklich die Diskriminante der Gleichung (78) als bloße Funktion des Stabes U dargestellt, und man erhält den Satz:

Satz 462: Die Diskriminante der quadratischen Gleichung (78), das heißt der negativ genommene Radikandus in den Ausdrücken (79) für die Parameter $\mathfrak{h}_1$ und $\mathfrak{h}_2$ der beiden Schnittpunkte $y + \mathfrak{h}_1 z$ und $y + \mathfrak{h}_2 z$ der Geraden $U = [yz]$ mit der Kurve zweiter Ordnung $[x \cdot xp] = 0$, ist gleich der quadratischen Form $[U \cdot UP]$, in der P den zu p adjungierten Bruch bezeichnet.

Die gesuchte Bedingung für die Reellität dieser Schnittpunkte lautet daher:

Satz 463: Je nachdem der Ausdruck

$$[U \cdot UP]$$

negativ   null   oder positiv

ist, wird die Kurve $[x \cdot xp] = 0$ von der Geraden U in

zwei getrennten   zwei zusammenfallenden   oder zwei konjugiert
    reellen,   reellen   komplexen

Punkten geschnitten, vorausgesetzt, daß unter P der zu p adjungierte Bruch verstanden wird.

Die Schnittpunkte einer Kurve zweiter Ordnung mit der unendlich fernen Geraden: Hyperbel, Parabel, Ellipse. Nun nennt man eine nicht zerfallende Kurve zweiter Ordnung eine

  Hyperbel,   Parabel   oder Ellipse,

je nachdem sie mit der unendlich fernen Geraden J

zwei getrennte zwei zusammenfallende oder zwei konjugiert
  reelle,   reelle   komplexe

Punkte gemein hat. Man erhält also für diese drei Kurven das folgende analytische Kriterium:

Satz 464: **Eine Kurve zweiter Ordnung $[x \cdot xp] = 0$, für die das planimetrische Produkt $\mathfrak{a} = [A_1 A_2 A_3]$ der Zähler von p nicht verschwindet, ist eine**

  Hyperbel,   **Parabel**   **oder Ellipse**
je nachdem der Ausdruck

$$[J \cdot J\boldsymbol{P}]$$

  negativ,   **null**   **oder positiv**

ist, vorausgesetzt, daß $\boldsymbol{P}$ den zu p adjungierten Bruch und J einen Stab der unendlich fernen Geraden bezeichnet.

Übrigens läßt sich der Ausdruck $[J \cdot J\boldsymbol{P}]$, von dessen Beschaffenheit der Charakter der Kurve $[x \cdot xp] = 0$ abhängt, auch leicht durch die Koeffizienten der Kurve darstellen, wenn man für J die Summe

$$(85) \qquad J = \mathfrak{m}_1 E_1 + \mathfrak{m}_2 E_2 + \mathfrak{m}_3 E_3$$

aus Gleichung (24) des 25. Abschnitts einführt. Dann ergibt sich wegen (12) die Darstellung

$$(86) \quad [J \cdot J\boldsymbol{P}] = \mathfrak{A}_{11} \mathfrak{m}_1^2 + \mathfrak{A}_{22} \mathfrak{m}_2^2 + \mathfrak{A}_{33} \mathfrak{m}_3^2 + 2\mathfrak{A}_{23} \mathfrak{m}_2 \mathfrak{m}_3 + 2\mathfrak{A}_{31} \mathfrak{m}_3 \mathfrak{m}_1 + 2\mathfrak{A}_{12} \mathfrak{m}_1 \mathfrak{m}_2,$$

in der wie bisher die $\mathfrak{A}_{ik}$ die Unterdeterminanten der Determinante

$$\mathfrak{a} = |\mathfrak{a}_{ik}|$$

bedeuten.

Die reelle und die imaginäre Ellipse. Um beim Falle der Ellipse auch noch die Unterfälle der reellen und imaginären Ellipse von einander trennen zu können, schicken wir zunächst einen Hülfssatz voraus, der sich allgemein auf eine Gerade $U = [yz]$ bezieht, die von einer Kurve zweiter Ordnung $[x \cdot xp] = 0$ in zwei konjugiert komplexen Punkten geschnitten wird, für die also nach Satz 463 die Ungleichung besteht:

$$(87) \qquad [U \cdot U\boldsymbol{P}] > 0.$$

Schreibt man in diesem Falle die obige Gleichung

$$(84) \qquad [y \cdot yp][z \cdot zp] - [y \cdot zp]^2 = [U \cdot U\boldsymbol{P}]$$

in der Form:

$$(88) \qquad [y \cdot yp][z \cdot zp] = [U \cdot UP] + [y \cdot zp]^2,$$

so sieht man, daß für

$$^{\flat}U = [yz]$$

die Ungleichung (87) die weitere Ungleichung nach sich zieht:

$$(89) \qquad [y \cdot yp][z \cdot zp] > 0,$$

aus der wiederum folgt, daß die beiden Größen $[y \cdot yp]$ und $[z \cdot zp]$ dasselbe Vorzeichen haben müssen. Und da dies Ergebnis für jeden Stab U der betrachteten Geraden, das heißt für je zwei Punkte y und z, gilt, die auf dieser Geraden liegen, so hat man den Satz:

Satz 465: Wird eine Gerade von einer Kurve zweiter Ordnung nicht in reellen Punkten geschnitten, so hat für alle Punkte y dieser Geraden die quadratische Form $[y \cdot yp]$ dasselbe Vorzeichen.

Nun unterscheidet man bei einer Ellipse, das heißt bei einer nicht zerfallenden Kurve zweiter Ordnung $[x \cdot xp] = 0$, die von der unendlich fernen Geraden in zwei konjugiert komplexen Punkten geschnitten wird, für die also die Ungleichung

$$(90) \qquad [J \cdot JP] > 0$$

besteht, den Unterfall der reellen Ellipse, bei der es in der Ebene auch gerade Linien gibt, die von der Kurve in zwei getrennten reellen Punkten getroffen werden, und den Unterfall der imaginären Ellipse, wo die Kurve überhaupt keinen reellen Punkt besitzt, wo also sämtliche Geraden der Ebene mit der Kurve zwei konjugiert komplexe Punkte gemein haben.

Um das analytische Merkmal des letzteren Unterfalls zu finden, genügt es, die Bedingung dafür aufzustellen, daß eine Kurve zweiter Ordnung $[x \cdot xp] = 0$ *von sämtlichen Geraden eines beliebigen Strahlbüschels* in zwei konjugiert komplexen Punkten geschnitten wird. Denn da die Geraden eines Strahlbüschels die Ebene vollständig überdecken, so kann alsdann die Kurve überhaupt keine reellen Punkte enthalten.

Zum Scheitel dieses Strahlbüschels wähle man den Pol der unendlich fernen Geraden in bezug auf das Polarsystem p, den sogenannten „Mittelpunkt des Polarsystems p"[1]) (oder seiner Polkurve). Dann werden die Geraden des Strahlbüschels „Durchmesser des Polarsystems p", und man wird die Ausdrücke für diese Durchmesser erhalten, wenn man zu den Punkten der unendlich fernen Geraden die Polaren in bezug auf das Polarsystem p bestimmt. Ist g ein solcher Punkt der unendlich fernen Geraden, so ist gp der Ausdruck für seine Polare hinsichtlich des Polar-

---

1) Diese Bezeichnung wird weiter unten ihre Rechtfertigung finden (vgl. S. 280 f.).

systems p, das heißt für den gesuchten Durchmesser des Polarsystems p. Und soll dieser Durchmesser von der Polkurve des Polarsystems in zwei konjugiert komplexen Punkten geschnitten werden, so muß nach dem Satze 463 der Ausdruck

$$(\dagger) \qquad\qquad [gp \cdot gp\,P] > 0$$

sein. Nun ist aber nach der Gleichung (56) des 31. Abschnitts das Produkt

$$gp\,P = \mathfrak{a}g;$$

die Ungleichung $(\dagger)$ verwandelt sich daher in:

$$[gp \cdot \mathfrak{a}g] > 0$$

oder in:

$$(91) \qquad\qquad \mathfrak{a}[g \cdot gp] > 0.$$

Wenn aber diese Ungleichung (91) zugleich mit der Ungleichung

$$(90) \qquad\qquad [J \cdot J\,P] > 0$$

für *irgend einen* Punkt g der unendlich fernen Geraden J, oder was dasselbe ist, für irgend eine Strecke g der Ebene besteht, so gilt sie nach dem Satze 465 auch allgemein für *jeden* Punkt der unendlich fernen Geraden, das heißt für jede Strecke der Ebene.

Sobald also neben der Ungleichung

$$(90) \qquad\qquad [J \cdot J\,P] > 0$$

noch die Ungleichung

$$(91) \qquad\qquad \mathfrak{a}[g \cdot gp] > 0$$

für irgend einen Punkt g der unendlich fernen Geraden erfüllt ist, so werden alle Durchmesser des Polarsystems p von der Kurve $[x \cdot xp] = 0$ in zwei konjugiert komplexen Punkten geschnitten. Die Kurve enthält daher überhaupt keinen reellen Punkt und ist somit nach der obigen Erklärung eine **imaginäre Ellipse**.

Besteht andererseits neben der Ungleichung

$$(90) \qquad\qquad [J \cdot J\,P] > 0$$

noch die Ungleichung

$$(92) \qquad\qquad \mathfrak{a}[g \cdot gp] < 0$$

für irgend einen Punkt g der unendlich fernen Geraden J, so gilt diese Ungleichung nach Satz 465 auch allgemein für jeden Punkt der unendlich fernen Geraden. Nun läßt sich aber die linke Seite der Ungleichung (92) unter Anwendung der Umkehrung des obigen Verfahrens in die linke Seite der Ungleichung $(\dagger)$ zurückverwandeln, und es besteht daher für jeden Durchmesser gp des Polarsystems p die mit (92) gleichbedeutende Ungleichung

$$(\dagger\dagger) \qquad\qquad [gp \cdot gp\,P] < 0.$$

Diese aber besagt nach Satz 463, daß die sämtlichen Durchmesser des Polarsystems p dessen Polkurve in zwei getrennten reellen Punkten schneiden. Die Kurve, die in diesem Falle nach der obigen Erklärung eine **reelle Ellipse** heißt, umschließt also jetzt den Mittelpunkt des Polarsystems vollständig.

Diese Ergebnisse lassen sich in dem folgenden Satze zusammenfassen:

Satz 466: Genügt ein Polarsystem p, P den Ungleichungen

$$(90) \qquad [J \cdot JP] > 0 \qquad \text{und} \qquad (91) \quad \mathfrak{a}[g \cdot gp] > 0,$$

in denen J einen Stab und g einen Punkt der unendlich fernen Geraden bezeichnet, so stellt die Gleichung $[x \cdot xp] = 0$ eine *imaginäre Ellipse* dar.

Bestehen dagegen für ein Polarsystem p, P die Ungleichungen

$$(90) \qquad [J \cdot JP] > 0 \qquad \text{und} \qquad (92) \quad \mathfrak{a}[g \cdot gp] < 0$$

so ist die Kurve $[x \cdot xp] = 0$ eine *reelle Ellipse*. Sie wird von jeder durch den Mittelpunkt des Polarsystems gehenden Geraden in zwei getrennten reellen Punkten geschnitten.

Hülfssätze über die Hauptunterdeterminanten einer symmetrischen Determinante dritten Grades. Es sei

$$(93) \qquad \mathfrak{a} = |\mathfrak{a}_{ik}|, \quad i, k = 1, 2, 3,$$

eine symmetrische Determinante dritten Grades; ihre Unterdeterminanten seien mit $\mathfrak{A}_{ik}$ bezeichnet. Es sollen dann einige Sätze entwickelt werden, die sich auf die „Hauptunterdeterminanten" $\mathfrak{A}_{ii}$ der Determinante $\mathfrak{a}$ beziehen [1]).

Sind i, k, l die Zahlen 1, 2, 3 in irgend einer Reihenfolge, so wird für jede symmetrische Determinante dritten Grades (93), mag sie verschwinden oder nicht,

$$(94) \qquad \mathfrak{A}_{ll} = \mathfrak{a}_{ii}\mathfrak{a}_{kk} - \mathfrak{a}_{ik}^2$$
$$(95) \qquad \mathfrak{a}\,\mathfrak{a}_{ll} = \mathfrak{A}_{ii}\mathfrak{A}_{kk} - \mathfrak{A}_{ik}^2, \qquad \text{und} \quad \begin{cases} i, k, l = 1, 2, 3, \\ i \neq k, \ k \neq l, \ i \neq l. \end{cases}$$

In der Tat folgen die Gleichungen (94) direkt aus dem Begriff der Unterdeterminanten; die Gleichungen (95) aber ergeben sich, wenn man die Hauptunterdeterminanten $\overline{\mathfrak{a}_{ll}}$ der adjungierten Determinante $|\mathfrak{A}_{ik}|, i, k = 1, 2, 3$, bildet und die Gleichungen (34) des 31. Abschnitts anwendet.

Ist jetzt insbesondere

$$(96) \qquad \mathfrak{a} = 0,$$

und sind ferner alle Elemente $\mathfrak{a}_{ik}$ der Determinante $\mathfrak{a}$ *reell*, so folgt aus den Gleichungen (95), daß je zwei Hauptunterdeterminanten $\mathfrak{A}_{ii}$ und $\mathfrak{A}_{kk}$,

---

1) Vgl. zum Folgenden: Heffter und Köhler, Lehrbuch der analytischen Geometrie, Bd. 1, Leipzig und Berlin, 1905, S. 281 f.

so fern sie nicht null sind, dasselbe Vorzeichen haben; denn unter der Voraussetzung (96) reduzieren sich die Gleichungen (95) auf die Form:

$$(97) \qquad \mathfrak{A}_{ii}\mathfrak{A}_{kk} = \mathfrak{A}_{ik}^2, \quad i,\, k = 1,\, 2,\, 3, \quad i \neq k,$$

welche zeigt, daß das Produkt der Hauptunterdeterminanten $\mathfrak{A}_{ii}$ und $\mathfrak{A}_{kk}$ dem Quadrat der reellen Größe $\mathfrak{A}_{ik}$ gleich ist, und man hat den Satz:

Satz 467: Bei einer verschwindenden symmetrischen Determinante dritten Grades $|\mathfrak{a}_{ik}|$ mit reellen Elementen haben alle nicht verschwindenden Hauptunterdeterminanten $\mathfrak{A}_{ii}$ dasselbe Vorzeichen.

Ferner liest man aus den Gleichungen (97) noch den weiteren Satz ab:

Satz 468: Sind bei einer verschwindenden symmetrischen Determinante dritten Grades $|\mathfrak{a}_{ik}|$ *mindestens zwei* von den drei Hauptdeterminanten $\mathfrak{A}_{ii}$ gleich Null, so verschwinden auch alle Unterdeterminanten $\mathfrak{A}_{ik}$, deren Indizes von einander verschieden sind.

Übrigens liefern in dem Falle, wo *alle drei* Hauptunterdeterminanten $\mathfrak{A}_{ii}$ verschwinden, wo also die drei Gleichungen bestehen:

$$(98) \qquad \mathfrak{A}_{ii} = 0, \quad i = 1,\, 2,\, 3,$$

auch die Gleichungen (94) zwei Sätze, die den Sätzen 467 und 468 ganz analog sind. Denn unter der Voraussetzung (98) nehmen die Gleichungen (94) die Form an:

$$(99) \qquad \mathfrak{a}_{ii}\mathfrak{a}_{kk} = \mathfrak{a}_{ik}^2, \quad i,\, k = 1,\, 2,\, 3, \quad i \neq k.$$

Diese aber zeigen, falls wieder die Elemente der Determinante $|\mathfrak{a}_{ik}|$ als reell vorausgesetzt werden, daß alle ihre nicht verschwindenden „Hauptelemente" $\mathfrak{a}_{ii}$ dasselbe Vorzeichen haben, und man hat den Satz:

Satz 469: Sind bei einer symmetrischen Determinante dritten Grades $|\mathfrak{a}_{ik}|$ mit reellen Elementen alle drei Hauptunterdeterminanten $\mathfrak{A}_{ii}$ gleich Null, so haben alle nicht verschwindenden Hauptelemente dasselbe Vorzeichen.

Andererseits folgt aus der Gleichung (99) der Satz:

Satz 470: Sind bei einer symmetrischen Determinante dritten Grades $\mathfrak{a} = |\mathfrak{a}_{ik}|$ alle Hauptunterdeterminanten $\mathfrak{A}_{ii}$ und außerdem mindestens zwei Hauptelemente $\mathfrak{a}_{ii}$ gleich Null, so verschwinden auch alle diejenigen Elemente $\mathfrak{a}_{ik}$ der Determinante $\mathfrak{a}$, für die $i \neq k$ ist.

Die Scheidung zwischen einem reellen und einem konjugiert komplexen Linienpaar. Die oben entwickelten Sätze über die Hauptunterdeterminanten einer verschwindenden symmetrischen Determinante dritten Grades sind von Nutzen, wenn es sich darum handelt, zu entscheiden, ob ein

Linienpaar, das die Polkurve eines Polarsystems zweiter Ordnung bildet, reell oder konjugiert komplex ist, eine Frage, die bisher nur in zwei besonderen Fällen erledigt ist, bei denen die Gleichung des Linienpaars auf ein spezielles Fundamentaldreieck bezogen war (vgl. Seite 239 und Seite 242 f.).

Man gehe von dem in Satz 463 gegebenen Kriterium für die Reellität der Schnittpunkte einer Geraden mit einer Kurve zweiter Ordnung aus. Nach diesem wird die Polkurve eines Polarsystems zweiter Ordnung p von einer Geraden U in

zwei getrennten	zwei zusammenfallenden	oder zwei konjugiert
reellen,	reellen	komplexen

Punkten geschnitten, je nachdem der Ausdruck $[U \cdot UP]$

negativ,	null	oder positiv

ist. Dieses Kriterium wende man auf ein Linienpaar an, das die Polkurve eines einfach entartenden Polarsystems zweiter Ordnung

$$(100) \qquad p = \frac{A_1, \ A_2, \ A_3}{e_1, \ e_2, \ e_3}$$

darstellt. Für ein solches Polarsystem ist nach Satz 429

$$(101) \qquad [p^3] = 0 \qquad \text{und} \qquad (102) \qquad [p^2] \neq 0.$$

Um über die Reellität der Geraden dieses Linienpaars Aufschluß zu erhalten, frage man nach seinen Schnittpunkten mit den drei Seiten E_1, E_2, E_3 des Fundamentaldreiecks. Dazu hat man die Werte der drei Produkte

$$[E_1 \cdot E_1 P], \ [E_2 \cdot E_2 P], \ [E_3 \cdot E_3 P]$$

zu prüfen. Es ist

$$(103) \qquad \begin{cases} [E_1 \cdot E_1 P] = [E_1 a_1] = \mathfrak{A}_{11} \\ [E_2 \cdot E_2 P] = [E_2 a_2] = \mathfrak{A}_{22} \\ [E_3 \cdot E_3 P] = [E_3 a_3] = \mathfrak{A}_{33}. \end{cases}$$

Hier sind die drei Größen $\mathfrak{A}_{ii}$, $i = 1, 2, 3$, die Hauptunterdeterminanten der Determinante dritten Grades $\mathfrak{a} = |a_{ik}|$, und diese ist nach den Bedingungsgleichungen des Polarsystems (vgl. die Gleichungen (50) des 31. Abschnitts) symmetrisch und verschwindet wegen (101). Es läßt sich daher auf sie der Satz 468 anwenden, nach welchem schon das Nullwerden *zweier* Hauptunterdeterminanten $\mathfrak{A}_{ii}$ das Verschwinden aller Unterdeterminanten $\mathfrak{A}_{ik}$ mit ungleichen Indizes i, k nach sich zieht, das gleichzeitige Verschwinden *aller drei* Hauptunterdeterminanten $\mathfrak{A}_{ii}$ also das Verschwinden *sämtlicher* Unterdeterminanten $\mathfrak{A}_{ik}$, i, $k = 1, 2, 3$, zur Folge haben würde. Ein solches aber ist in dem vorliegenden Falle ausgeschlossen, da die $\mathfrak{A}_{ik}$ zugleich die Ableitzahlen der Zähler des zu p adjungierten Bruches $[p^2]$ bilden, und dieser Bruch nach (102) von Null verschieden ist. Es muß somit notwendig eine von den drei Größen $\mathfrak{A}_{ii}$ entweder < 0 oder > 0 sein[1]).

Nach dem Satze 467 haben nun aber weiter alle nicht verschwindenden Hauptunterdeterminanten $\mathfrak{A}_{ii}$ dasselbe Vorzeichen, folglich hat auch eine jede nicht verschwindende Größe $\mathfrak{A}_{ii}$ dasselbe Vorzeichen wie die Größe

$$\sum_{1}^{3}{}^{i} \mathfrak{A}_{ii}.$$

Man kann daher das Kriterium für die Reellität eines Linienpaars folgendermaßen aussprechen:

Satz 471: Ein Linienpaar, das die Polkurve eines einfach entartenden Polarsystems zweiter Ordnung

$$p = \frac{A_1,\; A_2,\; A_3}{e_1,\; e_2,\; e_3}, \qquad A_i = \mathfrak{a}_{i1}E_1 + \mathfrak{a}_{i2}E_2 + \mathfrak{a}_{i3}E_3, \qquad i = 1, 2, 3,$$

bildet, besteht aus

zwei verschiedenen reellen oder aus zwei konjugiert komplexen
Geraden,
je nachdem

$$\sum_{1}^{3}{}^{i} \mathfrak{A}_{ii} < 0 \qquad\qquad \text{oder} \qquad\qquad \sum_{1}^{3}{}^{i} \mathfrak{A}_{ii} > 0$$

ist, vorausgesetzt, daß die $\mathfrak{A}_{ii}$, $i = 1, 2, 3$, die Hauptunterdeterminanten der Determinante $|\mathfrak{a}_{ik}|$ sind.

Die Tangenten von einem Punkte an eine Kurve zweiter Klasse gezogen. Bedingung ihrer Reellität. Der oben benutzten Fragestellung nach der Reellität der Schnittpunkte einer Geraden U mit einer Kurve zweiter Ordnung $[x \cdot xp] = 0$ entspricht dualistisch die Frage, ob sich von einem Punkte x an eine Kurve zweiter Klasse $[U \cdot UP] = 0$

zwei getrennte	zwei zusammen-	oder zwei kongugiert
reelle,	fallende reelle	komplexe

---

1) Die Unmöglichkeit des gleichzeitigen Verschwindens aller drei Größen $\mathfrak{A}_{ii}$ kann man sich übrigens auch durch die folgenden mehr geometrischen Schlüsse klar machen: Mit Rücksicht auf die Gleichungen (103) würde das Verschwinden aller drei Größen $\mathfrak{A}_{ii}$ besagen (vgl. Satz 456), daß die Geraden der drei Stäbe E_1, E_2, E_3 der Polarkurve

$$[U \cdot UP] = 0$$

des zu p adjungierten Polarsystems P angehören. Dies ist aber unmöglich, da die Geraden jener drei Stäbe ein eigentliches Dreieck bilden, und diese Polarkurve nach dem Satze 423 in einen doppeltzählenden Punkt, den Doppelpunkt des Linienpaars

$$[x \cdot xp] = 0$$

zusammengeschrumpft ist.

Tangenten legen lassen, oder, wie wir wenigstens bei einer reellen Kurve in diesen drei Fällen sagen wollen, ob der Punkt x

außerhalb,   auf   oder innerhalb

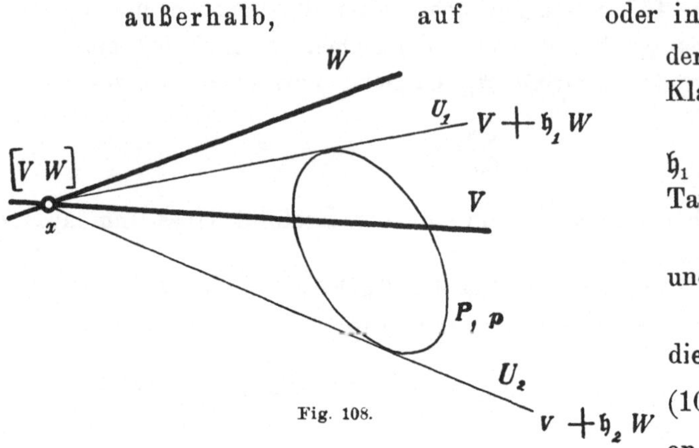

Fig. 108.

der Kurve zweiter Klasse liegt.

Für die Parameter $\mathfrak{h}_1$ und $\mathfrak{h}_2$ der beiden Tangenten

$$U_1 = V + \mathfrak{h}_1 W$$
und
$$U_2 = V + \mathfrak{h}_2 W,$$

die sich vom Punkte

$$(104) \quad x = [VW]$$

an die Kurve zweiter Klasse $[U \cdot UP] = 0$ legen lassen (vgl. Fig. 108), ergab sich in Gleichung (123) des 31. Abschnitts die in $\mathfrak{h}$ quadratische Gleichung

$$(105) \qquad [V \cdot VP] + 2\mathfrak{h}[W \cdot VP] + \mathfrak{h}^2[W \cdot WP] = 0,$$

aus der, falls $[W \cdot WP] \neq 0$ ist, für $\mathfrak{h}$ die Werte folgen

$$(106) \qquad \begin{Bmatrix} \mathfrak{h}_1 \\ \mathfrak{h}_2 \end{Bmatrix} = \frac{-[W \cdot VP] \pm \sqrt{[W \cdot VP]^2 - [V \cdot VP][W \cdot WP]}}{[W \cdot WP]}.$$

Das Vorzeichen des Radikandus entscheidet hier wieder über die Reellität der beiden Parameter $\mathfrak{h}_1$ und $\mathfrak{h}_2$ und damit zugleich über die Reellität der beiden Tangenten, die sich vom Punkte x an die Kurve $[U \cdot UP] = 0$ legen lassen. Dieser Radikandus enthält aber noch die beiden zur Festlegung des Punktes x benutzten Stäbe V und W, während doch die Reellität dieser Tangenten nur von der Lage des Punktes x abhängen kann, aber von der Lage der Geraden V und W in dem Strahlbüschel mit dem Scheitel x unabhängig sein muß. Man suche daher jenen Radikandus als bloße Funktion des Punktes x darzustellen. Dazu schreibe man den negativ genommenen Radikandus, das heißt die Diskriminante der Gleichung (105), unter Anwendung des Determinantensymbols und berücksichtige dabei die zweite Grundgleichung des Polarsystems (Gleichung (118) des 31. Abschnitts), so bekommt man für die Diskriminante der Gleichung (105) die Darstellung

$$(107) \quad [V \cdot VP][W \cdot WP] - [W \cdot VP]^2 = \begin{vmatrix} [V \cdot VP] & [W \cdot VP] \\ [V \cdot WP] & [W \cdot WP] \end{vmatrix}.$$

Hier läßt sich wieder die rechte Seite mittelst des Multiplikationssatzes für die zweifaktorigen planimetrischen Produkte (Satz 26) umformen; denn nach diesem ist

$$(108) \qquad \begin{vmatrix} [Vy] & [Wy] \\ [Vz] & [Wz] \end{vmatrix} = [VW \cdot yz].$$

Also wird die Diskriminante

$$\begin{vmatrix} [V \cdot VP] & [W \cdot VP] \\ [V \cdot WP] & [W \cdot WP] \end{vmatrix} = [VW \cdot VP\,WP]$$

oder wegen der Gleichung (40) des 31. Abschnitts

$$(109) \qquad \begin{vmatrix} [V \cdot VP] & [W \cdot VP] \\ [V \cdot WP] & [W \cdot WP] \end{vmatrix} = \mathfrak{a}[VW \cdot VWp]$$

oder auch wegen der Gleichung (38) desselben Abschnitts

$$(110) \qquad \begin{vmatrix} [V \cdot VP] & [W \cdot VP] \\ [V \cdot WP] & [W \cdot WP] \end{vmatrix} = [VW \cdot VW\overline{p}].$$

Und führt man endlich noch für das Produkt $[VW]$ seinen Wert x aus (104) ein, so erhält man die Gleichung

$$(111) \qquad \begin{vmatrix} [V \cdot VP] & [W \cdot VP] \\ [V \cdot WP] & [W \cdot WP] \end{vmatrix} = [x \cdot xp].$$

Damit ist wirklich die Diskriminante der Gleichung (105) als bloße Funktion des Punktes x dargestellt, und man hat den Satz:

Satz 472: Die Diskriminante der Gleichung (105), daß heißt der negativ genommene Radikandus in den Ausdrücken (106) für die Parameter $\mathfrak{h}_1$ und $\mathfrak{h}_2$ der beiden Tangenten $V + \mathfrak{h}_1 W$ und $V + \mathfrak{h}_2 W$, die man vom Punkte $x = [VW]$ an die Kurve zweiter Klasse $[U \cdot UP] = 0$ legen kann, ist gleich der Form $[x \cdot x\overline{p}]$, in der das Symbol $\overline{p}$ den zu P adjungierten Bruch bezeichnet.

Die gesuchte Bedingung für die Reellität dieser Tangenten lautet daher:

Satz 473: Je nachdem der Ausdruck

$$[x \cdot x\overline{p}]$$

<table>
<tr><td>negativ,</td><td>null</td><td>oder positiv</td></tr>
</table>

ist, lassen sich von dem Punkte x an die Kurve zweiter Klasse $[U \cdot UP] = 0$

<table>
<tr><td>zwei getrennte
reelle,</td><td>zwei zusammen-
fallende reelle</td><td>oder zwei konjugiert
komplexe</td></tr>
</table>

Tangenten legen, vorausgesetzt, daß unter $\overline{p}$ der zu P adjungierte Bruch verstanden wird.

Ist die Kurve zweiter Klasse reell, so kann man dem Ergebnis auch die Fassung geben:

Satz 474: Ein Punkt x liegt

außerhalb, auf oder innerhalb

einer reellen Kurve zweiter Klasse $[U \cdot UP] = 0$, je nachdem der Ausdruck

$$[x \cdot x\bar{p}]$$

negativ, null oder positiv

ist, unter $\bar{p}$ der zu P adjungierte Bruch verstanden.

Bedingung dafür, daß ein Punkt außerhalb, auf oder innerhalb einer nicht zerfallenden Kurve zweiter Ordnung liegt. In dem Falle, wo die Kurve zweiter Klasse nicht zerfällt, wo also nach Satz 418 die Kurve zweiter Klasse $[U \cdot UP] = 0$ mit der Kurve zweiter Ordnung $[x \cdot xp] = 0$ identisch ist, kann man das gewonnene Kriterium auch auf die Kurven zweiter Ordnung übertragen. Mit Rücksicht auf die Gleichung (38) des 31. Abschnitts ist nämlich der Ausdruck

$$(112) \qquad [x \cdot x\bar{p}] = \mathfrak{a}[x \cdot xp].$$

Man hat also den Satz:

Satz 475: Ein Punkt x liegt

außerhalb, auf oder innerhalb

einer nicht zerfallenden reellen Kurve zweiter Ordnung $[x \cdot xp] = 0$, je nachdem das Produkt

$$(113) \qquad \mathfrak{a}[x \cdot xp]$$

negativ, null oder positiv

ist.

Man kann noch hinzufügen (vgl. Satz 473):

Satz 476: Bei einer imaginären Kurve zweiter Ordnung (einer imaginären Ellipse) $[x \cdot xp] = 0$ ist das Produkt

$$\mathfrak{a}[x \cdot xp]$$

für jeden Punkt x der Ebene positiv.

Um ein Beispiel für den Satz 475 zu geben, setze man voraus, es seien in der oben auf Seite 237 betrachteten, auf ein Polardreieck bezogenen Gleichung einer Kurve zweiter Ordnung, das heißt in der Gleichung

$$(114) \qquad \mathfrak{a}_{11}\mathfrak{x}_1^2 + \mathfrak{a}_{22}\mathfrak{x}_2^2 + \mathfrak{a}_{33}\mathfrak{x}_3^2 = 0,$$

die beiden ersten Koeffizienten $\mathfrak{a}_{11}$ und $\mathfrak{a}_{22}$ positiv, der dritte $\mathfrak{a}_{33}$ negativ, so daß also die Ungleichungen erfüllt werden:

$$(115) \qquad \begin{cases} \mathfrak{a}_{11} = [e_1 \cdot e_1 p] > 0 \\ \mathfrak{a}_{22} = [e_2 \cdot e_2 p] > 0 \\ \mathfrak{a}_{33} = [e_3 \cdot e_3 p] < 0. \end{cases}$$

Dann wird die Determinante der Gleichung (114):

$$(116) \qquad \mathfrak{a} = \begin{vmatrix} \mathfrak{a}_{11} & 0 & 0 \\ 0 & \mathfrak{a}_{22} & 0 \\ 0 & 0 & \mathfrak{a}_{33} \end{vmatrix} = \mathfrak{a}_{11}\mathfrak{a}_{22}\mathfrak{a}_{33} < 0,$$

woraus nebenbei folgt, daß die Kurve zweiter Ordnung (114) *nicht zerfallen kann.*

Ferner findet man für die drei Produkte, deren Vorzeichen nach dem Satze 475 darüber Auskunft gibt, ob die Ecken e_1, e_2, e_3 des Fundamentaldreiecks außerhalb oder innerhalb der Kurve zweiter Ordnung liegen, die Ungleichungen

$$(117) \qquad \begin{cases} \mathfrak{a}[e_1 \cdot e_1 p] < 0 \\ \mathfrak{a}[e_2 \cdot e_2 p] < 0 \\ \mathfrak{a}[e_3 \cdot e_3 p] > 0, \end{cases}$$

aus denen nach dem Satze 476 folgt, daß die Kurve (114) *reell* ist,

während der Satz 475 zeigt, daß die Punkte e_1 und e_2 *außerhalb* und der Punkt e_3 *innerhalb* der durch die Gleichung (114) dargestellten Kurve zweiter Ordnung liegt (vgl. Fig. 109). Man hat daher den Satz:

Satz 477: Sind in der Gleichung

$$\mathfrak{a}_{11}\mathfrak{x}_1^2 + \mathfrak{a}_{22}\mathfrak{x}_2^2 + \mathfrak{a}_{33}\mathfrak{x}_3^2 = 0,$$

die eine Kurve zweiter Ordnung in bezug auf ein Polardreieck als Fundamentaldreieck darstellt, die beiden ersten Koeffizienten positiv und der dritte negativ, so ist jene Kurve eine reelle, nicht zerfallende Kurve zweiter Ordnung, und es liegen die beiden ersten Ecken e_1 und e_2 des Fundamentaldreiecks außerhalb, die dritte e_3 innerhalb der Kurve.

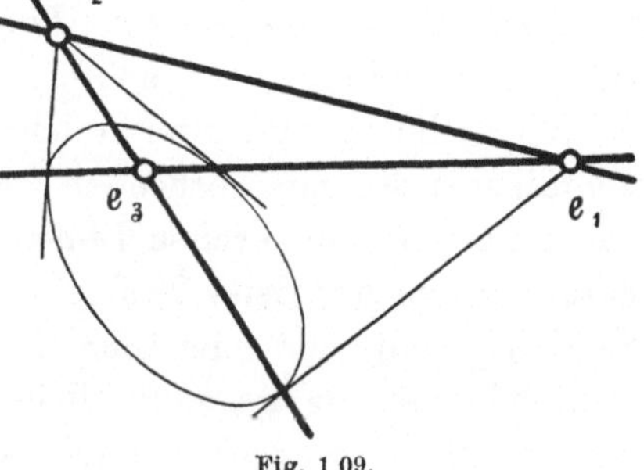

Fig. 109.

Die Scheidung zwischen einem reellen und einem konjugiert komplexen Punktpaar. Dem auf Seite 257 ff. entwickelten Kriterium für die Reellität eines Linienpaars entspricht dualistisch genau das Kriterium für die Reellität eines Punktpaars. Man kann dasselbe aus dem Satze 471 durch eine bloße Buchstabenvertauschung ableiten und erhält so den Satz:

Satz 478: Ein Punktpaar, das die Polarkurve eines einfach entartenden Polarsystems zweiter Klasse

$$P = \frac{a_1, \ a_2, \ a_3}{E_1, \ E_2, \ E_3}, \qquad a_i = \mathfrak{A}_{i,1}e_1 + \mathfrak{A}_{i,2}e_2 + \mathfrak{A}_{i,3}e_3, \qquad i = 1, 2, 3,$$

bildet, besteht aus

zwei getrennten   oder aus zwei konjugiert komplexen
reellen   Punkten,

je nachdem

$$\sum_{1}^{3}{}^{i}\,\overline{a_{ii}} < 0 \qquad \text{oder} \qquad \sum_{1}^{3}{}^{i}\,\overline{a_{ii}} > 0$$

ist, vorausgesetzt, daß die $\overline{a_{ii}}$, $i = 1, 2, 3$, die Hauptunterdeterminanten der Determinante $|\mathfrak{A}_{ik}|$ sind.

Abschnitt 34.

Die Gleichungen der Kurven zweiter Ordnung und zweiter Klasse in Cartesischen Punktkoordinaten und Hesseschen Linienkoordinaten.

Die allgemeine Gleichung zweiten Grades in Cartesischen Punktkoordinaten und Hesseschen Linienkoordinaten. Es bietet nicht die geringsten Schwierigkeiten, aus den in dem vorigen Abschnitt für eine Kurve zweiter Ordnung und zweiter Klasse abgeleiteten Gleichungen in Dreieckskoordinaten die entsprechenden Gleichungen in Cartesischen Punktkoordinaten und in Hesseschen Linienkoordinaten zu entwickeln. Man braucht dazu nur wie auf Seite 28 ff. eine Seite des Fundamentaldreiecks, etwa die Seite E_3, mit der unendlich fernen Geraden zusammenfallen zu lassen, während man die gegenüberliegende Ecke e_3 irgendwo im Endlichen annimmt und zum Anfangspunkt des Cartesischen und des Hesseschen Koordinatensystems macht, die von ihm ausgehenden Seiten des Fundamentaldreiecks aber zu Achsen dieses Koordinatensystems.

Verfügt man dabei über die Masse des Anfangspunktes e_3 und über die Länge und den Sinn der Strecken e_1 und e_2, welche die unendlich fernen Ecken des Fundamentaldreiecks vertreten, in der auf Seite 29 ff. angegebenen Art, so gehen nach Satz 296 die Brüche $\frac{\mathfrak{x}_1}{\mathfrak{x}_3}$ und $\frac{\mathfrak{x}_2}{\mathfrak{x}_3}$ in die Cartesischen Koordinaten $\mathfrak{x}$ und $\mathfrak{y}$ in bezug auf die Koordinatenachsen $[e_3 e_1]$ und $[e_3 e_2]$ über und die Brüche $\frac{\mathfrak{u}_1}{\mathfrak{u}_3}$ und $\frac{\mathfrak{u}_2}{\mathfrak{u}_3}$ in die Hesseschen Linienkoordinaten in bezug auf dieselben Achsen.

Dividiert man also die in den Gleichungen (6) ff. des vorigen Abschnitts für die Kurven zweiter Ordnung und zweiter Klasse entwickelten Gleichungsformen beziehlich mit $\mathfrak{x}_3^2$ und $\mathfrak{u}_3^2$ und setzt in den entstehenden Gleichungen

$$(1) \qquad \frac{\mathfrak{x}_1}{\mathfrak{x}_3} = \mathfrak{x}, \quad \frac{\mathfrak{x}_2}{\mathfrak{x}_3} = \mathfrak{y}, \qquad \frac{\mathfrak{u}_1}{\mathfrak{u}_3} = \mathfrak{u}, \quad \frac{\mathfrak{u}_2}{\mathfrak{u}_3} = \mathfrak{v},$$

so bekommt man die gewünschten Gleichungen in Cartesischen Punktkoordinaten und in Hesseschen Linienkoordinaten.

Wendet man diese Umformung auf die Gleichungen (6) und (12) des vorigen Abschnitts an, so ergeben sich die Sätze:

Satz 479: Die Gleichung einer beliebigen Kurve zweiter Ordnung dargestellt in Cartesischen Punktkoordinaten $\mathfrak{x}$, $\mathfrak{y}$ und bezogen auf ein schiefwinkliges oder rechtwinkliges Koordinatensystem lautet:

$$(2) \qquad a_{11}\mathfrak{x}^2 + 2a_{12}\mathfrak{x}\mathfrak{y} + a_{22}\mathfrak{y}^2 + 2a_{13}\mathfrak{x} + 2a_{23}\mathfrak{y} + a_{33} = 0.$$

Und:

Satz 480: Die Gleichung einer beliebigen Kurve zweiter Klasse dargestellt in Hesseschen Linienkoordinaten $\mathfrak{u}$, $\mathfrak{v}$ und bezogen auf ein schiefwinkliges oder rechtwinkliges Koordinatensystem lautet:

$$(3) \qquad \mathfrak{A}_{11}\mathfrak{u}^2 + 2\mathfrak{A}_{12}\mathfrak{u}\mathfrak{v} + \mathfrak{A}_{22}\mathfrak{v}^2 + 2\mathfrak{A}_{13}\mathfrak{u} + 2\mathfrak{A}_{23}\mathfrak{v} + \mathfrak{A}_{33} = 0.$$

Die Mittelpunktsgleichung einer Kurve zweiter Ordnung und zweiter Klasse. Wie bei einem beliebigen Fundamentaldreieck, so nehmen auch bei unserm speziellen Koordinatendreieck die allgemeinen Gleichungen (2) und (3) der Kurve zweiter Ordnung und zweiter Klasse eine einfachere Gestalt an, wenn eine Ecke des Dreiecks der Pol ihrer Gegenseite in bezug auf die Kurve ist.

Um zu diesen einfacheren Gleichungsformen zu gelangen, setzen wir voraus, die im Endlichen liegende Ecke e_0 des Fundamentaldreiecks sei der Pol ihrer Gegenseite, das heißt der Pol der unendlich fernen Geraden in bezug auf die Kurve. Derselbe wurde schon oben (vgl. Seite 254) als „Mittelpunkt des Polarsystems" bezeichnet. Da nämlich nach Satz 404 in einem Polarsystem zweiter Ordnung der Pol der unendlich fernen Geraden durch die *Polkurve* von der unendlich fernen Geraden harmonisch getrennt wird, so *halbiert er jede durch ihn hindurchgehende Sehne der Polkurve.* Und da andererseits nach Satz 412 der Pol der unendlich fernen Geraden hinsichtlich eines Polarsystems zweiter Klasse durch dessen *Polarkurve* von der unendlich fernen Geraden harmonisch getrennt wird, so *liegt er auf der Mittelparallele zu je zwei parallelen Tangenten der Polarkurve.*

Aus diesen Gründen wird der Pol der unendlich fernen Geraden in bezug auf ein Polarsystem auch als „Mittelpunkt der Polkurve oder der Polarkurve" oder endlich auch wie oben als „der Mittelpunkt des Polarsystems" bezeichnet. Ferner heißt jede durch den Mittelpunkt gehende Gerade ein „Durchmesser der Polkurve, der Polarkurve oder des Polarsystems".

Verlegt man jetzt den Anfangspunkt e_3 unseres speziellen Koordinatensystems in den Mittelpunkt der Pol- und Polarkurve, so werden die beiden Koordinatenachsen zwei Durchmesser der Kurve. Die zugehörige Kurvengleichung ist also bezogen auf den Mittelpunkt der Kurve als Anfangspunkt und zwei *beliebige* Durchmesser als Koordinatenachsen; sie möge daher als „Mittelpunktsgleichung der Kurve zweiter Ordnung" bezeichnet werden. Mit Rücksicht auf die Sätze 452 und 458 ergibt sich dann der folgende Satz:

Satz 481: **Jede Mittelpunktsgleichung einer Kurve zweiter Ordnung in Cartesischen Koordinaten $\mathfrak{x}$, $\mathfrak{y}$ besitzt die Form**

$$(4) \qquad \mathfrak{a}_{11}\mathfrak{x}^2 + 2\mathfrak{a}_{12}\mathfrak{x}\mathfrak{y} + \mathfrak{a}_{22}\mathfrak{y}^2 + \mathfrak{a}_{33} = 0.$$

Und umgekehrt: Sind $\mathfrak{x}$ und $\mathfrak{y}$ rechtwinklige oder schiefwinklige Cartesische Koordinaten, so stellt eine jede Gleichung von der Form (4) eine Kurve zweiter Ordnung bezogen auf den Mittelpunkt als Anfangspunkt dar. Entsprechend lautet die Mittelpunktsgleichung einer Kurve zweiter Klasse in Hesseschen Linienkoordinaten $\mathfrak{u}$, $\mathfrak{v}$:

$$(5) \qquad \mathfrak{A}_{11}\mathfrak{u}^2 + 2\mathfrak{A}_{12}\mathfrak{u}\mathfrak{v} + \mathfrak{A}_{22}\mathfrak{v}^2 + \mathfrak{A}_{33} = 0,$$

und umgekehrt stellt eine jede Gleichung von der Form (5) eine Kurve zweiter Klasse in Hesseschen Linienkoordinaten dar, bezogen auf ein Kordinatensystem, dessen Anfangspunkt im Mittelpunkt der Kurve liegt.

Dieses Ergebnis läßt sich leicht bestätigen. Denn wenn die Gleichung (4) durch einen Punkt mit den Koordinaten $\mathfrak{x}$, $\mathfrak{y}$ befriedigt wird, so wird sie zugleich auch durch den Punkt mit den Koordinaten $-\mathfrak{x}$ und $-\mathfrak{y}$ erfüllt. Damit ist aber in der Tat gezeigt, daß der Anfangspunkt jede durch ihn gehende Sehne der Kurve (4) halbiert, daß er also der Mittelpunkt der Kurve ist.

Wenn andererseits die Kurve (5) durch die Gerade $\mathfrak{u}$, $\mathfrak{v}$ befriedigt wird, so wird sie zugleich auch durch die Gerade mit den Koordinaten $-\mathfrak{u}$ und $-\mathfrak{v}$ erfüllt; das heißt, wenn die Kurve (5) die Gerade $\mathfrak{u}$, $\mathfrak{v}$ zur Tangente hat, so wird sie auch von der Geraden $-\mathfrak{u}$, $-\mathfrak{v}$ berührt, die das Spiegelbild der Geraden $\mathfrak{u}$, $\mathfrak{v}$ in bezug auf den Anfangspunkt ist.

Die Gleichung einer Kurve zweiter Ordnung und zweiter Klasse bezogen auf zwei konjugierte Durchmesser. Tritt jetzt *bei einer Kurve zweiter Ordnung* zu den beiden bisherigen Voraussetzungen über das Koordinatensystem, nach denen von den drei Ecken des Fundamentaldreiecks die beiden ersten Ecken e_1 und e_2 im Unendlichen liegen, und die dritte Ecke diesen beiden Ecken hinsichtlich der Kurve konjugiert sein, also in den Mittelpunkt der Kurve fallen sollte, noch die weitere Bedingung hinzu, daß *auch die beiden unendlich fernen Ecken e_1 und e_2 untereinander hinsichtlich der Kurve konjugiert sein sollen,* so ist das Fundamentaldreieck ein Polardreieck der Kurve mit zwei unendlich fernen Ecken, und es bilden die beiden von der Ecke e_3 ausgehenden Seiten $[e_3 e_1]$ und $[e_3 e_2]$ des Fundamentaldreiecks zwei sogenannte „konjugierte Durchmesser" der Kurve zweiter Ordnung; denn sie führen von deren Mittelpunkt e_3 nach zwei einander konjugierten Punkten e_1 und e_2 der unendlich fernen Geraden[1]).

Zwei konjugierte Durchmesser einer Kurve zweiter Ordnung besitzen die wichtige Eigenschaft, daß jeder von ihnen die sämtlichen Sehnen der Kurve halbiert, die dem konjugierten Durchmesser parallel sind. Denn jeder von ihnen ist ja die Polare des unendlich fernen Punktes des andern; ein jeder Punkt des ersten Durchmessers wird also von dem unendlich fernen Punkte des andern durch die Kurve harmonisch getrennt, oder was dasselbe ist, jeder von den beiden konjugierten Durchmessern enthält die Mittelpunkte aller mit dem andern Durchmesser parallelen Sehnen (vgl. Fig. 110); insbesondere geht er auch durch die Berührungspunkte derjenigen beiden Tangenten hindurch, die dem zweiten Durchmesser parallel laufen.

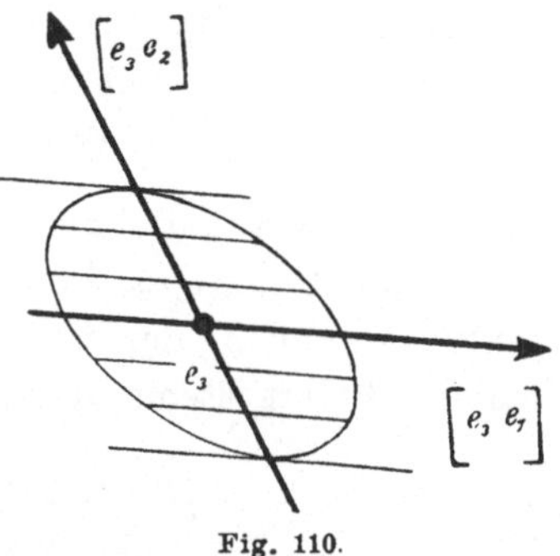

Fig. 110.

Man kann die soeben entwickelte Eigenschaft zweier konjugierten Durchmesser eines Polarsystems aber noch verallgemeinern, indem man auch den Fall mit umfaßt, wo die zu einem von den beiden konjugierten Durchmessern gezogene Parallele die Polkurve des Polarsystems p, P gar nicht schneidet. In der Tat, sind D und D' zwei konjugierte Durchmesser des Polarsystems p, P, ist ferner G eine beliebige zu D parallele Gerade und n derjenige einfache

---

[1]) Eine direktere Motivierung des Ausdrucks „konjugierte Durchmesser" erhält man, wenn man die Kurve, um deren Durchmesser es sich handelt, anstatt als Kurve zweiter Ordnung *als Kurve zweiter Klasse auffaßt,* sie also als Polarkurve eines Polarsystems zweiter Klasse P ansieht. Bei dieser Auffassung der Kurve sind zwei konjugierte Durchmesser im Sinne von Seite 200 f. hinsichtlich des Polarsystems P konjugiert. Daraus folgt dann noch, daß sie ein Paar derjenigen Strahlinvolution bilden, die das Polarsystem P in seinem eigenen Mittelpunkt hervorruft; und zugleich ist umgekehrt jedes Paar dieser Involution ein Paar konjugierter Durchmesser des Polarsystems. Da ferner nach Satz 169 in jeder Strahlinvolution ein und im allgemeinen nur ein Paar zugeordneter zu einander senkrechter Strahlen enthalten ist, so kann man weiter schließen: „*Jedes Polarsystem zweiter Klasse enthält zwei und im allgemeinen nur zwei zu einander senkrechte konjugierte Durchmesser".* Dieselben heißen die Hauptachsen des Polarsystems.

Punkt, in dem sie von dem zu D konjugierten Durchmesser D' geschnitten wird (vgl. Fig. 111), so läßt sich zeigen: *Der Punkt n ist der Mittelpunkt derjenigen Involution, die das Polarsystem p auf der Geraden G hervorruft.*

Dazu nehme man auf der Geraden G zwei einfache Punkte y und z an, die vom Punkte n gleich weit entfernt sind. Dieselben werden sich durch Gleichungen von der Form

$$\begin{cases} y = n + g \\ z = n - g \end{cases}$$

darstellen lassen, in denen g eine Strecke der Geraden G bedeutet, nämlich die Strecke, die vom Punkte n nach dem Punkte y

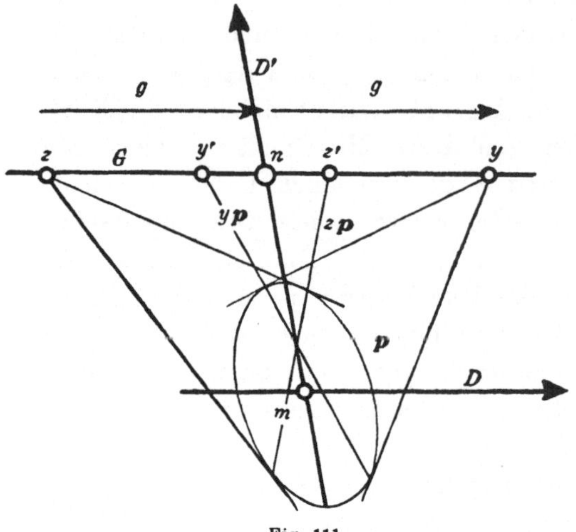

Fig. 111.

führt, oder was auf dasselbe hinauskommt, die Strecke, die vom Punkte z nach dem Punkte n hinläuft. Nun ergeben sich aber für diejenigen Punkte y' und z' der Geraden G, die zu den Punkten y und z hinsichtlich des Polarsystems p konjugiert sind, die Werte

$$(*) \qquad \begin{cases} y' = [yp \cdot G] = [np \cdot G] + [gp \cdot G] \\ z' = [zp \cdot G] = [np \cdot G] - [gp \cdot G]. \end{cases}$$

In diesen Gleichungen ist np die Polare des Punktes n in bezug auf das Polarsystem p. Da aber n auf D' liegt, so geht die Polare np von n durch den Pol $D'P$ von D' hindurch. Dieser wiederum ist nichts anderes als der unendlich ferne Punkt des zu D' konjugierten Durchmessers D. Das heißt: Die Polare np des Punktes n läuft mit dem Durchmesser D, also auch mit der Geraden G parallel. Das in den Gleichungen (*) auftretende Produkt $[np \cdot G]$ stellt daher den unendlich fernen Punkt der Geraden G dar und ist also höchstens um einen Zahlfaktor verschieden von der dieser Geraden angehörenden Strecke g, so daß man setzen kann

$$[np \cdot G] = \mathfrak{g} g,$$

wo $\mathfrak{g}$ einen Zahlfaktor bedeutet. Andererseits ist das Produkt $[gp \cdot G]$ höchstens um einen Zahlfaktor verschieden von dem Punkte n. Bezeichnet man diesen Zahlfaktor mit $\mathfrak{n}$, so wird

$$[gp \cdot G] = \mathfrak{n} n.$$

Die Formeln (*) nehmen dann die Gestalt an:

$$(**)\qquad \begin{cases} y' = \mathfrak{g}g + \mathfrak{n}n = \quad\ \mathfrak{n}n + \mathfrak{g}g \\ z' = \mathfrak{g}g - \mathfrak{n}n = -\,(\mathfrak{n}n - \mathfrak{g}g) \end{cases}$$

und zeigen in dieser Form, daß in der Involution, die das Polarsystem p auf der Geraden G hervorruft, die zu den Punkten y und z zugeordneten Punkte y' und z' ebenso wie jene Punkte selbst von dem Punkte n gleich weit entfernt sind. Daraus aber folgt nach dem Satze 147 wirklich, daß der Punkt n der Mittelpunkt dieser Involution ist, und man hat den Satz:

Satz 482: Von zwei konjugierten Durchmessern eines Polarsystems schneidet ein jeder eine zu dem andern gezogene Parallele in dem Mittelpunkte derjenigen Involution, die das Polarsystem auf dieser Parallelen hervorruft.

Die Gleichung einer Kurve zweiter Ordnung in bezug auf zwei konjugierte Durchmesser ergibt sich aus der Gleichung (15) des vorigen Abschnitts wieder durch die auf Seite 264 f. beschriebene Umformung. Man erhält so die Gleichung:

$$(6)\qquad \mathfrak{a}_{11}\mathfrak{x}^2 + \mathfrak{a}_{22}\mathfrak{y}^2 + \mathfrak{a}_{33} = 0.$$

Speziell findet man aus der Gleichung (17) des vorigen Abschnitts als *Gleichung eines Linienpaars in bezug auf zwei konjugierte Durchmesser* die Gleichung (vgl. Fig. 112):

$$(7)\qquad \mathfrak{a}_{11}\mathfrak{x}^2 + \mathfrak{a}_{22}\mathfrak{y}^2 = 0.$$

Bei einer Kurve zweiter Klasse gelangt man zu der auf zwei konjugierte Durchmesser bezogenen Kurvengleichung, wenn man nicht nur den Anfangspunkt e_3 in den Mittelpunkt der Kurve legt, sondern zugleich die von ihm ausgehenden Seiten E_1 und E_2 des Fundamentaldreiecks zu konjugierten Geraden der Kurve macht. Alsdann erhält man aus der Gleichung (50) des vorigen Abschnitts wieder durch die auf Seite 264 f. angegebene Umformung als *Gleichung einer Kurve*

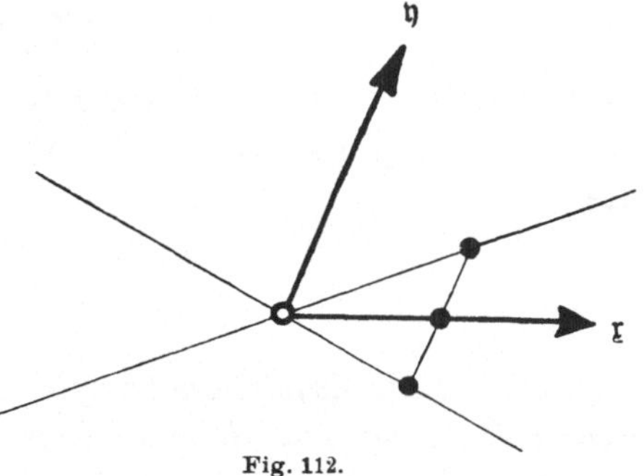

Fig. 112.

zweiter Klasse bezogen auf ein Paar konjugierte Durchmesser die Gleichung:

$$(8)\qquad \mathfrak{A}_{11}\mathfrak{u}^2 + \mathfrak{A}_{22}\mathfrak{v}^2 + \mathfrak{A}_{33} = 0.$$

Will man die Gleichung eines *im Endlichen liegenden Punktpaars* erhalten, so muß man auf die Gleichung (52) des vorigen Abschnitts zurückgehen, welche lautete:

$$(\dagger) \qquad \mathfrak{A}_{11}\,\mathfrak{u}_1^2 + \mathfrak{A}_{22}\,\mathfrak{u}_2^2 = 0.$$

Da aber in dieser die Seite E_3 des Fundamentaldreiecks das Punktpaar enthielt, während hier gerade die Seite E_3 ins Unendliche rücken soll, so hat man zunächst die Bezeichnung zu ändern, etwa indem man in der Gleichung $(\dagger)$ den Index 2 durch den Index 3 ersetzt, wodurch die Gleichung $(\dagger)$ übergeht in die Gleichung:

$$(\dagger\dagger) \qquad \mathfrak{A}_{11}\,\mathfrak{u}_1^2 + \mathfrak{A}_{33}\,\mathfrak{u}_3^2 = 0.$$

Aus ihr folgt dann durch die jetzt stets angewandte auf Seite 264 f. vorgeschriebene Umformung die Gleichung

$$(9) \qquad \mathfrak{A}_{11}\,\mathfrak{u}^2 + \mathfrak{A}_{33} = 0,$$

welche in der Tat das Punktpaar darstellt, dessen Punkte auf der Koordinatenachse $[e_3 e_1]$ gelegen sind und die Abszissen

$$-\frac{1}{\mathfrak{u}} = \mp \sqrt{-\frac{\mathfrak{A}_{11}}{\mathfrak{A}_{33}}}$$

besitzen (vgl. Fig. 113).

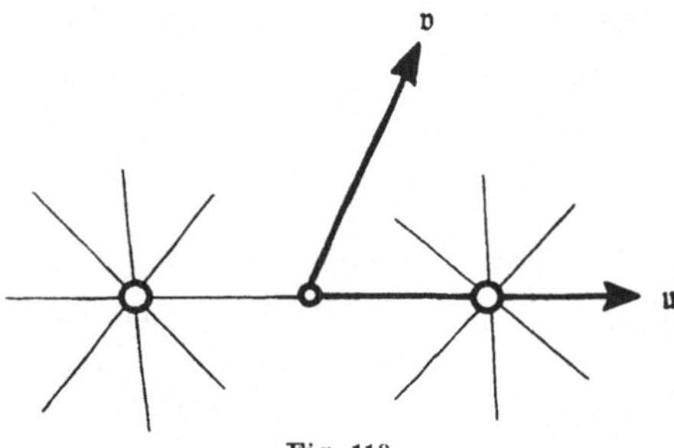

Fig. 113.

Man kann die gewonnenen Ergebnisse in dem Satze zusammenfassen:

Satz 483: Die Gleichungen einer Kurve zweiter Ordnung und zweiter Klasse in bezug auf zwei konjugierte Durchmesser lauten:

$$\mathfrak{a}_{11}\,\mathfrak{x}^2 + \mathfrak{a}_{22}\,\mathfrak{y}^2 + \mathfrak{a}_{33} = 0 \quad \text{und}$$
$$\mathfrak{A}_{11}\,\mathfrak{u}^2 + \mathfrak{A}_{22}\,\mathfrak{v}^2 + \mathfrak{A}_{33} = 0.$$

Insbesondere besitzen die Gleichungen eines Linienpaars und eines Punktpaars in bezug auf zwei konjugierte Durchmesser die Form:

$$\mathfrak{a}_{11}\,\mathfrak{x}^2 + \mathfrak{a}_{22}\,\mathfrak{y}^2 = 0 \quad \text{und}$$
$$\mathfrak{A}_{11}\,\mathfrak{u}^2 + \mathfrak{A}_{33} = 0.$$

Die auf die Asymptoten bezogene Gleichung einer Hyperbel als einer Kurve zweiter Ordnung und als einer Kurve zweiter Klasse. Läßt man weiter bei den im vorigen Abschnitt entwickelten, auf ein Tangentialdreieck bezogenen Gleichungen (34) und (68) einer Kurve zweiter Ordnung und zweiter Klasse *die Berührungssehne des Tangentialdreiecks ins Unendliche rücken*, so werden die beiden Tangenten zu Tangenten mit unendlich fernen Berührungspunkten, das heißt zu Asymptoten der Kurve (vgl. Seite 176 des ersten Bandes). Da in diesem Falle die Kurve zwei getrennt liegende reelle unendlich ferne Punkte enthält, so ist sie (nach Seite 253), falls sie nicht zerfällt, eine Hyperbel. Ihre Gleichungen in Punkt- und Linienkoordinaten ergeben sich wieder, wenn man in den Gleichungen (34) nnd (68) des vorigen Abschnitts nach Division mit $\mathfrak{x}_3^2$ und $\mathfrak{u}_3^2$ die Substitution (1) macht, wodurch man die Gleichungen erhält:

$$(10) \qquad 2\mathfrak{a}_{12}\,\mathfrak{x}\mathfrak{y} + \mathfrak{a}_{33} = 0 \quad \text{und}$$

$$(11) \qquad 2\mathfrak{A}_{12}\mathfrak{u}\mathfrak{v} + \mathfrak{A}_{33} = 0.$$

Setzt man in der ersten von diesen beiden Gleichungen

$$(12) \qquad -\frac{1}{2}\frac{\mathfrak{a}_{33}}{\mathfrak{a}_{12}} = c,$$

so verwandelt sie sich in die Gleichung:

$$(13) \cdot \quad \mathfrak{x}\mathfrak{y} = c,$$

in welcher der Satz liegt: (vgl. Fig. 114):

Satz 484: Alle Parallelogramme, die sich an die Asymptoten einer Hyperbel anlehnen und jedes Mal einen Punkt der Hyperbel zur Ecke haben, besitzen denselben Flächeninhalt.

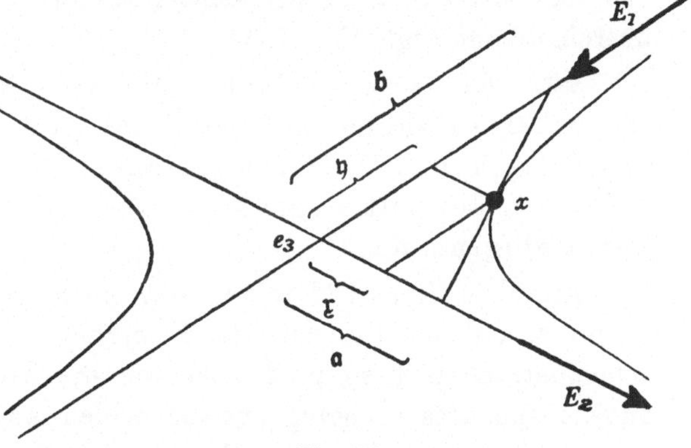

Fig. 114.

Soll ferner die auf Linienkoordinaten bezogene Gleichung (11) dieselbe Hyperbel darstellen wie die in Punktkoordinaten geschriebenen Gleichungen (10) und (13), so müssen die Größen $\mathfrak{A}_{ik}$ die Unterdeterminanten der Determinante

$$\mathfrak{a} = |\mathfrak{a}_{ik}|$$

sein, das heißt, es muß

$$\mathfrak{A}_{33} = \begin{vmatrix} 0 & \mathfrak{a}_{12} \\ \mathfrak{a}_{21} & 0 \end{vmatrix} = -\,\mathfrak{a}_{12}^2,$$

$$\mathfrak{A}_{12} = -\begin{vmatrix} \mathfrak{a}_{21} & 0 \\ 0 & \mathfrak{a}_{33} \end{vmatrix} = -\,\mathfrak{a}_{12}\mathfrak{a}_{33}$$

sein. Der aus (11) resultierende Wert des Produktes $\mathfrak{u}\mathfrak{v}$ wird also:

$$(14) \qquad \mathfrak{u}\mathfrak{v} = -\frac{1}{2}\frac{\mathfrak{A}_{33}}{\mathfrak{A}_{12}} = -\frac{1}{2}\frac{-\mathfrak{a}_{12}^2}{-\mathfrak{a}_{12}\mathfrak{a}_{33}} = -\frac{1}{2}\frac{\mathfrak{a}_{12}}{\mathfrak{a}_{33}} = \frac{1}{4\,c},$$

so daß die Gleichung (11) die Form annimmt:

$$(15) \qquad \mathfrak{u}\mathfrak{v} = \frac{1}{4\,c}.$$

Aus dieser Gleichung liest man einen dem Satze 484 entsprechenden Satz ab, wenn man noch anstatt der Linienkoordinaten $\mathfrak{u}$, $\mathfrak{v}$ die Abschnitte $\mathfrak{a}$, $\mathfrak{b}$ einführt, die die Tangente der Hyperbel (15) von den Asymptoten abschneidet, indem man setzt:

$$(16) \qquad \mathfrak{u} = -\frac{1}{\mathfrak{a}}, \quad \mathfrak{v} = -\frac{1}{\mathfrak{b}}.$$

Alsdann verwandelt sich die Gleichung (15) in:

$$(17) \qquad \mathfrak{a}\mathfrak{b} = 4\mathfrak{c},$$

und man hat den Satz, der seinem Hauptinhalte nach mit dem Satze 127 übereinstimmt (vgl. Fig. 114):

Satz 485: Alle Dreiecke, die sich an die Asymptoten einer Hyperbel anlehnen und jedesmal eine Tangente der Hyperbel zur Seite haben, besitzen gleichen Flächeninhalt, und zwar sind dieselben doppelt so groß wie die im Satze 484 charakterisierten Parallelogramme.

Aus dem Satze 126 folgert man noch unmittelbar, daß die Abschnitte $\mathfrak{a}$ und $\mathfrak{b}$, die eine Tangente der Hyperbel von den beiden Asymptoten abschneidet, doppelt so groß sind wie die Koordinaten $\mathfrak{x}$ und $\mathfrak{y}$ ihres Berührungspunktes in bezug auf die beiden Asymptoten.

Doch kann man dies Ergebnis auch auf Grund der Hyperbelgleichung (10) oder (13) gewinnen, *ohne auf den Satz 126 zurückzugreifen.* Bildet man nämlich den Abbildungsbruch

$$p = \frac{A_1, \; A_2, \; A_3}{e_1, \; e_2, \; e_3}$$

für dasjenige Polarsystem, das die Hyperbel (10) zur Polkurve hat, so ergeben sich für die drei Zählerstäbe A_1, A_2, A_3 die Werte:

$$(18) \qquad \begin{cases} A_1 = \mathfrak{a}_{12} E_2 \\ A_2 = \mathfrak{a}_{21} E_1 \\ A_3 = \mathfrak{a}_{33} E_3, \end{cases}$$

wobei die Stäbe E_2 und E_1 den beiden Asymptoten angehören, und E_3 einen Stab der unendlich fernen Geraden darstellt. Der Ausdruck für die Polare xp eines beliebigen Punktes

$$x = \mathfrak{x}_1 e_1 + \mathfrak{x}_2 e_2 + \mathfrak{x}_3 e_3,$$

das heißt der Ausdruck:

$$xp = \mathfrak{x}_1 A_1 + \mathfrak{x}_2 A_2 + \mathfrak{x}_3 A_3,$$

nimmt daher die Gestalt an:

$$xp = \mathfrak{x}_1 \mathfrak{a}_{12} E_2 + \mathfrak{x}_2 \mathfrak{a}_{21} E_1 + \mathfrak{x}_3 \mathfrak{a}_{33} E_3 \quad \text{oder}$$

$$(19) \qquad xp = \mathfrak{x}_2 \mathfrak{a}_{21} E_1 + \mathfrak{x}_1 \mathfrak{a}_{12} E_2 + \mathfrak{x}_3 \mathfrak{a}_{33} E_3.$$

Und für den Schnittpunkt dieser Polare mit der Asymptote E_2 erhält man hieraus durch planimetrische (regressive) Multiplikation mit E_2 die Darstellung:

$$[xp \cdot E_2] = \mathfrak{x}_2 \mathfrak{a}_{21}\, e_3 - \mathfrak{x}_3 \mathfrak{a}_{33}\, e_1$$

$$= \mathfrak{x}_2 \mathfrak{a}_{21} \left(e_3 - \frac{\mathfrak{x}_3}{\mathfrak{x}_2}\frac{\mathfrak{a}_{33}}{\mathfrak{a}_{21}} e_1 \right)$$

oder wegen (1) und (12)

$$(20) \qquad [xp \cdot E_2] = \mathfrak{x}_2 \mathfrak{a}_{21} \left(e_3 + \frac{1}{\mathfrak{y}}\, 2\,\mathfrak{c} e_1 \right).$$

Soll nun aber der Punkt x nicht mehr ein ganz beliebiger Punkt der Ebene, sondern ein Punkt der Hyperbel sein, so wird nach (13)

$$(21) \qquad \frac{\mathfrak{c}}{\mathfrak{y}} = \mathfrak{x},$$

und die Gleichung (20) verwandelt sich also in:

$$(22) \qquad [xp \cdot E_2] = \mathfrak{x}_2 \mathfrak{a}_{21} \left(e_3 + 2\,\mathfrak{x} e_1 \right).$$

Damit aber ist nach Seite 32 wirklich bewiesen, daß

$$(23) \qquad \mathfrak{a} = 2\,\mathfrak{x}$$

ist, und ebenso zeigt man, daß

$$(24) \qquad \mathfrak{b} = 2\,\mathfrak{y}$$

ist.

Ein drittes Beweisverfahren, das zugleich noch einige weitere Beziehungen liefert, ergibt sich folgendermaßen: Aus der Gleichung (19) folgt wegen $\mathfrak{a}_{12} = \mathfrak{a}_{21}$, daß die Dreieckskoordinaten $\mathfrak{u}_1$ und $\mathfrak{u}_2$ der Polare $U = xp$ eines beliebigen Punktes x der Ebene in bezug auf die Hyperbel den Größen $\mathfrak{x}_2$ und $\mathfrak{x}_1$ proportional sind, daß sich also verhält

$$\mathfrak{u}_1 : \mathfrak{u}_2 = \mathfrak{x}_2 : \mathfrak{x}_1;$$

und entsprechend besteht dann zwischen den Hesseschen Linienkoordinaten $\mathfrak{u}$, $\mathfrak{v}$ der Polare und den Cartesischen Koordinaten $\mathfrak{x}$, $\mathfrak{y}$ ihres Poles die Proportion:

$$(25) \qquad \mathfrak{u} : \mathfrak{v} = \mathfrak{y} : \mathfrak{x},$$

aus der für die negativ genommenen reziproken Werte $\mathfrak{a}$ und $\mathfrak{b}$ der Linienkoordinaten $\mathfrak{u}$ und $\mathfrak{v}$ die weitere Proportion folgt:

$$(26) \qquad \mathfrak{a} : \mathfrak{b} = \mathfrak{x} : \mathfrak{y}.$$

Diese enthält den Satz (vgl. Fig. 115):

Satz 486: Die Abschnitte, die eine beliebige Gerade von den beiden Asymptoten einer Hyperbel abschneidet, verhalten sich wie die auf die Asymptoten bezogenen Cartesischen Koordinaten ihres Pols hinsichtlich der Hyperbel.

Man kann diesem Satze auch die Form geben:

Satz 486 (zweite Fassung): Konstruiert man zu einem beliebigen Punkte der Ebene die Polare hinsichtlich einer Hyperbel

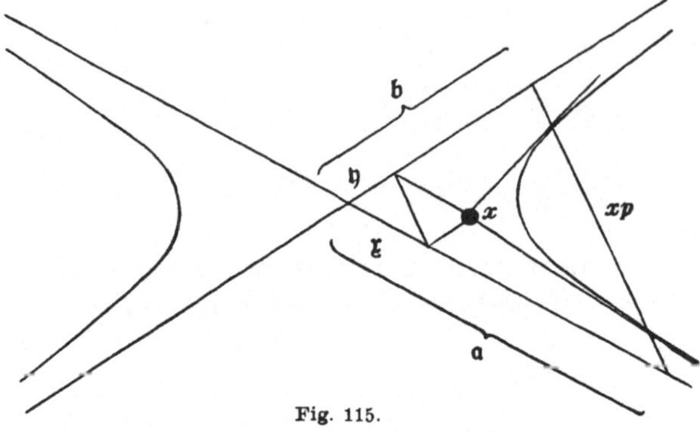

Fig. 115.

und zugleich in dem Parallelogramm, das sich an die Asymptoten anlehnt und jenen Punkt zu einer Ecke hat, die nicht durch ihn gehende Diagonale, so ist diese Diagonale der Polare des Punktes parallel. Oder: Konstruiert man zu einer beliebigen Geraden der Ebene den Pol hinsichtlich einer Hyperbel und außerdem das Parallelogramm, das den Pol zur Ecke hat und sich an die Asymptoten anlehnt, so ist diejenige Diagonale des Parallelogramms, die nicht durch den Pol hindurchgeht, jener Geraden parallel[1]).

Machen wir jetzt endlich wieder die besondere Annahme, daß die Gerade u, v nicht mehr eine beliebige Gerade der Ebene, sondern eine Tangente der Hyperbel sei, woraus dann folgt, daß ihr Pol x, y der Berührungspunkt dieser Tangente ist, so bestehen für die Abschnitte a, b, die diese Tangente auf den Asymptoten hervorruft, und den Koordinaten x, y ihres Berührungspunktes in bezug auf die Asymptoten als Koordinatenachsen die Gleichungen (17) und (13), aus denen durch Elimination von c die Gleichung folgt:

$$(27) \qquad\qquad ab = 4xy.$$

Und diese Gleichung liefert zusammen mit der Proportion (26) für die Abschnitte a und b die Werte

$$(28) \qquad\qquad a = 2x \quad \text{und} \quad b = 2y$$

und damit den schon oben angedeuteten Satz:

Satz 487: Die Stücke, die eine Tangente einer Hyperbel von den beiden Asymptoten abschneidet, sind doppelt so groß

---

1) Der Satz 486 geht übrigens auch aus dem ersten Satze von Chr. v. Staudt hervor (vgl. S. 180), wenn man ihn bei einer Hyperbel auf zwei Dreiecke anwendet, von denen das eine durch einen beliebigen Punkt x der Ebene und die unendlich fernen Punkte der Asymptoten bestimmt wird, während das andere durch die Polaren der Ecken jenes Dreiecks gebildet wird. *Dabei ist die in der zweiten Fassung des Satzes 486 genannte Diagonale des Parallelogramms die Perspektivitätsachse beider Dreiecke.*

wie die Koordinaten ihres Berührungspunktes in bezug auf die Asymptoten als Koordinatenachsen.

Die Gleichung einer Parabel in bezug auf einen Durchmesser und seine Scheiteltangente. Bezieht man endlich die Gleichung einer Kurve zweiter Ordnung oder zweiter Klasse auf ein Tangentialdreieck, das nicht wie bisher den Punkt e_3, sondern den Punkt e_2 zum Tangentenschnittpunkt hat, so erhält man die Gleichungen:

$$(29) \qquad \mathfrak{a}_{22}\mathfrak{x}_2^2 + 2\,\mathfrak{a}_{13}\mathfrak{x}_1\mathfrak{x}_3 = 0 \quad \text{und}$$

$$(30) \qquad \mathfrak{A}_{22}\mathfrak{u}_2^2 + 2\,\mathfrak{A}_{13}\mathfrak{u}_1\mathfrak{u}_3 = 0.$$

Dabei sind dann die Seiten $[e_3 e_2]$ und $[e_1 e_2]$ Tangenten der Kurve, während die Seite $[e_3 e_1]$ die Berührungssehne bildet; ferner ist e_3 der Berührungspunkt der Tangente $[e_3 e_2]$ (vgl. Fig. 116).

Läßt man jetzt wieder die Seite $E_3 = [e_1 e_2]$ ins Unendliche rücken, läßt also dies Mal nicht die Berühungssehne sondern *eine von den beiden Tangenten des Tangentialdreiecks in die unendlich ferne Gerade übergehen,* so verwandelt sich die durch die Gleichungen (29) und (30) dargestellte Kurve in eine Parabel.

Die Berührungssehne $[e_3 e_1]$ läuft alsdann vom Berührungspunkte e_3 der Tangente $[e_3 e_2]$ nach dem Berührungspunkte (dem Pole) e_1 der unendlich fernen Geraden. Entsprechend der Ausdrucksweise bei einer Kurve zweiter Ordnung und zweiter Klasse mit „eigentlichem“, das soll heißen „im Endlichen liegenden“,

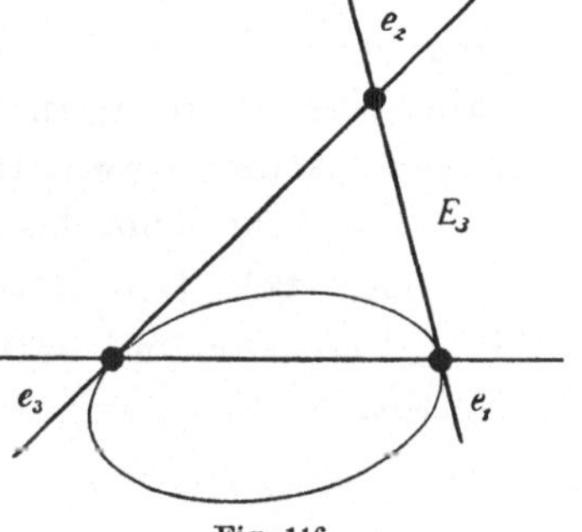

Fig. 116.

Mittelpunkt, bezeichnet man auch bei einer Parabel eine gerade Linie, die durch den Pol der unendlich fernen Geraden hindurchgeht, als einen „Durchmesser“ der Kurve. Ferner nennt man den im Endlichen liegenden Schnittpunkt der Parabel mit einem beliebigen ihrer Durchmesser den „Scheitel dieses Durchmessers“ und die in diesem Scheitel gezogene Tangente die „Scheiteltangente des Durchmessers“.

Ein solcher Parabeldurchmesser besitzt ganz entsprechende Eigenschaften wie ein Durchmesser einer Kurve zweiter Ordnung und zweiter Klasse mit „eigentlichem“ Mittelpunkt. Da nämlich der Parabeldurchmesser $[e_3 e_1]$ die Polare des unendlich fernen Punktes e_2 seiner Scheiteltangente bildet, so halbiert er sämtliche zu seiner Scheiteltangente parallelen Sehnen (vgl. Fig. 117). Und man hat den Satz:

Satz 488: Jeder Durchmesser einer Parabel halbiert die sämtlichen seiner Scheiteltangente parallelen Sehnen.

Will man jetzt die Gleichung der Parabel auf den Durchmesser $[e_3 e_1]$ und seine Scheiteltangente $[e_3 e_2]$ als Koordinatenachsen beziehen, so hat man nur in die Gleichungen (29) und (30) anstatt der Dreieckskoordinaten $\mathfrak{x}_1, \mathfrak{x}_2, \mathfrak{x}_3$ und $\mathfrak{u}_1, \mathfrak{u}_2, \mathfrak{u}_3$ vermittelst der Formeln (1) die Cartesischen Punktkoordinaten $\mathfrak{x}, \mathfrak{y}$ und die Hesseschen Linienkoordinaten $\mathfrak{u}, \mathfrak{v}$ einzuführen und erhält so die Gleichungen:

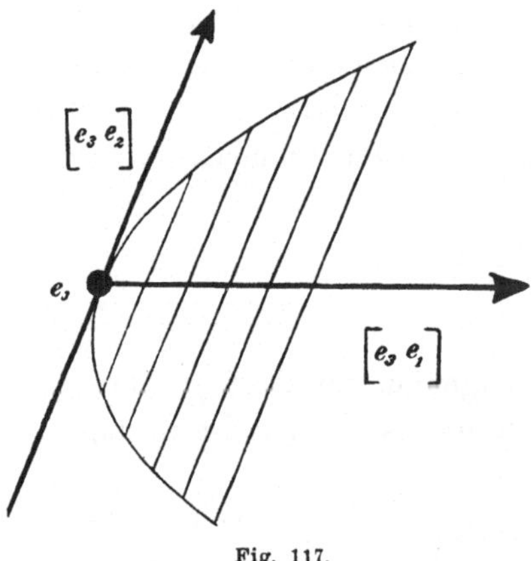

Fig. 117.

$$(31) \qquad \mathfrak{a}_{22}\mathfrak{y}^2 + 2\mathfrak{a}_{13}\mathfrak{x} = 0$$

$$(32) \qquad \mathfrak{A}_{22}\mathfrak{v}^2 + 2\mathfrak{A}_{13}\mathfrak{u} = 0.$$

Setzt man in der ersten von ihnen

$$(33) \qquad -\frac{\mathfrak{a}_{13}}{\mathfrak{a}_{22}} = \mathfrak{p},$$

so verwandelt sich die Gleichung in:

$$(34) \qquad \mathfrak{y}^2 = 2\mathfrak{p}\mathfrak{x}.$$

Man nennt die hier auftretende Konstante $\mathfrak{p}$ den **Parameter der Parabel für denjenigen Durchmesser, der zur $\mathfrak{x}$-Achse des Koordinatensystems gewählt ist.**

Man kann dann das Ergebnis in dem folgenden Satze zusammenstellen:

Satz 489: Die Gleichung einer Parabel in bezug auf einen Durchmesser und seine Scheiteltangente als Koordinatenachsen lautet:

$$(34) \qquad \mathfrak{y}^2 = 2\mathfrak{p}\mathfrak{x},$$

wo $\mathfrak{p}$ der Parameter der Parabel für jenen Durchmesser ist.

Soll nun aber die Gleichung (32) dieselbe Parabel darstellen wie die Gleichung (31) und (34), so müssen die $\mathfrak{A}_{ik}$ die Unterdeterminanten der Determinante

$$\mathfrak{a} = \left| \mathfrak{a}_{ik} \right| = \begin{vmatrix} 0 & 0 & \mathfrak{a}_{13} \\ 0 & \mathfrak{a}_{22} & 0 \\ \mathfrak{a}_{31} & 0 & 0 \end{vmatrix}$$

sein. Das besagt: Es muß

$$\mathfrak{A}_{13} = \begin{vmatrix} 0 & \mathfrak{a}_{22} \\ \mathfrak{a}_{31} & 0 \end{vmatrix} = -\mathfrak{a}_{22}\mathfrak{a}_{13}$$

und

$$\mathfrak{A}_{22} = \begin{vmatrix} 0 & \mathfrak{a}_{13} \\ \mathfrak{a}_{31} & 0 \end{vmatrix} = -\mathfrak{a}_{13}^2$$

sein. Man erhält somit für die dem Ausdrucke (33) entsprechende Kombination der Koeffizienten der Gleichung (32), das heißt für den Ausdruck $-\dfrac{\mathfrak{A}_{13}}{\mathfrak{A}_{22}}$, den Wert:

$$(35)\qquad -\frac{\mathfrak{A}_{13}}{\mathfrak{A}_{22}} = -\frac{-\,a_{22}\,a_{13}}{-\,a_{13}{}^2} = -\frac{a_{22}}{a_{13}} = \frac{1}{\mathfrak{p}}\,,$$

und die Gleichung (32) nimmt daher die Form an:

$$(36)\qquad \mathfrak{v}^2 = 2\,\frac{1}{\mathfrak{p}}\,\mathfrak{u}\,.$$

Damit hat man den Satz gewonnen:

Satz 490: Ist die Gleichung

$$(34)\qquad \mathfrak{y}^2 = 2\,\mathfrak{p}\,\mathfrak{x}$$

die auf einen Durchmesser und seine Scheiteltangente bezogene Gleichung einer Parabel in Punktkoordinaten, so lautet die auf dieselben Achsen bezogene Gleichung in Linienkoordinaten:

$$(36)\qquad \mathfrak{v}^2 = 2\,\frac{1}{\mathfrak{p}}\,\mathfrak{u}\,.$$

Führt man schließlich in diese Gleichung anstatt der Linienkoordinaten $\mathfrak{u}$ und $\mathfrak{v}$ vermöge der Gleichungen (116) des 25. Abschnitts die Stücke $\mathfrak{a}$ und $\mathfrak{b}$ ein, welche die Tangente U der Parabel von den Koordinatenachsen abschneidet, so erhält man die Gleichung:

$$(37)\qquad \mathfrak{b}^2 = -\,\frac{\mathfrak{p}}{2}\,\mathfrak{a}\,,$$

die sich leicht geometrisch deuten läßt, wenn das Cartesische Koordinatensystem rechtwinklig ist (vgl. Fig. 118). Alsdann steht der zur $\mathfrak{x}$-Achse

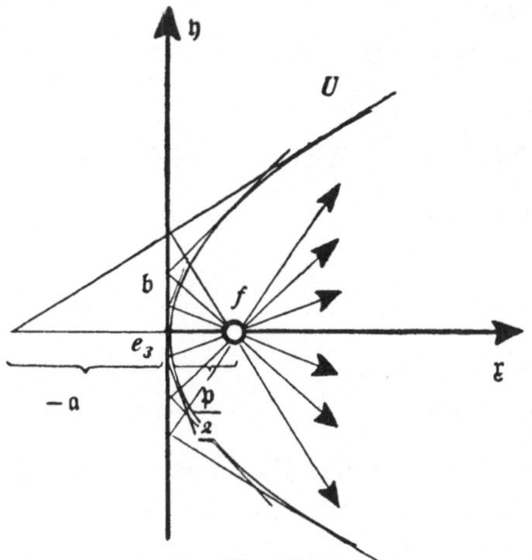

Fig. 118.

gewählte Durchmesser auf seiner Scheiteltangente senkrecht und halbiert also das zu ihm senkrechte Sehnensystem der Kurve. Er ist daher eine Symmetrielinie der Parabel und wird als „die Achse der Parabel" bezeichnet. Sein Scheitel heißt „der Scheitel der Parabel", seine Scheiteltangente „die Scheiteltangente der Parabel" und sein Parameter „der Parameter der Parabel". In der Tat liefert in diesem Falle die Gleichung (37) den Satz:

Satz 491: Errichtet man auf den Tangenten einer Parabel in ihren Schnittpunkten mit der Scheiteltangente der Kurve die Lote, so schneiden diese die Achse der Parabel alle in einem und demselben Punkte f, der vom Scheitel der Parabel um deren halben Parameter entfernt ist. Dieser Punkt f ist der unten näher zu betrachtende Brennpunkt der Parabel.

Die Mittelpunktseigenschaften der Kurven zweiter Ordnung und zweiter Klasse entwickelt auf Grund der Gleichungen $[x \cdot xp] = 0$ *und* $[U \cdot UP] = 0$ *dieser Kurven.* Übrigens braucht man selbstverständlich zur Ableitung der Mittelpunktseigenschaften einer Kurve zweiter Ordnung und zweiter Klasse nicht auf die Koordinatengleichungen dieser Kurven zurückzugehen, sondern man kann ebenso gut die ursprünglichen Gleichungen $[x \cdot xp] = 0$ und $[U \cdot UP] = 0$ der Polkurve und Polarkurve eines Polarsystems beibehalten. Ja man gewinnt dabei sogar nebenher ohne Mühe noch einige besondere Ergebnisse, die man sonst leicht übersieht.

Man bezeichne dazu noch den Pol der unendlich fernen Geraden J in bezug auf ein Polarsystem p, P, den wir bereits oben (vgl. S. 254 und 265 f.) den Mittelpunkt des Polarsystems genannt haben, mit m, setze also

$$(38) \qquad m = JP;$$

dann läßt sich jeder Punkt x der Ebene, der mit m gleiche Masse hat, durch eine Summe von der Form

$$(39) \qquad x = m + g$$

darstellen, in der g eine Strecke bedeutet.

Soll dann dieser Punkt x der Polkurve

$$(40) \qquad [x \cdot xp] = 0$$

angehören, so muß die Gleichung bestehen:

$$[(m + g) \cdot (m + g)p] = 0 \quad \text{oder}$$
$$(41) \qquad [m \cdot mp] + 2[g \cdot mp] + [g \cdot gp] = 0.$$

Wegen (38) und der Gleichung (57) des 31. Abschnitts ist nun aber

$$(42) \qquad mp = JPp = \mathfrak{a}J,$$

also wird nach Satz 19

$$(43) \qquad [g \cdot mp] = \mathfrak{a}[gJ] = 0.$$

Die Gleichung (41) verwandelt sich daher in:

$$(44) \qquad [m \cdot mp] + [g \cdot gp] = 0.$$

Diese Gleichung aber charakterisiert in der Tat den Punkt m als Mittelpunkt der Polkurve; denn sie zeigt: Sobald die mit der Gleichung (40) der Polkurve gleichwertige Gleichung (44) durch irgend eine Strecke g befriedigt wird, so wird sie auch durch die Strecke $-g$ erfüllt, das heißt, *der Punkt m halbiert jede durch ihn hindurchgehende Sehne der Polkurve des Polarsystems p,* was das Merkmal des Mittelpunktes der Polkurve ist.

Mit Rücksicht auf die Gleichungen (38) und (42) läßt sich übrigens die Gleichung (44) auch in der Form schreiben:

$$(45) \qquad \mathfrak{a}[J \cdot JP] + [g \cdot gp] = 0,$$

oder wenn man mit $\mathfrak{a}$ multipliziert, in der Form:

$$(46) \qquad \mathfrak{a}^2[J \cdot JP] + \mathfrak{a}[g \cdot gp] = 0.$$

Diese Gleichung bestätigt das schon oben in Satz 466 gefundene Ergebnis, daß für den Fall, wo

$$(47) \qquad [J \cdot JP] > 0$$

ist, das heißt für den Fall, wo die Polkurve des Polarsystems p eine Ellipse ist (vgl. Satz 464), diese Ellipse dann und nur dann reell ist, wenn für irgend eine Strecke g (und damit nach Satz 465 für jede Strecke der Ebene) das Produkt

$$(48) \qquad \mathfrak{a}[g \cdot gp] < 0$$

ist.

In ganz entsprechender Weise zeigt man, daß *einer jeden Tangente U der Polarkurve eines Polarsystems zweiter Klasse P eine zweite Tangente entspricht, die das Spiegelbild von U in bezug auf den Punkt m = JP ist.* In der Tat läßt sich für eine jede Gerade der Ebene ein Stab U angeben, für den

$$(49) \qquad U = J + D$$

ist, unter D ein Stab verstanden, der durch den Punkt m hindurchgeht und mit U parallel, gleich lang und von gleichem Sinn ist. Ist nun speziell die Gerade des Stabes U eine Tangente der Polarkurve des Polarsystems P, genügt also U der Gleichung

$$(50) \qquad [U \cdot UP] = 0,$$

so muß wegen (49) auch die Gleichung bestehen:

$$[(J + D) \cdot (J + D)P] = 0 \quad \text{oder}$$
$$(51) \qquad [J \cdot JP] + 2[D \cdot JP] + [D \cdot DP] = 0.$$

Wegen der Gleichung (38) und mit Rücksicht auf die Bedeutung des Stabes D wird nun aber

$$(52) \qquad [D \cdot JP] = [Dm] = 0.$$

Die Gleichung (51) verkürzt sich also zu:

$$(53) \qquad [J \cdot JP] + [D \cdot DP] = 0$$

und zeigt in dieser Form: Wenn die Gleichung (50) der Polarkurve, die unter der Voraussetzung (49) mit der Gleichung (53) gleichbedeutend ist, durch die Gerade

$$U = J + D$$

befriedigt wird, so muß sie auch durch die Gerade des Stabes

$$U' = J - D = -(D - J)$$

erfüllt werden. Und diese Gerade ist nach Seite 18 des ersten Bandes das Spiegelbild der Geraden des Stabes U in bezug auf den Punkt m.

Wenn wir endlich den Punkt m oben nicht nur den Mittelpunkt der Polkurve oder Polarkurve des Polarsystems p, P, sondern auch *den Mittelpunkt dieses Polarsystems selbst* genannt haben, so rechtfertigt sich diese Bezeichnung durch die folgende Eigenschaft des Punktes m: Auch wenn die Polkurve

$$[x \cdot xp] = 0$$

des Polarsystems p eine durch den Punkt m gelegte Gerade gar nicht schneidet, und selbst in dem Falle, wo jene Polkurve überhaupt imaginär ist, bildet der Punkt m doch immer noch den Mittelpunkt derjenigen Involution, die das Polarsystem p auf der durch m gelegten Geraden hervorruft.

Um dies zu zeigen, nehme man auf einer beliebigen durch m gehenden Geraden zwei Punkte y und z an, die von m gleich weit entfernt sind. Zwei solche Punkte gestatten die Darstellung

$$(54) \qquad y = m + g \quad \text{und} \quad z = m - g,$$

wo g eine Strecke der betrachteten Geraden bedeutet. Man überzeugt sich aber leicht, daß dann auch die beiden Punkte y' und z', welche die Polaren der Punkte y und z:

$$(55) \qquad yp = mp + gp \quad \text{und} \quad zp = mp - gp$$

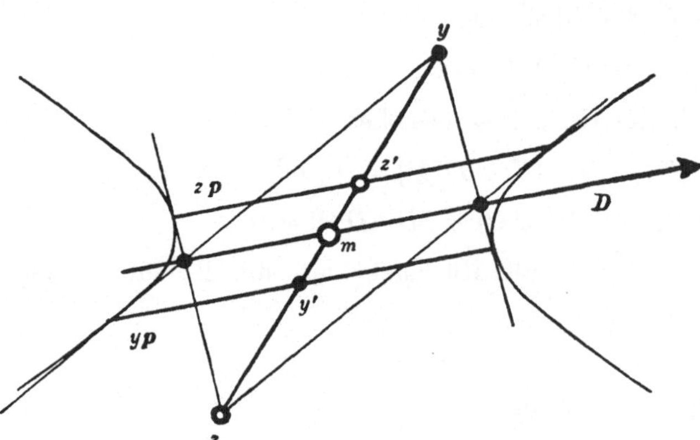

Fig. 119.

aus der Geraden yz ausschneiden, von dem Punkte m denselben Abstand haben (vgl. Fig. 119).

Durch den Bruch p wird nämlich nach Seite 254 f. jedem unendlich fernen Punkte (jeder Strecke) g eine durch den Mittelpunkt m des Polarsystems gehende Gerade gp, oder, wie wir schon oben sagten, „ein Durchmesser des Polarsystems p“ zugewiesen. Bezeichnen wir denselben mit D, setzen also

$$(56) \qquad gp = D$$

und substituieren die Werte von gp und m aus (56) und (38) in die Gleichungen (55), so erhalten wir die Gleichungen:

$$yp = JPp + D \quad \text{und} \quad zp = JPp - D,$$

für die man wegen (42) auch schreiben kann:

$$yp = \mathfrak{a}J + D \quad \text{und} \quad zp = \mathfrak{a}J - D \quad \text{oder}$$

$$(57) \qquad yp = D + \mathfrak{a}J \quad \text{und} \quad zp = -(D - \mathfrak{a}J).$$

Nach Seite 18 des ersten Bandes sind nun aber die Geraden der beiden Stäbe: $D + \mathfrak{a}J$ und $D - \mathfrak{a}J$ dem Durchmesser D parallel und von ihm gleich weit entfernt. Der Mittelpunkt m des Linienstücks yz halbiert daher zugleich auch den Abstand der beiden Punkte, die die Polaren yp und zp der Punkte y und z aus der Geraden yz ausschneiden. Diese Schnittpunkte aber werden zugleich den Punkten y und z durch diejenige Involution zugeordnet, die das Polarsystem p auf der Geraden yz hervorruft. Nach dem Satze 147 ist daher der Punkt m der Mittelpunkt dieser Involution, und man hat den Satz:

Satz 492: Der Pol m der unendlich fernen Geraden hinsichtlich eines Polarsystems p ist der Mittelpunkt einer jeden Involution, die das Polarsystem p auf irgend einer durch m gelegten Geraden hervorruft.

Damit ist die Bezeichnung „Mittelpunkt des Polarsystems" gerechtfertigt.

Die Mittelpunktsgleichung der Polkurve eines Polarsystems zweiter Ordnung. Es seien die Brüche

$$(58) \quad p = \frac{A_1, A_2, A_3}{e_1, \, e_2, \, e_3} \quad \text{und} \quad (59) \quad P = \frac{a_1, \, a_2, \, a_3}{E_1, E_2, E_3}$$

die Ausdrücke für ein Polarsystem zweiter Ordnung p und das adjungierte Polarsystem zweiter Klasse P, und es mögen dabei die Nenner e_1, e_2, e_3 des ersten Bruches die Ecken des in Satz 296 beschriebenen speziellen Fundamentaldreiecks bilden, dessen Seiten $[e_3 e_1]$ und $[e_3 e_2]$ die Achsen eines Cartesischen Koordinatensystems mit beliebigem Anfangspunkte e_3 sind, während die dritte Seite durch die unendlich ferne Gerade dargestellt wird. Alsdann kann man die auf dieses Fundamentaldreieck bezogene *Punktgleichung*

$$(60) \qquad\qquad [x \cdot xp] = 0$$

der Polkurve in eine *Streckengleichung* der Kurve verwandeln, bezogen auf die Strecken, die vom Mittelpunkte $m = JP$ des Polarsystems nach den laufenden Punkten der Kurve führen.

Nach den Gleichungen (102) des 25. Abschnitts besitzen die Massen $\mathfrak{m}_i$ der Ecken e_i des soeben erwähnten speziellen Fundamentaldreiecks die Werte:

$$(61) \qquad \mathfrak{m}_1 = 0, \quad \mathfrak{m}_2 = 0, \quad \mathfrak{m}_3 = \frac{1}{\sqrt[3]{\sin\mathfrak{k}}}.$$

Die Gleichung (24) desselben Abschnitts, das heißt die Gleichung:

$$J = \mathfrak{m}_1 E_1 + \mathfrak{m}_2 E_2 + \mathfrak{m}_3 E_3,$$

reduziert sich daher auf die Form:

$$(62) \qquad J = \mathfrak{m}_3 E_3,$$

wo nach (61)

$$(63) \qquad \mathfrak{m}_3 = \frac{1}{\sqrt[3]{\sin\mathfrak{k}}}$$

ist. Nun ist wegen (59)

$$(64) \qquad E_3 \, P = a_3$$

und nach den Gleichungen (20) und (26) des 31. Abschnitts

$$(65) \qquad a_3 = [A_1 A_2] = \mathfrak{A}_{31} e_1 + \mathfrak{A}_{32} e_2 + \mathfrak{A}_{33} e_3.$$

Es wird also

$$(66) \qquad m = J P = \mathfrak{m}_3 E_3 \, P = \mathfrak{m}_3 a_3 = \mathfrak{m}_3 \mathfrak{A}_{31} e_1 + \mathfrak{m}_3 \mathfrak{A}_{32} e_2 + \mathfrak{m}_3 \mathfrak{A}_{33} e_3.$$

Und da in dieser Gleichung der Punkt e_3 die Masse $\mathfrak{m}_3$ besitzt, die Strecken e_1 und e_2 aber die Masse 0 haben (vgl. auch die Gleichungen (61)), so wird die Masse des Punktes m gleich

$$\mathfrak{m}_3^2 \mathfrak{A}_{33}.$$

Für den mit dem Mittelpunkte m des Polarsystems p, P zusammenfallenden *einfachen* Punkt erhält man also wegen (63) den Ausdruck:

$$(67) \qquad \frac{m}{\mathfrak{m}_3{}^2 \mathfrak{A}_{33}} = \frac{m}{\mathfrak{A}_{33}} \sqrt[3]{\sin^2\mathfrak{k}},$$

und man kann daher jeden *einfachen Punkt x durch die Summe aus dem einfachen Punkte* $\frac{m}{\mathfrak{A}_{33}} \sqrt[3]{\sin^2\mathfrak{k}}$ *und einer Strecke x′ darstellen*, das heißt durch eine Summe von der Form

$$(68) \qquad x = x' + \frac{m}{\mathfrak{A}_{33}} \sqrt[3]{\sin^2\mathfrak{k}},$$

in der x' den „*Träger des Punktes x vom Punkte m aus gezogen*", das heißt die Strecke bedeutet, die vom Mittelpunkte m des Polarsystems nach dem Punkte x hinläuft[1]). Die Strecke x' kann daher als der „Mittelpunktsträger des Punktes x" bezeichnet werden.

Bei Einführung des Wertes (68) von x nimmt nun die Gleichung (60) der Polkurve die Gestalt an:

---

1) Vgl. Bd. I, Seite 167 und Seite 174 f.

$$\left[\left(x' + \frac{m}{\mathfrak{A}_{33}} \sqrt[3]{\sin^2 \mathfrak{k}}\right) \cdot \left(x' + \frac{m}{\mathfrak{A}_{33}} \sqrt[3]{\sin^2 \mathfrak{k}}\right) p\right] = 0 \quad \text{oder}$$

$$(69) \quad [x' \cdot x'p] + \frac{2}{\mathfrak{A}_{33}} \sqrt[3]{\sin^2 \mathfrak{k}} \, [m \cdot x'p] + \frac{1}{\mathfrak{A}_{33}^2} \sqrt[3]{\sin^4 \mathfrak{k}} \, [m \cdot mp] = 0.$$

In dieser Gleichung aber verschwindet das zweite Glied der linken Seite. Denn die Gerade des Stabes $x'p$ ist als Polare des unendlich fernen Punktes x' derjenige *Durchmesser* der Kurve, der dem Durchmesser mit der Richtung x' konjugiert ist; und als Durchmesser geht dann diese Gerade durch den Mittelpunkt m des Polarsystems hindurch, das heißt, es besteht die Gleichung:

$$(70) \qquad\qquad\qquad [m \cdot x'p] = 0.$$

Aber auch das dritte Glied auf der linken Seite von (69) läßt sich noch vereinfachen. Nach der Gleichung (66) ist nämlich der Mittelpunkt m des Polarsystems

$$(71) \qquad\qquad\qquad m = \mathfrak{m}_3 a_3$$

und stellt sich überdies als Vielfachensumme der e_i dar vermöge der Formel:

$$m = \mathfrak{m}_3 \mathfrak{A}_{31} e_1 + \mathfrak{m}_3 \mathfrak{A}_{32} e_2 + \mathfrak{m}_3 \mathfrak{A}_{33} e_3;$$

also wird

$$(72) \qquad\qquad mp = \mathfrak{m}_3 \mathfrak{A}_{31} A_1 + \mathfrak{m}_3 \mathfrak{A}_{32} A_2 + \mathfrak{m}_3 \mathfrak{A}_{33} A_3.$$

Und multipliziert man diese Gleichung planimetrisch mit der Gleichung (71) und berücksichtigt dabei, daß nach den Gleichungen (33), (20) und (28) des 31. Abschnitts

$$(73) \qquad [a_3 A_1] = 0, \quad [a_3 A_2] = 0, \quad [a_3 A_3] = [A_1 A_2 A_3] = \mathfrak{a}$$

ist, so erhält man für das in (69) auftretende Produkt $[m \cdot mp]$ den Wert:

$$[m \cdot mp] = \mathfrak{m}_3^2 \mathfrak{A}_{33} \mathfrak{a}$$

oder wegen (63)

$$(74) \qquad\qquad [m \cdot mp] = \mathfrak{A}_{33} \frac{1}{\sqrt[3]{\sin^2 \mathfrak{k}}} \mathfrak{a}.$$

Die Gleichung (69) nimmt daher die Form an:

$$(75) \qquad\qquad [x' \cdot x'p] + \frac{\mathfrak{a}}{\mathfrak{A}_{33}} \sqrt[3]{\sin^2 \mathfrak{k}} = 0,$$

und man hat den Satz:

Satz 493: Benutzt man als Nenner e_1, e_2, e_3 des Bruches

$$(58) \qquad\qquad p = \frac{A_1, A_2, A_3}{e_1, \ e_2, \ e_3}$$

für ein Polarsystem zweiter Ordnung p die Ecken desjenigen speziellen Fundamentaldreiecks, das in dem Satze 296 eingeführt ist, legt also die beiden ersten Ecken des Fundamentaldreiecks in die unendlich ferne Gerade und macht sie zwei

Strecken gleich, die miteinander den Winkel $\mathfrak{k}$ einschließen und die Länge $\dfrac{1}{\sqrt[3]{\sin \mathfrak{k}}}$ haben, während man als dritte Ecke einen beliebigen im Endlichen liegenden Punkt verwendet, dessen Masse denselben Zahlwert $\dfrac{1}{\sqrt[3]{\sin \mathfrak{k}}}$ besitzt, so lautet die Streckengleichung der Polkurve des Polarsystems p bezogen auf dessen Mittelpunkt als Anfangspunkt der laufenden Träger x' der Kurve:

$$(75) \qquad [x' \cdot x'p] + \frac{\mathfrak{a}}{\mathfrak{A}_{33}} \sqrt[3]{\sin^2 \mathfrak{k}} = 0,$$

wo die Bedeutung der Konstanten $\mathfrak{a}$ und $\mathfrak{A}_{33}$ aus den Gleichungen (73) und (65) zu entnehmen ist.

Die Hauptachsen eines Polarsystems. Zwei aufeinander senkrecht stehende konjugierte Durchmesser eines Polarsystems besitzen die Eigenschaft, daß jeder von ihnen eine Symmetrielinie des Polarsystems bildet. Denn er halbiert jede zu ihm senkrechte Sehne der Polkurve, und allgemeiner, er trifft eine jede zu ihm senkrechte Gerade in dem Mittelpunkte derjenigen Punktinvolution, die das Polarsystem auf dieser Geraden hervorruft (vgl. Satz 482). Man nennt daher zwei zueinander senkrechte konjugierte Durchmesser „Hauptachsen des Polarsystems" (vgl. die Fußnote auf Seite 267).

Um die Hauptachsen aufzufinden, verwendet man am besten ein rechtwinkliges Koordinatensystem, macht also den oben mit $\mathfrak{k}$ bezeichneten Winkel

$$(76) \qquad \angle\,(e_3 e_1,\, e_3 e_2) = \mathfrak{k} = \frac{\pi}{2}\,.$$

Dann nimmt die Mittelpunktsgleichung (75) der Polkurve die einfachere Gestalt an:

$$(77) \qquad [x' \cdot x'p] + \frac{\mathfrak{a}}{\mathfrak{A}_{33}} = 0\,.$$

Ferner bekommt man für den mit dem Mittelpunkt m des Polarsystems p zusammenfallenden einfachen Punkt e_3' wegen (67) den Ausdruck

$$(78) \qquad e_3' = \frac{m}{\mathfrak{A}_{33}},$$

und endlich erhalten die im Satze 493 vorkommenden Strecken e_1 und e_2 die Länge 1.

Außerdem bedient man sich zur Bestimmung der Hauptachsen eines Polarsystems mit Vorteil einer gewissen speziellen projektiven Abbildung k, die den Strecken der Ebene Stäbe zuweist, deren Geraden durch den Punkt e_3' gehen und auf jenen Strecken senkrecht stehen. Dazu führe man noch die Stäbe ein

$$(79) \qquad E_1' = [e_2 e_3'] \quad \text{und} \quad E_2' = [e_3' e_1];$$

alsdann ordnet der Bruch

$$(80) \qquad k = \frac{E_1', E_2'}{e_1, \ e_2}$$

nicht nur den Strecken e_1 und e_2 der Koordinatenachsen die zu ihnen senkrechten, mit ihnen gleich langen und von ihnen im Sinne des rechten Winkels $\angle\,(e_2 e_1)$ abweichenden Stäbe E_1' und E_2' zu (vgl. Fig. 120), sondern er weist *überhaupt jeder Strecke* einen durch den Punkt e_3' gehenden, mit ihr gleich langen und zu ihr senkrechten Stab zu, der von der Originalstrecke im Sinne des Winkels $\angle\,(e_2 e_1)$ um einen rechten Winkel abweicht. Dieser Bruch k ist ein Ausschnitt des in ein imaginäres Linienpaar mit dem reellen Schnittpunkt e_3' zerfallenden Polarsystems zweiter Ordnung

$$(81) \qquad q = \frac{E_1', E_2', 0}{e_1, \ e_2, \ e_3'}\,.$$

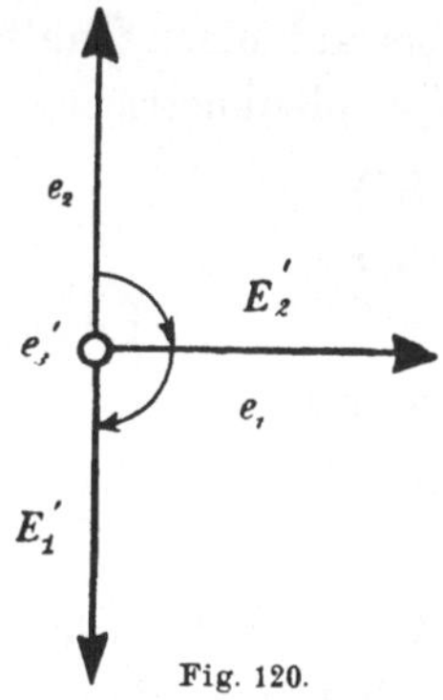

Fig. 120.

Man frage sodann nach denjenigen Strecken g_i, deren Polaren $g_i p$ hinsichtlich des Polarsystems p sich von den in der „rechtwinkligen Projektivität k" jenen Strecken g_i zugeordneten Stäben $g_i k$ nur um einen Zahlfaktor unterscheiden, für die also eine Gleichung von der Form

$$(82) \qquad g_i p = \mathfrak{n}_i g_i k$$

gilt, in der $\mathfrak{n}_i$ eine Zahlgröße bedeutet, und g_i selbstverständlich nicht null sein darf. Um aus dieser Gleichung g_i zu bestimmen, schreibe man sie zuerst in der Form:

$$(83) \qquad g_i(p - \mathfrak{n}_i k) = 0$$

und ersetze dann die Strecke g_i durch ihren Ableitungsausdruck:

$$(84) \qquad g_i = \mathfrak{g}_{i1} e_1 + \mathfrak{g}_{i2} e_2.$$

Dadurch verwandelt sich die Gleichung (83) in:

$$(85) \qquad \mathfrak{g}_{i1}\, e_1(p - \mathfrak{n}_i k) + \mathfrak{g}_{i2}\, e_2(p - \mathfrak{n}_i k) = 0$$

oder, wenn man die Gleichungen (58) und (80) verwertet, in:

$$(86) \qquad \mathfrak{g}_{i1}(A_1 - \mathfrak{n}_i E_1') + \mathfrak{g}_{i2}(A_2 - \mathfrak{n}_i E_2') = 0.$$

In dieser Form sagt die Gleichung aus, daß die beiden Stäbe

$$A_1 - \mathfrak{n}_i E_1' \quad \text{und} \quad A_2 - \mathfrak{n}_i E_2'$$

in eine gerade Linie fallen.

Um aus ihr das Verhältnis der Ableitzahlen g_{i1} und g_{i2} der Strecke g_i zu ermitteln, hat man zuvor die zugehörige Zahlgröße $\mathfrak{n}_i$ aufzusuchen. Dazu leite man aus der extensiven Gleichung (86) eine Zahlgleichung ab. In der Gleichung (86) können nicht beide Koeffizienten $g_{ir}, r = 1, 2$, gleichzeitig null sein, weil sonst g_i verschwinden würde, was oben ausgeschlossen ist. Die Gleichung sagt daher aus, daß die beiden Stäbe

$$A_1 - \mathfrak{n}_i E_1' \quad \text{und} \quad A_2 - \mathfrak{n}_i E_2'$$

bis auf einen Zahlfaktor einander gleich sind, woraus wiederum folgt, daß ihr planimetrisches Produkt verschwindet, daß also die Gleichung besteht:

$$(87) \qquad [(A_1 - \mathfrak{n}_i E_1')(A_2 - \mathfrak{n}_i E_2')] = 0$$

oder

$$(88) \qquad [A_1 A_2] - \mathfrak{n}_i \{[E_1' A_2] + [A_1 E_2']\} + \mathfrak{n}_i^2 [E_1' E_2'] = 0.$$

Hier ist

$$(89) \qquad \begin{cases} A_1 = \mathfrak{a}_{11} E_1 + \mathfrak{a}_{12} E_2 + \mathfrak{a}_{13} E_3 \\ A_2 = \mathfrak{a}_{21} E_1 + \mathfrak{a}_{22} E_2 + \mathfrak{a}_{23} E_3. \end{cases}$$

Andererseits weiß man, daß die Stäbe A_1 und A_2 als Polaren der unendlich fernen Punkte e_1 und e_2 durch den Mittelpunkt e_3' des Polarsystems hindurchgehen, daß sie sich also als Vielfachensummen der beiden Stäbe E_1' und E_2' allein müssen darstellen lassen. Da ferner die Stäbe E_1' und E_2' mit den Stäben E_1 und E_2 gleichlang und gleichläufig sind, so müssen die Koeffizienten, vermöge deren die Größen A_1 und A_2 aus E_1' und E_2' abgeleitet werden können, mit den in (89) auftretenden Koeffizienten von E_1 und E_2 übereinstimmen, das heißt, man erhält die Gleichungen:

$$(90) \qquad \begin{cases} A_1 = \mathfrak{a}_{11} E_1' + \mathfrak{a}_{12} E_2' \\ A_2 = \mathfrak{a}_{21} E_1' + \mathfrak{a}_{22} E_2', \end{cases}$$

und es wird daher:

$$[A_1 A_2] = \begin{vmatrix} \mathfrak{a}_{11} & \mathfrak{a}_{12} \\ \mathfrak{a}_{21} & \mathfrak{a}_{22} \end{vmatrix} [E_1' E_2'],$$
$$[E_1' A_2] = \mathfrak{a}_{22} [E_1' E_2'],$$
$$[A_1 E_2'] = \mathfrak{a}_{11} [E_1' E_2'].$$

Bei Einführung dieser Werte aber reduziert sich die Gleichung (88), wenn man zugleich mit $[E_1' E_2']$ dividiert und berücksichtigt, daß $\mathfrak{a}_{21} = \mathfrak{a}_{12}$ ist, auf die Form:

$$(91) \qquad \mathfrak{a}_{11} \mathfrak{a}_{22} - \mathfrak{a}_{12}^2 - \mathfrak{n}_i(\mathfrak{a}_{11} + \mathfrak{a}_{22}) + \mathfrak{n}_i^2 = 0.$$

Sie liefert für $\mathfrak{n}_i$ die beiden Werte:

$$(92) \qquad \begin{Bmatrix} \mathfrak{n}_1 \\ \mathfrak{n}_2 \end{Bmatrix} = \frac{\mathfrak{a}_{11} + \mathfrak{a}_{22}}{2} \pm \sqrt{\left(\frac{\mathfrak{a}_{11} - \mathfrak{a}_{22}}{2}\right)^2 + \mathfrak{a}_{12}^2},$$

die übrigens mit Rücksicht auf die Reellität der Ableitzahlen $\mathfrak{a}_{ik}$ des Polarsystems (vgl. Seite 143) sicher reell sind.

Für die Verhältnisse der Ableitzahlen $\mathfrak{g}_{11}$ *und* $\mathfrak{g}_{12}$, $\mathfrak{g}_{21}$ *und* $\mathfrak{g}_{22}$ *der den* Zahlgrößen $\mathfrak{n}_1$ und $\mathfrak{n}_2$ zugehörigen Strecken g_1 und g_2 erhält man dann aus (86) die Proportionen:

$$(93) \qquad \begin{cases} \mathfrak{g}_{11} : \mathfrak{g}_{12} = -\,(A_2 - \mathfrak{n}_1 E_2') : (A_1 - \mathfrak{n}_1 E_1') \\ \mathfrak{g}_{21} : \mathfrak{g}_{22} = -\,(A_2 - \mathfrak{n}_2 E_2') : (A_1 - \mathfrak{n}_2 E_1') . \end{cases}$$

Um ferner die Lage der beiden Strecken g_1 und g_2 zueinander zu erkennen, multipliziere man die Definitionsgleichungen (82) der g_i, das heißt die Gleichungen:

$$(94) \qquad \begin{cases} g_1 p = \mathfrak{n}_1 g_1 k \\ g_2 p = \mathfrak{n}_2 g_2 k, \end{cases}$$

planimetrisch beziehlich mit g_2 und g_1 und enthält so:

$$(95) \qquad [g_2 \cdot g_1 p] = \mathfrak{n}_1 [g_2 \cdot g_1 k]$$

$$(96) \qquad [g_1 \cdot g_2 p] = \mathfrak{n}_2 [g_1 \cdot g_2 k].$$

Und subtrahiert man diese Gleichungen von einander unter Berücksichtigung der ersten Grundgleichung des Polarsystems (vgl. Seite 176) und der entsprechenden Gleichung für die Projektivität k, die wegen der Gleichungen (80) und (79) ebenfalls befriedigt wird, so erhält man die Gleichung

$$(97) \qquad (\mathfrak{n}_1 - \mathfrak{n}_2)[g_2 \cdot g_1 k] = 0.$$

Wenn also

$$(98) \qquad \mathfrak{n}_1 \neq \mathfrak{n}_2,$$

das heißt, wenn die Wurzeln der quadratischen Gleichung (91) von einander verschieden sind, so muß

$$(99) \qquad [g_2 \cdot g_1 \mathfrak{k}] = 0$$

sein. Diese Gleichung aber sagt aus, daß die Strecken g_1 und g_2 aufeinander senkrecht stehen, daß es also unter der Voraussetzung (98) in dem Polarsystem p überhaupt *nur ein Paar zueinander senkrechter konjugierter Durchmesser gibt*, wodurch das schon oben in der Fußnote zu Seite 267 gefundene Ergebnis bestätigt wird.

Daß die beiden oben gewonnenen Strecken g_1 und g_2 wirklich *auch hinsichtlich p konjugiert sind*, erkennt man sofort, wenn man in die Gleichung (95) für das Produkt $[g_2 \cdot g_1 k]$ seinen Wert Null aus (99) substituiert, wodurch man die Gleichung erhält

$$(100) \qquad [g_2 \cdot g_1 p] = 0,$$

welche die angegebene Eigenschaft ausspricht.

Wie wir übrigens vermöge der Gleichungen (93) die Ableitzahlen der Strecken g_1 und g_2, oder doch ihre Verhältnisse, als Funktionen der

Zahlgrößen $\mathfrak{n}_1$ und $\mathfrak{n}_2$ dargestellt haben, kann man auch *umgekehrt die Zahlgrößen $\mathfrak{n}_1$ und $\mathfrak{n}_2$ durch die Strecken g_1 und g_2 ausdrücken*. Multipliziert man nämlich die Gleichungen (94) planimetrisch beziehlich mit g_1 und g_2 und gibt den Strecken g_1 und g_2 etwa die Länge 1, so daß

$$(101) \qquad [g_1 \cdot g_1 k] = [g_2 \cdot g_2 k] = 1$$

wird, so nehmen die mit jenen Faktoren multiplizierten Gleichungen (94) die Form an:

$$(102) \qquad \begin{cases} [g_1 \cdot g_1 p] = \mathfrak{n}_1 \\ [g_2 \cdot g_2 p] = \mathfrak{n}_2. \end{cases}$$

Setzt man daher noch

$$(103) \qquad x' = \mathfrak{x} g_1 + \mathfrak{y} g_2,$$

wo $\mathfrak{x}$ und $\mathfrak{y}$ die rechtwinkligen Koordinaten in bezug auf die Hauptachsen g_1 und g_2 des Polarsystems p sind, so verwandelt sich die Gleichung (77) in:

$$[(\mathfrak{x} g_1 + \mathfrak{y} g_2) \cdot (\mathfrak{x} g_1 + \mathfrak{y} g_2) p] + \frac{\mathfrak{a}}{\mathfrak{A}_{33}} = 0$$

oder wegen (100) und (102) in:

$$(104) \qquad \mathfrak{n}_1 \mathfrak{x}^2 + \mathfrak{n}_2 \mathfrak{y}^2 + \frac{\mathfrak{a}}{\mathfrak{A}_{33}} = 0.$$

Dabei sind $\mathfrak{n}_1$ und $\mathfrak{n}_2$ die zur $\mathfrak{x}$- und $\mathfrak{y}$-Achse gehörigen Wurzeln der Gleichung (91).

Übrigens reduziert sich infolge der Verwendung eines *rechtwinkligen* Koordinatensystems auch noch der Ausdruck (66) für den Mittelpunkt m des Polarsystems ein wenig; denn wegen (76) verwandelt sich die Gleichung (63) in

$$(105) \qquad \mathfrak{m}_3 = 1,$$

so daß aus den Gleichungen (66) und (65) für m der Wert folgt

$$(106) \qquad m = [A_1 A_2].$$

Man erhält also den folgenden Satz:

Satz 494: Stellt man ein Polarsystem zweiter Ordnung p durch einen Bruch

$$(58) \qquad p = \frac{A_1, \; A_2, \; A_3}{e_1, \; e_2, \; e_3}$$

dar, in dem die beiden ersten Nenner e_1 und e_2 zwei zu einander senkrechte Strecken von der Länge 1 sind und der dritte Nenner e_3 einen beliebigen einfachen Punkt der Ebene bedeutet, so wird der Mittelpunkt m des Polarsystems durch die Gleichung (106) ausgedrückt. Ferner ergeben sich für die Ableitzahlen $\mathfrak{g}_{11}$, $\mathfrak{g}_{12}$ und $\mathfrak{g}_{21}$, $\mathfrak{g}_{22}$ zweier Strecken g_1 und g_2 der beiden Hauptachsen die Proportionen (93). Endlich lautet die auf die Hauptachsen als Koordinatenachsen bezogene Gleichung der Polkurve:

$$(104) \qquad \mathfrak{n}_1 \mathfrak{x}^2 + \mathfrak{n}_2 \mathfrak{y}^2 + \frac{\mathfrak{a}}{\mathfrak{A}_{33}} = 0,$$

wo $\mathfrak{n}_1$ und $\mathfrak{n}_2$ die Wurzeln (92) der Gleichung (91) sind, $\mathfrak{a}$ die Determinante $|a_{ik}|$ der Ableitzahlen der Zähler A_i von p und $\mathfrak{A}_{33}$ die zu dem Elemente a_{33} gehörige Unterdeterminante dieser Determinante ist.

Die Gleichungen einer Ellipse und Hyperbel auf die Hauptachsen bezogen. Ist $\mathfrak{a} \neq 0$, so läßt sich die Gleichung (104) auch in der Form schreiben:

$$(107) \qquad \frac{\mathfrak{x}^2}{\left(\sqrt{-\dfrac{\mathfrak{a}}{\mathfrak{n}_1 \mathfrak{A}_{33}}}\right)^2} + \frac{\mathfrak{y}^2}{\left(\sqrt{-\dfrac{\mathfrak{a}}{\mathfrak{n}_2 \mathfrak{A}_{33}}}\right)^2} = 1.$$

In ihr besitzen die beiden in den Nennern auftretenden Quadratwurzeln eine einfache geometrische Bedeutung. Setzt man nämlich in der Gleichung (107)

zuerst $\mathfrak{y} = 0$ und bestimmt aus ihr die zugehörigen Werte von $\mathfrak{x}$, und setzt

andererseits in ihr $\mathfrak{x} = 0$ und bestimmt die zugehörigen Werte von $\mathfrak{y}$, so findet man, daß jene beiden Quadratwurzeln die Länge der Stücke darstellen, welche die Kurve (107) von der $\mathfrak{x}$- und $\mathfrak{y}$-Achse abschneidet. Bezeichnet man daher die Werte der beiden Quadratwurzeln, je nachdem sie reell oder rein imaginär sind, mit $\mathfrak{a}$ und $\mathfrak{b}$ oder $i\mathfrak{a}$ und $i\mathfrak{b}$, wo $\mathfrak{a}$ und $\mathfrak{b}$ positiv sind, und wo jetzt der Buchstabe $\mathfrak{a}$ eine andere Bedeutung hat wie bisher, so nimmt die Gleichung (107) die Form an:

$$(108) \qquad \pm \frac{\mathfrak{x}^2}{\mathfrak{a}^2} \pm \frac{\mathfrak{y}^2}{\mathfrak{b}^2} = 1.$$

Dieselbe umfaßt die folgenden 4 verschiedenen Gleichungsformen:

Erstens die Hauptachsengleichung einer reellen Ellipse mit den Halbachsen $\mathfrak{a}$ und $\mathfrak{b}$:

$$(109) \qquad \frac{\mathfrak{x}^2}{\mathfrak{a}^2} + \frac{\mathfrak{y}^2}{\mathfrak{b}^2} = 1;$$

zweitens die Hauptachsengleichung einer die $\mathfrak{x}$-Achse schneidenden Hyperbel mit den Halbachsen $\mathfrak{a}$ und $i\mathfrak{b}$:

$$(110) \qquad \frac{\mathfrak{x}^2}{\mathfrak{a}^2} - \frac{\mathfrak{y}^2}{\mathfrak{b}^2} = 1;$$

drittens die Hauptachsengleichung einer die $\mathfrak{y}$-Achse schneidenden Hyperbel mit den Halbachsen $i\mathfrak{a}$ und $\mathfrak{b}$:

$$(111) \qquad -\frac{\mathfrak{x}^2}{\mathfrak{a}^2} + \frac{\mathfrak{y}^2}{\mathfrak{b}^2} = 1;$$

diese Hyperbel ist zu der Hyperbel (110) *konjugiert* (vgl. Seite 175 des ersten Bandes);

viertens endlich die Hauptachsengleichung einer imaginären Ellipse mit den Halbachsen $i\mathfrak{a}$ und $i\mathfrak{b}$:

$$(112) \qquad -\frac{\mathfrak{x}^2}{\mathfrak{a}^2} - \frac{\mathfrak{y}^2}{\mathfrak{b}^2} = 1.$$

Dabei sind die „Längenfaktoren $\mathfrak{b}$ und $\mathfrak{a}$" der imaginären Halbachsen $i\mathfrak{b}$ und $i\mathfrak{a}$ der konjugierten Hyperbeln (110) und (111) nach Band I Seite 173 ff. die Längen der Tangenten dieser Hyperbeln in deren Scheiteln, das heißt in deren Schnittpunkten mit der sie treffenden Hauptachse, gezogen und gerechnet bis zum Schnitt mit einer Asymptote.

Weiter kann man sogleich den Bruch für die Punkt-Stab-Zuordnung eines jeden Polarsystems angeben, das einer der vier Kurven (109) bis (112) zugehört, und dessen erste Nenner zwei Strecken e_1 und e_2 von der Länge 1 sind, die den Hauptachsen der Kurve parallel laufen, während der dritte Nenner derjenige einfache Punkt e_3 ist, der mit dem Mittelpunkt der Kurve zusammenfällt. In der Tat entspricht zum Beispiel den beiden Gleichungen

$$(113) \qquad \frac{\mathfrak{x}^2}{\mathfrak{a}^2} \pm \frac{\mathfrak{y}^2}{\mathfrak{b}^2} - 1 = 0$$

der reellen Ellipse und der die x-Achse schneidenden Hyperbel das folgende System Ableitzahlen für die Zähler dieses Bruches

$$(114) \qquad \begin{cases} \mathfrak{a}_{11} = \dfrac{1}{\mathfrak{a}^2}, & \mathfrak{a}_{12} = \phantom{\pm\frac{1}{\mathfrak{b}^2}}0, & \mathfrak{a}_{13} = 0, \\[2ex] \mathfrak{a}_{21} = 0, & \mathfrak{a}_{22} = \pm\dfrac{1}{\mathfrak{b}^2}, & \mathfrak{a}_{23} = 0, \\[2ex] \mathfrak{a}_{31} = 0, & \mathfrak{a}_{32} = \phantom{\pm\frac{1}{\mathfrak{b}^2}}0, & \mathfrak{a}_{33} = -1, \end{cases}$$

wobei sich ebenso wie in (113) das obere Vorzeichen auf die Ellipse, das untere auf die Hyperbel bezieht.

Für das Polarsystem p_1 einer reellen Ellipse mit den Halbachsen $\mathfrak{a}$ und $\mathfrak{b}$ ergibt sich also die Bruchdarstellung:

$$(115) \qquad p_1 = \frac{\dfrac{1}{\mathfrak{a}^2}\,E_1,\ \ \dfrac{1}{\mathfrak{b}^2}\,E_2,\ \ -E_3}{e_1,\qquad e_2,\qquad e_3}$$

und für das Polarsystem p_2 der Hyperbel mit den Halbachsen $\mathfrak{a}$ und $i\mathfrak{b}$ der Bruch:

$$(116) \qquad p_2 = \frac{\dfrac{1}{\mathfrak{a}^2}\,E_1,\ \ -\dfrac{1}{\mathfrak{b}^2}\,E_2,\ \ -E_3}{e_1,\qquad e_2,\qquad e_3}.$$

Und da die Gleichungen (111) und (112) aus (109) und (110) dadurch hervorgehen, daß man $\mathfrak{a}^2$ mit $-\mathfrak{a}^2$ vertauscht, so erhält man für das Polarsystem p_3 der Hyperbel (111), daß heißt der Hyperbel mit den Halbachsen $i\mathfrak{a}$ und $\mathfrak{b}$, den Bruch:

$$(117) \qquad p_3 = \frac{-\dfrac{1}{\mathfrak{a}^2}E_1,\quad \dfrac{1}{\mathfrak{b}^2}E_2,\quad -E_3}{e_1,\qquad e_2,\qquad e_3}$$

und endlich für das Polarsystem p_4 der imaginären Ellipse mit den Halbachsen $i\mathfrak{a}$ und $i\mathfrak{b}$ die Darstellung:

$$(118) \qquad p_4 = \frac{-\dfrac{1}{\mathfrak{a}^2}E_1,\quad -\dfrac{1}{\mathfrak{b}^2}E_2,\quad -E_3}{e_1,\qquad e_2,\qquad e_3}\cdot$$

Um die Beziehung dieses Polarsystems p_4 der imaginären Ellipse (112) zu dem Polarsystem p_1 der „zugehörigen reellen Ellipse" (109) zu finden, daß heißt derjenigen reellen Ellipse, deren Halbachsen $\mathfrak{a}$ und $\mathfrak{b}$ mit den „Längenfaktoren $\mathfrak{a}$ und $\mathfrak{b}$" der imaginären Halbachsen $i\mathfrak{a}$ und $i\mathfrak{b}$ der imaginären Ellipse (112) übereinstimmen, führe man noch die Stab-Stab-Kollineation

$$(119) \qquad \mathfrak{S} = \frac{-E_1,\quad -E_2,\quad E_3}{E_1,\qquad E_2,\qquad -E_3}$$

ein, welche einen jeden Stab in sein Spiegelbild in bezug auf den Punkt $e_3 = [E_1 E_2]$ verwandelt. In der Tat führt sie den Stab

$$U = \mathfrak{u}_1 E_1 + \mathfrak{u}_2 E_2 + \mathfrak{u}_3 E_3$$

in den Stab

$$U' = -\mathfrak{u}_1 E_1 - \mathfrak{u}_2 E_2 + \mathfrak{u}_3 E_3$$

über. Dieser aber ist das Spiegelbild des Stabes U am Punkte e_3; denn die Stäbe

$$\mathfrak{u}_1 E_1 + \mathfrak{u}_2 E_2 \quad \text{und}$$
$$-\mathfrak{u}_1 E_1 - \mathfrak{u}_2 E_2$$

gehen durch den Punkt $e_3 = [E_1 E_2]$ und unterscheiden sich nur dem Sinne nach. Sie erfahren daher durch Hinzufügung des Feldes $\mathfrak{u}_3 E_3$ eine Verschiebung aus ihrer Linie von gleicher Größe aber nach entgegengesetzter Seite (vgl. Seite 18 des ersten Bandes).

Nun läßt sich der Bruch p_4 als *Folgeprodukt*[1]) der Brüche p_1 und $\mathfrak{S}$ darstellen, das heißt, es wird

$$(120) \qquad p_4 = p_1 \mathfrak{S},$$

und diese Gleichung zeigt: Man bildet zu einem beliebigen Punkte x die Polare in bezug auf das Polarsystem p_4 der imaginären Ellipse (112), indem man zuerst die Polare in bezug auf das Polarsystem p_1 der zu-

---

1) Vgl. Seite 123 ff. des ersten Bandes, namentlich Satz 81.

gehörigen reellen Ellipse (109) bestimmt und diese Polare dann am Mittelpunkte der reellen Ellipse spiegelt (vgl. Fig. 121).

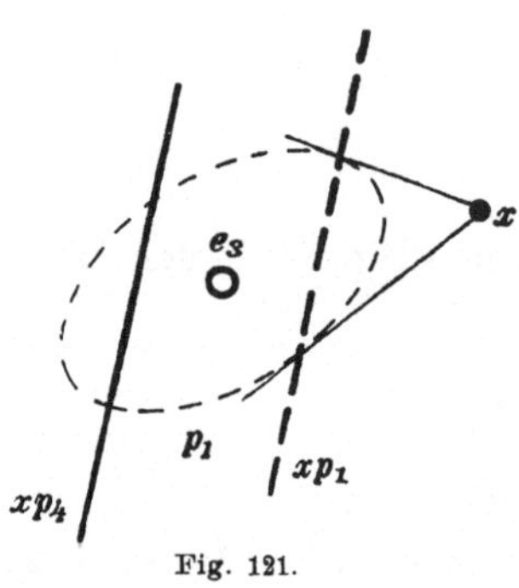

Fig. 121.

Nennt man noch die Gerade, die man erhält, wenn man zu einem Punkte x in bezug auf ein Polarsystem p die Polare xp bildet und diese am Mittelpunkte des Polarsystems spiegelt, die „Antipolare des Punktes x hinsichtlich des Polarsystems p", so kann man das gewonnene Ergebnis in der Form aussprechen:

Satz 495: Die Polare eines beliebigen Punktes in bezug auf eine imaginäre Ellipse fällt zusammen mit der Antipolare des Punktes hinsichtlich der zugehörigen reellen Ellipse.

Siebenter Hauptteil.

Das Kegelschnittbüschel und die Kegelschnittschar.

Abschnitt 35.

Das Kegelschnittbüschel.

Begriff eines Kegelschnittbüschels. Die Ergebnisse des 32. Abschnitts über entartende Polarsysteme gewinnen eine besondere Bedeutung bei der Betrachtung der linearen Systeme von Kurven zweiter Ordnung und zweiter Klasse.

Es seien *zwei* von einander linear unabhängige Polarsysteme zweiter Ordnung[1]) gegeben durch ihre involutorischen Punkt-Stab-Brüche:

$$(1) \qquad p = \frac{A_1, \; A_2, \; A_3}{e_1, \; e_2, \; e_3} \quad \text{und} \quad (2) \; q = \frac{B_1, \; B_2, \; B_3}{e_1, \; e_2, \; e_3},$$

und *es werde nach solchen Punkten d_t der Ebene gefragt, deren Polaren $d_t p$ und $d_t q$, genommen hinsichtlich der beiden Polarsysteme p und q, in eine einzige Gerade zusammenfallen,* so daß also für jeden von diesen Punkten d_t eine Gleichung von der Form besteht:

$$(3) \qquad d_t p = \mathfrak{n}_t d_t q,$$

in der $\mathfrak{n}_t$ eine Zahlgröße bedeutet, und in der d_t selbstverständlich nicht null sein darf.

Gibt man dieser Gleichung die Gestalt:

$$(4) \qquad d_t(p - \mathfrak{n}_t q) = 0,$$

so führt sie auf die Frage nach der Bedeutung eines Ausdrucks von der Form

$$\mathfrak{h} p + \mathfrak{k} q,$$

in dem $\mathfrak{h}$ und $\mathfrak{k}$ zwei Zahlgrößen sind. Es läßt sich zeigen, daß ein solcher Ausdruck ebenso wie die Brüche p und q selbst die *Punkt-Stab-*

---

1) Mit Rücksicht auf den in Band 1 Seite 256 aufgestellten Begriff linear unabhängiger Projektivitäten derselben Geraden versteht es sich von selbst, wann man zwei oder mehr Polarsysteme zweiter Ordnung oder zweiter Klasse linear unabhängig von einander nennen wird.

Zuordnung eines gewissen Polarsystems darstellt; es wird nämlich:

$$(5) \qquad \mathfrak{h}p + \mathfrak{k}q = \frac{\mathfrak{h}A_1 + \mathfrak{k}B_1,\ \mathfrak{h}A_2 + \mathfrak{k}B_2,\ \mathfrak{h}A_3 + \mathfrak{k}B_3}{e_1,\qquad e_2,\qquad e_3}.$$

Damit ist die „Vielfachensumme" $\mathfrak{h}p + \mathfrak{k}q$ der beiden Polarsysteme p und q bereits auf die Form eines Reziprozitätsbruches gebracht, der Punkte in Stäbe überführt. Dieser Bruch ist aber auch involutorisch (vgl. Seite 172 und 192). Denn aus den Gleichungen

$$(6) \qquad [z \cdot yp] = [y \cdot zp] \quad \text{und} \quad [z \cdot yq] = [y \cdot zq],$$

welche die Brüche p und q als involutorisch charakterisieren (vgl. Seite 175 f.), folgert man durch lineare Verknüpfung sofort, daß die entsprechende Gleichung

$$(7) \qquad [z \cdot y(\mathfrak{h}p + \mathfrak{k}q)] = [y \cdot z(\mathfrak{h}p + \mathfrak{k}q)]$$

auch für die Summe $\mathfrak{h}p + \mathfrak{k}q$ besteht. *Die Vielfachensumme* (5) *ist also wirklich der analytische Ausdruck der Punkt-Stab-Zuordnung eines gewissen Polarsystems* oder, wie wir oben sagten, *der Ausdruck eines Polarsystems zweiter Ordnung.*

Um die sämtlichen Polarsysteme überblicken zu können, die bei *veränderlichem* $\mathfrak{h}$ und $\mathfrak{k}$ durch eine Vielfachensumme von der Form $\mathfrak{h}p + \mathfrak{k}q$ dargestellt werden, beachte man, daß zwei Polarsysteme $\mathfrak{h}p + \mathfrak{k}q$, *bei denen das Verhältnis* $\frac{\mathfrak{k}}{\mathfrak{h}}$ *denselben Wert hat*, geometrisch nicht von einander verschieden sind und insbesondere *dieselbe Polkurve besitzen.* In der Tat läßt sich ja die Vielfachensumme $\mathfrak{h}p + \mathfrak{k}q$, falls $\mathfrak{h} \neq 0$ ist, auch in der Form schreiben:

$$(\dagger) \qquad \mathfrak{h}p + \mathfrak{k}q = \mathfrak{h}\left(p + \frac{\mathfrak{k}}{\mathfrak{h}}q\right),$$

welche zeigt, daß alle Polarsysteme $\mathfrak{h}p + \mathfrak{k}q$, für die das Verhältnis $\frac{\mathfrak{k}}{\mathfrak{h}}$ denselben Wert hat, sich nur um einen Zahlfaktor von einander unterscheiden und also jedem beliebigen Punkte dieselbe Gerade als Polare zuweisen, wenn auch die Länge oder der Sinn seines Polarstabes oder beides für zwei solche Polarsysteme verschieden ausfallen wird. Aus diesem Grunde umfaßt die Gesamtheit der Polarsysteme, die durch die Vielfachensumme $\mathfrak{h}p + \mathfrak{k}q$ ausgedrückt wird, auch nur eine *einfach unendliche Mannigfaltigkeit räumlich verschiedener Polarsysteme*[1]).

Wir bezeichnen diese Mannigfaltigkeit als ein **Büschel von Polarsystemen**. Dementsprechend möge die Gesamtheit der Polkurven eines

---

[1]) In vielen Fällen wird es daher ausreichen, der oben betrachteten Vielfachensumme $\mathfrak{h}p + \mathfrak{k}q$ zweier Polarsysteme p und q die einfachere Form $p - \mathfrak{g}q$ zu geben, indem man in dem Ausdruck ($\dagger$) den Faktor $\mathfrak{h}$ wegläßt und das Verhältnis $\frac{\mathfrak{k}}{\mathfrak{h}} = -\mathfrak{g}$ setzt.

solchen Büschels von Polarsystemen ein Büschel von Kurven zweiter Ordnung oder kürzer ein Kegelschnittbüschel genannt werden.

Schon auf Seite 85 ff. des ersten Bandes wurde die Bezeichnung „Büschel von Kurven zweiter Ordnung" für die Gesamtheit der Kurven zweiter Ordnung gebraucht, die durch vier feste Punkte hindurchgehen. Es wird sich weiter unten zeigen, daß der soeben eingeführte Begriff der Polkurven eines Büschels von Polarsystemen nur insofern etwas allgemeiner ist wie jener Begriff der Kurven zweiter Ordnung, die durch vier feste Punkte gehen, als die Beschränkung auf vier reelle Schnittpunkte fortfällt, und überdies auch die Fälle mit umfaßt werden, in denen von jenen vier Punkten zwei oder mehr Punkte in einen einzigen Punkt zusammenfallen.

In der Tat sind die Polkurven eines Büschels von Polarsystemen dadurch ausgezeichnet, daß jeder Punkt x, der den beiden „Grundkurven" p und q des Büschels gemeinsam ist, der also den beiden Gleichungen:

$$(8) \qquad [x \cdot xp] = 0 \quad \text{und} \quad [x \cdot xq] = 0$$

gleichzeitig Genüge leistet, zugleich auch jeder Kurve des Kegelschnittbüschels $\mathfrak{h}p + \mathfrak{k}q$ angehört; denn aus den Gleichungen (8) folgert man durch lineare Verknüpfung ohne weiteres das Bestehen der Gleichung:

$$(9) \qquad [x \cdot x(\mathfrak{h}p + \mathfrak{k}q)] = 0$$

für beliebige Werte von $\mathfrak{h}$ und $\mathfrak{k}$, womit wirklich der Satz bewiesen ist:

Satz 496: Ein jeder Punkt, der den beiden Grundkurven p und q eines Kegelschnittbüschels $\mathfrak{h}p + \mathfrak{k}q$ gemeinsam ist, gehört überhaupt jeder Kurve dieses Büschels an.

Sind umgekehrt $\mathfrak{h}_1 p + \mathfrak{k}_1 q$ und $\mathfrak{h}_2 p + \mathfrak{k}_2 q$ *irgend zwei von einander verschiedene Kurven des Büschels*, ist also

$$(10) \qquad \frac{\mathfrak{k}_1}{\mathfrak{h}_1} \gtrless \frac{\mathfrak{k}_2}{\mathfrak{h}_2},$$

so ist jeder Schnittpunkt x dieser beiden Kurven auch auf den beiden Grundkurven p und q enthalten, und also überhaupt auf sämtlichen Kurven des Büschels. Schreibt man nämlich die Gleichungen jener beiden beliebigen Kurven des Büschels:

$$[x \cdot x(\mathfrak{h}_1 p + \mathfrak{k}_1 q)] = 0 \quad \text{und} \quad [x \cdot x(\mathfrak{h}_2 p + \mathfrak{k}_2 q)] = 0$$

in der Form:

$$(11) \quad \mathfrak{h}_1 [x \cdot xp] + \mathfrak{k}_1 [x \cdot xq] = 0 \quad \text{und} \quad \mathfrak{h}_2 [x \cdot xp] + \mathfrak{k}_2 [x \cdot xq] = 0$$

und setzt voraus, daß diese Gleichungen für einen und denselben Punkt x gleichzeitig bestehen, so hat man in den Gleichungen (11) ein System zweier linearen homogenen Gleichungen zwischen den beiden Größen

$$[x \cdot xp] \quad \text{und} \quad [x \cdot xq].$$

Und da die Resultante

$$\begin{vmatrix} \mathfrak{h}_1 & \mathfrak{k}_1 \\ \mathfrak{h}_2 & \mathfrak{k}_2 \end{vmatrix}$$

dieses Systems (11) wegen (10) von Null verschieden ist, so folgt aus den Gleichungen (11), daß die Größen $[x \cdot xp]$ und $[x \cdot xq]$ einzeln verschwinden müssen, das heißt, daß für den Punkt x auch die Gleichungen gelten:

$$(12) \qquad [x \cdot xp] = 0 \quad \text{und} \quad [x \cdot xq] = 0.$$

Diese Gleichungen aber zeigen in der Tat, daß auch die beiden Grundkurven p und q und somit (nach Satz 496) sämtliche Kurven des Büschels durch den Punkt x hindurchgehen.

Man hat also die folgende Verallgemeinerung des Satzes 496:

Satz 497: Ein jeder Punkt, der irgend zwei verschiedenen Kurven eines Kegelschnittbüschels gemeinsam ist, gehört überhaupt sämtlichen Kurven des Büschels an.

Die Grundpunkte, Hauptpunkte und Hauptzahlen eines Kegelschnittbüschels. Um nun „die Grundpunkte des Kegelschnittbüschels $\mathfrak{h}p + \mathfrak{k}q$", das heißt diejenigen Punkte zu finden, die allen Kurven des Büschels gemeinsam sind, suche man *zuerst* die durch die obigen Gleichungen

$$(3) \qquad d_t p = \mathfrak{n}_t d_t q \qquad \text{oder}$$

$$(4) \qquad d_t (p - \mathfrak{n}_t q) = 0$$

charakterisierten Punkte d_t auf. Wie auf Seite 207 ff. gezeigt ist, sagt die Gleichung (4) aus, daß das in dem Büschel $\mathfrak{h}p + \mathfrak{k}q$ enthaltene Polarsystem

$$(13) \qquad p - \mathfrak{n}_t q = \frac{A_1 - \mathfrak{n}_t B_1,\quad A_2 - \mathfrak{n}_t B_2,\quad A_3 - \mathfrak{n}_t B_3}{e_1,\qquad\quad e_2,\qquad\quad e_3}$$

ein entartendes Polarsystem zweiter Ordnung ist, daß nämlich seine Polkurve in ein Linienpaar mit dem Doppelpunkte d_t oder in eine Doppellinie zerfällt, welcher der Punkt d_t angehört.

Aber die Gleichung (4) gestattet es auch, diejenigen Punkte d_t, die der Bedingung (3) genügen, wir bezeichnen sie als „die Hauptpunkte des Kegelschnittbüschels", und ebenso die zugehörigen Zahlwerte $\mathfrak{n}_t$, „die Hauptzahlen des Kegelschnittbüschels", zu bestimmen. Dazu ersetze man in der Gleichung (4) den Hauptpunkt d_t durch seinen Ableitausdruck:

$$(14) \qquad d_t = \mathfrak{d}_{t,1} e_1 + \mathfrak{d}_{t,2} e_2 + \mathfrak{d}_{t,3} e_3,$$

wodurch diese Gleichung die Gestalt annimmt:

$$\mathfrak{d}_{t,1}\, e_1 (p - \mathfrak{n}_t q) + \mathfrak{d}_{t,2}\, e_2 (p - \mathfrak{n}_t q) + \mathfrak{d}_{t,3}\, e_3 (p - \mathfrak{n}_t q) = 0$$

oder wegen (13) die Form:

(15) $\quad \mathfrak{d}_{t,1}(A_1 - \mathfrak{n}_t B_1) + \mathfrak{d}_{t,2}(A_2 - \mathfrak{n}_t B_2) + \mathfrak{d}_{t,3}(A_3 - \mathfrak{n}_t B_3) = 0.$

In dieser Form sagt die Gleichung aus, daß zwischen den Zählerstäben $A_r - \mathfrak{n}_t B_r$, $r = 1, 2, 3$, des Bruches $p - \mathfrak{n}_t q$ eine Zahlbeziehung herrscht, daß die Geraden der drei Stäbe also *durch einen Punkt* gehen, wie es ja nach der Gleichung (4) des 32. Abschnitts bei einem entartenden Polarsysteme zweiter Ordnung der Fall sein muß. Es wird hierdurch bestätigt, daß das Polarsystem $p - \mathfrak{n}_t q$ entartet. Dabei zerfällt seine Polkurve, wie schon oben bemerkt ist, in ein Linienpaar, das den Hauptpunkt d_t des Kegelschnittbüschels zum Doppelpunkte hat, und das auch in eine Doppellinie übergehen kann, die den Punkt d_t enthält (vgl. Seite 214 ff.).

Um die Verhältnisse der Ableitzahlen $\mathfrak{d}_{t,1}$, $\mathfrak{d}_{t,2}$, $\mathfrak{d}_{t,3}$ dieses Hauptpunktes d_t aus der Gleichung (15) entwickeln zu können, hat man zunächst die in dieser Gleichung auftretende, dem Hauptpunkte d_t zugehörende Hauptzahl $\mathfrak{n}_t$ zu ermitteln, und leite dazu aus der *extensiven Gleichung* (15) eine *Zahlgleichung* ab.

In der Gleichung (15) können nicht alle drei Koeffizienten $\mathfrak{d}_{t,r}$, $r = 1, 2, 3$, gleichzeitig null sein, weil sonst wegen (14) auch d verschwinden würde, was oben ausgeschlossen ist. Es sei daher etwa der Koeffizient $\mathfrak{d}_{t,s}$ von Null verschieden. Dann multipliziere man die Gleichung (15) planimetrisch mit dem Produkte derjenigen beiden Größen $A_r - \mathfrak{n}_t B_r$, die dieser Zahlgröße $\mathfrak{d}_{t,s}$ nicht entsprechen; so erhält man die Gleichung

$$\mathfrak{d}_{t,s}[(A_1 - \mathfrak{n}_t B_1)(A_2 - \mathfrak{n}_t B_2)(A_3 - \mathfrak{n}_t B_3)] = 0,$$

oder da $\mathfrak{d}_{t,s} \neq 0$ ist, die Gleichung

(16) $\quad [(A_1 - \mathfrak{n}_t B_1)(A_2 - \mathfrak{n}_t B_2)(A_3 - \mathfrak{n}_t B_3)] = 0.$

Diese Gleichung aber — wir nennen sie „die Hauptgleichung des Kegelschnittbüschels" — ist eine Zahlgleichung dritten Grades in bezug auf $\mathfrak{n}_t$. Wenn sie daher nicht für beliebige Werte von $\mathfrak{n}_t$ erfüllt wird, oder was dasselbe ist, wenn nicht sämtliche Kurven zweiter Ordnung des Kegelschnittbüschels $p - \mathfrak{n}_t q$ zerfallen, so liefert sie für die Zahlgröße $\mathfrak{n}_t$ drei Werte $\mathfrak{n}_1$, $\mathfrak{n}_2$, $\mathfrak{n}_3$, die wir als „die drei Hauptzahlen des Kegelschnittbüschels" bezeichnen wollen.

Die drei Hauptzahlen des Büschels sind reell und von einander verschieden: Die drei Hauptpunkte des Kegelschnittbüschels als Ecken seines gemeinsamen Polardreiecks. Hat man die drei Hauptzahlen des Büschels bestimmt, und sind sie alle *von einander verschieden*, so läßt sich zu jeder Hauptzahl $\mathfrak{n}_t$ mit Hülfe der extensiven Gleichung (15) der zugehörige Hauptpunkt d_t auffinden.

Ist insbesondere die Hauptzahl $\mathfrak{n}_t$ *reell*, so multipliziere man die Gleichung (15) der Reihe nach mit den Stäben

$$A_r - \mathfrak{n}_t B_r, \quad r = 1,\ 2,\ 3,$$

und erhält so die Verhältnisse der drei Ableitzahlen $\mathfrak{d}_{t,1}$, $\mathfrak{d}_{t,2}$, $\mathfrak{d}_{t,3}$ des Punktes d_t. Durch Multiplikation mit dem Stabe $A_1 - \mathfrak{n}_t B_1$ ergibt sich zum Beispiel die Gleichung:

$$0 = \mathfrak{d}_{t,2}[(A_1 - \mathfrak{n}_t B_1)(A_2 - \mathfrak{n}_t B_2)] + \mathfrak{d}_{t,3}[(A_1 - \mathfrak{n}_t B_1)(A_3 - \mathfrak{n}_t B_3)].$$

Aus ihr aber und den beiden andern auf diese Weise entstehenden Gleichungen folgt die laufende Proportion:

$$(17) \quad \left\{ \begin{aligned} \mathfrak{d}_{t,1} : \mathfrak{d}_{t,2} : \mathfrak{d}_{t,3} &= [(A_2 - \mathfrak{n}_t B_2)(A_3 - \mathfrak{n}_t B_3)] : [(A_3 - \mathfrak{n}_t B_3)(A_1 - \mathfrak{n}_t B_1)] \\ &\quad : [(A_1 - \mathfrak{n}_t B_1)(A_2 - \mathfrak{n}_t B_2)], \end{aligned} \right.$$

durch welche die Lage des Punktes d_t festgelegt wird. Eine Unbestimmtheit tritt nur ein, wenn alle drei Produkte zu je zweien, die man aus den drei Größen $A_r - \mathfrak{n}_t B_r$, $r = 1,\ 2,\ 3$, bilden kann, gleichzeitig verschwinden, in dem Falle also, wo das Linienpaar, das die Polkurve des Polarsystems (13) darstellt, noch weiter, nämlich zu einer Doppellinie, entartet ist (vgl. Seite 214 ff.). Dieser Fall möge einstweilen von der Untersuchung ausgeschlossen bleiben.

Man kann aber ferner noch den Satz beweisen:

Satz 498: Besteht ein Kegelschnittbüschel nicht aus lauter zerfallenden Kurven zweiter Ordnung, und sind die drei Hauptzahlen $\mathfrak{n}_t$ des Büschels reell und von einander verschieden, so bilden die drei ihnen zugehörenden Hauptpunkte d_t des Büschels ein eigentliches Dreieck.

Dazu zeige man *zunächst* wieder genau so wie bei der entsprechenden Untersuchung über die Doppelpunkte einer Kollineation (vgl. Seite 86 ff.), *daß keine zwei von den Punkten d_t sich nur um einen Zahlfaktor von einander unterscheiden können.*

Angenommen, es wäre

$$(*) \qquad\qquad d_2 = \mathfrak{z}\, d_1$$

wo $\mathfrak{z}$ eine Zahlgröße bedeutet, so müßte auch

$$d_2 p = \mathfrak{z}\, d_1 p,$$

das heißt, wegen (3)

$$\mathfrak{n}_2 d_2 q = \mathfrak{z}\, \mathfrak{n}_1 d_1 q$$

oder wegen (*)

$$\mathfrak{n}_2 \mathfrak{z}\, d_1 q = \mathfrak{z}\, \mathfrak{n}_1 d_1 q \quad \text{sein.}$$

Setzt man daher noch voraus, daß das Polarsystem q nicht entartet, worin keine Beschränkung der Allgemeinheit liegt, da im Satze 498 ohnehin vorausgesetzt ist, daß nicht alle Kurven des Büschels zerfallen, so ist sicher d_1q von Null verschieden (vgl. Seite 205 ff.); und da überdies auch $\mathfrak{Z} \neq 0$ sein muß, weil sonst wegen (*) gegen die Voraussetzung d_2 verschwinden würde, so kann die letzte Gleichung nicht anders bestehen, als wenn $\mathfrak{n}_2 = \mathfrak{n}_1$ ist, was gerade oben ausgeschlossen wurde. Folglich liegen die drei Punkte d_t von einander getrennt.

Nimmt man jetzt *zweitens* an, die drei Hauptpunkte d_t wären zwar von einander verschieden, lägen aber in einer geraden Linie; dann müßte sich jeder von ihnen als Vielfachensumme der beiden andern darstellen lassen, also etwa

$$(**) \qquad d_3 = \mathfrak{Z}_1\,d_1 + \mathfrak{Z}_2\,d_2$$

sein, wo $\mathfrak{Z}_1$ und $\mathfrak{Z}_2$ zwei von Null verschiedene Zahlgrößen sind. Diese Gleichung aber führt ebenfalls auf einen Widerspruch. Aus ihr folgt nämlich durch Multiplikation mit p die Gleichung

$$d_3\,p = \mathfrak{Z}_1\,d_1\,p + \mathfrak{Z}_2\,d_2\,p,$$

für die man wegen (3) auch schreiben kann

$$\mathfrak{n}_3\,d_3\,q = \mathfrak{Z}_1\,\mathfrak{n}_1\,d_1\,q + \mathfrak{Z}_2\,\mathfrak{n}_2\,d_2\,q \quad \text{oder wegen } (**)$$
$$\mathfrak{n}_3(\mathfrak{Z}_1\,d_1\,q + \mathfrak{Z}_2\,d_2\,q) = \mathfrak{Z}_1\,\mathfrak{n}_1\,d_1\,q + \mathfrak{Z}_2\,\mathfrak{n}_2\,d_2\,q \quad \text{oder endlich}$$
$$(\dagger) \qquad \mathfrak{Z}_1(\mathfrak{n}_3 - \mathfrak{n}_1)\,d_1\,q + \mathfrak{Z}_2(\mathfrak{n}_3 - \mathfrak{n}_2)\,d_2\,q = 0.$$

Da nun aber das Polarsystem q nicht entarten soll, so stehen die Zähler des Bruches q, insbesondere also auch die Größen $d_1q = B_1$ und $d_2q = B_2$, in keiner Zahlbeziehung zu einander. Folglich müssen in der Gleichung ($\dagger$) die beiden Koeffizienten von d_1q und d_2q verschwinden, das heißt, es müssen die Gleichungen bestehen

$$(\dagger\dagger) \qquad \mathfrak{Z}_1(\mathfrak{n}_3 - \mathfrak{n}_1) = 0 \quad \text{und} \quad \mathfrak{Z}_2(\mathfrak{n}_3 - \mathfrak{n}_2) = 0.$$

Und da überdies nach der Voraussetzung die Zahlgrößen $\mathfrak{Z}_1$ und $\mathfrak{Z}_2$ ungleich Null sind, so können diese Gleichungen ($\dagger\dagger$) nicht anders befriedigt werden, als wenn gleichzeitig

$$\mathfrak{n}_3 - \mathfrak{n}_1 = 0 \quad \text{und} \quad \mathfrak{n}_3 - \mathfrak{n}_2 = 0$$

ist, was der Voraussetzung widersprechen würde, daß alle drei Hauptzahlen von einander verschieden sind.

Unter den angegebenen Voraussetzungen bilden daher die drei Hauptpunkte d_t des Büschels *ein eigentliches Dreieck*. Und das war die Behauptung des Satzes 498.

Wir können aber weiter zeigen, *daß jeder reelle Hauptpunkt d_t des betrachteten Büschels von Polarsystemen nicht nur in den Polarsystemen p und q, sondern auch in sämtlichen Polarsystemen des Büschels $\mathfrak{h}p + \mathfrak{k}q$ dieselbe Polare hat.*

In der Tat erhält man für die Polare eines Punktes d_t im Polarsystem $\mathfrak{h}p + \mathfrak{k}q$ die Darstellung:

$$d_t(\mathfrak{h}p + \mathfrak{k}q) = \mathfrak{h}\, d_t p + \mathfrak{k}\, d_t q$$

oder wegen (3):

$$d_t(\mathfrak{h}p + \mathfrak{k}q) = \mathfrak{h}\,\mathfrak{n}_t d_t q + \mathfrak{k}\, d_t q$$

oder endlich den Ausdruck:

$$(18) \qquad d_t(\mathfrak{h}p + \mathfrak{k}q) = (\mathfrak{h}\,\mathfrak{n}_t + \mathfrak{k})\, d_t q,$$

welcher zeigt, daß die Polare des Punktes d_t in bezug auf das Polarsystem $\mathfrak{h}p + \mathfrak{k}q$ nur um den Zahlfaktor $\mathfrak{h}\,\mathfrak{n}_t + \mathfrak{k}$ von der Polare $d_t q$ des Punktes d_t im Polarsystem q verschieden ist. Man hat also den Satz:

Satz 499: Jeder reelle Hauptpunkt eines Kegelschnittbüschels besitzt in bezug auf sämtliche Kurven des Büschels dieselbe Polare.

Es ist nun noch von besonderem Interesse, *daß das Dreiseit der Polaren der drei Hauptpunkte d_t des Kegelschnittbüschels in bezug auf die Kurven des Büschels die drei Hauptpunkte d_t selbst zu Ecken hat,* und daß also die drei Hauptpunkte des Kegelschnittbüschels die Ecken eines gemeinsamen Polardreiecks aller Kurven dieses Büschels bilden.

Sind nämlich $\mathfrak{n}_t$, $\mathfrak{n}_u$ zwei von einander verschiedene Hauptzahlen des Büschels und d_t, d_u die zugehörigen Hauptpunkte, so bestehen nach (4) die Gleichungen:

$$d_t(p - \mathfrak{n}_t q) = 0 \quad \text{und} \quad d_u(p - \mathfrak{n}_u q) = 0.$$

Multipliziert man diese Gleichungen planimetrisch beziehlich mit

$$d_u \qquad \text{und} \qquad d_t$$

und wendet auf die zweite der entstehenden Gleichungen die erste Grundgleichung des Polarsystems an (vgl. Gleichung (61) des 31. Abschnitts), so erhält man die Gleichungen:

$$[d_u \cdot d_t(p - \mathfrak{n}_t q)] \quad \text{und} \quad [d_u \cdot d_t(p - \mathfrak{n}_u q)] = 0,$$

die sich, wenn man ausmultipliziert, auch in der Form schreiben lassen:

$$\begin{cases} [d_u \cdot d_t p] - \mathfrak{n}_t [d_u \cdot d_t q] = 0 \\ [d_u \cdot d_t p] - \mathfrak{n}_u [d_u \cdot d_t q] = 0. \end{cases}$$

Diese beiden in

$$[d_u \cdot d_t p] \quad \text{und} \quad [d_u \cdot d_t q]$$

linearen homogenen Gleichungen aber können, so lange ihre Resultante

$$\begin{vmatrix} 1, & -\mathfrak{n}_t \\ 1, & -\mathfrak{n}_u \end{vmatrix} \gtrless 0$$

ist, das heißt, so lange

$$\mathfrak{n}_t \gtrless \mathfrak{n}_u$$

ist, nicht anders zusammenbestehen, als wenn

$$(19) \qquad [d_u \cdot d_t p] = 0 \quad \text{und} \quad [d_u \cdot d_t q] = 0$$

ist.

Sind nun, wie wir vorausgesetzt haben, alle drei Hauptzahlen $\mathfrak{n}_1$, $\mathfrak{n}_2$, $\mathfrak{n}_3$ reell und von einander verschieden, so gelten die Gleichungen (19) *für je zwei beliebige Ecken d_t und d_u des Dreiecks $d_1 d_2 d_3$.* Damit aber ist be-

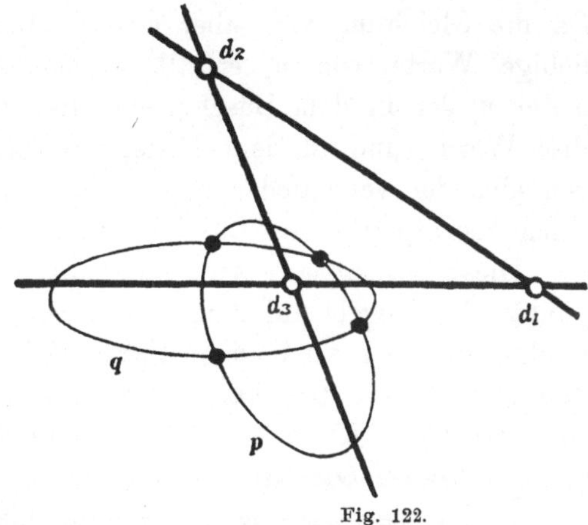

Fig. 122.

wiesen: Die Polare eines jeden der drei Punkte d_t in bezug auf eine jede von den beiden Kurven p und q geht durch die beiden andern Ecken des Dreiecks $d_1 d_2 d_3$ hindurch. Das Dreieck $d_1 d_2 d_3$ der drei Hauptpunkte des Büschels ist daher mit dem Dreieck der Polaren dieser drei Punkte in bezug auf die beiden Kurven p und q identisch und bildet also *ein gemeinsames Polardreieck dieser beiden Kurven* (vgl. Fig. 122).

Es ist aber offenbar auch *ein Polardreieck sämtlicher Kurven $\mathfrak{h}p + \mathfrak{k}q$ des Büschels.* Dies folgt schon aus dem Satze 499; aber man leitet auch sofort aus den Gleichungen (19) durch lineare Verknüpfung wieder die entsprechenden Gleichungen

$$(20) \qquad [d_u \cdot d_t(\mathfrak{h}p + \mathfrak{k}q)] = 0, \quad t,\ u = 1,\ 2,\ 3, \quad t \neq u,$$

ab für eine beliebige Kurve $\mathfrak{h}p + \mathfrak{k}q$ des durch die Kurven p und q bestimmten Kegelschnittbüschels.

Man hat also den Satz:

Satz 500: Sind bei einem Kegelschnittbüschel, das nicht aus lauter zerfallenden Kurven zweiter Ordnung besteht, die drei Hauptzahlen reell und von einander verschieden, so ist das Dreieck seiner drei Hauptpunkte ein gemeinsames Polardreieck aller Kurven des Büschels.

Die in einem Kegelschnittbüschel mit drei reellen Hauptpunkten enthaltenen Linienpaare und ihre Beziehung zu den Grundpunkten des Büschels. Wie schon auf Seite 296 f. erwähnt wurde, ist ein jeder von den drei Hauptpunkten eines Kegelschnittbüschels zugleich der Doppelpunkt eines Linienpaars, das dem Büschel angehört. Es kann ferner ein Kegelschnittbüschel, das nicht aus lauter zerfallenden Kurven zweiter Ordnung besteht (vgl. Seite 297), auch nicht mehr als drei Linienpaare enthalten. Denn fassen wir für den Augenblick in dem Ausdrucke (13) den Parameter $\mathfrak{n}_t$ als eine vollständig beliebige Zahlgröße auf, so stellt der Bruch (13) irgend ein Polarsystem des betrachteten Büschels von Polarsystemen dar, und die obige Gleichung dritten Grades (16) für die Hauptzahlen des Kegelschnittbüschels ist dann die Bedingung des Entartens jenes Polarsystems (13). Da die Gleichung (16) aber unserer Voraussetzung zufolge nicht für beliebige Werte von $\mathfrak{n}_t$ erfüllt werden soll, so liefert sie für die Parameter $\mathfrak{n}_t$ der in dem Büschel enthaltenen entartenden Polarsysteme gerade drei Werte; und in dem Falle, wo diese drei Parameterwerte reell und von einander verschieden sind, haben die drei zugehörigen Linienpaare je einen Hauptpunkt des Büschels zum Doppelpunkt.

Diese Linienpaare wird man mit Vorteil zur Bestimmung der Grundpunkte des Kegelschnittbüschels heranziehen können. Denn diese Grundpunkte gehören nach dem Satze 497 auch jenen drei Linienpaaren an. *Die quadratische Gleichung eines Linienpaares aber hat vor der Gleichung einer beliebigen Kurve zweiter Ordnung den Vorzug, daß sie eine Spaltung in zwei lineare Gleichungen gestattet.*

Und diese Spaltung ergibt sich nach Seite 238 f. ohne weiteres, sobald man die quadratische Gleichung des Linienpaars *auf eins seiner Polardreiecke* bezieht. Ein solches Polardreieck ist uns für alle drei Linienpaare des Kegelschnittbüschels bekannt in dem Dreieck $d_1 d_2 d_3$ der drei Hauptpunkte des Büschels. In der Tat bildet dieses Dreieck nach dem Satze 500 für *alle* Kurven des Kegelschnittbüschels ein Polardreieck, also auch für die drei in ihm enthaltenen Linienpaare.

Um aber die quadratischen Gleichungen der drei Linienpaare des Büschels auf dieses ihnen gemeinsame Polardreieck $d_1 d_2 d_3$ zu beziehen, forme man zunächst die Brüche p und q für die beiden ursprünglichen Polarsysteme in der Weise um, daß ihre Nenner die Ecken d_1, d_2, d_3 jenes gemeinsamen Polardreiecks werden. Dann werden ihre sechs Zähler abgesehen von je einem Zahlfaktor mit den Produkten

$$(21) \qquad D_1 = [d_2 d_3], \quad D_2 = [d_3 d_1], \quad D_3 = [d_1 d_2]$$

übereinstimmen müssen.

Von denjenigen drei Zahlfaktoren, die in den drei Zählern von q zu den drei Stäben D_1, D_2, D_3 hinzutreten, können wir überdies aussagen, daß sie *von Null verschieden* sein müssen; denn wir haben oben (vgl. Seite 298) von dem Polarsystem q vorausgesetzt, daß es nicht entartet. Mit Rücksicht hierauf wird es sogar möglich sein, *über die bisher unbestimmt gebliebenen Massen der drei Punkte d_t in solcher Weise zu verfügen, daß die*

Zähler des Bruches q *direkt den drei Größen* D_1, D_2, D_3 *gleich werden*, daß also jene drei Zahlfaktoren sämtlich den Wert 1 erhalten[1]). Wir stellen uns also behufs Vereinfachung der Gleichungsformen für die drei Linienpaare des Büschels zunächst die Aufgabe, die Massen $\mathfrak{d}_t$ der drei Punkte d_t in der Weise zu bestimmen, daß der Bruch q die Form annimmt:

$$(22) \qquad q = \frac{D_1,\ D_2,\ D_3}{d_1,\ d_2,\ d_3},$$

daß also

$$(23) \qquad d_1 q = D_1, \quad d_2 q = D_2, \quad d_3 q = D_3$$

wird, oder wegen (21):

$$(24) \qquad d_1 q = [d_2 d_3], \quad d_2 q = [d_3 d_1], \quad d_3 q = [d_1 d_2].$$

Dann wird zugleich

$$(25) \qquad [d_1 \cdot d_1 q] = [d_2 \cdot d_2 q] = [d_3 \cdot d_3 q] = [d_1 d_2 d_3] = \mathfrak{d}$$

sein müssen, wo mit Rücksicht auf den Satz 498 $\mathfrak{d}$ eine von Null verschiedene Zahlgröße ist.

Um diese Aufgabe zu lösen, bezeichne man noch die mit den drei Punkten d_1, d_2, d_3 zusammenfallenden *einfachen* Punkte mit s_1, s_2, s_3 und wie oben die Massen der drei Punkte d_1, d_2, d_3 mit $\mathfrak{d}_1$, $\mathfrak{d}_2$, $\mathfrak{d}_3$; dann wird

$$(26) \qquad d_1 = \mathfrak{d}_1 s_1, \quad d_2 = \mathfrak{d}_2 s_2, \quad d_3 = \mathfrak{d}_3 s_3.$$

Ferner setze man

$$(27) \qquad s_t = \mathfrak{z}_{t,1} e_1 + \mathfrak{z}_{t,2} e_2 + \mathfrak{z}_{t,3} e_3, \quad t = 1, 2, 3,$$

so genügen die Dreieckskoordinaten $\mathfrak{z}_{tu}$ der einfachen Punkte s_t *erstens* den Proportionen (17), das heißt, es verhält sich:

$$(28) \quad \begin{cases} \mathfrak{z}_{t,1} : \mathfrak{z}_{t,2} : \mathfrak{z}_{t,3} = [(A_2 - \mathfrak{n}_t B_2)(A_3 - \mathfrak{n}_t B_3)] : [(A_3 - \mathfrak{n}_t B_3)(A_1 - \mathfrak{n}_t B_1)] \\ \qquad\qquad\qquad\qquad\quad : [(A_1 - \mathfrak{n}_t B_1)(A_2 - \mathfrak{n}_t B_2)], \\ \qquad\qquad\qquad\qquad\qquad\qquad\qquad\qquad\qquad t = 1, 2, 3. \end{cases}$$

Zweitens aber erfüllen sie die Massengleichung (28) des 25. Abschnitts, die für den Fall des einfachen Punktes s_t die Form annimmt:

$$(29) \qquad \mathfrak{z}_{t,1} \mathfrak{m}_1 + \mathfrak{z}_{t,2} \mathfrak{m}_2 + \mathfrak{z}_{t,3} \mathfrak{m}_3 = 1, \quad t = 1, 2, 3.$$

Durch diese drei Gleichungen (29) sind dann auch die drei Proportionalitätsfaktoren der drei Proportionen (28) und damit wieder die Größen s_t eindeutig bestimmt.

Andererseits aber erhält man die Werte der drei Massen $\mathfrak{d}_t$, wenn man die Ausdrücke (26) in die Gleichungen (24) einsetzt, wodurch die

---

1) Vgl. hierzu Clebsch-Lindemann, Vorlesungen über Geometrie, Bd. I. Erste Auflage (1876). Seite 124 f. Zweite Auflage (1906). Seite 215 f.

Gleichungen hervorgehen:

$$(30) \quad \mathfrak{b}_1\, s_1\, q = \mathfrak{b}_2\,\mathfrak{b}_3\,[s_2 s_3], \quad \mathfrak{b}_2\, s_2\, q = \mathfrak{b}_3\,\mathfrak{b}_1\,[s_3 s_1], \quad \mathfrak{b}_3\, s_3\, q = \mathfrak{b}_1\,\mathfrak{b}_2\,[s_1 s_2],$$

welche gerade zur Bestimmung der drei Massen $\mathfrak{b}_t$ ausreichen.

Multipliziert man zunächst die drei Gleichungen (30) planimetrisch beziehlich mit

$$\mathfrak{b}_1 s_1, \qquad \mathfrak{b}_2 s_2, \qquad \mathfrak{b}_3 s_3,$$

so bekommt man die drei Zahlgleichungen:

$$(31) \quad \begin{cases} \mathfrak{b}_1^2[s_1 \cdot s_1\, q] = \mathfrak{b}_1\,\mathfrak{b}_2\,\mathfrak{b}_3\,[s_1 s_2 s_3] \\ \mathfrak{b}_2^2[s_2 \cdot s_2\, q] = \mathfrak{b}_1\,\mathfrak{b}_2\,\mathfrak{b}_3\,[s_1 s_2 s_3] \\ \mathfrak{b}_3^2[s_3 \cdot s_3\, q] = \mathfrak{b}_1\,\mathfrak{b}_2\,\mathfrak{b}_3\,[s_1 s_2 s_3]. \end{cases}$$

Und aus diesen ergibt sich durch Multiplikation für das Produkt $\mathfrak{b}_1\mathfrak{b}_2\mathfrak{b}_3$ die Gleichung:

$$\mathfrak{b}_1^2\mathfrak{b}_2^2\mathfrak{b}_3^2[s_1 \cdot s_1\, q][s_2 \cdot s_2\, q][s_3 \cdot s_3\, q] = (\mathfrak{b}_1\mathfrak{b}_2\mathfrak{b}_3)^3[s_1 s_2 s_3]^3$$

Jenes Produkt besitzt also den Wert:

$$(32) \quad \mathfrak{b}_1\mathfrak{b}_2\mathfrak{b}_3 = \frac{[s_1 \cdot s_1\, q][s_2 \cdot s_2\, q][s_3 \cdot s_3\, q]}{[s_1 s_2 s_3]^3}.$$

Führt man endlich diesen in die Gleichungen (31) ein und löst sie dann nach $\mathfrak{b}_1$, $\mathfrak{b}_2$, $\mathfrak{b}_3$ auf, so findet man für die drei gesuchten Massen $\mathfrak{b}_t$ die Ausdrücke:

$$(33) \quad \mathfrak{b}_1 = \frac{\pm\sqrt{[s_2 \cdot s_2\, q][s_3 \cdot s_3\, q]}}{[s_1 s_2 s_3]}, \quad \mathfrak{b}_2 = \frac{\pm\sqrt{[s_3 \cdot s_3\, q][s_1 \cdot s_1\, q]}}{[s_1 s_2 s_3]}, \quad \mathfrak{b}_3 = \frac{\pm\sqrt{[s_1 \cdot s_1\, q][s_2 \cdot s_2\, q]}}{[s_1 s_2 s_3]},$$

in denen man über die Vorzeichen zweier Quadratwurzeln willkürlich verfügen kann, während dann durch die Gleichung (32) das Vorzeichen der dritten Quadratwurzel bestimmt ist.

Übrigens werden bei einer reellen Kurve zweiter Ordnung

$$[x \cdot x q] = 0$$

von den drei Massen $\mathfrak{b}_t$ notwendig *zwei Massen rein imaginär* sein müssen. Nach dem Satze 451 haben nämlich für eine solche Kurve die drei Produkte $[s_t \cdot s_t q]$, $t = 1, 2, 3$, nicht sämtlich dasselbe Vorzeichen. Von den drei Produkten zu je zweien dieser Größen, sind also notwendig zwei Produkte negativ, und somit von den Massen $\mathfrak{b}_t$ wegen (33) zwei Größen rein imaginär.

Für die Ableitzahlen $\mathfrak{b}_{tu}$ der mit diesen Massen $\mathfrak{b}_t$ belasteten Punkte d_t ergeben sich schließlich die Werte

$$(34) \quad \mathfrak{b}_{tu} = \mathfrak{b}_t \mathfrak{z}_{tu},$$

und für den Bruch q erhält man wirklich die Darstellung

$$(22) \quad q = \frac{D_1, \; D_2, \; D_3}{d_1, \; d_2, \; d_3}$$

oder, was dasselbe ist, die Gleichungen

$$(35) \qquad d_t q = D_t, \quad t = 1, 2, 3.$$

Die entsprechenden Gleichungen für das Polarsystem p findet man, wenn man in die Definitionsgleichungen der Punkte d_t, das heißt in die Gleichungen

$$(3) \qquad d_t p = \mathfrak{n}_t d_t q,$$

für die Produkte $d_t q$ ihre Werte D_t aus (35) einsetzt; dadurch bekommt man die drei Gleichungen

$$(36) \qquad d_t p = \mathfrak{n}_t D_t, \quad t = 1, 2, 3,$$

und also für das Polarsystem p den Bruch

$$(37) \qquad p = \frac{\mathfrak{n}_1 D_1, \; \mathfrak{n}_2 D_2, \; \mathfrak{n}_3 D_3}{d_1, \quad d_2, \quad d_3}.$$

Die so gewonnenen Formen (37) und (22) für die beiden Polarsysteme p und q liefern sodann für die drei entartenden Polarsysteme $p - \mathfrak{n}_t q$ die Bruchdarstellungen:

$$(38) \qquad \begin{cases} p - \mathfrak{n}_1 q = \dfrac{0, \qquad (\mathfrak{n}_2 - \mathfrak{n}_1) D_2, \quad (\mathfrak{n}_3 - \mathfrak{n}_1) D_3}{d_1, \qquad d_2, \qquad d_3} \\[2ex] p - \mathfrak{n}_2 q = \dfrac{(\mathfrak{n}_1 - \mathfrak{n}_2) D_1, \qquad 0, \qquad (\mathfrak{n}_3 - \mathfrak{n}_2) D_3}{d_1, \qquad d_2, \qquad d_3} \\[2ex] p - \mathfrak{n}_3 q = \dfrac{(\mathfrak{n}_1 - \mathfrak{n}_3) D_1, \quad (\mathfrak{n}_2 - \mathfrak{n}_3) D_2, \qquad 0}{d_1, \qquad d_2, \qquad d_3}, \end{cases}$$

welche direkt zeigen, daß die Zählerprodukte der drei Brüche $p - \mathfrak{n}_t q$ verschwinden. Überdies folgt aus ihnen durch Multiplikation mit den Zahlgrößen $\mathfrak{n}_2 - \mathfrak{n}_3$, $\mathfrak{n}_3 - \mathfrak{n}_1$, $\mathfrak{n}_1 - \mathfrak{n}_2$ und Addition die lineare Beziehung:

$$(39) \quad (\mathfrak{n}_2 - \mathfrak{n}_3)(p - \mathfrak{n}_1 q) + (\mathfrak{n}_3 - \mathfrak{n}_1)(p - \mathfrak{n}_2 q) + (\mathfrak{n}_1 - \mathfrak{n}_2)(p - \mathfrak{n}_3 q) = 0,$$

vermöge deren man das Polarsystem eines jeden in dem Kegelschnittbüschel enthaltenen Linienpaars als Vielfachensumme der Polarsysteme der beiden andern Linienpaare darstellen kann.

Und die entsprechende Beziehung besteht dann auch zwischen den zugehörigen quadratischen Formen, das heißt, es gilt die Identität:

$$(40) \qquad \begin{cases} (\mathfrak{n}_2 - \mathfrak{n}_3)[x \cdot x(p - \mathfrak{n}_1 q)] + (\mathfrak{n}_3 - \mathfrak{n}_1)[x \cdot x(p - \mathfrak{n}_2 q)] \\ \qquad\qquad + (\mathfrak{n}_1 - \mathfrak{n}_2)[x \cdot x(p - \mathfrak{n}_3 q)] = 0. \end{cases}$$

Sie bestätigt für einen besonderen Fall das oben gefundene allgemeine Ergebnis, daß jeder Punkt x, welcher zwei Kurven des Büschels $p - \mathfrak{g} q$ angehört, auch auf jeder weiteren Kurve des Büschels liegen muß. Denn der Gleichung (40) zufolge leistet jeder Punkt x, der zwei von den drei Gleichungen

$$(41) \qquad [x \cdot x(p - \mathfrak{n}_t q)] = 0, \quad t = 1, 2, 3,$$

befriedigt, zugleich auch der dritten von diesen Gleichungen Genüge, das heißt, jeder Schnittpunkt x zweier Geraden, die zwei verschiedenen von den drei Linienpaaren des Büschels $p - \mathfrak{g}q$ angehören, liegt zugleich auch auf einer Geraden des dritten Linienpaars (vgl. die Fig. 123; vgl. ferner die Identität (24) des 4. Abschnitts sowie die Entwickelung auf Seite 86 des ersten Bandes).

Um endlich *die den drei Brüchen (38) entsprechenden quadratischen Formen der drei Linienpaare in Punktkoordinaten darzustellen*, drücke man noch die Punkte x der Ebene als Vielfachensummen der neuen Nennerpunkte d_t aus, setze also

$$(42) \qquad x = \mathfrak{x}_1 e_1 + \mathfrak{x}_2 e_2 + \mathfrak{x}_3 e_3 = \mathfrak{y}_1 d_1 + \mathfrak{y}_2 d_2 + \mathfrak{y}_3 d_3,$$

wo übrigens mit Rücksicht auf die Werte der den Punkten d_t beigelegten Massen $\mathfrak{d}_t$ (vgl. Seite 304) *bei einem reellen Punkte x zwei von den Ableitzahlen $\mathfrak{y}_t$ rein imaginär sein werden.* Dann wird wegen (19) die quadratische Form:

$$[x \cdot xq] = \mathfrak{y}_1^2[d_1 \cdot d_1 q] + \mathfrak{y}_2^2[d_2 \cdot d_2 q] + \mathfrak{y}_3^2[d_3 \cdot d_3 q]$$

oder wegen (25)

$$(43) \qquad [x \cdot xq] = \mathfrak{d}(\mathfrak{y}_1^2 + \mathfrak{y}_2^2 + \mathfrak{y}_3^2).$$

Ebenso erhält man wegen (19) für die quadratische Form $[x \cdot xp]$ *nur quadratische Glieder, deren Koeffizienten aber nicht sämtlich einander gleich sind;* es wird nämlich

$$[x \cdot xp] = \mathfrak{y}_1^2[d_1 \cdot d_1 p] + \mathfrak{y}_2^2[d_2 \cdot d_2 p] + \mathfrak{y}_3^2[d_3 \cdot d_3 p]$$

oder wegen (3) und (25):

$$(44) \qquad [x \cdot xp] = \mathfrak{d}(\mathfrak{n}_1 \mathfrak{y}_1^2 + \mathfrak{n}_2 \mathfrak{y}_2^2 + \mathfrak{n}_3 \mathfrak{y}_3^2).$$

Auf Grund dieser Darstellungen (43) und (44) *lassen sich die drei quadratischen Formen, die den drei Linienpaaren des Kegelschnittbüschels $p - \mathfrak{g}q$ zugehören, als Differenzen von Quadraten darstellen.* Denn es wird zum Beispiel:

$$[x \cdot x(p - \mathfrak{n}_1 q)] = \mathfrak{d}\{(\mathfrak{n}_2 - \mathfrak{n}_1)\mathfrak{y}_2^2 + (\mathfrak{n}_3 - \mathfrak{n}_1)\mathfrak{y}_3^2\};$$

also findet man

$$(45) \qquad \begin{cases} \dfrac{1}{\mathfrak{d}}[x \cdot x(p - \mathfrak{n}_1 q)] = (\mathfrak{n}_2 - \mathfrak{n}_1)\mathfrak{y}_2^2 - (\mathfrak{n}_1 - \mathfrak{n}_3)\mathfrak{y}_3^2 \\[2mm] \dfrac{1}{\mathfrak{d}}[x \cdot x(p - \mathfrak{n}_2 q)] = (\mathfrak{n}_3 - \mathfrak{n}_2)\mathfrak{y}_3^2 - (\mathfrak{n}_2 - \mathfrak{n}_1)\mathfrak{y}_1^2 \\[2mm] \dfrac{1}{\mathfrak{d}}[x \cdot x(p - \mathfrak{n}_3 q)] = (\mathfrak{n}_1 - \mathfrak{n}_3)\mathfrak{y}_1^2 - (\mathfrak{n}_3 - \mathfrak{n}_2)\mathfrak{y}_2^2. \end{cases}$$

Die rechten Seiten dieser drei Gleichungen aber zerfallen unmittelbar in ihre linearen Faktoren, und man erhält daher für die drei Linienpaare

$A, B, \; C, D, \; E, F$ des Büschels *die drei Paare linearer Gleichungen:*

$$(46) \quad \begin{cases} \begin{cases} A) \; \dots \; \sqrt{\mathfrak{n}_2 - \mathfrak{n}_1} \, \mathfrak{y}_2 + \sqrt{\mathfrak{n}_1 - \mathfrak{n}_3} \, \mathfrak{y}_3 = 0 \\ B) \; \dots \; \sqrt{\mathfrak{n}_2 - \mathfrak{n}_1} \, \mathfrak{y}_2 - \sqrt{\mathfrak{n}_1 - \mathfrak{n}_3} \, \mathfrak{y}_3 = 0 \end{cases} \\ \begin{cases} C) \; \dots \; \sqrt{\mathfrak{n}_3 - \mathfrak{n}_2} \, \mathfrak{y}_3 + \sqrt{\mathfrak{n}_2 - \mathfrak{n}_1} \, \mathfrak{y}_1 = 0 \\ D) \; \dots \; \sqrt{\mathfrak{n}_3 - \mathfrak{n}_2} \, \mathfrak{y}_3 - \sqrt{\mathfrak{n}_2 - \mathfrak{n}_1} \, \mathfrak{y}_1 = 0 \end{cases} \\ \begin{cases} E) \; \dots \; \sqrt{\mathfrak{n}_1 - \mathfrak{n}_3} \, \mathfrak{y}_1 + \sqrt{\mathfrak{n}_3 - \mathfrak{n}_2} \, \mathfrak{y}_2 = 0 \\ F) \; \dots \; \sqrt{\mathfrak{n}_1 - \mathfrak{n}_3} \, \mathfrak{y}_1 - \sqrt{\mathfrak{n}_3 - \mathfrak{n}_2} \, \mathfrak{y}_2 = 0. \end{cases} \end{cases}$$

Auch kann man leicht *die Ausdrücke für sechs Stäbe*

$$A, B, \quad C, D, \quad E, F$$

angeben, die den sechs Geraden der drei Geradenpaare angehören. Dazu bemerke man, daß wegen (42), (21) und (25)

$$[xD_1] = \mathfrak{y}_1[d_1 D_1] = \mathfrak{y}_1[d_1 d_2 d_3] = \mathfrak{y}_1 \mathfrak{d},$$

also

$$(47) \qquad \mathfrak{y}_1 = \frac{1}{\mathfrak{d}}[xD_1], \quad \mathfrak{y}_2 = \frac{1}{\mathfrak{d}}[xD_2], \quad \mathfrak{y}_3 = \frac{1}{\mathfrak{d}}[xD_3]$$

ist. Bei Einführung dieser Werte aber nehmen die Gleichungen (46) die Form an:

$$\begin{cases} [x(\sqrt{\mathfrak{n}_2 - \mathfrak{n}_1} \, D_2 + \sqrt{\mathfrak{n}_1 - \mathfrak{n}_3} \, D_3)] = 0 \\ [x(\sqrt{\mathfrak{n}_2 - \mathfrak{n}_1} \, D_2 - \sqrt{\mathfrak{n}_1 - \mathfrak{n}_3} \, D_3)] = 0 \\ \qquad \dots \dots \dots \dots \dots \dots, \end{cases}$$

welche zugleich zeigt, daß die in den runden Klammern eingeschlossenen Summen und Differenzen sechs Stäbe der drei Geradenpaare darstellen. Bezeichnen wir diese Stäbe mit

$$A, B, \quad C, D, \quad E, F,$$

so erhalten wir für sie die Ausdrücke:

$$(48) \quad \begin{cases} \begin{cases} A = \sqrt{\mathfrak{n}_2 - \mathfrak{n}_1} \, D_2 + \sqrt{\mathfrak{n}_1 - \mathfrak{n}_3} \, D_3, \\ B = \sqrt{\mathfrak{n}_2 - \mathfrak{n}_1} \, D_2 - \sqrt{\mathfrak{n}_1 - \mathfrak{n}_3} \, D_3, \end{cases} \\ \begin{cases} C = \sqrt{\mathfrak{n}_3 - \mathfrak{n}_2} \, D_3 + \sqrt{\mathfrak{n}_2 - \mathfrak{n}_1} \, D_1, \\ D = \sqrt{\mathfrak{n}_3 - \mathfrak{n}_2} \, D_3 - \sqrt{\mathfrak{n}_2 - \mathfrak{n}_1} \, D_1, \end{cases} \\ \begin{cases} E = \sqrt{\mathfrak{n}_1 - \mathfrak{n}_3} \, D_1 + \sqrt{\mathfrak{n}_3 - \mathfrak{n}_2} \, D_2, \\ F = \sqrt{\mathfrak{n}_1 - \mathfrak{n}_3} \, D_1 - \sqrt{\mathfrak{n}_3 - \mathfrak{n}_2} \, D_2. \end{cases} \end{cases}$$

Aus der Form dieser Ausdrücke entnimmt man, daß die drei Linienpaare

$$A, B, \quad C, D, \quad E, F$$

erstens die Ecken

$$d_1, \qquad d_2, \qquad d_3$$

des gemeinsamen Polardreiecks des Kegelschnittbüschels zu Doppelpunkten haben, und daß sie außerdem durch die Seiten

$$D_2, \; D_3, \quad D_3, \; D_1,$$
$$D_1, \; D_2$$

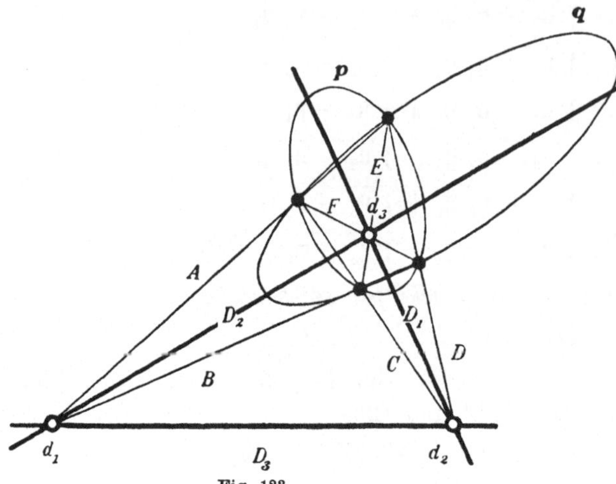

Fig. 123.

dieses Dreiecks harmonisch getrennt werden (vgl. Fig. 123).

Man kann die gewonnenen Ergebnisse in dem Satze zusammenfassen:

Satz 501: Besteht ein Kegelschnittbüschel nicht aus lauter zerfallenden Kurven zweiter Ordnung, und sind seine drei Hauptzahlen reell und von einander verschieden, so enthält das Büschel drei Linienpaare. Die Doppelpunkte dieser Linienpaare fallen mit den Ecken des gemeinsamen Polardreiecks des Büschels zusammen, und die beiden Linien eines jeden Linienpaars werden durch die von seinem Doppelpunkt ausgehenden Seiten jenes Dreiecks harmonisch getrennt.

Die Ausdrücke (48) ergeben uns nun aber ferner *die vier Grundpunkte des Büschels*, wenn wir die Stäbe eines beliebigen von den drei Linienpaaren, etwa die Stäbe A und B, mit denen eines andern Paares, etwa mit den Stäben C und D, planimetrisch multiplizieren. Durch die vier Schnittpunkte der Geraden dieser beiden Paare gehen nämlich, wie oben gezeigt ist (vgl. Seite 305 f.), auch die Geraden des dritten Linienpaars E, F hindurch.

Die angedeuteten Multiplikationen liefern nun aber für die vier Grundpunkte

$$[AC], \quad [AD], \quad [BC], \quad [BD]$$

die folgenden Ergebnisse. Es wird:

$$[AC] = \sqrt{\mathfrak{n}_2 - \mathfrak{n}_1}\,\sqrt{\mathfrak{n}_3 - \mathfrak{n}_2}\,[D_2 D_3] + \sqrt{\mathfrak{n}_1 - \mathfrak{n}_3}\,\sqrt{\mathfrak{n}_2 - \mathfrak{n}_1}\,[D_3 D_1] - (\mathfrak{n}_2 - \mathfrak{n}_1)[D_1 D_2]$$

oder da wegen (21) und (25)

$$[D_2 D_3] = [d_3 d_1 \cdot d_1 d_2] = [d_1 d_2 d_3]d_1 = \mathfrak{d}\,d_1$$

das heißt:

$$(49) \qquad [D_2 D_3] = \mathfrak{d}\,d_1, \quad [D_3 D_1] = \mathfrak{d}\,d_2, \quad [D_1 D_2] = \mathfrak{d}\,d_3$$

ist, so wird:

$$(50) \quad \begin{cases} [AC] = \mathfrak{d}\,\sqrt{\mathfrak{n}_2 - \mathfrak{n}_1}\,\{\sqrt{\mathfrak{n}_3 - \mathfrak{n}_2}\,d_1 + \sqrt{\mathfrak{n}_1 - \mathfrak{n}_3}\,d_2 - \sqrt{\mathfrak{n}_2 - \mathfrak{n}_1}\,d_3\} \\ [AD] = \mathfrak{d}\,\sqrt{\mathfrak{n}_2 - \mathfrak{n}_1}\,\{\sqrt{\mathfrak{n}_3 - \mathfrak{n}_2}\,d_1 - \sqrt{\mathfrak{n}_1 - \mathfrak{n}_3}\,d_2 + \sqrt{\mathfrak{n}_2 - \mathfrak{n}_1}\,d_3\} \\ [BC] = \mathfrak{d}\,\sqrt{\mathfrak{n}_2 - \mathfrak{n}_1}\,\{\sqrt{\mathfrak{n}_3 - \mathfrak{n}_2}\,d_1 - \sqrt{\mathfrak{n}_1 - \mathfrak{n}_3}\,d_2 - \sqrt{\mathfrak{n}_2 - \mathfrak{n}_1}\,d_3\} \\ [BD] = \mathfrak{d}\,\sqrt{\mathfrak{n}_2 - \mathfrak{n}_1}\,\{\sqrt{\mathfrak{n}_3 - \mathfrak{n}_2}\,d_1 + \sqrt{\mathfrak{n}_1 - \mathfrak{n}_3}\,d_2 + \sqrt{\mathfrak{n}_2 - \mathfrak{n}_1}\,d_3\}. \end{cases}$$

Damit sind die vier Grundpunkte $[AC]$, $[AD]$, $[BC]$, $[BD]$ des Kegelschnittbüschels als Vielfachensummen der drei Ecken d_t seines gemeinsamen Polardreiecks dargestellt.

Zwei Hauptzahlen sind konjugiert komplex oder auch entgegengesetzt rein imaginär. Wie liegen die Komponenten der zugehörigen konjugiert komplexen Hauptpunkte? Sind zwei Hauptzahlen $\mathfrak{n}_1$ und $\mathfrak{n}_2$ eines Kegelschnittbüschels konjugiert komplex oder auch entgegengesetzt rein imaginär, ist also etwa

$$(51) \quad \begin{cases} \mathfrak{n}_1 = \mathfrak{r} + i\mathfrak{s} \\ \mathfrak{n}_2 = \mathfrak{r} - i\mathfrak{s}, \quad \text{wo} \end{cases}$$

$$(52) \quad \mathfrak{s} \neq 0$$

ist, und denkt man sich die dazugehörigen Hauptpunkte d_1 und d_2 bestimmt, so sind dieselben ebenfalls konjugiert komplex[1]). Es sei etwa

$$(53) \quad \begin{cases} d_1 = k - il \\ d_2 = k + il. \end{cases}$$

Die dritte Hauptzahl $\mathfrak{n}_3$ ist dann reell, ebenso der zugehörige Hauptpunkt d_3.

Wegen der Gleichungen (19), die ebenso gut auch für komplexe Hauptpunkte gelten, wird ferner

$$[(k - il) \cdot d_3 p] = 0 \quad \text{und} \quad [(k - il) \cdot d_3 q] = 0,$$
$$[(k + il) \cdot d_3 p] = 0 \quad \text{und} \quad [(k + il) \cdot d_3 q] = 0.$$

Aus diesen Gleichungen aber folgen durch Addition und Subtraktion und nachfolgende Division mit 2 und $2i$ die Gleichungen:

$$(54) \quad \begin{cases} [k \cdot d_3 p] = 0 \quad \text{und} \quad [k \cdot d_3 q] = 0 \\ [l \cdot d_3 p] = 0 \quad \text{und} \quad [l \cdot d_3 q] = 0, \end{cases}$$

welche zeigen, daß *die „Komponenten" k und l der konjugiert komplexen Hauptpunkte des Büschels auf der gemeinsamen Polare des reellen Hauptpunktes d_3 hinsichtlich der beiden Grundkurven* und damit überhaupt hinsichtlich sämtlicher Kurven des Büschels gelegen sind. Man hat also den Satz:

---

1) Vgl. hierzu Band 1, Seite 152 ff.

Satz 502: Besitzt ein Kegelschnittbüschel zwei konjugiert komplexe Hauptzahlen, so liegen die Komponenten der zugehörigen konjugiert komplexen Hauptpunkte auf der gemeinsamen Polare des reellen Hauptpunktes hinsichtlich sämtlicher Kurven des Büschels.

Allgemeines über entartende Kegelschnittbüschel. Wir gehen nunmehr dazu über, den in unserer Entwickelung wiederholt ausgeschlossenen Fall eines Büschels von lauter zerfallenden Kurven zweiter Ordnung (vgl. Seite 297 ff. und Seite 301 ff.) im Zusammenhange zu behandeln. Wir wollen ein solches Büschel als ein **entartendes Kegelschnittbüschel** bezeichnen[1]).

Nach dem Begriff eines Kegelschnittbüschels überhaupt (vgl. Seite 293) müssen die Polarsysteme p und q seiner beiden Grundkurven linear unabhängig voneinander sein. Infolgedessen kann der Ausdruck $p - \mathfrak{g}q$ für ein beliebiges Polarsystem eines Kegelschnittbüschels nicht verschwinden, sondern es muß für jeden Wert von $\mathfrak{g}$ die Ungleichung bestehen:

$$(55) \qquad p - \mathfrak{g}q \neq 0.$$

Diese Ungleichung wiederum zeigt mit Rücksicht auf die Sätze 429 bis 431, daß die Polarsysteme eines Kegelschnittbüschels, wenn sie überhaupt entarten, *höchstens zweifach entarten* können. Sie müssen daher eine eigentliche (zerfallende oder nicht zerfallende, reelle oder imaginäre) Polkurve besitzen, und die Gleichung

$$(56) \qquad [x \cdot x\,(p - \mathfrak{g}q)] = 0$$

dieser Polkurve kann nicht etwa durch einen jeden beliebigen Punkt x der Ebene erfüllt werden. Dagegen können in einem Büschel von Polarsystemen sowohl einfach wie zweifach entartende Polarsysteme enthalten sein.

Nach dieser vorbereitenden Bemerkung frage man nach den Bedingungen für das Entarten eines Kegelschnittbüschels. Zunächst ist klar: Damit ein Kegelschnittbüschel aus lauter zerfallenden Kurven zweiter Ordnung bestehe, ist notwendig und hinreichend, daß die Bedingungsgleichung des Entartens des Polarsystems zweiter Ordnung $p - \mathfrak{g}q$, das heißt die Hauptgleichung (16) des Kegelschnittbüschels, für beliebige Werte von $\mathfrak{n}_t = \mathfrak{g}$ erfüllt werde. Nun läßt sich nach Seite 219 die Hauptgleichung des Kegelschnittbüschels auch in der Form schreiben:

$$(57) \qquad [(p - \mathfrak{g}q)^3] = 0$$

oder aufgelöst in der Form:

$$(58) \qquad [p^3] - 3\mathfrak{g}[p^2 q] + 3\mathfrak{g}^2[p q^2] - \mathfrak{g}^3[q^3] = 0.$$

Und eine solche Gleichung dritten Grades in $\mathfrak{g}$ wird dann und nur dann

---

1) Vgl. zum Folgenden: Heffter und Köhler, Lehrbuch der analytischen Geometrie, Bd. 1, Leipzig und Berlin, 1905, S. 314 ff.

für jeden Wert von $\mathfrak{g}$ befriedigt werden können, wenn ihre sämtlichen Koeffizienten verschwinden, das heißt, wenn nicht nur die Gleichungen

$$(59) \qquad [p^3] = 0 \quad \text{und} \quad (60) \quad [q^3] = 0$$

erfüllt werden, welche aussagen, daß die beiden Grundkurven zerfallen, sondern zugleich auch die beiden Gleichungen bestehen:

$$(61) \qquad [p^2q] = 0 \quad \text{und} \quad (62) \quad [pq^2] = 0,$$

und man hat den Satz:

Satz 503: Ein Kegelschnittbüschel $p - \mathfrak{g}q$ entartet dann und nur dann, das heißt, es besteht dann und nur dann aus lauter zerfallenden Kurven zweiter Ordnung, wenn nicht nur die Bedingungen

$$(59) \qquad [p^3] = 0 \quad \text{und} \quad (60) \quad [q^3] = 0$$

für das Zerfallen der beiden Grundkurven p und q des Büschels erfüllt werden, sondern außerdem noch die Gleichungen gelten:

$$(61) \qquad [p^2q] = 0 \quad \text{und} \quad (62) \quad [pq^2] = 0.$$

Ein Kegelschnittbüschel, dessen Grundkurven zwei doppeltzählende Geraden sind. Die Bedingungen des Satzes 503 für ein entartendes Kegelschnittbüschel werden sicher befriedigt, wenn die Polarsysteme zweiter Ordnung p und q der beiden Grundkurven zweifach entarten, wenn also

$$(63) \qquad [p^2] = 0 \quad \text{und} \quad (64) \qquad p \neq 0 \quad \text{und ebenso}$$
$$(65) \qquad [q^2] = 0 \quad \text{und} \quad (66) \qquad q \neq 0.$$

Ein Kegelschnittbüschel, dessen Grundkurven zwei (voneinander verschiedene) doppeltzählende Geraden sind, besteht also aus lauter zerfallenden Kurven zweiter Ordnung.

Es läßt sich aber weiter zeigen, daß jene beiden Grundkurven auch die einzigen doppeltzählenden Geraden eines solchen Büschels sind. Über die Art des Zerfallens der Polkurve eines beliebigen Polarsystems $p - \mathfrak{g}q$ des Büschels entscheidet nämlich das Verschwinden oder Nichtverschwinden des kombinatorischen Quadrats

$$[(p - \mathfrak{g}q)^2].$$

Für dieses aber erhält man die Darstellung:

$$(67) \qquad [(p - \mathfrak{g}q)^2] = [p^2] - 2\mathfrak{g}[pq] + \mathfrak{g}^2[q^2].$$

Setzt man daher für die folgenden Schlußfolgerungen noch voraus, daß

$$(68) \qquad \mathfrak{g} \neq 0 \quad \text{und} \quad (69) \quad \mathfrak{g} \neq \infty$$

sei, wodurch nur die Polarsysteme p und q der beiden Grundkurven von der Betrachtung ausgeschlossen werden, die ja nach der Voraussetzung zweifach entarten, so verkürzt sich zunächst die Gleichung (67) wegen (63) und (65) (vgl. auch (69)) zu:

$$(70) \qquad [(p - \mathfrak{g}q)^2] = - 2\mathfrak{g}[pq];$$

und da hierin ferner nach (68) $\mathfrak{g}$ nicht verschwindet, so kommt es für die Art des Zerfallens einer jeden von den Grundkurven verschiedenen Kurve des Büschels nur auf den Wert des kombinatorischen Produktes $[pq]$ an. Wir werden zeigen, daß dieses Produkt für zwei voneinander linear unabhängige zweifach entartende Polarsysteme zweiter Ordnung p und q von Null verschieden ist, während es verschwindet, sobald diese beiden zweifach entartenden Polarsysteme zweiter Ordnung in einer Zahlbeziehung stehen.

Das Letztere leuchtet sofort ein; denn ist etwa

$$(71) \qquad q = \mathfrak{k}p,$$

unter $\mathfrak{k}$ eine Zahlgröße verstanden, so wird

$$[pq] = [p \cdot \mathfrak{k}p] = \mathfrak{k}[p^2],$$

das heißt wegen (63)

$$(72) \qquad [pq] = 0.$$

Etwas mehr Mühe macht der Nachweis, daß auch umgekehrt zwei zweifach entartende Polarsysteme zweiter Ordnung p und q *nur dann* der Gleichung (72) genügen können, wenn zwischen ihnen eine Zahlbeziehung von der Form (71) besteht. Sind

$$(73) \qquad \begin{cases} A = \mathfrak{A}_1 E_1 + \mathfrak{A}_2 E_2 + \mathfrak{A}_3 E_3 \\ B = \mathfrak{B}_1 E_1 + \mathfrak{B}_2 E_2 + \mathfrak{B}_3 E_3 \end{cases}$$

zwei von Null verschiedene Stäbe der beiden doppeltzählenden Geraden, welche die Polkurven der beiden Polarsysteme p und q bilden, so gestatten nach Satz 426 die beiden Brüche p und q die Darstellung:

$$(74) \qquad \begin{cases} p = \dfrac{\mathfrak{a}_1 A, \ \mathfrak{a}_2 A, \ \mathfrak{a}_3 A}{e_1, \quad e_2, \quad e_3} \\[2mm] q = \dfrac{\mathfrak{b}_1 B, \ \mathfrak{b}_2 B, \ \mathfrak{b}_3 B}{e_1, \quad e_2, \quad e_3}, \end{cases}$$

wobei die Zahlfaktoren $\mathfrak{a}_i$ und $\mathfrak{b}_i$ beziehlich den Ableitzahlen $\mathfrak{A}_i$ und $\mathfrak{B}_i$ der Stäbe A und B proportional sind, wo also die Proportionen bestehen:

$$(75) \qquad \begin{cases} \mathfrak{a}_1 : \mathfrak{a}_2 : \mathfrak{a}_3 = \mathfrak{A}_1 : \mathfrak{A}_2 : \mathfrak{A}_3 \\ \mathfrak{b}_1 : \mathfrak{b}_2 : \mathfrak{b}_3 = \mathfrak{B}_1 : \mathfrak{B}_2 : \mathfrak{B}_3. \end{cases}$$

Nach Seite 151 besitzt aber das kombinatorische Produkt $[pq]$ den Wert:

$$(76) \quad [pq] = \frac{\frac{1}{2}(\mathfrak{a}_2 \mathfrak{b}_3 - \mathfrak{a}_3 \mathfrak{b}_2)[AB]}{[e_2 e_3]}, \ \frac{\frac{1}{2}(\mathfrak{a}_3 \mathfrak{b}_1 - \mathfrak{a}_1 \mathfrak{b}_3)[AB]}{[e_3 e_1]}, \ \frac{\frac{1}{2}(\mathfrak{a}_1 \mathfrak{b}_2 - \mathfrak{a}_2 \mathfrak{b}_1)[AB]}{[e_1 e_2]}.$$

Die Gleichung (72) wird daher *erstens* befriedigt werden können, wenn

$$(77) \qquad\qquad [AB] = 0$$

oder, was dasselbe ist, wenn

$$(78) \qquad\qquad B = \mathfrak{h}\, A$$

ist, wo $\mathfrak{h}$ eine Zahlgröße bedeutet, *zweitens* aber, wenn die Proportion besteht:

$$(79) \qquad\qquad \mathfrak{a}_1 : \mathfrak{a}_2 : \mathfrak{a}_3 = \mathfrak{b}_1 : \mathfrak{b}_2 : \mathfrak{b}_3 .$$

Diese wiederum ist wegen (75) gleichbedeutend mit der Proportion

$$(80) \qquad\qquad \mathfrak{A}_1 : \mathfrak{A}_2 : \mathfrak{A}_3 = \mathfrak{B}_1 : \mathfrak{B}_2 : \mathfrak{B}_3 ,$$

welche wegen (73) genau so wie die Gleichung (78) besagt, daß sich die Stäbe B und A voneinander nur um einen Zahlfaktor unterscheiden können.

Setzt man aber den Wert (78) in die zweite Gleichung (74) ein und berücksichtigt zugleich die Proportion (79), so sieht man, daß die Gleichung (71) *auch die einzige Lösung* der Gleichung (72) darstellt, und man hat den Satz:

Satz 504: Das kombinatorische Produkt $[pq]$ zweier zweifach entartenden Polarsysteme zweiter Ordnung p und q verschwindet dann und nur dann, wenn sich diese beiden Polarsysteme voneinander nur um einen Zahlfaktor unterscheiden.

Für zwei linear unabhängige zweifach entartende Polarsysteme zweiter Ordnung p und q ist daher notwendig

$$(81) \qquad\qquad [pq] \neq 0$$

und somit wegen (70) auch

$$(82) \qquad\qquad [(p - \mathfrak{g}q)^2] \neq 0 ,$$

vorausgesetzt, daß $\mathfrak{g} \neq 0$ und $\mathfrak{g} \neq \infty$ ist. Die beiden Ausnahmefälle $\mathfrak{g} = 0$ und $\mathfrak{g} = \infty$ des Parameters $\mathfrak{g}$ entsprechen dabei den Polarsystemen p und q der beiden Grundkurven.

Nach dem Satze 429 aber sagt die Ungleichung (82) aus, daß die Polarsysteme des Büschels mit Ausnahme derer der beiden Grundkurven *einfach entarten*.

Dieses Ergebnis läßt sich mit dem auf Seite 311 gewonnenen zu dem Satze zusammenfassen:

Satz 505: Entarten die Polarsysteme zweiter Ordnung p und q der beiden Grundkurven eines Kegelschnittsbüschels $p - \mathfrak{g}q$ zweifach, so entartet das ganze Kegelschnittbüschel; jedoch entarten alle Polarsysteme des Büschels mit Ausnahme derjenigen der beiden Grundkurven einfach.

Um endlich über die Lage der Linienpaare Aufschluß zu erhalten, welche die Polkurven der Polarsysteme des Büschels bilden, bemerke man zunächst, daß sie alle den Schnittpunkt s derjenigen Geraden A und B zum Doppelpunkte haben, die doppeltzählend die Grundkurven des Büschels darstellen. In der Tat ist ja dieser Punkt s sowohl zu p wie zu q apolar, das heißt, es bestehen die Gleichungen:

$$(83) \qquad sp = 0 \quad \text{und} \quad (84) \quad sq = 0.$$

Aus ihnen aber folgt durch lineare Verknüpfung für beliebige Werte von $\mathfrak{g}$ die Gleichung

$$(85) \qquad s(p - \mathfrak{g}q) = 0,$$

welche zeigt, daß der Punkt s zu jedem Polarsysteme $p - \mathfrak{g}q$ des Büschels

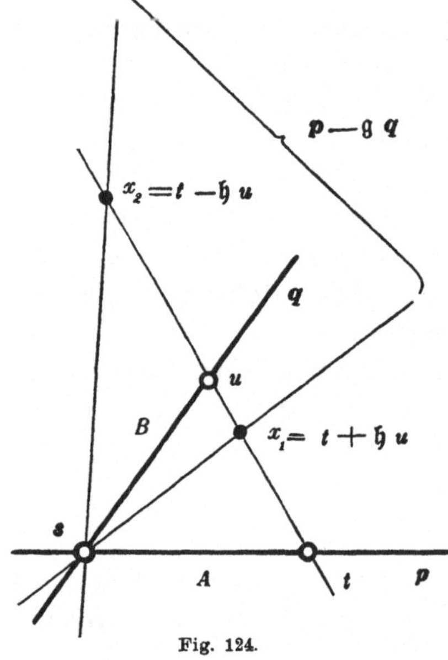

Fig. 124.

apolar ist, *daß er also der Doppelpunkt eines jeden Linienpaares des Büschels ist* (vgl. Fig. 124).

Sind jetzt weiter t und u zwei von s verschiedene Punkte, die beziehlich den doppeltzählenden Geraden p und q angehören, oder was dasselbe ist, die beziehlich zu den Polarsystemen p und q apolar sind, so daß also

$$(86) \quad tp = 0 \quad \text{und} \quad (87) \quad uq = 0$$

ist, so frage man nach den Schnittpunkten der Geraden $[tu]$ mit der Polkurve eines beliebigen Polarsystems $p - \mathfrak{g}q$ des Büschels. Ist

$$(88) \qquad x = t + \mathfrak{h}u$$

ein solcher Schnittpunkt, so besteht für ihn die Gleichung

$$[x \cdot x(p - \mathfrak{g}q)] = 0$$

oder wegen (88) die Gleichung

$$[(t + \mathfrak{h}u) \cdot (t + \mathfrak{h}u)(p - \mathfrak{g}q)] = 0,$$

die man, wenn man die beiden ersten runden Klammern auflöst, auch in der Form schreiben kann:

$$(89) \quad [t \cdot t(p - \mathfrak{g}q)] + 2\mathfrak{h}[t \cdot u(p - \mathfrak{g}q)] + \mathfrak{h}^2[u \cdot u(p - \mathfrak{g}q)] = 0.$$

Die so gewonnene, in $\mathfrak{h}$ quadratische Gleichung liefert für den Parameter $\mathfrak{h}$ des Punktes x zwei Werte $\mathfrak{h}_1$ und $\mathfrak{h}_2$; und diese sind offenbar entgegengesetzt gleich, da, wie man sofort sieht, der Koeffizient von $2\mathfrak{h}$ in der Gleichung (89) verschwindet. In der Tat wird wegen (86) und (87) für beliebige Werte von $\mathfrak{g}$ das Produkt:

$$(90) \quad [t \cdot u(p - \mathfrak{g}q)] = [t \cdot up] - \mathfrak{g}[t \cdot uq] = [u \cdot tp] - \mathfrak{g}[t \cdot uq] = 0.$$

Vereinfacht man daher wieder die Bezeichnung und setzt:

$$\mathfrak{h}_1 = \mathfrak{h}, \quad \text{so wird} \quad \mathfrak{h}_2 = -\mathfrak{h},$$

und man erhält somit für die beiden Schnittpunkte x_1 und x_2 der Geraden $[tu]$ mit dem Linienpaar $p - \mathfrak{g}\,q$ die Werte:

$$(91) \qquad\qquad x_1 = t + \mathfrak{h}u \quad \text{und} \quad x_2 = t - \mathfrak{h}u,$$

welche zeigen, daß die Punkte x_1 und x_2 zu den Punkten t und u der doppeltzählenden Geraden p und q harmonisch liegen. Die beiden Geraden des Linienpaares $p - \mathfrak{g}q$ bilden daher mit den beiden doppeltzählenden Geraden p und q des Büschels *einen harmonischen Strahlwurf,* und die Gesamtheit *aller* Linienpaare $p - \mathfrak{g}q$ des Büschels stellt somit *eine hyperbolische Strahlinvolution* dar, die die doppeltzählenden Geraden p und q des Büschels zu Doppelstrahlen hat. Darin liegt der Satz:

Satz 506: Ein Kegelschnittbüschel, dessen Grundkurven durch zwei doppeltzählende Geraden gebildet werden, ist identisch mit derjenigen hyperbolischen Strahlinvolution, deren Doppelstrahlen jene doppeltzählenden Geraden sind.

Die geometrische Bedeutung der Gleichung $[pq^2] = 0$, *für den Fall, wo* q *einfach entartet, und das dualistisch Entsprechende.* Ist q ein einfach entartendes Polarsystem zweiter Ordnung und b der Doppelpunkt des zugehörigen Linienpaares, so ist nach Satz 420 (vgl. auch Seite 207)

$$(92) \qquad\qquad\qquad bq = 0.$$

Um dann die geometrische Bedeutung der Gleichung

$$(62) \qquad\qquad\qquad [pq^2] = 0$$

zu finden, setze man voraus, daß der Doppelpunkt b des Linienpaares q mit den Ecken e_2 und e_3 des Fundamentaldreiecks nicht in einer geraden Linie liege. Dann läßt sich nach den Gleichungen (43) bis (46) des 30. Abschnitts die Gleichung (62) auch in der Form schreiben:

$$[be_2 e_3 \cdot pq^2] = 0$$

oder in der Form:

$$[bp \cdot e_2 q \cdot e_3 q] + [e_2 p \cdot e_3 q \cdot bq] + [e_3 p \cdot bq \cdot e_2 q] = 0;$$

und diese reduziert sich wegen (92) auf:

$$(93) \qquad\qquad\qquad [bp \cdot e_2 q \cdot e_3 q] = 0.$$

Nach dem Satze 420 gehen nun aber die Polaren $e_2 q$ und $e_3 q$ der Punkte e_2 und e_3 in bezug auf q durch den Doppelpunkt b von q hindurch und sind außerdem voneinander verschieden, da e_2 und e_3 nicht mit b in einer Geraden liegen. Es ist daher

$$[e_2 q \cdot e_3 q] = \mathfrak{h} b,$$

wo $\mathfrak{h}$ eine nicht verschwindende Zahlgröße ist. Die Gleichung (93) verkürzt sich also zu:

(94) $$[b \cdot bp] = 0$$

und sagt in dieser Form aus, daß der Doppelpunkt b von q auf der Polkurve von p liegt, wobei vorausgesetzt ist, daß die Gleichung (94) nicht identisch erfüllt wird, daß also p ein eigentliches Polarsystem ist.

Man hat also den Satz:

Satz 507: Ist q ein einfach entartendes und p ein beliebiges eigentliches Polarsystem zweiter Ordnung, so sagt die Gleichung

(62) $$[p q^2] = 0 ^1)$$

aus, daß der Doppelpunkt des Linienpaares, das die Polkurve von q bildet, auf der Polkurve von p liegt; und umgekehrt, sobald dies der Fall ist, wird die Gleichung (62) befriedigt.

Ebenso beweist man den dualistisch entsprechenden Satz:

Satz 508: Ist Q ein einfach entartendes und P ein beliebiges eigentliches Polarsystem zweiter Klasse, so sagt die Gleichung

(95) $$[P Q^2] = 0 ^2)$$

aus, daß der Träger des Punktpaars, das die Polarkurve von Q bildet, die Polarkurve von P berührt; und umgekehrt, sobald dies der Fall ist, wird die Gleichung (95) befriedigt.

Die geometrische Bedeutung der Gleichung $[p q^2] = 0$ für den Fall, wo p einfach oder zweifach entartet, und das dualistisch Entsprechende. Der Satz 507 gab die geometrische Bedeutung der Gleichung

(62) $$[p q^2] = 0$$

in dem Falle, wo das *zweite* in ihr auftretende Polarsystem q einfach entartet. Man erhält eine wichtige Ergänzung des Satzes, wenn man die Bedeutung der Gleichung (62) in dem Falle aufsucht, wo das *erste* in ihr vorkommende Polarsystem p einfach entartet, wo also die Polkurve von p ein Linienpaar ist, während wir von dem Polarsystem q voraussetzen wollen, daß es nicht gerade mehrfach entarte, weil sonst $[q^2] = 0$ wäre, die Gleichung (62) also für jeden Wert von p erfüllt werden würde.

---

1) oder die gleichwertige Gleichung

(62 a) $$[q^2 p] = 0.$$

2) oder die gleichwertige Gleichung

(95 a) $$[Q^2 P] = 0.$$

Um die Bedeutung der Gleichung (62) in dem angegebenen Fall zu finden, verlege man die Ecke e_3 des Fundamentaldreiecks in den Doppelpunkt des Linienpaars p, so daß

$$(96) \qquad e_3 p = 0$$

wird, und nehme die beiden andern Ecken e_1 und e_2 getrennt von dem Doppelpunkte e_3 auf je einer von den beiden Geraden des Linienpaars p an (vgl. Fig. 125). Dann sind die Polaren dieser beiden Ecken in bezug auf p, das heißt die den Nennern e_1 und e_2 von p zugehörigen Zählerstäbe

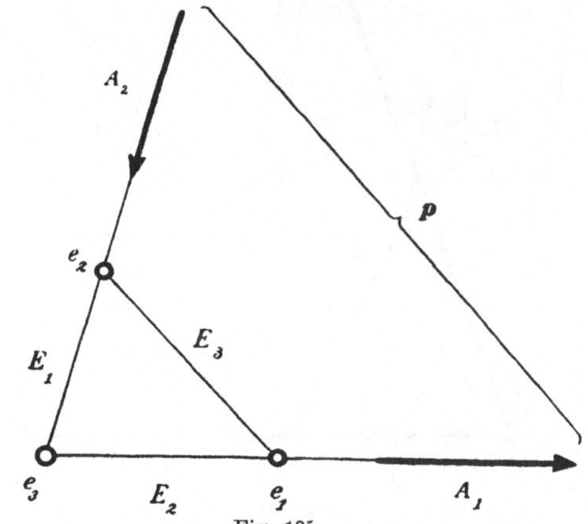

Fig. 125.

$$(97) \qquad e_1 p = A_1 \quad \text{und} \quad e_2 p = A_2,$$

nichts anderes als zwei von Null verschiedene Stäbe der beiden beziehlich durch e_1 und e_2 gehenden Geraden des Linienpaares p, und es wird zugleich

$$(98) \qquad A_1 = \mathfrak{a}_{12} E_2 \quad \text{und} \quad A_2 = \mathfrak{a}_{21} E_1$$

wo (vgl. die Bedingungsgleichungen des Polarsystems in Nr. (50) des 31. Abschnitts)

$$(99) \qquad \mathfrak{a}_{12} = \mathfrak{a}_{21} + 0.$$

Nun geht aber die Gleichung (62), die man auch in der Form schreiben kann:

$$[e_1 e_2 e_3 \cdot p q^2] = 0$$

wegen (96) über in:

$$(100) \qquad [e_1 p \cdot e_2 q \cdot e_3 q] + [e_2 p \cdot e_3 q \cdot e_1 q] = 0;$$

und diese Gleichung verwandelt sich, wenn man die Gleichungen (97) und (98) verwertet und beachtet, daß

$$(101) \qquad \begin{cases} [e_2 q \cdot e_3 q] = [e_2 e_3] Q = E_1 Q \\ [e_3 q \cdot e_1 q] = [e_3 e_1] Q = E_2 Q \end{cases}$$

ist, in:

$$(102) \qquad \mathfrak{a}_{12}[E_2 \cdot E_1 Q] + \mathfrak{a}_{21}[E_1 \cdot E_2 Q] = 0.$$

Mit Rücksicht auf (99) und die zweite Grundgleichung des Polarsystems (Gleichung (118) des 31. Abschnitts) nimmt aber diese Gleichung die Form an:

$$(103) \qquad [E_1 \cdot E_2 Q] = 0,$$

welche zeigt, daß die beiden Geraden E_1 und E_2 des Linienpaars p in bezug auf Q konjugiert sind. Man hat also den Satz bewiesen (vgl. Fig. 126):

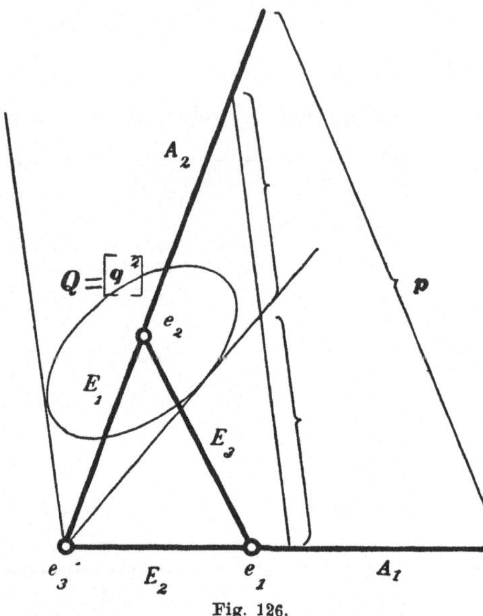

Fig. 126.

Satz 509: Ist p ein einfach entartendes und q ein nicht entartendes oder doch höchstens einfach entartendes Polarsystem zweiter Ordnung, so besteht die Gleichung

$$(62) \qquad [pq^2] = 0$$

dann und nur dann, wenn die Geraden des Linienpaars p hinsichtlich des Polarsystems $Q = [q^2]$ konjugiert sind.

Ein weiteres Gegenstück zu dem Satze 507 erhält man, wenn man nach der Bedeutung der Gleichung

$$(62) \qquad\qquad [pq^2] = 0$$

in dem Falle fragt, wo p ein zweifach entartendes, q aber ein nicht entartendes oder höchstens einfach entartendes Polarsystem zweiter Ordnung ist. Man setze dazu

$$(104) \qquad\qquad p = [P^2] \quad \text{und}$$

$$(105) \qquad\qquad [q^2] = Q,$$

wo P ein einfach entartendes Polarsystem zweiter Klasse (vgl. Satz 435) und Q doch immer noch ein eigentliches Polarsystem zweiter Klasse ist. Die Gleichung (62) läßt sich dann in der Form schreiben:

$$(106) \qquad\qquad [P^2Q] = 0$$

oder nach den Gleichungen (92) des 30. Abschnitts in der Form:

$$(107) \qquad\qquad [QP^2] = 0.$$

Diese Gleichung aber zeigt mit Rücksicht auf den Satz 508, daß der Träger des Punktpaars, das die Polarkurve von P bildet, die Polarkurve von Q berührt. Und da der Träger des Punktpaars P nach Satz 435 mit der doppeltzählenden Geraden identisch ist, die die Polkurve von p bildet, so hat man den Satz:

Satz 510: Ist p ein zweifach entartendes und q ein nicht entartendes oder doch höchstens einfach entartendes Polarsystem zweiter Ordnung, so wird die Gleichung

$$(62) \qquad [pq^2] = 0$$

dann und nur dann erfüllt, wenn die doppeltzählende Gerade, die die Polkurve von p bildet, eine Tangente der Polarkurve von $[q^2]$ ist.

Ebenso beweist man die beiden den Sätzen 509 und 510 dualistisch entsprechenden Sätze, nämlich die Sätze:

Satz 511: Ist P ein einfach entartendes und Q ein nicht entartendes oder doch höchstens einfach entartendes Polarsystem zweiter Klasse, so besteht die Gleichung

$$(95) \qquad [PQ^2] = 0$$

dann und nur dann, wenn die Punkte des Punktpaars P hinsichtlich des Polarsystems $\bar{q} = [Q^2]$ konjugiert sind. Und:

Satz 512: Ist P ein zweifach entartendes und Q ein nicht entartendes oder doch höchstens einfach entartendes Polarsystem zweiter Klasse, so wird die Gleichung

$$(95) \qquad [PQ^2] = 0$$

dann und nur dann erfüllt, wenn der doppeltzählende Punkt, der die Polarkurve von P bildet, auf der Polkurve von $[Q^2]$ liegt.

Die Grundkurven eines Kegelschnittbüschels bestehen aus einer doppeltzählenden Geraden und einem Linienpaar oder aus zwei Linienpaaren. Unter welcher Bedingung entartet das Büschel? Genügen die Polarsysteme zweiter Ordnung p und q der beiden Grundkurven eines Kegelschnittbüschels den Vergleichungen:

$$[p^3] = 0, \quad [p^2] = 0, \quad p \neq 0,$$
$$[q^3] = 0, \quad [q^2] \neq 0,$$

entartet also das Polarsystem p zweifach, das Polarsystem q einfach, so werden von den vier Bedingungsgleichungen (59) bis (62) für das Entarten des Kegelschnittbüschels $p - \mathfrak{g}q$ (vgl. Satz 503) die ersten drei Bedingungen von selbst befriedigt. Es handelt sich also nur noch um die geometrische Bedeutung der vierten Bedingung nämlich der Gleichung

$$(62) \qquad [pq^2] = 0;$$

und diese läßt sich aus dem Satze 507 entnehmen. Denn nach ihm sagt die Gleichung (62) aus, daß der Doppelpunkt des Linienpaares q auf der doppeltzählenden Geraden p liegt. Dabei kann *entweder* nur der Doppelpunkt b des Linienpaars q auf der doppeltzählenden Geraden p enthalten sein (vgl. Fig. 127), *oder* es kann eine Gerade des Linienpaars q mit der doppeltzählenden Geraden p zusammenfallen (vgl. Fig. 128). Man hat somit den Satz:

Satz 513: Ein Kegelschnittbüschel, dessen Grundkurven aus einer doppeltzählenden Geraden und einem Linienpaar bestehen, entartet dann und nur dann, wenn die doppeltzählende Gerade durch den Doppelpunkt des Linienpaars hindurchgeht.

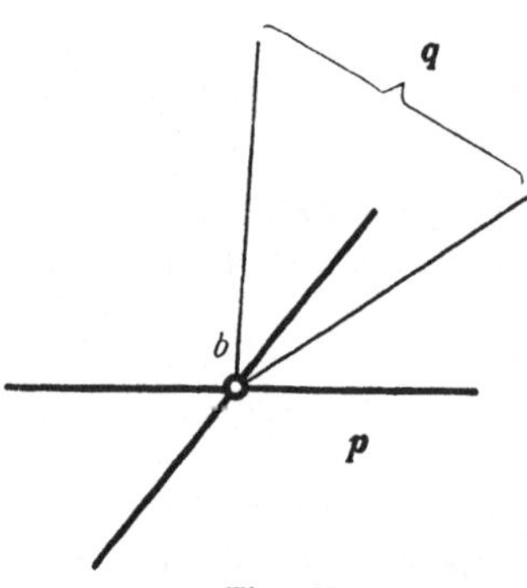

Fig. 127.

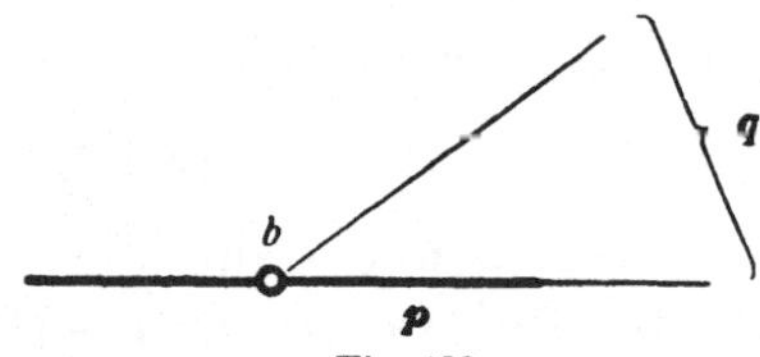

Fig. 128.

Sind jetzt andererseits *die beiden Grundkurven eines Kegelschnittbüschels Linienpaare*, entarten also ihre beiden Polarsysteme zweiter Ordnung p und q einfach und genügen somit den Vergleichungen

$$[p^3] = 0, \quad [p^2] \neq 0,$$
$$[q^3] = 0, \quad [q^2] \neq 0,$$

so sind von den vier Bedingungsgleichungen (59) bis (62) für das Entarten eines Kegelschnittbüschels $p - \mathfrak{g}q$ (vgl. Satz 503) die ersten beiden Bedingungen von selbst erfüllt. Es bleibt also nur noch die geometrische Bedeutung der beiden letzten Bedingungen, nämlich der Gleichungen

(61) $[p^2q] = 0$ und (62) $[pq^2] = 0$

zu untersuchen.

Man bezeichne dazu den Doppelpunkt des Linienpaars p mit a denjenigen des Linienpaares q mit b, dann besagen nach dem Satze 507 die Gleichungen (61) und (62), daß der Doppelpunkt a des Linienpaars p auf

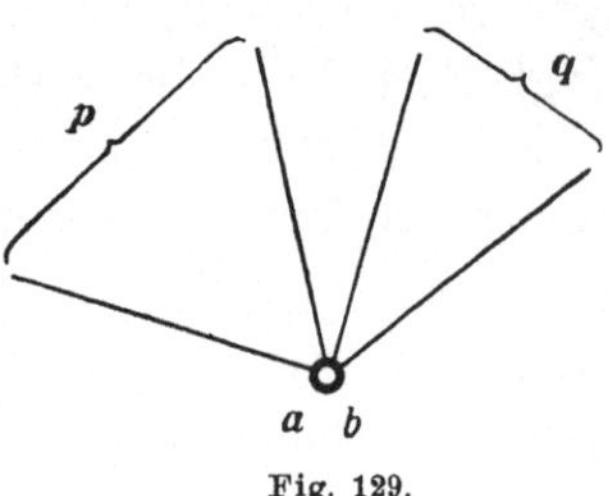

Fig. 129.

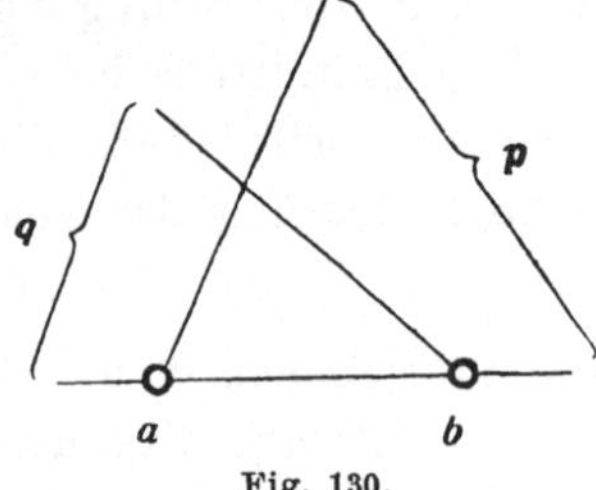

Fig. 130.

dem Linienpaar q und der Doppelpunkt b des Linienpaars q auf dem Linienpaar p liegt. Beides zugleich ist nur möglich, wenn *entweder* die

Doppelpunkte der beiden Linienpaare in einen Punkt zusammenfallen (vgl. Fig. 129), *oder* wenn zwar diese Doppelpunkte getrennt liegen, die beiden Linienpaare aber eine von ihren beiden Linien miteinander gemein haben (vgl. Fig. 130).

Damit ist der Satz bewiesen:

Satz 514: Ein Kegelschnittbüschel, dessen Grundkurven aus zwei Linienpaaren bestehen, entartet dann und nur dann, wenn entweder die beiden Linienpaare ihre Doppelpunkte miteinander gemein haben, oder wenn zwar diese Doppelpunkte getrennt liegen, aber ihre Verbindungslinie einem jeden von den beiden Linienpaaren angehört.

Unter welcher Bedingung besitzt die Hauptgleichung eines Kegelschnittbüschels eine einfache Wurzel, eine Doppelwurzel oder eine dreifache Wurzel $\mathfrak{g} = \mathfrak{g}_t$? Ersetzt man auf der linken Seite der Hauptgleichung eines Kegelschnittbüschels, das heißt auf der linken Seite der obigen Gleichung:

$$(57) \qquad [(p - \mathfrak{g}q)^3] = 0,$$

den Parameter $\mathfrak{g}$ des Polarsystems $p - \mathfrak{g}q$ durch die Summe

$$(108) \qquad \mathfrak{g} = \mathfrak{g}_t + \mathfrak{h},$$

so erhält man für den Potenzwert $[(p - \mathfrak{g}q)^3]$ des Polarsystems $p - \mathfrak{g}q$ den Ausdruck:

$$[(p - \mathfrak{g}q)^3] = [(p - (\mathfrak{g}_t + \mathfrak{h})q)^3] = [((p - \mathfrak{g}_t q) - \mathfrak{h}q)^3]$$

oder die Darstellung

$$(109) \qquad \begin{cases} [(p - \mathfrak{g}q)^3] = [(p - \mathfrak{g}_t q)^3] - 3\mathfrak{h}[(p - \mathfrak{g}_t q)^2 q] \\ \qquad + 3\mathfrak{h}^2[(p - \mathfrak{g}_t q)q^2] - \mathfrak{h}^3[q^3]. \end{cases}$$

Diese zeigt mit Rücksicht auf (108), daß die Hauptgleichung des Kegelschnittbüschels, das heißt die Gleichung

$$(57) \qquad [(p - \mathfrak{g}q)^3] = 0,$$

ebenso oft die Wurzel $\mathfrak{g} = \mathfrak{g}_t$ aufweist, wie die Gleichung

$$(110) \quad [(p - \mathfrak{g}_t q)^3] - 3\mathfrak{h}[(p - \mathfrak{g}_t q)^2 q] + 3\mathfrak{h}^2[(p - \mathfrak{g}_t q)q^2] - \mathfrak{h}^3[q^3] = 0$$

die Wurzel $\mathfrak{h} = 0$ darbietet. Darin liegt der Satz:

Satz 515: Die Hauptgleichung

$$[(p - \mathfrak{g}q)^3] = 0$$

eines Kegelschnittbüschels besitzt dann und nur dann *eine einfache Wurzel* $\mathfrak{g} = \mathfrak{g}_t$, wenn

$$[(p - \mathfrak{g}_t q)^3] = 0, \quad \text{aber} \quad [(p - \mathfrak{g}_t q)^2 q) \neq 0$$

ist, dagegen *eine Doppelwurzel* $\mathfrak{g} = \mathfrak{g}_t$ dann und nur dann, wenn

$$[(p - \mathfrak{g}_t q)^3] = 0 \quad \text{und} \quad [(p - \mathfrak{g}_t q)^2 q] = 0, \quad \text{aber} \quad [(p - \mathfrak{g}_t q)q^2] \neq 0$$

ist, endlich dann und nur dann *eine dreifache Wurzel* $\mathfrak{g} = \mathfrak{g}_t$, wenn gleichzeitig

$$[(p - \mathfrak{g}_t q)^3] = 0, \quad [(p - \mathfrak{g}_t q)^2 q] = 0 \quad \text{und} \quad [(p - \mathfrak{g}_t q) q^2] = 0$$

ist.

Die Hauptgleichung des Kegelschnittbüschels hat eine Doppelwurzel. Sind von den drei Wurzeln $\mathfrak{g}_t$ der Hauptgleichung eines Kegelschnittbüschels, oder wie wir oben sagten, *von den Hauptzahlen des Kegelschnittbüschels, zwei einander gleich, während die dritte von diesen beiden verschieden ist*, ist also etwa

(111) $$\mathfrak{g}_1 \mp \mathfrak{g}_2 = \mathfrak{g}_3,$$

das heißt, ist $\mathfrak{g}_1$ *eine einfache*, $\mathfrak{g}_2 = \mathfrak{g}_3$ *eine Doppelwurzel der Hauptgleichung* (57) *des Kegelschnittbüschels*, so sind in dem Büschel nur die beiden entartenden Polarsysteme zweiter Ordnung $p - \mathfrak{g}_1 q$ und $p - \mathfrak{g}_2 q$ enthalten, und es ist nach dem Satze 515

$$[(p - \mathfrak{g}_1 q)^3] = 0, \quad \text{aber} \quad [(p - \mathfrak{g}_1 q)^2 q] \neq 0,$$

woraus noch folgt, daß auch

$$[(p - \mathfrak{g}_1 q)^2] \neq 0$$

ist, so daß nach dem Satze 429 das Polarsystem zweiter Ordnung $p - \mathfrak{g}_1 q$ einfach entartet.

Andererseits ist wieder nach dem Satze 515

$$[(p - \mathfrak{g}_2 q)^3] = 0 \quad \text{und zugleich} \quad [(p - \mathfrak{g}_2 q)^2 q] = 0.$$

Die letztere Gleichung aber kann sowohl dann erfüllt werden, wenn

$$[(p - \mathfrak{g}_2 q)^2] \neq 0$$

ist, *das Polarsystem zweiter Ordnung* $p - \mathfrak{g}_2 q$ *somit einfach entartet*, wie auch dadurch, daß

$$[(p - \mathfrak{g}_2 q)^2] = 0$$

ist. In diesem Falle *entartet das Polarsystem zweiter Ordnung* $p - \mathfrak{g}_2 q$ *zweifach*.

Wir behandeln zuerst *den ersten von den beiden genannten Unterfällen*, den Fall also, wo die sechs Vergleichungen bestehen:

$$\begin{cases} (112) \ [(p - \mathfrak{g}_1 q)^3] = 0, \\ (113) \ [(p - \mathfrak{g}_1 q)^2] \neq 0, \\ (114) \ [(p - \mathfrak{g}_1 q)^2 q] \neq 0, \end{cases} \qquad \begin{cases} (115) \ [(p - \mathfrak{g}_2 q)^3] = 0, \\ (116) \ [(p - \mathfrak{g}_2 q)^2] \neq 0, \\ (117) \ [(p - \mathfrak{g}_2 q)^2 q] = 0. \end{cases}$$

Von ihnen besagen die vier Vergleichungen (112) und (113), (115) und (116), daß die Polkurven der beiden Polarsysteme zweiter Ordnung $p - \mathfrak{g}_1 q$ und $p - \mathfrak{g}_2 q$ zwei Linienpaare sind, ihre Doppelpunkte seien bezeichnet mit d_1 und d_2; während die Gleichung (117) nach dem Satze

507 zeigt, daß der Doppelpunkt d_2 von $p - \mathfrak{g}_2 q$ auf der Polkurve von q liegt. Dann aber muß er nach dem Satze 497 auch auf einer Geraden des Linienpaars $p - \mathfrak{g}_1 q$ enthalten sein. Doch darf er wiederum nicht mit dessen Doppelpunkt d_1 zusammenfallen, weil sonst nach Satz 507 die Gleichung bestehen müßte:

$$[(p - \mathfrak{g}_1 q)^2 q] = 0,$$

die der Ungleichung (114) widerspricht. Hieraus folgt nebenbei, daß das Linienpaar $p - \mathfrak{g}_1 q$ *reell* sein muß. Andererseits kann der Doppelpunkt d_1 des Linienpaars $p - \mathfrak{g}_1 q$ auch überhaupt nicht einer Geraden des Linienpaars $p - \mathfrak{g}_2 q$ angehören; denn sonst müßte er dem Satze 497 zufolge auch auf der Polkurve von q liegen, und das ist nach dem Satze 507 durch die Ungleichung (114) ausgeschlossen.

Die beiden Linienpaare $p - \mathfrak{g}_1 q$ und $p - \mathfrak{g}_2 q$ liegen somit in der Weise zueinander, daß der Doppelpunkt d_2 von $p - \mathfrak{g}_2 q$ einer der beiden Geraden des Linienpaars $p - \mathfrak{g}_1 q$ angehört, ohne mit dem Doppelpunkt von $p - \mathfrak{g}_1 q$ zusammenzufallen, und ohne daß eine Gerade des einen Linienpaars mit einer Geraden des anderen identisch wäre (vgl. Fig. 131).

In den Doppelpunkt d_2 fallen dann zwei Grundpunkte des Büschels zusammen, und es berühren sich daher in ihm sämtliche Kurven des Büschels. Die gemeinsame Tangente aller Kurven des Büschels in diesem Punkte ist dabei die Verbindungslinie der beiden Doppelpunkte d_1 und d_2. Die beiden

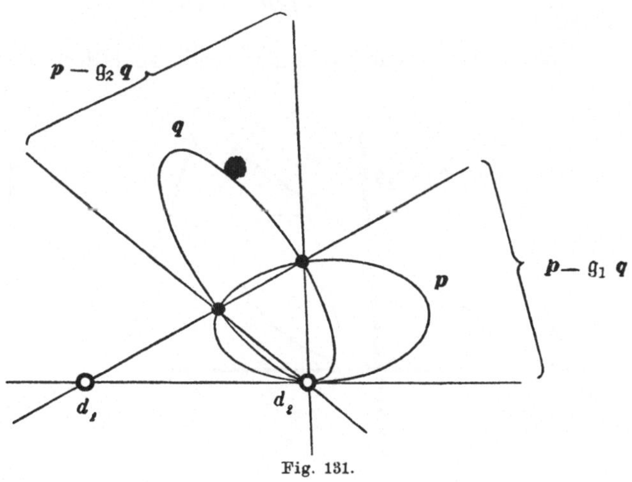

Fig. 131.

andern Grundpunkte sind die Schnittpunkte der beiden Geraden des Linienpaars $p - \mathfrak{g}_2 q$ mit der nicht durch d_2 gehenden Geraden des Linienpaars $p - \mathfrak{g}_1 q$. Sie werden konjugiert komplex, sobald das Linienpaar $p - \mathfrak{g}_2 q$ konjugiert komplex ist.

Der zweite Unterfall unterscheidet sich von dem soeben behandelten dadurch, daß in der Vergleichung (116) an Stelle des Ungleichheitszeichens das Gleichheitszeichen getreten ist, so daß also die sechs Vergleichungen erfüllt werden:

$$\begin{cases} (118) & [(p - \mathfrak{g}_1 q)^3] &= 0, \\ (119) & [(p - \mathfrak{g}_1 q)^2] &\neq 0, \\ (120) & [(p - \mathfrak{g}_1 q)^2 q] &\neq 0, \end{cases} \qquad \begin{cases} (121) & [(p - \mathfrak{g}_2 q)^3] &= 0, \\ (122) & [(p - \mathfrak{g}_2 q)^2] &= 0, \\ (123) & [(p - \mathfrak{g}_2 q)^2 q] &= 0, \end{cases}$$

wobei jetzt die Gleichungen (121) und (123) eine Folge der Gleichung (122) sind. Die vier Vergleichungen (118) und (119), (121) und (122) sagen dabei aus, daß die Polkurve des Polarsystems zweiter Ordnung $p - \mathfrak{g}_1 q$ ein Linienpaar, diejenige des Polarsystems $p - \mathfrak{g}_2 q$ eine doppeltzählende Gerade ist. Und dieser doppeltzählenden Geraden kann nicht etwa der Doppelpunkt des Linienpaars $p - \mathfrak{g}_1 q$ angehören, weil sonst nach dem Satze 507 die Gleichung gelten müßte:

$$(\dagger) \qquad\qquad [(p - \mathfrak{g}_1 q)^2 (p - \mathfrak{g}_2 q)] = 0.$$

Diese aber verträgt sich nicht mit der Ungleichung (120); denn aus der Gleichung (118) und der Gleichung ($\dagger$) würde durch Subtraktion die Gleichung folgen:

$$(\mathfrak{g}_2 - \mathfrak{g}_1)[(p - \mathfrak{g}_1 q)^2 q] = 0,$$

die sich wegen (111) auf die mit (120) in Widerspruch stehende Gleichung

$$[(p - \mathfrak{g}_1 q)^2 q] = 0$$

reduziert.

Ist das Linienpaar $p - \mathfrak{g}_1 q$ reell, so fallen in jeden von seinen beiden Schnittpunkten mit der doppeltzählenden Geraden $p - \mathfrak{g}_2 q$ zwei Grundpunkte des Büschels zusammen, und es berühren sich daher in diesen beiden Punkten sämtliche Kurven des Büschels und haben in ihnen die Geraden des Linienpaars $p - \mathfrak{g}_1 q$ zu Tangenten (vgl. Fig. 132).

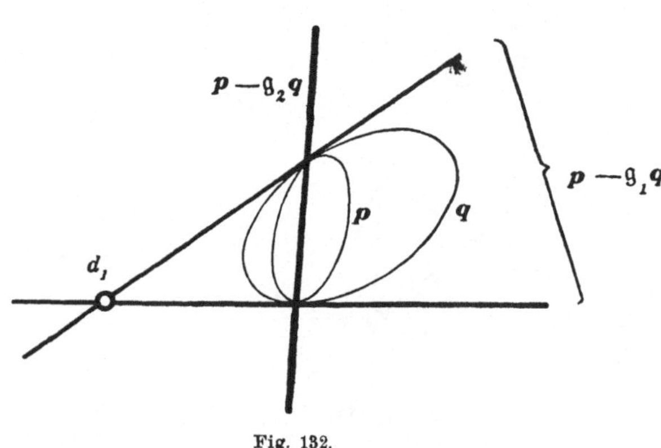

Fig. 132.

Die Hauptgleichung des Kegelschnittbüschels hat eine dreifache Wurzel. Sind alle drei Hauptzahlen $\mathfrak{g}_i$ des Kegelschnittbüschels, das heißt alle drei Wurzeln seiner Hauptgleichung, einander gleich, ist also

$$(124) \qquad\qquad \mathfrak{g}_1 = \mathfrak{g}_2 = \mathfrak{g}_3$$

eine dreifache Wurzel der Hauptgleichung des Kegelschnittbüschels, so ist in dem Büschel *nur ein einziges entartendes Polarsystem zweiter Ordnung*

$p - \mathfrak{g}_1 q$ *enthalten*, und es ist nach dem Satze 515

$$[(p - \mathfrak{g}_1 q)^3] = 0, \qquad [(p - \mathfrak{g}_1 q)^2 q] = 0, \qquad [(p - \mathfrak{g}_1 q) q^2] = 0.$$

Dabei setzen wir voraus, daß das Polarsystem q von dem entartenden Polarsystem $p - \mathfrak{g}_1 q$ räumlich verschieden sei.

Es ergeben sich dann wieder *zwei Unterfälle*, je nachdem

$$[(p - \mathfrak{g}_1 q)^2] \neq 0 \quad \text{oder} \quad [(p - \mathfrak{g}_1 q)^2] = 0$$

ist, je nachdem also die Polkurve des entartenden Polarsystems zweiter Ordnung $p - \mathfrak{g}_1 q$ ein Linienpaar oder eine doppeltzählende Gerade ist.

In dem ersten von diesen beiden Unterfällen bestehen demnach die vier Vergleichungen

$$(125)\ [(p - \mathfrak{g}_1 q)^3] = 0, \qquad (126)\ [(p - \mathfrak{g}_1 q)^2] \neq 0,$$
$$(127)\ [(p - \mathfrak{g}_1 q)^2 q] = 0, \qquad (128)\ [(p - \mathfrak{g}_1 q) q^2] = 0.$$

Von ihnen besagen die Vergleichungen (125) und (126), daß die Polkurve des Polarsystems zweiter Ordnung $p - \mathfrak{g}_1 q$ ein Linienpaar ist. Ferner zeigt die Gleichung (127) nach dem Satze 507, daß der Doppelpunkt d dieses Linienpaars der Polkurve von q angehört; und endlich sagt nach Satz 509 die Gleichung (128) aus, daß die beiden Geraden des Linienpaars $p - \mathfrak{g}_1 q$, sie mögen heißen A und B, hinsichtlich des Polarsystems $Q = [q^2]$ konjugiert sind.

Nun können die beiden Geraden A und B, da sie voneinander verschieden sind und sich in einem Punkte der Kurve q schneiden, *nicht beide* Tangenten der Kurve q sein. Aber man sieht sofort, daß doch eine von ihnen eine Tangente von q sein muß. Denn setzen wir voraus, daß B nicht eine Tangente von q sei, so folgt aus dem Konjugiertsein von A und B hinsichtlich Q, daß A durch den Pol BQ von B hinsichtlich Q

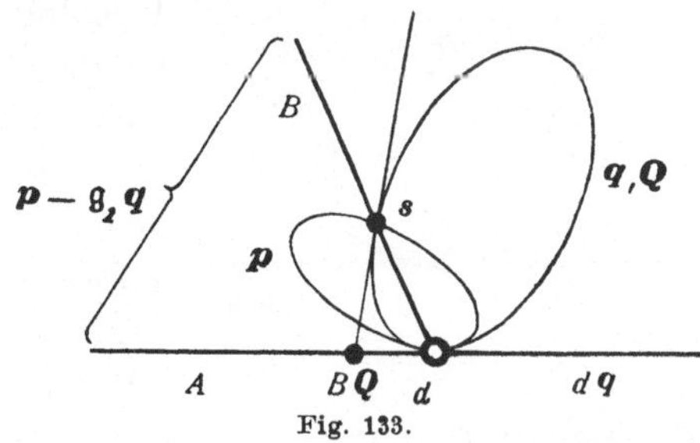

Fig. 133.

geht (vgl. Fig. 133). Und nach dem Satze 370 liegt dieser Pol BQ, da die Gerade B durch den Punkt d der Polkurve von q geht, auf der Polare dq von d in bezug auf q, das heißt auf der Tangente im Punkte d an die Kurve q gezogen. Überdies ist jener Pol BQ von d verschieden, da nach der Voraussetzung B keine Tangente von q ist. Daraus aber folgt, weil A außerdem durch d geht, daß A mit der Tangente von q im Punkte d identisch ist.

In den Punkt d fallen dann übrigens *drei* Grundpunkte des Kegelschnittbüschels zusammen; denn die Kurve q hat mit dem Linienpaar

$p - \mathfrak{g}_1 q$ an der Stelle d drei Punkte gemein, die beiden unendlich benachbarten Schnittpunkte der Kurve q mit ihrer Tangente A und den einen Schnittpunkt der Kurve q mit der Geraden B; der vierte Grundpunkt des Büschels ist der andere Schnittpunkt s der Kurve q mit der Geraden B. Das Kegelschnittbüschel besteht somit aus der Gesamtheit der Kurven zweiter Ordnung, die durch den Punkt s gehen und in dem Punkte d mit der Kurve q eine Berührung zweiter Ordnung (Oskulation) aufweisen, das soll heißen, an der Stelle d *drei unendlich benachbarte Punkte miteinander gemein haben.* Die Kurven haben also in dem Punkte d nicht nur dieselbe Tangente A, sondern auch denselben Krümmungskreis wie die Kurve q. Dadurch wird es insbesondere bedingt, daß *sich die Kurven des Büschels an der Berührungsstelle zugleich durchsetzen.*

In dem zweiten der oben charakterisierten Unterfälle bestehen die vier Gleichungen:

$$(129)\ [(p - \mathfrak{g}_1 q)^3] = 0, \qquad (130)\ [(p - \mathfrak{g}_1 q)^2] = 0,$$

$$(131)\ [(p - \mathfrak{g}_1 q)^2 q] = 0, \qquad (132)\ [(p - \mathfrak{g}_1 q) q^2] = 0,$$

während wie bei jedem Kegelschnittbüschel

$$(133 \qquad\qquad p - \mathfrak{g}_1 q \neq 0$$

ist. Diesmal sind dabei zwei von den vier Bedingungsgleichungen (129) bis (132) bereits eine Folge einer der beiden andern, nämlich die Gleichungen (129) und (131) eine Folge der Gleichung (130), und diese letztere Gleichung besagt zusammen mit der Ungleichung (133), daß die Polkurve von $p - \mathfrak{g}_1 q$ eine doppeltzählende Gerade ist. Es bedarf also nur noch die Gleichung (132) einer geometrischen Deutung, die sich übrigens sofort aus dem Satze 510 entnehmen läßt. Denn nach diesem Satze zeigt die Gleichung (132), daß die doppeltzählende Gerade, die die Polkurve von $p - \mathfrak{g}_1 q$ bildet, eine Tangente der Polarkurve von $[q^2]$ ist (vgl. Fig. 134). Ihr Berührungspunkt heiße d.

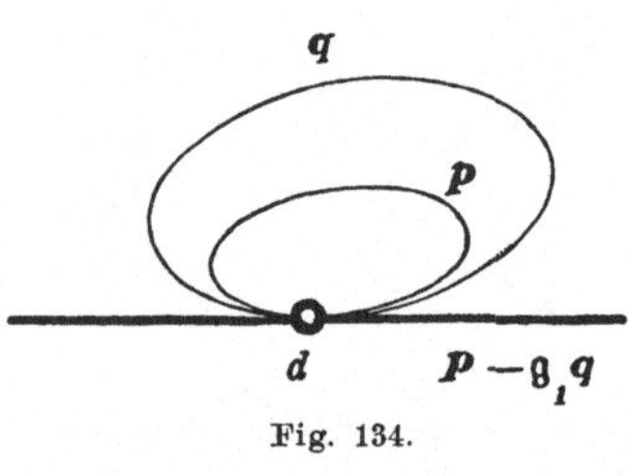

Fig. 134.

In diesen Punkt d sind dann alle vier Grundpunkte des Büschels zusammengerückt, indem ja jede von den beiden zusammenfallenden Tangenten zwei Punkte mit der Kurve q gemein hat. Das Kegelschnittbüschel besteht somit aus der Gesamtheit der Kurven zweiter Ordnung, die in dem Punkte d eine Berührung dritter Ordnung mit der Kurve q haben, die also an der Stelle d *vier unendlich benachbarte Punkte mit der Kurve q gemein haben,* woraus noch folgt, *daß sich die Kurven an der Berührungsstelle nicht durchsetzen.*

Abschnitt 36.

Die Kegelschnittschar.

Begriff einer Kegelschnittschar. Die für das Kegelschnittbüschel entwickelten Begriffe und Sätze besitzen sämtlich ein dualistisch genau entsprechendes Gegenstück. Dabei steht dem Begriffe des Kegelschnittbüschels der Begriff der Kegelschnittschar dualistisch gegenüber. Man gelangt zu ihm, wenn man anstatt von zwei Polarsystemen zweiter Ordnung *von zwei Polarsystemen zweiter Klasse* ausgeht.

Es seien also die involutorischen Stab-Punkt-Brüche

$$(1) \qquad P = \frac{a_1,\; a_2,\; a_3}{E_1,\; E_2,\; E_3} \qquad \text{und} \qquad (2) \qquad Q = \frac{b_1,\; b_2,\; b_3}{E_1,\; E_2,\; E_3}$$

die Ausdrücke für zwei von einander linear unabhängige Polarsysteme zweiter Klasse, und *es werde nach solchen Stäben G_j der Ebene gefragt, deren Pole $G_j P$ und $G_j Q$, genommen hinsichtlich der beiden Polarsysteme P und Q in einen einzigen Punkt zusammenfallen,* so daß also für diese Stäbe G_j eine Gleichung von der Form besteht:

$$(3) \qquad G_j P = \mathfrak{r}_j G_j Q,$$

in der $\mathfrak{r}_j$ eine Zahlgröße bedeutet, und in der G_j selbstverständlich nicht null sein darf.

Gibt man dieser Gleichung wieder die Gestalt:

$$(4) \qquad G_j(P - \mathfrak{r}_j Q) = 0,$$

so führt sie auf die Frage nach der Bedeutung eines Ausdrucks von der Form

$$\mathfrak{h} P + \mathfrak{k} Q,$$

in dem $\mathfrak{h}$ und $\mathfrak{k}$ zwei Zahlgrößen sind.

Es läßt sich zeigen, daß ein solcher Ausdruck ebenso wie die Brüche P und Q selbst die *Stab-Punkt-Zuordnung eines gewissen Polarsystems* darstellt. Denn es wird

$$(5) \qquad \mathfrak{h} P + \mathfrak{k} Q = \frac{\mathfrak{h} a_1 + \mathfrak{k} b_1,\; \mathfrak{h} a_2 + \mathfrak{k} b_2,\; \mathfrak{h} a_3 + \mathfrak{k} b_3}{E_1,\qquad E_2,\qquad E_3}.$$

Die Vielfachensumme $\mathfrak{h} P + \mathfrak{k} Q$ läßt sich also wirklich auf die Form eines Reziprozitätsbruches bringen, der Stäbe in Punkte überführt, und da dieser Bruch überdies auch der Involutionsgleichung genügt (vgl. die dualistische Entwicklung auf S. 294) so ist er in der Tat *der analytische Ausdruck für die Stab-Punkt-Zuordnung eines Polarsystems.*

Bei *veränderlichen* Zahlgrößen $\mathfrak{h}$ und $\mathfrak{k}$ ferner stellt die Vielfachensumme $\mathfrak{h} P + \mathfrak{k} Q$ ebenso wie die oben betrachtete Vielfachensumme

$\mathfrak{h}p + \mathfrak{k}q$ eine einfach unendliche Mannigfaltigkeit räumlich verschiedener Polarsysteme dar, aber wie wir sogleich sehen werden, eine Mannigfaltigkeit anderer Art, wir wollen sie eine Schar von Polarsystemen nennen. Dementsprechend möge die Gesamtheit der Polarkurven einer solchen Schar von Polarsystemen eine Schar von Kurven zweiter Klasse oder kürzer eine Kegelschnittschar genannt werden, eine Bezeichnung, die wieder nur eine Erweiterung des schon oben auf Seite 88ff. des ersten Bandes eingeführten Begriffs einer Kegelschnittschar in sich schließt. Die Polarkurven einer Schar von Polarsystemen sind nämlich dadurch ausgezeichnet, daß jede gemeinsame Tangente U der beiden Grundkurven P und Q, das heißt, jeder Stab U, der den beiden Gleichungen

$$(6) \qquad [U \cdot UP] = 0 \quad \text{und} \quad [U \cdot UQ] = 0$$

gleichzeitig Genüge leistet, zugleich auch einer jeden Kurve der Kegelschnittschar $\mathfrak{h}P + \mathfrak{k}Q$ als Tangente angehört; denn aus den Gleichungen (6) folgert man wieder durch lineare Verknüpfung das Bestehen der Gleichung

$$(7) \qquad [U \cdot U(\mathfrak{h}P + \mathfrak{k}Q)] = 0$$

für beliebige Werte von $\mathfrak{h}$ und $\mathfrak{k}$ und damit den Satz:

Satz 516: Eine jede gemeinsame Tangente der beiden Grundkurven P und Q einer Kegelschnittschar $\mathfrak{h}P + \mathfrak{k}Q$ berührt überhaupt jede Kurve dieser Schar.

Und ebenso gilt der dem Satze 497 entsprechende allgemeinere Satz:

Satz 517: Eine jede Tangente, die irgend zwei verschiedenen Kurven einer Kegelschnittschar gemeinsam ist, gehört überhaupt sämtlichen Kurven der Schar als Tangente an.

Die Grundgeraden, Hauptgeraden und Hauptzahlen einer Kegelschnittschar. Die Aufsuchung der gemeinsamen Tangenten, oder wie wir sagen wollen, „der Grundgeraden der Kegelschnittschar $\mathfrak{h}P + \mathfrak{k}Q$“ läßt sich in genau derselben Weise durchführen wie oben die Bestimmung der Grundpunkte eines Kegelschnittbüschels.

Man ermittle *zunächst* wieder die durch die Gleichung (3) oder die gleichwertige Gleichung

$$(4) \qquad G_j(P - \mathfrak{r}_j Q) = 0$$

definierten Geraden G_j (vgl. Fig. 135). Dieser Gleichung zufolge ordnet das in der Schar $\mathfrak{h}P + \mathfrak{k}Q$ enthaltene Polarsystem

$$(8) \qquad P - \mathfrak{r}_j Q = \frac{a_1 - \mathfrak{r}_j b_1,\; a_2 - \mathfrak{r}_j b_2,\; a_3 - \mathfrak{r}_j b_3}{E_1,\quad E_2,\quad E_3}$$

dem Stabe G_j keinen bestimmten Pol zu. Nach Seite 221 ff. zerfällt

daher die Polarkurve des Polarsystems $P - \mathfrak{r}_j Q$ in ein Punktpaar, das
der Geraden G_j angehört, oder
in einen doppeltzählenden Punkt,
der auf der Geraden G_j gelegen ist.

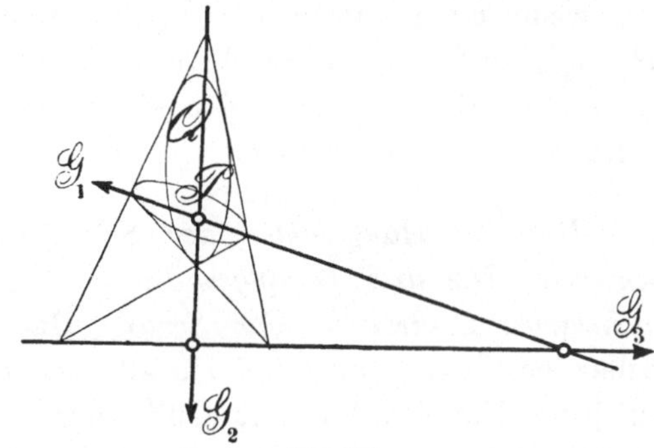

Fig. 135.

Aber die Gleichung (4) gestattet es auch, diejenigen Geraden G_j, die der Bedingung (3)
genügen, wir bezeichnen sie
als „die Hauptgeraden der
Kegelschnittschar", und
ebenso die zugehörigen Zahl-
werte $\mathfrak{r}_j$, „die Hauptzahlen der Kegelschnittschar", zu bestimmen.
Dazu ersetze man in der Gleichung (4) den Stab G_j durch seinen Ableitausdruck

$$(9) \qquad G_j = \mathfrak{g}_{j,1} E_1 + \mathfrak{g}_{j,2} E_2 + \mathfrak{g}_{j,3} E_3,$$

wodurch diese Gleichung die Gestalt annimmt:

$$\mathfrak{g}_{j,1}\, E_1(P - \mathfrak{r}_j Q) + \mathfrak{g}_{j,2}\, E_2(P - \mathfrak{r}_j Q) + \mathfrak{g}_{j,3}\, E_3(P - \mathfrak{r}_j Q) = 0$$

oder wegen (8) die Form:

$$(10) \qquad \mathfrak{g}_{j,1}(a_1 - \mathfrak{r}_j b_1) + \mathfrak{g}_{j,2}(a_2 - \mathfrak{r}_j b_2) + \mathfrak{g}_{j,3}(a_3 - \mathfrak{r}_j b_3) = 0.$$

In dieser Form sagt sie aus, daß zwischen den drei Zählerpunkten

$$a_s - \mathfrak{r}_j b_s, \quad s = 1, 2, 3, \quad \text{des Bruches} \quad P - \mathfrak{r}_j Q$$

eine Zahlbeziehung herrscht, daß diese drei Punkte also *in einer geraden
Linie liegen*, wie es ja nach der Gleichung (78) des 32. Abschnitts bei
einem entartenden Polarsysteme zweiter Klasse der Fall sein muß. Es
wird hierdurch bestätigt, daß das Polarsystem $P - \mathfrak{r}_j Q$ entartet. Dabei
zerfällt seine Polarkurve, wie schon oben gezeigt ist, in ein Punktpaar,
das die Hauptgerade G_j der Kegelschnittschar zum Träger hat, und das
auch in einen doppeltzählenden Punkt übergehen kann, der jener Geraden
G_j angehört (vgl. Seite 221 ff.).

Um die Verhältnisse der Ableitzahlen $\mathfrak{g}_{j,1}$, $\mathfrak{g}_{j,2}$, $\mathfrak{g}_{j,3}$ dieser Hauptgeraden G_j aus der Gleichung (10) entwickeln zu können, hat man wieder
zunächst die in dieser Gleichung auftretende, der Hauptgeraden G_j zugehörende Hauptzahl $\mathfrak{r}_j$ zu ermitteln und leite dazu aus der *extensiven
Gleichung* (10) eine *Zahlgleichung* ab. Man erhält entsprechend wie bei
der dualistischen Entwickelung (vgl. Seite 297) die Gleichung

$$(11) \qquad [(a_1 - \mathfrak{r}_j b_1)(a_2 - \mathfrak{r}_j b_2)(a_3 - \mathfrak{r}_j b_3)] = 0,$$

das heißt eine Gleichung dritten Grades in bezug auf $\mathfrak{r}_j$, wir nennen sie
„die Hauptgleichung der Kegelschnittschar". Wenn diese Glei-

chung nicht für beliebige Werte von $\mathfrak{r}_j$ erfüllt wird, oder was dasselbe ist, wenn nicht sämtliche Kurven zweiter Klasse der Kegelschnittschar $\boldsymbol{P} - \mathfrak{r}_j\boldsymbol{Q}$ zerfallen, so liefert die Gleichung für die Zahlgröße $\mathfrak{r}_j$ drei Werte $\mathfrak{r}_1$, $\mathfrak{r}_2$, $\mathfrak{r}_3$, die wir als „die drei Hauptzahlen der Kegelschnittschar" bezeichnen wollen.

Die drei Hauptzahlen der Schar sind reell und von einander verschieden: Die drei Hauptgeraden der Kegelschnittschar als Seiten des gemeinsamen Poldreiseits der Schar. Hat man die drei Hauptzahlen der Schar bestimmt, und sind sie alle *von einander verschieden*, so läßt sich zu jeder Hauptzahl $\mathfrak{r}_j$ mit Hülfe der extensiven Gleichung (10) die zugehörige Hauptgerade G_j auffinden.

Ist insbesondere die Hauptzahl $\mathfrak{r}_j$ *reell*, so findet man für die Verhältnisse der drei Ableitzahlen des Stabes G_j die laufende Proportion (vgl. die dualistische Entwickelung auf Seite 298):

$$(12) \quad \begin{cases} \mathfrak{g}_{j,1} : \mathfrak{g}_{j,2} : \mathfrak{g}_{j,3} = [(a_2 - \mathfrak{r}_j b_2)(a_3 - \mathfrak{r}_j b_3)] : [(a_3 - \mathfrak{r}_j b_3)(a_1 - \mathfrak{r}_j b_1)] \\ \qquad\qquad\qquad\qquad\qquad\qquad : [(a_1 - \mathfrak{r}_j b_1)(a_2 - \mathfrak{r}_j b_2)], \end{cases}$$

durch welche die drei Stäbe G_j, abgesehen von ihrer Länge, die willkürlich bleibt, eindeutig festgelegt sind. Eine Unbestimmtheit tritt nur ein, wenn alle drei Produkte zu je zweien, die man aus den drei Größen

$$a_t - \mathfrak{r}_j b_t, \quad t = 1, 2, 3,$$

bilden kann, gleichzeitig verschwinden, in dem Falle also, wo das Punktpaar, das die Polarkurve des Polarsystems (8) bildet, noch weiter, nämlich zu einem doppeltzählenden Punkt, entartet (vgl. Seite 226 ff.). Dieser Fall möge einstweilen von der Untersuchung ausgeschlossen bleiben.

Man beweist dann wieder genau so wie bei der dualistischen Entwickelung die Sätze:

Satz 518: Besteht eine Kegelschnittschar nicht aus lauter zerfallenden Kurven zweiter Klasse, und sind die drei Hauptzahlen $\mathfrak{r}_j$ der Schar reell und von einander verschieden, so bilden die drei ihnen zugehörenden Hauptgeraden G_j ein eigentliches Dreiseit. Und:

Satz 519: Jede reelle Hauptgerade einer Kegelschnittschar besitzt in bezug auf sämtliche Kurven der Schar denselben Pol.

Ferner läßt sich wieder zeigen, daß die drei Hauptgeraden G_j ein gemeinsames Poldreiseit der Schar bilden. Aus den Erklärungsgleichungen der drei Hauptgeraden G_j, das heißt aus den Gleichungen

$$(4) \qquad\qquad G_j(\boldsymbol{P} - \mathfrak{r}_j\boldsymbol{Q}) = 0, \quad j = 1, 2, 3,$$

lassen sich nämlich für den Fall, daß die drei Hauptzahlen $\mathfrak{r}_1$, $\mathfrak{r}_2$, $\mathfrak{r}_3$ reell und von einander verschieden sind, wie auf Seite 300 f. die Gleichungen folgern:

$$(13) \quad \begin{cases} [G_k \cdot G_j P] = 0, \quad [G_k \cdot G_j Q] = 0 \quad \text{und} \\ \quad [G_k \cdot G_j (\mathfrak{h} P + \mathfrak{k} Q)] = 0, \end{cases} \quad j, k = 1, 2, 3.$$

Diese Gleichungen aber zeigen wirklich: Der Pol einer jeden von den drei Geraden G_j sowohl hinsichtlich der beiden Grundkurven P und Q, wie überhaupt hinsichtlich einer jeden Kurve der Schar $\mathfrak{h} P + \mathfrak{k} Q$, liegt auf den beiden andern Seiten des Dreiseits $G_1 G_2 G_3$, das heißt, er bildet die der Seite G_j gegenüberliegende Ecke dieses Dreiseits. *Das Dreiseit der Geraden G_j fällt also mit dem Dreieck ihrer Pole hinsichtlich der Kurven der Schar zusammen* und ist daher ein gemeinsames Poldreiseit aller Kurven der Schar.

Man hat somit den Satz:

Satz 520: Sind bei einer Kegelschnittschar, die nicht aus lauter zerfallenden Kurven zweiter Klasse besteht, die drei Hauptzahlen reell und von einander verschieden, so ist das Dreiseit seiner drei Hauptgeraden ein gemeinsames Poldreiseit aller Kurven der Schar.

Das gewonnene Ergebnis legt die Vermutung nahe, daß wenigstens für den Fall zweier nicht zerfallenden Kurven zweiter Klasse P und Q das gemeinsame Poldreiseit der Schar $\mathfrak{h} P + \mathfrak{k} Q$ mit dem gemeinsamen Polardreieck des Büschels $\mathfrak{h} p + \mathfrak{k} q$ zusammenfällt, vorausgesetzt, daß die Brüche P und Q die zu p und q adjungierten Brüche darstellen (vgl. Fig. 136).

Und in der Tat folgert man aus den Gleichungen (3) des vorigen Abschnitts, die sich, angewandt auf zwei verschiedene Hauptpunkte d_t und d_u des Kegelschnittbüschels $\mathfrak{h} p + \mathfrak{k} q$, in der Form schreiben lassen:

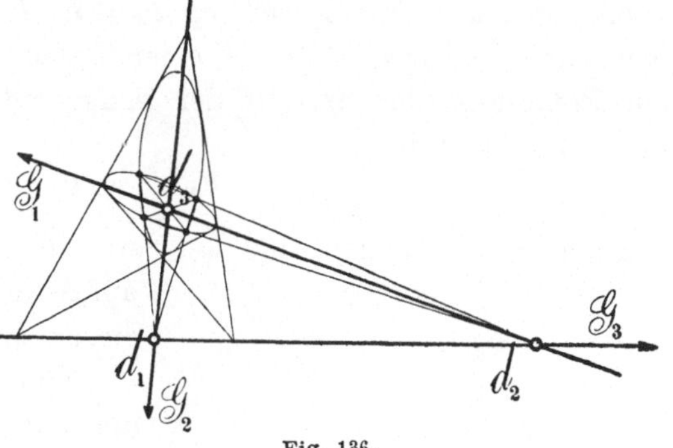

Fig. 136.

$$(14) \qquad d_t p = \mathfrak{n}_t d_t q \quad \text{und} \quad d_u p = \mathfrak{n}_u d_u q,$$

durch planimetrische Multiplikation die Gleichungen

$$[d_t p \cdot d_u p] = \mathfrak{n}_t \mathfrak{n}_u [d_t q \cdot d_u q], \quad t, u = 1, 2, 3, \quad u \neq t,$$

oder wegen der Gleichung (39) der 31. Abschnitts

$$(15) \qquad [d_t d_u] P = \mathfrak{n}_t \mathfrak{n}_u [d_t d_u] Q, \quad t, u = 1, 2, 3, \quad u \neq t.$$

Vergleicht man diese Gleichungen mit den Erklärungsgleichungen der Hauptgeraden der Schar, das heißt mit den obigen Gleichungen

$$(3) \qquad G_j\,P = \mathfrak{r}_j G_j Q, \qquad j = 1, 2, 3,$$

und berücksichtigt, daß die drei Hauptgeraden G_j die einzigen Geraden sind, die den Gleichungen (3) Genüge leisten, so folgt, daß

$$\mathfrak{r}_j = \mathfrak{n}_t \mathfrak{n}_u \quad \text{und} \left.\begin{array}{l} \\ \end{array}\right| \quad j,\, t,\, u = 1,\, 2,\, 3,$$
$$G_j = \mathfrak{r}_j [d_t d_u] \qquad j \neq t,\quad t \neq u,\quad u \neq j,$$

sein muß, das heißt, daß

$$(16) \qquad \mathfrak{r}_1 = \mathfrak{n}_2 \mathfrak{n}_3,\quad \mathfrak{r}_2 = \mathfrak{n}_3 \mathfrak{n}_1,\quad \mathfrak{r}_3 = \mathfrak{n}_1 \mathfrak{n}_2$$

und

$$(17) \qquad G_1 = \mathfrak{r}_1 [d_2 d_3],\quad G_2 = \mathfrak{r}_2 [d_3 d_1],\quad G_3 = \mathfrak{r}_3 [d_1 d_2]$$

ist. Diese Gleichungen aber besagen wirklich, daß das gemeinsame Poldreiseit der Schar $\mathfrak{h}\,P + \mathfrak{k}\,Q$ mit dem gemeinsamen Polardreieck des Büschels $\mathfrak{h}p + \mathfrak{k}q$ zusammenfällt. Überdies zeigen sie, daß die Hauptzahlen der Schar gleich den Produkten zu je zweien aus den Hauptzahlen des Büschels sind.

Die in einer Kegelschnittschar mit drei reellen Hauptgeraden enthaltenen Punktpaare und ihre Beziehung zu den Grundgeraden der Schar. Das gemeinsame Poldreiseit $G_1 G_2 G_3$ einer Kegelschnittschar ist insbesondere auch ein Poldreiseit der drei in der Schar enthaltenen Punktpaare $P - \mathfrak{r}_j Q$, deren Punkte mit

$$a, b, \quad c, d, \quad e, f$$

bezeichnet sein mögen, und die Seiten G_j dieses Dreiseits sind, wie schon auf Seite 328f. gezeigt wurde, die Träger dieser drei Punktpaare (vgl. Fig. 137).

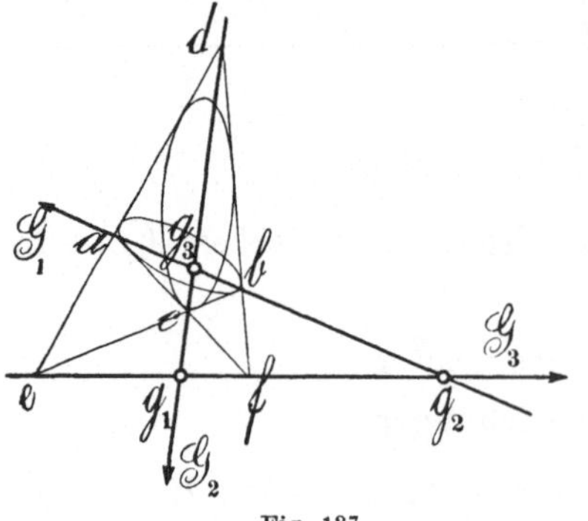

Fig. 137.

Nun gestattet ferner nach Seite 246f. die auf ein Poldreiseit bezogene Gleichung eines Punktpaars *eine Spaltung in die linearen Gleichungen der einzelnen Punkte des Paars,* und diese Spaltung wird für die Bestimmung der Grundgeraden der Kegelschnittschar, das heißt der gemeinsamen Tangenten aller Kurven der Schar, von Nutzen sein; denn diese müssen als solche auch durch je einen Punkt jener drei Punktpaare hindurchgehen.

Um aber die quadratischen Gleichungen der drei Punktpaare auf das Dreiseit $G_1 G_2 G_3$ beziehen zu können, forme man zunächst wieder die Brüche P und Q für die beiden ursprünglichen Polarsysteme in der Weise um, daß ihre Nenner die oben ermittelten, nur hinsichtlich ihrer Länge und ihres Sinnes noch willkürlich gebliebenen Stäbe G_1, G_2, G_3 werden, die den Seiten des gemeinsamen Poldreiseits angehören. Dann werden ihre Zähler mit den Ecken dieses Dreiseits, das heißt mit den Produkten

$$(18) \qquad g_1 = [G_2 G_3], \quad g_2 = [G_3 G_1], \quad g_3 = [G_1 G_2],$$

abgesehen von einem Zahlfaktor, übereinstimmen müssen. Und setzt man wieder voraus, daß wenigstens das Polarsystem Q nicht entartet, so können überdies diese Zahlfaktoren bei dem Bruche Q nicht null sein. Es muß sich daher *über die bisher noch willkürlich gebliebenen Längen und den Sinn der drei Stäbe G_j in solcher Weise verfügen lassen, daß die Zähler des Bruches Q sämtlich den Zahlfaktor 1 erhalten und somit direkt den drei Größen g_1, g_2, g_3 gleich werden*, so daß also der Bruch Q die Form annimmt:

$$(19) \qquad Q = \frac{g_1,\ g_2,\ g_3}{G_1, G_2, G_3}.$$

Zugleich wird dann

$$(20) \qquad G_j Q = g_j, \quad j = 1, 2, 3,$$

oder wegen (18)

$$(21) \qquad G_1 Q = [G_2 G_3], \quad G_2 Q = [G_3 G_1], \quad G_3 Q = [G_1 G_2]$$

und somit

$$(22) \qquad [G_1 \cdot G_1 Q] = [G_2 \cdot G_2 Q] = [G_3 \cdot G_3 Q] = [G_1 G_2 G_3] = \mathfrak{g},$$

wo $\mathfrak{g}$ eine Zahlgröße bedeutet.

Man erhält ferner die entsprechende Bruchdarstellung des Polarsystems P, wenn man in die Erklärungsgleichungen der Stäbe G_j

$$(3) \qquad G_j P = \mathfrak{r}_j G_j Q, \quad j = 1, 2, 3,$$

für $G_j Q$ seinen Wert g_j aus (20) einführt. Dadurch bekommt man die Gleichungen

$$(23) \qquad G_j P = \mathfrak{r}_j g_j, \quad j = 1, 2, 3,$$

und also für das Polarsystem P den Bruch

$$(24) \qquad P = \frac{\mathfrak{r}_1 g_1,\ \ \mathfrak{r}_2 g_2,\ \ \mathfrak{r}_3 g_3}{G_1,\ \ \ G_2,\ \ \ G_3}.$$

Die beiden so gewonnenen Formen (24) und (19) für die Polarsysteme P und Q liefern sodann für die drei zerfallenden Polarsysteme $P - \mathfrak{r}_j Q$ die Bruchdarstellungen:

$$(25)\quad\begin{cases}\boldsymbol{P}-\mathfrak{r}_1\boldsymbol{Q}=\dfrac{0,\quad(\mathfrak{r}_2-\mathfrak{r}_1)\,g_2,\ (\mathfrak{r}_3-\mathfrak{r}_1)\,g_3}{G_1,\qquad G_2,\qquad G_3},\\[2ex]\boldsymbol{P}-\mathfrak{r}_2\boldsymbol{Q}=\dfrac{(\mathfrak{r}_1-\mathfrak{r}_2)\,g_1,\quad 0,\quad(\mathfrak{r}_3-\mathfrak{r}_2)\,g_3}{G_1,\qquad G_2,\qquad G_3},\\[2ex]\boldsymbol{P}-\mathfrak{r}_3\boldsymbol{Q}=\dfrac{(\mathfrak{r}_1-\mathfrak{r}_3)\,g_1,\ (\mathfrak{r}_2-\mathfrak{r}_3)\,g_2,\quad 0}{G_1,\qquad G_2,\qquad G_3},\end{cases}$$

welche *zunächst* eine Bestätigung dafür geben, daß für einen jeden der drei Brüche $\boldsymbol{P}-\mathfrak{r}_j\boldsymbol{Q}$, $j=1,2,3$, das kombinatorische Produkt seiner drei Zähler verschwindet. *Ferner* folgt aus ihnen durch lineare Verknüpfung die Identität:

$$(26)\quad(\mathfrak{r}_2-\mathfrak{r}_3)(\boldsymbol{P}-\mathfrak{r}_1\boldsymbol{Q})+(\mathfrak{r}_3-\mathfrak{r}_1)(\boldsymbol{P}-\mathfrak{r}_2\boldsymbol{Q})+(\mathfrak{r}_1-\mathfrak{r}_2)(\boldsymbol{P}-\mathfrak{r}_3\boldsymbol{Q})=0,$$

welche es erlaubt, jedes von den drei in der Kegelschnittschar enthaltenen Punktpaaren als Vielfachensumme der beiden andern darzustellen.

Die entsprechende Identität besteht dann auch zwischen den zugehörigen quadratischen Formen, das heißt, es gilt auch die Gleichung:

$$(27)\quad(\mathfrak{r}_2-\mathfrak{r}_3)[U\cdot U(\boldsymbol{P}-\mathfrak{r}_1\boldsymbol{Q})]+(\mathfrak{r}_3-\mathfrak{r}_1)[U\cdot U(\boldsymbol{P}-\mathfrak{r}_2\boldsymbol{Q})]$$
$$+(\mathfrak{r}_1-\mathfrak{r}_2)[U\cdot U(\boldsymbol{P}-\mathfrak{r}_3\boldsymbol{Q})]=0.$$

Sie bestätigt für einen besonderen Fall das oben gefundene allgemeine Ergebnis, daß eine jede gemeinsame Tangente zweier Kurven der Schar $\boldsymbol{P}-\mathfrak{r}\boldsymbol{Q}$ auch eine Tangente jeder weiteren Kurve der Schar sein muß. Denn der Gleichung (27) zufolge leistet jede Gerade U, welche zwei von den drei Gleichungen

$$[U\cdot U(\boldsymbol{P}-\mathfrak{r}_j\boldsymbol{Q})]=0,\quad j=1,2,3,$$

befriedigt, zugleich auch der dritten von diesen Gleichungen Genüge, das heißt, eine jede Verbindungsgerade U zweier Punkte, die zwei verschiedenen von den drei Punktpaaren der Schar angehören, geht zugleich auch durch einen Punkt des dritten Paars dieser Schar hindurch (siehe die obige Fig. 137; vgl. ferner die Identität (25) des 4. Abschnitts sowie die Entwickelung auf Seite 89 des ersten Bandes).

Um endlich *die den Brüchen (25) entsprechenden quadratischen Formen der drei Punktpaare in Linienkoordinaten darzustellen*, drücke man noch die Stäbe U der Ebene als Vielfachensummen der neuen Nennerstäbe G_j aus, setze also

$$(28)\qquad U=\mathfrak{u}_1E_1+\mathfrak{u}_2E_2+\mathfrak{u}_3E_3=\mathfrak{v}_1G_1+\mathfrak{v}_2G_2+\mathfrak{v}_3G_3.$$

Dann wird wegen der Gleichungen (13) die quadratische Form

$$[U\cdot UQ]=\mathfrak{v}_1^2[G_1\cdot G_1Q]+\mathfrak{v}_2^2[G_2\cdot G_2Q]+\mathfrak{v}_3^2[G_3\cdot G_3Q]$$

oder mit Rücksicht auf (22)

$$(29)\qquad [U\cdot UQ]=\mathfrak{g}(\mathfrak{v}_1^2+\mathfrak{v}_2^2+\mathfrak{v}_3^2).$$

Ebenso erhält man auch für die quadratische Form $[U\cdot U\boldsymbol{P}]$ *nur quadra-*

tische Glieder, deren Koeffizienten aber in diesem Falle nicht sämtlich einander gleich sind. Es wird nämlich

$$[U \cdot UP] = \mathfrak{v}_1^2[G_1 \cdot G_1 P] + \mathfrak{v}_2^2[G_2 \cdot G_2 P] + \mathfrak{v}_3^2[G_3 \cdot G_3 P]$$

oder wegen (3) und (22)

$$(30) \qquad [U \cdot UP] = \mathfrak{g}(\mathfrak{r}_1\mathfrak{v}_1^2 + \mathfrak{r}_2\mathfrak{v}_2^2 + \mathfrak{r}_3\mathfrak{v}_3^2).$$

Auf Grund dieser Darstellungen (29) und (30) *lassen sich die drei quadratischen Formen, die den drei Punktpaaren der Kegelschnittschar zugehören, als Differenzen von Quadraten darstellen.* Man bekommt

$$[U \cdot U(P - \mathfrak{r}_1 Q)] = \mathfrak{g}\{(\mathfrak{r}_2 - \mathfrak{r}_1)\mathfrak{v}_2^2 + (\mathfrak{r}_3 - \mathfrak{r}_1)\mathfrak{v}_3^2\}, \quad \text{also}$$

$$(31) \quad \begin{cases} \dfrac{1}{\mathfrak{g}}[U \cdot U(P - \mathfrak{r}_1 Q)] = (\mathfrak{r}_2 - \mathfrak{r}_1)\mathfrak{v}_2^2 - (\mathfrak{r}_1 - \mathfrak{r}_3)\mathfrak{v}_3^2 \\[2ex] \dfrac{1}{\mathfrak{g}}[U \cdot U(P - \mathfrak{r}_2 Q)] = (\mathfrak{r}_3 - \mathfrak{r}_2)\mathfrak{v}_3^2 - (\mathfrak{r}_2 - \mathfrak{r}_1)\mathfrak{v}_1^2 \\[2ex] \dfrac{1}{\mathfrak{g}}[U \cdot U(P - \mathfrak{r}_3 Q)] = (\mathfrak{r}_1 - \mathfrak{r}_3)\mathfrak{v}_1^2 - (\mathfrak{r}_3 - \mathfrak{r}_2)\mathfrak{v}_2^2 . \end{cases}$$

Die rechten Seiten dieser Gleichungen aber zerfallen unmittelbar in lineare Faktoren, und man erhält daher für die drei Punktpaare

$$a, b, \quad c, d, \quad e, f$$

der Schar *die drei Paare linearer Gleichungen*:

$$(32) \quad \begin{cases} \begin{cases} a) \dots \sqrt{\mathfrak{r}_2 - \mathfrak{r}_1}\,\mathfrak{v}_2 + \sqrt{\mathfrak{r}_1 - \mathfrak{r}_3}\,\mathfrak{v}_3 = 0 \\ b) \dots \sqrt{\mathfrak{r}_2 - \mathfrak{r}_1}\,\mathfrak{v}_2 - \sqrt{\mathfrak{r}_1 - \mathfrak{r}_3}\,\mathfrak{v}_3 = 0 \end{cases} \\[3ex] \begin{cases} c) \dots \sqrt{\mathfrak{r}_3 - \mathfrak{r}_2}\,\mathfrak{v}_3 + \sqrt{\mathfrak{r}_2 - \mathfrak{r}_1}\,\mathfrak{v}_1 = 0 \\ d) \dots \sqrt{\mathfrak{r}_3 - \mathfrak{r}_2}\,\mathfrak{v}_3 - \sqrt{\mathfrak{r}_2 - \mathfrak{r}_1}\,\mathfrak{v}_1 = 0 \end{cases} \\[3ex] \begin{cases} e) \dots \sqrt{\mathfrak{r}_1 - \mathfrak{r}_3}\,\mathfrak{v}_1 + \sqrt{\mathfrak{r}_3 - \mathfrak{r}_2}\,\mathfrak{v}_2 = 0 \\ f) \dots \sqrt{\mathfrak{r}_1 - \mathfrak{r}_3}\,\mathfrak{v}_1 - \sqrt{\mathfrak{r}_3 - \mathfrak{r}_2}\,\mathfrak{v}_2 = 0. \end{cases} \end{cases}$$

Auch kann man leicht *die Ausdrücke für die sechs Punkte*

$$a, b, \quad c, d, \quad e, f$$

der drei Punktpaare angeben. Dazu bemerke man, daß wegen (28), (18) und (22)

$$[U g_1] = \mathfrak{v}_1[G_1 g_1] = \mathfrak{v}_1[G_1 G_2 G_3] = \mathfrak{v}_1 \mathfrak{g}$$

also

$$(33) \qquad \mathfrak{v}_1 = \frac{1}{\mathfrak{g}}[U g_1], \quad \mathfrak{v}_2 = \frac{1}{\mathfrak{g}}[U g_2], \quad \mathfrak{v}_3 = \frac{1}{\mathfrak{g}}[U g_3].$$

Bei Einführung dieser Werte aber nehmen die Gleichungen (32) die Form an:

$$\begin{cases} [U(\sqrt{\mathfrak{r}_2 - \mathfrak{r}_1}\,g_2 + \sqrt{\mathfrak{r}_1 - \mathfrak{r}_3}\,g_3)] = 0 \\ [U(\sqrt{\mathfrak{r}_2 - \mathfrak{r}_1}\,g_2 - \sqrt{\mathfrak{r}_1 - \mathfrak{r}_3}\,g_3)] = 0 \end{cases}$$

$$\dots \dots \dots \dots \dots ,$$

welche zugleich zeigt, daß die in den runden Klammern eingeschlossenen Summen oder Differenzen die gesuchten Ausdrücke für die sechs Punkte

$$a, b, \quad c, d, \quad e, f$$

sind. Man erhält also für diese Punkte die Darstellung:

$$(34)\quad
\begin{cases}
\begin{cases}
a = \sqrt{\mathfrak{r}_2 - \mathfrak{r}_1}\, g_2 + \sqrt{\mathfrak{r}_1 - \mathfrak{r}_3}\, g_3, \\
b = \sqrt{\mathfrak{r}_2 - \mathfrak{r}_1}\, g_2 - \sqrt{\mathfrak{r}_1 - \mathfrak{r}_3}\, g_3,
\end{cases} \\[2ex]
\begin{cases}
c = \sqrt{\mathfrak{r}_3 - \mathfrak{r}_2}\, g_3 + \sqrt{\mathfrak{r}_2 - \mathfrak{r}_1}\, g_1, \\
d = \sqrt{\mathfrak{r}_3 - \mathfrak{r}_2}\, g_3 - \sqrt{\mathfrak{r}_2 - \mathfrak{r}_1}\, g_1,
\end{cases} \\[2ex]
\begin{cases}
e = \sqrt{\mathfrak{r}_1 - \mathfrak{r}_3}\, g_1 + \sqrt{\mathfrak{r}_3 - \mathfrak{r}_2}\, g_2, \\
f = \sqrt{\mathfrak{r}_1 - \mathfrak{r}_3}\, g_1 - \sqrt{\mathfrak{r}_3 - \mathfrak{r}_2}\, g_2.
\end{cases}
\end{cases}$$

Aus der Form der so gewonnenen Ausdrücke entnimmt man sodann, daß die drei Punktpaare

$$a, b, \quad c, d, \quad e, f$$

erstens die Seiten

$$G_1, \quad G_2, \quad G_3$$

des gemeinsamen Poldreiseits der Schar zu Trägern haben, und daß sie *überdies durch die Ecken*

$$g_2, g_3, \quad g_3, g_1, \quad g_1, g_2$$

dieses Dreiseits harmonisch getrennt werden (vgl. die obige Fig. 137).

Man kann die gewonnenen Ergebnisse in dem Satze zusammenfassen:

Satz 521: Besteht eine Kegelschnittschar nicht aus lauter zerfallenden Kurven zweiter Klasse, und sind ihre drei Hauptzahlen reell und voneinander verschieden, so enthält das Büschel drei Punktpaare. Die Träger dieser Punktpaare fallen mit den Seiten des gemeinsamen Poldreiseits der Schar zusammen, und die beiden Punkte eines jeden Paars werden durch die auf seinem Träger liegenden Ecken jenes Dreiseits harmonisch getrennt.

Die Ausdrücke (34) ergeben nun aber ferner *eine Darstellung für die Grundgeraden*, oder was dasselbe ist, für die gemeinsamen Tangenten der Schar, wenn man die Punkte eines beliebigen von den drei Punktpaaren, etwa die des Paares a, b, mit den Punkten eines andern Paares, etwa mit denen des Paares c, d, äußerlich multipliziert. Dadurch erhält man *vier* Grundgeraden, und auf diesen liegen dann auch, wie bereits oben gezeigt ist (vgl. Seite 334), die Punkte des dritten Punktpaars e, f. Man findet wie auf Seite 308 f. für die fraglichen Produkte die Werte:

$$(35)\quad\begin{cases}[ac] = \mathfrak{g}\sqrt{\mathfrak{r}_2 - \mathfrak{r}_1}\,\{\sqrt{\mathfrak{r}_3 - \mathfrak{r}_2}\,G_1 + \sqrt{\mathfrak{r}_1 - \mathfrak{r}_3}\,G_2 - \sqrt{\mathfrak{r}_2 - \mathfrak{r}_1}\,G_3\}\\[ad] = \mathfrak{g}\sqrt{\mathfrak{r}_2 - \mathfrak{r}_1}\,\{\sqrt{\mathfrak{r}_3 - \mathfrak{r}_2}\,G_1 - \sqrt{\mathfrak{r}_1 - \mathfrak{r}_3}\,G_2 + \sqrt{\mathfrak{r}_2 - \mathfrak{r}_1}\,G_3\}\\[bc] = \mathfrak{g}\sqrt{\mathfrak{r}_2 - \mathfrak{r}_1}\,\{\sqrt{\mathfrak{r}_3 - \mathfrak{r}_2}\,G_1 - \sqrt{\mathfrak{r}_1 - \mathfrak{r}_3}\,G_2 - \sqrt{\mathfrak{r}_2 - \mathfrak{r}_1}\,G_3\}\\[bd] = \mathfrak{g}\sqrt{\mathfrak{r}_2 - \mathfrak{r}_1}\,\{\sqrt{\mathfrak{r}_3 - \mathfrak{r}_2}\,G_1 + \sqrt{\mathfrak{r}_1 - \mathfrak{r}_3}\,G_2 + \sqrt{\mathfrak{r}_2 - \mathfrak{r}_1}\,G_3\},\end{cases}$$

womit dann die vier Grundgeraden $[ac]$, $[ad]$, $[bc]$, $[bd]$ der Kegelschnittschar als Vielfachensummen der drei Hauptgeraden, das heißt der drei Seiten G_j des gemeinsamen Poldreiseits der Schar, dargestellt sind.

Allgemeines über entartende Kegelschnittscharen. Eine Kegelschnittschar, deren Grundkurven zwei doppelt zählende Punkte sind. Wir gehen nunmehr dazu über, den in unserer Entwickelung ausgeschlossenen Fall einer Schar von lauter zerfallenden Kurven zweiter Klasse (vgl. Seite 329 ff.) im Zusammenhange zu behandeln. Wir nennen eine solche Schar eine entartende Kegelschnittschar.

Zunächst ist klar, daß für eine derartige Schar der zu dem Satze 503 dualistisch entsprechende Satz gelten wird:

Satz 522: Eine Kegelschnittschar entartet dann und nur dann, das heißt, sie besteht dann und nur dann aus lauter zerfallenden Kurven zweiter Klasse, wenn nicht nur die Bedingungen

$$(36)\qquad [\boldsymbol{P}^3] = 0 \qquad \text{und} \qquad (37)\quad [\boldsymbol{Q}^3] = 0$$

für das Zerfallen der beiden Grundkurven $\boldsymbol{P}$ und $\boldsymbol{Q}$ der Schar erfüllt werden, sondern außerdem noch die beiden Gleichungen gelten:

$$(38)\qquad [\boldsymbol{P}^2\boldsymbol{Q}] = 0 \qquad \text{und} \qquad (39)\quad [\boldsymbol{P}\boldsymbol{Q}^2] = 0.$$

In der Tat läßt sich die Hauptgleichung (11) der Kegelschnittschar nach Seite 230 f. auch in der Form schreiben:

$$(40)\qquad\qquad [(\boldsymbol{P} - \mathfrak{r}\boldsymbol{Q})^3] = 0$$

oder bei Auflösung der runden Klammer in der Form:

$$(41)\qquad [\boldsymbol{P}^3] - 3\mathfrak{r}[\boldsymbol{P}^2\boldsymbol{Q}] + 3\mathfrak{r}^2[\boldsymbol{P}\boldsymbol{Q}^2] - \mathfrak{r}^3[\boldsymbol{Q}^3] = 0.$$

Diese Gleichung aber wird dann und nur dann für beliebige Werte von $\mathfrak{r}$ erfüllt, wenn die Gleichungen (36) bis (39) gleichzeitig bestehen.

Die Bedingungen des Satzes 522 für eine entartende Kegelschnittschar werden sicher befriedigt, wenn die Polarsysteme zweiter Klasse $\boldsymbol{P}$ und $\boldsymbol{Q}$ der beiden Grundkurven zweifach entarten, wenn also

$$(42)\qquad\qquad [\boldsymbol{P}^2] = 0 \qquad \text{und} \qquad (43)\quad \boldsymbol{P} \gtrless 0 \ \text{und ebenso}$$

$$(44)\qquad\qquad [\boldsymbol{Q}^2] = 0 \qquad \text{und} \qquad (45)\quad \boldsymbol{Q} \gtrless 0.$$

Eine Kegelschnittschar, deren Grundkurven zwei (voneinander verschiedene) doppeltzählende Punkte sind, besteht also aus lauter zerfallenden Kurven zweiter Klasse, und man beweist genau so wie bei dem Dualistischen, daß ihre Polarsysteme mit Ausnahme derjenigen der beiden Grundkurven *einfach* entarten, daß also nur die Grundkurven durch doppeltzählende Punkte gebildet werden, während alle übrigen Kurven der Schar eigentliche Punktpaare sind. Man hat also den Satz:

Satz 523: Entarten die Polarsysteme zweiter Klasse P und Q der beiden Grundkurven einer Kegelschnittschar $P - rQ$ zweifach, so entartet die ganze Kegelschnittschar; jedoch entarten alle Polarsysteme der Schar mit Ausnahme derjenigen der beiden Grundkurven einfach.

Um endlich über die Lage der Punktpaare Aufschluß zu erhalten, welche die Polarkurven der Polarsysteme der Schar bilden, bemerke man zunächst, daß sie alle die Verbindungsgerade G derjenigen Punkte a und b zum Träger haben, die doppeltzählend die Grundkurven der Schar darstellen. In der Tat ist diese Gerade G sowohl zu P wie zu Q apolar, das heißt, es bestehen die Gleichungen

$$(46) \qquad GP = 0 \qquad \text{und} \qquad (47) \quad GQ = 0.$$

Aus ihnen aber folgt durch lineare Verknüpfung für beliebige Werte einer Zahlgröße r die Gleichung

$$(48) \qquad G(P - rQ) = 0,$$

welche zeigt, daß die Gerade G zu jedem Polarsysteme der Schar $P - rQ$ apolar ist, *daß sie also der Träger eines jeden Punktpaars der Schar ist*

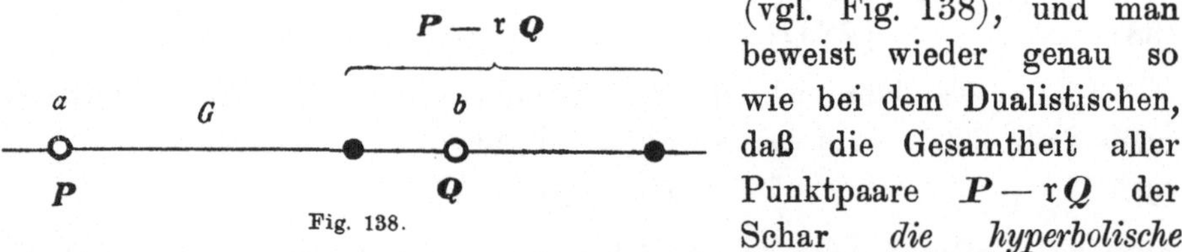

Fig. 138.

(vgl. Fig. 138), und man beweist wieder genau so wie bei dem Dualistischen, daß die Gesamtheit aller Punktpaare $P - rQ$ der Schar *die hyperbolische Punktinvolution bildet, die die doppeltzählenden Punkte der Schar zu Doppelpunkten hat.*

Man hat also den Satz:

Satz 524: Eine Kegelschnittschar, deren Grundkurven durch zwei doppeltzählende Punkte gebildet werden, ist identisch mit derjenigen hyperbolischen Punktinvolution, deren Doppelpunkte jene doppeltzählenden Punkte sind.

Die Grundkurven einer Kegelschnittschar bestehen aus einem doppeltzählenden Punkt und einem Punktpaar oder aus zwei Punktpaaren. Unter welcher Bedingung entartet die Schar? Genügen die Polarsysteme zweiter

Klasse P und Q der beiden Grundkurven einer Kegelschnittschar den Vergleichungen

$$[P^3] = 0, \quad [P^2] = 0, \quad P \neq 0,$$
$$[Q^3] = 0, \quad [Q^2] \neq 0,$$

entartet also das Polarsystem P zweifach, das Polarsystem Q einfach, so
sind von den vier Bedingungsgleichungen (36) bis (39) für das Entarten
der Kegelschnittschar $P - \mathfrak{r}Q$ (vgl. Satz 522) die ersten drei Bedingungen
von selbst erfüllt. Es handelt sich also nur noch um die geometrische
Bedeutung der vierten Bedingung, nämlich der Gleichung

$$(39) \qquad\qquad [PQ^2] = 0;$$

und diese läßt sich aus dem Satze 508 entnehmen. Denn nach ihm sagt
die Gleichung (39) aus, daß der Träger B des Punktpaars Q den doppeltzählenden Punkt enthält, der die Polarkurve von P bildet. Dabei kann
entweder eben nur der Träger B des Punktpaars Q durch den doppeltzählenden Punkt P hindurchgehen (vgl. Fig. 139), *oder* es kann ein Punkt

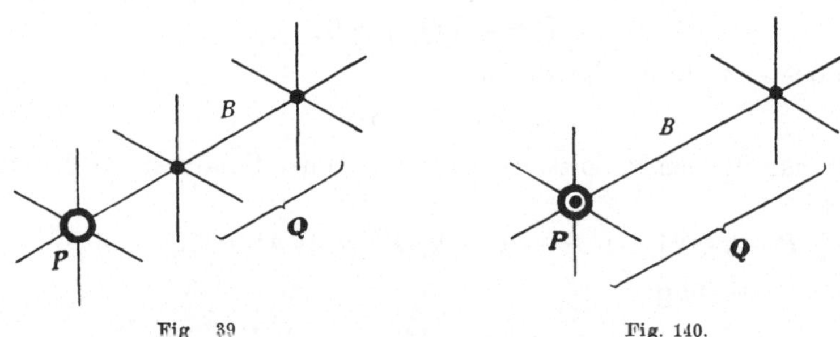

Fig 39   Fig. 140.

des Punktpaars Q mit dem doppeltzählenden Punkte P zusammenfallen
(vgl. Fig. 140). Man hat somit den Satz:

Satz 525: Eine Kegelschnittschar, deren Grundkurven aus
einem doppeltzählenden Punkt und einem Punktpaar bestehen,
entartet dann und nur dann, wenn der doppeltzählende Punkt
auf dem Träger des Punktpaars liegt.

Sind jetzt andererseits *die beiden Grundkurven einer Kegelschnittschar
Punktpaare*, entarten also ihre beiden Polarsysteme zweiter Klasse P und Q
einfach und genügen somit den Vergleichungen

$$[P^3] = 0, \quad [P^2] \neq 0$$
$$[Q^3] = 0, \quad [Q^2] \neq 0,$$

so findet man genau so wie bei der dualistischen Entwickelung den Satz:

Satz 526: Eine Kegelschnittschar, deren Grundkurven aus
zwei Punktpaaren bestehen, entartet dann und nur dann, wenn

entweder die beiden Punktpaare ihre Träger miteinander gemein haben, oder wenn zwar die Träger voneinander verschieden
sind, aber ihr Schnittpunkt einem
jeden von den beiden Punktpaaren
angehört (vgl. Fig. 141 und 142).

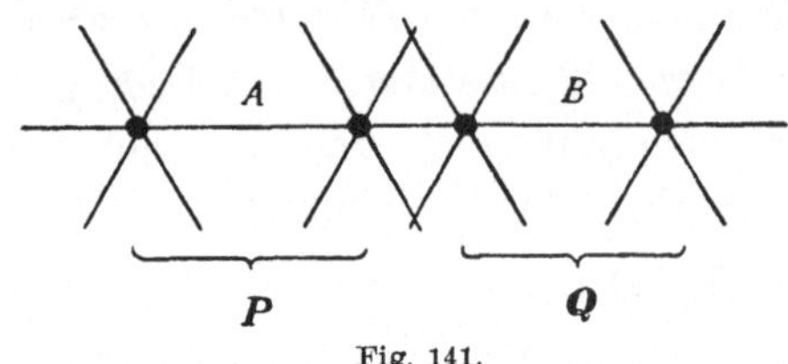

Fig. 141.

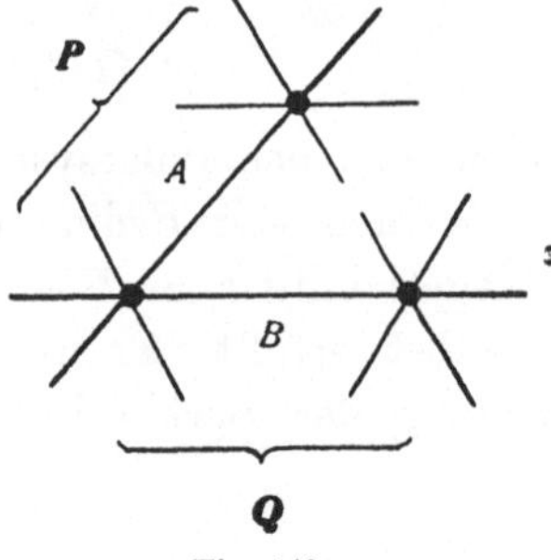

Fig. 142.

Unter welcher Bedingung besitzt die Hauptgleichung einer Kegelschnittschar eine einfache Wurzel, eine Doppelwurzel oder eine dreifache Wurzel $\mathfrak{r}=\mathfrak{r}_i$?
Ersetzt man auf der linken Seite der Hauptgleichung einer Kegelschnittschar, das heißt auf der linken Seite der obigen Gleichung

$$(40) \qquad [(P - \mathfrak{r}Q)^3] = 0,$$

den Parameter $\mathfrak{r}$ durch die Summe

$$(49) \qquad \mathfrak{r} = \mathfrak{r}_i + \mathfrak{h},$$

so erhält man für den Potenzwert $[(P-\mathfrak{r}Q)^3]$ des Polarsystems $P-\mathfrak{r}Q$ den
Ausdruck:

$$[(P - \mathfrak{r}Q)^3] = [(P - (\mathfrak{r}_i + \mathfrak{h})Q)^3] = [((P - \mathfrak{r}_iQ) - \mathfrak{h}Q)^3]$$

oder die Darstellung:

$$(50) \qquad \begin{cases} [(P - \mathfrak{r}Q)^3] = [(P - \mathfrak{r}_iQ)^3] - 3\mathfrak{h}[(P - \mathfrak{r}_iQ)^2 Q] \\ \qquad + 3\mathfrak{h}^2[(P - \mathfrak{r}_iQ)Q^2] - \mathfrak{h}^3[Q^3]. \end{cases}$$

Diese zeigt mit Rücksicht auf (49), daß die Hauptgleichung der Kegelschnittschar, das heißt die Gleichung

$$(40) \qquad [(P - \mathfrak{r}Q)^3] = 0,$$

ebenso oft die Wurzel $\mathfrak{r} = \mathfrak{r}_i$ aufweist, wie die Gleichung

$$(51) \quad [(P - \mathfrak{r}_iQ)^3] - 3\mathfrak{h}[(P - \mathfrak{r}_iQ)^2 Q] + 3\mathfrak{h}^2[(P - \mathfrak{r}_iQ)Q^2] - \mathfrak{h}^3[Q^3] = 0$$

die Wurzel $\mathfrak{h} = 0$ darbietet. Darin liegt der Satz:

Satz 527: Die Hauptgleichung

$$[(P - \mathfrak{r}Q)^3] = 0$$

einer Kegelschnittschar besitzt dann und nur dann *eine einfache Wurzel* $\mathfrak{r} = \mathfrak{r}_i$, wenn

$$[(P - \mathfrak{r}_iQ)^3] = 0, \quad \text{aber} \quad [(P - \mathfrak{r}_iQ)^2 Q] \neq 0$$

ist, dagegen *eine Doppelwurzel* $\mathfrak{r} = \mathfrak{r}_i$ dann und nur dann, wenn

$$[(P - \mathfrak{r}_iQ)^3] = 0 \quad \text{und} \quad [(P - \mathfrak{r}_iQ)^2 Q] = 0, \quad \text{aber} \quad [(P - \mathfrak{r}_iQ)Q^2] \neq 0$$

ist, endlich dann und nur dann *eine dreifache Wurzel* $\mathfrak{r} = \mathfrak{r}_t$, wenn gleichzeitig

$$[(\boldsymbol{P} - \mathfrak{r}_t\boldsymbol{Q})^3] = 0, \quad [(\boldsymbol{P} - \mathfrak{r}_t\boldsymbol{Q})^2\boldsymbol{Q}] = 0 \quad \text{und} \quad [(\boldsymbol{P} - \mathfrak{r}_t\boldsymbol{Q})\boldsymbol{Q}^2] = 0$$

ist.

Die Hauptgleichung der Kegelschnittschar hat eine Doppelwurzel. Sind von den drei Hauptzahlen $\mathfrak{r}_t$ der Kegelschnittschar zwei einander gleich, während die dritte von diesen beiden verschieden ist, ist also etwa

$$(52) \qquad\qquad \mathfrak{r}_1 \neq \mathfrak{r}_2 = \mathfrak{r}_3,$$

das heißt, ist $\mathfrak{r}_1$ *eine einfache*, $\mathfrak{r}_2 = \mathfrak{r}_3$ *eine Doppelwurzel der Hauptgleichung (40) der Kegelschnittschar,* so sind in der Schar nur die beiden entartenden Polarsysteme zweiter Klasse $\boldsymbol{P} - \mathfrak{r}_1\boldsymbol{Q}$ und $\boldsymbol{P} - \mathfrak{r}_2\boldsymbol{Q}$ enthalten, und es ist nach dem Satze 527

$$[(\boldsymbol{P} - \mathfrak{r}_1\boldsymbol{Q})^3] = 0, \quad \text{aber} \quad [(\boldsymbol{P} - \mathfrak{r}_1\boldsymbol{Q})^2\boldsymbol{Q}] \neq 0,$$

woraus noch folgt, daß auch

$$[(\boldsymbol{P} - \mathfrak{r}_1\boldsymbol{Q})^2] \neq 0$$

ist, so daß nach dem Satze 441 das Polarsystem zweiter Klasse $\boldsymbol{P} - \mathfrak{r}_1\boldsymbol{Q}$ einfach entartet.

Andererseits ist wieder nach dem Satze 527

$$[(\boldsymbol{P} - \mathfrak{r}_2\boldsymbol{Q})^3] = 0 \quad \text{und} \quad \text{zugleich} \quad [(\boldsymbol{P} - \mathfrak{r}_2\boldsymbol{Q})^2\boldsymbol{Q}] = 0.$$

Die letztere Gleichung aber kann sowohl dann erfüllt werden, wenn

$$[(\boldsymbol{P} - \mathfrak{r}_2\boldsymbol{Q})^2] \neq 0$$

ist, *das Polarsystem zweiter Klasse $\boldsymbol{P} - \mathfrak{r}_2\boldsymbol{Q}$ somit einfach entartet,* wie auch dadurch, daß

$$[(\boldsymbol{P} - \mathfrak{r}_2\boldsymbol{Q})^2] = 0$$

ist. In diesem Falle *entartet das Polarsystem zweiter Klasse $\boldsymbol{P} - \mathfrak{r}_2\boldsymbol{Q}$ zweifach.*

Wir behandeln zuerst *den ersten von den beiden genannten Unterfällen,* den Fall also, wo die sechs Vergleichungen bestehen:

$(53)\ [(\boldsymbol{P} - \mathfrak{r}_1\boldsymbol{Q})^3] = 0,\quad (54)\ [(\boldsymbol{P} - \mathfrak{r}_1\boldsymbol{Q})^2] \neq 0,\quad (55)\ [(\boldsymbol{P} - \mathfrak{r}_1\boldsymbol{Q})^2\boldsymbol{Q}] \neq 0,$

$(56)\ [(\boldsymbol{P} - \mathfrak{r}_2\boldsymbol{Q})^3] = 0,\quad (57)\ [(\boldsymbol{P} - \mathfrak{r}_2\boldsymbol{Q})^2] \neq 0,\quad (58)\ [(\boldsymbol{P} - \mathfrak{r}_2\boldsymbol{Q})^2\boldsymbol{Q}] = 0.$

Von ihnen besagen die Vergleichungen (53) und (54), (56) und (57), daß die Polarkurven der beiden Polarsysteme zweiter Klasse $\boldsymbol{P} - \mathfrak{r}_1\boldsymbol{Q}$ und $\boldsymbol{P} - \mathfrak{r}_2\boldsymbol{Q}$ zwei Punktpaare sind, ihre Träger seien bezeichnet mit T_1 und T_2; während die Gleichung (58) nach dem Satze 508 zeigt, daß der Träger T_2 von $\boldsymbol{P} - \mathfrak{r}_2\boldsymbol{Q}$ die Polarkurve von $\boldsymbol{Q}$ berührt. Dann aber muß er nach dem Satze 517 auch durch einen Punkt des Punktpaars $\boldsymbol{P} - \mathfrak{r}_1\boldsymbol{Q}$ hindurchgehen. Doch darf er wiederum nicht mit dessen Träger T_1 zusammenfallen, weil sonst nach Satz 508 die Gleichung

$$[(\boldsymbol{P} - \mathfrak{r}_1\boldsymbol{Q})^2\boldsymbol{Q}] = 0$$

bestehen müßte, die der Ungleichung (55) widerspricht. Hieraus folgt nebenbei, daß das Punktpaar $P-\mathfrak{r}_1 Q$ reell sein muß.

Andererseits kann der Träger T_1 des Punktpaars $P-\mathfrak{r}_1 Q$ auch nicht durch einen Punkt des Punktpaars $P-\mathfrak{r}_2 Q$ hindurchgehen; denn sonst müßte er dem Satze 517 zufolge auch die Polarkurve von Q berühren, und dies ist nach dem Satze 508 durch die Ungleichung (55) ausgeschlossen.

Die beiden Punktpaare $P-\mathfrak{r}_1 Q$ und $P-\mathfrak{r}_2 Q$ liegen somit in der Weise zueinander, daß der Träger T_2 von $P-\mathfrak{r}_2 Q$ durch einen der beiden Punkte des Punktpaars $P-\mathfrak{r}_1 Q$ geht, ohne mit dem Träger von $P-\mathfrak{r}_1 Q$ zusammenzufallen und ohne daß ein Punkt des einen Punktpaars mit einem Punkte des andern Punktpaars identisch wäre (vgl. Fig. 143). In den Träger T_2 sind dann zwei Grundgeraden der Schar zusammengerückt, und es berühren sich sämtliche Kurven der Schar in einem Punkte der Geraden T_2 und haben in ihm die Gerade T_2 zur Tangente. Dabei ist ihr Berührungspunkt der Schnittpunkt der Träger T_1 und T_2 der beiden Punktpaare. Die beiden andern Grundgeraden sind die Verbindungslinien der beiden Punkte des Punktpaars $P-\mathfrak{r}_2 Q$ mit dem nicht auf T_2 liegenden Punkte des Punktpaars $P-\mathfrak{r}_1 Q$. Sie werden konjugiert komplex, sobald das Punktpaar $P-\mathfrak{r}_2 Q$ konjugiert komplex ist.

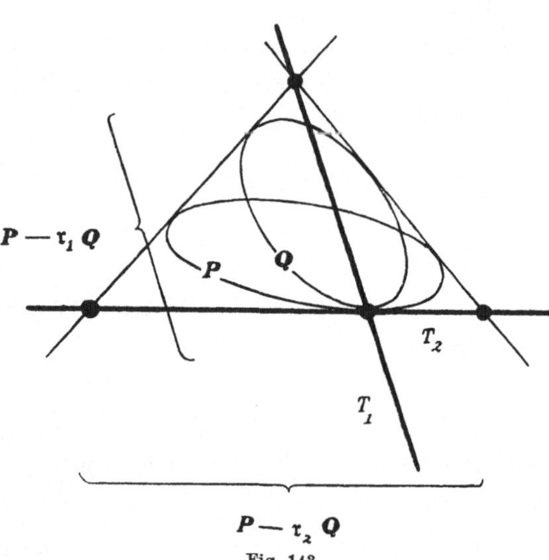

Fig. 143.

Der zweite Unterfall unterscheidet sich von dem soeben behandelten dadurch, daß in der Vergleichung (57) an Stelle des Ungleichheitszeichens das Gleichheitszeichen getreten ist, so daß also die sechs Vergleichungen erfüllt werden:

(59) $[(P-\mathfrak{r}_1 Q)^3] = 0$,　(60) $[(P-\mathfrak{r}_1 Q)^2] \neq 0$,　(61) $[(P-\mathfrak{r}_1 Q)^2 Q] \neq 0$,

(62) $[(P-\mathfrak{r}_2 Q)^3] = 0$,　(63) $[(P-\mathfrak{r}_2 Q)^2] = 0$,　(64) $[(P-\mathfrak{r}_2 Q)^2 Q] = 0$,

wobei jetzt die Gleichungen (62) und (64) eine Folge der Gleichung (63) sind. Die vier Vergleichungen (59) und (60), (62) und (63) sagen dabei aus, daß die Polarkurve des Polarsystems zweiter Klasse $P-\mathfrak{r}_1 Q$ ein Punktpaar, diejenige des Polarsystems $P-\mathfrak{r}_2 Q$ ein doppeltzählender Punkt ist. Und durch diesen doppeltzählenden Punkt kann nicht etwa der Träger T_1 des Punktpaars $P - \mathfrak{r}_1 Q$ hindurchgehen, was man ebenso wie bei dem Dualistischen beweist.

Ist das Punktpaar $P - \mathfrak{r}_1'Q$ reell, so fallen in jede von seinen Verbindungslinien mit dem doppeltzählenden Punkte $P - \mathfrak{r}_2 Q$ zwei Grundgeraden der Schar zusammen, und die Punkte des Punktpaars $P - \mathfrak{r}_1 Q$ bilden die Grenzlagen für die Schnittpunkte eines jeden Paars zusammengefallener Grundgeraden. Es berühren sich daher

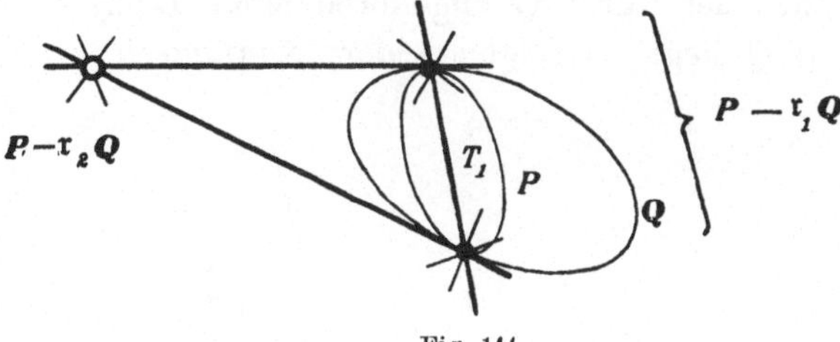

Fig. 144.

sämtliche Kurven der Schar in den Punkten des Punktpaars $P - \mathfrak{r}_1 Q$ und haben in ihnen jene Verbindungslinien mit dem doppeltzählenden Punkte $P - \mathfrak{r}_2 Q$ zu Tangenten (vgl. Fig. 144).

Die Hauptgleichung der Kegelschnittschar hat eine dreifache Wurzel. Sind alle drei Hauptzahlen $\mathfrak{r}_t$ der Kegelschnittschar einander gleich, ist also

$$(65) \qquad \mathfrak{r}_1 = \mathfrak{r}_2 = \mathfrak{r}_3$$

eine dreifache Wurzel der Hauptgleichung der Kegelschnittschar, so ist in der Schar nur ein einziges entartendes Polarsystem zweiter Klasse $P - \mathfrak{r}_1 Q$ enthalten, und es ist nach dem Satze 527

$$[(P - \mathfrak{r}_1 Q)^3] = 0, \quad [(P - \mathfrak{r}_1 Q)^2 Q] = 0, \quad [(P - \mathfrak{r}_1 Q) Q^2] = 0.$$

Dabei setzen wir voraus, daß das Polarsystem Q von dem entartenden Polarsystem $P - \mathfrak{r}_1 Q$ räumlich verschieden sei.

Es ergeben sich dann wieder *zwei Unterfälle*, je nachdem

$$[(P - \mathfrak{r}_1 Q)^2] \neq 0 \quad \text{oder} \quad [(P - \mathfrak{r}_1 Q)^2] = 0$$

ist, je nachdem also die Polarkurve des entartenden Polarsystems zweiter Klasse $P - \mathfrak{r}_1 Q$ ein Punktpaar oder ein doppeltzählender Punkt ist.

In dem ersten von diesen beiden Unterfällen bestehen demnach die vier Vergleichungen:

$$(66) \quad [(P - \mathfrak{r}_1 Q)^3] = 0, \qquad (67) \quad [(P - \mathfrak{r}_1 Q)^2] \neq 0,$$

$$(68) \quad [(P - \mathfrak{r}_1 Q)^2 Q] = 0, \qquad (69) \quad [(P - \mathfrak{r}_1 Q) Q^2] = 0.$$

Von ihnen besagen die Vergleichungen (66) und (67), daß die Polarkurve des Polarsystems zweiter Klasse $P - \mathfrak{r}_1 Q$ ein Punktpaar ist. Ferner zeigt die Gleichung (68) nach dem Satze 508, daß der Träger T dieses Punktpaars eine Tangente der Polarkurve von Q bildet; und endlich sagt nach dem Satze 511 die Gleichung (69) aus, daß die beiden Punkte a und b

des Punktpaars $P - \mathfrak{r}_1 Q$ hinsichtlich des Polarsystems $\overline{q} = [Q^2]$ konjugiert sind.

Nun können die beiden Punkte a und b, da sie voneinander verschieden sind, und ihr Träger T die Kurve Q berührt, nicht beide zugleich Punkte der Kurve Q sein. Aber man sieht sofort, daß doch einer von ihnen der Kurve Q angehören muß. Denn setzen wir voraus, daß b nicht auf Q liegt, so folgt aus dem Konjugiertsein von a und b in bezug auf $\overline{q}$,

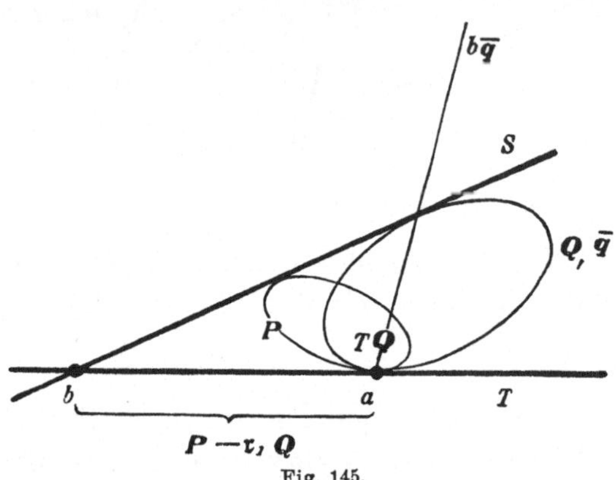

Fig. 145.

daß a auf der Polare $b\overline{q}$ von b hinsichtlich $\overline{q}$ liegt (vgl. Fig. 145). Und diese Polare $b\overline{q}$ geht, da der Punkt b auf der Tangente T der Polarkurve von Q liegt durch den Pol TQ von T in bezug auf Q, das heißt durch den Berührungspunkt der Geraden T mit der Kurve Q. Überdies ist jene Polare $b\overline{q}$ von T verschieden, da nach der Voraussetzung der Punkt b nicht der Kurve $\overline{q}$ angehört. Daraus aber folgt, weil a außerdem auf T liegt, daß a mit dem Punkte identisch ist, in dem die Gerade T die Kurve Q berührt.

In den Träger T des Punktpaars a, b sind dann übrigens *drei* Grundgeraden der Kegelschnittschar zusammengerückt, nämlich die beiden zusammenfallenden Tangenten, die sich vom Punkte a an die Kurve Q legen lassen, und die eine von den beiden Tangenten, die vom Punkte b an die Kurve Q gehen; die vierte Grundgerade der Schar ist die zweite Tangente S vom Punkte b an die Kurve Q gezogen. Die Kegelschnittschar besteht somit aus der Gesamtheit der Kurven zweiter Klasse, welche die Gerade S berühren und in dem Punkte a mit der Kurve Q eine Berührung zweiter Ordnung (Oskulation) aufweisen. Die Kurven der Schar haben also in dem Punkte a nicht nur dieselbe Tangente T sondern auch denselben Krümmungskreis wie die Kurve Q.

In dem zweiten der oben charakterisierten Unterfälle bestehen die vier Gleichungen:

$$(70) \quad [(P - \mathfrak{r}_1 Q)^3] = 0, \qquad (71) \quad [(P - \mathfrak{r}_1 Q)^2] = 0,$$

$$(72) \quad [(P - \mathfrak{r}_1 Q)^2 Q] = 0, \qquad (73) \quad [(P - \mathfrak{r}_1 Q) Q^2] = 0,$$

während wie bei jeder Kegelschnittschar

$$(74) \qquad\qquad P - \mathfrak{r}_1 Q \neq 0$$

ist. Diesmal sind dabei zwei von den vier Bedingungsgleichungen (70) bis (73) bereits eine Folge einer der beiden andern, nämlich die Gleichungen (70) und (72) eine Folge der Gleichung (71), und diese letztere Gleichung besagt zusammen mit der Ungleichung (74), daß die Polarkurve von $P - \mathfrak{r}_1 Q$ ein doppeltzählender Punkt ist. Es bedarf also nur noch die Gleichung (73) einer geometrischen Deutung, die sich übrigens sofort aus dem Satze 512 entnehmen läßt. Denn nach diesem Satze zeigt die Gleichung (73), daß der doppeltzählende Punkt d, der die Polarkurve von $P - \mathfrak{r}_1 Q$ bil-

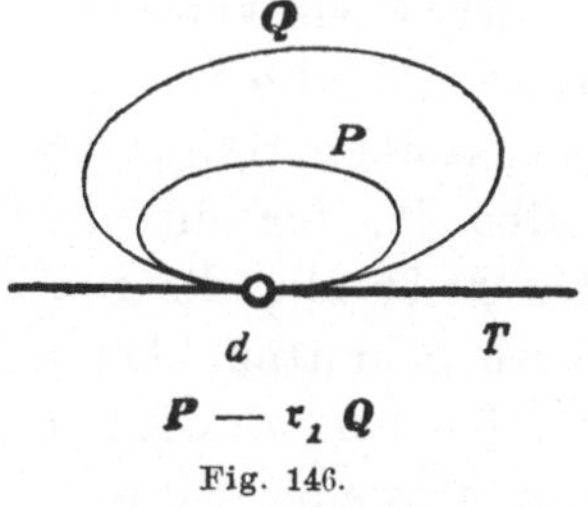

Fig. 146.

det, auf der Polkurve von $[Q^2]$ liegt, welche, da Q nicht entartet, mit der Polarkurve von Q identisch ist (vgl. Fig. 146). Die Tangente in diesem Punkte an die Kurve Q gezogen heiße T.

In diese Tangente T sind dann alle vier Grundgeraden der Schar zusammengerückt, indem ja von jedem der beiden in den Punkt d zusammenfallenden Punkte der Kurve Q wieder zwei zusammenfallende Tangenten an die Kurve Q gezogen werden können. *Die Kegelschnittschar besteht somit aus der Gesamtheit der Kurven zweiter Klasse, die in dem Punkte d eine Berührung dritter Ordnung mit der Kurve Q gemein haben.*

Abschnitt 37.

Die Beziehung einer Geraden zu einem Kegelschnittbüschel, eines Punktes zu einer Kegelschnittschar.

Die Gleichung eines Punktpaars, das durch eine Gerade aus einer Kurve zweiter Ordnung ausgeschnitten wird. Um die Stabgleichung eines Punktpaares zu bestimmen, das durch die Gerade eines beliebigen Stabes V aus einer Kurve zweiter Ordnung

$$(1) \qquad [x \cdot x p] = 0$$

ausgeschnitten wird (vgl. Fig. 147), stelle man die Punkte x dieses Punktpaares als Produkte des festen Stabes V und eines veränderlichen Stabes W dar, setze also

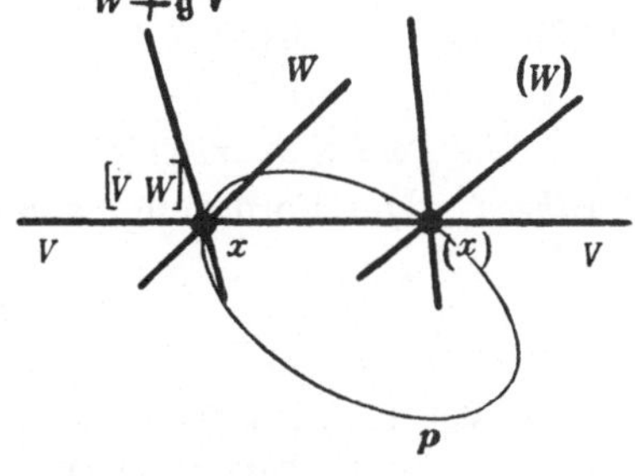

Fig. 147.

$$(2) \qquad x = [V W]$$

und führe diesen Wert in die Gleichung (1) der Kurve zweiter Ordnung ein. Dadurch verwandelt sich diese in die Gleichung

$$(3) \qquad [VW \cdot VWp] = 0,$$

in der V als konstant, W als veränderlich anzusehen ist. Diese in W quadratische Gleichung ist dann bereits die Gleichung des gewünschten Schnittpunktpaares, denn es genügen ihr alle diejenigen Stäbe W, für die der Punkt $[VW]$ der Kurve $[x \cdot xp] = 0$ angehört, das heißt alle die Stäbe W, deren Geraden die Gerade des Stabes V in ihren Schnittpunkten mit der Kurve $[x \cdot xp] = 0$ treffen. Die Gleichung stellt daher wirklich jenes Schnittpunktpaar dar, aufgefaßt als zerfallende Kurve zweiter Klasse[1]).

Daß die durch die Gleichung (3) ausgedrückte Kurve zweiter Klasse zerfallen muß, entnimmt man auch sogleich aus der Form der Gleichung. Denn nach der Formel der linealen Änderung für Stabprodukte (Gleichung (25) des dritten Abschnitts):

$$[V(W + \mathfrak{g}V)] = [VW]$$

wird auch das Produkt

$$(4) \qquad [V(W + \mathfrak{g}V) \cdot V(W + \mathfrak{g}V)p] = [VW \cdot VWp],$$

das heißt, die quadratische Form $[VW \cdot VWp]$ verhält sich invariant gegenüber einer Vermehrung des Stabes W um ein Vielfaches von V. Wenn also die Gleichung (3) durch irgend einen Stab W befriedigt wird, so genügt ihr zugleich auch jeder Stab $W + \mathfrak{g}V$ des Strahlbüschels mit dem Scheitel $[VW]$, woraus in der Tat wieder folgt, daß die durch die Gleichung (3) dargestellte Kurve zweiter Klasse in das Punktpaar zerfällt, das durch die Gerade V aus der Kurve zweiter Ordnung $[x \cdot xp] = 0$ ausgeschnitten wird[2]).

Die beiden Kurven eines Kegelschnittbüschels, die eine gegebene Gerade berühren. Die Forderung, eine Kurve des Kegelschnittbüchels

$$(5) \qquad [x \cdot xp] - \mathfrak{g}[x \cdot xq] = 0$$

---

1) Vgl. hierzu S. Gundelfinger, Vorlesungen aus der analytischen Geometrie der Kegelschnitte, herausgegeben von F. Dingeldey, Leipzig 1895. S. 33f.

2) Die hier gegebene Darstellung des Schnittpunktpaars einer Geraden mit einer Kurve zweiter Ordnung bildet einen Ersatz für die sonst übliche Behandlung des Gegenstandes *mittelst geränderter Determinanten.* In der Tat läßt sich das oben auftretende planimetrische Produkt $[VW \cdot VWp]$ durch eine geränderte Determinante ausdrücken, und dasselbe gilt auch bereits von den früher benutzten planimetrischen Produkten $[U \cdot UP]$ und $[V \cdot WP]$ (vgl. Seite 194ff.). Um die Vergleichung der beiden Behandlungsarten zu erleichtern, stelle ich hier kurz die Beziehungen der angegebenen

solle durch einen gegebenen Punkt e hindurchgehen, liefert für den Parameter $\mathfrak{g}$ die lineare Gleichung

$$(6) \qquad [e \cdot ep] - \mathfrak{g}[e \cdot eq] = 0$$

und bestimmt also diesen Parameter und damit jene Kurve des Büschels *eindeutig*. Ihre Gleichung ergibt sich aus (5) und (6) durch Elimination von $\mathfrak{g}$ und lautet daher:

$$(7) \qquad \begin{vmatrix} [x \cdot xp] & [x \cdot xq] \\ [e \cdot ep] & [e \cdot eq] \end{vmatrix} = 0.$$

Dagegen gibt es in einem Kegelschnittbüschel im allgemeinen zwei Kurven, die eine beliebig gegebene Gerade V berühren[1]). Um dies zu beweisen, stelle man zunächst für eine beliebige Kurve des Kegelschnittbüschels

$$[x \cdot x(p - \mathfrak{g}q)] = 0$$

die Stabgleichung auf, bilde also zu dem Bruche

$$(8) \qquad p - \mathfrak{g}q = \frac{A_1 - \mathfrak{g}B_1, \; A_2 - \mathfrak{g}B_2, \; A_3 - \mathfrak{g}B_3}{e_1, \qquad e_2, \qquad e_3},$$

---

planimetrischen Produkte mit den entsprechenden geränderten Determinanten zusammen und füge zugleich die für diese geränderten Determinanten von S. Gundelfinger gebrauchten abkürzenden Klammersymbole bei. Es ist

$$[VW \cdot VWp] = \begin{vmatrix} \mathfrak{a}_{11} & \mathfrak{a}_{12} & \mathfrak{a}_{13} & \mathfrak{v}_1 & \mathfrak{w}_1 \\ \mathfrak{a}_{21} & \mathfrak{a}_{22} & \mathfrak{a}_{23} & \mathfrak{v}_2 & \mathfrak{w}_2 \\ \mathfrak{a}_{31} & \mathfrak{a}_{32} & \mathfrak{a}_{33} & \mathfrak{v}_3 & \mathfrak{w}_3 \\ \mathfrak{v}_1 & \mathfrak{v}_2 & \mathfrak{v}_3 & 0 & 0 \\ \mathfrak{w}_1 & \mathfrak{w}_2 & \mathfrak{w}_3 & 0 & 0 \end{vmatrix} = \begin{pmatrix} \mathfrak{v} & \mathfrak{w} \\ \mathfrak{v} & \mathfrak{w} \end{pmatrix}_{\mathfrak{a}_{ik}}.$$

Andererseits:

$$[U \cdot UP] = - \begin{vmatrix} \mathfrak{a}_{11} & \mathfrak{a}_{12} & \mathfrak{a}_{13} & \mathfrak{u}_1 \\ \mathfrak{a}_{21} & \mathfrak{a}_{22} & \mathfrak{a}_{23} & \mathfrak{u}_2 \\ \mathfrak{a}_{31} & \mathfrak{a}_{32} & \mathfrak{a}_{33} & \mathfrak{u}_3 \\ \mathfrak{u}_1 & \mathfrak{u}_2 & \mathfrak{u}_3 & 0 \end{vmatrix} = - \begin{pmatrix} \mathfrak{u} \\ \mathfrak{u} \end{pmatrix}_{\mathfrak{a}_{ik}},$$

$$[V \cdot WP] = - \begin{vmatrix} \mathfrak{a}_{11} & \mathfrak{a}_{12} & \mathfrak{a}_{13} & \mathfrak{v}_1 \\ \mathfrak{a}_{21} & \mathfrak{a}_{22} & \mathfrak{a}_{23} & \mathfrak{v}_2 \\ \mathfrak{a}_{31} & \mathfrak{a}_{32} & \mathfrak{a}_{33} & \mathfrak{v}_3 \\ \mathfrak{w}_1 & \mathfrak{w}_2 & \mathfrak{w}_3 & 0 \end{vmatrix} = - \begin{pmatrix} \mathfrak{v} \\ \mathfrak{w} \end{pmatrix}_{\mathfrak{a}_{ik}}.$$

Bezüglich der Gundelfingerschen Klammersymbole $\begin{pmatrix} \mathfrak{v} & \mathfrak{w} \\ \mathfrak{v} & \mathfrak{w} \end{pmatrix}_{\mathfrak{a}_{ik}}$ usw. siehe das soeben zitierte Werk: Gundelfinger-Dingeldey, Kegelschnitte, Seite 34, 129 und 130.

Für die den obigen Produktbildungen dualistisch entsprechenden planimetrischen Produkte findet man die analogen Beziehungen auf Seite 358 zusammengestellt.

1) Vgl. zum folgenden Gundelfinger-Dingeldey. Kegelschnitte, Seite 141 ff.

der die Punkt-Stab-Zuordnung des zugehörigen Polarsystems vermittelt,
die adjungierte Abbildung

$$[(p - \mathfrak{g}q)^2].$$

Es wird

$$(9) \qquad [(p - \mathfrak{g}q)^2] = [p^2] - 2\mathfrak{g}[pq] + \mathfrak{g}^2[q^2].$$

Bezeichnet man hierin noch wie bisher die zu den Polarsystemen p und
q der beiden Grundkurven des Büschels adjungierten Polarsysteme $[p^2]$
und $[q^2]$ etwas kürzer mit P und Q und setzt überdies das kombinatorische Produkt

$$(10) \qquad [pq] = H,$$

so wird (vgl. Seite 152)

$$(11) \qquad P = [p^2] = \frac{[A_2 A_3],\ [A_3 A_1],\ [A_1 A_2]}{E_1,\quad E_2,\quad E_3},$$

$$(12) \qquad Q = [q^2] = \frac{[B_2 B_3],\ [B_3 B_1],\ [B_1 B_2]}{E_1,\quad E_2,\quad E_3}$$

und nach der Gleichung (36) des 30. Abschnitts

$$(13)\quad H = [pq] = \frac{\frac{1}{2}\{[A_2 B_3]-[A_3 B_2]\},\ \frac{1}{2}\{[A_3 B_1]-[A_1 B_3]\},\ \frac{1}{2}\{[A_1 B_2]-[A_2 B_1]\}}{E_1,\qquad E_2,\qquad E_3}.$$

Man erhält also für die zum Polarsystem $p - \mathfrak{g}q$ adjungierte Abbildung
$[(p - \mathfrak{g}q)^2]$ die Darstellung:

$$(14) \qquad [(p - \mathfrak{g}q)^2] = P - 2\mathfrak{g}H + \mathfrak{g}^2 Q.$$

Natürlich kann man dasselbe Ergebnis auch finden, wenn man auf
Grund der Gleichung (8) nach der Vorschrift für die Bildung des adjungierten Bruches zu der Punkt-Stab-Abbildung einer Reziprozität (vgl. die
Gleichung (39) des 30. Abschnitts) direkt den extensiven Bruch aufstellt,
dessen Zähler und Nenner die multiplikativen Kombinationen ohne Wiederholung zur zweiten Klasse aus den Zählern und Nennern des Bruches auf
der rechten Seite von (8) sind. Man erhält so für das kombinatorische
Quadrat $[(p - \mathfrak{g}q)^2]$ die Bruchdarstellung:

$$(15)\quad [(p-\mathfrak{g}q)^2] = \frac{[(A_2-\mathfrak{g}B_2)(A_3-\mathfrak{g}B_3)],\ [(A_3-\mathfrak{g}B_3)(A_1-\mathfrak{g}B_1)],\ [(A_1-\mathfrak{g}B_1)(A_2-\mathfrak{g}B_2)]}{E_1,\qquad E_2,\qquad E_3}$$

oder

$$(16) \qquad [(p - \mathfrak{g}q)^2] = \frac{[A_2 A_3] - \mathfrak{g}\{[B_2 A_3]+[A_2 B_3]\} + \mathfrak{g}^2[B_2 B_3],\ \ldots}{E_1,\qquad \ldots}.$$

Hier sind die Koeffizienten von $\mathfrak{g}$ in den drei Zählern doppelt so groß wie
die drei Zähler von H in (13); denn es wird

$$[B_2 A_3] + [A_2 B_3] = [A_2 B_3] - [A_3 B_2], \ \ldots$$

Zerlegt man daher den Bruch auf der rechten Seite von (16) entsprechend
der Dreiteilung seiner Zähler in eine Vielfachensumme dreier Brüche und

berücksichtigt dabei zugleich noch die Gleichungen (11) bis (13), so nimmt die Gleichung (16) genau die obige Form (14) an:

$$(14) \qquad [(p - \mathfrak{g}q)^2] = P - 2\mathfrak{g}H + \mathfrak{g}^2 Q.$$

Der in dieser Formel (14) neben den adjungierten Brüchen P und Q der beiden Grundkurven p und q auftretende Bruch H hat, wie die Gleichungen (13) und (14) zeigen, ganz den Charakter der Brüche P und Q.

Zunächst nämlich ist er wegen (13) wie diese *ein Reziprozitätsbruch,* der Stäbe in Punkte überführt.

Zweitens aber ist er auch *involutorisch;* denn die linke Seite der Gleichung (14) ist als adjungierter Bruch des Polarsystems $p - \mathfrak{g}q$ selber ein Polarsystem, genügt also der Gleichung

$$[(W \cdot V(p - \mathfrak{g}q)^2] = [V \cdot W(p - \mathfrak{g}q)^2],$$

und da die entsprechenden Gleichungen

$$[W \cdot VP] = [V \cdot WP] \quad \text{und}$$
$$[W \cdot VQ] = [V \cdot WQ]$$

auch für die Brüche P und Q gelten, so gilt dasselbe auch für den mit den drei Brüchen

$$[(p - \mathfrak{g}q)^2], \quad P \text{ und } Q$$

nach (14) linear zusammenhängenden Bruch H, das heißt, es besteht die Gleichung

$$(17) \qquad [W \cdot VH] = [V \cdot WH].$$

Es stellt also in der Tat auch der Bruch H *die Stab-Punkt-Zuordnung eines Polarsystems* oder, wie wir oben sagten, *ein Polarsystem zweiter Klasse* dar. Die Lage seiner Polarkurve wird sich im Laufe der weiteren Unteruchung nebenbei von selbst ergeben (vgl. S. 355f.). Vor der Hand aber hat man mit Rücksicht auf die Gleichung (10) den allgemeinen Satz bewiesen:

Satz 528: Das kombinatorische Produkt zweier Polarsysteme zweiter Ordnung ist ein Polarsystem zweiter Klasse.

Die Bedingung dafür, daß eine gegebene Gerade V eine Kurve des Büschels $p - \mathfrak{g}q$ berührt, lautet nunmehr

$$(18) \qquad [V \cdot V(p - \mathfrak{g}q)^2] = 0$$

oder mit Rücksicht auf (14)

$$(19) \qquad [V \cdot V(P - 2\mathfrak{g}H + \mathfrak{g}^2 Q)] = 0 \quad \text{oder endlich}$$
$$(20) \qquad [V \cdot VP] - 2\mathfrak{g}[V \cdot VH] + \mathfrak{g}^2[V \cdot VQ] = 0.$$

Man erhält demnach für den Parameter $\mathfrak{g}$ einer Kurve des Büschels, die eine gegebene Gerade V berührt, eine quadratische Gleichung. Sind die Wurzeln $\mathfrak{g}_1$ und $\mathfrak{g}_2$ dieser quadratischen Gleichung reell und von einander verschieden, so gibt es in dem Büschel $p - \mathfrak{g}q$ zwei Berührungskurven der Geraden V nämlich die Kurven $p - \mathfrak{g}_1 q$ und $p - \mathfrak{g}_2 q$ (vgl. Fig. 148), und für diese Berührungskurven bestehen nach (18) die Gleichungen

$$(21) \qquad [V \cdot V[(p - \mathfrak{g}_r q)^2]] = 0, \quad r = 1, 2.$$

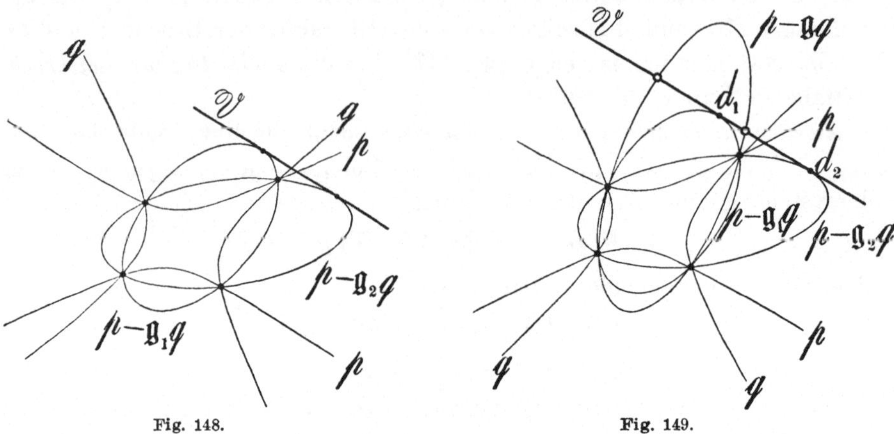

Fig. 148.   Fig. 149.

Die Involution, die ein Kegelschnittbüschel auf einer Geraden hervorruft. Andererseits ergibt sich für das Punktpaar, das dieselbe Gerade V aus einer beliebigen Kurve $p - \mathfrak{g} q$ des Büschels ausschneidet, (vgl. Fig. 149) nach (3) die Gleichung:

$$(22) \qquad [VW \cdot VW(p - \mathfrak{g} q)] = 0,$$

in der V als konstant, W als veränderlich anzusehen ist.

Dieses Punktpaar wird in einen einzigen Punkt zusammenfallen, die Gerade V wird also die Kurve $p - \mathfrak{g} q$ des Büschels berühren, wenn man für den Parameter $\mathfrak{g}$ einen der obigen Werte $\mathfrak{g}_r$, $r = 1, 2$, wählt. Die dadurch aus (22) hervorgehenden Gleichungen

$$(23) \qquad [VW \cdot VW(p - \mathfrak{g}_r q)] = 0, \quad r = 1, 2$$

stellen daher bei konstantem V je ein doppeltzählendes Strahlbüschel dar, dessen Scheitel der Berührungspunkt der Geraden V mit der Kurve $p - \mathfrak{g}_r q$ ist.

Dies läßt sich auch rein analytisch zeigen. Man gehe dazu von der Gleichung (110) des 33. Abschnitts aus, nach welcher das Produkt:

$$(*) \qquad [VW \cdot VW\bar{p}] = \begin{vmatrix} [V \cdot VP] & [W \cdot VP] \\ [V \cdot WP] & [W \cdot WP] \end{vmatrix}$$

ist, vorausgesetzt, daß P ein beliebiges Polarsystem zweiter Klasse und $\bar{p}$ das adjungierte Polarsystem zweiter Ordnung ist. Faßt man in dieser

Gleichung das Polarsystem zweiter Klasse P als adjungierte Abbildung eines Polarsystems zweiter Ordnung p auf, setzt also

$$P = [p^2],$$

so besteht zwischen den beiden Polarsystemen zweiter Ordnung p und $\bar{p}$ die Beziehung

$$\bar{p} = \mathfrak{a}p, \quad \text{wo}$$

$$\mathfrak{a} = |\mathfrak{a}_{ik}|$$

ist. Und führt man diese Werte in die Gleichung (*) ein, so verwandelt sie sich in:

$$[VW \cdot VWp] = \frac{1}{|\mathfrak{a}_{ik}|} \begin{vmatrix} [V \cdot V[p^2]] & [W \cdot V[p^2]] \\ [V \cdot W[p^2]] & [W \cdot W[p^2]] \end{vmatrix}.$$

Ganz entsprechende Ausdrücke erhält man für die Produkte

$$[VW \cdot VW(p - \mathfrak{g}_r q)], \quad r = 1, 2.$$

In der Tat, setzt man noch die Determinanten der Ableitzahlen der Brüche $p - \mathfrak{g}_r q$, $r = 1$, 2, das heißt die Determinanten

$$(24) \qquad |\mathfrak{a}_{ik} - \mathfrak{g}_r \mathfrak{b}_{ik}| = \mathfrak{c}_r, \quad r = 1, 2,$$

so wird

$$[VW \cdot VW(p - \mathfrak{g}_r q)] = \frac{1}{\mathfrak{c}_r} \begin{vmatrix} [V \cdot V[(p - \mathfrak{g}_r q)^2]] & [W \cdot V[(p - \mathfrak{g}_r q)^2]] \\ [V \cdot W[(p - \mathfrak{g}_r q)^2]] & [W \cdot W[(p - \mathfrak{g}_r q)^2]] \end{vmatrix}, \quad r = 1, 2.$$

Diese Gleichung vereinfacht sich wegen (21) zu

$$(25) \quad [VW \cdot VW(p - \mathfrak{g}_r q)] = -\frac{1}{\mathfrak{c}_r} [W \cdot V[(p - \mathfrak{g}_r q)^2]]^2, \quad r = 1, 2.$$

Setzt man daher noch das Produkt

$$(26) \qquad \frac{1}{\sqrt{-\mathfrak{c}_r}} V[(p - \mathfrak{g}_r q)^2] = d_r, \quad r = 1, 2,$$

bezeichnet also mit d_r, $r = 1$, 2, die (mit passenden Massen versehenen) Pole der Geraden V hinsichtlich der Kurven $p - \mathfrak{g}_r q$, so daß also die Punkte d_r die Berührungspunkte der Geraden V mit diesen beiden Kurven sind, so verwandelt sich die Gleichung (25) in

$$(27) \qquad [VW \cdot VW(p - \mathfrak{g}_r q)] = [Wd_r]^2, \quad r = 1, 2.$$

Damit aber ist die quadratische Form auf der linken Seite von (23) als Quadrat einer linearen Form dargestellt, und also wirklich rein analytisch bewiesen, daß jede von den Gleichungen (23) die Gleichung eines doppeltzählenden Strahlbüschels ist.

Die Gleichungen (27) bieten aber noch ein besonderes Interesse, weil sie auch eine entsprechende Umformung der quadratischen Form auf der linken Seite der Gleichung (22) ermöglichen. Diese Gleichung stellt, wie oben gezeigt ist, das Punktpaar dar, das die Gerade V aus einer beliebigen Kurve $p - \mathfrak{g}q$ des Kegelschnittbüschels ausschneidet. Ihre linke Seite muß daher eine Spaltung in zwei lineare Faktoren zulassen. Um zu dieser Zerlegung zu gelangen, drücke man zunächst das beliebige Polarsystem $p - \mathfrak{g}q$ des Büschels als Vielfachensumme derjenigen beiden ausgezeichneten Polarsysteme $p - \mathfrak{g}_1 q$ und $p - \mathfrak{g}_2 q$ aus, deren Polkurven die Gerade V berühren, setze also

$$(28) \qquad \begin{aligned} p - \mathfrak{g}q &= \mathfrak{s}(p - \mathfrak{g}_1 q) + \mathfrak{t}(p - \mathfrak{g}_2 q) \\ &= (\mathfrak{s} + \mathfrak{t})p - (\mathfrak{s}\mathfrak{g}_1 + \mathfrak{t}\mathfrak{g}_2)q. \end{aligned}$$

Diese Gleichung liefert für die Ableitzahlen $\mathfrak{s}$ und $\mathfrak{t}$ die Gleichungen

$$\mathfrak{s} + \mathfrak{t} = 1 \quad \text{und}$$
$$\mathfrak{s}\mathfrak{g}_1 + \mathfrak{t}\mathfrak{g}_2 = \mathfrak{g},$$

aus denen für $\mathfrak{s}$ und $\mathfrak{t}$ die Werte folgen:

$$(29) \qquad \mathfrak{s} = \frac{\mathfrak{g}_2 - \mathfrak{g}}{\mathfrak{g}_2 - \mathfrak{g}_1} \quad \text{und} \quad \mathfrak{t} = \frac{\mathfrak{g} - \mathfrak{g}_1}{\mathfrak{g}_2 - \mathfrak{g}_1};$$

und setzt man diese Werte in die Gleichung (28) ein, so erhält man für das Polarsystem $p - \mathfrak{g}q$ den Ausdruck

$$(30) \qquad p - \mathfrak{g}q = \frac{\mathfrak{g}_2 - \mathfrak{g}}{\mathfrak{g}_2 - \mathfrak{g}_1}(p - \mathfrak{g}_1 q) + \frac{\mathfrak{g} - \mathfrak{g}_1}{\mathfrak{g}_2 - \mathfrak{g}_1}(p - \mathfrak{g}_2 q).$$

Für die linke Seite der Gleichung (22) ergibt sich daher die Darstellung

$$[VW \cdot VW(p - \mathfrak{g}q)]$$
$$= \frac{\mathfrak{g}_2 - \mathfrak{g}}{\mathfrak{g}_2 - \mathfrak{g}_1}[VW \cdot VW(p - \mathfrak{g}_1 q)] + \frac{\mathfrak{g} - \mathfrak{g}_1}{\mathfrak{g}_2 - \mathfrak{g}_1}[VW \cdot VW(p - \mathfrak{g}_2 q)]$$

oder wegen (27)

$$(31) \quad \left\{ \begin{aligned} &[VW \cdot VW(p - \mathfrak{g}q)] = \frac{\mathfrak{g}_2 - \mathfrak{g}}{\mathfrak{g}_2 - \mathfrak{g}_1}[Wd_1]^2 - \frac{\mathfrak{g}_1 - \mathfrak{g}}{\mathfrak{g}_2 - \mathfrak{g}_1}[Wd_2]^2 \\ &= \left(\sqrt{\frac{\mathfrak{g}_2 - \mathfrak{g}}{\mathfrak{g}_2 - \mathfrak{g}_1}}[Wd_1] + \sqrt{\frac{\mathfrak{g}_1 - \mathfrak{g}}{\mathfrak{g}_2 - \mathfrak{g}_1}}[Wd_2]\right)\left(\sqrt{\frac{\mathfrak{g}_2 - \mathfrak{g}}{\mathfrak{g}_2 - \mathfrak{g}_1}}[Wd_1] - \sqrt{\frac{\mathfrak{g}_1 - \mathfrak{g}}{\mathfrak{g}_2 - \mathfrak{g}_1}}[Wd_2]\right). \end{aligned} \right.$$

Die Gleichung (22) für das Punktpaar nimmt daher bei Weglassung des Nenners die Gestalt an:

$$(32) \qquad [W\{\sqrt{\mathfrak{g}_2 - \mathfrak{g}}\, d_1 + \sqrt{\mathfrak{g}_1 - \mathfrak{g}}\, d_2\}][W\{\sqrt{\mathfrak{g}_2 - \mathfrak{g}}\, d_1 - \sqrt{\mathfrak{g}_1 - \mathfrak{g}}\, d_2\}] = 0.$$

Damit ist die geforderte Zerlegung der linken Seite von (22) in zwei lineare Faktoren geleistet. Man entnimmt aus ihr zugleich für die Schnittpunkte der Kurve $p - \mathfrak{g}q$ mit der Geraden V die Ausdrücke:

$$(33) \qquad \sqrt{\mathfrak{g}_2 - \mathfrak{g}}\, d_1 + \sqrt{\mathfrak{g}_1 - \mathfrak{g}}\, d_2 \quad \text{und} \quad \sqrt{\mathfrak{g}_2 - \mathfrak{g}}\, d_1 - \sqrt{\mathfrak{g}_1 - \mathfrak{g}}\, d_2,$$

welche zeigen, daß diese Schnittpunkte harmonisch liegen zu den Punkten d_1 und d_2, in denen die Gerade V von den beiden Kurven $p - \mathfrak{g}_1 q$ und $p - \mathfrak{g}_2 q$ berührt wird. Es ist also der Satz bewiesen:

Satz 529: Das Punktpaar, in welchem eine beliebige Kurve eines Kegelschnittbüschels eine gegebene Gerade schneidet, wird harmonisch getrennt durch die Berührungspunkte derjenigen beiden Kurven des Büschels, welche die gegebene Gerade berühren.

Diesem Satze kann man mit Rücksicht auf Seite 191 (vgl. ferner Satz 404) auch die Fassung geben:

Satz 530: Auf jeder durch ein Kegelschnittbüschel gelegten Geraden sind die Berührungspunkte der beiden die Gerade berührenden Kurven des Büschels einander konjugiert hinsichtlich einer jeden Kurve des Büschels.

Bei veränderlichem g stellen die Ausdrücke (33) die Gesamtheit aller Schnittpunktpaare dar, welche die Gerade V aus den Kurven des Büschels $p - gq$ ausschneidet. Und da die Punkte eines jeden von diesen Paaren zu den Punkten d_1 und d_2 harmonisch liegen, so bilden alle diese Punktpaare auf der Geraden V eine Punktinvolution (vgl. Seite 166 und 194 des ersten Bandes). Man hat daher den Satz:

Satz 531: Satz von Desargues-Sturm[1]): Ein Kegelschnittbüschel wird von einer jeden Geraden seiner Ebene in einer Punktinvolution geschnitten, deren Doppelpunkte die Berührungspunkte der beiden die Gerade berührenden Kurven des Büschels sind.

Aus diesem Satze leitet man leicht durch Spezialisierung einen *allgemeinen Satz über ein vollständiges Viereck* ab. Da nämlich je vier Punkte der Ebene als Grundpunkte eines Kegelschnittbüschels aufgefaßt werden

---

1) Diese Bezeichnung des Satzes findet sich zuerst bei S. Gundelfinger, Vorlesungen aus der analytischen Geometrie der Kegelschnitte, herausgegeben von F. Dingeldey, Leipzig. 1895. Seite 142. Vgl. auch F. Dingeldey, Kegelschnitte und Kegelschnittsysteme. Enzyklopädie der mathematischen Wissenschaften, Bd. III. Teil 2. Heft 1 (Leipzig 1903). Seite 91, und den Artikel desselben Verfassers: Kegelschnittsysteme in E. Pascals Repertorium der höheren Mathematik. Bd. II. Erste Hälfte. Leipzig und Berlin. 1910. Seite 248. Desargues hatte im Jahre 1639 den Satz bewiesen, daß das Punktpaar, in dem ein Kegelschnitt von einer Geraden getroffen wird, zusammen mit den beiden Punktpaaren in Involution liegt, welche die Gerade aus den beiden Paaren Gegenseiten eines dem Kegelschnitt eingeschriebenen einfachen Vierecks ausschneidet. Vgl. G. Desargues, Brouillon project d'une atteinte aux événemens des rencontres d'un cone avec un plan. Paris 1639. Abgedruckt in den Oeuvres de Desargues réunies et analysées par Poudra Bd. I. Paris 1864. Seite 186 ff. Chr. Sturm erweiterte diesen Satz dahin, daß überhaupt drei beliebige einem Viereck umschriebene Kegelschnitte von einer Geraden in drei Punktpaaren einer Involution getroffen werden. Vgl. Ann. de math. Bd. 17 (1826). Seite 180. Die beiden Ergebnisse von Desargues und Sturm kann man, wie oben geschehen, in einem einzigen Satze zusammenfassen, wenn man den Begriff einer Punktinvolution nicht, wie Desargues es tut, auf drei Punktpaare einer Geraden beschränkt, sondern auf die ganzen zugehörigen projektiven Punktreihen bezieht.

können, und diesem Büschel als zerfallende Kurven zweiter Ordnung zugleich die drei Paare Gegenseiten desjenigen vollständigen Vierecks angehören, das jene vier Punkte zu Ecken hat, so müssen nach dem Satze von Desargues-Sturm (Satz 531) die drei Punktpaare, welche aus den drei Paar Gegenseiten eines vollständigen Vierecks durch eine beliebige Gerade ausgeschnitten werden, drei Paare einer Punktinvolution bilden. Man hat also den Satz:

Satz 532: Eine jede Gerade schneidet die drei Paare Gegenseiten eines vollständigen Vierecks in drei Punktpaaren einer Involution.

Die zu zwei Kurven zweiter Ordnung gehörende harmonische Kurve zweiter Klasse. Man erhält aus den Ausdrücken (33) *insbesondere die Werte für die beiden Schnittpunkte der Kurve p mit der Geraden V*, wenn man dem Parameter $\mathfrak{g}$ den Wert Null beilegt, wodurch man für diese Schnittpunkte die Ausdrücke findet

$$(34) \qquad \sqrt{\mathfrak{g}_2}\, d_1 + \sqrt{\mathfrak{g}_1}\, d_2 \quad \text{und} \quad \sqrt{\mathfrak{g}_2}\, d_1 - \sqrt{\mathfrak{g}_1}\, d_2 .$$

Andererseits ergeben sich *die Schnittpunkte der Geraden V mit der zweiten Grundkurve q* für den Parameterwert $\mathfrak{g} = \infty$; man bekommt so für diese Punkte die Ausdrücke

$$(35) \qquad d_1 + d_2 \quad \text{und} \quad d_1 - d_2 .$$

Das *Doppelverhältnis* der beiden aus den Grundkurven p und q ausgeschnittenen Punktpaare (34) und (35) besitzt daher den Wert (vgl. Seite 49 des ersten Bandes):

$$(36) \quad \begin{cases} \dfrac{[(\sqrt{\mathfrak{g}_2}\, d_1 + \sqrt{\mathfrak{g}_1}\, d_2)(d_1 + d_2)]}{[(d_1 + d_2)(\sqrt{\mathfrak{g}_2}\, d_1 - \sqrt{\mathfrak{g}_1}\, d_2)]} : \dfrac{[(\sqrt{\mathfrak{g}_2}\, d_1 + \sqrt{\mathfrak{g}_1}\, d_2)(d_1 - d_2)]}{[(d_1 - d_2)(\sqrt{\mathfrak{g}_2}\, d_1 - \sqrt{\mathfrak{g}_1}\, d_2)]} \\[2em] = \dfrac{\begin{vmatrix} \sqrt{\mathfrak{g}_2} & \sqrt{\mathfrak{g}_1} \\ 1 & 1 \\ 1 & 1 \\ \sqrt{\mathfrak{g}_2} & -\sqrt{\mathfrak{g}_1} \end{vmatrix}}{} : \dfrac{\begin{vmatrix} \sqrt{\mathfrak{g}_2} & \sqrt{\mathfrak{g}_1} \\ 1 & -1 \\ 1 & -1 \\ \sqrt{\mathfrak{g}_2} & -\sqrt{\mathfrak{g}_1} \end{vmatrix}}{} = \dfrac{(\sqrt{\mathfrak{g}_2} - \sqrt{\mathfrak{g}_1})^2}{(\sqrt{\mathfrak{g}_2} + \sqrt{\mathfrak{g}_1})^2} . \end{cases}$$

Das Doppelverhältnis nimmt somit *den Wert* -1 an, und die beiden Punktpaare bilden also einen *harmonischen Punktwurf*, wenn

$$\left(\sqrt{\mathfrak{g}_2} - \sqrt{\mathfrak{g}_1}\right)^2 = - \left(\sqrt{\mathfrak{g}_2} + \sqrt{\mathfrak{g}_1}\right)^2 ,$$

das heißt, wenn

$$(37) \qquad \mathfrak{g}_2 = - \mathfrak{g}_1$$

ist, wo die Zahlgrößen $\mathfrak{g}_1$ und $\mathfrak{g}_2$ die Wurzeln der quadratischen Gleichung (20) bedeuten.

Damit also die beiden Punktpaare, welche die Gerade V aus den beiden Grundkurven p und q des Kegelschnittbüschels ausschneidet, zu einander harmonisch seien (vgl. Fig. 150), müssen die Wurzeln der quadratischen Gleichung (20) einander entgegengesetzt gleich sein, was nur für besondere Lagen der Geraden V eintreten wird. Und umgekehrt folgt aus dem Bestehen der Gleichung (37) zwischen den beiden Wurzeln der Gleichung (20) für das Doppelverhältnis jener beiden Punktpaare der Wert -1.

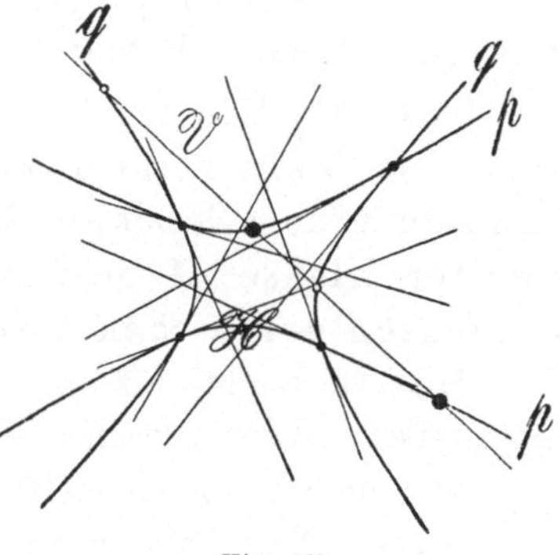
Fig. 150.

Nun besitzt aber die quadratische Gleichung (20) dann und nur dann zwei entgegengesetzt gleiche Wurzeln, wenn in ihr der Koeffizient von $\mathfrak{g}$ verschwindet, das heißt, wenn für die Gerade V die Gleichung besteht

$$(38) \qquad\qquad [V \cdot V\boldsymbol{H}] = 0.$$

Und diese Gleichung besagt mit Rücksicht auf die Bedeutung von $\boldsymbol{H}$ (vgl. Seite 349), *daß die Gerade V eine Tangente einer gewissen Kurve zweiter Klasse sein muß.*

Die Lage dieser Kurve zweiter Klasse $\boldsymbol{H}$ läßt sich leicht angeben. Da sie nämlich von *einer jeden* Geraden V berührt wird, welche die beiden Kegelschnitte p und q in einem harmonischen Punktwurf schneidet, so wird sie insbesondere auch von den acht Tangenten berührt werden müssen, die sich in den vier Grundpunkten des Büschels $p - \mathfrak{g}q$, das heißt in den vier Schnittpunkten der beiden Kurven p und q, an diese beiden Kurven legen lassen. Denn jede von diesen acht Tangenten wird von dem Kurvenpaar p, q in einem Punktwurf geschnitten, von dem drei Punkte zusammenfallen, welcher also sicher harmonisch ist.

Darin liegen die beiden von Chr. v. Staudt herrührenden[1]) Sätze:

---

1) Vgl. Chr. v. Staudt, Über die Kurve 2. Ordnung. Programm, Nürnberg 1831. Seite 24 f. und desselben Verfassers Geometrie der Lage. Nürnberg 1847. Seite 169, sowie seine Beiträge zur Geometrie der Lage, Heft 2. Nürnberg 1857. Seite 207 und 253. Für die analytische Behandlung der harmonischen Kurve zweiter Klasse und der zu ihr dualistischen Kurve zweiter Ordnung siehe außer der ersten von den soeben zitierten Arbeiten v. Staudts: G. Salmon, Exercises in the Hyperdeterminant Calculus, The Cambridge and Dublin Mathematical Journal. Bd. 9 (1854). Seite 30, und Salmon-Fiedler, Analytische Geometrie der Kegelschnitte. Sechste Auflage (1903). Seite 668 ff. Vgl. auch M. Noethers Würdigung G. Salmons, Mathematische Annalen Bd. 61 (1905). Seite 16. Ferner: A. Clebsch, Über symbolische Darstellung algebraischer Formen, Journal für die reine und angewandte Mathematik. Bd. 59 (1861). Seite 33. Sodann: S. Gundelfinger, Vorlesungen aus der analytischen Geometrie der Kegelschnitte, herausgegeben von F. Dingeldey. Leipzig 1895. Seite 143 f. Endlich: F. Dingeldey, Kegelschnitte und Kegelschnitt-

Satz 533: Dritter Satz von Chr. v. Staudt: Die acht Tangenten, die sich in den vier Schnittpunkten zweier Kurven zweiter Ordnung an diese Kurven legen lassen, berühren sämtlich eine Kurve zweiter Klasse. Ferner:

Satz 534: Vierter Satz von Chr. v. Staudt: Eine gerade Linie schneidet zwei Kurven zweiter Ordnung p und q dann und nur dann in einem harmonischen Punktwurfe, wenn sie die Kurve zweiter Klasse H berührt, die durch die acht Schnittpunktstangenten der beiden Kurven p und q bestimmt wird.

Mit Rücksicht auf diese Eigenschaft nennt man die Kurve H *„die harmonische Kurve zweiter Klasse der beiden Kurven zweiter Ordnung p und q“*; auch wird sie vielfach als *„v. Staudtsche Kurve zweiter Klasse“* bezeichnet. Man kann daher dem letzten Satze auch die Fassung geben:

Satz 535: Zweite Fassung des vierten Satzes von Chr. v Staudt: Das Schnittpunktpaar einer Geraden und einer Kurve zweiter Ordnung p ist dann und nur dann hinsichtlich einer andern Kurve zweiter Ordnung q konjugiert, wenn die Gerade eine Tangente der harmonischen Kurve zweiter Klasse

$$H = [pq]$$

der beiden Kurven zweiter Ordnung p und q ist.

Von Interesse ist es noch, *die harmonische Kurve zweiter Klasse zweier Kurven zweiter Ordnung p und q für den Fall anzugeben, wo die eine von ihnen,* etwa die Kurve q, *in eine doppeltzählende Gerade übergegangen ist,* deren Polarsystem mit d bezeichnet werden mag (vgl. Seite 244). Es handelt sich dann also darum, die geometrische Bedeutung des kombinatorischen Produktes

(39)
$$[pd] = H$$

zu entwickeln. Nach dem Begriff der harmonischen Kurve zweiter Klasse der beiden Kurven zweiter Ordnung p und d ist dieselbe die Hüllkurve aller derjenigen Geraden V, die die Kurve zweiter Ordnung p und die Doppellinie d in den beiden Punktpaaren eines harmonischen Punktwurfes treffen. Nun trifft überhaupt eine jede Gerade die Doppellinie d in zwei zusammenfallenden Punkten. Ein harmonischer Punktwurf aber, von dem zwei Punkte vereint liegen, besteht aus drei zusammenfallenden und einem beliebigen Punkte. Eine Gerade V, die aus der Kurve zweiter Ordnung p und der Doppellinie d einen harmonischen Punktwurf ausschneidet,

---

systeme, Enzyklopädie der mathematischen Wissenschaften, Bd. III. Teil 2. Heft 1 (Leipzig 1903). Seite 92f. und: F. Dingeldey, Kegelschnittsysteme, in E. Pascals Repertorium der höheren Mathematik. Bd. II. Erste Hälfte. Leipzig und Berlin 1910. Seite 248.

geht daher notwendig durch einen Schnittpunkt der Kurve p mit der Doppellinie d hindurch; und umgekehrt kommt jene Eigenschaft auch einer jeden Geraden V zu, die einen der beiden Schnittpunkte von p und d enthält. Alle derartigen Geraden V aber bilden zusammen die beiden Strahlbüschel, welche die Schnittpunkte von p und d zu Scheiteln haben. Damit ist der Satz bewiesen (vgl. Fig. 151):

Satz 536: Ist p ein beliebiges Polarsystem zweiter Ordnung und d das Polarsystem einer Doppellinie, so ist die Kurve zweiter Klasse $H = [pd]$ nichts anderes als das Schnittpunktpaar der Kurve zweiter Ordnung p und der Doppellinie d.

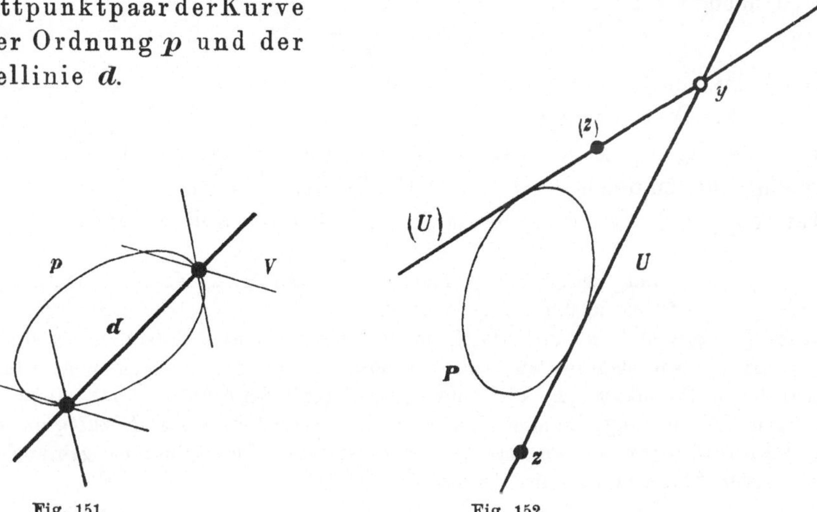

Fig. 151.   Fig. 152.

Die Gleichung des Tangentenpaars, das sich von einem Punkte an eine Kurve zweiter Klasse legen läßt. Um die dualistisch entsprechenden Ergebnisse abzuleiten, frage man zunächst nach der Punktgleichung des Tangentenpaars, das sich von einem beliebigen Punkte y an eine Kurve zweiter Klasse

$$(40) \qquad U \cdot UP] = 0$$

legen läßt (vgl. Fig. 152), und stelle dazu diese Tangente U als Produkt des festen Punktes y und eines veränderlichen Punktes z dar, setze also

$$(41) \qquad U = [yz].$$

Führt man diesen Wert in die Gleichung (40) ein, so verwandelt sie sich in die Gleichung

$$(42) \qquad [yz \cdot yz\,P] = 0,$$

in der y als konstant anzusehen ist.

Diese in der Veränderlichen z quadratische Gleichung ist dann bereits die Gleichung des gewünschten Tangentenpaars; denn es genügen ihr alle diejenigen Punkte z, für welche die Gerade des Stabes $[yz]$ die Kurve $[U \cdot UP] = 0$ berührt. **Die Gleichung (42) stellt daher wirklich jenes Tangentenpaar dar, aufgefaßt als zerfallende Kurve zweiter Ordnung.** Daß die durch die Gleichung (42) ausgedrückte Kurve zweiter Ordnung zerfallen muß, entnimmt man auch sogleich aus ihrer Form; denn nach der Formel der linealen Änderung für Punktprodukte (Gleichung (9) des zweiten Abschnitts):

$$[y(z + \mathfrak{g}y)] = [yz]$$

wird auch das Produkt

$$(43) \qquad [y(z + \mathfrak{g}y) \cdot y(z + \mathfrak{g}y)P] = [yz \cdot yz\,P],$$

das heißt, die quadratische Form $[yz \cdot yz\,P]$ verhält sich invariant gegenüber einer Vermehrung des Punktes z um ein Vielfaches von y. Wenn also die Gleichung (42) durch irgend einen Punkt z befriedigt wird, so genügt ihr zugleich auch jeder Punkt der Geraden $[yz]$, woraus in der Tat folgt, daß die durch sie dargestellte Kurve zweiter Ordnung zerfällt[1]).

---

1) Auch hier lassen sich wieder (vgl. Seite 346 f.) das planimetrische Produkt $[yz \cdot yz\,P]$ sowie die weiter oben (Seite 303 ff.) benutzten planimetrischen Produkte $[x \cdot xp]$ und $[y \cdot zp]$ als geränderte Determinanten darstellen, und dasselbe gilt für die von den letzten beiden Produkten nur um den Faktor $\mathfrak{a} = |\mathfrak{a}_{ik}|$ verschiedenen Produkte $[x \cdot x\overline{p}]$ und $[y \cdot z\overline{p}]$ (vgl. Seite 261 f.). Ich stelle im folgenden die in Frage kommenden Formeln zusammen unter Hinzufügung der von S. Gundelfinger für die betreffenden geränderten Determinanten gebrauchten abkürzenden Klammersymbole. Es ist

$$[yz \cdot yz\,P] = \begin{vmatrix} \mathfrak{A}_{11} & \mathfrak{A}_{12} & \mathfrak{A}_{13} & \mathfrak{y}_1 & \mathfrak{z}_1 \\ \mathfrak{A}_{21} & \mathfrak{A}_{22} & \mathfrak{A}_{23} & \mathfrak{y}_2 & \mathfrak{z}_2 \\ \mathfrak{A}_{31} & \mathfrak{A}_{32} & \mathfrak{A}_{33} & \mathfrak{y}_3 & \mathfrak{z}_3 \\ \mathfrak{y}_1 & \mathfrak{y}_2 & \mathfrak{y}_3 & 0 & 0 \\ \mathfrak{z}_1 & \mathfrak{z}_2 & \mathfrak{z}_3 & 0 & 0 \end{vmatrix} = \begin{pmatrix} \mathfrak{y} & \mathfrak{z} \\ \mathfrak{y} & \mathfrak{z} \end{pmatrix}_{\mathfrak{A}_{ik}}.$$

Andererseits:

$$[x \cdot x\overline{p}] = \mathfrak{a}[x \cdot xp] = - \begin{vmatrix} \mathfrak{A}_{11} & \mathfrak{A}_{12} & \mathfrak{A}_{13} & \mathfrak{x}_1 \\ \mathfrak{A}_{21} & \mathfrak{A}_{22} & \mathfrak{A}_{23} & \mathfrak{x}_2 \\ \mathfrak{A}_{31} & \mathfrak{A}_{32} & \mathfrak{A}_{33} & \mathfrak{x}_3 \\ \mathfrak{x}_1 & \mathfrak{x}_2 & \mathfrak{x}_3 & 0 \end{vmatrix} = - \begin{pmatrix} \mathfrak{x} \\ \mathfrak{x} \end{pmatrix}_{\mathfrak{A}_{ik}}$$

$$[y \cdot z\overline{p}] = \mathfrak{a}[y \cdot zp] = - \begin{vmatrix} \mathfrak{A}_{11} & \mathfrak{A}_{12} & \mathfrak{A}_{13} & \mathfrak{y}_1 \\ \mathfrak{A}_{21} & \mathfrak{A}_{22} & \mathfrak{A}_{23} & \mathfrak{y}_2 \\ \mathfrak{A}_{31} & \mathfrak{A}_{32} & \mathfrak{A}_{33} & \mathfrak{y}_3 \\ \mathfrak{z}_1 & \mathfrak{z}_2 & \mathfrak{z}_3 & 0 \end{vmatrix} = - \begin{pmatrix} \mathfrak{y} \\ \mathfrak{z} \end{pmatrix}_{\mathfrak{A}_{ik}}.$$

Wegen der Gundelfingerschen Klammersymbole $\begin{pmatrix} \mathfrak{y} & \mathfrak{z} \\ \mathfrak{y} & \mathfrak{z} \end{pmatrix}_{\mathfrak{A}_{ik}}$ usw. siehe Gundelfinger-Dingeldey, Kegelschnitte, Leipzig 1895. Seite 45 und 146.

Die beiden Kurven einer Kegelschnittschar, die durch einen gegebenen Punkt hindurchgehen. Die Forderung, eine Kurve der Kegelschnittschar

$$(44) \qquad [U \cdot UP] - \mathfrak{g}[U \cdot UQ] = 0$$

solle eine gegebene Gerade E berühren, liefert für den Parameter $\mathfrak{g}$ der Kurve die lineare Gleichung

$$(45) \qquad [E \cdot EP] - \mathfrak{g}[E \cdot EQ] = 0$$

und bestimmt also eine Kurve der Schar *eindeutig.* Ihre Gleichung lautet

$$(46) \qquad \begin{vmatrix} [U \cdot UP] & [U \cdot UQ] \\ [E \cdot EP] & [E \cdot EQ] \end{vmatrix} = 0.$$

Dagegen gibt es in einer Kegelschnittschar im allgemeinen **zwei Kurven, die durch einen gegebenen Punkt gehen.** Um dies zu zeigen, stelle man zunächst für eine beliebige Kurve der Kegelschnittschar

$$[U \cdot U(P - \mathfrak{g}Q)] = 0$$

die Punktgleichung auf, bilde also von dem Bruche

$$(47) \qquad P - \mathfrak{g}\,Q = \frac{a_1 - \mathfrak{g}\,b_1,\quad a_2 - \mathfrak{g}\,b_2,\quad a_3 - \mathfrak{g}\,b_3}{E_1,\qquad E_2,\qquad E_3},$$

der die Stab-Punkt-Zuordnung des zugehörigen Polarsystems vermittelt, die adjungierte Abbildung

$$[(P - \mathfrak{g}Q)]^2].$$

Es wird

$$(48) \qquad [(P - \mathfrak{g}Q)^2] = [P^2] - 2\mathfrak{g}[PQ] + \mathfrak{g}^2[Q^2].$$

Bezeichnet man hierin noch die zu den Polarsystemen P und Q der beiden Grundkurven der Schar adjungierten Polarsysteme $[P^2]$ und $[Q^2]$ etwas kürzer mit $\bar{p}$ und $\bar{q}$ und setzt überdies das kombinatorische Produkt

$$(49) \qquad [PQ] = h,$$

so wird

$$(50) \qquad \bar{p} = [P^2] = \frac{[a_2\,a_3],\quad [a_3\,a_1],\quad [a_1\,a_2]}{e_1,\qquad e_2,\qquad e_3},$$

$$(51) \qquad \bar{q} = [Q^2] = \frac{[b_2\,b_3],\quad [b_3\,b_1],\quad [b_1\,b_2]}{e_1,\qquad e_2,\qquad e_3}$$

und nach der Gleichung (70) des 30. Abschnitts

$$(52) \quad h = [PQ] = \frac{\frac{1}{2}\{[a_2\,b_3] - [a_3\,b_2]\},\quad \frac{1}{2}\{[a_3\,b_1] - [a_1\,b_3]\},\quad \frac{1}{2}\{[a_1\,b_2] - [a_2\,b_1]\}}{e_1,\qquad e_2,\qquad e_3}.$$

Man erhält also für die zum Polarsystem $P - \mathfrak{g}Q$ adjungierte Abbildung $[(P - \mathfrak{g}Q)^2]$ die Darstellung:

$$(53) \qquad [(P - \mathfrak{g}Q)^2] = \bar{p} - 2\mathfrak{g}h + \mathfrak{g}^2\bar{q}.$$

Dasselbe Ergebnis findet man, wenn man auf Grund der Gleichung (47) nach der Vorschrift für die Bildung des adjungierten Bruches für die Stab-Punkt-Abbildung einer Reziprozität (vgl. Gleichung (73) des 30. Abschnitts) direkt den extensiven Bruch aufstellt, dessen Zähler und Nenner die multiplikativen Kombinationen ohne Wiederholung zur zweiten Klasse aus den Zählern und Nennern des Bruches auf der rechten Seite von (47) sind. Man erhält so für das kombinatorische Quadrat $[(P-\mathfrak{g}Q)^2]$ die Bruchdarstellung:

$$(54)\quad [(P-\mathfrak{g}Q)^2] = \frac{[(a_2-\mathfrak{g}b_2)(a_3-\mathfrak{g}b_3)],}{e_1,}\ \frac{[(a_3-\mathfrak{g}b_3)(a_1-\mathfrak{g}b_1)],}{e_2,}\ \frac{[(a_1-\mathfrak{g}b_1)(a_2-\mathfrak{g}b_2)]}{e_3}$$

oder

$$(55)\quad [(P-\mathfrak{g}Q)^2] = \frac{[a_2\,a_3] - \mathfrak{g}\{[b_2\,a_3] + [a_2\,b_3]\} + \mathfrak{g}^2[b_2\,b_3],\ \ldots}{e_1,\qquad\qquad\ldots}$$

Hier sind die Koeffizienten von $\mathfrak{g}$ in den drei Zählern doppelt so groß wie die drei Zähler von h in (52); denn es wird

$$[b_2\,a_3] + [a_2\,h_3] = [a_2\,h_3] - [a_3\,h_2],\ \ldots$$

Zerlegt man daher den Bruch auf der rechten Seite von (55) entsprechend der Dreiteilung seiner Zähler in eine Vielfachensumme dreier Brüche und berücksichtigt zugleich noch die Gleichungen (50) bis (52), so nimmt die Gleichung (55) genau die obige Form (53) an:

$$(53)\qquad\qquad [(P-\mathfrak{g}Q)^2] = \overline{p} - 2\mathfrak{g}h + \mathfrak{g}^2\overline{q}.$$

Der in der Formel (53) neben den adjungierten Brüchen $\overline{p}$ und $\overline{q}$ der beiden Grundkurven P und Q auftretende Bruch h hat, wie die Gleichungen (52) und (53) zeigen, ganz den Charakter der Brüche $\overline{p}$ und $\overline{q}$.

Zunächst nämlich ist er wegen (52) wie diese ein *Reziprozitätsbruch*, der Punkte in Stäbe überführt.

Zweitens aber ist er auch *involutorisch*, was man auf Grund der Gleichung (53) ebenso wie bei der dualistischen Entwickelung beweisen kann.

Der Bruch h stellt daher genau so wie die Brüche $\overline{p}$ und $\overline{q}$ die *Punkt-Stab-Zuordnung eines Polarsystems* oder, wie wir oben sagten, *ein Polarsystem zweiter Ordnung* dar. Die Lage seiner Polkurve wird sich wieder im Laufe der weiteren Untersuchung von selbst ergeben (vgl. Seite 365 f.). Vor der Hand aber hat man mit Rücksicht auf die Gleichung (49) den allgemeinen Satz bewiesen:

Satz 537: Das kombinatorische Produkt zweier Polarsysteme zweiter Klasse ist ein Polarsystem zweiter Ordnung.

Die Bedingung dafür, daß ein gegebener Punkt y einer Kurve der Schar $P - \mathfrak{g}Q$ angehört, lautet nunmehr

$$(56)\qquad\qquad [y \cdot y(P - \mathfrak{g}Q)^2] = 0$$

oder mit Rücksicht auf (53)

$$(57)\qquad\qquad [y \cdot y(\overline{p} - 2\mathfrak{g}h + \mathfrak{g}^2\overline{q})] = 0\quad \text{oder endlich}$$

$$(58)\qquad\qquad [y \cdot y\overline{p}] - 2\mathfrak{g}[y \cdot yh] + \mathfrak{g}^2[y \cdot y\overline{q}] = 0.$$

Sind daher die Wurzeln $\mathfrak{g}_1$ und $\mathfrak{g}_2$ dieser quadratischen Gleichung reell und von einander verschieden, so gibt es in der Schar $P - \mathfrak{g}Q$ zwei Kurven zweiter Klasse $P - \mathfrak{g}_1 Q$ und $P - \mathfrak{g}_2 Q$, die durch den gegebenen Punkt y hindurchgehen (vgl. Fig. 153[1])); und für diese Kurven bestehen nach (56) die Gleichungen

$$(59) \quad [y \cdot y[(P - \mathfrak{g}_r Q)^2]] = 0, \quad r = 1, 2.$$

Die Involution, die eine Kegelschnittschar in einem Punkte hervorruft. Andererseits ergibt sich für das Tangentenpaar, das sich von demselben Punkte y an eine beliebige Kurve $P - \mathfrak{g}Q$ der Schar legen läßt, nach (42) die Gleichung

$$(60) \quad [yz \cdot yz(P - \mathfrak{g}Q)] = 0,$$

in der y als konstant, z als veränderlich anzusehen ist. Dieses Tangentenpaar wird in eine einzige Tangente zusammenfallen, das heißt, der Punkt y wird selbst auf der Kurve $P - \mathfrak{g}Q$ liegen, wenn man für den Parameter $\mathfrak{g}$ einen der obigen Werte $\mathfrak{g}_r$, $r = 1, 2$, wählt. Die dadurch aus (60) hervorgehenden Gleichungen

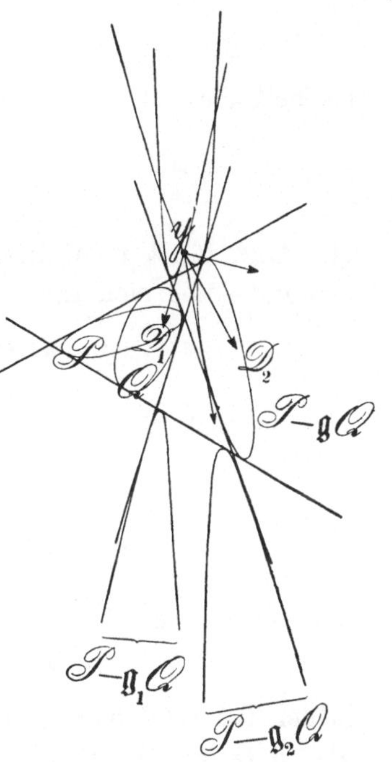

Fig. 153.

$$(61) \quad [yz \cdot yz(P - \mathfrak{g}_r Q)] = 0, \quad r = 1, 2,$$

stellen also bei konstantem y je eine doppeltzählende Gerade dar, nämlich die Tangente, die sich im Punkte y an die Kurve $P - \mathfrak{g}_r Q$ legen läßt.

Dies kann man auch rein analytisch zeigen.

Man gehe dazu von der Gleichung (83) des 33. Abschnitts aus, nach welcher das Produkt

$$(\dagger) \quad [yz \cdot yz\, P] = \begin{vmatrix} [y \cdot yp] & [z \cdot yp] \\ [y \cdot zp] & [z \cdot zp] \end{vmatrix}$$

ist, vorausgesetzt daß p ein beliebiges Polarsystem zweiter Ordnung und P das adjungierte Polarsystem zweiter Klasse ist.

Ist jetzt wiederum $\bar{p}$ das zu P adjungierte Polarsystem zweiter Ordnung, ist also

$$\bar{p} = [P^2],$$

so besteht nach der Gleichung (38) des 31. Abschnitts zwischen den

---

1) Siehe hierzu die Zeichnung einer Kegelschnittschar in Chr. Wieners Lehrbuch der darstellenden Geometrie Bd. I. Leipzig. 1884. S. 357. Von ihr bildet die obige Figur einen verkleinerten Ausschnitt.

beiden Polarsystemen zweiter Ordnung p und $\overline{p}$ die Beziehung

$$\overline{p} = \mathfrak{a}p \quad \text{oder}$$

$$p = \frac{1}{\mathfrak{a}}\,\overline{p},$$

das heißt, es ist

$$p = \frac{1}{\mathfrak{a}}\,[\boldsymbol{P}^2], \quad \text{wo}$$

$$\mathfrak{a} = |\,\mathfrak{a}_{ik}\,|$$

ist. Und führt man diesen Wert von p in die Gleichung (†) ein, so verwandelt sie sich in:

$$[yz \cdot yz\boldsymbol{P}] = \frac{1}{\mathfrak{a}^2}\begin{vmatrix} [y \cdot y[\boldsymbol{P}^2]] & [z \cdot y[\boldsymbol{P}^2]] \\ [y \cdot z[\boldsymbol{P}^2]] & [z \cdot z[\boldsymbol{P}^2]] \end{vmatrix},$$

oder da nach Gleichung (29) des 31. Abschnitts

$$\mathfrak{a}^2 = \mathfrak{A} = |\,\mathfrak{A}_{ik}\,| \quad \text{ist, so wird}$$

$$[yz \cdot yz\boldsymbol{P}] = \frac{1}{|\,\mathfrak{A}_{ik}\,|}\begin{vmatrix} [y \cdot y[\boldsymbol{P}^2]] & [z \cdot y[\boldsymbol{P}^2]] \\ [y \cdot z[\boldsymbol{P}^2]] & [z \cdot z[\boldsymbol{P}^2]] \end{vmatrix}.$$

Ganz entsprechende Ausdrücke erhält man für die Produkte

$$[yz \cdot yz(\boldsymbol{P} - \mathfrak{g}_r\boldsymbol{Q})], \quad r = 1,\, 2.$$

In der Tat, setzt man noch die Determinanten der Ableitzahlen des Bruches $\boldsymbol{P} - \mathfrak{g}_r\boldsymbol{Q}$, $r = 1,\, 2$, das heißt die Determinanten

$$(62) \qquad |\,\mathfrak{A}_{ik} - \mathfrak{g}_r\mathfrak{B}_{ik}\,| = \mathfrak{C}_r, \quad r = 1,\, 2,$$

so findet man für die fraglichen Produkte die Darstellung

$$[yz \cdot yz(\boldsymbol{P} - \mathfrak{g}_r\boldsymbol{Q})] = \frac{1}{\mathfrak{C}_r}\begin{vmatrix} [y \cdot y[(\boldsymbol{P} - \mathfrak{g}_r\boldsymbol{Q})^2]] & [z \cdot y[(\boldsymbol{P} - \mathfrak{g}_r\boldsymbol{Q})^2]] \\ [y \cdot z[(\boldsymbol{P} - \mathfrak{g}_r\boldsymbol{Q})^2]] & [z \cdot z[(\boldsymbol{P} - \mathfrak{g}_r\boldsymbol{Q})^2]] \end{vmatrix},$$

die sich wegen (59) vereinfacht zu:

$$(63) \quad [yz \cdot yz(\boldsymbol{P} - \mathfrak{g}_r\boldsymbol{Q})] = -\frac{1}{\mathfrak{C}_r}[z \cdot y[(\boldsymbol{P} - \mathfrak{g}_r\boldsymbol{Q})^2]]^2, \quad r = 1,\, 2.$$

Setzt man daher noch das Produkt

$$(64) \qquad \frac{1}{\sqrt{-\mathfrak{C}_r}}\,y[(\boldsymbol{P} - \mathfrak{g}_r\boldsymbol{Q})^2] = D_r, \quad r = 1,\, 2,$$

bezeichnet also mit D_r Stäbe von gewisser Länge aus den Polaren des Punktes y hinsichtlich der Kurve $\boldsymbol{P} - \mathfrak{g}_r\boldsymbol{Q}$, das heißt aus den Tangenten, die sich im Punkte y an die beiden durch y gehenden Kurven $\boldsymbol{P} - \mathfrak{g}_r\boldsymbol{Q}$ der Schar legen lassen, so verwandelt sich die Gleichung (63) in

$$(65) \qquad [yz \cdot yz(\boldsymbol{P} - \mathfrak{g}_r\boldsymbol{Q})] = [zD_r]^2, \quad r = 1,\, 2.$$

Damit aber ist die quadratische Form auf der linken Seite von (61) als Quadrat einer linearen Form dargestellt und also wirklich rein analytisch bewiesen, daß jede von den Gleichungen (61) die Gleichung einer doppeltzählenden Geraden ist.

Die Gleichungen (65) bieten aber noch ein besonderes Interesse, weil sie auch eine entsprechende Umformung der quadratischen Form auf der linken Seite von (60) ermöglichen. Diese stellt, wie oben gezeigt ist, das Tangentenpaar dar, das sich vom Punkte y aus an eine beliebige Kurve $P - \mathfrak{g}Q$ der Kegelschnittschar legen läßt. Ihre linke Seite muß daher eine Spaltung in zwei linearen Faktoren zulassen. Um zu dieser Zerlegung zu gelangen, stelle man wieder zunächst das beliebige Polarsystem $P - \mathfrak{g}Q$ der Schar als Vielfachensumme der beiden ausgezeichneten Polarsysteme $P - \mathfrak{g}_1 Q$ und $P - \mathfrak{g}_2 Q$ dar, deren Polarkurven durch den Punkt y hindurchgehen. Man erhält ebenso wie bei der dualistischen Entwickelung (vgl. Seite 352) für des Polarsystem $P - \mathfrak{g}Q$ den Ausdruck:

$$(66) \qquad P - \mathfrak{g}Q = \frac{\mathfrak{g}_2 - \mathfrak{g}}{\mathfrak{g}_2 - \mathfrak{g}_1}(P - \mathfrak{g}_1 Q) + \frac{\mathfrak{g} - \mathfrak{g}_1}{\mathfrak{g}_2 - \mathfrak{g}_1}(P - \mathfrak{g}_2 Q)$$

und hieraus wegen (65) für die quadratische Form auf der linken Seite von (60) die Produktdarstellung:

$$(67) \left\{ \begin{array}{l} [yz \cdot yz(P - \mathfrak{g}Q)] \\ = \left(\sqrt{\frac{\mathfrak{g}_2 - \mathfrak{g}}{\mathfrak{g}_2 - \mathfrak{g}_1}}[zD_1] + \sqrt{\frac{\mathfrak{g}_1 - \mathfrak{g}}{\mathfrak{g}_2 - \mathfrak{g}_1}}[zD_2] \right) \left(\sqrt{\frac{\mathfrak{g}_2 - \mathfrak{g}}{\mathfrak{g}_2 - \mathfrak{g}_1}}[zD_1] - \sqrt{\frac{\mathfrak{g}_1 - \mathfrak{g}}{\mathfrak{g}_2 - \mathfrak{g}_1}}[zD_2] \right). \end{array} \right.$$

Die Gleichung (60) für das Tangentenpaar nimmt daher bei Weglassung des Nenners die Gestalt an:

$$(68) \quad [z\{\sqrt{\mathfrak{g}_2 - \mathfrak{g}}\, D_1 + \sqrt{\mathfrak{g}_1 - \mathfrak{g}}\, D_2\}][z\{\sqrt{\mathfrak{g}_2 - \mathfrak{g}}\, D_1 - \sqrt{\mathfrak{g}_1 - \mathfrak{g}}\, D_2\}] = 0.$$

Und für die Tangenten selbst ergeben sich somit die Ausdrücke

$$(69) \quad \sqrt{\mathfrak{g}_2 - \mathfrak{g}}\, D_1 + \sqrt{\mathfrak{g}_1 - \mathfrak{g}}\, D_2 \quad \text{und} \quad \sqrt{\mathfrak{g}_2 - \mathfrak{g}}\, D_1 - \sqrt{\mathfrak{g}_1 - \mathfrak{g}}\, D_2,$$

welche zeigen, daß diese Tangenten harmonisch liegen zu den Geraden D_1 und D_2, die im Punkte y die beiden durch ihn gehenden Kurven $P - \mathfrak{g}_1 Q$ nnd $P - \mathfrak{g}_2 Q$ der Schar berühren. Es ist also der Satz bewiesen:

Satz 538: Das Tangentenpaar, das man von einem gegebenen Punkte an eine beliebige Kurve einer Kegelschnittschar legen kann, wird harmonisch getrennt durch die in diesem Punkte gezogenen Tangenten derjenigen beiden Kurven der Schar, die sich in jenem Punkte schneiden.

Diesem Satze kann man mit Rücksicht auf Seite 200 auch die Fassung geben:

Satz 539: Die beiden Tangenten, die sich in einem gegebenen Punkte an die beiden durch diesen Punkt gehenden Kurven

einer Kegelschnittschar legen lassen, sind einander konjugiert hinsichtlich einer jeden Kurve der Schar.

Bei veränderlichem $\mathfrak{g}$ stellen die Ausdrücke (69) die Gesamtheit aller Tangentenpaare dar, die sich vom Punkte y an die Kurven der Schar legen lassen. Und da die Tangenten eines jeden Paares zu den Tangenten D_1 und D_2 der beiden durch y gehenden Kurven der Schar harmonisch liegen, so bilden alle diese Tangentenpaare im Punkte y eine Strahlinvolution (vgl. Seite 166 und 195 des ersten Bandes). Man hat also den Satz:

Satz 540: Die Tangentenpaare, die man an die Kurven einer Kegelschnittschar von einem Punkte ihrer Ebene legen kann, bilden eine Strahlinvolution, deren Doppelstrahlen diejenigen beiden Tangenten sind, die sich in jenem Punkte an die beiden durch ihn hindurchgehenden Kurven der Schar legen lassen.

Aus diesem Satze kann man wieder durch Spezialisierung einen *allgemeinen Satz über ein vollständiges Vierseit* ableiten. Da nämlich je vier Geraden der Ebene als Grundgeraden einer Kegelschnittschar aufgefaßt werden können, und dieser Schar als zerfallende Kurven zweiter Klasse zugleich die drei Paare Gegenecken desjenigen vollständigen Vierseits angehören, das jene vier Geraden zu Seiten hat, so müssen nach dem Satze 540 die drei Strahlpaare, welche die drei Paare Gegenecken eines vollständigen Vierseits von einem beliebigen Punkte seiner Ebene aus projizieren, drei Paare einer Strahlinvolution bilden. Man hat also den Satz:

Satz 541: Die drei Paare Gegenecken eines vollständigen Vierseits werden von einem jeden Punkte seiner Ebene durch drei Strahlpaare einer Involution projiziert.

Die zu zwei Kurven zweiter Klasse gehörende harmonische Kurve zweiter Ordnung. Man erhält aus den Ausdrücken (69) insbesondere die Werte für die beiden Tangentenpaare, die vom Punkte y an die beiden Grundkurven P und Q der Schar gezogen werden können, wenn man in ihnen dem Parameter $\mathfrak{g}$ die Werte 0 und ∞ beilegt, wodurch man für diese Tangentenpaare die Ausdrücke findet:

$$(70) \qquad \sqrt{\mathfrak{g}_2}\,D_1 + \sqrt{\mathfrak{g}_1}\,D_2 \quad \text{und} \quad \sqrt{\mathfrak{g}_2}\,D_1 - \sqrt{\mathfrak{g}_1}\,D_2$$

für die Tangenten an die Kurve P und

$$(71) \qquad D_1 + D_2 \qquad \text{und} \qquad D_1 - D_2$$

für die Tangenten an die Kurve Q. Das Doppelverhältnis der beiden Tangentenpaare besitzt daher den Wert (vgl. Seite 56 des ersten Bandes und Seite 354):

$$(72) \qquad \frac{(\sqrt{\mathfrak{g}_2} - \sqrt{\mathfrak{g}_1})^2}{(\sqrt{\mathfrak{g}_2} + \sqrt{\mathfrak{g}_1})^2}$$

und wird also wieder $= -1$, wenn

$$(73) \qquad \mathfrak{g}_2 = -\mathfrak{g}_1$$

ist, wo die Zahlgrößen $\mathfrak{g}_1$ und $\mathfrak{g}_2$ die Wurzeln der quadratischen Gleichung (58) bedeuten.

Damit also die beiden Tangentenpaare, die von dem Punkte y an die beiden Grundkurven P und Q der Kegelschnittschar gehen, zu einander harmonisch seien (vgl. Fig. 154), müssen die Wurzeln der quadratischen Gleichung (58) einander entgegengesetzt gleich sein, was nur für besondere Lagen des Punktes y eintreten wird. Und umgekehrt folgt aus dem Bestehen der Gleichung (73) zwischen den beiden Wurzeln der Gleichung (58) für das Doppelverhältnis jener beiden Tangentenpaare der Wert -1.

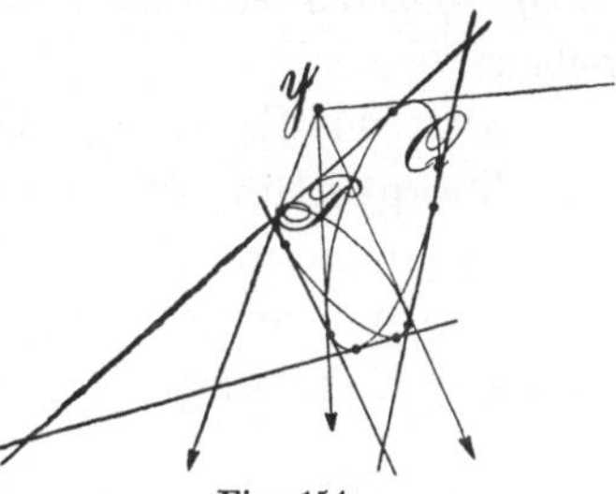
Fig. 154.

Nun besitzt aber die quadratische Gleichung (58) dann und nur dann zwei entgegengesetzt gleiche Wurzeln, wenn in ihr der Koeffizient von $\mathfrak{g}$ verschwindet, das heißt, wenn für den Punkt y die Gleichung besteht

$$(74) \qquad [y \cdot y h] = 0.$$

Und diese Gleichung besagt mit Rücksicht auf die Bedeutung von h (vgl. Seite 360), *daß der Punkt y einer gewissen Kurve zweiter Ordnung angehören muß.*

Die Lage dieser Kurve zweiter Ordnung läßt sich leicht angeben. Da sie nämlich durch *einen jeden* Punkt y hindurchgeht, der die beiden Kurven zweiter Klasse P und Q durch einen harmonischen Strahlwurf projiziert, so wird sie insbesondere auch die acht Punkte enthalten müssen, in denen die vier gemeinsamen Tangenten der Schar $P - \mathfrak{g} Q$ die beiden Grundkurven P und Q berühren. Denn jeder von diesen acht Berührungspunkten projiziert die beiden Kurven P und Q in einem Strahlwurf, von dem drei Strahlen zusammenfallen, der also sicher harmonisch ist.

Man hat daher die beiden wiederum von Chr. v. Staudt herrührenden[1]) Sätze:

Satz 542: Fünfter Satz von Chr. v. Staudt: Die acht Berührungspunkte der vier gemeinsamen Tangenten zweier Kurven zweiter Klasse liegen sämtlich auf einer Kurve zweiter Ordnung. Und:

---

1) Vgl. die Fußnote zu der dualistischen Entwickelung auf Seite 355.

Satz 543: Sechster Satz von Chr. v. Staudt: Die beiden Tangentenpaare, die sich von einem Punkte an zwei Kurven zweiter Klasse P und Q legen lassen, bilden dann und nur dann einen harmonischen Strahlwurf, wenn ihr Ausgangspunkt auf der Kurve zweiter Ordnung h enthalten ist, die durch die acht Berührungspunkte der gemeinsamen Tangenten von P und Q geht.

Mit Rücksicht auf diese Eigenschaft nennt man die Kurve h *„die harmonische Kurve zweiter Ordnung der beiden Kurven zweiter Klasse P und Q"*; auch wird sie vielfach als *„v. Staudtsche Kurve zweiter Ordnung"* bezeichnet. Man kann daher dem letzten Satze auch die Fassung geben:

Satz 544: Zweite Fassung des sechsten Satzes von Chr. v. Staudt: Ein Tangentenpaar einer Kurve zweiter Klasse P ist dann und nur dann hinsichtlich einer andern Kurve zweiter Klasse Q konjugiert, wenn sein Scheitel auf der harmonischen Kurve zweiter Ordnung

$$h = [PQ]$$

der beiden Kurven zweiter Klasse P und Q liegt.

Von Interesse ist es wieder, *die harmonische Kurve zweiter Ordnung zweier Kurven zweiter Klasse P und Q für den Fall anzugeben, wo die eine von ihnen, etwa die Kurve Q, in einen doppeltzählenden Punkt übergegangen ist,* dessen Polarsystem mit D bezeichnet werden mag (vgl. S. 250 f.). Es handelt sich also dann darum, die geometrische Bedeutung des kombinatorischen Produktes

$$(75) \qquad\qquad [PD] = h$$

zu entwickeln. Nach dem Begriff der harmonischen Kurve zweiter Ordnung der beiden Kurven zweiter Klasse P und D ist dieselbe der geometrische Ort aller derjenigen Punkte y, welche die Kurve zweiter Klasse P und den doppeltzählenden Punkt D durch zwei Strahlpaare eines harmonischen Strahlwurfs projizieren. Nun wird überhaupt von jedem Punkte aus der doppeltzählende Punkt D durch zwei zusammenfallende Strahlen projiziert. Ein harmonischer Strahlwurf aber, von dem zwei Strahlen vereint liegen, besteht aus drei zusammenfallenden Strahlen und einem beliebigen Strahl. Ein Punkt y, der die Kurve zweiter Klasse P und den doppeltzählenden Punkt D in einem harmonischen Strahlwurf projiziert, gehört daher notwendig einer der beiden Tangenten an, die man vom Punkte D an die Kurve P legen kann; und umgekehrt kommt jene Eigenschaft auch einem jeden

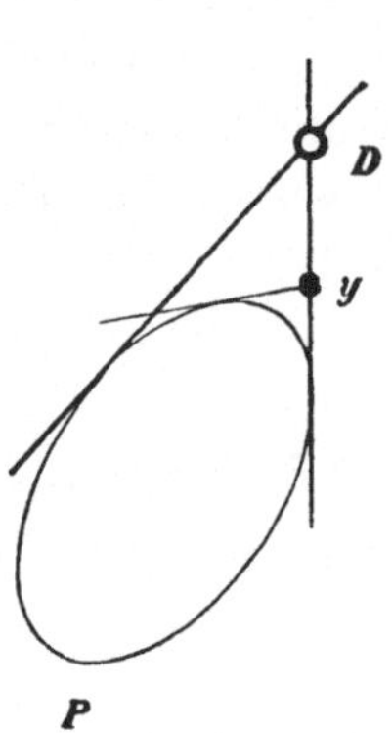

Fig. 155.

Punkte y zu, der auf einer dieser beiden Tangenten gelegen ist. Alle derartigen Punkte y aber bilden zusammen eben diese beiden Tangenten, und es ist also der Satz bewiesen (vgl. Fig. 155):

Satz 545: **Ist P ein beliebiges Polarsystem zweiter Klasse und D das Polarsystem eines doppeltzählenden Punktes, so ist die Kurve zweiter Ordnung $h = [PD]$ nichts anderes als das Tangentenpaar, das sich von dem doppeltzählenden Punkte D an die Kurve zweiter Klasse P legen läßt.**

Abschnitt 38.

Die Polkegelschnitte eines Kegelschnittbüschels, die Polarkegelschnitte einer Kegelschnittschar.

Die Polaren eines Punktes hinsichtlich der Kurven eines Kegelschnittbüschels. Fragt man nach allen denjenigen Geraden $V_{(\mathfrak{g})}$, die durch die Polarsysteme $p - \mathfrak{g}q$ eines Kegelschnittbüschels einem beliebigen Punkte y seiner Ebene als Polaren zugewiesen werden, so findet man für sie den Ausdruck

$$(1) \qquad V_{(\mathfrak{g})} = y(p - \mathfrak{g}q) = yp - \mathfrak{g}yq,$$

in dem die Produkte yp und yq die Polaren des Punktes y hinsichtlich der Grundkurven p und q des Büschels sind.

Bei *konstantem* $\mathfrak{g}$ stellt also die gewonnene Differenz *einen Stab* dar, dessen Gerade durch den Schnittpunkt

$$(2) \quad y' = [yp \cdot yq]$$

dieser beiden Polaren yp und yq hindurchgeht.

Bei veränderlichem $\mathfrak{g}$ dagegen ist sie der analytische Ausdruck für das *Strahlbüschel*, das jenen Punkt y' zum Scheitel hat (vgl. Fig. 156); und da auch umgekehrt jeder Strahl des durch die Geraden yp und yq bestimmten Strahlbüschels sich durch eine Differenz

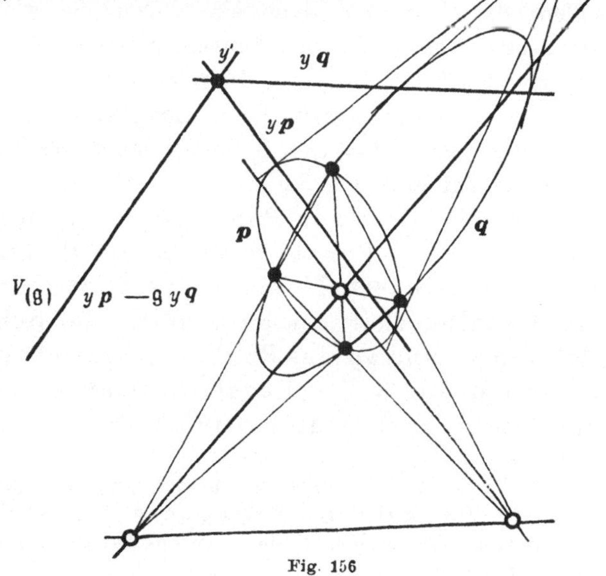

Fig. 156

von der Form

$$yp - \mathfrak{h}yq$$

ausdrücken läßt, so entspricht andererseits auch *jedem Strahle dieses Strahl-büschels eine bestimmte Kurve jenes Kegelschnittbüschels,* nämlich die Kurve

$$p - \mathfrak{h}q.$$

Bevor wir aber dieses Ergebnis in Satzform aussprechen, müssen wir noch einen *Ausnahmefall* in Betracht ziehen. Sobald nämlich zwischen den beiden Produkten yp und yq eine Gleichung von der Form

$$(3) \qquad yp = \mathfrak{f}yq$$

besteht, unter $\mathfrak{f}$ ein Zahlfaktor verstanden, reduziert sich der Ausdruck (1) auf

$$(4) \qquad V_{(\mathfrak{g})} = y(p - \mathfrak{g}q) = (\mathfrak{f} - \mathfrak{g})yq,$$

womit gezeigt ist, daß *in diesem Falle die Polaren des Punktes y in bezug auf sämtliche Kurven des Büschels in eine und dieselbe Gerade yq zusammenfallen.* Die Gleichung (3) läßt sich nun aber in der Form schreiben:

$$(5) \qquad y(p - \mathfrak{f}q) = 0,$$

aus der nach Seite 207 hervorgeht, daß ein Punkt y, welcher der Gleichung (3) Genüge leistet, notwendig zu einer Kurve $p - \mathfrak{f}q$ des Büschels $p - \mathfrak{g}q$ apolar sein muß; und da auch umgekehrt in diesem Falle eine Gleichung von der Form (3) besteht, so kann man sagen, daß unser obiges Ergebnis, nach welchem die Polaren $V_{(\mathfrak{g})}$ aus (1) ein Strahlbüschel bilden sollen, dann und nur dann eine Ausnahme erleidet, wenn der Punkt y, um dessen Polaren es sich handelt, zu einer Kurve des Büschels $p - \mathfrak{g}q$ apolar ist. Dies trifft zum Beispiel bei einem Büschel mit drei reellen und von einander verschiedenen Hauptzahlen (vgl. Seite 297 ff.) nur für die drei Ecken d_t, $t = 1, 2, 3$, des gemeinsamen Polardreiecks des Büschels zu. Man hat also den Satz:

Satz 546: Satz von Poncelet[1]): Alle Geraden $V_{(\mathfrak{g})}$, die einem und demselben Punkte y durch die Polarsysteme $p - \mathfrak{g}q$ eines Kegelschnittbüschels als Polaren zugeordnet werden, bilden ein Strahlbüschel, dessen Scheitel der Schnittpunkt der beiden Polaren yp und yq des Punktes y hinsichtlich der beiden Grund-kurven p und q des Kegelschnittbüschels ist; und umgekehrt entspricht auch jedem Strahle dieses Strahlbüschels ein be-

---

[1]) Vgl. J. V. Poncelet, Traité des propriétés projectives des figures. Paris, 1822. Nr. 388. Siehe auch F. Dingeldey, Kegelschnitte und Kegelschnittsysteme, Enzyklopädie der mathematischen Wissenschaften, Bd. III. Teil 2. Heft 1 (Leipzig, 1903). Seite 93.

stimmtes Polarsystem jenes Kegelschnittbüschels. Nur in dem Falle, wo der Punkt y zu irgend einer Kurve des Büschels apolar ist, fallen die Polaren des Punktes y in bezug auf sämtliche Kurven des Büschels in eine einzige Gerade zusammen.

Die beiden Strahlbüschel, die durch die Kurven eines Kegelschnittbüschels zwei verschiedenen Punkten y und z seiner Ebene zugewiesen werden, sind projektiv. Die von ihnen erzeugte Kurve zweiter Ordnung. Ist neben dem Punkte y des Satzes von Poncelet noch ein zweiter Punkt z gegeben, so bekommt man für seine Polaren $W_{(\mathfrak{g})}$ hinsichtlich der Kurven des Büschels $p - \mathfrak{g}q$ die Darstellung:

$$(6) \qquad W_{(\mathfrak{g})} = z(p - \mathfrak{g}q) = zp - \mathfrak{g}zq,$$

das heißt, man erhält *ein zu dem Strahlbüschel (1) projektives Strahlbüschel* mit dem Scheitel

$$z' = [zp \cdot zq],$$

und es gilt also der Satz:

Satz 547: Ordnet man durch die Polarsysteme eines Kegelschnittbüschels zwei verschiedenen Punkten seiner Ebene die Strahlen zweier Strahlbüschel als Polaren zu und läßt dabei immer zwei solche Strahlen der beiden Strahlbüschel einander entsprechen, die den beiden Punkten durch dasselbe Polarsystem des Kegelschnittbüschels zugewiesen werden, so sind die beiden Strahlbüschel *projektiv auf einander bezogen.*

Die beiden projektiven Strahlbüschel (1) und (6) erzeugen nun aber nach Satz 50 eine Kurve zweiter Ordnung, deren Gleichung nach Seite 70 des ersten Bandes lautet:

$$(7) \qquad \begin{vmatrix} [x' \cdot yp] & [x' \cdot yq] \\ [x' \cdot zp] & [x' \cdot zq] \end{vmatrix} = 0,$$

vorausgesetzt, daß x' den laufenden Punkt der Kurve bezeichnet. Man kann diese Gleichung mit Rücksicht auf die erste Grundgleichung des Polarsystems (Gleichung (61) des 31. Abschnitts) auch in der Form schreiben:

$$\begin{vmatrix} [y \cdot x'p] & [y \cdot x'q] \\ [z \cdot x'p] & [z \cdot x'q] \end{vmatrix} = 0,$$

die es ermöglicht, auf die linke Seite den ersten Multiplikationssatz der zweifaktorigen planimetrischen Produkte (Satz 25) anzuwenden; man erhält so die neue Gleichung

$$(8) \qquad [yz \cdot x'p \, x'q] = 0.$$

Diese Form der Gleichung zeigt, daß die von den beiden projektiven Strahlbüscheln erzeugte Kurve zweiter Ordnung *von der Lage der beiden Punkte y und z auf der Geraden des Stabes $[yz]$ unabhängig ist.* Denn ersetzt man die Punkte y und z durch irgend zwei andere Punkte, v und w, so tritt an die Stelle der Gleichung (8) die Gleichung

$$(9) \qquad [vw \cdot x'p \ x'q] = 0.$$

Die linke Seite dieser Gleichung aber ist wegen

$$[vw] = \mathfrak{k}[yz]$$

nur um einen konstanten (nicht verschwindenden) Zahlfaktor von der linken Seite der Gleichung (8) verschieden. Die Gleichung (9) stellt daher dieselbe Kurve zweiter Ordnung dar wie die Gleichung (8), woraus in der Tat folgt, daß die Kurve zweiter Ordnung (8), *nicht nur speziell dem Punktpaar y, z sondern der ganzen Geraden des Stabes* $[yz]$ *zugewiesen wird.* Man hat also den Satz:

Satz 548: Die beiden projektiven Strahlbüschel, die durch die Polarsysteme eines Kegelschnittbüschels zwei beliebig gegebenen Punkten seiner Ebene zugewiesen werden, erzeugen eine Kurve zweiter Ordnung, die zugleich auch jedem andern Punktpaar entspricht, das der Verbindungslinie der beiden gegebenen Punkte angehört; man sagt daher auch, jene Kurve zweiter Ordnung sei durch das Kegelschnittbüschel *dieser Geraden zugeordnet.*

Begriff des Polkegelschnitts einer Geraden hinsichtlich eines Kegelschnittbüschels. Um diese Beziehung zwischen der Geraden des Stabes $[yz]$ und der Kurve (8) noch schärfer zum Ausdruck zu bringen, setze man noch

$$(10) \qquad [yz] = U$$

und schreibe, indem man zugleich die drei Faktoren des planimetrischen Produktes der linken Seite von (8) in anderer Weise zusammenfaßt, die Gleichung (8) in der Form:

$$(11) \qquad [U \cdot x'p \cdot x'q] = 0.$$

Aus dieser Gleichungsform liest man unmittelbar eine wichtige Eigenschaft ab, die der von ihr dargestellten, durch das Kegelschnittbüschel

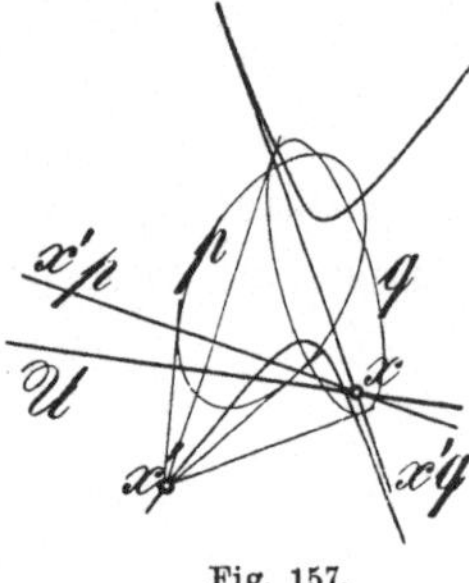

Fig. 157.

$p - \mathfrak{g}q$ der Geraden U zugeordneten Kurve zweiter Ordnung zukommt (vgl. Fig. 157). Sie zeigt nämlich, daß die Polaren $x'p$ und $x'q$ eines beliebigen Punktes x' der Kurve (11) genommen hinsichtlich der Grundkurven p und q des zugehörenden Kegelschnittbüschels sich auf der Geraden U schneiden. Ihr Schnittpunkt heiße x; dann gehen nach dem Satze von Poncelet (Satz 546) auch die Polaren jenes Punktes x' hinsichtlich sämtlicher

Kurven des Büschels durch den Punkt x hindurch, und man hat den Satz:

Satz 549: Konstruiert man zu irgend einem Punkte x' derjenigen Kurve zweiter Ordnung, die durch ein Kegelschnittbüschel einer Geraden U zugeordnet ist, die Polaren hinsichtlich der Kurven dieses Büschels, so schneiden sie sich sämtlich in einem Punkte x der Geraden U.

Man kann aber aus der Tatsache, daß das Kegelschnittbüschel jedem Punkte x' der Kurve (11) ein Strahlbüschel zuweist, dessen Scheitel x auf der Geraden U liegt, noch eine andere Folgerung ziehen; denn bei dieser Zuordnung entspricht ja auch umgekehrt jedem Strahle eines solchen Strahlbüschels eine bestimmte Kurve jenes Kegelschnittbüschels $p - \mathfrak{g}q$, und zwar in dem Sinne, daß sie dem Punkte x' jenen Strahl als Polare in bezug auf diese bestimmte Kurve des Büschels zuordnet (vgl. die Entwickelung auf Seite 367 f.). Insbesondere wird daher auch die Gerade U selbst, die nach dem Satze 549 jenem Strahlbüschel angehört, die Polare des Punktes x' hinsichtlich *einer gewissen Kurve* $p - \mathfrak{h}q$ des Kegelschnittbüschels $p - \mathfrak{g}q$ sein müssen, oder anders ausgedrückt, jeder Punkt x' der Kurve (11) wird der Pol der Geraden U in bezug auf eine gewisse Kurve $p - \mathfrak{h}q$ des Kegelschnittbüschels $p - \mathfrak{g}q$ sein. Man kann daher diese Kurve (11) auch auffassen als geometrischen Ort derjenigen Punkte x', die der festen Geraden U durch die Kurven des Kegelschnittbüschels $p - \mathfrak{g}q$ als Pole zugewiesen werden. Aus diesem Grunde nennt man die Kurve zweiter Ordnung (11) „den Polkegelschnitt der Geraden U hinsichtlich des Kegelschnittbüschels $p - \mathfrak{g}q$" und umgekehrt die Gerade U „die Polare des Polkegelschnitts in bezug auf das Kegelschnittbüschel $p - \mathfrak{g}q$". Man hat also den Satz:

Satz 550: Die Pole x' einer gegebenen Geraden U in bezug auf die Kurven eines Kegelschnittbüschels $p - \mathfrak{g}q$ liegen auf einer Kurve zweiter Ordnung, die der Polkegelschnitt der Geraden U hinsichtlich des Kegelschnittbüschels $p - \mathfrak{g}q$ heißt; seine Gleichung lautet:

$$(11) \qquad\qquad [U \cdot x'p \cdot x'q] = 0.$$

Dieser zunächst auf einem Umwege gewonnene Satz läßt sich übrigens nachträglich sehr leicht ganz direkt beweisen. Fragt man nämlich nach denjenigen Punkten x', die der Geraden eines gegebenen Stabes U hinsichtlich der einzelnen Kurven $p - \mathfrak{g}q$ eines Kegelschnittbüschels als Pole zugeordnet werden, deren Polaren $x'(p - \mathfrak{g}q)$ hinsichtlich dieser Kurven daher umgekehrt mit dem Stabe U bis auf einen Zahlfaktor übereinstimmen, so findet man die Gleichung

$$\mathfrak{z}\, U = x'(p - \mathfrak{g}\, q) \quad \text{oder}$$

$$(12) \qquad \mathfrak{z}\, U = x'p - \mathfrak{g}\; x'q,$$

in der die Buchstaben $\mathfrak{z}$ und $\mathfrak{g}$ zwei Zahlgrößen bedeuten. Eliminiert man diese Zahlgrößen durch planimetrische Multiplikation der Gleichung (12) mit den Stäben U und $x'q$, so erhält mun gerade wieder die obige in x' quadratische Gleichung

$$(11) \qquad [U \cdot x'p \cdot x'q] = 0,$$

womit dann der obige Satz von neuem bewiesen ist. Die oben eingeführten Bezeichnungen für die Kurve (11) und die ihr zugeordnete Gerade U ermöglichen ferner eine neue Fassung des Satzes 549. Dabei berücksichtige man noch, daß nach diesem Satze der Punkt x der Geraden U den Polaren des Punktes x' hinsichtlich sämtlicher Kurven des Kegelschnittbüschels $p - \mathfrak{g}\, q$ angehört, und daß man daher nach Seite 191 von den Punkten x und x' auch sagen kann, sie seien hinsichtlich aller Kurven $p - \mathfrak{g}\, q$ des Büschels konjugiert. Man erhält somit für den Satz 549 die folgende neue Form:

Satz 551: Zweite Fassung von Satz 549: Die Punkte x, die den Punkten x' eines Polkegelschnitts hinsichtlich zweier (und damit hinsichtlich aller) Kurven des zugehörigen Kegelschnittbüschels konjugiert sind, liegen auf der Polare des Polkegelschnitts in bezug auf das Kegelschnittbüschel.

Konstruktion einzelner Punkte des Polkegelschnitts. Man kann von dem Polkegelschnitt einer Geraden U hinsichtlich eines Kegelschnittbüschels eine ganze Reihe von Punkten ohne weiteres angeben:

Erstens gehören ihm *die drei Ecken d_t des gemeinsamen Polardreiecks des Kegelschnittbüschels* an; denn für diese gelten nach Seite 293 die Gleichungen:

$$d_t p = \mathfrak{n}_t d_t q, \quad t = 1, 2, 3,$$

in der die $\mathfrak{n}_t$ drei Zahlgrößen bedeuten. Für einen solchen Punkt $x' = d_t$ aber verschwindet in der Tat das Produkt auf der linken Seite von (11), weil zwei von seinen drei Faktoren bis auf einen Zahlfaktor einander gleich sind (vgl. Fig. 158).

Zweitens aber liegen auf dem Kegelschnitt diejenigen sechs Punkte

$$a,\ b,\ c,\ d,\ e,\ f,$$

die auf den sechs Seiten

$$A,\ B,\ C,\ D,\ E,\ F$$

des Grundvierecks des Kegelschnittbüschels dadurch gewonnen werden, daß man immer zu dem Schnittpunkte einer dieser sechs Seiten mit der Ge-

raden U *den vierten harmonischen Punkt aufsucht* in bezug auf die beiden
auf dieser Seite liegenden Grundpunkte des Büschels. Auf einer jeden
Seite des Grundvierecks ist nämlich schon ein Punkt des Polkegelschnitts
bekannt in der auf ihr liegenden Ecke d_t des gemeinsamen Polardreiecks
des Büschels. *Die Lage dieses Punktes d_t aber ist von der Wahl des
Stabes U ganz unabhängig.* Man wird also im allgemeinen noch einen
andern Schnittpunkt des Polkegelschnitts mit jenen Seiten des Grundvierecks erhalten, wenn man berücksichtigt, daß jeder Punkt des Polkegelschnitts als Pol der Geraden U hinsichtlich einer gewissen, aber freilich

unbekannten Kurve des
Büschels durch diese
Kurve von der Geraden
*U harmonisch getrennt
sein muß.* Da aber eine
jede Kurve des Kegel-
schnittbüschels durch
die vier Grundpunkte
des Büschels hindurch-
geht, und jede Seite des
Grundvierecks zwei
Grundpunkte enthält,
so muß der auf einer
solchen Seite liegende
Pol der Geraden U
von ihr *gerade durch
jene beiden Grundpunkte*
harmonisch getrennt
werden. Man gewinnt
also durch sechsmalige
Konstruktion eines vier-
ten harmonischen Punk-
tes sechs weitere Punkte
a, b, c, d, e, f des Polkegelschnitts.

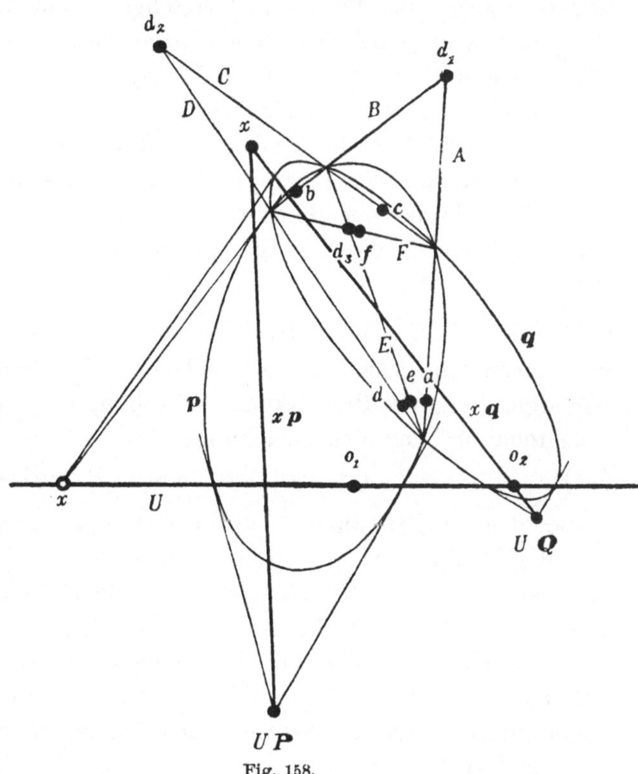

Fig. 158.

Mit Rücksicht darauf, daß sich die bisher angegebenen neun Punkte
des Polkegelschnitts verhältnismäßig leicht auffinden lassen, sobald das
Grundviereck des Büschels gegeben ist, nennt man ihn auch wohl „den
Kegelschnitt der neun Punkte". Indes kann man ohne Schwierigkeit
auch noch weitere Punkte des Polkegelschnitts angeben, namentlich auch
solche, bei deren Konstruktion das Grundviereck des Büschels nicht zu
Hülfe gezogen wird. Dies ist insbesondere für den Fall von Wichtigkeit,
wo nicht mehr alle vier Grundpunkte des Büschels reell sind.

Drittens nämlich gehören der Kurve des Polkegelschnitts *die beiden Doppelpunkte o_1 und o_2 derjenigen Involution an,* die die Gerade U aus dem Kegelschnittbüschel ausschneidet; denn diese Punkte sind nach dem Satze von Desargues-Sturm (Satz 531) die Berührungspunkte der beiden die Gerade U berührenden Kurven des Büschels, oder was dasselbe ist, die Pole der Geraden U hinsichtlich dieser beiden Kurven.

Viertens liegen auf dem Polkegelschnitt selbstverständlich auch *die Pole UP und UQ der Geraden U* hiusichtlich der beiden Grundkurven p und q des Büschels. Dabei sind unter P und Q wie bisher die zu p und q adjungierten Brüche zu verstehen. Man kann aber

fünftens noch beliebig viele weitere Punkte des Polkegelschnitts finden, wenn man die in dem Satze 549 ausgesprochene Tatsache benutzt, daß die Polaren $x'p$ und $x'q$ eines jeden Punktes x' des Polkegelschnitts genommen hinsichtlich der beiden Grundkurven p und q des Büschels sich in einem Punkte der Polare U des Polkegelschnitts treffen. Bezeichnet man diesen Punkt der Geraden U wie oben mit x, so läßt sich die Gleichung (11) durch die drei Gleichungen ersetzen:

$$(13) \qquad\qquad\qquad [x\,U] = 0,$$

$$(14) \qquad\qquad [x \cdot x'p] = 0 \quad \text{und} \quad [x \cdot x'q] = 0,$$

von denen übrigens die beiden letzten Gleichungen zufolge der ersten Grundgleichung des Polarsystems (Gleichung (61) des 31. Abschnitts) gleichbedeutend sind mit den Gleichungen:

$$(15) \qquad\qquad [x' \cdot xp] = 0 \quad \text{und} \quad [x' \cdot xq] = 0.$$

Unter den so gewonnenen fünf Gleichungen besagt die Gleichung (13), daß der Punkt x auf der Geraden des Stabes U liegt, während die Gleichungen (14) und die gleichwertigen Gleichungen (15) zeigen, daß die Punkte x und x' hinsichtlich der beiden Grundkurven p und q des Kegelschnittbüschels $p - \mathfrak{g}q$ *einander konjugiert* sind. Und da auch umgekehrt aus den Gleichungen (13) und (14) oder (15) die Gleichung (11) des Polkegelschnitts folgt, so hat man den folgenden Satz, der ein Gegenstück zu Satz 551 bildet:

Satz 552: Der Polkegelschnitt einer Geraden U hinsichtlich eines Kegelschnittbüschels ist zugleich der geometrische Ort derjenigen Punkte x', die den einzelnen Punkten x der Geraden U hinsichtlich der beiden Grundkurven des Büschels konjugiert sind.

Dieser Satz liefert in der Tat *beliebig viele weitere Punkte x' des Polkegelschnitts der Geraden U;* denn man braucht nur zu einem beliebig gewählten Punkte x der Geraden U die Polaren xp und xq hinsichtlich der beiden Grundkurven p und q des Büschels zu konstruieren, so ist ihr

Schnittpunkt x' zum Punkte x hinsichtlich dieser beiden Kurven konjugiert, also ein Punkt des Polkegelschnitts. Da übrigens die Gleichungen (15) auch die Gleichungen

$$(16) \qquad [x' \cdot x(p - \mathfrak{g}_1 q)] = 0 \quad \text{und} \quad [x' \cdot x(p - \mathfrak{g}_2 q)] = 0$$

nach sich ziehen, in denen $\mathfrak{g}_1$ und $\mathfrak{g}_2$ zwei ganz beliebige Zahlgrößen sind, und auch umgekehrt, falls $\mathfrak{g}_1 \neq \mathfrak{g}_2$ ist, aus den Gleichungen (16) die Gleichungen (15) folgen, so kann man bei der angegebenen Konstruktion *anstatt der Polaren des Punktes x hinsichtlich der beiden Grundkurven auch seine Polaren hinsichtlich irgend zweier anderen Kurven des Büschels* verwenden. Dies ist deshalb von Vorteil, weil als solche Kurven *auch zwei zerfallende* Kurven des Büschels dienen können, die Konstruktion also auch ausführbar bleibt, wenn das Kegelschnittbüschel *nur durch sein Grundviereck gegeben sein sollte*, ohne daß irgendeine nicht zerfallende Kurve des Büschels gezeichnet vorliegt. Denn man kann in diesem Falle immer noch zu einem beliebig gewählten Punkte x der Geraden U die Polaren hinsichtlich zweier in dem Büschel enthaltenen Geradenpaare $p - \mathfrak{h}_1 q$ und $p - \mathfrak{h}_2 q$ konstruieren, indem man den Punkt x mit den Scheiteln d_1 und d_2 dieser beiden Geradenpaare verbindet und zu jedem von den beiden Verbindungsstrahlen den Strahl bestimmt, der von ihm durch die beiden Geraden des zugehörigen Geradenpaars harmonisch getrennt wird. Die beiden so erhaltenen Strahlen sind dann die Polaren des Punktes x hinsichtlich der beiden Geradenpaare $p - \mathfrak{h}_1 q$ und $p - \mathfrak{h}_2 q$, und ihr Schnittpunkt ist der zum Punkte x hinsichtlich dieser beiden Geradenpaare konjugierte Punkt x' des Polkegelschnitts.

Damit hat man für den Polkegelschnitt 14 Punkte gewonnen, nämlich die Punkte

$$d_1, d_2, d_3;\ a, b, c, d, e, f;\ o_1, o_2;\ U\boldsymbol{P}, U\boldsymbol{Q};\ x',$$

und man kann, wie schon oben bemerkt wurde, beliebig viele weitere Punkte konstruieren, wenn man den Punkt x, dem der Punkt x' hinsichtlich der Kurven der Schar konjugiert war, seine Lage auf der Geraden U verändern läßt. Zwei solche weiteren Punkte waren die auf Seite 367 und 369 eingeführten, zu den Punkten y und z konjugierten Punkte y' und z'.

Zerfallende Polkegelschnitte eines Kegelschnittbüschels. Geht die Polare U des Polkegelschnitts eines Kegelschnittbüschels *durch eine Ecke des gemeinsamen Polardreiecks des Büschels hindurch*, so zerfällt der Polkegelschnitt in ein Geradenpaar.

In der Tat, enthält jene Polare U etwa die Ecke d_3 des gemeinsamen Polardreiecks, so liegen nach dem Satze 370 die Pole $U\boldsymbol{P}$ und $U\boldsymbol{Q}$ der

Geraden U hinsichtlich der Polarsysteme P und Q auf der gemeinsamen Polare des Punktes d_3 in bezug auf die Polarsysteme p und q, das heißt auf der dem Punkte d_3 gegenüberliegenden Seite $d_1 d_2$ des gemeinsamen Polardreiecks. In diese Seite fallen also bereits vier Punkte des Polkegelschnitts der Geraden U, nämlich die Punkte d_1, d_2, UP und UQ, woraus

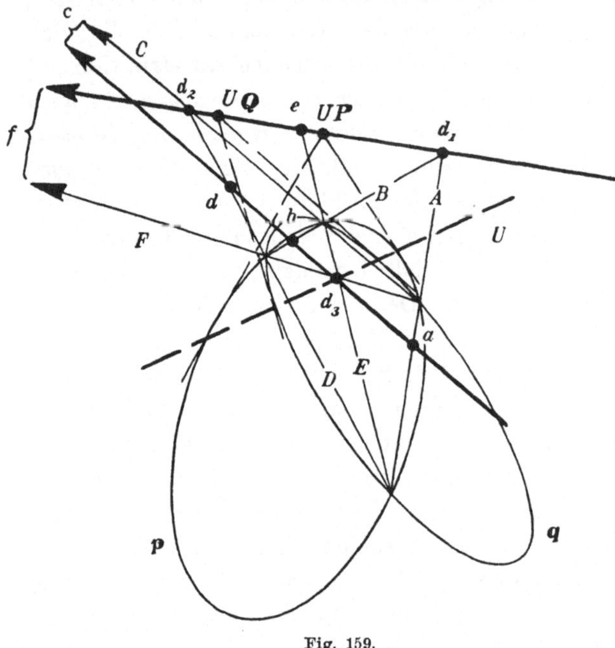

schon folgt, daß der Polkegelschnitt in ein Linienpaar zerfällt, dem die Gerade $d_1 d_2$ angehört (vgl. die Fig. 159, in der die Polare U des Polkegelschnitts wenigstens noch *von den Seiten des gemeinsamen Polardreiecks verschieden* angenommen ist). Außerdem aber sind auf der Seite $d_1 d_2$ auch noch die Punkte e und f des Polkegelschnitts enthalten, die auf den beiden durch d_3 gehenden Seiten E und F des Grundvierecks des Büschels gelegen sind und

Fig. 159.

durch die auf ihnen enthaltenen Ecken des Vierecks von der Geraden U oder, was dasselbe ist, von dem Punkte d_3, harmonisch getrennt werden.

Die zweite Gerade des Linienpaars, das den Polkegelschnitt darstellt, erhält man, wenn man irgendeine von den vier andern Seiten des Grundvierecks, etwa die Seite A, mit der Geraden U schneidet und zu dem Schnittpunkt $[A U]$ in bezug auf die beiden auf A enthaltenen Ecken des Grundvierecks den vierten harmonischen Punkt a aufsucht. Die Verbindungslinie dieses Punktes a mit der Ecke d_3 des gemeinsamen Polardreiecks ist dann die gesuchte zweite Gerade des Linienpaars, in das der Polkegelschnitt zerfällt. Sie enthält auch die drei Punkte b, c, d, die auf den Seiten B, C, D des Grundvierecks durch die auf ihnen enthaltenen Ecken des Vierecks beziehlich von den Punkten $[B U]$, $[C U]$, $[D U]$ harmonisch getrennt werden.

Übrigens kann man die zweite Gerade des Linienpaars noch etwas kürzer als diejenige Gerade charakterisieren, die von der Polare U des Polkegelschnitts durch die beiden Seiten des Grundvierecks harmonisch getrennt wird, die sich im Punkte d_3 schneiden, oder wenn man will, harmonisch getrennt wird, durch das in dem Kegelschnittbüschel enthaltene Geradenpaar, das den Punkt d_3 zum Doppelpunkt hat.

Man hat also den Satz:

Satz 553: Geht die Polare U des Polkegelschnitts eines Kegelschnittbüschels durch eine Ecke des gemeinsamen Polardreiecks des Büschels hindurch, so zerfällt ihr Polkegelschnitt in ein Linienpaar; und zwar ist seine eine Gerade die dieser Ecke gegenüberliegende Seite des gemeinsamen Polardreiecks, und seine andere Gerade wird von der Geraden U durch das Linienpaar harmonisch getrennt, das dem Büschel angehört und jene Ecke zum Doppelpunkt hat.

Das gewonnene Ergebnis vereinfacht sich noch etwas, wenn die Polare des Polkegelschnitts *nicht nur durch eine Ecke des gemeinsamen Polardreiecks des Kegelschnittbüschels hindurchgeht, sondern mit einer Seite desselben zusammenfällt.* Ist dies die Seite D_3 (vgl. Fig. 160), so besteht der Polkegelschnitt aus dem Geradenpaar D_1, D_2. Denn dem Punkte d_1 der Geraden D_3 ist ein jeder Punkt der Geraden D_1 in bezug auf alle Kurven des Büschels konjugiert, und dem Punkte d_2 der Geraden D_3 ein jeder Punkt der Geraden D_2. Jedem andern Punkte der Geraden D_3 endlich

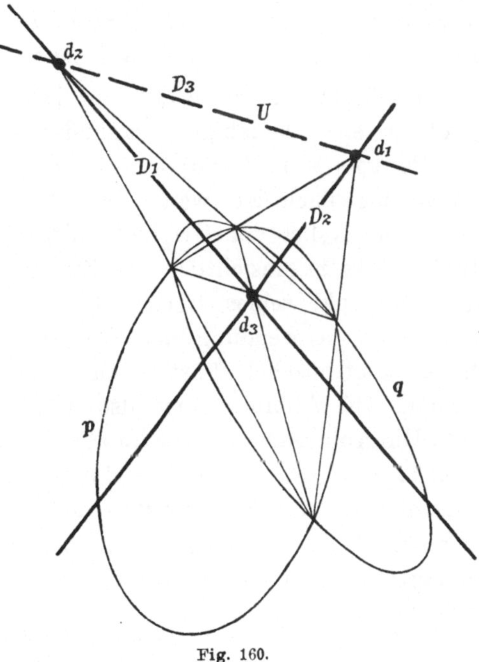

Fig. 160.

entspricht stets der Doppelpunkt d_3 des Linienpaars D_1, D_2, und man hat den Satz:

Satz 554: Fällt die Polare des Polkegelschnitts eines Kegelschnittbüschels mit einer Seite des gemeinsamen Polardreiecks des Büschels zusammen, so zerfällt der Polkegelschnitt in das Linienpaar der beiden andern Seiten dieses Polardreiecks.

Die Steinersche Abbildung in bezug auf ein Kegelschnittbüschel. Die fünf Gleichungen (13), (14) und (15) bieten insofern noch ein weiteres Interesse, als sie zusammen mit der aus ihnen folgenden Gleichung (11) die Grundeigenschaften einer wichtigen Punkt-Punkt-Abbildung der Ebene ausdrücken. Ordnet man nämlich entsprechend den Gleichungen

$$(13) \qquad [x \cdot x'p] = 0 \quad \text{und} \quad [x \cdot x'q] = 0$$

und den gleichwertigen Gleichungen

$$(14) \qquad [x' \cdot xp] = 0 \quad \text{und} \quad [x' \cdot xq] = 0$$

allgemein einem jeden Punkte x der Ebene denjenigen Punkt x' zu, der dem Punkte x hinsichtlich der Kurven p und q und also auch hinsichtlich sämtlicher Kurven des Kegelschnittbüschels konjugiert ist, so erhält man zwischen den Punkten der Ebene eine *involutorische und im allgemeinen eineindeutige Abbildung*, die wir, wie es mehr und mehr üblich geworden ist, als „die Steinersche Abbildung in bezug auf das Kegelschnittbüschel $p - \mathfrak{g}q$" bezeichnen wollen[1]).

Zunächst ist die Abbildung involutorisch. Da nämlich der Bildpunkt x' eines beliebigen Originalpunktes x auf den Polaren xp und xq des Punktes x in bezug auf die Kurven p und q des Büschels gelegen ist, so liegt nach der zweiten Grundeigenschaft des Polarsystems (Satz 394) auch umgekehrt der Originalpunkt x auf den Polaren $x'p$ und $x'q$ des Bildpunktes x' hinsichtlich der Kurven p und q, das heißt, er ist zugleich der Bildpunkt seines eigenen Bildpunktes x', oder was dasselbe ist, die zweimalige Anwendung der Steinerschen Abbildung in bezug auf ein Kegelschnittbüschel führt einen jeden Punkt x der Ebene wieder in sich zurück. Die Abbildung ist also wirklich involutorisch.

Die Abbildung ist aber im allgemeinen auch eineindeutig. In der Tat, *sieht man bei den Originalpunkten von den Ecken d_1, d_2, d_3 des gemeinsamen Polardreiecks des Kegelschnittbüschels ab*, denen ja jedesmal ein ganz beliebiger Punkt der Gegenseite zugeordnet ist, so wird durch die Gleichungen (14) einem jeden Originalpunkte x der Ebene *ein und nur ein*

---

1) Vgl. J. Steiner, Aufgaben und Lehrsätze, erstere aufzulösen, letztere zu beweisen. Journal für die reine und angewandte Mathematik Bd. 3 (1828), Seite 212, 25. Lehrsatz. Gesammelte Werke herausgegeben von Weierstraß Bd. I, Seite 179 f., 15. Lehrsatz. (Vgl. ferner J. Steiner's Vorlesungen über synthetische Geometrie. Zweiter Teil: Die Theorie der Kegelschnitte gestützt auf projective Eigenschaften. Bearbeitet von H. Schröter. Dritte Auflage durchgesehen von R. Sturm. Leipzig 1898. Seite 286. Freilich ist zu bemerken, daß der Begriff und die Grundeigenschaften der betrachteten Abbildung schon vor Steiner von Poncelet entwickelt sind. Vgl. J. V. Poncelet. Traité des propriétés projectives des figures. Paris 1822. Nr. 79 ff. und 370 ff. Siehe ferner: A. Clebsch, Zum Gedächtnis an Julius Plücker. Abhandlungen der Königlichen Gesellschaft der Wissenschaften zu Göttingen. Bd. 16. 1872. (Gelesen am 2. Dez. 1871). Seite 11 und 15 f. Endlich: E. Kötter, Die Entwickelung der synthetischen Geometrie von Monge bis auf Staudt (1847). Jahresbericht der deutschen Mathematikervereinigung Bd. 5. Heft 2 (1898 und 1901). Seite 126, 138 f. und 268.

Bildpunkt x' zugewiesen, nämlich der Schnittpunkt x' der beiden Polaren xp und xq des Punktes x hinsichtlich der Kurven p und q.

Schließt man andererseits bei den Originalpunkten die Punkte auf den Seiten des gemeinsamen Polardreiecks des Kegelschnittbüschels aus, so entspricht auch umgekehrt einem jeden Bildpunkte x' *ein und nur ein Original-punkt* x, nämlich der Schnittpunkt der Polaren $x'p$ und $x'q$ des Punktes x' hinsichtlich der Kurven p und q.

Die Grundpunkte des Kegelschnittbüschels sind zugleich die Doppel-punkte der Steinerschen Abbildung in bezug auf das Büschel. Denn ist x ein solcher Grundpunkt, das heißt ein gemeinsamer Punkt der Kurven p und q, so geht durch ihn sowohl seine Polare xp in bezug auf p wie auch seine Polare xq in bezug auf q hindurch. Der Bildpunkt

$$x' = [xp \cdot xq]$$

des Punktes x fällt also mit dem Originalpunkte x zusammen.

Und umgekehrt kann außer jenen Grundpunkten des Büschels kein anderer Punkt der Ebene ein Doppelpunkt der Steinerschen Abbildung sein. Denn durch einen jeden Doppelpunkt x der Abbildung muß sowohl seine Polare xp hinsichtlich p wie auch seine Polare xq hinsichtlich q hindurchgehen, er muß also sowohl der Kurve p wie der Kurve q ange-hören, das heißt mit einem Grundpunkte des Büschels zusammenfallen.

Zu den bisher betrachteten Abbildungen, der Kollineation und Rezi-prozität, tritt nun aber die Steinersche Abbildung in bezug auf ein Kegel-schnittbüschel dadurch in einen scharfen Gegensatz, *daß sie nicht mehr wie diese Abbildungen linear ist.* Denn den Punkten x einer Geraden U entsprechen ja, wie oben gezeigt ist, die Punkte x' einer Kurve zweiter Ordnung, nämlich des Polkegelschnitts (11) der Geraden U hinsichtlich des *„Grundbüschels* $p - \mathfrak{g}q$ *der Abbildung"* (vgl. die obige Fig. 158). Man sagt daher, die Steinersche Abbildung in bezug auf ein Kegelschnittbüschel sei eine quadratische Abbildung.

Außerdem werden durch die Steinersche Abbildung in bezug auf ein Kegelschnittbüschel den Geraden U eines Strahlbüschels

$$U = V + \mathfrak{k}W$$

die Kurven eines Kegelschnittbüschels zugewiesen, nämlich die Kurven des-jenigen Kegelschnittbüschels, dessen Gleichung lautet:

$$(17) \qquad [V \cdot x'p \cdot x'q] + \mathfrak{k}[W \cdot x'p \cdot x'q] = 0,$$

das also durch die beiden Polkegelschnitte

$$(18) \qquad [V \cdot x'p \cdot x'q] = 0 \quad \text{und} \quad [W \cdot x'p \cdot x'q] = 0$$

der Geraden V und W in bezug auf das Grundbüschel $p - \mathfrak{g}q$ bestimmt wird.

Von diesem Kegelschnittbüschel (17) kann man leicht *die vier Grund-punkte angeben*. Denn *erstens* gehört den beiden Kegelschnitten (18) dieses Büschels derjenige Punkt s' an, der dem Scheitel

$$s = [VW]$$

des Strahlbüschels $V + \mathfrak{k}W$ durch die betrachtete Steinersche Abbildung zugewiesen wird, das heißt der Punkt

$$s' = [sp \cdot sq].$$

Zweitens aber zählen zu den Grundpunkten des Büschels (17) die *allen* Polkegelschnitten des Grundbüschels $p - \mathfrak{g}q$ angehörenden Ecken d_1, d_2, d_3 des gemeinsamen Polardreiecks des Grundbüschels.

Da diese drei Ecken d_1, d_2, d_3 *überhaupt den Bildkurven aller Original-geraden der Ebene angehören*, so nennt man sie „die Fundamentalpunkte der Steinerschen Abbildung"[1]).

Man hat also den Satz:

Satz 555: Durch die Steinersche Abbildung in bezug auf ein Kegelschnittbüschel $p - \mathfrak{g}q$ wird einem jeden Strahlbüschel mit dem Scheitel s ein Kegelschnittbüschel zugeordnet, und zwar dasjenige Kegelschnittbüschel, dessen Grundpunkte durch den Punkt

$$s' = [sp \cdot sq]$$

und durch die Ecken d_1, d_2, d_3 des gemeinsamen Polardreiecks des Grundbüschels $p - \mathfrak{g}q$ gebildet werden. Diese drei Ecken heißen die Fundamentalpunkte der Steinerschen Abbildung.

Der Mittelpunktskegelschnitt eines Kegelschnittbüschels. Eine besondere Betrachtung verdient noch *derjenige Polkegelschnitt eines Kegelschnittbüschels, welcher der unendlich fernen Geraden J zugewiesen wird*, dessen Gleichung also lautet:

(19)
$$[J \cdot x'p \cdot x'q] = 0.$$

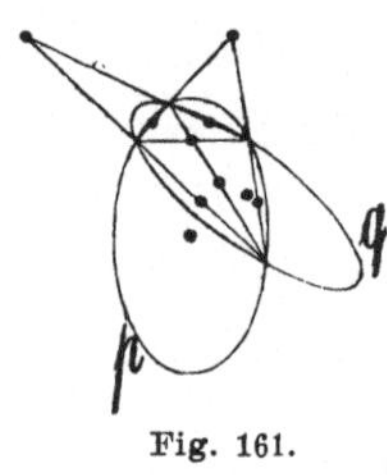
Fig. 161.

Er ist dem Obigen zufolge der geometrische Ort für die Pole der unendlich fernen Geraden J hinsichtlich der Kurven des Kegelschnittbüschels $p - \mathfrak{g}q$, das heißt der geometrische Ort für die Mittelpunkte seiner Kurven, und wird der „Mittelpunktskegelschnitt des Büschels $p - \mathfrak{g}q$" genannt. Man hat also den Satz (vgl. Fig. 161):

---

1) Vgl. Clebsch-Lindemann, Vorlesungen über Geometrie, Bd. I. Erste Auf-lage (1876). Seite 476 f.

Satz 556: Die Mittelpunkte aller Kurven eines Kegelschnitt-büschels liegen auf einer Kurve zweiter Ordnung, dem Mittelpunktskegelschnitte des Büschels.

Von den neun einen Polkegelschnitt charakterisierenden Punkten gewinnen beim Mittelpunktskegelschnitt *sechs Punkte eine besonders einfache Bedeutung.* Die ersten drei Punkte sind nämlich, wie bei jedem Polkegelschnitt, die Nebenecken des dem Büschel eingeschriebenen Vierecks; die andern sechs Punkte aber werden die Mitten der sechs Seiten dieses Vierecks. Und da man jedes beliebige Viereck zum Grundviereck eines Kegelschnittbüschels machen kann, so hat man nebenbei den folgenden allgemeinen Satz über ein vollständiges Viereck bewiesen:

Satz 557: Die drei Nebenecken eines vollständigen Vierecks und seine sechs Seitenmitten liegen auf einer und derselben Kurve zweiter Ordnung.

Die Pole einer Geraden hinsichtlich der Kurven einer Kegelschnittschar. Fragt man nach denjenigen Punkten $y_{(\mathfrak{g})}$, die durch die Polarsysteme $P - \mathfrak{g}Q$ einer Kegelschnittschar einer beliebig gegebenen Geraden V ihrer Ebene als Pole zugewiesen werden, so findet man für sie den Ausdruck:

$$(20) \qquad y_{(\mathfrak{g})} = V(P - \mathfrak{g}Q) = VP - \mathfrak{g}VQ,$$

in dem die Produkte VP und VQ die Pole des Stabes V hinsichtlich der Grundkurven P und Q der Schar sind.

Bei *konstantem* $\mathfrak{g}$ stellt also die gewonnene Differenz einen Punkt dar, welcher der Verbindungslinie

$$(21) \qquad V' = [VP \cdot VQ]$$

dieser beiden Pole VP und VQ angehört.

Bei *veränderlichem* $\mathfrak{g}$ dagegen ist sie der analytische Ausdruck für die geradlinige Punktreihe, die die Gerade jenes Stabes V' zum Träger hat (vgl. Fig. 162); und da auch umgekehrt jeder Punkt der durch die Punkte VP und VQ bestimmten Punktreihe sich durch eine Differenz von der Form

$$VP - \mathfrak{h}VQ$$

darstellen läßt, so entspricht andererseits auch jedem Punkte dieser Punktreihe eine

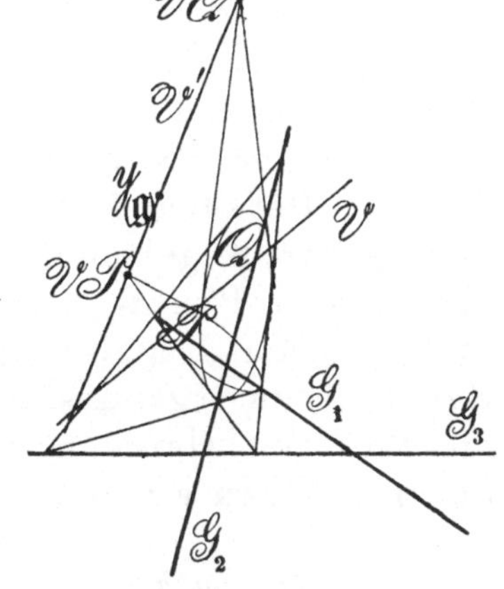

Fig. 162.

bestimmte Kurve jener Kegelschnittschar, nämlich die Kurve

$$P - \mathfrak{h}Q.$$

Bevor wir aber dieses Ergebnis in Satzform aussprechen, müssen wir noch einen Ausnahmefall in Betracht ziehen. Sobald nämlich zwischen den beiden Produkten VP und VQ eine Gleichung von der Form

$$(22) \qquad VP = \mathfrak{k}\, VQ$$

besteht, reduziert sich der Ausdruck (20) auf

$$(23) \qquad y_{(\mathfrak{g})} = V(P - \mathfrak{g}Q) = (\mathfrak{k} - \mathfrak{g})\,VQ,$$

womit gezeigt ist, daß *in diesem Falle die Pole der Geraden V in bezug auf sämtliche Kurven der Schar in einen und denselben Punkt VQ zusammenfallen.* Die Gleichung (22) läßt sich nun aber in der Form schreiben:

$$(24) \qquad V(P - \mathfrak{k}Q) = 0$$

aus der nach Seite 222 hervorgeht, daß eine Gerade V, die der Gleichung (22) Genüge leistet, notwendig zu einer Kurve $P - \mathfrak{k}Q$ der Schar $P - \mathfrak{g}Q$ apolar sein muß; und da auch umgekehrt in diesem Falle eine Gleichung von der Form (22) besteht, so kann man sagen, daß unser obiges Ergebnis, nach welchem die Pole $y_{(\mathfrak{g})}$ aus (20) eine geradlinige Punktreihe bilden sollen, dann und nur dann eine Ausnahme erleidet, wenn die Gerade V, um deren Pole es sich handelt, zu einer Kurve der Schar $P - \mathfrak{g}Q$ apolar ist. Dies trifft zum Beispiel bei einer Schar mit drei reellen und von einander verschiedenen Hauptzahlen (vgl. Seite 330 f.) nur für die drei Seiten $G_j, j = 1, 2, 3$ des gemeinsamen Poldreiseits der Schar zu. Man hat also das folgende dualistische Gegenstück zu dem Satze von Poncelet (vgl. Seite 368 f.):

Satz 558: Alle Punkte $y_{(\mathfrak{g})}$, die einer und derselben Geraden V durch die Polarsysteme $P - \mathfrak{g}Q$ einer Kegelschnittschar als Pole zugeordnet werden, bilden eine geradlinige Punktreihe, deren Träger die Verbindungslinie der beiden Pole VP und VQ der Geraden V hinsichtlich der beiden Grundkurven P und Q der Kegelschnittschar ist; und umgekehrt entspricht auch jedem Punkte dieser Punktreihe ein bestimmtes Polarsystem jener Kegelschnittschar. Nur in dem Falle, wo die Gerade V zu irgend einer Kurve der Schar apolar ist, fallen die Pole der Geraden V in bezug auf sämtliche Kurven der Schar in einen einzigen Punkt zusammen.

Die Mittelpunktsgerade einer Kegelschnittschar. Verlegt man insbesondere die beliebige Gerade V in die unendlich ferne Gerade J und bezeichnet die Pole der unendlich fernen Geraden hinsichtlich der Kurven der Schar $P - \mathfrak{g}Q$, das heißt die Mittelpunkte dieser Kurven, mit $m_{(\mathfrak{g})}$, so erhält man für diese Mittelpunkte die Darstellung (vgl. die Gleichung (23))

$$(25) \qquad m_{(\mathfrak{g})} = J(P - \mathfrak{g}\,Q) = JP - \mathfrak{g}\,JQ.$$

Diese Mittelpunkte bilden somit eine geradlinige Punktreihe, welche die Gerade

$$(26) \qquad M = [JP \cdot JQ]$$

zum Träger hat. Diese Gerade heißt die „Mittelpunktsgerade der Kegelschnittschar $P - \mathfrak{g}\,Q$".

Nur in dem Falle, wo die beiden Grundkurven P und Q der Schar konzentrisch sind, wo also

$$(27) \qquad JP = \mathfrak{k}\,JQ$$

ist, fallen die Mittelpunkte $m_{(\mathfrak{g}}$ aller Kurven der Schar nach der Gleichung (25) in einen Punkt zusammen, das heißt, es ist dann die ganze Schar konzentrisch, und ganz dieselbe Beziehung gilt, wenn überhaupt zwei Kurven der Schar konzentrisch sind. Man hat daher die folgenden Sätze:

Satz 559: Fallen bei einer Kegelschnittschar die Mittelpunkte irgend zweier Kurven der Schar in einen Punkt zusammen, so ist die ganze Schar konzentrisch. Und

Satz 560: Die Mittelpunkte aller Kurven einer Schar nicht konzentrischer Kegelschnitte liegen auf einer Geraden, welche die Mittelpunktsgerade der Schar heißt (vgl. Fig. 163).

Wendet man diesen Satz speziell auf die Mittelpunkte der drei in der Schar enthaltenen Punktpaare an, die die drei Paare Gegenecken des Grundvierseits der Schar

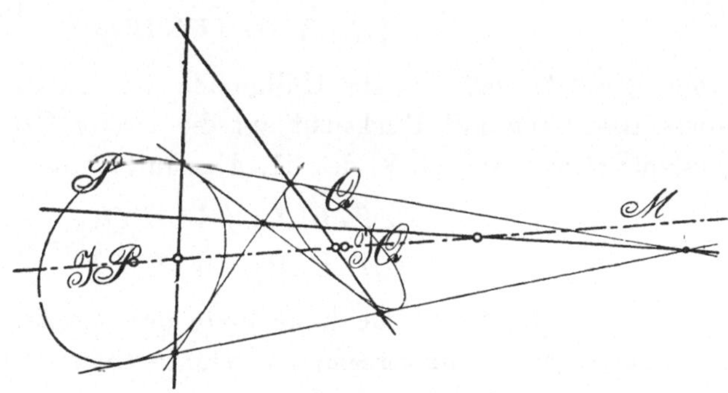

Fig. 163.

bilden (vgl. Satz 57), und berücksichtigt, daß man jedes beliebige Vierseit zum Grundvierseit einer Kegelschnittschar machen kann, so hat man nebenbei *den folgenden allgemeinen Satz über ein vollständiges Vierseit* bewiesen:

Satz 561: Bei einem vollständigen Vierseit liegen die Mitten der drei Punktpaare, welche durch die drei Paare Gegenecken des Vierseits gebildet werden, in einer Geraden.

Die beiden Punktreihen, die durch die Kurven einer Kegelschnittschar zwei verschiedenen Geraden V und W ihrer Ebene zugewiesen werden, sind projektiv. Die von ihnen erzeugte Kurve zweiter Klasse. Ist neben der Geraden V des Satzes 558 noch eine zweite Gerade W gegeben, so bekommt man für ihre Pole $z_{(g)}$ hinsichtlich der Kurven der Schar $P - gQ$ die Darstellung:

$$(28) \qquad z_{(g)} = W(P - gQ) = WP - gWQ,$$

das heißt, man erhält eine zu der Punktreihe (20) projektive Punktreihe mit dem Träger

$$W' = [WP \cdot WQ],$$

und es gilt also der Satz:

Satz 562: Ordnet man durch die Polarsysteme einer Kegelschnittschar zwei verschiedenen Geraden ihrer Ebene die Punkte zweier Punktreihen als Pole zu und läßt dabei immer zwei solche Punkte der beiden Punktreihen einander entsprechen, die den beiden Geraden durch dasselbe Polarsystem der Schar zugewiesen werden, so sind die beiden Punktreihen *projektiv auf einander bezogen.*

Die beiden projektiven Punktreihen (20) und (28) erzeugen nun aber nach Satz 52 eine Kurve zweiter Klasse, deren Gleichung nach Seite 74 des ersten Bandes lautet:

$$(29) \qquad \begin{vmatrix} [U' \cdot VP] & [U' \cdot VQ] \\ [U' \cdot WP] & [U' \cdot WQ] \end{vmatrix} = 0,$$

vorausgesetzt, daß U' die Hüllgerade der Kurve bezeichnet. Man kann diese Gleichung mit Rücksicht auf die zweite Grundgleichung des Polarsystems (Gleichung (118) des 31. Abschnitts) auch in der Form schreiben:

$$\begin{vmatrix} V \cdot U'P] & [V \cdot U'Q] \\ W \cdot U'P] & [W \cdot U'Q] \end{vmatrix} = 0,$$

die es ermöglicht, auf die linke Seite den zweiten Multiplikationssatz der zweifaktorigen planimetrischen Produkte (Satz 26) anzuwenden; man erhält so die neue Gleichung:

$$(30) \qquad [VW \cdot U'P \, U'Q] = 0,$$

oder wenn man noch

$$(31) \qquad [VW] = x$$

setzt und zugleich die drei Faktoren des planimetrischen Produktes auf der linken Seite von (30) in anderer Weise zusammenfaßt:

$$(32) \qquad [x \cdot U'P \cdot U'Q] = 0.$$

Diese Gleichung zeigt, daß die von den beiden projektiven Punktreihen erzeugte Kurve zweiter Klasse von der Lage der Geraden V und W in dem Strahlbüschel mit dem Scheitel x unabhängig ist, und somit nicht speziell dem Geradenpaar V, W, sondern dem Schnittpunkte x dieser beiden Geraden zugewiesen wird. Man hat also den Satz:

Satz 563: **Die beiden projektiven Punktreihen, die durch die Polarsysteme einer Kegelschnittschar zwei beliebig gegebenen Geraden ihrer Ebene zugeordet werden, erzeugen eine Kurve zweiter Klasse, die zugleich auch jedem andern Geradenpaar entspricht, dessen Scheitel mit dem Scheitel des gegebenen Paars zusammenfällt. Man sagt daher auch, jene Kurve zweiter Klasse sei durch die Kegelschnittschar** *diesem Punkte zugeordnet.*

Begriff des Polarkegelschnitts eines Punktes hinsichtlich einer Kegelschnittschar. Aus der Gleichung (32) liest man zugleich noch eine wichtige Eigenschaft der durch sie dargestellten Kurve zweiter Klasse ab (vgl. Fig. 164). Denn sie besagt, daß die Pole $U'P$ und $U'Q$ einer beliebigen Hüllgeraden U' der Kurve (32) genommen hinsichtlich der beiden Grundkurven P und Q der Schar mit dem Punkte x in einer geraden Linie liegen. Diese Gerade heiße U; dann liegen nach dem Satze 558 auch die Pole jener Geraden U' hinsichtlich *sämtlicher* Kurven der Schar auf der Geraden U, und man hat den Satz:

Satz 564: Konstruiert man zu irgend einer Hüllgeraden U' derjenigen Kurve zweiter Klasse, die durch eine Kegelschnittschar einem Punkte x zugeordnet ist, die Pole hinsichtlich der Kurven dieser Schar, so liegen sie sämtlich auf einer den Punkt x enthaltenden Geraden U.

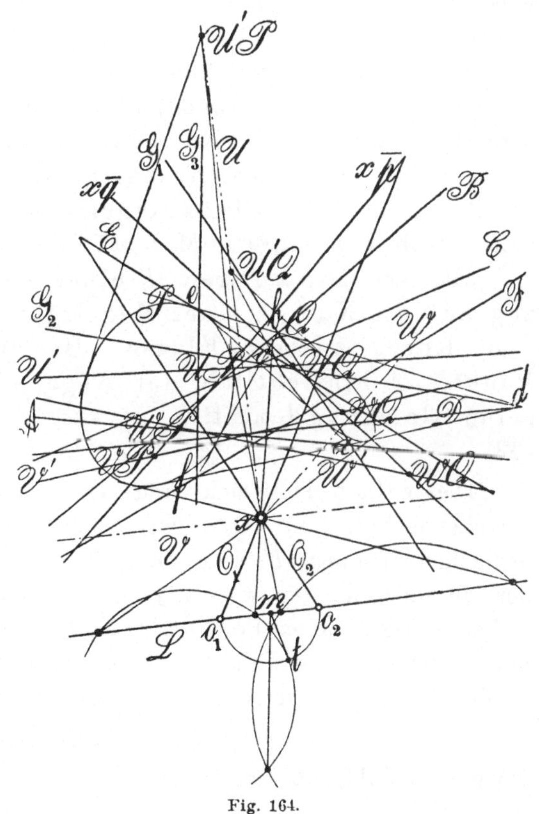

Fig. 164.

Man kann aber aus der Tatsache, daß die Kegelschnittschar jeder Hüllgeraden U' der Kurve (32) eine geradlinige Punktreihe zuweist, deren Träger U durch den Punkt x hindurchgeht, noch eine andere Folgerung ziehen; denn bei dieser Zuordnung entspricht ja auch umgekehrt jedem Punkte einer solchen Punktreihe eine bestimmte Kurve jener Kegelschnittschar $P - \mathfrak{g}Q$, und zwar in dem Sinne, daß sie der Geraden U' jenen Punkt als Pol in bezug auf diese bestimmte Kurve der Schar zuordnet (vgl. die Entwickelung auf Seite 381). Insbesondere wird daher auch der Punkt x selbst, der nach dem Satze 564 jener Punktreihe angehört, der Pol der Geraden U' hinsichtlich einer gewissen Kurve $P - \mathfrak{h}Q$ der Kegelschnittschar $P - \mathfrak{g}Q$ sein müssen, oder anders ausgedrückt, jede Hüllgerade U' der Kurve (32) wird die Polare des Punktes x in bezug auf eine gewisse Kurve $P - \mathfrak{h}Q$ der Kegelschnittschar $P - \mathfrak{g}Q$ sein. Man kann daher die Kurve (32) auch als das Hüllgebilde derjenigen Geraden U' auffassen, die dem festen Punkte x durch die Kurven der Kegelschnittschar $P - \mathfrak{g}Q$ als Polaren zugewiesen werden. Aus diesem Grunde nennt man die durch die Gleichung (32) dargestellte Kurve zweiter Klasse „den Polarkegelschnitt des Punktes x hinsichtlich der Kegelschnittschar $P - \mathfrak{g}Q$" und umgekehrt den Punkt x „den Pol des Polarkegelschnitts in bezug auf die Kegelschnittschar $P - \mathfrak{g}Q$". Man hat daher den Satz:

Satz 565: Die Polaren U' eines gegebenen Punktes x in bezug auf die Kurven einer Kegelschnittschar $P - \mathfrak{g}Q$ umhüllen eine Kurve zweiter Klasse, die der Polarkegelschnitt des Punktes x hinsichtlich der Kegelschnittschar $P - \mathfrak{g}Q$ heißt; seine Gleichung lautet:

$$(32) \qquad [x \cdot U'P \cdot U'Q] = 0.$$

Dieser Satz läßt sich nun aber ebenso wie der dualistisch entsprechende Satz 550 wieder weit kürzer ableiten, wenn man direkt nach denjenigen Geraden U' fragt, die einem gegebenen Punkte x hinsichtlich der einzelnen Kurven $P - \mathfrak{g}Q$ einer Kegelschnittschar als Polaren zugeordnet werden, deren Pole $U'(P - \mathfrak{g}Q)$ hinsichtlich dieser Kurven daher umgekehrt mit dem Punkte x bis auf einen Zahlfaktor übereinstimmen. In der Tat findet man für diese Geraden U' die Gleichung

$$\mathfrak{z}x = U'(P - \mathfrak{g}Q),$$

wo $\mathfrak{z}$ eine Zahlgröße ist, oder

$$(33) \qquad \mathfrak{z}x = U'P - \mathfrak{g}\, U'Q.$$

Eliminiert man aus dieser extensiven Gleichung die Zahlgrößen $\mathfrak{z}$ und $\mathfrak{g}$ durch planimetrische Multiplikation mit den Punkten x und $U'Q$, so erhält man wieder die obige in U' quadratische Gleichung

$$(32) \qquad [x \cdot U'P \cdot U'Q] = 0$$

und hat somit wirklich den Satz 565 von neuem bewiesen.

Die oben eingeführten Bezeichnungen für die Kurve (32) und den ihr zugeordneten Punkt x ermöglichen ferner eine neue Fassung des Satzes 564. Dabei berücksichtige man noch, daß nach diesem Satze die Gerade U des Strahlbüschels mit dem Scheitel x die Pole der Geraden U' hinsichtlich sämtlicher Kurven der Kegelschnittschar $P - \mathfrak{g}Q$ enthält, und daß man daher nach Seite 200f. von den Geraden U und U' auch sagen kann, sie seien hinsichtlich aller Kurven $P - \mathfrak{g}Q$ der Schar konjugiert. Man erhält somit für den Satz 564 die folgende neue Form:

Satz 566: Zweite Fassung von Satz 564: Die Geraden U, die den Hüllgeraden U' eines Polarkegelschnitts hinsichtlich zweier (und damit hinsichtlich aller) Kurven der zugehörigen Kegelschnittschar konjugiert sind, gehen durch den Pol des Polarkegelschnitts in bezug auf die Kegelschnittschar.

Konstruktion einzelner Hüllgeraden des Polarkegelschnitts. Man kann von dem Polarkegelschnitt eines Punktes x hinsichtlich einer Kegelschnittschar eine ganze Reihe von Hüllgeraden ohne weiteres angeben:

Erstens nämlich sind die drei Seiten G_j des gemeinsamen Poldreiseits der Kegelschnittschar Tangenten des Polarkegelschnitts; denn für diese gelten nach Seite 327 die Gleichungen

$$G_j P = \mathfrak{r}_j G_j Q, \quad j = 1, 2, 3,$$

in der die $\mathfrak{r}_j$ drei Zahlgrößen bedeuten. Für eine solche Gerade $U' = G_j$ verschwindet aber in der Tat das Produkt auf der linken Seite von (32), weil zwei von seinen drei Faktoren bis auf einen Zahlfaktor einander gleich sind (vgl. die obige Figur 164).

Zweitens aber gehören zu den Hüllgeraden des Polarkegelschnitts diejenigen sechs Geraden

$$A, \ B, \ C, \ D, \ E, \ F,$$

die durch die sechs Ecken

$$a, \ b, \ c, \ d, \ e, \ f$$

des Grundvierseits der Kegelschnittschar hindurchgehen und dadurch gewonnen werden, daß man immer zu jeder von den sechs Verbindungslinien

$$ax, \ bx, \ \ldots$$

dieser sechs Ecken mit dem Punkte x den vierten harmonischen Strahl aufsucht in bezug auf die beiden in dieser Ecke zusammenlaufenden Seiten des Grundvierseits der Schar. Für eine jede von den sechs Ecken des Grundvierseits ist nämlich schon eine von den beiden durch sie hindurchgehenden Tangenten des Polarkegelschnitts bekannt in der diese Ecke enthaltenden Seite G_j des gemeinsamen Polardreiseits der Schar. *Die Lage dieser Geraden G_j aber ist von der Wahl des Punktes x ganz unabhängig.*

Man wird also im allgemeinen noch eine zweite von jener Ecke ausgehende Tangente des Polarkegelschnitts erhalten, wenn man berücksichtigt, daß jede von den Tangenten des Polarkegelschnitts als Polare des Punktes x hinsichtlich einer gewissen, aber freilich unbekannten Kurve der Schar von diesem Punkte x *harmonisch getrennt sein muß.* Da aber eine jede Kurve der Kegelschnittschar die vier Seiten ihres Grundvierseits zu Tangenten hat, und durch jede Ecke dieses Grundvierseits zwei von jenen vier Seiten hindurchgehen, so muß die von einer solchen Ecke ausgehende Polare des Punktes x von ihm *gerade durch jene beiden Seiten* des Grundvierseits harmonisch getrennt werden (vgl. die Figuren 85a und 85b auf Seite 198). Man gewinnt also durch sechsmalige Konstruktion eines vierten harmonischen Strahls sechs weitere Tangenten A, B, C, D, E, F des Polarkegelschnitts.

Mit Rücksicht darauf, daß sich die bisher gewonnenen neun Tangenten des Polarkegelschnitts verhältnismäßig leicht auffinden lassen, sobald das Grundvierseit der Schar gegeben ist, wollen wir den Polarkegelschnitt eines Punktes x hinsichtlich einer Kegelschnittschar „den Kegelschnitt der neun Geraden" nennen. Indes kann man ohne Schwierigkeit auch noch weitere Tangenten des Polarkegelschnitts angeben, namentlich auch solche, bei deren Konstruktion das Grundvierseit der Schar nicht zu Hülfe gezogen wird. Dies ist insbesondere für den Fall von Wichtigkeit, *wo nicht mehr alle vier gemeinsame Tangenten der Schar reell sind.*

Drittens nämlich gehören zu den Hüllgeraden des Polarkegelschnitts auch *die beiden Doppelstrahlen O_1 und O_2 derjenigen Strahlinvolution,* welche die Kegelschnittschar im Punkte x hervorruft. Denn diese sind ja nach dem Satze 540 die Tangenten der beiden durch den Punkt x hindurchgehenden Kurven der Schar, und der Punkt x ist ihr Berührungspunkt; sie sind also die Polaren des Punktes x hinsichtlich dieser beiden Kurven der Schar[1]).

---

1) In der Figur 164 sind jene beiden Doppelstrahlen O_1 und O_2 in folgender Weise gewonnen: Zunächst sind die beiden Tangentenpaare, die sich vom Punkte x an die Grundkurven P und Q der Schar legen lassen, und welche zwei Paare der oben beschriebenen Strahlinvolution bilden, mit einer nicht durch x gehenden, sonst aber beliebigen Geraden L geschnitten. Dadurch entstehen auf L zwei Punktpaare, die als Bestimmungsstücke der auf L liegenden zu jener Strahlinvolution perspektiven Punktinvolution aufgefaßt werden können.

Weiter sind von dieser Punktinvolution die Doppelpunkte o_1 und o_2 mittelst zweier sich schneidenden Hülfskreise konstruiert, die durch je eins von jenen beiden Punktpaaren hindurchgehen. Die gemeinsame Sekante beider Kreise schneidet dann aus der Geraden L den Mittelpunkt m jener Involution aus, und die Länge einer Tangente mt vom Punkte m an einen der beiden Kreise gezogen stellt zugleich den Abstand der gesuchten Doppelpunkte o_1 und o_2 der Punktinvolution von deren Mittelpunkt m dar.

Viertens wird der Polarkegelschnitt selbstverständlich auch *von den Polaren* $x\overline{p}$ *und* $x\overline{q}$ *des Punktes* x hinsichtlich der beiden Grundkurven P und Q der Schar berührt. Dabei sind unter $\overline{p}$ und $\overline{q}$ wie bisher die zu P und Q adjungierten Brüche zu verstehen. Man kann aber

fünftens noch beliebig viele weitere Hüllgeraden des Polarkegelschnitts konstruieren, wenn man die in dem Satze 564 ausgesprochene Tatsache benutzt, daß die Pole $U'P$ und $U'Q$ einer beliebigen Hüllgeraden U' des Polarkegelschnitts genommen hinsichtlich der beiden Grundkurven P und Q der Schar mit dem Pole x des Polarkegelschnitts in einer Geraden liegen. Bezeichnet man diese durch den Punkt x gehende Gerade wie oben mit U, so läßt sich die Gleichung (32) durch die drei Gleichungen ersetzen:

$$(34) \qquad\qquad [Ux] = 0$$

$$(35) \qquad [U \cdot U'P] = 0 \quad \text{und} \quad [U \cdot U'Q] = 0,$$

von denen übrigens die beiden letzten Gleichungen zufolge der zweiten Grundgleichung des Polarsystems (Gleichung (118) des 31. Abschnitts) gleichbedeutend sind mit den Gleichungen:

$$(36) \qquad [U' \cdot UP] = 0 \quad \text{und} \quad [U' \cdot UQ] = 0.$$

Unter den so gewonnenen fünf Gleichungen besagt die Gleichung (34), daß die Gerade des Stabes U durch den Punkt x hindurchgeht, während die Gleichungen (35) und die gleichwertigen Gleichungen (36) zeigen, daß die Geraden U und U' hinsichtlich der beiden Grundkurven P und Q der Kegelschnittschar $P - \mathfrak{g}Q$ *einander konjugiert* sind. Und da auch umgekehrt aus den Gleichungen (34) und (35) oder (36) die Gleichung (32) des Polarkegelschnitts folgt, so hat man den folgenden Satz, der ein Gegenstück zu Satz 566 bildet:

Satz 567: Der Polarkegelschnitt eines Punktes x hinsichtlich einer Kegelschnittschar ist zugleich das Hüllgebilde derjenigen Geraden U', die den einzelnen Geraden U des Strahlbüschels mit dem Scheitel x hinsichtlich der beiden Grundkurven der Schar konjugiert sind.

Dieser Satz liefert in der Tat *beliebig viele weitere Hüllgeraden des zum Punkte x gehörenden Polarkegelschnitts;* denn man braucht nur zu einer beliebig gewählten Geraden U des Strahlbüschels mit dem Scheitel x die Pole UP und UQ hinsichtlich der beiden Grundkurven P und Q der Schar zu konstruieren, so ist ihre Verbindungslinie U' zur Geraden U

Projiziert man endlich diese Doppelpunkte o_1 und o_2 vom Scheitel x der ursprünglich betrachteten Strahlinvolution aus durch die Strahlen xo_1 und xo_2, so bilden sie die gewünschten Doppelstrahlen O_1 und O_2 dieser Strahlinvolution.

hinsichtlich dieser beiden Kurven konjugiert und also eine Hüllgerade des Polarkegelschnitts.

Auf dieselbe Weise kann man dann zum Beispiel auch von den beiden ursprünglich zur Festlegung des Punktes x benutzten Geraden V und W die konjugierten Geraden V' und W' hinsichtlich der beiden Grundkurven P und Q der Schar konstruieren entsprechend den Gleichungen

$$(37) \qquad \begin{cases} V' = [VP \cdot VQ] \\ W' = [WP \cdot WQ]. \end{cases}$$

Damit hat man für den Polarkegelschnitt 16 Hüllgeraden gewonnen, nämlich die Geraden (vgl. die obige Figur 164):

$$G_1, \; G_2, \; G_3; \quad A, \, B, \, C, \, D, \, E, \, F; \quad O_1, \, O_2; \quad x\overline{p}, \; x\overline{q}; \quad U', \; V', \; W',$$

deren Zahl man noch beliebig vermehren kann, da ja die konjugierte Gerade eines jeden Strahls des Strahlbüschels mit dem Scheitel x, genommen hinsichtlich irgend zweier Kurven der Schar, eine Hüllgerade des Polarkegelschnitts bildet.

Da übrigens die obigen Gleichungen (36) auch die Gleichungen

$$(38) \qquad [U' \cdot U(P - \mathfrak{g}_1 Q)] = 0 \quad \text{und} \quad [U' \cdot U(P - \mathfrak{g}_2 Q)] = 0$$

nach sich ziehen, in denen $\mathfrak{g}_1$ und $\mathfrak{g}_2$ zwei ganz beliebige Zahlgrößen sind, und auch umgekehrt, falls $\mathfrak{g}_1 \neq \mathfrak{g}_2$ ist, aus den Gleichungen (38) die Gleichungen (36) folgen, so kann man bei der oben angegebenen Konstruktion der Geraden U' *statt der Pole der Geraden U hinsichtlich der beiden Grundkurven P und Q auch ihre Pole hinsichtlich irgend zweier anderen Kurven der Schar verwenden.* Dies ist deshalb von Vorteil, weil als solche Kurven *auch zwei zerfallende* Kurven der Schar dienen können, die

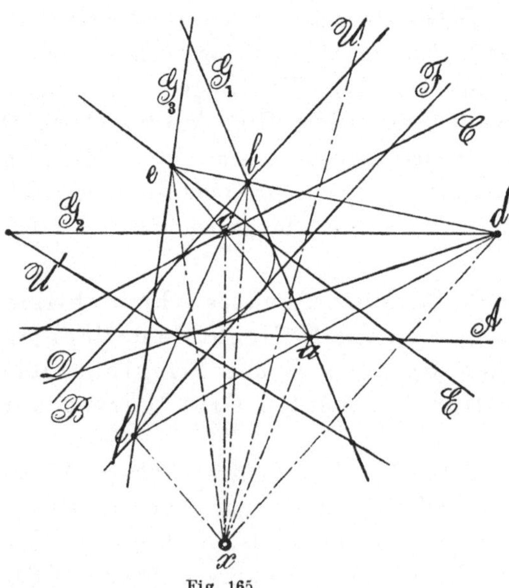
Fig. 165.

Konstruktion also auch ausführbar bleibt, wenn die Kegelschnittschar *nur durch ihr Grundvierseit gegeben sein sollte*, ohne daß irgend eine nicht zerfallende Kurve der Schar gezeichnet vorliegt (vgl. Fig. 165). Denn man kann in diesem Falle immer noch zu einer beliebig gewählten Geraden

U des Strahlbüschels mit dem Scheitel x die Pole hinsichtlich zweier in der Schar enthaltenen Punktpaare $P - \mathfrak{h}_1 Q$ und $P - \mathfrak{h}_2 Q$ konstruieren, indem man die Gerade U mit den Trägern G_1 und G_2 dieser Punktpaare schneidet und zu jedem von den beiden Schnittpunkten den Punkt bestimmt, der von ihm durch die beiden Punkte des zugehörigen Punktpaars a, b, beziehlich c, d harmonisch getrennt wird. Die beiden so erhaltenen Punkte sind dann die Pole der Geraden U hinsichtlich der beiden Punktpaare, und ihre Verbindungslinie ist die zur Geraden U hinsichtlich der Punktpaare $P - \mathfrak{h}_1 Q$ und $P - \mathfrak{h}_2 Q$ konjugierte Hüllgerade U' des Polarkegelschnitts.

Zerfallende Polarkegelschnitte einer Kegelschnittschar. Liegt der Pol x des Polarkegelschnitts einer Kegelschnittschar *auf einer Seite des gemeinsamen Poldreiseits der Schar*, so zerfällt der Polarkegelschnitt in ein Punktpaar.

In der Tat, liegt jener Pol x etwa auf der Seite G_3 des gemeinsamen Poldreiseits, so gehen nach dem Satze 370 die Polaren $x\overline{p}$ und $x\overline{q}$ des Punktes x hinsichtlich der Polarsysteme $\overline{p}$ und $\overline{q}$ durch den ge-

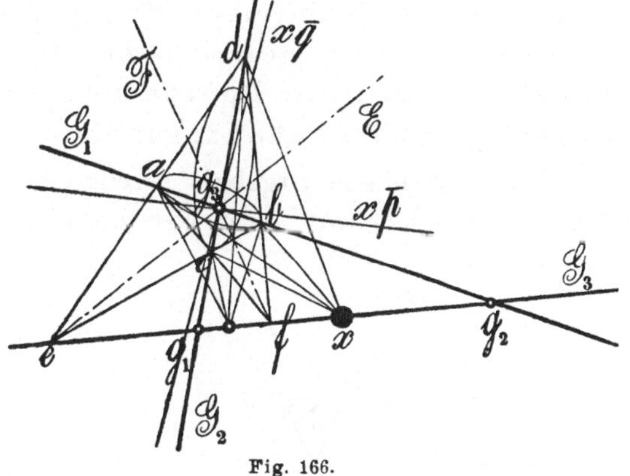

Fig. 166.

meinsamen Pol der Geraden G_3 in bezug auf die Polarsysteme P und Q, das heißt durch die der Seite G_3 gegenüberliegende Ecke g_3 des gemeinsamen Poldreiseits hindurch. In dieser Ecke g_3 treffen sich also bereits vier Hüllgeraden des Polarkegelschnitts des Punktes x, nämlich die Geraden G_1, G_2, $x\overline{p}$ und $x\overline{q}$, woraus schon folgt, daß der Polarkegelschnitt in ein Punktpaar zerfällt, dem jene Ecke g_3 angehört (vgl. die Figur 166, in welcher der Pol x des Polarkegelschnitts wenigstens noch *von den Ecken des gemeinsamen Polardreiseits verschieden* angenommen ist). Außerdem aber gehen durch die Ecke g_3 auch noch diejenigen Hüllgeraden E und F des Polarkegelschnitts, die beziehlich von den beiden auf G_3 liegenden Ecken e und f des Grundvierseits der Schar ausgehen und durch die in ihnen zusammenlaufenden Seiten des Vierseits von dem Punkte x oder, was dasselbe ist, von der Geraden G_3, harmonisch getrennt werden.

Den zweiten Punkt des Punktpaars, das den Polarkegelschnitt darstellt, erhält man, wenn man irgend eine von den vier andern Ecken des Grundvierseits, etwa die Ecke a, mit dem Punkte x verbindet und zu der Verbindungslinie $[ax]$ in bezug auf die beiden von a ausgehenden Seiten des Grundvierseits den vierten harmonischen Strahl aufsucht. Dann schneidet dieser die Seite G_3 des gemeinsamen Poldreiseits in dem gesuchten zweiten Punkte des Punktpaars, in das der Polkegelschnitt zerfällt. Durch ihn gehen auch die drei Geraden B, C, D, die in den Ecken b, c, d des Grundvierseits durch die von ihnen ausgehenden Seiten des Vierseits beziehlich von den Strahlen $[bx]$, $[cx]$, $[dx]$ harmonisch getrennt werden.

Übrigens kann man den zweiten Punkt des Punktpaars noch etwas kürzer als denjenigen Punkt charakterisieren, der von dem Pole x des Polarkegelschnitts durch die beiden Ecken des Grundvierseits harmonisch getrennt wird, die auf der Geraden G_3 enthalten sind, oder wenn man will, harmonisch getrennt wird durch das in der Kegelschnittschar enthaltene Punktpaar, das die Gerade G_3 zum Träger hat.

Man hat also den Satz:

Satz 568: Liegt der Pol x des Polarkegelschnitts einer Kegelschnittschar auf einer Seite des gemeinsamen Poldreiseits der Schar, so zerfällt sein Polarkegelschnitt in ein Punktpaar; und zwar ist sein einer Punkt die dieser Seite gegenüberliegende Ecke des gemeinsamen Poldreiseits, und sein anderer Punkt wird von dem Punkte x durch das Punktpaar harmonisch getrennt, das der Schar angehört und jene Seite zum Träger hat.

Das gewonnene Ergebnis vereinfacht sich noch etwas, wenn der Pol des Polarkegelschnitts *nicht nur auf einer Seite des gemeinsamen Poldreiseits der Kegelschnittschar liegt, sondern mit einer Ecke desselben zusammenfällt*. Ist dies die Ecke g_3 (vgl. Fig. 167), so besteht der Polarkegelschnitt aus dem Punktpaar g_1, g_2. Denn der Geraden G_1 des Strahlbüschels mit dem Scheitel g_3 ist eine jede Gerade des Strahlbüschels mit dem Scheitel g_1 in bezug auf alle Kurven der Schar konjugiert, und der Geraden G_2 des Strahlbüschels mit dem Scheitel g_3 eine jede Gerade des Strahlbüschels mit dem Scheitel g_2. Jeder andern Geraden des Strahlbüschels mit dem Scheitel g_3 endlich entspricht stets der Träger G_3 des Punktpaars g_1, g_2, und man hat den Satz:

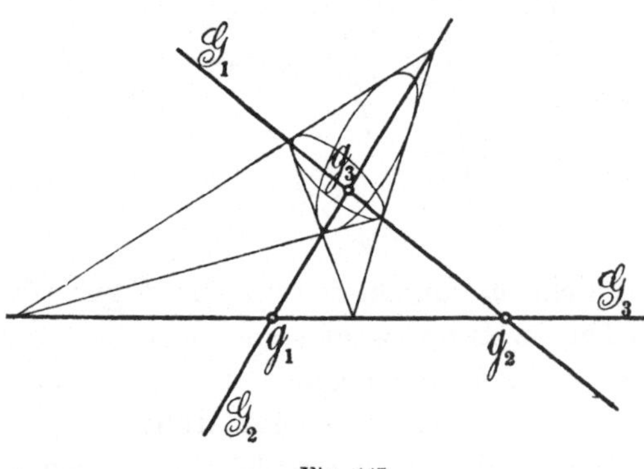

Fig. 167.

Satz 569: Fällt der Pol des Polarkegelschnitts einer Kegel-schnittschar mit einer Ecke des gemeinsamen Poldreiseits der Schar zusammen, so zerfällt der Polarkegelschnitt in das Punkt-paar der beiden andern Ecken dieses Poldreiseits.

Die Steinersche Abbildung in bezug auf eine Kegelschnittschar. Die fünf Gleichungen (34), (35) und (36) bieten in so fern noch ein beson-deres Interesse, als sie zusammen mit der aus ihnen folgenden Glei-chung (32) die Grundeigenschaften einer wichtigen Stab-Stab-Abbildung der Ebene ausdrücken. Ordnet man nämlich entsprechend den Gleichungen

$$(35) \qquad [U \cdot U'P] = 0 \quad \text{und} \quad [U \cdot U'Q] = 0$$

und den gleichwertigen Gleichungen

$$(36) \qquad [U' \cdot UP] = 0 \quad \text{und} \quad [U' \cdot UQ] = 0$$

allgemein einer jeden Geraden U der Ebene diejenige Gerade U' zu, die der Greaden U hinsichtlich der beiden Kurven P und Q, also auch hin-sichtlich sämtlicher Kurven der Kegelschnittschar $P - \mathfrak{g} Q$ konjugiert ist, so erhält man zwischen den Geraden der Ebene *eine involutorische und im allgemeinen eineindeutige Abbildung*, die wir „die Steinersche Abbil-dung in bezug auf die Kegelschnittschar $P - \mathfrak{g} Q$" nennen wollen.

Zunächst ist die Abbildung involutorisch. Da nämlich die Bild-gerade U' einer beliebigen Originalgeraden U durch die Pole UP und UQ der Geraden U in bezug auf die Kurven P und Q der Schar geht, so geht nach der zweiten Grundeigenschaft des Polarsystems (Satz 410) auch umgekehrt die Originalgerade U durch die Pole $U'P$ und $U'Q$ der Bildgeraden U' hinsichtlich der Kurven P und Q, das heißt, sie ist zugleich die Bildgerade ihrer eigenen Bildgeraden U', oder was dasselbe ist, die zweimalige Anwendung der Steinerschen Abbildung in bezug auf eine Kegelschnittschar führt eine jede Gerade U der Ebene wieder in sich zurück. Die Abbildung ist also wirklich involutorisch.

Die Abbildung ist aber im allgemeinen auch eineindeutig. In der Tat *sieht man bei den Originalgeraden von den Seiten G_1, G_2, G_3 des ge-meinsamen Poldreiseits der Kegelschnittschar ab*, denen jedesmal eine ganz beliebige durch die Gegenecke geheude Gerade zugeordnet ist, so wird durch die Gleichungen (36) einer jeden Originalgeraden U der Ebene eine und nur eine Bildgerade U' zugewiesen, nämlich die Verbindungslinie U' der beiden Pole UP und UQ der Geraden U hinsichtlich der Kurven P und Q.

Schließt man andererseits bei den Originalgeraden die Geraden aus, die durch die Ecken des gemeinsamen Poldreiseits hindurchgehen, so entspricht auch umgekehrt einer jeden Bildgeraden U' *eine und nur eine Original-*

gerade U, nämlich die Verbindungslinie der Pole $U'P$ und $U'Q$ der Geraden U' hinsichtlich der Kurven P und Q.

Die Grundgeraden der Kegelschnittschar sind zugleich die Doppellinien der Steinerschen Abbildung in bezug auf die Schar. Denn ist U eine solche Grundgerade, das heißt eine gemeinsame Tangente der Kurven P und Q, so enthält sie sowohl ihren Pol UP in bezug auf P wie auch ihren Pol UQ in bezug auf Q. Die Bildgerade

$$U' = [UP \cdot UQ]$$

der Geraden U fällt also mit der Originalgeraden U zusammen.

Und umgekehrt kann außer jenen Grundgeraden der Schar keine andere Gerade eine Doppelgerade der Steinerschen Abbildung sein. Denn eine jede Doppelgerade U der Abbildung muß sowohl ihren Pol UP hinsichtlich P wie auch ihren Pol UQ hinsichtlich Q enthalten, sie muß daher sowohl eine Hüllgerade der Kurve P wie eine Hüllgerade der Kurve Q sein, also mit einer gemeinsamen Tangente beider Kurven, das heißt mit einer Grundgeraden der Schar, zusammenfallen.

Die Abbildung ist ferner wiederum quadratisch, da wie oben gezeigt ist, den Geraden U eines Strahlbüschels mit dem Scheitel x die Hüllgeraden U' einer Kurve zweiter Klasse entsprechen, nämlich des Polarkegelschnitts des Punktes x hinsichtlich der „*Grundschar* $P - \mathfrak{g}Q$ *der Abbildung*" (vgl. die obige Fig. 164).

Außerdem werden durch die Steinersche Abbildung in bezug auf eine Kegelschnittschar den Punkten x einer Punktreihe

$$x = y + \mathfrak{k}z$$

die Kurven einer Kegelschnittschar zugewiesen, nämlich die Kurven derjenigen Kegelschnittschar, deren Gleichung lautet:

(39) $$[y \cdot U'P \cdot U'Q] + \mathfrak{k}[z \cdot U'P \cdot U'Q] = 0,$$

die also durch die beiden Polarkegelschnitte

(40) $$[y \cdot U'P \cdot U'Q] = 0 \quad \text{und} \quad [z \cdot U'P \cdot U'Q] = 0$$

der Punkte y und z hinsichtlich der Grundschar bestimmt wird.

Von dieser Kegelschnittschar (39) kann man leicht *die vier Grundgeraden angeben:* Denn *erstens* gehört den beiden Kegelschnitten (40) dieser Schar diejenige Gerade T' an, die dem Träger

$$T = [yz]$$

der Punktreihe $y + \mathfrak{k}z$ durch die betrachtete Steinersche Abbildung zugewiesen wird, das heißt die Gerade

$$T' = [TP \cdot TQ].$$

Zweitens aber zählen zu den Grundgeraden der Schar (39) die Seiten G_1, G_2, G_3 des gemeinsamen Poldreiseits der Grundschar; denn diese sind ja Tangenten für *alle* Polarkegelschnitte der Grundschar.

Da diese drei Geraden G_1, G_2, G_3 *überhaupt den Bildkurven aller Originalpunkte der Ebene als Hüllgeraden angehören,* so mögen sie „die **Fundamentalgeraden der Steinerschen Abbildung in bezug auf die Kegelschnittschar $P - \mathfrak{g}Q$**" genannt werden.

Man hat also den Satz:

Satz 570: **Durch die Steinersche Abbildung in bezug auf eine Kegelschnittschar $P - \mathfrak{g}Q$ wird einer jeden geradlinigen Punktreihe mit dem Träger T eine Kegelschnittschar zugeordnet, deren Grundgeraden durch die Gerade**

$$T' = [T\,P \cdot T\,Q]$$

und durch die Seiten G_1, G_2, G_3 des gemeinsamen Poldreiseits der Grundschar $P - \mathfrak{g}Q$ gebildet werden. Diese drei Seiten heißen die Fundamentalgeraden der betrachteten Steinerschen Abbildung.

Sachregister.

(Die Zahlen beziehen sich auf die Seiten).

Die Schnittpunkte einer K. 2. O. mit einer Geraden 184 ff., 251 ff., Bedingung ihrer Reellität 251 ff. — Diskriminante der quadratischen Gleichung für die Parameter der beiden Schnittpunkte einer K. 2. O. mit einer Geraden 251 f. — Die Schnittpunkte einer K. 2. O. mit der unendlich fernen Geraden 253. — Kriterium dafür, ob ein Punkt außerhalb, auf oder innerhalb einer nicht zerfallenden K. 2. O. liegt, 262 f.

Länge des Einheitsstabes 26 f., ihr Vorzeichen 27, die Beziehung dieses Vorzeichens zu demjenigen der Masse des Einheitspunktes 27. — L. eines beliebigen Stabes und ihr Zusammenhang mit den Dreieckskoordinaten des Stabes, der Masse des Einheitspunktes und dem Abstande zwischen dem Stabe und dem Einheitspunkte 27 f. — Längen der Seiten des Fundamentaldreiecks 8, ihre Bezeichnung 8, ihr Vorzeichen 8.

Längenfaktor der imaginären Halbachse einer Hyperbel 290. — Längenfaktoren der imaginären Halbachsen einer imaginären Ellipse 291.

Längenzahl eines Stabes 15.

Linienkoordinaten 15, ihre geometrische Deutung 15, 18 ff., ihre mechanische Deutung 22 ff.

Linienpaar als Polkurve eines einfach entartenden Polarsystems zweiter Ordnung 208 ff. — Kriterium dafür, ob ein L. aus 2 verschiedenen reellen oder aus 2 konjugiert komplexen Geraden besteht, 257 ff. — Wann haben 2 L. denselben Träger? 231 f. — Die auf ein Polardreieck bezogene Gleichung eines L. 238 f., wann stellt die Gleichung ein reelles, wann ein konjugiert komplexes L. dar? 239. — Neue Gleichungsform eines L. 242 ff. — Gleichung eines L. in Cartesischen Koordinaten bezogen auf 2 konjugierte Durchmesser 269 f. — Das Polarsystem desjenigen imaginären L., das einer rechtwinkligen Projektivität zugehört, 285. — Die 3 L., die einem Kegelschnittbüschel mit drei reellen ein Dreieck bildenden Hauptpunkten enthalten sind, 301 ff., Darstellung ihrer Polarsysteme durch 3 Brüche mit je einem verschwindenden Zähler 305, lineare Beziehung zwischen diesen 3 Brüchen 305, desgleichen zwischen den zugehörigen qua-

dratischen Formen 305 f. — Darstellung der quadratischen Formen der 3 L. in Punktkoordinaten 306. — Darstellung der einzelnen Geraden der 3 L. durch lineare Gleichungen in Punktkoordinaten 306 f. — Ausdrücke für 6 Stäbe aus den Geraden der 3 L. 307 f. — Die Doppelpunkte der 3. L. eines Kegelschnittbüschels sind seine 3 Hauptpunkte, das heißt die Ecken des gemeinsamen Polardreiecks des Büschels, 296 f., 301, 307 f. — Die Linien eines jeden L. eines Kegelschnittbüschels werden durch die von seinem Doppelpunkte ausgehenden Seiten dieses Polardreiecks harmonisch getrennt 307 f. — Die Gleichung des Tangentenpaars, das sich von einem Punkte an eine Kurve zweiter Ordnung legen läßt, 357 f.

Massen der Grundpunkte des Fundamentaldreiecks 1, als reell vorausgesetzt 1, ihr Vorzeichen in den 7 Räumen, die durch die Seiten des Fundamentaldreiecks bestimmt werden, 2 ff. — Masse des Einheitspunktes 2. — M. eines Punktes x dargestellt durch seine Dreieckskoordinaten und die M. der 3 Grundpunkte 7 f., dargestellt als äußeres Produkt des Punktes x und der Feldeinheit 8, ihr Zusammenhang mit den Dreieckskoordinaten des Punktes, der Länge des Einheitsstabes und dem Abstande zwischen dem Punkte und dem Einheitsstabe 28.

Mittelpunkt (Kollineationszentrum) einer perspektiven Kollineation 97 ff. — Liegt der M. im Unendlichen, so wird die perspektive Kollineation zur perspektiven Affinität 101. — M. eines Polarsystems 254, 265, 278, 280 f., 288, er halbiert jede durch ihn hindurchgehende Sehne der Polkurve 266, 278, er ist von je 2 parallelen Tangenten der Polarkurve gleichweit entfernt 266, 279 f. — M. der Polkurve eines Polarsystems 265. — M. der Polarkurve eines Polarsystems 265.

Mittelpunktseigenschaften einer Kurve zweiter Ordnung und zweiter Klasse. 278 ff.

Mittelpunktsgeraden einer perspektiven Kollineation 99. — Die Mittelpunktsgerade einer Kegelschnittschar 382 f.

Mittelpunktsgleichung einer Kurve zweiter Ordnung 265 f., 281 ff. — M. einer

Namenregister.

Poncelet 368 (Satz von P.), 378, 382 (Dualistisches Gegenstück zum Satze von P.).
Poudra 177, 353.
Reye 122, 207.
Salmon 355.
Schröter 378.
Scott 63.
Staude 10, 11.
von Staudt, Chr., 11, 176 ff., 180 ff. (Erster und zweiter Satz von Chr. v. St.), 274, 355 f. (Dritter und vierter Satz von Chr. v. St.; von Staudtsche Kurve zweiter Klasse), 365 f. (Fünfter und sechster Satz von Chr. v. St.; von Staudtsche Kurve zweiter Ordnung), 378.
Steiner 377 ff. (Steinersche Abbildung in bezug auf ein Kegelschnittbüschel), 393 ff. (Steinersche Abbildung in bezug auf eine Kegelschnittschar).
Sturm, Chr., 353 (Satz von Desargues-St.).
Sturm, R., 378.
Wehrheim 111, 142.
Weierstraß 378.
Wiener, Chr., 361.
Wiener, H., 101, Vorrede IV.
Wolff 93.

Verbesserungen zum ersten Bande.

Seite   2 Zeile 12 von oben lies „innerlich oder äußerlich" statt „äußerlich oder innerlich"
„   3   „   16 von unten lies $\mathfrak{m}$ statt $\mathfrak{m}_1$.
„ 48   „   17 und 7 von unten ist hinter „Zeilen" einzuschalten: „oder Spalten".
„ 100   „   4 von oben lies „Vierseit" statt „Viereck".
„ 107   „   19 von unten ist vor dem Gleichheitszeichen die scharfe Klammer zu schließen.
„ 147   „   17 von unten lies $\mathfrak{p}$ statt p.
„ 153   „   14 „   „ lies „Werte" statt „Worte".
„ 176   „   14 „   „ lies „ausgehenden" statt „aus gehenden".
„ 185   „   2 von oben lies $\mathfrak{a}_{12}$ statt a_{12}.
„ 230   „   13 von unten lies $-\sin\mathfrak{w}\,g$ statt $\sin\mathfrak{w}\,g$.
„ 306   „   12 „   „ fehlt hinter $[\mathfrak{t}^2]$ das Gleichheitszeichen.
„ 360 ist im Namenregister einzuschalten: Mehmke 17 und Müller, E., 7, 8, 23.

Verbesserungen zum vorliegenden ersten Teile des zweiten Bandes.

Seite 33 Zeile 14 und 15 von oben lies unter der Wurzel $\sin\mathfrak{k}$ statt $\sin k$.
„ 176   „   11 von oben lies *Chr. v. Staudt* statt *K. v. Staudt*.